高等学校自动化类专业系列教材

自动控制原理

主　编　刘振全
副主编　贾红艳　戴凤智　王汉芝

西安电子科技大学出版社

内容简介

本书比较全面地阐述了自动控制的基本原理，分为经典控制理论和现代控制理论两大部分。全书共分十四章，主要内容包括：自动控制原理数学基础、绪论、控制系统的数学模型、控制系统的时域分析、控制系统的根轨迹分析、控制系统的频域分析、控制系统的校正、非线性系统的分析、线性离散时间控制系统、控制系统的状态空间描述、线性控制系统的运动分析、线性控制系统的能控性与能观测性、控制系统的稳定性、线性定常系统的状态反馈和状态观测器设计。附录给出了自动控制原理MATLAB仿真的常用命令。全书内容取材新颖，阐述深入浅出。为了便于自学，各章均包括丰富的例题和习题。

本书可作为工科院校或应用型本科自动化、电气工程及自动化、通信工程、电子信息工程、测控技术与仪器、机电一体化等专业的本科生教材或主要参考书，也可供相关专业的研究生或从事自动化工作的工程技术人员参考。

图书在版编目(CIP)数据

自动控制原理/刘振全主编. —西安：西安电子科技大学出版社，2017.2(2021.10重印)
ISBN 978-7-5606-4330-4

Ⅰ. ①自…　Ⅱ. ①刘…　Ⅲ. ①自动控制理论　Ⅳ. ①TP13

中国版本图书馆CIP数据核字(2017)第001764号

责任编辑　武翠琴　马武装　刘玉芳
出版发行　西安电子科技大学出版社(西安市太白南路2号)
电　　话　(029)88202421　88201467　　邮　　编　710071
网　　址：//www.xduph.com　　电子邮箱　xdupfxb001@163.com
经　　销　新华书店
印刷单位　陕西天意印务有限责任公司
版　　次　2017年2月第1版　　2021年10月第3次印刷
开　　本　787毫米×1092毫米　1/16　　印张　23.5
字　　数　557千字
印　　数　3601～5600册
定　　价　54.00元
ISBN 978-7-5606-4330-4/TP
XDUP　4622001-3
*****如有印装问题可调换*****

西安电子科技大学出版社
高等学校自动化类专业系列教材
编审专家委员会名单

计算机大组

组　长：刘黎明（兼）

成　员：（成员按姓氏笔画排列）

刘克成（南阳理工学院计算机学院院长、教授）

毕如田（山西农业大学资源环境学院副院长、教授）

李富忠（山西农业大学软件学院院长、教授）

向　毅（重庆科技学院电气与信息工程学院院长助理、教授）

张晓民（南阳理工学院软件学院副院长、副教授）

何明星（西华大学数学与计算机学院院长、教授）

范剑波（宁波工程学院理学院副院长、教授）

赵润林（山西运城学院计算机科学与技术系副主任、副教授）

雷　亮（重庆科技学院电气与信息工程学院计算机系主任、副教授）

黑新宏（西安理工大学副院长、教授）

机电组

组　长：庞兴华（兼）

成　员：（成员按姓氏笔画排列）

王志奎（南阳理工学院机械与汽车工程学院系主任、教授）

刘振全（天津科技大学电子信息与自动化学院副教授）

何高法（重庆科技学院机械与动力工程学院院长助理、教授）

胡文金（重庆科技学院电气与信息工程学院教授）

前言

PREFACE

自动控制原理是自动化学科的重要理论基础，是专门研究有关自动控制系统中的基本概念、基本原理和基本方法的一门课程，也是高等学校自动化类专业的一门核心基础理论课程。学好自动控制原理，对掌握自动化技术有着非常重要的作用。

本书是为适应拓宽专业面、优化整体教材体系的教学改革形势，按照“精简理论，简化推导，注重应用”的原则，结合作者多年的教学经验和课程教学改革的成果，参考国内外控制理论及应用发展的方向，经反复讨论编写而成的，注重突出基础性、先进性和易读性。

全书共分十四章，前九章着重介绍经典控制理论，后五章着重介绍现代控制理论中的线性系统理论基础。在经典控制理论中，主要介绍了自动控制的基本概念，控制系统在时域、频域和复域中的数学模型及其结构图和信号流图；比较全面地阐述了线性控制系统的时域分析法、根轨迹分析法、频域分析法以及校正和设计等问题；比较详细地讨论了线性离散时间系统的基础理论、数学模型、稳定性及稳态误差、动态性能分析以及数字校正等问题；在非线性控制系统分析方面，给出了相平面和描述函数两种常用的分析方法。在现代控制理论中，系统地阐述了控制系统的状态空间描述、线性控制系统的运动分析、线性控制系统的能控性与能观测性、线性控制系统的稳定性、线性定常系统的状态反馈和状态观测器设计。

附录给出了 MATLAB 控制系统数学模型对象函数、单位阶跃响应、单位脉冲响应、零输入响应、一般输入响应、根轨迹分析、频域分析、伯德图、奈奎斯特曲线、绘图函数等常用命令，便于读者借助于 MATLAB 进行仿真辅助学习。

本书的亮点与特色包括：以“精简理论，简化推导，注重应用”为指引，例题丰富，步骤详尽；数学基础单独提出并前置，放在第 0 章，便于各学校或授课教师根据实际情况灵活安排；在根轨迹分析中给出了重极(零)点系统根轨迹起始角、终止角的计算方法，丰富了根轨迹的绘制规则；给出了牛顿余数定理在系统分析中的应用，并给出了一种求取闭环脉冲传递函数的简易方法。

本书由刘振全、贾红艳、戴凤智、王汉芝合作编写。薛薇教授审阅了全稿并提出了很好的意见和建议，王世明老师精心制作了经典控制理论部分的 PPT，在此一并表示感谢。

由于水平有限，书中不妥之处在所难免，恳请读者批评指正。

编　者

2016 年 11 月

前言

PREFACE

目录

CONTENTS

上部：经典控制理论

下部：现代控制理论

上部

经典控制理论

第 0 章　自动控制原理数学基础

0.1　拉普拉斯变换

拉普拉斯变换简称拉氏变换，是工程实践中用来求解线性常微分方程的简便工具，同时也是建立系统在复数域数学模型——传递函数的数学基础。经过拉氏变换后，一个微分方程式将变为一个代数方程式，这样会使求解微分方程的过程简化许多。

0.1.1　拉普拉斯变换的定义

如果 $f(t)$ 是一个以时间为变量的函数，其定义域为 $t>0$，且

$$|f(t)|\leqslant K\mathrm{e}^{at} \tag{0-1}$$

式中，a 是正数，那么对所有实部大于 a 的复数来说，积分

$$\int_0^{\infty} f(t)\mathrm{e}^{-st}\mathrm{d}t \tag{0-2}$$

是绝对收敛的，即满足

$$-\infty<\int_0^{\infty} f(t)\mathrm{e}^{-st}\mathrm{d}t<\infty \tag{0-3}$$

$s=\sigma+\mathrm{j}\omega$ 为复变量，则式(0-2)定义为 $f(t)$ 的拉氏变换 $F(s)$，即

$$F(s)=\int_0^{\infty} f(t)\mathrm{e}^{-st}\mathrm{d}t \tag{0-4}$$

式(0-4)中，$F(s)$ 是 $f(t)$ 的象函数，记为 $F(s)=\mathscr{L}[f(t)]$；$f(t)$ 是 $F(s)$ 的原函数，记为 $f(t)=\mathscr{L}^{-1}[F(s)]$。

在本书中常用函数的拉普拉斯变换如表 0-1 所示。

表 0-1　常用函数的拉普拉斯变换对照表

序号	原函数 $f(t)$（$t<0$ 时，$f(t)=0$）	象函数 $F(s)$
1	$\delta(t)$	1
2	$1(t)$	$\frac{1}{s}$
3	t	$\frac{1}{s^2}$
4	t^n（$n=1, 2, 3, \cdots$）	$\frac{n!}{s^{n+1}}$
5	e^{-at}	$\frac{1}{s+a}$

续表

序号	原函数 $f(t)$（$t<0$ 时，$f(t)=0$）	象函数 $F(s)$
6	te^{-at}	$\dfrac{1}{(s+a)^2}$
7	$\sin\omega t$	$\dfrac{\omega}{s^2+\omega^2}$
8	$\cos\omega t$	$\dfrac{s}{s^2+\omega^2}$
9	$\dfrac{\omega_n}{\sqrt{1-\xi^2}}e^{-\xi\omega_n t}\sin(\omega_n\sqrt{1-\xi^2}\ t)$	$\dfrac{\omega_n^2}{s^2+2\xi\omega_n s+\omega_n^2}$

0.1.2　拉普拉斯变换的基本性质

下面简要介绍一下在本书中将用到的拉氏变换的几个重要性质。

1. 线性性质

若 $F_1(s)=\mathscr{L}[f_1(t)]$，$F_2(s)=\mathscr{L}[f_2(t)]$，$a$ 和 b 为常数，那么有

$$\mathscr{L}[af_1(t)+bf_2(t)]=a\mathscr{L}[f_1(t)]+b\mathscr{L}[f_2(t)]=aF_1(s)+bF_2(s) \tag{0-5}$$

2. 微分定理

若 $F(s)=\mathscr{L}[f(t)]$，那么有

$$\mathscr{L}\left[\frac{df(t)}{dt}\right]=sF(s)-f(0) \tag{0-6}$$

式中，$f(0)$ 是函数 $f(t)$ 在 $t=0$ 时的值。

函数 $f(t)$ 的高阶导数的拉氏变换相应为

$$\mathscr{L}\left[\frac{d^2f(t)}{dt^2}\right]=s^2F(s)-[sf(0)+\dot{f}(0)] \tag{0-7}$$

$$\mathscr{L}\left[\frac{d^3f(t)}{dt^3}\right]=s^3F(s)-[s^2f(0)+s\dot{f}(0)+\ddot{f}(0)] \tag{0-8}$$

$$\vdots$$

$$\mathscr{L}\left[\frac{d^nf(t)}{dt^n}\right]=s^nF(s)-[s^{n-1}f(0)+s^{n-2}\dot{f}(0)+\cdots+f^{(n-1)}(0)] \tag{0-9}$$

当原函数 $f(t)$ 及其各阶导数的初始值都等于零时，式(0-9)将变为

$$\mathscr{L}\left[\frac{d^nf(t)}{dt^n}\right]=s^nF(s) \tag{0-10}$$

本书在传递函数的定义中将使用该定理。

3. 积分定理

若 $F(s)=\mathscr{L}[f(t)]$，那么有

$$\mathscr{L}\left[\int f(t)dt\right]=\frac{F(s)}{s}+\frac{f^{(-1)}(0)}{s} \tag{0-11}$$

式中，$f^{(-1)}(0)$ 是函数 $\int f(t)dt$ 在 $t=0$ 时的值。

4. 位移定理

若 $F(s)=\mathscr{L}[f(t)]$，那么有

$$\mathscr{L}[f(t-\tau)] = \mathrm{e}^{-s\tau}F(s) \tag{0-12}$$

$$\mathscr{L}[\mathrm{e}^{at}f(t)] = F(s-a) \tag{0-13}$$

式(0-12)和式(0-13)分别表示实域中的位移定理和复数域中的位移定理。

5. 终值定理

若函数 $f(t)$ 及其各阶导数都是可拉氏变换的，那么函数 $f(t)$ 的终值为

$$\lim_{t\to\infty} f(t) = \lim_{s\to 0} sF(s) \tag{0-14}$$

即函数 $f(t)$ 在自变量 t 趋于无穷大时的极限值等于函数 $sF(s)$ 在自变量 s 趋于零时的极限值。

在本书中计算系统的稳态误差时，将利用该定理。

6. 初值定理

若函数 $f(t)$ 及其各阶导数都是可拉氏变换的，那么函数 $f(t)$ 的初值为

$$\lim_{t\to 0} f(t) = \lim_{s\to\infty} sF(s) \tag{0-15}$$

即函数 $f(t)$ 在自变量 t 趋于零(从正趋于零)时的极限值等于函数 $sF(s)$ 在自变量 s 趋于无穷大时的极限值。

在本书中介绍线性系统的时域分析时，会利用拉氏变换及其上述性质。

0.1.3 拉普拉斯反变换

在简单了解了拉氏变换的定义及其基本性质后，下面将通过一个例子介绍如何利用拉氏变换解线性微分方程。解题的主要思路是先对微分方程两边进行拉氏变换，将微分运算变为代数运算后，解出输出的拉氏变换表达式，再应用拉氏反变换求得时域解。所以，用拉普拉斯变换解线性微分方程的关键是拉氏反变换的求取。下面将首先介绍一下拉氏反变换的求取。

一般地，$F(s)$ 是复变量 s 的有理代数分式，可以表示为如下形式：

$$F(s) = \frac{B(s)}{A(s)} = \frac{b_0 s^m + b_1 s^{m-1} + \cdots + b_{m-1}s + b_m}{s^n + a_1 s^{n-1} + \cdots + a_{n-1}s + a_n} \tag{0-16}$$

式中，系数 $a_1, a_2, \cdots, a_n, b_0, b_1, b_2, \cdots, b_m$ 都是实常数，且 $m < n$ 。下面将 $F(s)$ 写为部分分式形式，则有

$$F(s) = \frac{B(s)}{A(s)} = \frac{b_0 s^m + b_1 s^{m-1} + \cdots + b_{m-1}s + b_m}{(s-s_1)(s-s_2)\cdots(s-s_n)} \tag{0-17}$$

式中，$s_1, s_2, \cdots, s_n$ 是 $A(s)=0$ 的根，称为 $F(s)$ 的极点。根据 $A(s)=0$ 有无重根，下面分两种情况讨论。

1) $A(s)=0$ 无重根

$A(s)=0$ 无重根时，$F(s)$ 可展开为 n 个简单的部分分式之和，且每个分式都是以 $A(s)$ 的一个因式作为其分母，即可以表示为如下形式：

$$F(s) = \frac{c_1}{s-s_1} + \frac{c_2}{s-s_2} + \cdots + \frac{c_n}{s-s_n} = \sum_{i=1}^{n} \frac{c_i}{s-s_i} \tag{0-18}$$

式中，c_i 为待定常数，称为 $F(s)$ 在极点 s_i 处的留数，可通过下式计算：

$$c_i = \lim_{s\to s_i}(s-s_i)F(s) \tag{0-19}$$

或

$$c_i = \left.\frac{B(s)}{\dot{A}(s)}\right|_{s=s_i} \tag{0-20}$$

式中，$\dot{A}(s)$ 为 $A(s)$ 对 s 求一阶导数。

然后，根据拉氏变换的性质，可求出 $F(s)$ 的原函数 $f(t)$，即求出其拉氏反变换为

$$f(t) = \mathscr{L}^{-1}[F(s)] = \mathscr{L}^{-1}\left[\sum_{i=1}^{n} \frac{c_i}{(s-s_i)}\right] = \sum_{i=1}^{n} c_i e^{s_i t} \tag{0-21}$$

2) $A(s)=0$ 有重根

设 $A(s)=0$ 有 r 个 s_1 的重根，则 $F(s)$ 可写为

$$F(s) = \frac{b_0 s^m + b_1 s^{m-1} + \cdots + b_{m-1} s + b_m}{(s-s_1)^r (s-s_{r+1}) \cdots (s-s_n)} \tag{0-22}$$

$$F(s) = \frac{c_r}{(s-s_1)^r} + \frac{c_{r-1}}{(s-s_1)^{r-1}} + \cdots + \frac{c_1}{s-s_1} + \frac{c_{r+1}}{s-s_{r+1}} + \cdots + \frac{c_n}{s-s_n} \tag{0-23}$$

式中，s_1 为 $F(s)$ 的重极点，其余的极点为非重极点；c_{r+1}，…，c_n 为非重极点的待定常数，按式(0-19)或式(0-20)计算；c_r，c_{r-1}，…，c_1 为重极点的待定常数，可通过下式计算：

$$\begin{aligned}
c_r &= \lim_{s \to s_1} (s-s_1)^r F(s) \\
c_{r-1} &= \lim_{s \to s_1} \frac{d}{ds}[(s-s_1)^r F(s)] \\
&\vdots \\
c_{r-j} &= \frac{1}{j!} \lim_{s \to s_1} \frac{d^{(j)}}{ds^j}[(s-s_1)^r F(s)] \\
&\vdots \\
c_1 &= \frac{1}{(r-1)!} \lim_{s \to s_1} \frac{d^{(r-1)}}{ds^{r-1}}[(s-s_1)^r F(s)]
\end{aligned} \tag{0-24}$$

然后，根据拉氏变换的性质，可求出 $F(s)$ 的原函数 $f(t)$，即求出其拉氏反变换为

$$\begin{aligned}
f(t) &= \mathscr{L}^{-1}[F(s)] \\
&= \left[\frac{c_r}{(r-1)!} t^{r-1} + \frac{c_{r-1}}{(r-2)!} t^{r-2} + \cdots + c_2 t + c_1\right] e^{s_1 t} + \sum_{i=r+1}^{n} c_i e^{s_i t}
\end{aligned} \tag{0-25}$$

例 0-1 求 $F(s) = \dfrac{s+3}{s^3+3s^2+2s}$ 的原函数 $f(t)$。

解 将 $F(s)$ 的分母因式分解为

$$s^3 + 3s^2 + 2s = s(s+1)(s+2)$$

则

$$F(s) = \frac{s+3}{s^3+3s^2+2s} = \frac{s+3}{s(s+1)(s+2)} = \frac{c_1}{s} + \frac{c_2}{s+1} + \frac{c_3}{s+2}$$

按式(0-19)计算，得

$$c_1 = \lim_{s \to 0} sF(s) = \lim_{s \to 0} \frac{s+3}{(s+1)(s+2)} = \frac{3}{2}$$

$$c_2 = \lim_{s \to -1} (s+1)F(s) = \lim_{s \to -1} \frac{s+3}{s(s+2)} = -2$$

$$c_3 = \lim_{s \to -2} (s+2)F(s) = \lim_{s \to -2} \frac{s+3}{s(s+1)} = \frac{1}{2}$$

由式(0-21)可求得原函数为

$$f(t) = \frac{3}{2} - 2e^{-t} + \frac{1}{2}e^{-2t}$$

例 0-2 求 $F(s)=\dfrac{s+2}{s(s+1)^2(s+3)}$ 的原函数 $f(t)$。

解 由于分母中存在二重根，所以将 $F(s)$ 展开成部分分式形式，则有

$$F(s)=\frac{s+2}{s(s+1)^2(s+3)}=\frac{c_2}{(s+1)^2}+\frac{c_1}{s+1}+\frac{c_3}{s}+\frac{c_4}{s+3}$$

按式(0-24)计算，得

$$c_2=\lim_{s\to-1}(s+1)^2\frac{s+2}{s(s+1)^2(s+3)}=-\frac{1}{2}$$

$$c_1=\lim_{s\to-1}\frac{\mathrm{d}}{\mathrm{d}s}\left[(s+1)^2\frac{s+2}{s(s+1)^2(s+3)}\right]=-\frac{3}{4}$$

按式(0-19)计算，得

$$c_3=\lim_{s\to0}s\frac{s+2}{s(s+1)^2(s+3)}=\frac{2}{3}$$

$$c_4=\lim_{s\to-3}(s+3)\frac{s+2}{s(s+1)^2(s+3)}=\frac{1}{12}$$

由式(0-25)可写出原函数为

$$f(t)=\mathscr{L}^{-1}\left[\frac{s+2}{s(s+1)^2(s+3)}\right]=\frac{2}{3}+\left(-\frac{1}{2}t-\frac{3}{4}\right)\mathrm{e}^{-t}+\frac{1}{12}\mathrm{e}^{-3t}$$

0.2 辐角原理

0.2.1 函数 $F(s)$ 的映射

设复变函数 $F(s)$ 为复变量 s 的有理分式函数，表示为

$$F(s)=\frac{K(s-z_1)(s-z_2)\cdots(s-z_m)}{(s-p_1)(s-p_2)\cdots(s-p_n)} \tag{0-26}$$

式中，z_1，z_2，…，z_m 为 $F(s)$ 的零点；p_1，p_2，…，p_n 为 $F(s)$ 的极点。

若 $F(s)$ 是复变量 $s=\sigma+\mathrm{j}\omega$ 的一个函数，则 $F(s)$ 为复数，可以写成

$$F(s)=U(\sigma,\omega)+\mathrm{j}V(\sigma,\omega) \tag{0-27}$$

式中，$U(\sigma,\omega)$ 和 $V(\sigma,\omega)$ 是实函数。

定义在 s 平面某一个域内的函数 $F(s)$ 在该域内解析的充分必要条件是它的导数在该域内连续。可以证明，s 的所有有理函数在 s 平面内除了奇点外处处解析。

复变量 $s=\sigma+\mathrm{j}\omega$ 可以表示在一个实轴为 σ、虚轴为 ω 的平面上，该平面称为 s 平面。$F(s)$ 也可以用一个实轴为 U、虚轴为 V 的平面表示，该平面称为 F 平面。对于 s 平面的任意一点 $s=\sigma+\mathrm{j}\omega$，根据给定的 σ 和 ω 数值可以计算出相应的 U 和 V 的数值，这样，s 平面内的点就映射到了 F 平面内。

例 0-3 已知 $F(s)=\dfrac{s+1}{s+2}$，求 s 平面内的一点 $s_1=1+\mathrm{j}$ 在 F 平面内的映射。

解
$$F(s_1)=\frac{2+\mathrm{j}}{3+\mathrm{j}}=0.7+\mathrm{j}0.1$$

图 0-1 反映了这一关系。

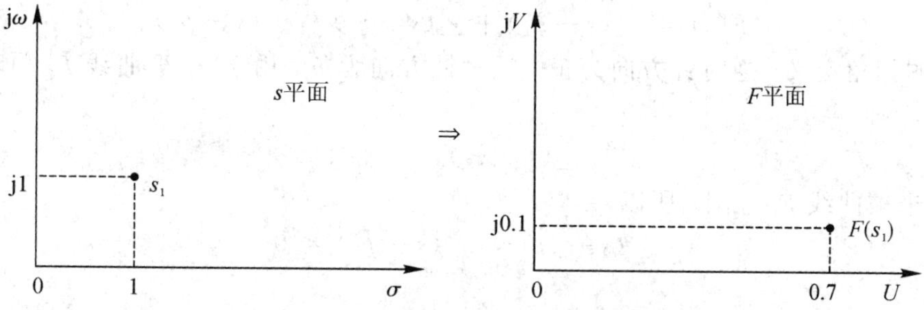

图 0-1　函数 $F(s)$ 的映射

因此，在 s 平面内画一条封闭曲线，并使其不通过 $F(s)$ 的任一奇点，则在 F 平面内存在一条映射曲线与之对应，如图 0-2 所示。

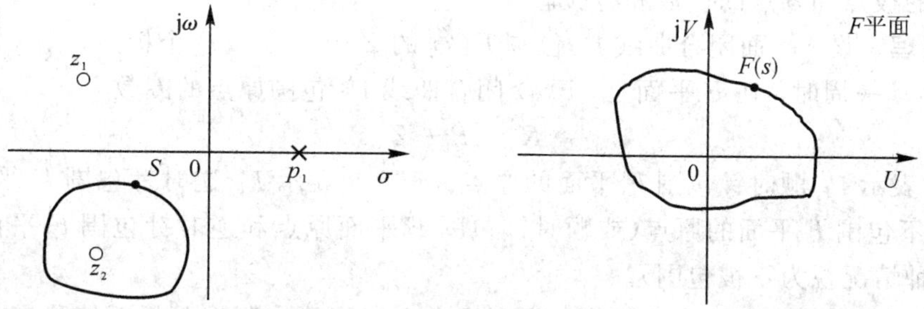

图 0-2　s 平面和 F 平面映射关系

由于在后面的章节中，利用该映射原理分析系统的稳定性时，与稳定性密切相关的是 F 平面内对应的映射曲线包围坐标原点的次数和运动方向，所以在后面的分析中常将两个平面画在一起。

0.2.2　辐角原理

设复变量 s 沿封闭曲线 Γ_s 在 s 平面内顺时针运动一周，那么，根据函数 $F(s)$ 的性质，在 F 平面内那条对应的映射曲线 Γ_F 的运动方向可能为顺时针，也可能为逆时针。Γ_s 曲线和 Γ_F 曲线的映射关系如图 0-3 所示。

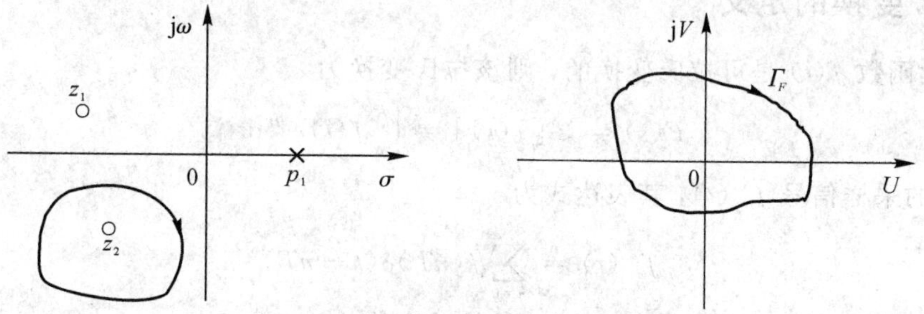

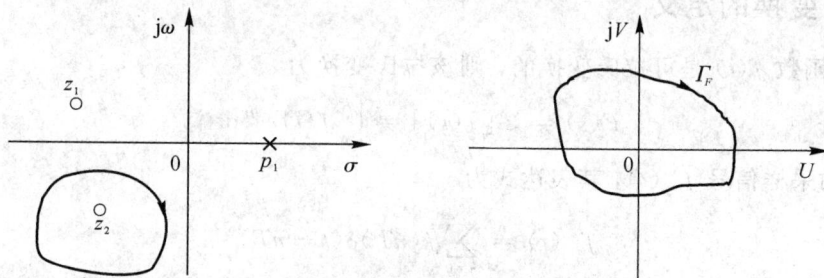

图 0-3　Γ_s 曲线和 Γ_F 曲线的映射关系

根据式(0-26)，复变函数 $F(s)$ 相角可以表示为

$$\angle F(s) = \sum_{i=1}^{m} \angle(s - z_i) - \sum_{j=1}^{n} \angle(s - p_j) \qquad (0-28)$$

根据式(0-28)和图 0-3 的零、极点情况，可以得到

$$\angle F(s) = \angle(s-z_1) + \angle(s-z_2) - \angle(s-p_1) \tag{0-29}$$

按复平面的相角定义，逆时针方向为正，顺时针方向为负，由于 z_2 被曲线 Γ_s 顺时针包围，所以

$$\angle(s-z_2) = -2\pi$$

而 z_1、p_1 未被曲线 Γ_s 包围，所以

$$\angle(s-z_1) = \angle(s-p_1) = 0$$

所以

$$\angle F(s) = \angle(s-z_1) + \angle(s-z_2) - \angle(s-p_1) = -2\pi$$

这意味着在 F 平面的映射曲线沿顺时针方向围绕着原点旋转一周。通过上述分析，当 s 沿 s 平面任意闭合曲线 Γ_s 运动一周时，$F(s)$ 绕 F 平面原点的圈数只和 $F(s)$ 被闭合曲线 Γ_s 包围 $F(s)$ 的极点和零点的代数和有关。

辐角原理 设 s 平面闭合曲线 Γ_s 包围 $F(s)$ 的 Z 个零点和 P 个极点，则 s 沿闭合曲线 Γ_s 顺时针运动一周时，在 F 平面上，$F(s)$ 闭合曲线 Γ_F 包围原点的圈数

$$R = P - Z \tag{0-30}$$

$R<0$ 表示 Γ_F 顺时针包围 F 平面的原点，$R>0$ 表示 Γ_F 逆时针包围 F 平面的原点，$R=0$ 表示不包围 F 平面的原点(或顺时针包围 F 平面原点和逆时针包围 F 平面原点的圈数相当,这种情况视为不被包围)。

辐角原理将在本书第 5 章中用到，是利用奈奎斯特稳定判据分析系统稳定性的主要理论依据。关于复变函数 $F(s)$ 和闭合曲线 Γ_s 的选择问题，以及如何利用该原理讨论系统的稳定性问题都将在第 5 章中详细讨论。

0.3 Z 变换理论

就像研究线性连续系统使用拉氏变换进行分析一样，Z 变换是研究线性离散时间系统的重要数学工具。Z 变换是从拉氏变换直接引申出来的一种变换方法，它实际上是采样函数拉氏变换的变形，所以，Z 变换也被称为采样拉氏变换。

0.3.1 Z 变换的定义

设连续函数 $f(t)$ 是可拉氏变换的，则该拉氏变换为

$$F(s) = \mathscr{L}[f(t)] = \int_0^{\infty} f(t)\mathrm{e}^{-st}\,\mathrm{d}t \tag{0-31}$$

对于 $f(t)$ 的采样信号 $f^*(t)$，其表达式为

$$f^*(t) = \sum_{n=0}^{\infty} f(nT)\delta(t-nT) \tag{0-32}$$

式中，T 为采样周期，故采样信号 $f^*(t)$ 的拉氏变换式为

$$\begin{aligned} F^*(s) &= \int_0^{\infty} f^*(t)\mathrm{e}^{-st}\,\mathrm{d}t = \int_0^{\infty}\Big[\sum_{n=0}^{\infty} f(nT)\delta(t-nT)\Big]\mathrm{e}^{-st}\,\mathrm{d}t \\ &= \sum_{n=0}^{\infty} f(nT)\Big[\int_0^{\infty}\delta(t-nT)\mathrm{e}^{-st}\,\mathrm{d}t\Big] = \sum_{n=0}^{\infty} f(nT)\mathrm{e}^{-nTs} \end{aligned} \tag{0-33}$$

式中的 e^{-nTs} 是 s 的超越函数，为便于应用，令

$$z = e^{Ts} \tag{0-34}$$

将式(0-34)代入式(0-33)，就得到了采样信号 $f^*(t)$ 的 Z 变换定义

$$F(z) = F^*(s)\big|_{s=\frac{\ln z}{T}} = \sum_{n=0}^{\infty} f(nT)z^{-n} \tag{0-35}$$

记作

$$F(z) = \mathscr{Z}(f^*(t)) = \mathscr{Z}(f(t)) \tag{0-36}$$

严格地说，Z 变换只适合离散函数，Z 变换式只表征连续函数在采样时刻的特性。$Z(f(t))$ 仅仅是为了书写方便，并不代表是连续函数 $f(t)$ 的 Z 变换。Z 变换仅仅是一种在采样信号拉氏变换中，取 $z=e^{Ts}$ 的变量置换。通过这种置换，s 的超越函数 e^{-nTs} 被转换为 z 的幂级数或 z 的有理分式。

求 Z 变换的方法有很多，这里主要介绍两种常用的方法。

1. 级数求和法

级数求和法是直接根据 Z 变换的定义，将式(0-35)写成展开形式：

$$F(z) = f(0) + f(T)z^{-1} + f(2T)z^{-2} + \cdots + f(nT)z^{-n} + \cdots \tag{0-37}$$

这样，只要知道连续函数在采样时刻的数值，即可按照式(0-37)求得其 Z 变换。这种级数展开形式是开放式的，往往会有无穷多项，但有一些常用函数的 Z 变换展开形式一般都可以写成闭合型函数形式。

例 0-4　求单位阶跃函数 $1(t)$ 的 Z 变换。

解　单位阶跃函数的采样函数为

$$1(nT) = 1 \qquad n = 0, 1, 2, \cdots$$

由式(0-37)，得

$$\mathscr{Z}(1(t)) = 1 + z^{-1} + z^{-2} + \cdots + z^{-n} + \cdots$$

在上式中，如果 $|z^{-1}| < 1$，则无穷级数是收敛的，利用等比级数求和公式，可以得到单位阶跃函数 $1(t)$ 的 Z 变换的闭合形式为

$$F(z) = \frac{z}{z-1}$$

例 0-5　求 $f(t) = e^{-at}$ 的 Z 变换。

解　采样函数为

$$f(nT) = e^{-anT} \qquad n = 0, 1, 2, \cdots$$

由式(0-37)，得

$$F(z) = 1 + e^{-aT}z^{-1} + e^{-2aT}z^{-2} + \cdots + e^{-naT}z^{-n} + \cdots$$

两边同乘以 $e^{-aT}z^{-1}$，得

$$e^{-aT}z^{-1}F(z) = e^{-aT}z^{-1} + e^{-2aT}z^{-2} + \cdots + e^{-naT}z^{-n} + \cdots$$

两式相减，可以得到

$$F(z)(1 - e^{-aT}z^{-1}) = 1$$

因此

$$F(z) = \frac{1}{(1 - e^{-aT}z^{-1})} = \frac{z}{z - e^{-aT}}$$

2. 部分分式法

若连续时间函数 $f(t)$ 的拉氏变换式为有理函数形式，可以先展开成部分分式之和的形式，即

$$F(s)=\sum_{i=1}^{n}\frac{c_i}{s-s_i}$$

式中，s_i 是 $F(s)$ 的极点，c_i 为常系数，其计算方法同式(0-19)。这样，$c_i/(s-s_i)$ 对应的时间函数为 $c_i\mathrm{e}^{s_i t}$，从而可知其 Z 变换为 $c_i z/(z-\mathrm{e}^{s_i T})$。所以可以得到

$$F(z)=\sum_{i=1}^{n}\frac{c_i z}{z-\mathrm{e}^{s_i T}}$$

例 0-6 已知连续函数的拉氏变换为

$$F(s)=\frac{a}{s(s+a)}$$

求其 Z 变换。

解 首先将 $F(s)$ 展开成如下部分分式之和形式：

$$F(s)=\frac{a}{s(s+a)}=\frac{1}{s}-\frac{1}{s+a}$$

对其求拉氏反变换，得

$$f(t)=1-\mathrm{e}^{-at}$$

由例 0-4 和例 0-5 可知

$$F(z)=\frac{z}{z-1}-\frac{z}{z-\mathrm{e}^{-aT}}=\frac{z(1-\mathrm{e}^{-aT})}{z^2-(1+\mathrm{e}^{-aT})z+\mathrm{e}^{-aT}}$$

常用时间函数的 Z 变换如表 0-2 所示，对于未列出函数的 Z 变换，可查阅相关的参考书。

表 0-2 常用时间函数的 Z 变换对照表

序号	时间函数 $f(t)$	Z 变换 $F(z)$
1	$\delta(t)$	1
2	$\delta(t-nT)$	z^{-n}
3	$1(t)$	$\dfrac{z}{z-1}$
4	t	$\dfrac{Tz}{(z-1)^2}$
5	$\dfrac{t^2}{2!}$	$\dfrac{T^2 z(z+1)}{2(z-1)^3}$
6	$\dfrac{t^3}{3!}$	$\dfrac{T^3 z(z^2+4z+1)}{3(z-1)^4}$
7	$a^{t/T}$	$\dfrac{z}{z-a}$
8	e^{-at}	$\dfrac{z}{z-\mathrm{e}^{-aT}}$

续表

序号	时间函数 $f(t)$	Z 变换 $F(z)$
9	te^{-at}	$\dfrac{Tze^{-aT}}{(z-e^{-aT})^2}$
10	$\sin\omega t$	$\dfrac{z\sin\omega T}{z^2-2z\cos\omega t+1}$
11	$\cos\omega t$	$\dfrac{z(z-\cos\omega T)}{z^2-2z\cos\omega T+1}$

0.3.2 Z 变换的性质

1. 线性定理

若 $F_1(z)=\mathscr{Z}[f_1(t)]$，$F_2(z)=\mathscr{Z}[f_2(t)]$，$a$ 和 b 为常数，那么有

$$\mathscr{Z}[af_1(t)+bf_2(t)]=a\mathscr{Z}[f_1(t)]+b\mathscr{Z}[f_2(t)]=aF_1(z)+bF_2(z) \tag{0-38}$$

2. 实数位移定理(平移定理)

实数位移是指整个采样序列在时间轴上左右平移若干个采样周期，其中向左移为超前，向右移为滞后。实数位移定理为

$$\mathscr{Z}(f(t-kT))=z^{-k}F(z) \tag{0-39}$$

$$\mathscr{Z}(f(t+kT))=z^kF(z)-z^k\sum_{n=0}^{k-1}f(nT)z^{-n} \tag{0-40}$$

式(0-39)称为滞后定理，式(0-40)称为超前定理。z^{-k} 代表时域中的滞后环节，它将采样信号滞后 k 个采样周期；z^k 代表时域中的超前环节，它将采样信号超前 k 个采样周期。但是 z^k 仅仅用于计算，在物理系统中并不存在。实数位移定理是一个重要的定理，其作用相当于拉氏变换中的微分和积分定理。

3. 复数位移定理(平移定理)

如果函数 $f(t)$ 是可拉氏变换的，其 Z 变换为 $F(z)$，则有

$$\mathscr{Z}(e^{\mp at}f(t))=F(ze^{\pm aT}) \tag{0-41}$$

4. 初值定理

设极限 $\lim\limits_{z\to\infty}F(z)$ 存在，则

$$f(0)=\lim_{z\to\infty}F(z) \tag{0-42}$$

5. 终值定理

如果函数 $f(t)$ 的 Z 变换为 $F(z)$，且 $f(nT)(n=0, 1, 2, \cdots)$ 为有限值，且极限 $\lim\limits_{n\to\infty}f(nT)$ 存在，则

$$\lim_{t\to\infty}f(t)=\lim_{n\to\infty}f(nT)=\lim_{z\to1}(z-1)F(z) \tag{0-43}$$

6. 卷积定理

设 $x(nT)$ 和 $y(nT)$ 为两个采样函数，其离散卷积定义为

$$x(nT)*y(nT)=\sum_{k=0}^{\infty}x(kT)y[(n-k)T] \tag{0-44}$$

则卷积定理为

若 $g(nT)=x(nT)*y(nT)$，则

$$G(z)=X(z)\cdot Y(z) \tag{0-45}$$

卷积定理指出，两个采样函数卷积的 Z 变换等于这两个采样函数相应 Z 变换的乘积。卷积定理是沟通时域与 $\mathscr{Z}$ 域的桥梁。

0.3.3 Z 反变换

和拉氏变换相似，Z 反变换可表示为

$$\mathscr{Z}^{-1}(F(z))=f^*(t) \tag{0-46}$$

在求 Z 反变换时，常用的方法主要有三种。

1. 幂级数法(综合长除法)

将 $F(z)$ 表示为按 z^{-1} 升幂排列的两个多项式之比：

$$F(z)=\frac{b_0+b_1z^{-1}+b_2z^{-2}+\cdots+b_mz^{-m}}{1+a_1z^{-1}+a_2z^2+\cdots+a_nz^{-n}} \tag{0-47}$$

式中，a_1，a_2，…，a_n，b_1，b_2，…，b_m 都是实常数，且 $m\leqslant n$。对式(0-47)进行多项式除法后，可以得到 z^{-1} 升幂排列的幂级数展开式

$$F(z)=c_0+c_1z^{-1}+c_2z^{-2}+\cdots+c_nz^{-n}+\cdots=\sum_{n=0}^{\infty}c_nz^{-n} \tag{0-48}$$

由 Z 变换定义可知，式(0-48)中的系数 $c_n(n=0, 1, 2, \cdots, \infty)$就是采样信号 $f^*(t)$ 在每个采样点的脉冲强度 $f(nT)$，则采样信号为

$$f^*(t)=\sum_{n=0}^{\infty}c_n\delta(t-nT) \tag{0-49}$$

在实际应用时，往往只需计算有限的几项就够了，所以用幂级数计算 $f^*(t)$ 最简便。但是 对于求出其通项表达式会比较困难。

例 0-7 已知

$$F(z)=\frac{5z}{z^2-3z+2}$$

试用幂级数法求 $f^*(t)$。

解 将 $F(z)$ 写为按 z^{-1} 升幂排列的两个多项式之比

$$F(z)=\frac{5z^{-1}}{1-3z^{-1}+2z^{-2}}$$

得

$$F(z)=5z^{-1}+15z^{-2}+35z^{-3}+75z^{-4}+\cdots$$

由式(0-48)，得

$$f(0)=0,\ f(T)=5,\ f(2T)=15,\ f(3T)=35,\ f(4T)=75,\ \cdots$$

所以

$$f^*(t)=0\delta(t)+5\delta(t-T)+15\delta(t-2T)+35\delta(t-3T)+75\delta(t-4T)+\cdots$$

2. 部分分式法

先求 $F(z)$ 的极点，然后将 $F(z)/z$ 展开成如下部分分式之和的形式：

$$\frac{F(z)}{z}=\sum_{i=1}^{n}\frac{A_i}{z-z_i}=F_1(z)+F_2(z)+\cdots+F_n(z) \tag{0-50}$$

式中，A_i 为 $F(z)/z$ 在极点 z_i 处的留数。把式(0-50)两边都乘以 z，得

$$F(z)=\sum_{i=1}^{n}\frac{A_i z}{z-z_i}=zF_1(z)+zF_2(z)+\cdots+zF_n(z) \tag{0-51}$$

然后查常用函数 Z 变换表，得到

$$f^*(t)=f_1^*(t)+f_2^*(t)+\cdots+f_n^*(t) \tag{0-52}$$

例 0-8　已知

$$F(z)=\frac{5z}{z^2-3z+2}$$

试用部分分式法求 $f^*(t)$。

解　将 $F(z)$ 写为部分分式形式

$$F(z)=\frac{5z}{z^2-3z+2}=\frac{-5z}{z-1}+\frac{5z}{z-2}$$

查表得

$$f(nT)=-5+5\cdot 2^n,\ n=0,1,2,\cdots$$

所以相应的采样函数为

$$f^*(t)=\sum_{n=0}^{\infty}f(nT)\delta(t-nT)=\sum_{n=0}^{\infty}(-5+5\cdot 2^n)\delta(t-nT)$$

$$f(0)=0,\ f(T)=5,\ f(2T)=15,\ f(3T)=35,\ f(4T)=75,\ \cdots$$

3. 留数计算法

根据 Z 变换定义

$$F(z)=\sum_{n=0}^{\infty}f(nT)z^{-n}$$

根据柯西留数定理，有

$$f(nT)=\sum_{i=1}^{k}\mathrm{Res}[F(z)z^{n-1}]_{z\to z_i} \tag{0-53}$$

式中，$\mathrm{Res}[F(z)z^{n-1}]_{z\to z_i}$ 表示函数 $F(z)z^{n-1}$ 在极点 z_i 处的留数。

由式(0-53)可知，当利用留数法求 $F(z)$ 的 Z 反变换时，只要将 $F(z)z^{n-1}$ 所有极点处的留数相加即可。

若 z_i 为一阶极点，则

$$\mathrm{Res}[F(z)z^{n-1}]_{z\to z_i}=\lim_{z\to z_i}[(z-z_i)F(z)z^{n-1}] \tag{0-54}$$

若 z_i 为 r 阶极点，则

$$\mathrm{Res}[F(z)z^{n-1}]_{z\to z_i}=\frac{1}{(r-1)!}\lim_{z\to z_i}\frac{\mathrm{d}^{r-1}[(z-z_i)^r F(z)z^{n-1}]}{\mathrm{d}z^{r-1}} \tag{0-55}$$

例 0-9　已知

$$F(z)=\frac{5z}{z^2-3z+2}$$

试用留数法求其 Z 反变换。

解　根据式(0-53)，得

$$f(nT)=\sum_{i=1}^{k}\mathrm{Res}\left[\frac{5z}{(z-1)(z-2)}z^{n-1}\right]_{z\to z_i}$$

有 $z_1=1$ 和 $z_1=2$ 两个极点，则极点处留数分别为

$$\mathrm{Res}\left[\frac{5z}{(z-1)(z-2)}z^{n-1}\right]_{z\to1}=\lim_{z\to1}(z-1)\frac{5z}{(z-1)(z-2)}z^{n-1}=-5$$

$$\mathrm{Res}\left[\frac{5z}{(z-1)(z-2)}z^{n-1}\right]_{z\to2}=\lim_{z\to2}(z-2)\frac{5z}{(z-1)(z-2)}z^{n-1}=5\cdot2^n$$

所以

$$f(nT)=-5+5\cdot2^n,\ n=0,1,2,\cdots$$

所以相应的采样函数为

$$f^*(t)=\sum_{n=0}^{\infty}f(nT)\delta(t-nT)=\sum_{n=0}^{\infty}(-5+5\cdot2^n)\delta(t-nT)$$

例 0-10 已知

$$F(z)=\frac{z-3z^2}{(z-1)^2}$$

试用留数法求其 Z 反变换。

解 由于 $F(z)z^{n-1}$ 有一个二重极点 $z_1=1$，则该极点处留数为

$$\begin{aligned}\mathrm{Res}\left[\frac{z-3z^2}{(z-1)^2}z^{n-1}\right]_{z\to1}&=\frac{1}{(2-1)!}\lim_{z\to1}\frac{\mathrm{d}[(z-1)^2F(z)z^{n-1}]}{\mathrm{d}z}\\&=\lim_{z\to1}\frac{\mathrm{d}}{\mathrm{d}z}(z^n-3\cdot z^{n+1})\\&=-3-2n\end{aligned}$$

所以

$$f(nT)=-3-2n$$

相应的采样函数为

$$f^*(t)=\sum_{n=0}^{\infty}f(nT)\delta(t-nT)=\sum_{n=0}^{\infty}(-3-2n)\delta(t-nT)$$

习 题 0

0-1 试求下列函数的 Z 变换：

(1) $f(t)=a^n$； (2) $f(t)=t^2\mathrm{e}^{-3t}$；

(3) $f(t)=\sin\omega t$； (4) $f(t)=\cos\omega t$；

(5) $F(s)=\dfrac{s+2}{s^2}$； (6) $F(s)=\dfrac{1-\mathrm{e}^{-s}}{s^2(s+1)}$。

0-2 试求下列函数的 Z 反变换：

(1) $F(z)=\dfrac{10z}{(z-1)(z-2)}$； (2) $F(z)=\dfrac{-3+z^{-1}}{1-2z^{-1}+z^{-2}}$；

(3) $F(z)=\dfrac{z}{(z-\mathrm{e}^{-T})(z-\mathrm{e}^{-3T})}$； (4) $F(z)=\dfrac{z}{(z-1)^2(z-2)}$。

0-3 试求下列函数的脉冲序列 $f^*(t)$：

(1) $F(z)=\dfrac{z}{(z+1)(3z^2+1)}$； (2) $F(z)=\dfrac{z}{(z-1)(z+2)^2}$。

第1章　绪　　论

随着科学技术的飞速发展，尤其是近几十年随着计算机的广泛应用，自动控制技术在众多领域中起着越来越重要的作用，而自动控制理论是研究自动控制系统共同规律的技术科学。

1.1　自动控制的发展简史

人类发明具有“自动”功能装置的历史，可以追溯到公元前 14～11 世纪中国、埃及和巴比伦出现的自动计时漏壶以及我国汉朝科学家张衡发明的浑天仪和地动仪。公元 235 年，我国发明了按开环控制的自动指示方向的指南车。公元 1086 年左右，我国苏颂等人发明了按闭环控制原理工作的具有“天衡”自动调节机构和报时机构的水运仪象台。古埃及和古希腊也出现了半自动的简单机器，如教堂庙门自动开启装置、自动洒圣水的铜祭司、投币式圣水箱和在教堂门口自动鸣叫的青铜小鸟等自动装置。

1745 年英国机械师 E. 李发明了带有风向控制的风磨。1765 年俄国机械师波尔祖诺夫发明了浮子阀门式水位调节器。1788 年英国人瓦特发明了离心式调速器。1854 年俄国机械学家和电工学家康斯坦丁诺夫发明了电磁调速器。1868 年法国工程师法尔科发明了反馈调节器，通过它来调节蒸汽阀，操纵蒸汽船的舵。1876 年在法国科学院院报上，俄国机械学家 H. A. 维什涅格拉茨基发表了《论调节器的一般理论》，进一步总结了调节器的理论。1875 年英国数学家劳斯提出了著名的劳斯稳定判据。1895 年德国数学家赫尔维茨提出著名的赫尔维茨稳定判据。1892 年俄国数学家李雅普诺夫发表了《论运动稳定性的一般问题》，以数学语言形式给运动稳定性的概念下了严格的定义，给出了判别系统稳定的两种方法。1927 年美国贝尔电话实验室在解决电子管放大器失真问题时，电气工程师 H. S. 布莱克从电信号的角度引入了反馈的概念。1932 年美国电信工程师奈奎斯特(H. Nyquist)提出了著名的奈奎斯特稳定判据。1934 年前苏联科学家 H. H. 沃兹涅先斯基发表了《自动调节理论》。1938 年前苏联电气工程师 A. B. 米哈伊洛夫应用频率法研究自动控制系统的稳定性，提出了著名的米哈伊洛夫稳定判据。通过这些理论的发展和积累，经典控制理论逐渐形成。1939 年美国麻省理工学院建立了伺服机构实验室，同年前苏联科学院成立了自动学和运动学研究所，这是世界上第一批系统与控制的专业研究机构，为 20 世纪 40 年代形成经典控制理论和发展局部自动化积累了理论和人才，也做了理论上和组织上的准备。

按照不同的发展阶段，自动控制理论的主要研究内容可分为经典控制理论、现代控制理论和智能控制理论。本书主要研究经典控制理论和现代控制理论的自动控制原理，它们都是以反馈理论为基础的，主要用于工业控制。

1.1.1 经典控制理论

经典控制理论主要是研究单变量单回路控制系统，它包括了对单变量单回路控制系统的一系列分析方法。经典控制理论是20世纪40～60年代形成、且逐渐完善的一门学科。在这一时期，美国人伯德(Bode)写了《网络分析和反馈放大器设计》一文，奠定了经典控制理论基础；1947年美国出版了第一本自动控制教材《伺服机件原理》；1948年美国麻省理工学院出版了另一本《伺服机件原理》教材，建立了现在广泛使用的频率法。

经典控制理论以拉氏变换或Z变换为数学工具，以传递函数或Z传递函数为基础，主要研究单输入、单输出自动控制系统的分析与设计问题。经典控制理论的基本内容包括时域分析法、根轨迹法、频率特性法、相平面分析和描述函数法等，最常用的方法有奈奎斯特法、伯德法和根轨迹法。经典控制理论虽然能够较好地解决单输入单输出反馈控制系统的问题，但它具有明显的局限性，其中最突出的是难以有效地应用于时变系统和多变量系统，也难以揭示系统更为深刻的特性。

1.1.2 现代控制理论

现代控制理论形成于20世纪50～70年代。20世纪50年代末60年代初，空间技术的发展迫切要求对多输入/多输出、高精度、参数时变系统进行分析与设计，这是经典控制理论无法有效解决的问题，于是出现了新的自动控制理论，称为“现代控制理论”。代表性的研究成果是1960年卡尔曼(Kalman)发表的《控制系统的一般理论》，1961年他又与Bush发表了《线性过滤和预测问题的新结果》。

现代控制理论以线性代数和微分方程为主要数学工具，以状态空间法为基础，研究多输入、多输出、时变、非线性等自动控制系统的分析和设计问题。

现代控制理论的基本内容包括线性系统基本理论、系统辨识、最优控制理论、自适应控制理论和最佳滤波理论等。现代控制理论分析和综合系统的目标是在揭示其内在规律的基础上，实现系统在某种意义上的最优化，同时使控制系统的结构不再局限于单纯的输出反馈闭环形式。

1.1.3 智能控制理论

20世纪70年代后，控制理论向着广度和深度发展。规模庞大、结构复杂、变量众多的信息与控制系统，涉及生产过程、交通运输、计划管理、环境保护、空间技术等多方面的控制和信息处理问题，而智能控制系统是指具有某些仿人智能的工程控制与信息处理系统，其中最典型的例子就是智能机器人。

智能控制的发展始于20世纪60年代，它是一种能更好地模仿人类智能、能适应不断变化的环境、能处理多种信息以减少不确定性、能以安全可靠的方式进行规划、产生和执行控制作用、获得系统全局最优性能指标的非传统的控制方法。智能控制理论是自动控制理论发展的高级阶段，它突破了传统控制中对象必须有明确的数学描述以及控制目标必须是可以数量化的限制，它的基本内容包括专家控制理论、模糊控制理论、神经网络控制理论和进化控制理论等。

自动控制理论经过经典控制理论、现代控制理论和智能控制理论三个阶段的发展，产生了PID控制、自适应控制、最优控制、预测控制、模糊控制、神经网络控制、多变量控制、智能控制等适用于不同对象环境的控制算法，而控制系统的结构也从单一对象闭环控制系统，逐步发展到单一对象多环控制系统、多变量控制系统、分级控制系统、集散控制系统及综合自动化系统等。

1.2　开环控制系统与闭环控制系统

1. 开环控制系统

开环控制系统是指控制装置与被控对象之间的信号仅有从输入端到输出端的单向流动，而没有反向联系的控制系统，即无被控量反馈的控制系统，信号由给定值至被控量单向传递。如自动洗衣机、数控线切割机进给系统、包装机、数控车床、交通红绿灯的转换等多为开环控制。开环控制系统结构图如图1-1所示。开环控制系统可以按给定控制方式组成，也可以按扰动控制方式组成。

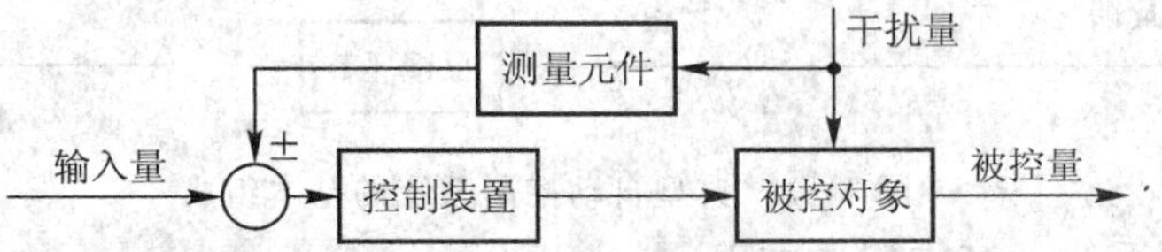

图1-1　开环控制系统结构图

按给定值控制的开环控制系统的控制作用直接由系统的输入量产生，即给定一个输入量，就有一个对应的输出量，其控制精度完全取决于元件及校准的精度。这种控制方式结构较简单，成本低，在精度要求低或扰动较小的场合有一定的实用价值，但其没有自动修复偏差的能力，抗扰动性差，无法自动补偿，因此，系统的控制精度难于保证。另外，为保证控制精度，该种控制方式对受控对象和其他控制元件的技术要求较高。

按扰动值控制的开环控制系统是利用可测的扰动量产生补偿作用，用来减小或消除扰动对输出的影响，也称为顺序控制。这种控制方式是直接从扰动取得信息，根据该信息改变被控量，其抗扰动性好，控制精度也较高。该种控制方式只适用于扰动可测量的场合。

2. 闭环控制系统

闭环控制系统也称为反馈控制系统，相比于开环控制系统而言，就是有被控量反馈的系统，如图1-2所示。从信号流向看，闭环控制系统既有从输入端到输出端的信号传递，又有从输出端到输入端的信号传递。这种控制方式，无论是由于干扰造成，还是由于结构参数的变化引起被控量出现偏差，系统都是利用偏差去纠正偏差，故这种控制方式为按偏差调节。在具有负反馈的系统中，可通过自动修正偏差，使系统输出量趋于输入量，同时抑制各种扰动，最终达到自动控制的目的。通常而言，反馈控制就是指负反馈控制。

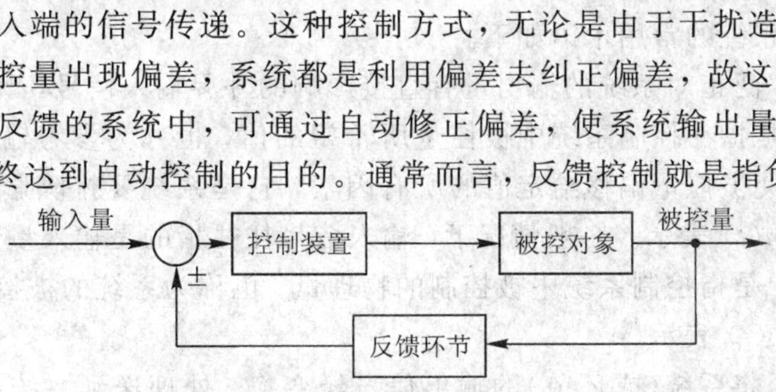

图1-2　闭环控制系统结构图

与开环控制系统相比，闭环控制系统的结构比较复杂，构造比较困难。闭环控制系统具有如下特点：① 由于增加了反馈通道，系统的控制精度得到了提高；② 由于存在系统的反馈，可以较好地抑制系统各环节中可能存在的扰动和由于器件老化而引起的结构和参数的不确定性；③ 反馈环节的存在可以较好地改善系统的动态性能。

1.3 典型自动控制系统

1. 典型自动控制系统的基本组成

自动控制系统一般都是反馈系统，典型自动控制系统的基本组成如图 1-3 所示。

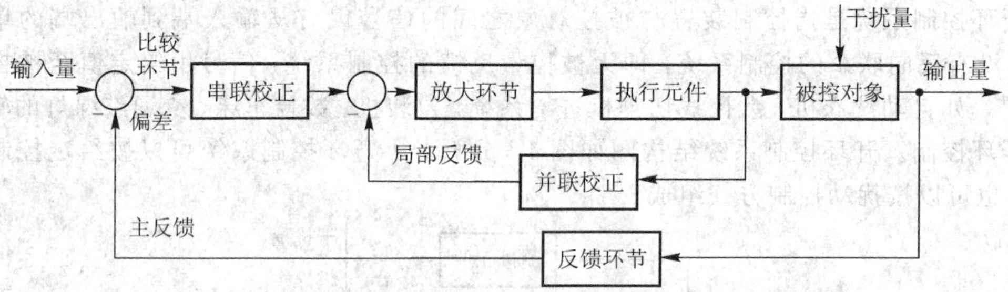

图 1-3 典型自动控制系统的基本组成

典型自动控制系统的基本组成如下。

(1) 被控对象：它是控制系统所控制和操作的对象。

(2) 校正装置：包括串联校正和并联校正，是指对系统的参数和结构进行调整，用于改善系统控制性能的仪表或装置。

(3) 放大环节：将信号变换为适合执行元件执行的信号。

(4) 执行元件：接收校正装置或放大环节的信号，输出控制信号改变被控对象的输出量(被控量)。常用的执行元件主要有调节阀、电动机等。

(5) 反馈环节：它用来测量被控量(输出量)的实际值，并经过信号处理，转换为与被控制量有一定函数关系、且与输入信号为同一物理量的信号。反馈环节一般也称为测量变送环节。

(6) 比较环节：把输入量与主反馈信号进行比较，求出它们之间的偏差信号。常用的比较环节有差动放大器、电桥电路等。

2. 典型自动控制系统的常用术语

典型自动控制系统的常用术语如下。

(1) 输入信号：泛指对系统的输出量有直接影响的外界输入信号，既包括输入量，又包括干扰量。输入量是指在控制系统中被控量所希望的值，也称为参考输入，本书中用 $r(t)$ 表示。干扰量是指使被控量偏移给定值的所有因素，它是系统要排除影响的量，也称为干扰信号，本书中用 $n(t)$ 表示。一般情况下，输入信号往往指的是输入量。

(2) 输出信号：是指控制系统中被控制的物理量，也称为系统的被控量，或称为系统的输出量，本书中用 $c(t)$ 表示。

(3) 反馈信号：将系统(或环节)的输出信号经变换、处理送到系统(或环节)的输入端的信号，称为反馈信号。若此信号是从系统输出端取出送入系统输入端的，这种反馈信号称为主反馈信号，一般用 $b(t)$ 表示。而其他的称为局部反馈信号。

(4) 偏差信号：是指输入信号 $r(t)$ 与主反馈信号 $b(t)$ 之差，一般用 $e(t)$ 表示，即 $e(t)=r(t)-b(t)$。

(5) 误差信号：是指系统输出量的实际值与希望值之差。系统希望值是理想化系统的输出，实际上并不存在，它只能用与控制输入信号具有一定比例关系的信号来表示。在单位反馈情况下，希望值就是系统的输入信号，误差信号就等于偏差信号。

1.4　自动控制系统的类型

1.4.1　线性系统和非线性系统

1. 线性系统

线性系统是指组成系统的元器件的特性均为线性，可用一个或一组线性微分方程来描述系统输入和输出之间的关系。线性系统一般可以用线性微分方程描述为

$$\begin{aligned}&a_0\frac{\mathrm{d}^n}{\mathrm{d}t^n}c(t)+a_1\frac{\mathrm{d}^{n-1}}{\mathrm{d}t^{n-1}}c(t)+\cdots+a_{n-1}\frac{\mathrm{d}}{\mathrm{d}t}c(t)+a_nc(t)\\&=b_0\frac{\mathrm{d}^m}{\mathrm{d}t^m}r(t)+b_1\frac{\mathrm{d}^{m-1}}{\mathrm{d}t^{m-1}}r(t)+\cdots+b_{m-1}\frac{\mathrm{d}}{\mathrm{d}t}r(t)+b_mr(t)\end{aligned}$$

式中，$c(t)$ 是被控量；$r(t)$ 是输入量；a_0，a_1，…，a_n，b_0，b_1，…，b_m 为系数。当系数为常数时，该系统称为定常系统；当系数随时间变化时，该系统称为时变系统。线性系统的主要特征是具有齐次性和叠加性。

2. 非线性系统

系统中只要有一个元器件的特性不能用线性微分方程描述其输入和输出之间的关系，则称该系统为非线性系统。非线性系统还没有一种完整、成熟、统一的分析方法。通常对于非线性程度不很严重，或做近似分析时，均可用线性系统理论和方法来处理。

1.4.2　连续时间系统和离散时间系统

1. 连续时间系统

系统中所有元件的信号都是随时间连续变化的，信号的大小均是可任意取值的模拟量，这样的系统称为连续时间系统(简称为连续系统)。连续系统的运动规律可用微分方程描述。

2. 离散时间系统

系统中有一处或数处的信号是脉冲序列或数码，这样的系统称为离散时间系统(简称离散系统)。若系统中采用了采样开关，将连续信号转变为离散的脉冲形式信号，此类系统称为采样控制系统或脉冲控制系统。若采用数字计算机或数字控制器，其离散信号是以数码形式传递的，此类系统称为数字控制系统。

1.4.3　定值控制系统、随动控制系统和程序控制系统

按照输入量分类，控制系统可分为定值控制系统、随动控制系统和程序控制系统。

1. 定值控制系统

定值控制系统的输入量是恒值，要求被控变量保持相对应的数值不变。室温控制系

统、直流电机转速控制系统、发电厂的电压频率控制系统、高精度稳压电源装置中的电压控制系统等都是典型的定值控制系统。

2. 随动控制系统

随动控制系统的输入量是变化规律未知的任意时间函数，系统的任务是使被控变量按照同样规律变化并与输入信号的误差保持在规定的范围内。

3. 程序控制系统

程序控制系统中的输入量是按已知规律(事先规定的程序)变化的，要求被控变量也按相应的规律随输入量变化，误差不超过规定值。热处理炉的温控系统、机床的数控加工系统等都是典型的程序控制系统。

1.5 自动控制系统的性能指标

1.5.1 对控制系统的基本要求

尽管自动控制系统有不同的类型，对每个系统也都有不同的特殊要求，但对于各类系统来说，在已知系统的结构和参数时，对该系统在某种典型输入信号作用下，其被控变量变化全过程的基本要求都是一样的，可以归结为稳定性、准确性和快速性，即稳、准、快的要求。

1. 稳定性

对于一个自动控制系统，最基本要求为：系统是绝对稳定的。否则系统无法正常工作，也无法完成控制任务，甚至会毁坏设备，造成重大损失。考虑到实际系统工作环境或参数的变动，可能导致系统不稳定，因此，除要求系统稳定外，还要求其具有一定的稳定裕量。

稳定性是保证控制系统正常工作的先决条件，是控制系统的重要特性。所谓稳定性是指控制系统偏离平衡状态后，自动恢复到平衡状态的能力。在扰动信号干扰、系统内部参数发生变化和环境条件改变等情况下，系统状态偏离了平衡状态，如果在随后所有时间内，系统的输出响应能够最终回到原先的平衡状态，则系统是稳定的；反之，如果系统的输出响应逐渐增加趋于无穷，或者进入振荡状态，则系统是不稳定的。不稳定的系统是不能工作的。

2. 准确性

准确性就是要求被控量和设定值(输入量)之间的误差达到所要求的精度范围。准确性反映了系统的稳态精度，通常控制系统的稳态精度可以用稳态误差来表示。根据输入点的不同，一般可以分为参考输入稳态误差和扰动输入稳态误差。对于随动控制系统或其他有控制轨迹要求的系统，还应当考虑动态误差。误差越小，控制精度或准确性就越高。

3. 快速性

为了很好地完成控制任务，控制系统不仅要稳定并具有较高的精度，还必须对过渡过程的形式和快慢提出要求，这个要求一般称为系统的动态性能。通常情况下，当系统由一个平衡状态过渡到另一个平衡状态时，都希望过渡过程既快速又平稳。因此，在控制系统设计时，对控制系统的过渡过程时间(即快速性)和最大振荡幅度(即超调量)都有一定的要求。

1.5.2 稳态性能指标

评价控制系统优劣通常用性能指标来衡量。一般地，时域的性能指标比较直观、形象，所以常用时域响应曲线上的一些特征来评价控制系统的性能。控制系统的时间响应通常由暂态响应和稳态响应两部分组成，故控制系统在典型输入信号作用下的性能，通常也由暂态性能和稳态性能两部分组成。

稳态性能指标主要是指系统的稳态误差 e_{ss}，本书将在第 3 章对其进行详细介绍。

1.5.3　暂态性能指标

暂态性能指标，也称为动态性能指标，主要是指上升时间 t_r、峰值时间 t_p、最大超调量 $\sigma\%$、振荡次数 N 和调节时间 t_s 等，这些指标反映了控制系统的动态特性，考虑到篇幅原因及结构的紧凑性，本书将在第 3 章对这部分内容进行详细介绍。

习　题　1

1-1　什么是开环控制系统？什么是闭环控制系统？试比较开环控制系统和闭环控制系统的区别及其优缺点。

1-2　试列举几个日常生活中开环控制和闭环控制的实际例子，画出它们的示意图并说明其工作原理。

1-3　图 1-4 是一个液位自动控制系统。在任意情况下都希望液面高度维持不变，试说明其工作原理，并画出系统的功能框图。其中 LIC 为液位控制器，LT 为液位变送器。

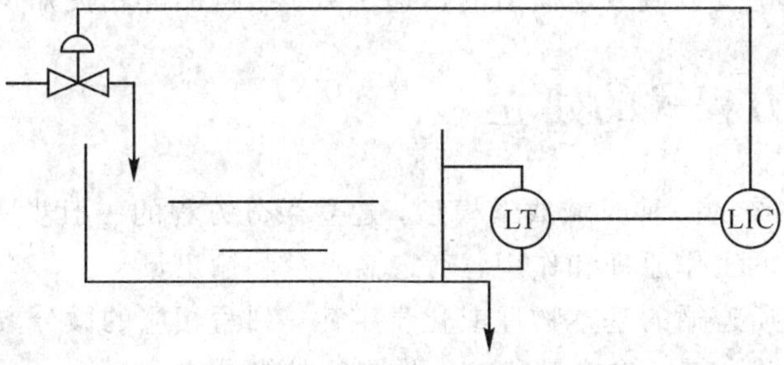

图 1-4　液位自动控制系统

1-4　以下各式是描述系统的微分方程，其中 $r(t)$ 和 $c(t)$ 分别为系统的输入和输出。试判断哪些是线性定常或时变系统，哪些是非线性系统。

(1) $c(t)=7+r^2(t)+t\cdot r(t)$；

(2) $c(t)=r(t)\sin\omega t+3$；

(3) $\dfrac{d^3c(t)}{dt^3}+3\dfrac{d^2c(t)}{dt^2}+6\dfrac{dc(t)}{dt}+8c(t)=r(t)$；

(4) $c(t)=2r(t)+3\dfrac{dr(t)}{dt}+4\int_{-\infty}^{t}r(\tau)d\tau$；

(5) $t\cdot\dfrac{dc(t)}{dt}+c(t)=r(t)+3\dfrac{dr(t)}{dt}$；

(6) $c(t)=\begin{cases}0, & t<3\\ r(t), & t\geqslant 3\end{cases}$。

第 2 章 控制系统的数学模型

在分析和设计控制系统时，首先要建立系统的数学模型。控制系统的数学模型是描述系统内部各变量之间关系的数学表达式。

控制系统的数学模型有很多种形式。时域中常采用的数学模型有微分方程、差分方程和状态方程；复数域中常采用的数学模型有传递函数、结构图和信号流图；频域中常采用的数学模型有频率特性等。针对同一个系统，时域数学模型、复数域数学模型以及频域数学模型三者之间存在着一定的转换关系。也就是说，从不同的研究角度出发，一个控制系统可以分别用上述数学模型来描述。

建立控制系统数学模型的方法主要有解析法和实验法两种。解析法是根据系统各部分之间所遵循的基本的物理或化学规律列写数学表达式，从而建立数学模型。实验法是根据系统的运行和实验数据建立数学模型。

本章将主要讨论利用解析法建立系统的时域数学模型——微分方程。在时域数学模型的基础上，进一步讨论复数域数学模型的传递函数、结构图等相关知识。

2.1 微分方程式的建立

微分方程式是系统的一种时域数学模型，建立微分方程的一般步骤如下：

(1) 根据各元件的工作原理和作用，确定输入量和输出量。

(2) 分析各元件所遵循的基本物理或化学定律，列写相应的微分方程。

(3) 消去中间变量，得到输出量和输入量之间的微分方程。

(4) 将微分方程写成标准形式，输出量及其各阶导数按降阶排列写在等号的左边，输入量及其各阶导数按降阶排列写在等号的右边，即“左出右入”降阶。

2.1.1 机械系统

现举例说明力学元件及机械系统微分方程的列写。

例 2-1 设弹簧阻尼机械系统如图 2-1 所示，试列写当外力 $F(t)$ 作用于系统时，外力 $F(t)$ 与位移 $x(t)$ 之间的微分方程。

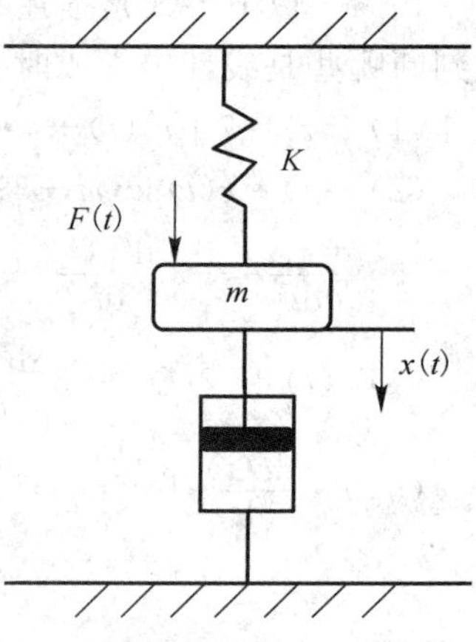

图 2-1 弹簧阻尼机械系统

解 根据牛顿第二定律可得

$$F(t)+F_1(t)+F_2(t)=m\frac{d^2x(t)}{dt^2} \qquad (2-1)$$

式中，$F_1(t)$ 为弹簧的弹力，$F_2(t)$ 为阻尼器的阻尼力，这两

个力的方向都与运动方向相反，则

$$F_1(t) = -Kx(t),\ F_2(t) = -f\frac{\mathrm{d}x(t)}{\mathrm{d}t} \tag{2-2}$$

其中，K 为弹簧的弹性系数，f 为阻尼器的阻尼系数。

把式(2-2)代入式(2-1)，得

$$F(t) - Kx(t) - f\frac{\mathrm{d}x(t)}{\mathrm{d}t} = m\frac{\mathrm{d}^2x(t)}{\mathrm{d}t^2} \tag{2-3}$$

整理得

$$m\frac{\mathrm{d}^2x(t)}{\mathrm{d}t^2} + f\frac{\mathrm{d}x(t)}{\mathrm{d}t} + Kx(t) = F(t) \tag{2-4}$$

从式(2-4)可以看出，该机械系统的数学模型是一个二阶常微分方程，其所描述的系统为一个二阶系统。

例 2-2　扭摆系统如图 2-2 所示，其中摆锤的转动惯量用 J 表示，摆锤与空气之间的摩擦阻尼系数用 B 表示，吊杆弹性作用的扭簧系数用 K 表示。试列写输入为作用在摆锤上的力矩 $M(t)$，输出为摆锤转动角度 $\theta(t)$ 的微分方程。

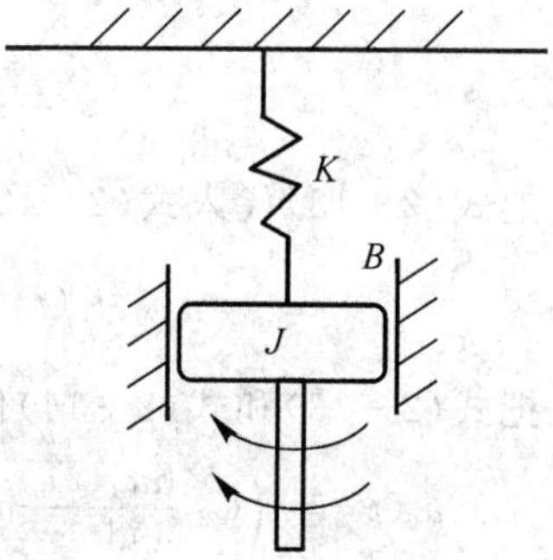

图 2-2　扭摆系统

解　根据题意得

$$J\frac{\mathrm{d}^2\theta(t)}{\mathrm{d}t^2} + B\frac{\mathrm{d}\theta(t)}{\mathrm{d}t} + K\theta(t) = M(t) \tag{2-5}$$

从式(2-5)可以看出，该机械系统的数学模型也是一个二阶常微分方程，其所描述的系统为一个二阶系统。

2.1.2　电气系统

例 2-3　运算电路如图 2-3 所示，试列写输入量为 $u_i(t)$、输出量为 $u_o(t)$ 的微分方程。

解　根据运算放大器的"虚短"和"虚断"概念以及基尔霍夫电流定律，可得

$$i_1(t) = \frac{u_i(t)}{R_1} \tag{2-6}$$

$$i_2(t) = -\frac{u_o(t)}{R_2} \tag{2-7}$$

$$i_1(t) - i_2(t) = -C\frac{\mathrm{d}u_o(t)}{\mathrm{d}t} \tag{2-8}$$

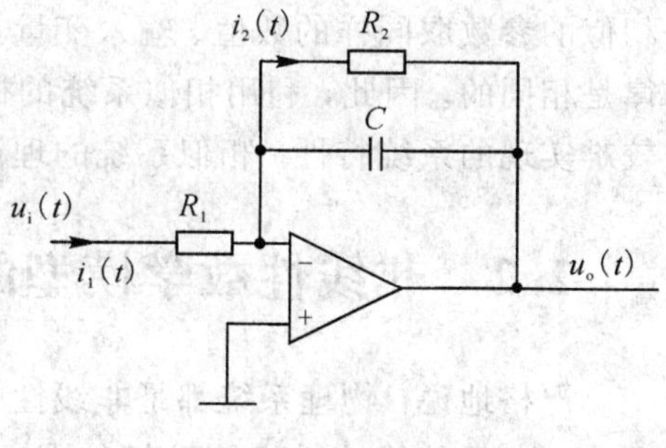

图 2-3　运算电路

把式(2-6)和式(2-7)代入式(2-8)，得

$$\frac{u_i(t)}{R_1} + \frac{u_o(t)}{R_2} = -C\frac{\mathrm{d}u_o(t)}{\mathrm{d}t} \tag{2-9}$$

写成标准形式为

$$R_1R_2C\frac{\mathrm{d}u_o(t)}{\mathrm{d}t} + R_1u_o(t) = -R_2u_i(t) \tag{2-10}$$

从式(2-10)可以看出，该电路的数学模型是一个一阶常微分方程，其所描述的系统为一个一阶系统。

例 2-4 *RC* 电路网络如图 2-4 所示，试列写输入量为 $u_i(t)$、输出量为 $u_o(t)$的微分方程。

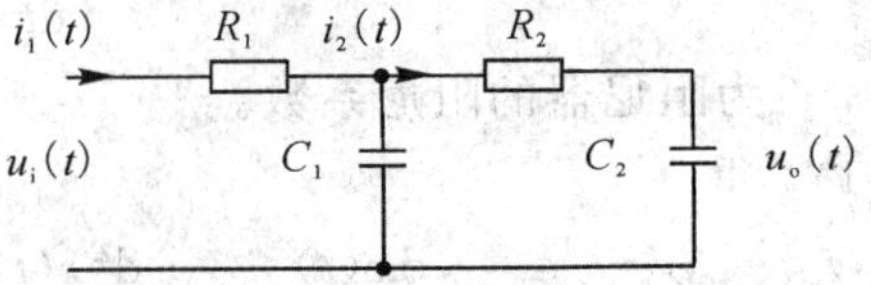

图 2-4 *RC* 电路网络

解 根据基尔霍夫电压定律，可列出方程式

$$u_i(t)=i_1(t)R_1+i_2(t)R_2+u_o(t) \tag{2-11}$$

在式(2-11)中，中间变量为 $i_1(t)$和 $i_2(t)$，需要消去，而

$$i_1(t)-i_2(t)=C_1\frac{\mathrm{d}u_{C_1}(t)}{\mathrm{d}t}=C_1\frac{\mathrm{d}(i_2(t)R_2+u_o(t))}{\mathrm{d}t} \tag{2-12}$$

$$i_2(t)=C_2\frac{\mathrm{d}u_o(t)}{\mathrm{d}t} \tag{2-13}$$

把式(2-13)代入式(2-12)，得

$$i_1(t)=C_2\frac{\mathrm{d}u_o(t)}{\mathrm{d}t}+C_1C_2R_2\frac{\mathrm{d}^2u_o(t)}{\mathrm{d}t^2}+C_1\frac{\mathrm{d}u_o(t)}{\mathrm{d}t} \tag{2-14}$$

把式(2-13)和式(2-14)代入式(2-11)，得

$$u_i(t)=\left(C_2\frac{\mathrm{d}u_o(t)}{\mathrm{d}t}+C_1C_2R_2\frac{\mathrm{d}^2u_o(t)}{\mathrm{d}t^2}+C_1\frac{\mathrm{d}u_o(t)}{\mathrm{d}t}\right)R_1+C_2\frac{\mathrm{d}u_o(t)}{\mathrm{d}t}R_2+u_o(t) \tag{2-15}$$

写成标准形式为

$$R_1R_2C_1C_2\frac{\mathrm{d}^2u_o(t)}{\mathrm{d}t^2}+(R_1C_2+R_1C_1+R_2C_2)\frac{\mathrm{d}u_o(t)}{\mathrm{d}t}+u_o(t)=u_i(t) \tag{2-16}$$

从式(2-16)可以看出，该网络的数学模型是一个二阶常微分方程，其所描述的系统为一个二阶系统。

从上述系统微分方程可以看出，不同类型的系统可具有形式相同的数学模型，这些具有相同形式数学模型的相似系统揭示了不同物理现象之间的相似关系，当这些相似系统中相似的参数取同样的数值、输入变量具有相同的函数形式时，这些系统的输出量的变化规律是相同的。因此，利用相似系统的概念，可以用一个易于实现的系统来研究与其相似的较难实现的系统特性。相似系统的理论也是控制系统仿真研究法的依据。

2.2 非线性数学模型的线性化

严格地说，物理系统都是非线性的，往往存在着间隙、饱和、死区等非线性现象，因此严格意义上的线性系统是不存在的。一般地，对于任何一个实际的系统，只要其中至少有一部分是非线性环节，这个系统就是非线性系统，描述它的数学模型也是非线性的方程。

目前，非线性系统的理论还不够完善，许多非线性问题往往没有一个明确的、可靠的分析、设计和解决方法，这给控制系统的分析带来了很大的困难。但是如果利用一些方法对非线性系统进行线性化处理，得到非线性系统的线性化数学模型后，再利用分析线性系统的方法分析非线性问题，将会解决上述问题。

一种线性化方法是当非线性因素对系统的影响较小时，一般直接将这些非线性元件看作线性元件。例如，通常认为常数的弹簧的弹性系数实际上是其位移量的函数；通常认为常数的电阻、电感和电容等参数实际上也是变化的，它们与周围的环境(温度、湿度、压力等)以及流经它们的电流有关。而平时在分析问题时，这些参数都被当作常数来处理，这是通常采用的一种线性化方法。

另外一种线性化方法叫作切线法或小偏差法。这种方法特别适合具有连续变化的非线性函数特性，其实质就是在一个很小的范围内，将非线性特性用一段直线来代替，如图 2-5所示。

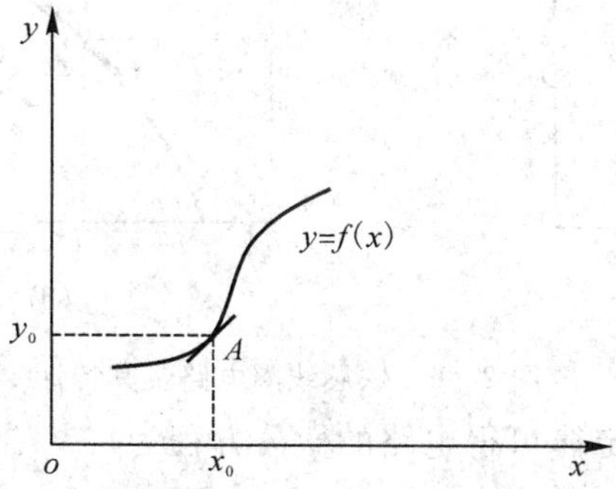

图 2-5　切线法示意图

切线法或小偏差法的具体思路是：当控制系统工作在一个工作点附近时，可在工作点处将非线性特性展开，用泰勒级数表示，若系统在工作中满足偏离静态工作点不大的条件，则可忽略泰勒级数中偏差的那些非线性项，用只含有偏差线性项的关系式近似表示工作点附近的非线性特性。在对非线性特性数学模型进行线性化时，应满足下面几个基本假定：

(1) 非线性环节 $y=f(x)$具有静态非线性特性，非线性函数 $y=f(x)$连续且各阶导数存在。

(2) 控制系统有一个额定的工作状态，即系统有一个静态工作点(平衡状态)。

(3) 系统工作过程中，自变量偏离工作点的偏差量 Δx 很小，即满足微偏条件。

当上述三个条件满足时，如图 2-5 所示，取平衡状态 $A(x_0, y_0)$为工作点，其中 $y_0=f(x_0)$，当 $x=x_0+\Delta x$ 时，有 $y=y_0+\Delta y$，则可将非线性环节 $y=f(x)$用泰勒级数展开为

$$y = f(x) = f(x_0) + \left.\frac{\mathrm{d}y}{\mathrm{d}x}\right|_{x=x_0}(x-x_0) + \frac{1}{2!}\left.\frac{\mathrm{d}^2 y}{\mathrm{d}x^2}\right|_{x=x_0}(x-x_0)^2 + \cdots \tag{2-17}$$

当增量 $\Delta x=x-x_0$ 很小时，略去高次幂项，可得

$$f(x) = f(x_0) + \left.\frac{\mathrm{d}y}{\mathrm{d}x}\right|_{x=x_0}(x-x_0) \tag{2-18}$$

式中，$\left.\frac{\mathrm{d}y}{\mathrm{d}x}\right|_{x=x_0}$为工作点 $A(x_0, y_0)$处的斜率，也就是说，当增量 $\Delta x=x-x_0$ 很小时，可用工作点处的切线代替曲线，得到变量在工作点的增量方程，这样输出与输入之间就成为线性关系。

在控制系统的大多数工作状态下，切线法或小偏差法是可行的。控制系统在正常情况下都处于稳定的工作状态，即系统工作在平衡状态，一旦出现干扰，平衡状态被破坏，被控量偏离期望值出现偏差时，控制系统就会开始动作以减小或消除偏差。在整个调节过程中，

控制系统被控量的偏差一般不会很大，属于“小偏差”。所以在建立系统的数学模型时，通常将系统的稳定工作状态作为起始状态，研究其小偏差运动情况，即系统输入量和输出量的运动特性。该特性正是增量线性化方程所描述的系统特性。如果系统的非线性元件多于一个，就必须对各个非线性元件建立其工作点的线性化增量方程。

例 2-5 铁芯线圈电路如图 2-6(a)所示，铁芯线圈的磁通 Φ 与线圈中的电流 i 之间的关系如图 2-6(b)所示，试列写输入量为 $u_i(t)$、输出量为 $i(t)$ 的电路微分方程。

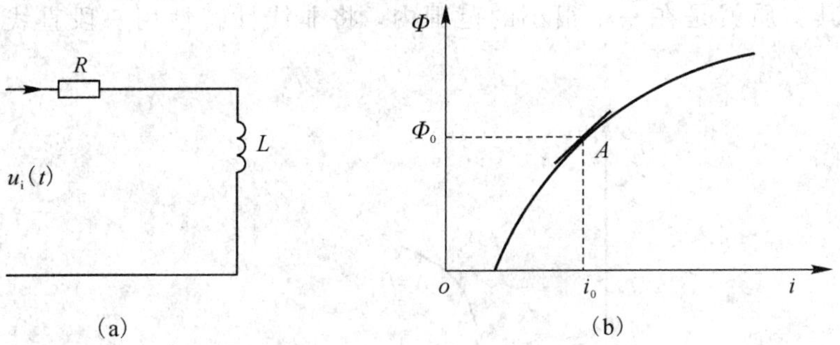

图 2-6　铁芯线圈电路及其特性

解 根据基尔霍夫电压定律可得电路的微分方程为

$$u_i(t)=K\frac{d\Phi(i)}{dt}+Ri(t)=K\frac{d\Phi(i)}{di}\frac{di(t)}{dt}+Ri(t) \tag{2-19}$$

式中，K 为线圈匝数。实际中，电路的电压和电流在平衡点(u_0，i_0)附近做微小变化。根据题意可知，$\Phi(i)$为非线性函数，并且 $\Phi(i)$ 在 Φ_0 附近连续可导，可将其在 i_0 附近按照切线法或小偏差法进行线性化，得

$$\Phi(i)=\Phi(i_0)+\left.\frac{d\Phi(i)}{di}\right|_{i_0}\Delta i=\Phi(i_0)+K_1\Delta i \tag{2-20}$$

式中，$K_1=\left.\frac{d\Phi(i)}{di}\right|_{i_0}$。这样在平衡点处，略去增量符号 Δ，可得到 $\Phi(i)$ 的线性化函数为

$$\Phi(i)=K_1 i \tag{2-21}$$

则

$$\frac{d\Phi(i)}{di}=K_1 \tag{2-22}$$

将式(2-22)代入式(2-19)，可得

$$KK_1\frac{di(t)}{dt}+Ri(t)=u_i(t) \tag{2-23}$$

利用切线法或小偏差法进行线性化时，要注意以下问题：

(1) 在线性化之前，必须确定非线性元件的工作点。

(2) 线性化是相对于某一个工作点的，当工作点变化时，所得到的线性化方程的系数往往不同。

(3) 增量方程可认为其初始条件为零。

(4) 变量的偏差越小，线性化的程度越高。

(5) 线性化只适用于没有间断点、折断点的单值函数。

(6) 对于严重非线性元件，一般不能用切线法或小偏差法。

2.3　传递函数

2.3.1　传递函数的定义

一般情况下，线性定常连续系统的时域数学模型可表示为

$$a_0\frac{\mathrm{d}^n}{\mathrm{d}t^n}c(t)+a_1\frac{\mathrm{d}^{n-1}}{\mathrm{d}t^{n-1}}c(t)+\cdots+a_{n-1}\frac{\mathrm{d}}{\mathrm{d}t}c(t)+a_nc(t)$$
$$=b_0\frac{\mathrm{d}^m}{\mathrm{d}t^m}r(t)+b_1\frac{\mathrm{d}^{m-1}}{\mathrm{d}t^{m-1}}r(t)+\cdots+b_mr(t) \tag{2-24}$$

式中，$r(t)$为输入量；$c(t)$为输出量；$a_i(i=0,1,2,\cdots,n)$和$b_j(j=0,1,2,\cdots,m)$是由系统本身结构和参数决定的系数，实际系统中这些系数都是实数，且 $n\geqslant m$。

如果输入 $r(t)$及其各阶导数在 $t=0$ 时的值为零，输出 $c(t)$及其各阶导数在 $t=0$ 时的值也为零，即零初始条件，则对式(2-24)求拉普拉斯变换可得

$$(a_0s^n+a_1s^{n-1}+\cdots+a_{n-1}s+a_n)C(s)=(b_0s^m+b_1s^{m-1}+\cdots+b_{m-1}s+b_m)R(s) \tag{2-25}$$

整理后可得

$$G(s)=\frac{C(s)}{R(s)}=\frac{b_0s^m+b_1s^{m-1}+\cdots+b_{m-1}s+b_m}{a_0s^n+a_1s^{n-1}+\cdots+a_{n-1}s+a_n}=\frac{M(s)}{N(s)} \tag{2-26}$$

线性定常系统(或环节)的传递函数定义为在零初始条件下系统(或环节)输出量的拉普拉斯变换与系统输入量的拉普拉斯变换之比。显然，传递函数是以复变量 s 为自变量且具有有理分式形式的复变函数。式(2-26)中，$M(s)$为传递函数的分子多项式，$M(s)=0$ 的根称为传递函数的零点；$N(s)$为传递函数的分母多项式，$N(s)=0$ 的根称为传递函数的极点。

传递函数输入与输出的关系可以用方框图表示，如图 2-7 所示。

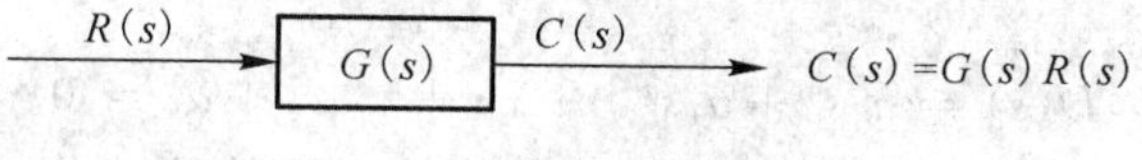

图 2-7　传递函数方框图

通过上面的分析可知，系统的时域模型微分方程和传递函数之间是可以相互转换的，由微分方程转换为传递函数时，只要把微分方程中的 $r(t)\to R(s)$，$c(t)\to C(s)$，$\frac{\mathrm{d}}{\mathrm{d}t}\to s$，然后再写成分式形式即可；反之，由传递函数转换为微分方程时，做相反的转换即可。

例 2-6　已知控制系统的微分方程为

$$\frac{\mathrm{d}^3}{\mathrm{d}t^3}c(t)+3\frac{\mathrm{d}^2}{\mathrm{d}t^2}c(t)+3\frac{\mathrm{d}}{\mathrm{d}t}c(t)+2c(t)=6\frac{\mathrm{d}}{\mathrm{d}t}r(t)+r(t) \tag{2-27}$$

试求控制系统的传递函数。

解　根据传递函数的定义，在零初始条件下，对微分方程式(2-27)两边求拉普拉斯变换，可得

$$s^3C(s)+3s^2C(s)+3sC(s)+2C(s)=6sR(s)+R(s) \tag{2-28}$$

控制系统的传递函数为

$$G(s) = \frac{C(s)}{R(s)} = \frac{6s+1}{s^3+3s^2+3s+2} \tag{2-29}$$

例 2－7 已知系统的传递函数为

$$G(s) = \frac{C(s)}{R(s)} = \frac{s+1}{s^2+3s+2} \tag{2-30}$$

试求控制系统的微分方程。

解 交叉相乘得到

$$s^2C(s) + 3sC(s) + 2C(s) = sR(s) + R(s) \tag{2-31}$$

在零初始条件下，对式(2－31)两边求拉普拉斯反变换，可得

$$\frac{d^2}{dt^2}c(t) + 3\frac{d}{dt}c(t) + 2c(t) = \frac{d}{dt}r(t) + r(t) \tag{2-32}$$

2.3.2 传递函数的性质

传递函数的性质主要有如下几点。

(1) 传递函数是复变量 s 的有理分式，具有复变函数的性质，且所有系数都是实数；$n \geqslant m$，这是由于实际系统或环节的惯性所造成的。

(2) 传递函数适用于线性定常连续系统，这是由于传递函数是经拉普拉斯变换导出的，而拉氏变换是一种线性积分运算。

(3) 传递函数表示线性定常系统输出量与输入量之间的关系，它只取决于系统的结构、参数，而与输入量或输入函数的形式无关。

(4) 传递函数与微分方程之间可以互相转换。

(5) 传递函数只表示单输入和单输出(SISO)系统之间的关系，对多输入多输出(MIMO)系统，可用多个传递函数或传递函数阵表示。

(6) 传递函数分母多项式 $N(s)$称为特征多项式，记为

$$D(s) = a_0s^n + a_1s^{n-1} + \cdots + a_{n-1}s + a_n \tag{2-33}$$

而

$$D(s) = a_0s^n + a_1s^{n-1} + \cdots + a_{n-1}s + a_n = 0 \tag{2-34}$$

称为特征方程。解特征方程得到的根称为特征根或传递函数的极点。

(7) 传递函数的拉普拉斯反变换是系统的单位脉冲响应 $g(t)$。单位脉冲响应是在零初始条件下，线性系统对理想单位脉冲输入信号的输出响应。这是传递函数的物理意义。

因为单位脉冲输入信号为 $r(t)=\delta(t)$，其拉普拉斯变换 $R(s)=\mathscr{L}[\delta(t)]=1$，则系统脉冲响应为

$$g(t) = \mathscr{L}^{-1}[C(s)] = \mathscr{L}^{-1}[G(s)R(s)] = \mathscr{L}^{-1}[G(s)] \tag{2-35}$$

例 2－8 已知系统的阶跃输入 $r(t)=1(t)$，零初始条件下的输出响应 $c(t)=1-e^{-2t}+e^{-t}$，试求系统的传递函数和脉冲响应。

解

$$R(s) = \mathscr{L}[r(t)] = \mathscr{L}[1(t)] = \frac{1}{s} \tag{2-36}$$

$$C(s) = \mathscr{L}[c(t)] = \mathscr{L}[1-e^{-2t}+e^{-t}] = \frac{1}{s} - \frac{1}{s+2} + \frac{1}{s+1} \tag{2-37}$$

由传递函数的定义得

$$G(s)=\frac{C(s)}{R(s)}=\frac{s^2+4s+2}{(s+1)(s+2)} \tag{2-38}$$

根据传递函数的性质，可得

$$\begin{aligned}g(t)&=\mathscr{L}^{-1}[G(s)]=\mathscr{L}^{-1}\left[\frac{s^2+4s+2}{(s+1)(s+2)}\right]\\&=\mathscr{L}^{-1}\left[1-\frac{1}{(s+1)}+\frac{2}{(s+2)}\right]=\delta(t)-e^{-t}+2e^{-2t}\end{aligned} \tag{2-39}$$

2.3.3 传递函数的常用形式

在利用复数域数学模型——传递函数分析系统时，常采用的形式有三种：有理真分式形式(如式(2-26))、零-极点表示形式和时间常数表示形式。

1. 有理真分式形式

有理真分式形式如下：

$$G(s)=\frac{C(s)}{R(s)}=\frac{b_0s^m+b_1s^{m-1}+\cdots+b_{m-1}s+b_m}{a_0s^n+a_1s^{n-1}+\cdots+a_{n-1}s+a_n} \tag{2-40}$$

这一形式前面已经有所介绍。

2. 零-极点表示形式(在根轨迹法中使用最多)

零-极点表示形式如下：

$$G(s)=\frac{b_0}{a_0}\frac{s^m+d_1s^{m-1}+\cdots+d_{m-1}s+d_m}{s^n+c_1s^{n-1}+\cdots+c_{n-1}s+c_n}=K^*\frac{\prod\limits_{j=1}^{m}(s-z_j)}{\prod\limits_{i=1}^{n}(s-p_i)} \tag{2-41}$$

式(2-41)是由有理分式分别对分子多项式和分母多项式因式分解后得到的。式中，$z_j(j=1,2,\cdots,m)$称为传递函数的零点；$p_i(i=1,2,\cdots,n)$称为传递函数的极点。这里z_j和p_i可能是实数，也可能是成对出现的共轭复数。$K^*=b_0/a_0$称为根轨迹增益，这种零、极点形式在利用根轨迹法分析系统时最常用。

如果把传递函数的零-极点表示中的一对共轭复数的一阶因子合并，用一个系数为实数的二阶因子表示，同时在传递函数中有ν个等于0的极点，那么式(2-41)可写为

$$G(s)=\frac{K^*}{s^\nu}\frac{\prod\limits_{j=1}^{m_1}(s-z_j)\prod\limits_{k=1}^{m_2}(s^2+2\xi_k\omega_ks+\omega_k^2)}{\prod\limits_{i=1}^{n_1}(s-p_i)\prod\limits_{l=1}^{n_2}(s^2+2\xi_l\omega_ls+\omega_l^2)} \tag{2-42}$$

其中，$m=m_1+2m_2$，$n=\nu+n_1+2n_2$。

3. 时间常数表示形式(在频域法中使用较多)

传递函数的分子多项式和分母多项式因式分解后，还可以写成如下因子连乘积的形式：

$$G(s)=\frac{K}{s^\nu}\frac{\prod\limits_{j=1}^{m_1}(\tau_js+1)\prod\limits_{k=1}^{m_2}(\tau_k^2s^2+2\xi_k\tau_ks+1)}{\prod\limits_{i=1}^{n_1}(T_is+1)\prod\limits_{l=1}^{n_2}(T_l^2s^2+2\xi_lT_ls+1)} \tag{2-43}$$

式中，$\tau_j=-\frac{1}{z_j}$、$\tau_k=\frac{1}{\omega_k}$为分子各因子的时间常数；$T_i=-\frac{1}{p_i}$、$T_l=\frac{1}{\omega_l}$为分母各因子的时间常数；$K=\frac{b_m}{a_n}=K^*\frac{\prod_{j=1}^{m_1}(-z_j)\prod_{k=1}^{m_2}\omega_k^2}{\prod_{i=1}^{n_1}(-p_i)\prod_{l=1}^{n_2}\omega_l^2}$称为增益。这种表示形式称为时间常数表示形式，也称为典型环节表示形式，这种形式的传递函数在利用频域法分析系统时最常用。

2.3.4 典型环节及其传递函数

式(2-43)将传递函数写成了实系数最简因子的乘积形式。这些最简因子就是典型环节对应的传递函数，线性定常系统中的典型环节有比例环节、积分环节、惯性环节、二阶振荡环节、微分环节和延迟环节等。

属于同一典型环节的元件装置，其物理过程可以有很大的差异，但其运动规律却是相同的。任何一个系统传递函数都可以写成典型环节传递函数的乘积形式。需要指出的是，典型环节是根据数学模型划分的，和构成系统的实际环节一般没有一一对应关系。一个简单的系统可能就是一个典型环节，而一个复杂的环节其数学模型可能包含多个典型环节。

1. 比例环节

比例环节的输出量与输入量成一定比例，其时域数学模型——微分方程为

$$c(t)=Kr(t) \tag{2-44}$$

式中，K 称为比例增益。

比例环节的复数域数学模型——传递函数为

$$G(s)=\frac{C(s)}{R(s)}=K \tag{2-45}$$

在单位阶跃输入信号 $r(t)=1(t)$作用下，如图 2-8(a)所示，比例环节的输出响应为

$$c(t)=K\cdot 1(t) \tag{2-46}$$

比例环节的单位阶跃响应如图 2-8(b)所示。比例环节的输出量与输入量成比例，且无失真，无时间延迟。

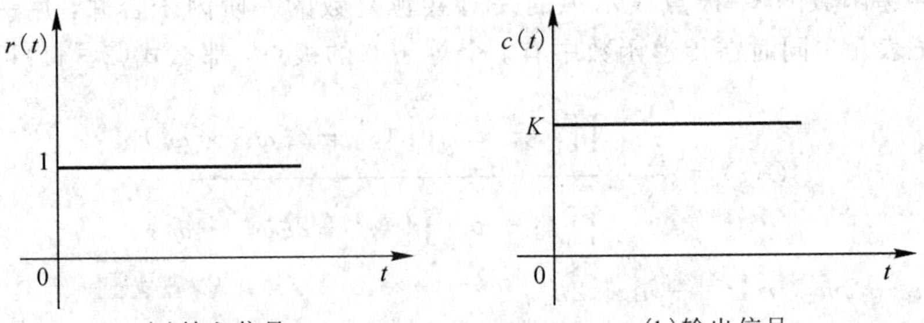

(a)输入信号 (b)输出信号

图 2-8 比例环节的输出响应

实际系统中，比例环节有很多，如分压器、测速发电机、感应式变送器、理想的电子放大器等都可以认为是比例环节。

2. 积分环节

积分环节的输出量是输入量的积分，其时域数学模型——微分方程为

$$c(t)=\frac{1}{T_i}\int r(t)\mathrm{d}t \tag{2-47}$$

式中，T_i 称为积分时间常数。

积分环节的复数域数学模型——传递函数为

$$G(s)=\frac{C(s)}{R(s)}=\frac{1}{T_i s} \tag{2-48}$$

在单位阶跃输入信号 $r(t)=1(t)$ 作用下，积分环节的输出响应为

$$c(t)=\frac{t}{T_i} \tag{2-49}$$

积分环节的单位阶跃响应曲线如图 2-9 所示，输出量随时间变化直线上升，积分作用的强弱由 T_i 决定，T_i 越小，积分环节就越强。当 $t=t'$ 时，阶跃输入信号消失，积分作用停止，输出维持不变，所以称积分作用具有记忆功能。

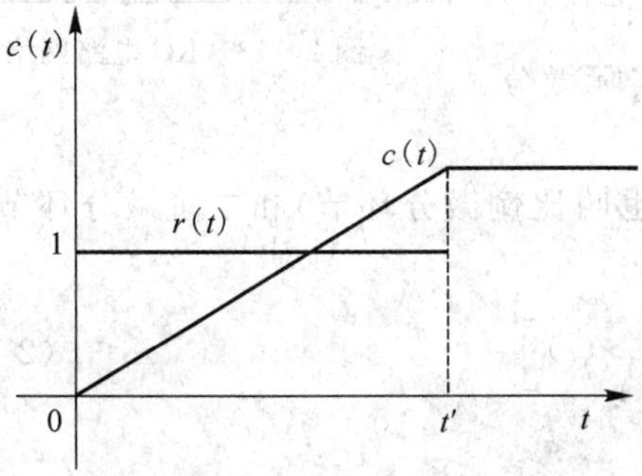

图 2-9　积分环节的输出响应

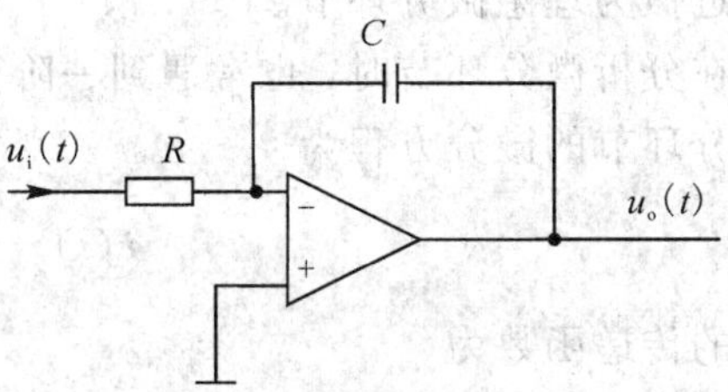

图 2-10　运算放大器构成的积分电路

由运算放大器构成的积分电路如图 2-10 所示，其微分方程和传递函数分别为

$$u_o(t)=-\frac{1}{RC}\int u_i(t)\mathrm{d}t \tag{2-50}$$

$$G(s)=\frac{U_o(s)}{U_i(s)}=-\frac{1}{RCs} \tag{2-51}$$

3. 微分环节

微分环节的输出量与输入量的导数成比例关系，其时域数学模型——微分方程为

$$c(t)=T_d\frac{\mathrm{d}r(t)}{\mathrm{d}t} \tag{2-52}$$

式中，T_d 称为微分时间常数。

微分环节的复数域数学模型——传递函数为

$$G(s)=T_d s \tag{2-53}$$

在单位阶跃输入信号 $r(t)=1(t)$ 作用下，微分环节的输出响应为

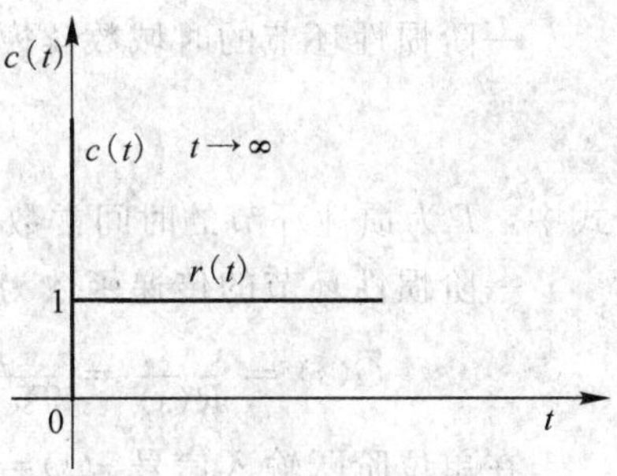

图 2-11　微分环节的输出响应

$$c(t)=T_d\delta(t)$$

微分环节的输出响应如图 2-11 所示。

实际中理想的微分难以实现，所以在分析时常采用带有惯性的微分环节，称其为实际微分，实际微分环节的传递函数为

$$G(s)=\frac{KT_{\mathrm{d}}s}{T_{\mathrm{d}}s+1} \tag{2-54}$$

其阶跃响应为

$$c(t)=K\mathrm{e}^{-\frac{t}{T_{\mathrm{d}}}} \tag{2-55}$$

实际微分环节的单位阶跃响应曲线如图 2-12 所示。实际微分环节的阶跃响应按指数规律下降，若 K 很大，同时 T_{d} 很小时，实际微分环节接近理想微分环节。

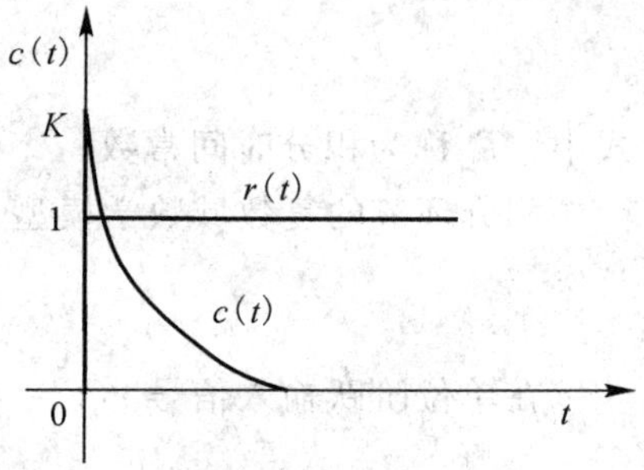

图 2-12 实际微分环节的输出响应

如图 2-13 所示的 RC 电路网络就是一个实际微分环节，其微分方程和传递函数分别为

$$RC\frac{\mathrm{d}u_{\mathrm{o}}(t)}{\mathrm{d}t}+u_{\mathrm{o}}(t)=RC\frac{\mathrm{d}u_{\mathrm{i}}(t)}{\mathrm{d}t} \tag{2-56}$$

$$G(s)=\frac{U_{\mathrm{o}}(s)}{U_{\mathrm{i}}(s)}=\frac{RCs}{RCs+1}=\frac{T_{\mathrm{d}}s}{T_{\mathrm{d}}s+1} \tag{2-57}$$

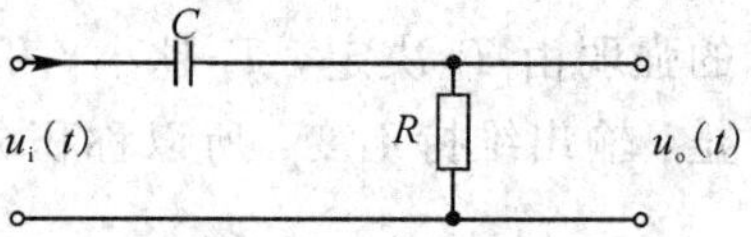

图 2-13 RC 电路网络

式中，$T_{\mathrm{d}}=RC$，称为微分时间常数。$T_{\mathrm{d}}\ll 1$ 时，实际微分环节近似为理想微分环节。

在分析微分环节时，也常遇到一阶微分环节（也叫比例微分环节）和二阶微分环节。一阶微分环节的微分方程为

$$c(t)=\left[\tau\frac{\mathrm{d}r(t)}{\mathrm{d}t}+r(t)\right] \tag{2-58}$$

相应的传递函数为

$$G(s)=(\tau s+1) \tag{2-59}$$

二阶微分环节的微分方程为

$$c(t)=\left[\tau^2\frac{\mathrm{d}^2r(t)}{\mathrm{d}t^2}+2\xi\tau\frac{\mathrm{d}r(t)}{\mathrm{d}t}+r(t)\right] \tag{2-60}$$

相应的传递函数为

$$G(s)=(\tau^2s^2+2\xi\tau s+1) \tag{2-61}$$

4. 一阶惯性环节

一阶惯性环节的时域数学模型——微分方程为

$$T\frac{\mathrm{d}c(t)}{\mathrm{d}t}+c(t)=r(t) \tag{2-62}$$

式中，T 为惯性环节的时间常数。

一阶惯性环节的传递函数为

$$G(s)=\frac{C(s)}{R(s)}=\frac{1}{Ts+1} \tag{2-63}$$

在单位阶跃输入信号 $r(t)=1(t)$ 作用下，惯性环节的输出响应为

$$c(t)=1-\mathrm{e}^{-\frac{t}{T}} \tag{2-64}$$

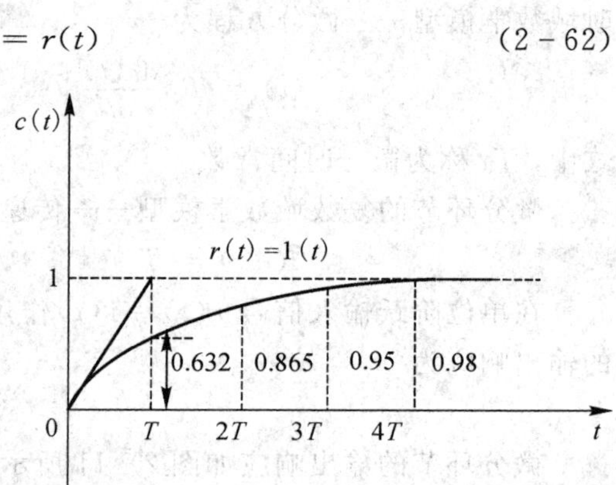

图 2-14 惯性环节的输出响应

惯性环节的单位阶跃响应曲线如图 2-14 所示。它是一条按指数规律上升的曲线，经过 $3T\sim 4T$ 后，输出接近稳态值。惯性环节的阶跃

响应是单调上升的，是非周期过程，因而也称惯性环节为非周期环节。

例如，例 2-3 和例 2-5 所描述的系统均属于惯性环节。

5. 二阶振荡环节

二阶振荡环节的时域数学模型——微分方程为

$$T^2\frac{d^2c(t)}{dt^2}+2\xi T\frac{dc(t)}{dt}+c(t)=r(t) \tag{2-65}$$

二阶振荡环节的传递函数为

$$G(s)=\frac{1}{T^2s^2+2\xi Ts+1} \tag{2-66}$$

式中，ξ 为阻尼系数或阻尼比，且 $0<\xi<1$；T 为时间常数。

二阶振荡环节的传递函数还可以写成

$$G(s)=\frac{\omega_n^2}{s^2+2\xi\omega_n s+\omega_n^2},\ 0<\xi<1 \tag{2-67}$$

式中，$\omega_n=1/T$，为无阻尼振荡频率，二阶系统的响应特性将在后面第 3 章时域分析中详细讨论。

例如，例 2-1、例 2-2 和例 2-4 中所描述的系统均属于二阶振荡环节。

6. 延迟环节

延迟环节的输出量在经过延迟时间 τ 后复现输入量，即

$$c(t)=r(t-\tau) \tag{2-68}$$

式中，τ 为延迟时间。相应的传递函数为

$$G(s)=\frac{C(s)}{R(s)}=e^{-\tau s} \tag{2-69}$$

在单位阶跃输入信号 $r(t)=1(t)$ 作用下，延迟环节的输出响应为

$$c(t)=1(t-\tau) \tag{2-70}$$

延迟环节的单位阶跃响应曲线如图 2-15 所示。输出信号在输入信号加入一段时间 τ 以后，重现输入信号。

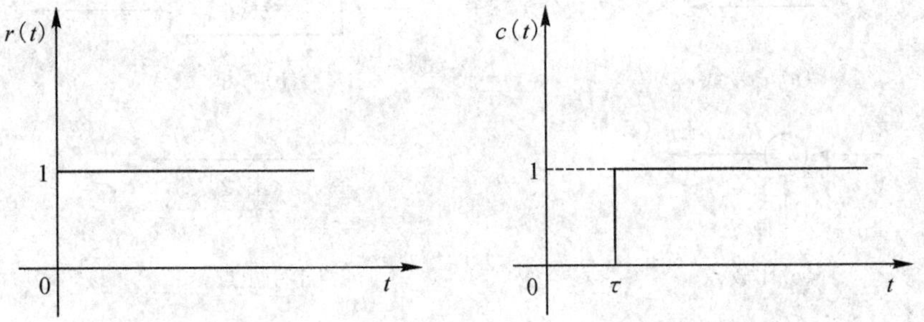

(a)输入信号　(b)输出信号

图 2-15　延迟环节的输出响应

实际中，很多过程都是有延迟的。例如，皮带或管道的输送过程、管道反应和管道混合过程；在晶闸管整流装置中，晶闸管一旦被触发，就有一段失控时间，在这段时间内即便控制电压发生变化，也不会影响输出，只有在晶闸管的下一个触发脉冲到来时，才能反映新的控制作用等。上述这些实际环节都可以看成是延迟环节。延迟过大，往往会使控制效果变坏，甚至使系统失去稳定性。

2.4 系统结构图及其等效变换

控制系统的结构图也称控制系统的方框图，是由许多对信号进行单向运算的方框和一些信号流向线组成的。系统结构图是系统各元件功能和信号流向的图解，清楚地表明了系统中各环节和信号之间的关系。它是一种用图形表示的数学模型，利用方框、信号线、信号的比较点和信号的引出点等符号直观地反映控制系统的组成、控制系统各组成部分之间的连接关系以及系统中信号的传递方向和运算关系等，非常形象和直观。另外，通过结构图的简化，可以获得系统的传递函数，进而分析系统的特性，例如可以求取系统在任意输入信号作用下的输出响应，分析系统的稳定性，求取系统的动态和稳态性能等。

2.4.1 结构图的组成

结构图包括四种基本的组成部分，分别为信号线、方框（或环节）、比较点（或综合点）、引出点（测量点）。有些教材上也把引出点叫作分支点，把比较点叫作相加点。

（1）信号线是带有箭头的直线，箭头的方向表示信号传递的方向，信号线代表的变量直接标记在直线上，如图 2-16(a)所示。

（2）方框（或环节）表示对信号进行的数学变换，方框中为环节的传递函数，如图 2-16(b)所示。指向方框的变量为方框的输入变量，离开方框的变量为方框的输出变量，它们之间的关系为

$$C(s) = G(s)R(s) \tag{2-71}$$

（3）比较点（或综合点）表示两个及其以上的信号相加减。“+”表示相加，一般可省略不写；“-”表示相减，如图 2-16(c)所示。

（4）引出点（测量点）表示信号的引出或测量的位置，信号引出并不代表取出能量，所以，从同一引出点引出的信号在数值和性质方面完全相同，如图 2-16(d)所示。

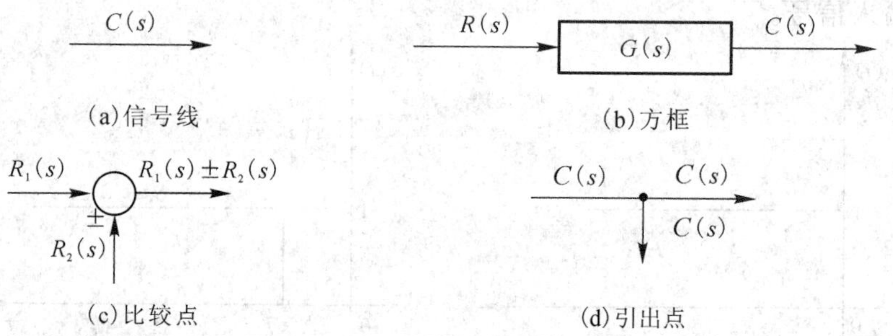

图 2-16 结构图的基本组成

系统的结构图是系统数学模型的一种，可根据系统各环节的动态微分方程式及其拉普拉斯变换来绘制。可按下面的步骤绘制：

（1）列写系统中各元件的微分方程或传递函数，将它们用方框表示。

（2）将输入信号放在图的左边，输出信号放在图的右边。

（3）根据各元件信号的流向，用信号线把各方框连接起来。

例 2-9 如图 2-17 所示 RC 电路网络，试列写其结构图。

解　采用电路中的“运算阻抗”的概念和方法，可直接列写出各元件的传递函数为

$$I_1(s) = \frac{U_i(s) - U_{C_1}(s)}{R_1} \tag{2-72}$$

$$I_2(s) = \frac{U_{C_1}(s) - U_o(s)}{R_2} \tag{2-73}$$

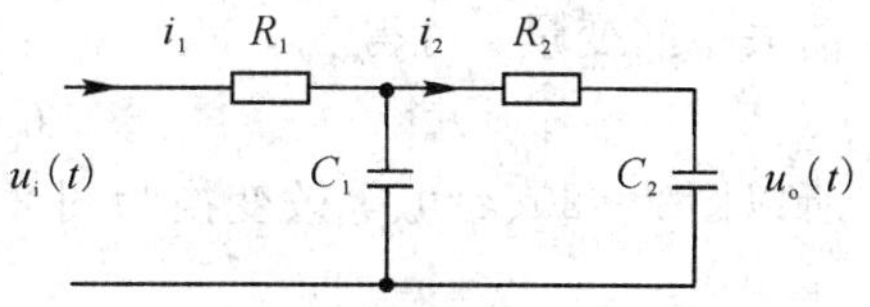

图 2-17　RC 电路网络

$$U_{C_1}(s) = \frac{1}{C_1 s}(I_1(s) - I_2(s)) \tag{2-74}$$

$$U_o(s) = U_{C_2}(s) = \frac{1}{C_2 s} I_2(s) \tag{2-75}$$

将上述传递函数用方框表示，如图 2-18 所示。将输入信号放在图的左边，输出信号放在图的右边。然后根据各元件信号的流向，用信号线把各方框连接起来，就得到了 RC 电路的结构图，如图 2-19 所示。

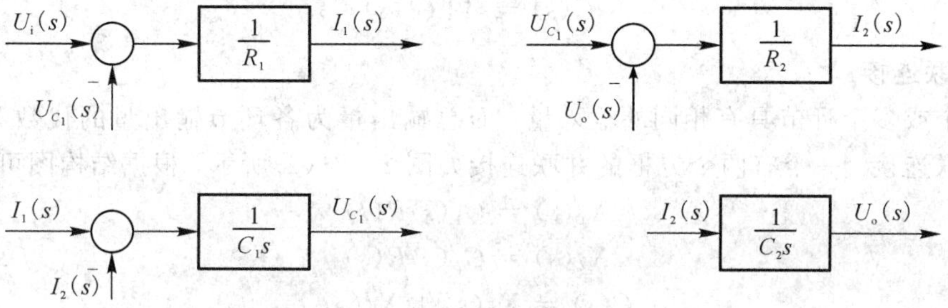

图 2-18　各环节方框图

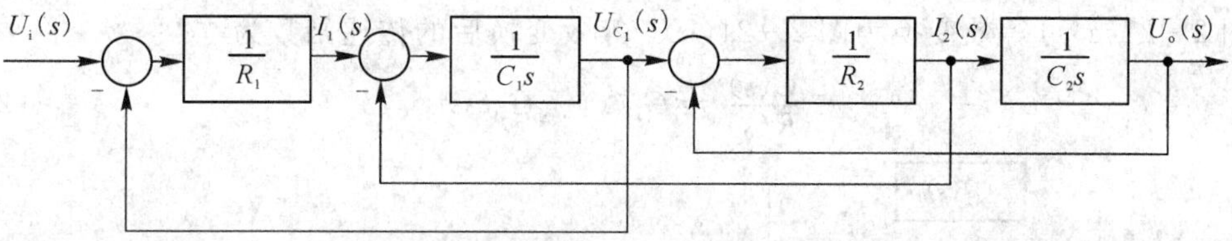

图 2-19　RC 电路的结构图

控制系统结构图实质上是系统原理图和数学方程的结合，既补充了原理图中缺少的定量描述，又避免了抽象的数学运算，从系统的结构图可以方便地求得系统的传递函数。系统结构图是系统的一种数学模型，一个系统可以具有不同的结构图，但由各个结构图得到的输出信号和输入信号的关系是相同的。

2.4.2　典型连接的等效传递函数

一个复杂的系统结构图，其方框之间的基本连接方式有串联、并联和反馈三种形式。

1. 串联连接

结构图中几个方框按照信号流向首尾连接，前一方框的输出作为后一方框的输入，这种连接方式称为串联连接。两个方框的串联连接如图 2-20(a)所示，根据结构图可得

$$X(s) = G_1(s)R(s) \tag{2-76}$$

$$C(s) = G_2(s)X(s) \tag{2-77}$$

消去中间变量，可得

$$C(s)=G_1(s)G_2(s)R(s) \tag{2-78}$$

所以图 2-20(a)可等效变换为图 2-20(b)，等效变换后的传递函数为

$$\frac{C(s)}{R(s)}=G_1(s)G_2(s) \tag{2-79}$$

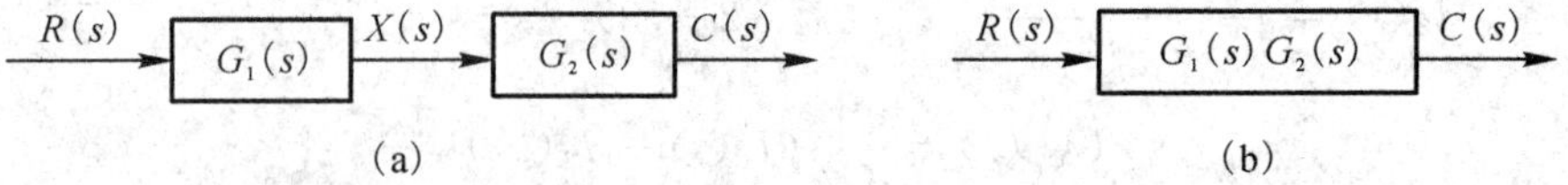

图 2-20　串联连接的结构图及简化

可见，串联连接的两个环节可以简化或等效变换为一个环节，等效的传递函数为两个环节传递函数的乘积。此结论可以推广到 n 个环节串联的情况，等效环节的传递函数为各串联环节传递函数的乘积，即

$$G(s)=\prod_{i=1}^{n}G_i(s) \tag{2-80}$$

2. 并联连接

当两个或多个环节具有相同的输入量，而总输出量为各环节输出量的代数和时，称各环节为并联连接。一个有两个方框的并联连接如图 2-21(a)所示，根据结构图可得

$$X_1(s)=G_1(s)R(s) \tag{2-81}$$

$$X_2(s)=G_2(s)R(s) \tag{2-82}$$

$$C(s)=X_1(s)\pm X_2(s) \tag{2-83}$$

消去中间变量，可得

$$C(s)=[G_1(s)\pm G_2(s)]R(s) \tag{2-84}$$

所以图 2-21(a)可等效变换为图 2-21(b)，等效变换后的传递函数为

$$\frac{C(s)}{R(s)}=G_1(s)\pm G_2(s) \tag{2-85}$$

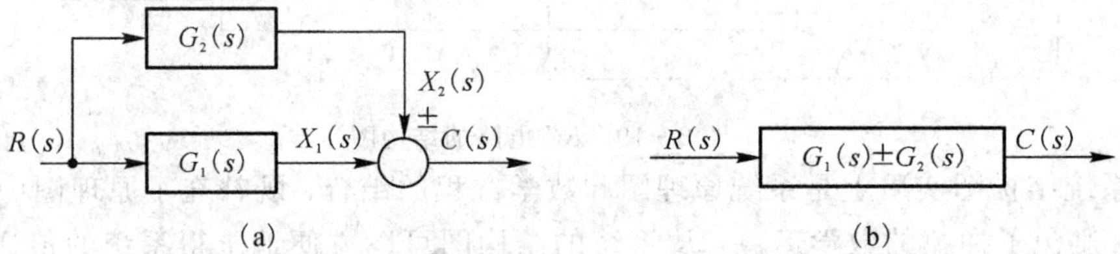

图 2-21　并联连接的结构图及简化

可见，并联连接的两个环节可以简化或等效变换为一个环节，等效的传递函数为两个环节传递函数的代数和。此结论可以推广到 n 个环节并联的情况，等效环节的传递函数为各并联环节传递函数的代数和，即

$$G(s)=\sum_{i=1}^{n}G_i(s) \tag{2-86}$$

3. 反馈连接

如图 2-22(a)所示，将环节的输出量反送到输入端与输入信号进行比较后作为环节的输入量，这样就构成了反馈连接。图中 $B(s)$ 为反馈信号，$E(s)$ 为偏差信号。如果反馈信号在相加点处取“+”号，称为正反馈；取“−”号，称为负反馈。

由图2-22(a)可得

$$E(s)=R(s)\pm B(s) \tag{2-87}$$

$$B(s)=H(s)C(s) \tag{2-88}$$

$$C(s)=G(s)E(s) \tag{2-89}$$

消去中间变量，可得

$$C(s)=\frac{G(s)}{1\mp G(s)H(s)}R(s) \tag{2-90}$$

所以图2-22(a)可等效变换为图2-22(b)，等效变换后的传递函数为

$$\frac{C(s)}{R(s)}=\frac{G(s)}{1\mp G(s)H(s)} \tag{2-91}$$

可见，反馈连接可以简化或等效变换为一个环节，等效的传递函数如图2-22(b)和式(2-91)所示。式(2-91)也称为图2-22(a)的闭环传递函数$\Phi(s)$，即图2-22(a)的闭环传递函数为

$$\Phi(s)=\frac{C(s)}{R(s)}=\frac{G(s)}{1\mp G(s)H(s)} \tag{2-92}$$

式中，正号对应负反馈连接，负号对应正反馈连接。

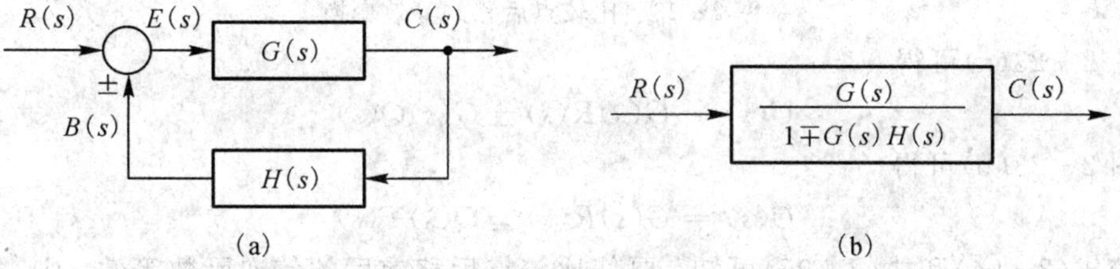

图2-22 反馈连接的结构图及简化

在反馈连接中经常遇到一些术语，下面简要介绍一下：

(1) 前向通道。信号输入点$R(s)$到信号输出点$C(s)$的通道称为前向通道，前向通道上所有环节的传递函数之积定义为前向通道传递函数$G(s)$。

(2) 反馈通道。输出信号$C(s)$到反馈信号$B(s)$的通道称为反馈通道，反馈通道上所有环节的传递函数之积定义为反馈通道传递函数$H(s)$。

(3) 回路。偏差信号$E(s)$到输出信号$C(s)$再经反馈信号$B(s)$到偏差信号$E(s)$的封闭通道称为回路，回路上所有环节的传递函数之积定义为回路传递函数。

(4) 开环传递函数。通常将反馈信号$B(s)$与偏差信号$E(s)$之比定义为开环传递函数$G_K(s)$，即

$$G_K(s)=\frac{B(s)}{E(s)}=G(s)H(s) \tag{2-93}$$

显然，开环传递函数$G_K(s)$是前向通道传递函数$G(s)$与反馈通道传递函数$H(s)$的乘积。由此可见，反馈控制系统的闭环传递函数、开环传递函数和前向通道传递函数符合下面的关系：

$$闭环传递函数=\frac{前向通道传递函数}{1\pm 开环传递函数}$$

上述三种环节合并的方法是简化结构图的有效途径，但几乎在所有系统的结构图中，

都会存在信号的比较点和引出点，这就使得结构图中环节之间不完全符合上述三种连接方式，甚至出现环路相扣的情况，导致无法利用上述等价关系来实现结构图的简化。所以，当出现环路相扣的情况时，应该首先通过比较点及引出点的变位运算，将相扣的环路解开。

2.4.3 比较点及引出点的变位运算

通过信号比较点、引出点的移动和互换可以使得环节之间具有典型的串联、并联和反馈连接形式，最终将结构图简化为一个输入量和一个输出量之间只有一个传递函数方框的形式，获得系统的传递函数。信号比较点、引出点的移动和互换也必须遵循等效原则。

1. 比较点后移

图 2-23 所示为比较点后移前后的结构图，它们之间是等效的。

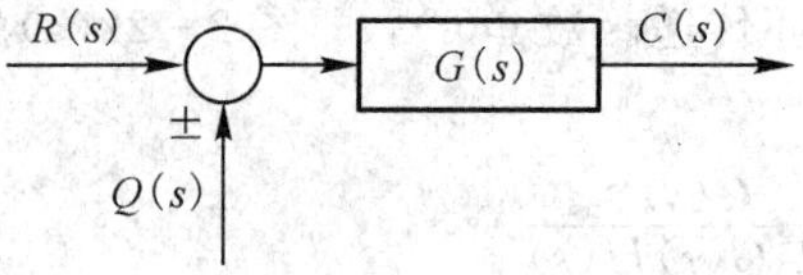

(a) 后移前

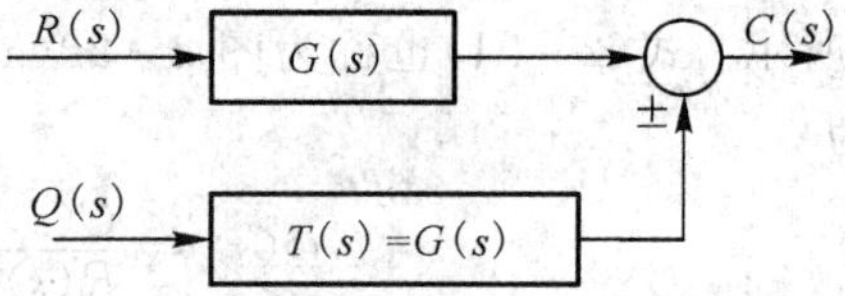

(b) 后移后

图 2-23 比较点后移的等效变换

由图 2-23(a)可得

$$C(s) = G(s)R(s) \pm G(s)Q(s) \tag{2-94}$$

由图 2-23(b)可得

$$C(s) = G(s)R(s) \pm Q(s)T(s) \tag{2-95}$$

比较式(2-94)和式(2-95)可知，要使比较点后移前后的传递函数等效，则

$$T(s)=G(s)$$

2. 比较点前移

图 2-24 所示为比较点前移前后的结构图，它们之间是等效的。

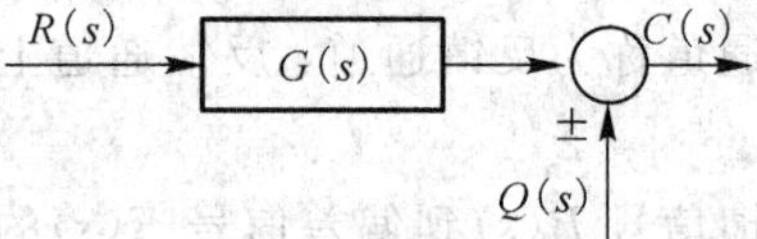

(a) 前移前

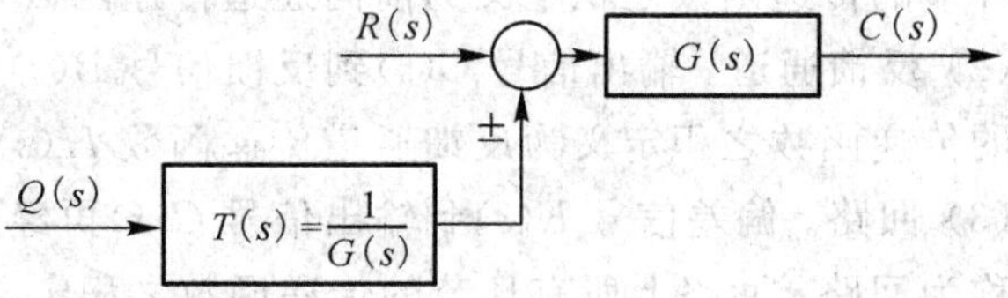

(b) 前移后

图 2-24 比较点前移的等效变换

由图 2-24(a)可得

$$C(s) = G(s)R(s) \pm Q(s) \tag{2-96}$$

由图 2-24(b)可得

$$C(s) = G(s)R(s) \pm G(s)Q(s)T(s) \tag{2-97}$$

比较式(2-96)和式(2-97)可知，要使比较点前移前后的传递函数等效，则

$$T(s)=\frac{1}{G(s)}$$

3. 引出点后移

图 2-25 所示为引出点后移前后的结构图，它们之间是等效的。

由图 2-25(a)可得

$$Q(s)=R(s) \tag{2-98}$$

由图 2-25(b)可得

$$Q(s)=G(s)R(s)T(s) \tag{2-99}$$

比较式(2-98)和式(2-99)可知，要使引出点后移前后的传递函数等效，则

$$T(s)=\frac{1}{G(s)}$$

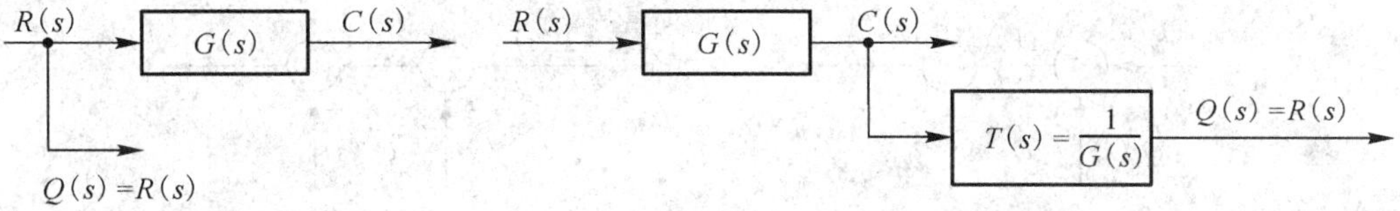

(a) 后移前　(b) 后移后

图 2-25　引出点后移的等效变换

4. 引出点前移

图 2-26 所示为引出点前移前后的结构图，它们之间是等效的。

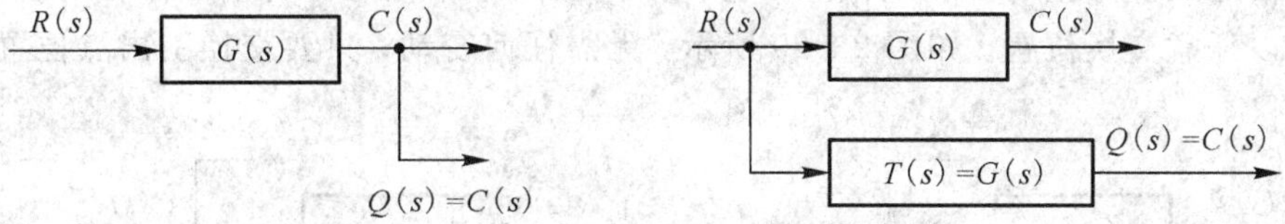

(a) 前移前　(b) 前移后

图 2-26　引出点前移的等效变换

由图 2-26(a)可得

$$Q(s)=C(s)=G(s)R(s) \tag{2-100}$$

由图 2-26(b)可得

$$Q(s)=R(s)T(s) \tag{2-101}$$

比较式(2-100)和式(2-101)可知，要使引出点后移前后的传递函数等效，则

$$T(s)=G(s)$$

5. 相邻的比较点位置交换

相邻的比较点之间只要保证交换前后传递函数等效，就可以交换位置或合并。例如，由图2-27(a)可得

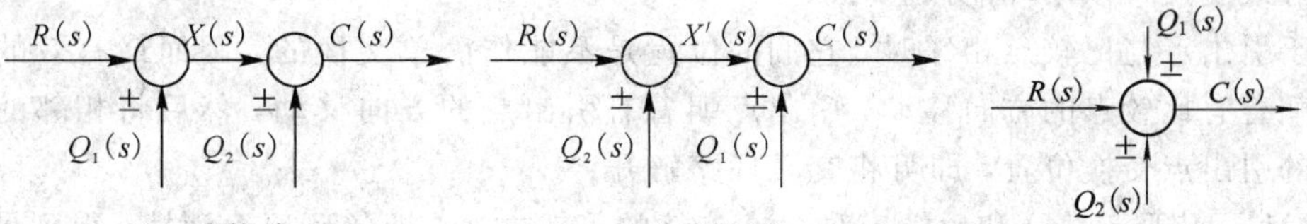

(a) 交换前　(b) 交换后　(c) 合并后

图 2-27　交换比较点位置的等效变换 1

$$C(s) = X(s) \pm Q_2(s) = R(s) \pm Q_1(s) \pm Q_2(s) \tag{2-102}$$

由图 2-27(b)可得

$$C(s) = X'(s) \pm Q_1(s) = R(s) \pm Q_1(s) \pm Q_2(s) \tag{2-103}$$

可见，图 2-27(a)的结构图可以通过交换比较点位置等效变换为图 2-27(b)的结构图。

再如，由图 2-28(a)可得

$$C(s) = -X(s) \pm Q_2(s) = -R(s) \mp Q_1(s) \pm Q_2(s) \tag{2-104}$$

由图 2-28(b)可得

$$C(s) = -X'(s) \mp Q_1(s) = -R(s) \mp Q_1(s) \pm Q_2(s) \tag{2-105}$$

可见，图 2-28(a)的结构图可以通过交换比较点位置等效变换为图 2-28(b)的结构图。

(a) 交换前　　(b) 交换后

图 2-28　交换比较点位置的等效变换 2

这种比较点之间的交换规则也适用于多个交换比较点位置的情况。

6. 相邻的引出点位置交换

一条信号线上无论有多少引出点，它们都代表同一个信号，所以一条信号上的各引出点之间可以任意交换位置。如图 2-29 所示，无需任何变动，只要交换引出点位置即可。

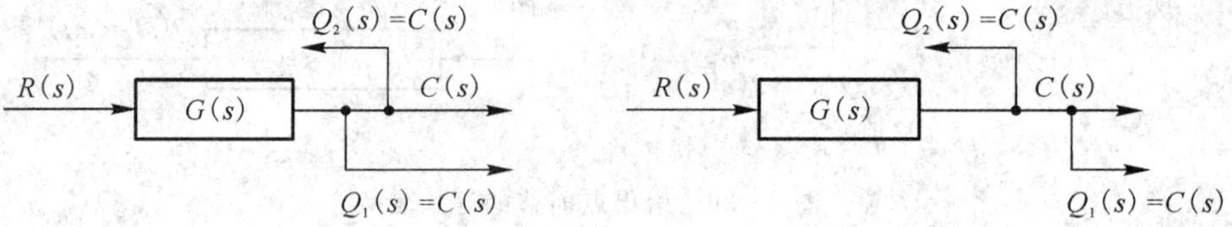

(a) 交换前　　(b) 交换后

图 2-29　交换引出点位置

通过上述分析可知，结构图变换前后需满足的等效变换原则为：前向传递函数不变；回路传递函数不变。

利用结构图的等效变换可对复杂的结构图进行简化，具体思路是：

(1) 利用串联、并联和反馈三种基本连接的等效方法合并串联、并联和内回路。

(2) 利用比较点和引出点的移动，使得相同类型的点通过交换位置把交叉的环路分开，形成大环套小环的形式，解除交叉环路。当某个回环和其他环路没有交叉时，可先利用反馈连接等效变换将该回环消掉。

由于引出点与比较点相邻时，它们的位置是不能作简单交换的，因而最有效的方法是比较点朝着有比较点的方向移动，引出点朝着有引出点的方向移动，然后将相邻的比较点或相邻的引出点交换位置，即可将交叉环路解开。

(3) 利用串联、并联和反馈三种基本连接的等效方法，把各环逐个消掉，得到最简结构图，同时得到系统的传递函数。

例 2-10　请对例 2-9 中得到的 RC 电路结构图进行等效变换，求系统的传递函数$\frac{U_o(s)}{U_i(s)}$。

解　首先将例 2-9 的电路结构图中的 $I_2(s)$引出点后移，然后与 $U_o(s)$引出点交换位置，得到图 2-30。

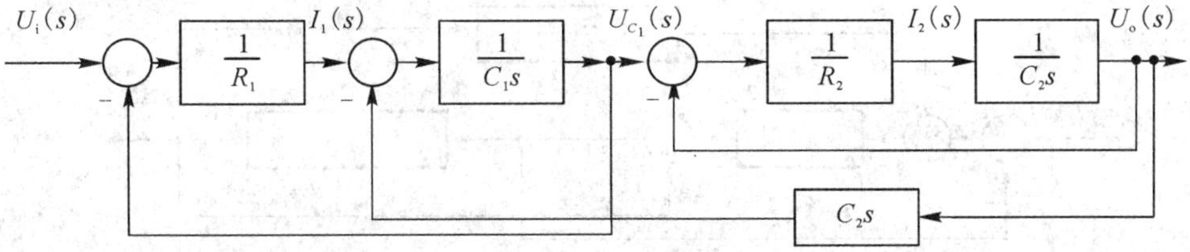

图 2-30　例 2-10 引出点后移等效变换后的系统结构图

利用串联和反馈等效变换，消掉与其他环路无交叉的回环，得到图 2-31。

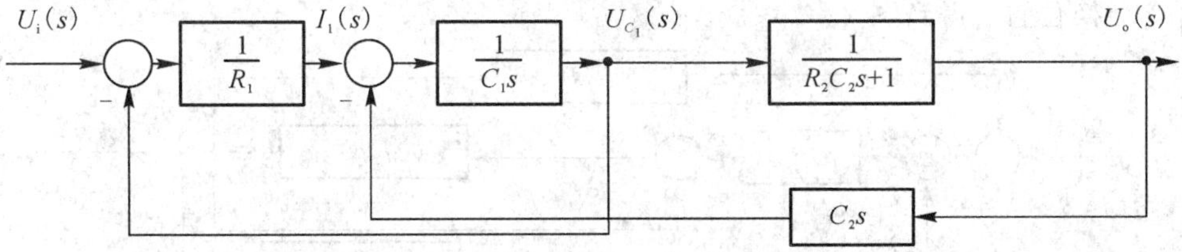

图 2-31　例 2-10 反馈等效变换后的系统结构图

图 2-31 中的第二个比较点前移后和第一个比较点交换位置，得到图 2-32。

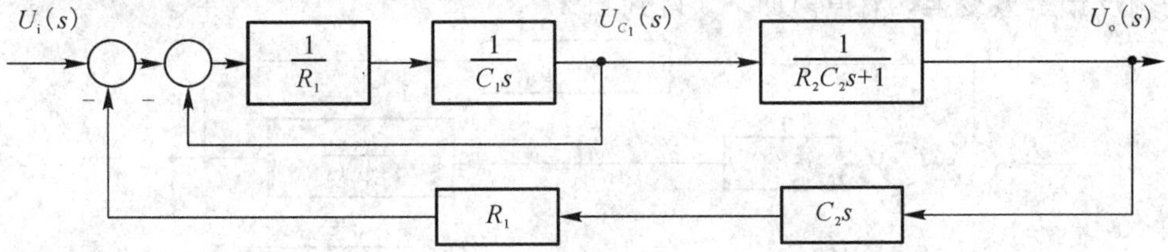

图 2-32　例 2-10 比较点前移等效变换后的系统结构图

利用串联和反馈等效变换，消掉内回环，得到图 2-33。

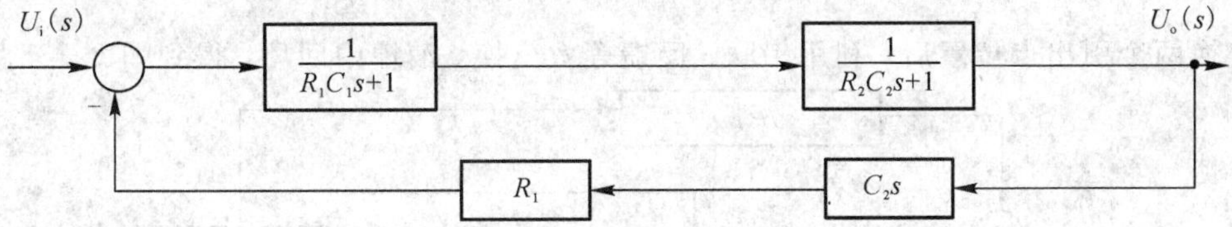

图 2-33　例 2-10 消掉内环等效变换后的系统结构图

利用串联和反馈等效变换，得到图 2-34。

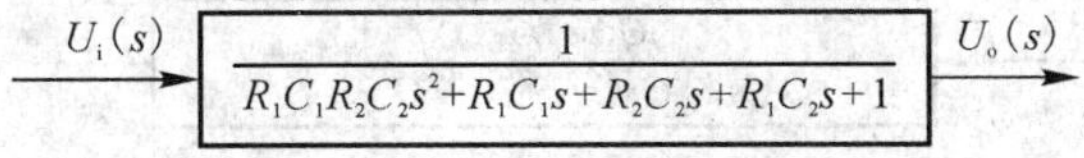

图 2-34　例 2-10 串联和和反馈等效变换结构图

所以可以得到系统的传递函数为

$$\frac{U_o(s)}{U_i(s)}=\frac{1}{R_1C_1R_2C_2s^2+R_1C_1s+R_2C_2s+R_1C_2s+1} \tag{2-106}$$

式(2-106)与例2-4中RC电路网络的微分方程式是一致的。也就是说，例2-4得到的微分方程可以转换为与式(2-106)一样的传递函数。

例2-11 已知系统的结构图如图2-35所示，试简化该结构图，求系统的传递函数$\dfrac{C(s)}{R(s)}$。

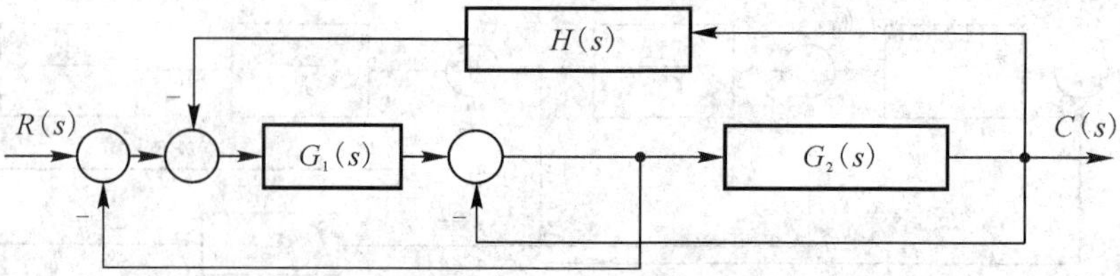

图2-35 例2-11的系统结构图

解 将第一个比较点和第二个比较点交换位置，同时，将第一个引出点后移后与第二个引出点交换位置，得到图2-36。

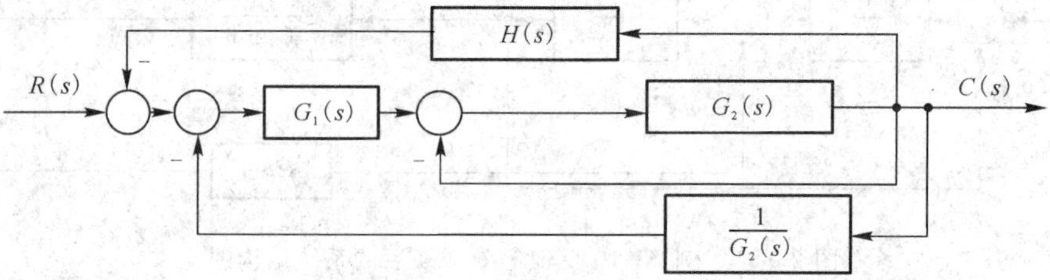

图2-36 例2-11比较点交换、后移等效变换后的系统结构图

利用反馈等效变换，消掉内回环，得到图2-37。

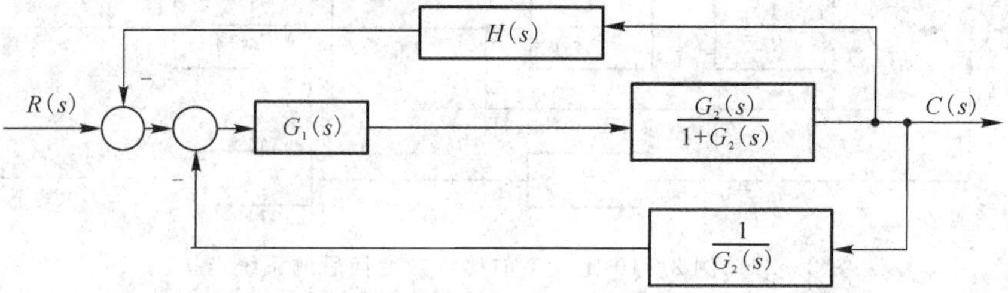

图2-37 例2-11反馈等效变换、消掉内环后的系统结构图

交换两个引出点位置后，利用串联、反馈等效变换，消掉内回环，得到图2-38。

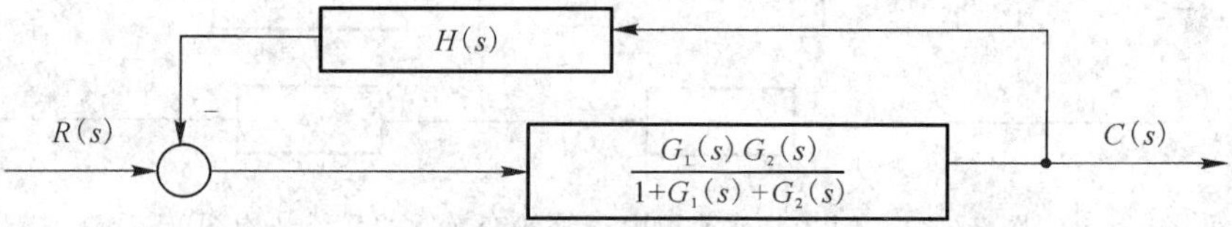

图2-38 例2-11串联、反馈等效变换后的系统结构图

利用反馈等效变换得到图2-39。

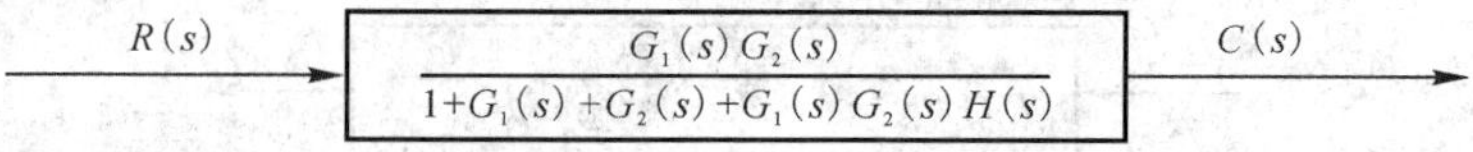

图2-39 例2-11反馈等效变换后的系统结构图

所以可以得到系统的传递函数为

$$\frac{C(s)}{R(s)}=\frac{G_1(s)G_2(s)}{1+G_1(s)+G_2(s)+G_1(s)G_2(s)H(s)} \tag{2-107}$$

例 2-12　已知系统的结构图如图 2-40 所示，简化该结构图，求系统的传递函数 $\dfrac{C(s)}{R(s)}$。

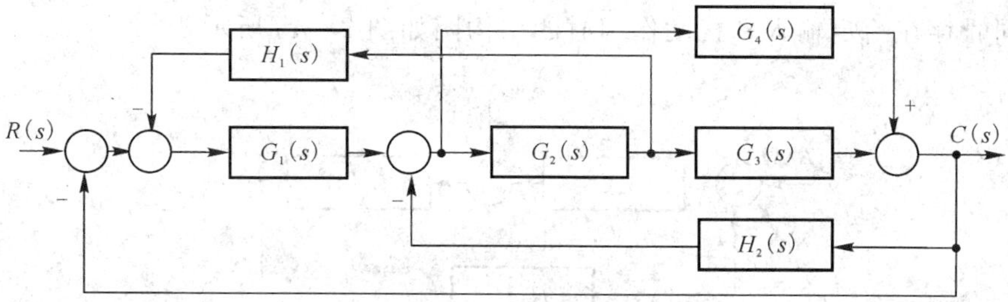

图 2-40　例 2-12 的系统结构图

解　将第三个比较点前移后与第二个比较点交换位置，第一个引出点后移后与第二个引出点交换位置，得到图 2-41。

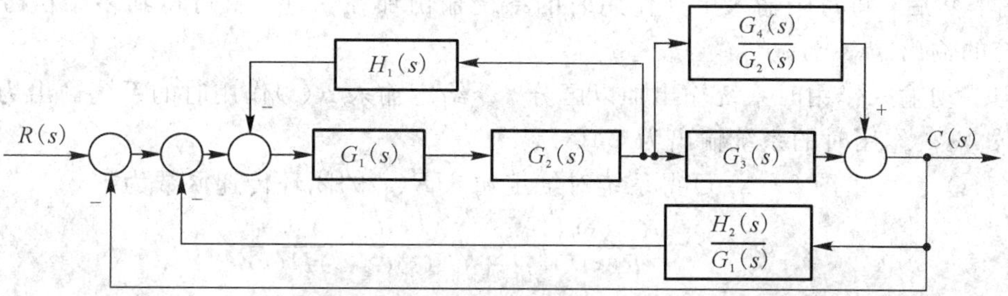

图 2-41　例 2-12 比较点、引出点移动等效变换后的系统结构图

利用串联、并联、反馈等效变换，得到图 2-42。

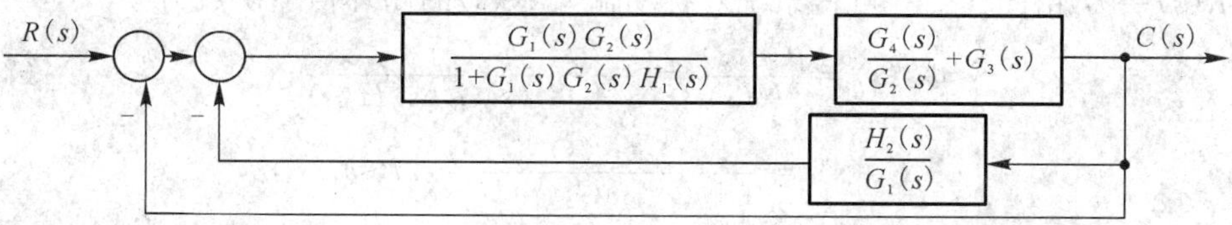

图 2-42　例 2-12 串联、并联、反馈等效变换后的系统结构图

利用串联、反馈等效变换，消掉内回环，得到图 2-43。

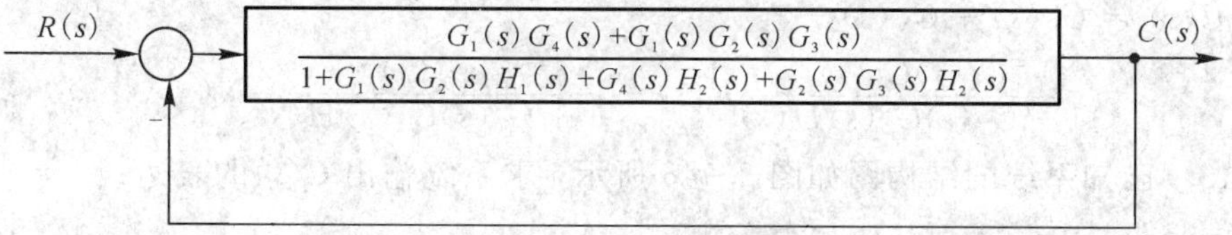

图 2-43　例 2-12 再次串联、并联、反馈等效变换后的系统结构图

利用反馈等效变换，得到图 2-44。

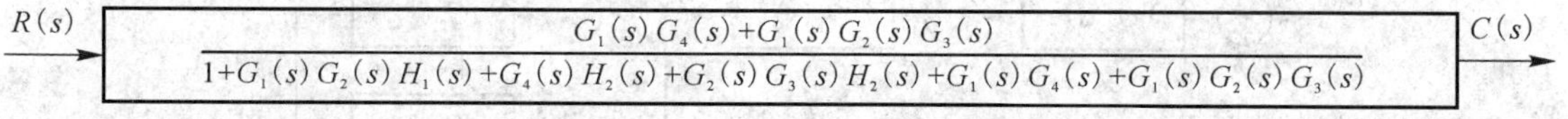

图 2-44　例 2-12 反馈等效变换后的系统结构图

所以可以得到系统的传递函数为

$$\frac{C(s)}{R(s)}=\frac{G_1(s)G_4(s)+G_1(s)G_2(s)G_3(s)}{1+G_1(s)G_2(s)H_1(s)+G_4(s)H_2(s)+G_2(s)G_3(s)H_2(s)+G_1(s)G_4(s)+G_1(s)G_2(s)G_3(s)} \tag{2-108}$$

2.4.4 系统对给定作用和扰动作用的传递函数

系统同时存在给定输入和扰动作用时的结构图如图 2－45 所示。

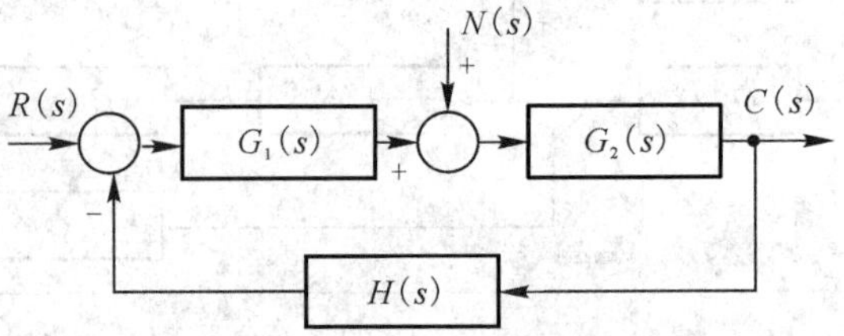

图 2－45 给定输入和扰动作用下的闭环系统结构图

根据线性系统满足叠加原理的性质，当多个信号作用于系统时，可以分别对每个输入进行处理，然后，将每个输入单独作用时的系统输出加在一起，就可得到多个信号同时作用下系统的输出。

为与扰动输入作用时系统输出加以区分，令给定输入 $R(s)$作用时的系统输出为$C_R(s)$，扰动输入 $N(s)$作用时的系统输出为 $C_N(s)$。

令 $N(s)=0$，由图 2－45 可得系统对给定输入 $R(s)$的闭环传递函数为

$$\Phi_R(s)=\frac{C_R(s)}{R(s)}=\frac{G_1(s)G_2(s)}{1+G_1(s)G_2(s)H(s)} \tag{2-109}$$

$$C_R(s)=\frac{G_1(s)G_2(s)}{1+G_1(s)G_2(s)H(s)}R(s) \tag{2-110}$$

令 $R(s)=0$，由图 2－45 可得系统对扰动输入 $N(s)$的闭环传递函数为

$$\Phi_N(s)=\frac{C_N(s)}{N(s)}=\frac{G_2(s)}{1+G_1(s)G_2(s)H(s)} \tag{2-111}$$

$$C_N(s)=\frac{G_2(s)}{1+G_1(s)G_2(s)H(s)}N(s) \tag{2-112}$$

根据线性系统满足叠加原理，当给定输入 $R(s)$和扰动输入 $N(s)$同时作用于系统时，系统总的输出为

$$\begin{aligned}C(s)&=C_R(s)+C_N(s)\\&=\frac{G_1(s)G_2(s)}{1+G_1(s)G_2(s)H(s)}R(s)+\frac{G_2(s)}{1+G_1(s)G_2(s)H(s)}N(s)\end{aligned} \tag{2-113}$$

例 2－13 已知系统的结构图如图 2－46 所示，求系统输出 $C(s)$的表达式。

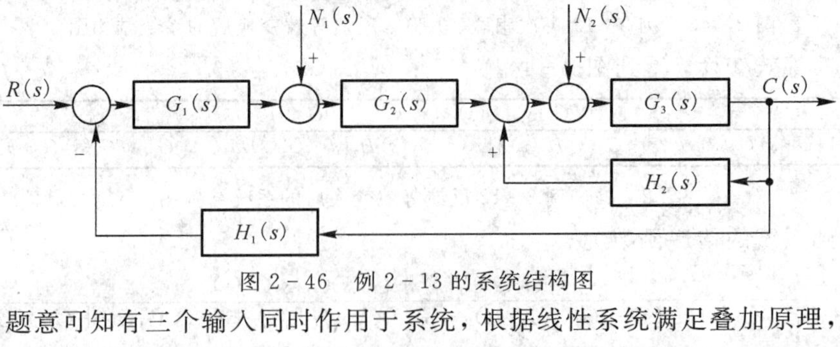

图 2－46 例 2－13 的系统结构图

解 由题意可知有三个输入同时作用于系统，根据线性系统满足叠加原理，令$N_1(s)=0$，$N_2(s)=0$，可得 $R(s)$单独作用下的系统结构图，如图 2－47 所示。

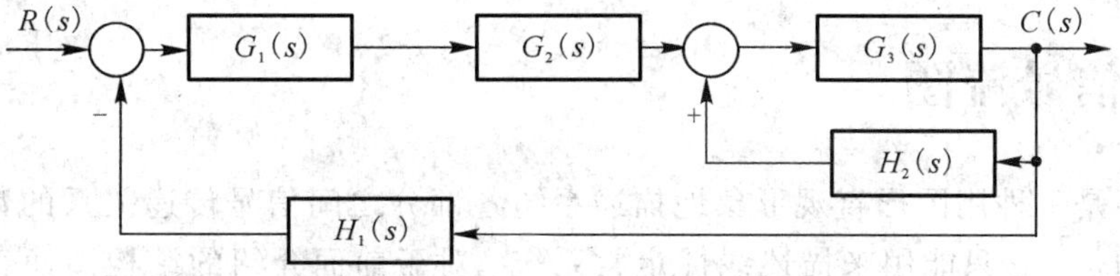

图 2－47　$R(s)$单独作用下的系统结构图

通过结构图简化方法，可得传递函数为

$$\frac{C_R(s)}{R(s)}=\frac{G_1(s)G_2(s)G_3(s)}{1+G_1(s)G_2(s)G_3(s)H_1(s)-G_3(s)H_2(s)} \tag{2-114}$$

令 $R(s)=0$，$N_2(s)=0$，可得 $N_1(s)$单独作用下的系统结构图，如图 2－48 所示。

通过结构图简化方法，可得传递函数为

$$\frac{C_{N_1}(s)}{N_1(s)}=\frac{G_2(s)G_3(s)}{1+G_1(s)G_2(s)G_3(s)H_1(s)-G_3(s)H_2(s)} \tag{2-115}$$

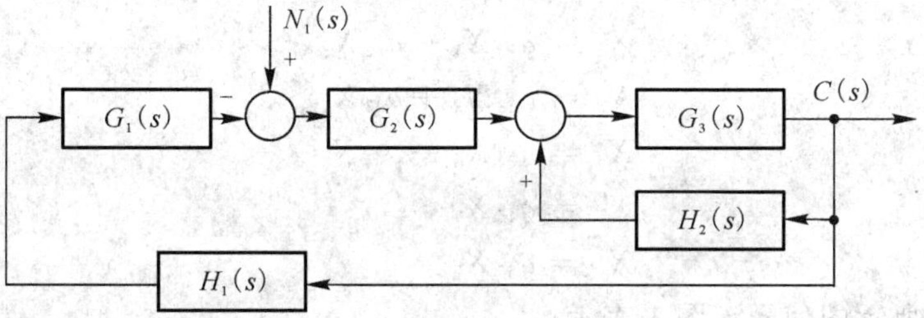

图 2－48　$N_1(s)$单独作用下的系统结构图

令 $R(s)=0$，$N_1(s)=0$，可得 $N_2(s)$单独作用下的系统结构图，如图 2－49 所示。

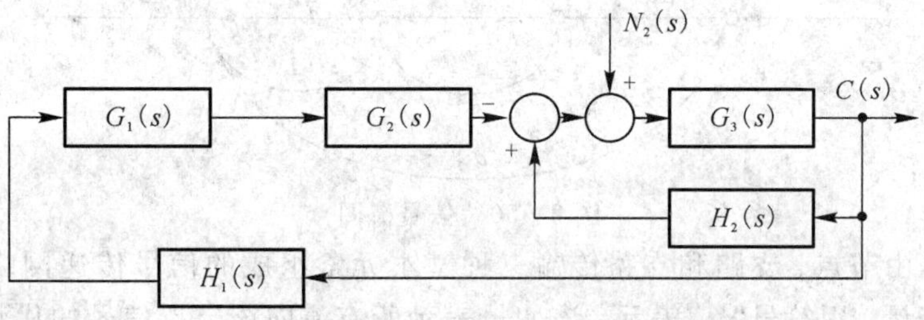

图 2－49　$N_2(s)$单独作用下的系统结构图

通过结构图简化方法，可得传递函数为

$$\frac{C_{N_2}(s)}{N_2(s)}=\frac{G_3(s)}{1+G_1(s)G_2(s)G_3(s)H_1(s)-G_3(s)H_2(s)} \tag{2-116}$$

系统输出 $C(s)$的表达式为

$$\begin{aligned}C(s)=&\frac{G_1(s)G_2(s)G_3(s)}{1+G_1(s)G_2(s)G_3(s)H_1(s)-G_3(s)H_2(s)}R(s)\\&+\frac{G_2(s)G_3(s)}{1+G_1(s)G_2(s)G_3(s)H_1(s)-G_3(s)H_2(s)}N_1(s)\\&+\frac{G_3(s)}{1+G_1(s)G_2(s)G_3(s)H_1(s)-G_3(s)H_2(s)}N_2(s)\end{aligned} \tag{2-117}$$

2.5 信号流图

信号流图是一种用图形直观形象地描述系统各部分之间信号传递关系的数学模型。与结构图不同的是，它只能用来描述线性定常系统。对于前面介绍的结构图而言，通过等价变换可以得到系统的闭环传递函数，但对一些结构复杂的控制系统，例如存在多个交叉环路的系统，结构图等效变换是非常麻烦的，稍不小心就可能出错。但通过信号流图，可以利用梅逊(Mason)公式直接求出系统的闭环传递函数。

2.5.1 信号流图的组成

信号流图起源于梅逊利用图示法描述一个或一组线性方程组。信号流图是一种表示线性代数方程组的图示方法。

下面的一组线性方程：

$$X_1 = X_1$$
$$X_2 = a_{12}X_1 + a_{52}X_5$$
$$X_3 = a_{23}X_2 + a_{43}X_4$$
$$X_4 = a_{34}X_3 + a_{54}X_5$$
$$X_5 = a_{45}X_4$$
$$X_6 = a_{56}X_5$$

可用如图 2-50 所示的信号流图来表示。

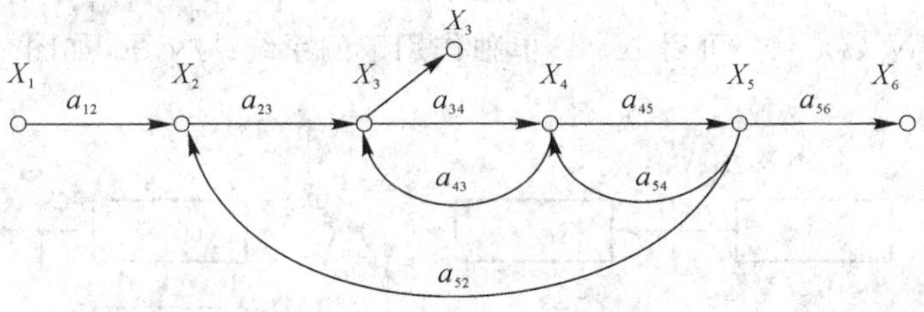

图 2-50 信号流图

信号流图是由节点、支路和支路传输三种基本元素组成的信号传递网络。节点代表系统中的信号或变量，用符号“○”表示，该变量表示所有流向该节点信号的代数和；支路连接节点之间的有向线段，用符号“→”表示。箭头的方向表示信号的传递方向。支路旁标明的数字、字母或表达式称为支路增益，或称为支路传输，表示两个节点变量的因果关系。所以，支路具有有向性和有权性。

2.5.2 信号流图的常用术语

信号流图的常用术语如下。

(1) 输入支路：进入节点的支路。

(2) 输出支路：离开节点的支路。

(3) 输入节点：只有信号输出支路，没有信号输入支路的节点。一般代表自变量或外部输入变量，也称源节点，如图 2-50 中的节点 X_1。

(4) 输出节点：只有信号输入支路，而没有信号输出支路的节点。一般代表系统的输出变量，也称汇节点，如图 2-50 中的节点 X_6。

(5) 混合节点：既有输入支路又有输出支路的节点，一般代表系统的中间变量，如图 2-50 中的节点 $X_2 \sim X_5$。混合节点兼有结构图中信号相加点和信号分支点的功能。混合节点处的信号是所有输入支路信号的和，而由混合节点引出的所有信号是同一个信号。任何一个混合节点都可以通过增加一条单位传输的输出支路而变成输出节点，如图 2-50 中的节点 X_3。

(6) 通道：是指从一个节点出发，沿着支路箭头方向通过一些支路和中间节点，并且每个中间节点最多只通过一次，到达另一个节点的路径。通道上各支路增益的乘积称为通道增益(或称为通道传输)。

(7) 前向通道：是指从输入节点(源节点)到输出节点(汇节点)且每个节点最多只经过一次的通道。前向通道上各支路增益(或支路传输)的乘积称为前向通道增益(或前向通道传输)。

(8) 回路：是指起点和终点为同一个节点且每个节点最多只经过一次的闭合通道，也称回环或反馈环。回路上各支路增益(或支路传输)的乘积称为回路增益(或回路传输)。

(9) 不接触回路：没有任何公共节点的回路。

2.5.3　信号流图的性质

信号流图的性质如下：

(1) 信号流图只适用于线性定常系统。

(2) 信号流图是表达线性方程组的一种数学模型，该线性方程组形式应为因果函数形式。

(3) 信号只能按支路的箭头方向传递，支路相当于乘法器。

(4) 节点标志系统的变量，节点把所有输入支路的信号叠加，并把总和信号传送到所有输出支路。

(5) 对于某一给定的系统，信号流图不是唯一的。

2.5.4　信号流图的绘制

1. 由系统的微分方程绘制

由系统的微分方程式绘制信号流图时，首先经拉氏变换将微分方程化成 s 域中的代数方程，再给每个变量指定一个节点，并按照系统中变量的因果关系从左向右按顺序排列，最后根据数学表达式用标明了方向和增益的支路将各个节点连接起来，系统的信号流图就绘制完成了。画出系统的信号流图后，就可以利用梅逊公式直接求出各变量之间的传递函数。

2. 由系统的结构图绘制

由系统的结构图绘制信号流图时，一般应先确定节点。确定节点的方法是：对应输入变量设一个输入节点；对应输出变量设一个输出节点；然后把结构图中引出点和比较点都改为节点，按照与结构图上的位置相对应的原则排列，再用标有传递函数的定向线段代替结构图中的方框。

下面我们以图 2-51 所示的串级系统结构图为例，对这种方法的具体步骤进行介绍。

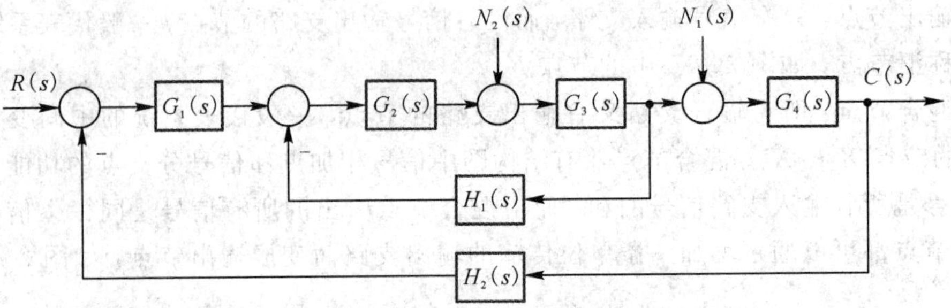

图 2-51　串级系统结构图

步骤(1)：在系统方框图上把系统的所有输入变量、输出变量、相加点(汇合点)和分支点(引出点)进行编号，如图 2-52 中的①、②、…、⑩；

步骤(2)：把负反馈回路中的负号逆着反馈通道退回到反馈环节，如图 2-52 中的 $-H_1(s)$ 和 $-H_2(s)$；

步骤(3)：把图 2-52 中所有编好号的输入变量、输出变量、相加点(汇合点)和分支点(引出点)用小的空心圆圈表示，即信号流程图中的节点；

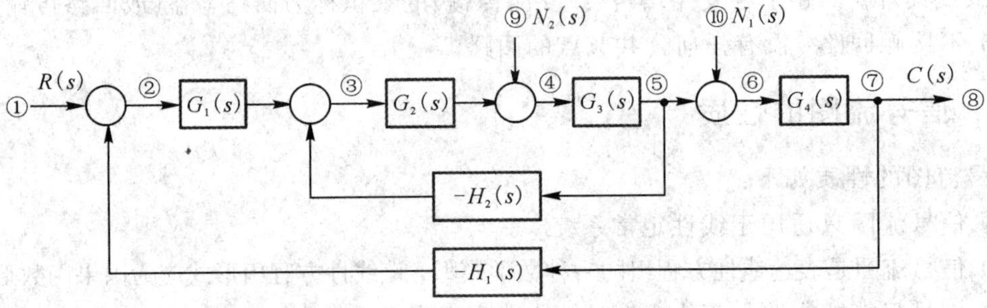

图 2-52　编号后的串级系统结构图

步骤(4)：把方框图(如图 2-52 所示)中的方框去掉，节点之间用带箭头的线段进行连接，箭头方向与方框图中一致(即信号流程图中的支路)，并把方框中的传递函数作为信号流图中的支路增益(传输)标在所在支路的上方或左右，其中没有经过方框直接连接的支路的增益为 1(即单位传输支路)，这样就完成了系统方框图到信号流图的转化，如图 2-53 所示。

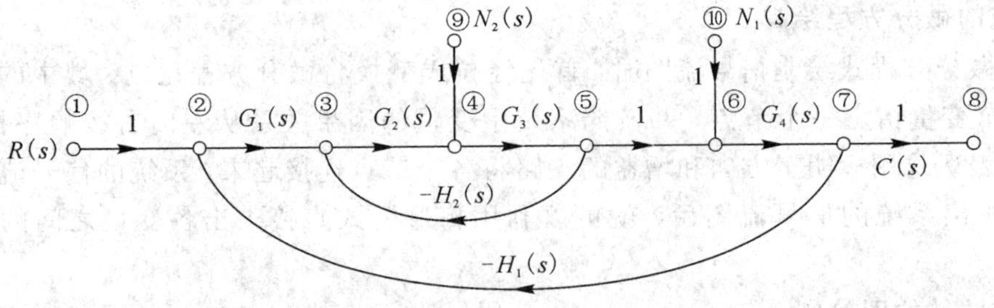

图 2-53　串级系统的信号流图

这种方法的优点是对于初学者很容易掌握，并且用这种方法不容易出错；缺点是按这种方法转化后的信号流图中的节点数和单位传输支路的条数多一些，但这并不太增加信号流图的复杂性，因此，也不会增加应用 Mason 公式求系统总增益(总传输)的难度。

例 2-14　将例 2-11 的结构图绘制成信号流图。

解　根据上述方法，可以绘制出如图 2-54 所示的信号流图。

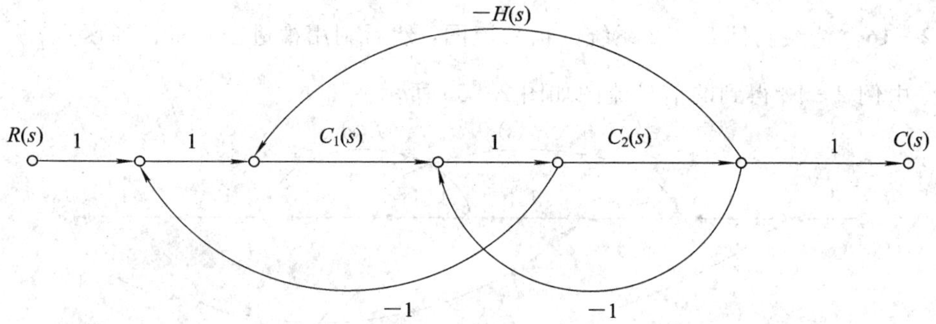

图 2-54　例 2-11 的信号流图

2.5.5　梅逊增益公式

利用信号流图求取系统的传递函数时，可以不必简化信号流图，而是利用梅逊增益公式直接求取输入变量与输出变量之间的传递函数。对于动态系统而言，就是系统对应输入和输出之间的传递函数。

梅逊增益公式记为

$$G(s)=P=\frac{1}{\Delta}\cdot\sum_{k=1}^{n}p_k\Delta_k \tag{2-118}$$

式中，P 为系统总的传递函数；

n 为从输入节点到输出节点的前向通道的总和；

Δ 为流图的特征式，计算公式为

$$\Delta=1-\sum L_a+\sum L_bL_c-\sum L_dL_eL_f+\cdots$$

其中，$\sum L_a$ 为所有单个回路增益之和，$\sum L_bL_c$ 为所有两两互不接触回路的增益乘积之和，$\sum L_dL_eL_f$ 为所有三个互不接触回路的增益乘积之和；

p_k 为从输入节点到输出节点的第 k 条前向通道的增益；

Δ_k 为第 k 条前向通道的特征余子式，它等于流图的特征式中除去与第 k 条前向通道相接触回路后的特征式。

例 2-15　利用梅逊公式求例 2-14 系统的传递函数$\dfrac{C(s)}{R(s)}$。

解　根据例 2-14 得到的信号流图可知，该系统只有一条前向通道，其增益为

$$p_1=G_1(s)G_2(s)$$

有 3 个单个回路，增益分别为

$$L_1=-G_1(s),\ L_2=-G_2(s),\ L_3=-G_1(s)G_2(s)H(s)$$

没有两两互不接触回路，所以流图的特征式为

$$\Delta=1+G_1(s)+G_2(s)+G_1(s)G_2(s)H(s)$$

因为所有的回路都与前向通道有接触，所以将这些回路从流图的特征式 Δ 去掉，得到 $\Delta_1=1$。根据梅逊公式，求得系统的传递函数为

$$\frac{C(s)}{R(s)}=\frac{1}{\Delta}\cdot\sum_{k=1}^{n}p_k\Delta_k=\frac{G_1(s)G_2(s)}{1+G_1(s)+G_2(s)+G_1(s)G_2(s)H(s)} \tag{2-119}$$

例 2-16 请绘制例 2-12 系统的信号流图，然后利用梅逊公式求传递函数$\frac{C(s)}{R(s)}$。

解 由例 2-12 得到的信号流图如图 2-55 所示。

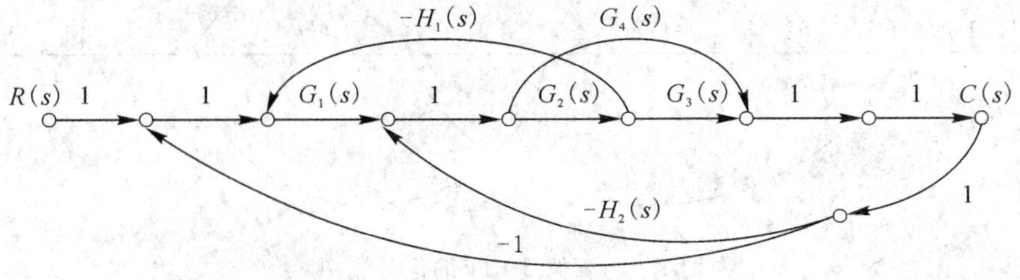

图 2-55 例 2-12 系统的信号流图

该系统有 5 个单个回路，增益分别为

$$L_1=-G_1(s)G_2(s)H_1(s),\ L_2=-G_2(s)G_3(s)H_2(s),\ L_3=-G_4(s)H_2(s)$$
$$L_4=-G_1(s)G_2(s)G_3(s),\ L_5=-G_1(s)G_4(s)$$

该系统没有两两互不接触回路，所以流图的特征式为

$$\Delta=1+G_1(s)G_2(s)H_1(s)+G_2(s)G_3(s)H_2(s)$$
$$+G_4(s)H_2(s)+G_1(s)G_2(s)G_3(s)+G_1(s)G_4(s)$$

该系统有 2 条前向通道，其增益分别为

$$p_1=G_1(s)G_2(s)G_3(s),\ p_2=G_1(s)G_4(s)$$

因为所有的回路都与第 1 条前向通道有接触，所以将这些回路从流图的特征式 Δ 中去掉，得到 $\Delta_1=1$，同理可得到 $\Delta_2=1$。根据梅逊公式，求得系统的传递函数为

$$\frac{C(s)}{R(s)}=\frac{1}{\Delta}\cdot\sum_{k=1}^{n}p_k\Delta_k$$
$$=\frac{G_1(s)G_2(s)G_3(s)+G_1(s)G_4(s)}{1+G_1(s)G_2(s)H_1(s)+G_2(s)G_3(s)H_2(s)+G_4(s)H_2(s)+G_1(s)G_2(s)G_3(s)+G_1(s)G_4(s)}$$
(2-120)

例 2-17 已知系统的信号流图如图 2-56 所示，试利用梅逊公式求传递函数$\frac{C(s)}{R(s)}$。

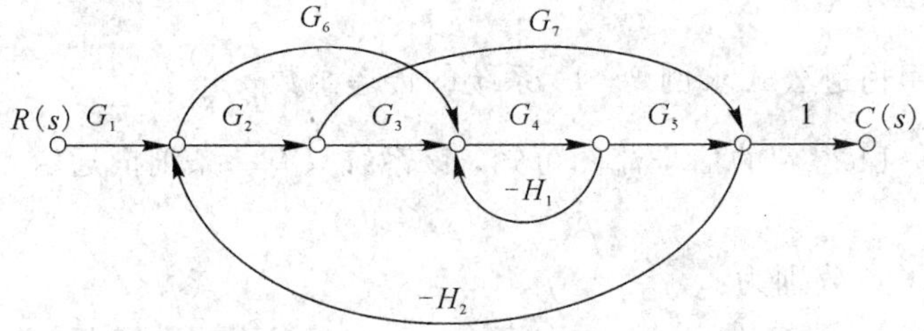

图 2-56 例 2-17 系统的信号流图

解 该系统有 4 个单个回路，增益分别为

$$L_1=-G_4H_1,\ L_2=-G_2G_3G_4G_5H_2,\ L_3=-G_6G_4G_5H_2,\ L_4=-G_2G_7H_2$$

两两互不接触回路为 L_1 和 L_4，增益乘积为

$$L_1L_4=G_2G_7G_4H_1H_2$$

所以流图的特征式为

$$\Delta = 1-(L_1+L_2+L_3+L_4)+L_1L_4$$
$$=1+G_4H_1+G_2G_3G_4G_5H_2+G_6G_4G_5H_2+G_2G_7H_2+G_2G_7G_4H_1H_2$$

由信号流图可知有 3 条前向通道，其增益分别为

$$p_1=G_1G_2G_3G_4G_5,\ p_2=G_1G_6G_4G_5,\ p_3=G_1G_2G_7$$

因为第 1 条、2 条前向通路与所有的回路都接触，所以将这些回路从流图的特征式 Δ 去掉，得到 $\Delta_1=1$，$\Delta_2=1$。因为第 3 条前向通道与第 2～4 个回路有接触，所以将这些回路从流图的特征式 Δ 去掉，得到 $\Delta_3=1-L_1=1+G_4H_1$。

根据梅逊公式，求得系统传递函数为

$$\frac{C(s)}{R(s)}=\frac{1}{\Delta}\cdot\sum_{k=1}^{n}p_k\Delta_k$$
$$=\frac{G_1G_2G_3G_4G_5+G_1G_6G_4G_5+G_1G_2G_7(1+G_4H_1)}{1+G_4H_1+G_2G_3G_4G_5H_2+G_6G_4G_5H_2+G_2G_7H_2+G_2G_7G_4H_1H_2} \tag{2-121}$$

例 2-18　已知系统的信号流图如图 2-57 所示，试利用梅逊公式求传递函数$\frac{C(s)}{R(s)}$。

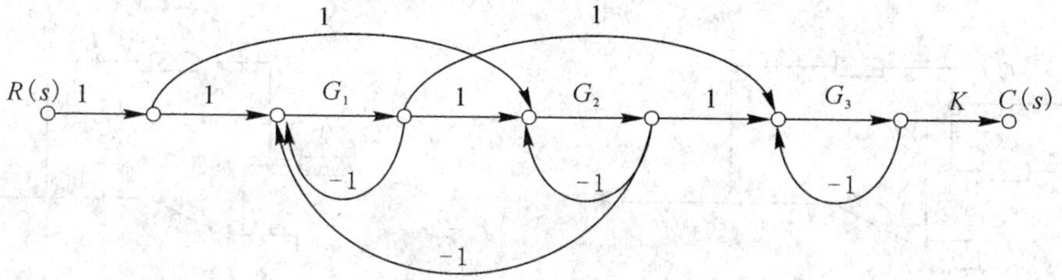

图 2-57　例 2-18 系统的信号流图

解　该系统有 4 个单个回路，增益分别为

$$L_1=-G_1,\ L_2=-G_2,\ L_3=-G_3,\ L_4=-G_1G_2$$

两两互不接触回路为 L_1 和 L_2、L_1 和 L_3、L_2 和 L_3、L_3 和 L_4，增益乘积分别为：

$$L_1L_2=G_1G_2、L_1L_3=G_1G_3、L_2L_3=G_2G_3、L_3L_4=G_1G_2G_3$$

3 个互不接触回路为 L_1、L_2 和 L_3，增益乘积为

$$L_1L_2L_3=-G_1G_2G_3$$

所以流图的特征式为

$$\Delta=1-(L_1+L_2+L_3+L_4)+L_1L_2+L_1L_3+L_2L_3+L_3L_4-L_1L_2L_3$$
$$=1+G_1+G_2+G_3+2G_1G_2+G_1G_3+G_2G_3+2G_1G_2G_3$$

由信号流图可知该系统从 $R(s)$ 到 $C(s)$ 有 4 条前向通道，各条前向通道增益及其特征余子式分别为

$$p_1=G_1G_2G_3K,\ \Delta_1=1$$
$$p_2=G_2G_3K,\ \Delta_2=1-L_1=1+G_1$$
$$p_3=G_1G_3K,\ \Delta_3=1-L_2=1+G_2$$
$$p_4=-G_1G_2G_3K,\ \Delta_4=1$$

根据梅逊公式，求得系统传递函数为

$$\frac{C(s)}{R(s)}=\frac{1}{\Delta}\cdot\sum_{k=1}^{n}p_k\Delta_k=\frac{G_2G_3K(1+G_1)+G_1G_3K(1+G_2)}{1+G_1+G_2+G_3+2G_1G_2+G_1G_3+G_2G_3+2G_1G_2G_3} \tag{2-122}$$

习　题　2

2-1　试求如图 2-58 所示电路的微分方程和传递函数。

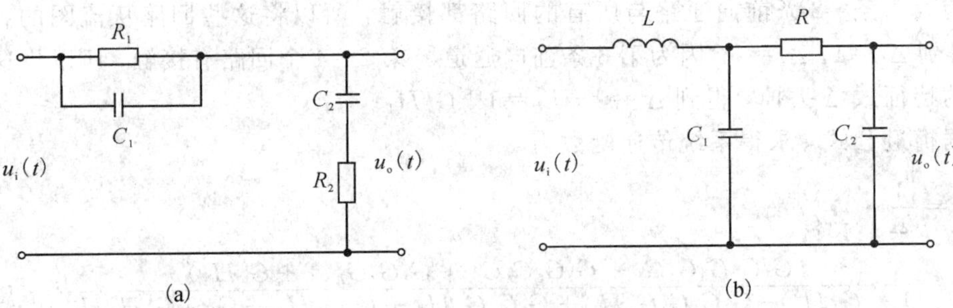

图 2-58　题 2-1 的电路图

2-2　试求如图 2-59 所示电路的微分方程和传递函数。

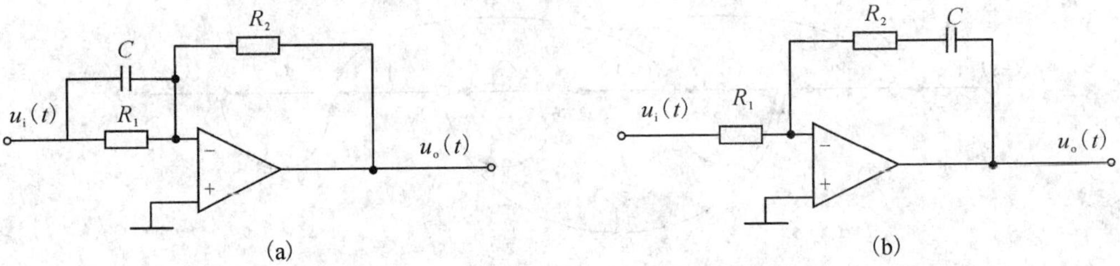

图 2-59　题 2-2 的电路图

2-3　设机械系统如 2-60 所示，其中 x_i 是输入位移，x_o 是输出位移，试列写各系统的微分方程和传递函数。

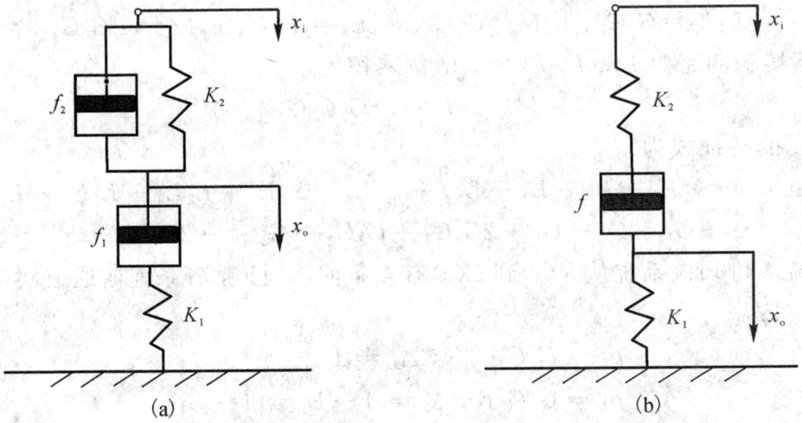

图 2-60　题 2-3 的机械系统示意图

2-4　若某系统在阶跃输入 $r(t)=1(t)$ 时，零初始条件下的输出响应 $c(t)=1-e^{-2t}+e^{-t}$，试求系统的传递函数和脉冲响应。

2-5　下面的微分方程代表线性时不变系统，其中 $r(t)$ 表示输入，$c(t)$ 表示输出，请写出各系统的传递函数。

（1）$\frac{d^3c(t)}{dt^3}+6\frac{d^2c(t)}{dt^2}+6\frac{dc(t)}{dt}+3c(t)=2\frac{dr(t)}{dt}+r(t)$；

（2）$2\frac{d^3c(t)}{dt^3}+11\frac{d^2c(t)}{dt^2}+2\frac{dc(t)}{dt}+3c(t)=r(t)$。

2-6　设弹簧特性由下式描述：$F=12.65y^{1.1}$，其中，F 是弹簧力，y 是变形位移。如果弹簧位移在 0.2 附近微小变化，请推导弹簧特性的线性化方程。

2-7　已知系统的结构图如图 2-61 所示，试通过结构图等效变换求系统的传递函数。

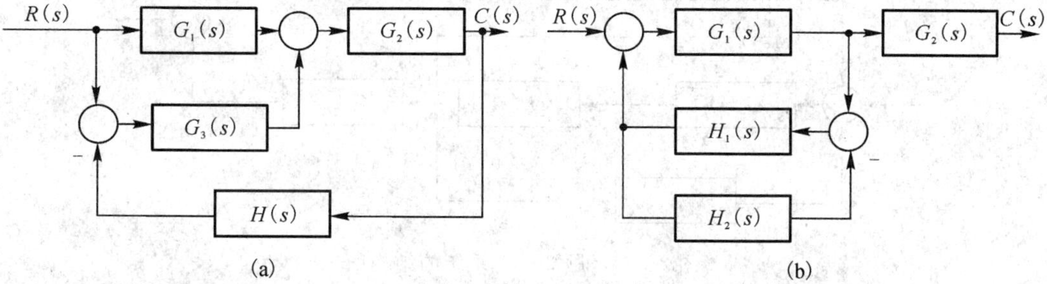

图 2-61　题 2-7 系统的结构图

2-8　已知系统的结构图如图 2-62 所示，试通过结构图等效变换求系统的传递函数。

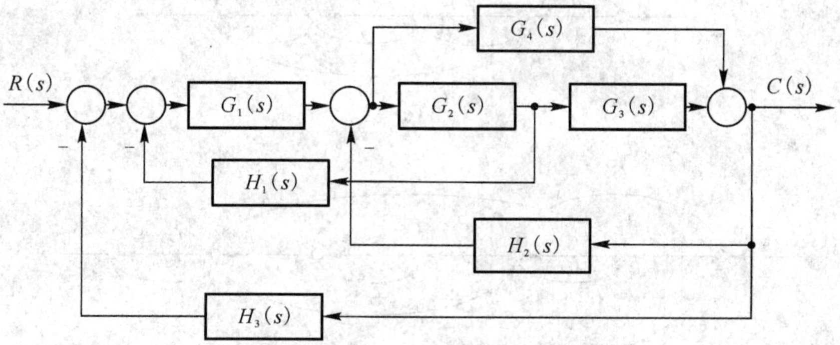

图 2-62　题 2-8 系统的结构图

2-9　已知系统的结构图如图 2-63 所示。绘制系统的信号流图，利用梅逊公式求系统的传递函数 $C(s)/R(s)$ 和 $C(s)/N(s)$。

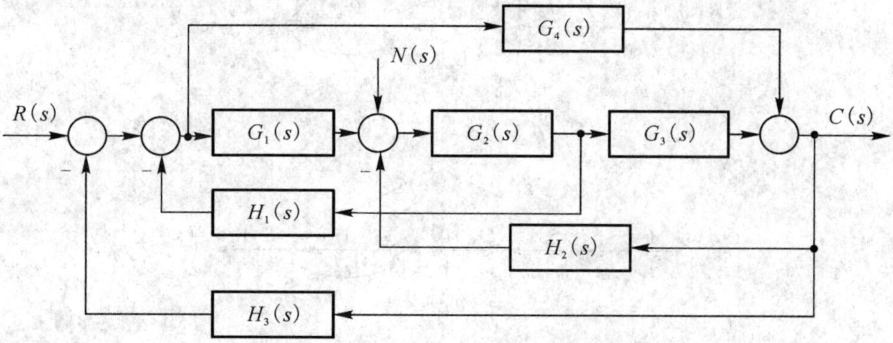

图 2-63　题 2-9 系统的结构图

2-10 已知系统的结构图如图 2-64 所示，试绘制系统的信号流图并求系统的输出 $C(s)$。

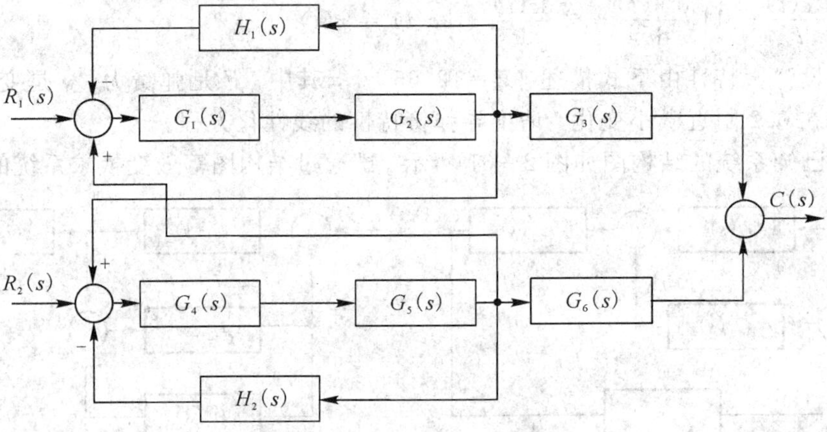

图 2-64 题 2-10 系统的结构图

2-11 系统的信号流图如图 2-65 所示，请利用梅逊公式求系统的传递函数。

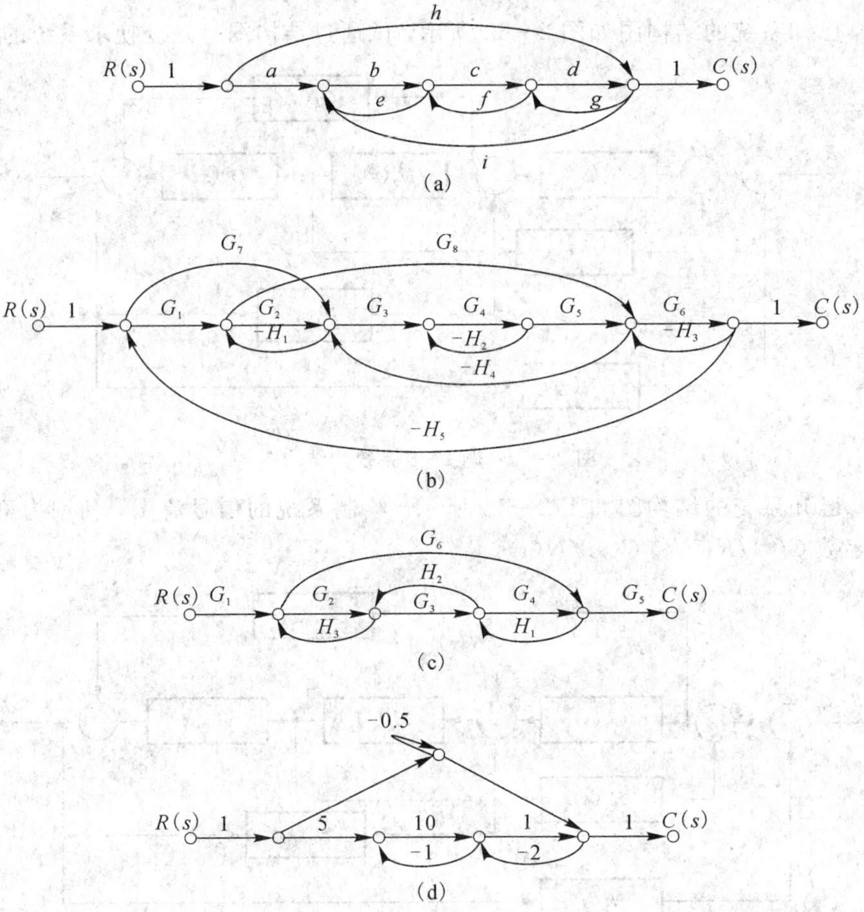

图 2-65 题 2-11 系统的信号流图

第 3 章　控制系统的时域分析

在经典控制理论中，当确定系统的数学模型后，常常采用时域分析法、根轨迹法或频域分析法分析控制系统的性能。其中，时域分析法是根据系统的微分方程或传递函数，以拉普拉斯变换为数学基础，在时域直接对系统进行分析的方法。在控制理论发展初期，时域分析仅限于阶次较低的系统，随着计算机技术的发展，目前，很多高阶次复杂系统也可借助计算机进行时域分析。时域分析是一种直接的、比较准确的分析方法，能提供控制系统时间响应的全部信息。

3.1　自动控制系统的时域指标

评价控制系统性能好坏的指标主要有动态性能指标和稳态性能指标。而要获得控制系统的性能指标，往往要对系统施加输入信号用以研究控制系统的性能。由于在大多数情况下，控制系统的输入是无法确定的，所以为了便于分析和设计，往往选择一些典型输入信号来进行分析。常用的典型输入信号有：阶跃函数、斜坡函数、脉冲函数、加速度函数和正弦函数。

3.1.1　自动控制系统的典型输入信号

1. 阶跃函数

阶跃函数的数学表达式为

$$r(t)=\begin{cases}0, & t<0\\ R\cdot 1(t), & t\geqslant 0\end{cases} \tag{3-1}$$

式(3-1)中，R 为常数。$r(t)$表示一个在 $t=0$ 时出现的幅值为 R 的阶跃变化函数，如图 3-1(a)所示。在实际系统中，当 $R=1$ 时，称为单位阶跃函数，用 $1(t)$表示。幅值为 R 的阶跃函数用 $R\cdot 1(t)$表示。在任意时刻 t_0 出现的阶跃函数用 $R\cdot 1(t-t_0)$表示。

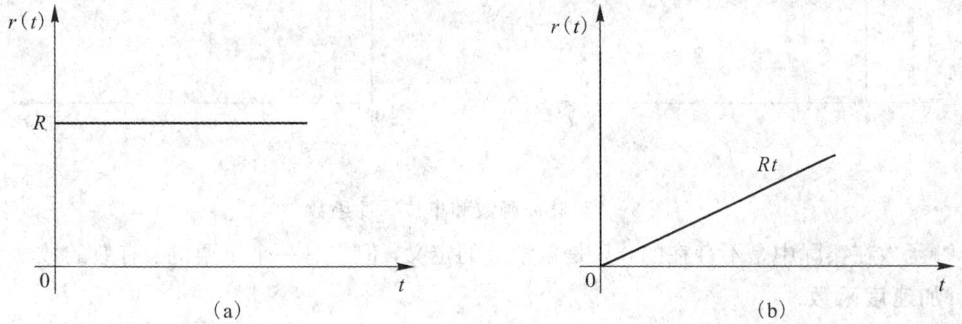

图 3-1　阶跃函数和斜坡函数

阶跃函数表示输入瞬时的变化，例如电源电压的突然跳动、负载的突然变化、机械转轴的角位置变化等，都可以认为是阶跃函数的形式。在控制系统的分析和设计中，评价系统动态性能指标时，阶跃函数常常作为外作用输入信号。

2. 斜坡函数

斜坡函数的数学表达式为

$$r(t)=\begin{cases}0, & t<0\\ Rt, & t\geqslant 0\end{cases} \tag{3-2}$$

式(3-2)中，R 为常数。$r(t)$表示一个从 $t=0$ 时刻开始，以恒定速率 R 随时间而变化的函数，如图 3-1(b)所示。当 $R=1$ 时，称为单位斜坡函数。因为 $\mathrm{d}r(t)/\mathrm{d}t=R$，所以斜坡函数代表匀速变化的信号，斜坡函数也称为等速度函数。斜坡函数的导数等于阶跃函数，同时，阶跃函数的积分等于斜坡函数。

在工程实际中，某些随动控制系统，例如雷达-高射炮防空系统，当雷达跟踪目标以恒定的速度飞行时，可被认为该系统工作在斜坡函数作用下。

3. 脉冲函数

脉冲函数的数学表达式为

$$r(t)=\begin{cases}0, & t<0 \text{ 或 } t>h\\ \dfrac{A}{h}, & 0\leqslant t\leqslant h\end{cases} \tag{3-3}$$

式(3-3)中，A 为脉冲函数的面积，即 $\int_{-\infty}^{\infty} r(t)\mathrm{d}t=A$，面积 A 表示脉冲函数的强度，脉冲函数如图 3-2(a)所示。

$A=1$，$h\to 0$ 时的脉冲函数称为单位脉冲函数，记为 $\delta(t)$，如图 3-2(b)所示，其表达式为

$$\delta(t)=\begin{cases}0, & t\neq 0\\ \infty, & t=0\end{cases} \tag{3-4}$$

即 $\int_{-\infty}^{\infty}\delta(t)\mathrm{d}t=1$。强度为 A 的脉冲函数记为 $A\delta(t)$。在任意时刻 t_0 出现的脉冲函数和单位脉冲函数分别用 $A\cdot\delta(t-t_0)$ 和 $\delta(t-t_0)$ 表示。

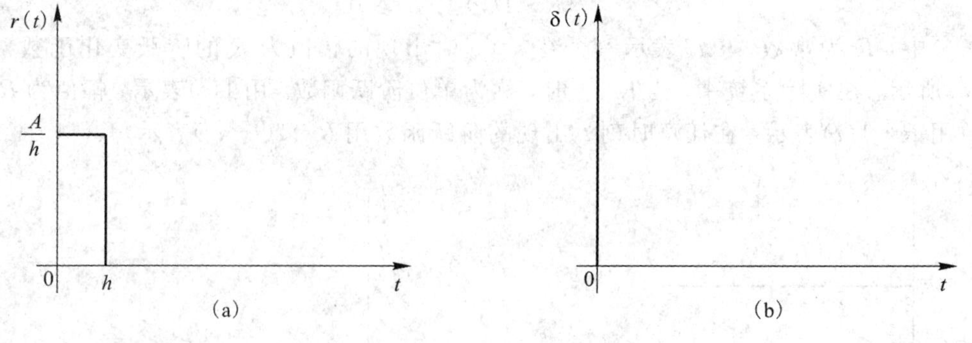

图 3-2 脉冲函数和单位脉冲函数

脉冲函数在实际中是不存在的，只是数学上的定义，但它是一个重要的、有效的数学工具。

4. 加速度函数

加速度函数的数学表达式为

$$r(t)=\begin{cases}0, & t<0\\ \frac{1}{2}Rt^2, & t\geqslant 0\end{cases} \tag{3-5}$$

式(3-5)中，R 为常数。$r(t)$表示一个从 $t=0$ 时刻开始，以恒定加速度 R 随时间而变化的函数，如图 3-3(a)所示。当 $R=1$ 时，称为单位加速度函数。加速度函数的导数等于斜坡函数，同时，斜坡函数的积分等于加速度函数。

加速度函数、斜坡函数、阶跃函数、脉冲函数之间的关系为

$$\frac{d^3}{dt^3}\left(\frac{1}{2}Rt^2\right)=\frac{d^2}{dt^2}(Rt)=\frac{d}{dt}(R\cdot 1(t))=R\cdot\delta(t) \tag{3-6}$$

或

$$\iiint R\cdot\delta(t)dt=\iint R\cdot 1(t)dt=\int Rt\,dt=\frac{1}{2}Rt^2$$

5. 正弦函数

正弦函数的数学表达式为

$$r(t)=A\sin\omega t \tag{3-7}$$

式(3-7)中，A 为正弦函数的振幅，$\omega=2\pi f$ 为正弦函数的角频率，正弦函数如图 3-3(b)所示。

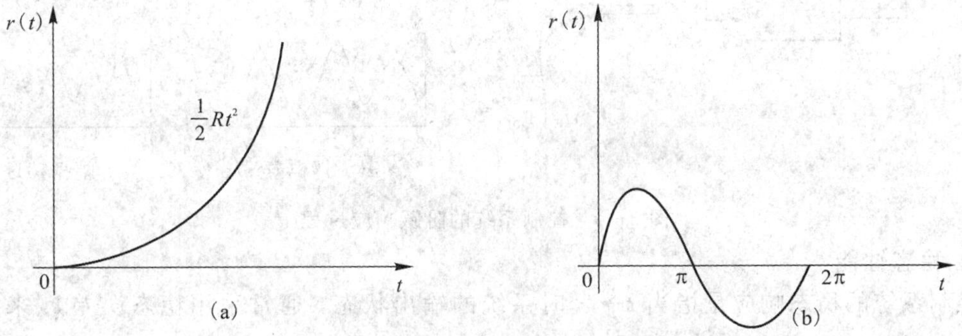

图 3-3　加速度函数和正弦函数

正弦函数是控制系统中常用的一种典型外作用，很多实际系统经常在正弦函数的外作用下工作，例如，舰船的消摆系统、稳定平台的随动系统等。系统在正弦信号作用下的输出响应，即为系统的频率响应，它是研究系统频率特性的重要依据。当正弦信号作用于线性系统时，系统的稳态分量是和输入信号同频率的正弦信号，仅仅是幅值和初相位不同。根据系统对不同频率正弦输入信号的稳态响应，可以得到系统性能的全部信息。

3.1.2　自动控制系统的时域指标

如同用 PM2.5 的含量评价空气质量的好坏一样，控制系统也需要用一定的性能指标来评价其好坏优劣。因此，有必要了解和掌握评价控制系统优劣的性能指标。时域的性能指标相对比较直观，通常用时域响应曲线上的一些特征点来衡量。要得到时域响应曲线，首先，要给系统一个输入信号，尽管不同形式的输入信号所对应的输出响应是不同的，但对于同一系统而言，各输出响应表征的系统性能是一致的。在典型输入信号作用下，控制系统的时间响应都由暂态响应和稳态响应两部分组成，故控制系统在典型输入信号作用下的性能，通常也由暂态性能和稳态性能两部分组成。

系统的动态过程又称过渡过程或瞬态过程，是指系统在典型输入信号作用下，系统输出从开始状态到最终状态之间的响应过程。系统的稳态过程是指系统在典型的输入信号作用下，当时间趋于无穷时，系统输出的表现形式，它表征系统输出量最终复现输入量的程度。

在工程应用中，通常使用单位阶跃信号作为测试信号，来研究系统在时间域的动态性能和稳态性能。一般认为，阶跃输入信号对系统来说是最严峻的工作状态。如果系统在阶跃输入信号作用下的性能指标满足要求，那么系统在其他形式的输入信号作用下，其性能指标也是令人满意的。

对于一个控制系统而言，在阶跃输入信号作用下，系统的时域响应可能有四种形式，分别为衰减振荡过程、非周期衰减过程、发散振荡过程和等幅振荡过程，各响应形式如图3 -4 所示。其中衰减振荡过程和非周期衰减过程属于稳定的过程，发散振荡过程属于不稳定过程，等幅振荡过程属于临界稳定过程。

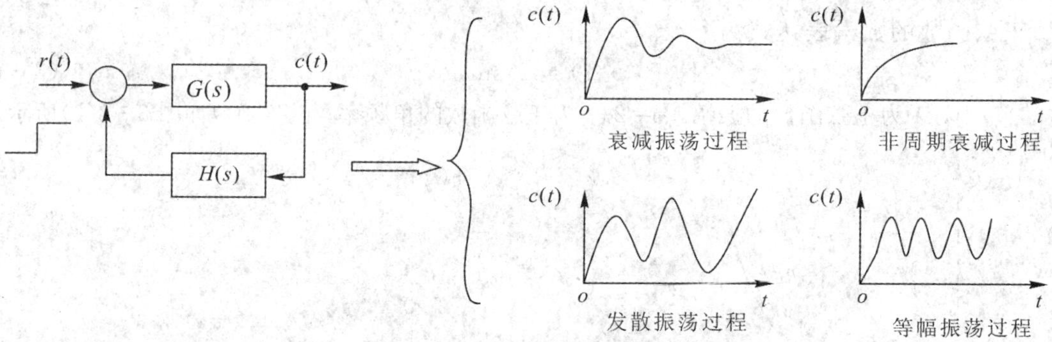

图 3 - 4　控制系统的阶跃响应过程

1. 稳态性能

控制系统的稳态响应是指当 $t \to \infty$ 时系统的输出状态，通常采用稳态误差 e_{ss} 来衡量。稳态误差 e_{ss} 是描述系统稳态性能的指标，其定义为：在输入信号作用下，当时间 $t \to \infty$ 时，系统输出响应的期望值与实际值之差，即

$$e_{ss} = \lim_{t \to \infty}[r(t) - c(t)] \tag{3-8}$$

稳态误差 e_{ss} 反映了系统跟踪输入信号的能力，是评价稳定系统准确性的性能指标，是系统控制精度或抗干扰能力的一种度量。

2. 动态性能(暂态性能)

稳定的系统在单位阶跃输入信号下，其动态过程随时间 t 变化状况的指标，称为动态性能指标。为了便于分析和比较，假定系统在单位阶跃信号作用前处于静止状态，而且输出量及其各阶导数均等于零。对于大多数控制系统来说，这种假设是符合实际情况的。如前所述，稳定系统的单位阶跃响应曲线有衰减振荡过程和非周期衰减过程。现分别针对这两种响应曲线，介绍其动态性能。

1）阶跃响应曲线为衰减振荡过程

单位阶跃响应为衰减振荡过程的响应曲线如图 3 - 5 所示，其动态性能指标通常如下。

(1) 延迟时间 t_d：指系统输出响应从零时刻首次到达稳态值一半所需的时间。

(2) 上升时间 t_r：指系统响应从零时刻首次到达稳态值的时间，即单位阶跃响应曲线从 $t=0$ 开始第一次上升到稳态值所需要的时间。

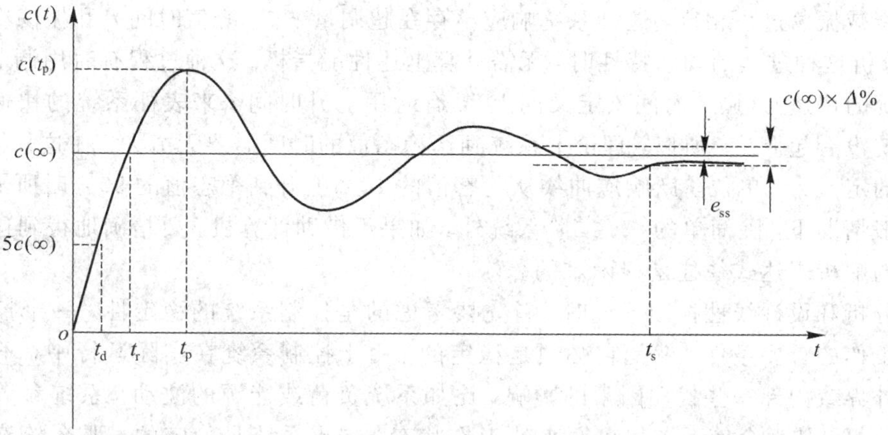

图 3-5　衰减振荡过程

(3) 峰值时间 t_p：指系统响应从零时刻到达第一个峰值所需的时间，即单位阶跃响应曲线从 $t=0$ 开始上升到第一个峰值所需要的时间。

(4) 调节时间 t_s：指系统响应达到并保持在稳态值范围 $\pm\Delta\%$ 误差带内不再超出的最短时间。

(5) 最大超调量 $\sigma\%$：指系统响应曲线的最大峰值与稳态值的差与稳态值之比的百分数，即

$$\sigma\% = \frac{c(t_p)-c(\infty)}{c(\infty)}\times 100\% \tag{3-9}$$

本书中后面所提到的超调量一般是指最大超调量。

(6) 振荡次数 N：指在调整时间 t_s 内响应曲线振荡的次数。

上述几个动态性能指标基本上可以体现系统动态过程的特征。通常用上升时间 t_r 或峰值时间 t_p 来评价系统的响应速度，用最大超调量 $\sigma\%$ 和振荡次数 N 来评价系统的阻尼特性或相对稳定性，用调节时间 t_s 来评价系统的快速性和平稳性。

2) 阶跃响应曲线为非周期稳态过程

单位阶跃响应为非周期衰减过程的响应曲线如图 3-6 所示。

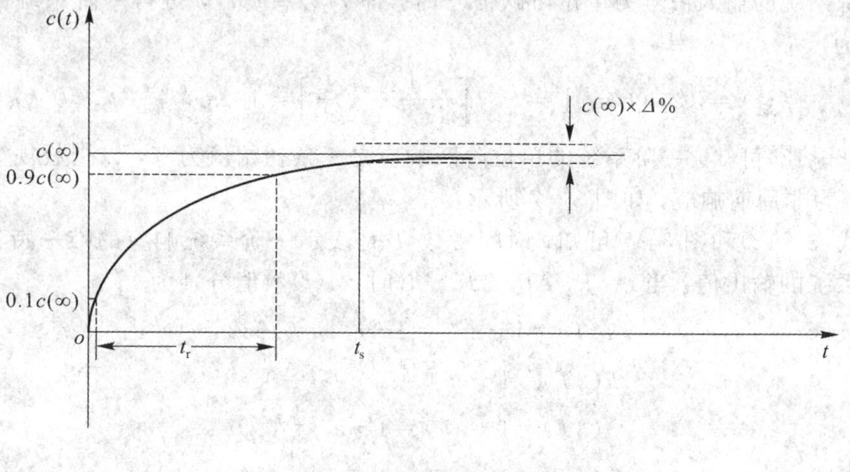

图 3-6　非周期稳态过程

与衰减振荡过程相比，这种系统响应不存在超调量 $\sigma\%$、峰值时间 t_p 和振荡次数 N。所以，在分析这种过程的动态特性时，无需计算上述性能指标。这种过程有时用调节时间 t_s 来反映系统的快速性(调节时间 t_s 定义同上)，有时用上升时间 t_r 来表征系统的快速性。由于这类系统没有超调量，所以，理论上系统到达稳态值的时间需要无穷大。在这种情况下，上升时间的定义为：单位阶跃响应曲线从稳态值的 10%上升到稳态值的 90%时所需的时间。

一般情况下，除简单的一、二阶系统外，如果不借助计算机，要精确地得到这些动态性能指标的解析表达式往往是很困难的。

在分析和设计线性控制系统时，首先要考虑的是控制系统的稳定性。一个控制系统能够正常工作的首要条件，就是它必须是稳定的。由于控制系统在实际运行中，不可避免地会受到外界或内部一些扰动因素的影响，比如系统负荷或能源的波动、系统参数和环境条件的变化等，从而会使系统偏离原来的工作状态。如果系统是稳定的，那么随着时间的推移，系统的各物理量就会恢复到原来的工作状态。如果系统不稳定，即使扰动很微弱，也会使系统中的各物理量随着时间的推移而发散，显然不稳定的系统是无法正常工作的。因此，如何分析系统的稳定性，并提出保证系统稳定的措施，是自动控制理论研究的基本任务之一。

3.2 一阶系统的动态响应

3.2.1 一阶系统的数学模型

能够用一阶微分方程描述的系统，称为一阶系统，其微分方程为

$$T\dot{c}(t)+c(t)=r(t) \tag{3-10}$$

相应的传递函数形式为

$$\frac{C(s)}{R(s)}=\frac{1}{Ts+1} \tag{3-11}$$

式中，T 为一阶系统的时间常数。

3.2.2 一阶系统的单位阶跃响应

当一阶系统的输入信号为单位阶跃信号时，即 $r(t)=1(t)$，可得一阶系统的单位阶跃响应 $h(t)$ 为

$$h(t)=\mathscr{L}^{-1}[C(s)]=\mathscr{L}^{-1}\left[\frac{1}{Ts+1}\cdot\frac{1}{s}\right]=1-e^{-\frac{t}{T}},\quad t\geqslant 0 \tag{3-12}$$

由式(3-12)可知，一阶系统的单位阶跃响应是一条初始值为零，以指数规律上升到终值的曲线，为非周期响应，如图 3-7 所示。

根据式(3-12)和图 3-7 可知，时间常数 T 是表示一阶系统响应的唯一特征参数，可用来度量系统的输出值。当 $t=T$，$2T$，$3T$，$4T$ 时，$h(t)$ 数值分别为

$$h(T)=1-e^{-\frac{T}{T}}=1-e^{-1}=0.632$$

$$h(2T)=1-e^{-\frac{2T}{T}}=1-e^{-2}=0.865$$

$$h(3T)=1-e^{-\frac{3T}{T}}=1-e^{-3}=0.95$$

$$h(4T)=1-e^{-\frac{4T}{T}}=1-e^{-4}=0.98$$

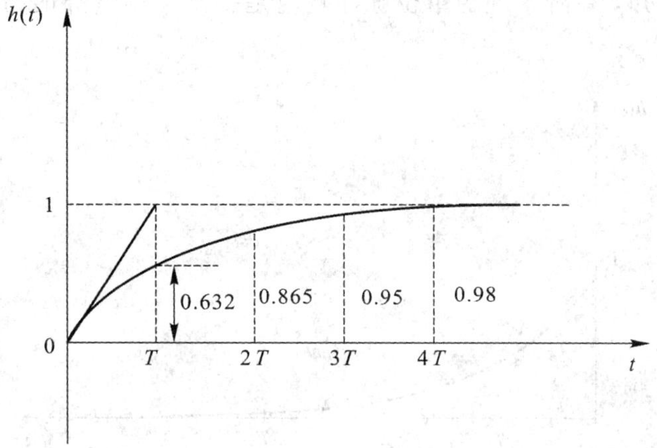

图 3 - 7　一阶系统的单位阶跃响应

根据上述特点，可用实验方法测定一阶系统的时间常数 T，或测定所测系统是否属于一阶系统。测定一阶系统时间常数 T 的一种具体做法是，在 $t=0$ 时刻，给系统一个单位阶跃输入函数，然后记录下系统的单位阶跃响应曲线，通过计算找到输出为 $0.632h(\infty)$ 时对应的时间即为一阶系统的时间常数 T。

另外，当对一阶系统的单位阶跃响应，即对式(3 - 12)求导时，可发现

$$\left.\frac{\mathrm{d}h(t)}{\mathrm{d}t}\right|_{t=0}=\left.\frac{1}{T}\mathrm{e}^{-\frac{t}{T}}\right|_{t=0}=\frac{1}{T} \tag{3-13}$$

所以一阶系统的单位阶跃响应初始斜率为时间常数的倒数。测定一阶系统时间常数 T 的另一种具体做法是，在 $t=0$ 时刻，给系统一个单位阶跃输入函数，然后记录下系统的单位阶跃响应曲线，在 $t=0$ 处，绘制响应曲线的切线，切线与稳态值 $h(\infty)$ 相交处对应的时间即为一阶系统的时间常数 T。

根据 3.1 节中动态性能指标的定义，可得到一阶系统的主要性能指标如下。

(1) 调节时间 t_s：当 $\pm\Delta\%=5\%$ 时，$t_s=3T$；当 $\pm\Delta\%=2\%$ 时，$t_s=4T$。

(2) 上升时间 t_r：$t_r=2.2T$。

(3) 峰值时间 t_p：不存在。

(4) 延迟时间 t_d：$t_d=0.69T$。

(5) 最大超调量 $\sigma\%$：不存在。

(6) 稳态误差 e_{ss}：$e_{ss}=\lim\limits_{t\to\infty}[h(t)-c(t)]=0$。

时间常数 T 反映了系统的惯性，所以一阶系统的时间常数 T 越小，其惯性越小，响应过程越快。

3.2.3　一阶系统的单位脉冲响应

当一阶系统的输入信号为单位脉冲信号，即 $r(t)=\delta(t)$，$R(s)=1$ 时，可得一阶系统的单位脉冲响应 $g(t)$ 为

$$g(t)=\mathscr{L}^{-1}[C(s)]=\mathscr{L}^{-1}\left[\frac{1}{Ts+1}\right]=\frac{1}{T}\mathrm{e}^{-\frac{t}{T}},\quad t\geqslant 0 \tag{3-14}$$

由式(3－14)可知，一阶系统的单位脉冲响应是一条单调下降的指数曲线，如图 3－8 所示。

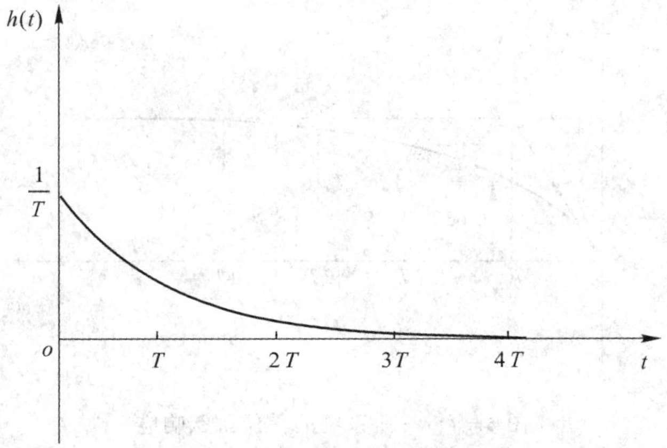

图 3－8 一阶系统的单位脉冲响应

在初始条件为零的情况下，一阶系统的闭环传递函数与脉冲响应函数之间包含着相同的动态过程信息。这一特点也适用于其他各阶线性定常系统，因此常以单位脉冲输入信号作用于系统，根据被测系统的单位脉冲响应，求得被测系统的闭环传递函数。

当系统输入信号为单位脉冲函数 $\delta(t)$时，系统的响应为单位脉冲响应 $g(t)$，则

$$g(t)=\mathscr{L}^{-1}[C(s)]\big|_{r(t)=\delta(t)}=\mathscr{L}^{-1}[\Phi(s)]\big|_{r(t)=\delta(t)} \tag{3-15}$$

$$\Phi(s)=\mathscr{L}[g(t)] \tag{3-16}$$

由于单位脉冲函数是单位阶跃函数的导数，或单位阶跃函数是单位脉冲函数的积分，根据线性系统的齐次性原理，系统的单位脉冲响应 $g(t)$是该系统单位阶跃响应 $h(t)$的导数，或系统的单位阶跃响应 $h(t)$是单位脉冲响应 $g(t)$的积分，即

$$g(t)=\frac{\mathrm{d}}{\mathrm{d}t}[h(t)] \tag{3-17}$$

$$h(t)=\int_0^t g(t)\,\mathrm{d}t \tag{3-18}$$

3.2.4 一阶系统的单位斜坡响应和单位加速度响应

当一阶系统的输入信号为单位斜坡信号，即 $r(t)=t$，$R(s)=\frac{1}{s^2}$时，可得一阶系统的单位斜坡响应为

$$c(t)=\mathscr{L}^{-1}[C(s)]=\mathscr{L}^{-1}\left[\frac{1}{Ts+1}\cdot\frac{1}{s^2}\right]=(t-T)+T\mathrm{e}^{-\frac{t}{T}},\quad t\geqslant 0 \tag{3-19}$$

当一阶系统的输入信号为单位加速度信号，即 $r(t)=\frac{1}{2}t^2$，$R(s)=\frac{1}{s^3}$时，可得一阶系统的单位加速度响应为

$$\begin{aligned}c(t)&=\mathscr{L}^{-1}[C(s)]=\mathscr{L}^{-1}\left[\frac{1}{Ts+1}\cdot\frac{1}{s^3}\right]\\&=\frac{1}{2}t^2-Tt+T^2(1-\mathrm{e}^{-\frac{t}{T}}),\quad t\geqslant 0\end{aligned} \tag{3-20}$$

单位加速度信号的导数为单位斜坡信号，单位斜坡信号的导数为单位阶跃信号，单位阶跃信号的导数为单位脉冲信号；或者，单位脉冲信号的积分为单位阶跃信号，单位阶跃信号的积分为单位斜坡信号，单位斜坡信号的积分为单位加速度信号。通过上述分析和根据线性系统的齐次性原理可知，系统对输入信号导数的响应，就等于系统对该输入信号响应的导数；或者是，系统对输入信号积分的响应，就等于系统对该输入信号响应的积分。这是线性定常系统的一个重要特征，适用于任何阶次的线性定常系统。线性定常系统各个典型信号及其响应之间的关系，如图 3-9 所示。

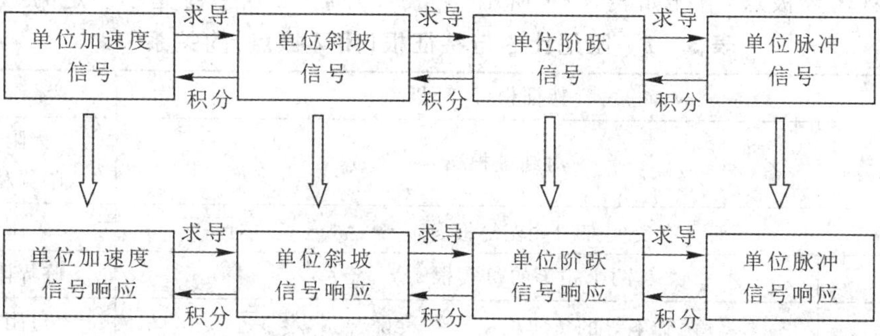

图 3-9　各个典型信号及其响应之间的关系

3.3　二阶系统的动态响应

3.3.1　典型二阶系统的数学模型

能够用二阶微分方程描述的系统称为二阶系统。典型二阶系统的结构图如图 3-10 所示。

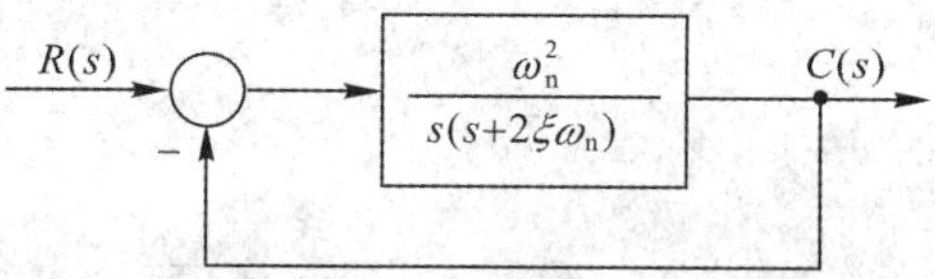

图 3-10　典型二阶系统的结构图

其开环传递函数为

$$G(s)H(s)=\frac{\omega_n^2}{s(s+2\xi\omega_n)} \tag{3-21}$$

闭环传递函数为

$$\frac{C(s)}{R(s)}=\frac{\omega_n^2}{s^2+2\xi\omega_n s+\omega_n^2} \tag{3-22}$$

式中，ξ 为系统的阻尼比，ω_n 为系统的无阻尼振荡频率。系统的振荡周期(即时间常数) $T=\frac{1}{\omega_n}$，则典型二阶系统的开环传递函数为

$$G(s)H(s)=\frac{1}{s(T^2s+2\xi T)} \tag{3-23}$$

闭环传递函数为

$$\frac{C(s)}{R(s)} = \frac{1}{T^2 s^2 + 2\xi T s + 1} \tag{3-24}$$

根据式(3－22)，典型二阶系统的特征方程为

$$s^2 + 2\xi\omega_n s + \omega_n^2 = 0 \tag{3-25}$$

其特征根(闭环极点)为

$$s_{1,2} = -\xi\omega_n \pm \omega_n\sqrt{\xi^2 - 1} \tag{3-26}$$

系统的两个特征根(闭环极点)完全由 ξ 和 ω_n 两个特征参数来描述。当取不同 ξ 时，二阶系统的特征根(闭环极点)情况如表 3－1 所示。当 $\xi<0$ 时，二阶系统是不稳定的。

表 3－1　阻尼比 ξ 与特征根(闭环极点)的关系

阻尼比 ξ	特征根(闭环极点)	系统的状态
$\xi=0$	一对纯虚根 $s_{1,2}=\pm j\omega_n$	无阻尼状态（临界稳定状态）
$0<\xi<1$	一对具有负实部的共轭复根 $s_{1,2}=-\xi\omega_n\pm j\omega_n\sqrt{1-\xi^2}$	欠阻尼状态
$\xi=1$	两个相等的负实根 $s_{1,2}=-\xi\omega_n$	临界阻尼状态
$\xi>1$	两个不等的负实根 $s_{1,2}=-\xi\omega_n\pm\omega_n\sqrt{\xi^2-1}$	过阻尼状态

二阶系统的特征根(闭环极点)在复平面的分布情况如图 3－11 所示。

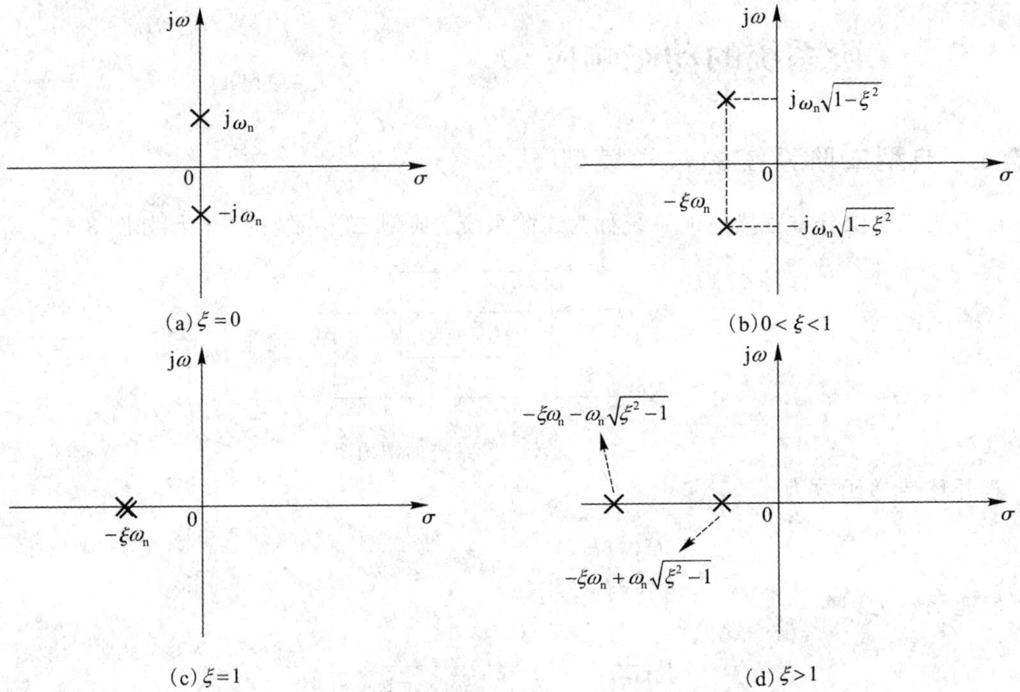

图 3－11　二阶系统的特征根(闭环极点)分布

3.3.2　二阶系统的动态响应及其性能指标

由前面的分析可知，要研究二阶系统的动态性能指标，首先要研究二阶系统在单位阶跃函数输入下的输出响应。下面先分别讨论欠阻尼 $0<\xi<1$、临界阻尼 $\xi=1$、过阻尼 $\xi>1$、

无阻尼 $\xi=0$ 时二阶系统的单位阶跃响应。然后，在单位阶跃响应下，讨论相应的动态性能指标。

1. 欠阻尼二阶系统的单位阶跃响应及动态性能指标

当 $0<\xi<1$ 时，二阶系统的特征根(闭环极点)是一对具有负实部的共轭复根 $s_{1,2}=-\xi\omega_n \pm j\omega_n\sqrt{1-\xi^2}$。如果令 $\sigma=\xi\omega_n$，$\omega_d=\omega_n\sqrt{1-\xi^2}$，则有

$$s_{1,2}=-\sigma\pm j\omega_d \tag{3-27}$$

式中，σ 称为衰减系数，ω_d 称为阻尼振荡频率(也称为工作频率)。由于单位阶跃输入 $1(t)$ 的拉式变换为 $R(s)=1/s$，所以由式(3-22)得

$$\begin{aligned}C(s) &= \frac{\omega_n^2}{s^2+2\xi\omega_n s+\omega_n^2}R(s)=\frac{\omega_n^2}{s^2+2\xi\omega_n s+\omega_n^2}\cdot\frac{1}{s}\\ &=\frac{1}{s}-\frac{s+\xi\omega_n}{(s+\xi\omega_n)^2+\omega_d^2}-\frac{\xi\omega_n}{(s+\xi\omega_n)^2+\omega_d^2}\end{aligned} \tag{3-28}$$

对上式取拉式反变换，求得单位阶跃响应为

$$\begin{aligned}h(t) &= 1-e^{-\xi\omega_n t}\left[\cos\omega_d t+\frac{\xi}{\sqrt{1-\xi^2}}\sin\omega_d t\right]\\ &=1-\frac{1}{\sqrt{1-\xi^2}}e^{-\xi\omega_n t}\left[\sqrt{1-\xi^2}\cos\omega_d t+\xi\sin\omega_d t\right],\qquad t\geqslant 0\end{aligned} \tag{3-29}$$

也可以写成

$$h(t)=1-\frac{1}{\sqrt{1-\xi^2}}e^{-\xi\omega_n t}\sin(\omega_d t+\beta),\qquad t\geqslant 0 \tag{3-30}$$

式中，$\beta=\arctan\dfrac{\sqrt{1-\xi^2}}{\xi}$ 或 $\beta=\arccos\xi$。

由式(3-30)可知，系统响应的稳态分量为 1，系统响应的瞬态分量为一个随时间 t 增长而衰减的振荡过程，衰减指数为 $-\xi\omega_n$，振荡角频率为 $\omega_d=\omega_n\sqrt{1-\xi^2}$。欠阻尼状态时二阶系统的单位阶跃响应曲线如图 3-12 所示。

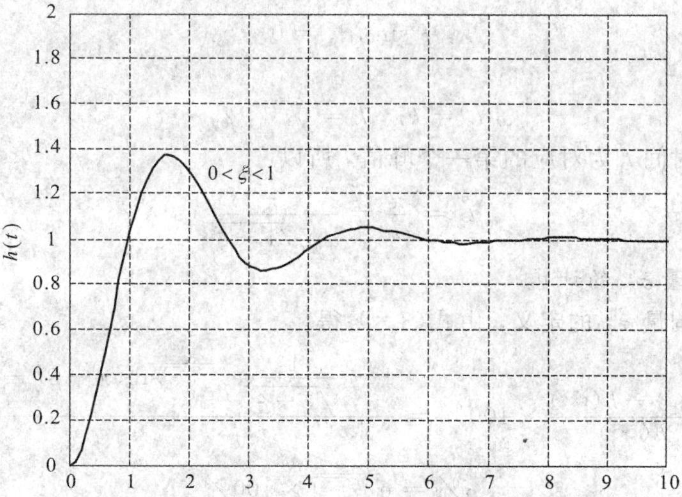

图 3-12　欠阻尼二阶系统的单位阶跃响应曲线

指数曲线 $1\pm\frac{1}{\sqrt{1-\xi^2}}e^{-\xi\omega_n t}$ 是阶跃响应衰减振荡的包络线。实际响应的收敛速度比包络线的收敛速度要快，因此在计算系统的过渡过程时间 t_s 时，常用包络线来估算。

下面根据式(3-30)，推导典型欠阻尼二阶系统的动态性能指标计算公式。

1）上升时间 t_r 的计算

由上升时间 t_r 的定义，即系统响应从零时刻首次到达稳态值的时间，可知当 $h(t)=1$ 时，计算得到的时间即为上升时间 t_r。即

$$1-\frac{1}{\sqrt{1-\xi^2}}e^{-\xi\omega_n t_r}\sin(\omega_d t_r+\beta)=1 \tag{3-31}$$

由于 $e^{-\xi\omega_n t_r}\neq 0$，要使上式成立，就要满足条件 $\omega_d t_r+\beta=k\pi$。又根据上升时间 t_r 的定义，所以取 $k=1$，则

$$t_r=\frac{\pi-\beta}{\omega_d}=\frac{\pi-\beta}{\omega_n\sqrt{1-\xi^2}} \tag{3-32}$$

式中，$\beta=\arctan\frac{\sqrt{1-\xi^2}}{\xi}$ 或 $\beta=\arccos\xi$。

2）延迟时间 t_d 的计算

由延迟时间 t_d 的定义，即系统输出响应从零时刻首次到达稳态值一半所需的时间，可知当 $h(t)=0.5$ 时，计算得到的时间即为延迟时间 t_d。可利用曲线拟合法近似得到

$$t_d=\frac{1+0.7\xi}{\omega_n} \tag{3-33}$$

3）峰值时间 t_p 的计算

由峰值时间 t_p 的定义，即单位阶跃响应曲线从 $t=0$ 开始上升到第一个峰值所需要的时间，所以对式(3-30)求导，并令其导数为零，可得峰值时间 t_p。

$$\frac{dh(t)}{dt}=(\sin\omega_d t_p)\frac{\omega_n}{\sqrt{1-\xi^2}}e^{-\xi\omega_n t_p}=0 \tag{3-34}$$

则

$$\sin\omega_d t_p=0 \tag{3-35}$$

则

$$\omega_d t_p=k\pi,\ k=0,\ 1,\ 2,\ \cdots \tag{3-36}$$

又因为峰值时间 t_p 为对应的第一个峰值，所以

$$t_p=\frac{\pi}{\omega_d}=\frac{\pi}{\omega_n\sqrt{1-\xi^2}} \tag{3-37}$$

4）最大超调量 $\sigma\%$ 的计算

根据最大超调量 $\sigma\%$ 的定义，由式(3-9)得

$$\sigma\%=\frac{h(t_p)-h(\infty)}{h(\infty)}\times 100\%=\frac{1-\frac{1}{\sqrt{1-\xi^2}}e^{-\frac{\xi\pi}{\sqrt{1-\xi^2}}}\sin(\pi+\beta)-1}{1}\times 100\%$$

$$\sigma\%=e^{-\frac{\xi\pi}{\sqrt{1-\xi^2}}}\times 100\% \tag{3-38}$$

上式表明，当二阶系统的阻尼比为 $0<\xi<1$ 时，系统的最大超调量 $\sigma\%$ 仅与系统的阻尼比 ξ 有关，阻尼比 ξ 越小，系统的最大超调量 $\sigma\%$ 越大。欠阻尼二阶系统阻尼比 ξ 与最大超

调量 $\sigma\%$ 的关系如图 3－13 所示。

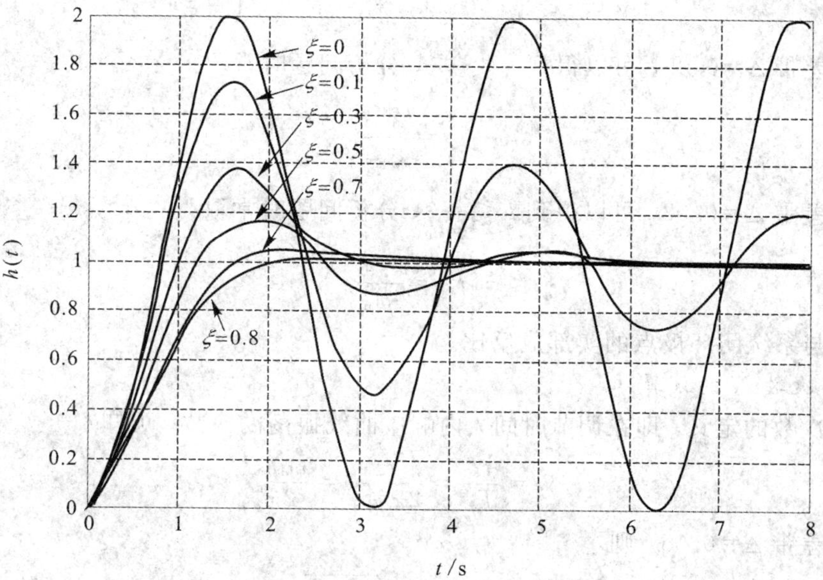

图 3－13　欠阻尼二阶系统阻尼比 ξ 与最大超调量 $\sigma\%$ 的关系

5）调节时间 t_s 的计算

欠阻尼二阶系统的阶跃响应为衰减振荡过程，在到达稳态值之前，该响应曲线是在两条包络线之间振荡，如图 3－14 所示。

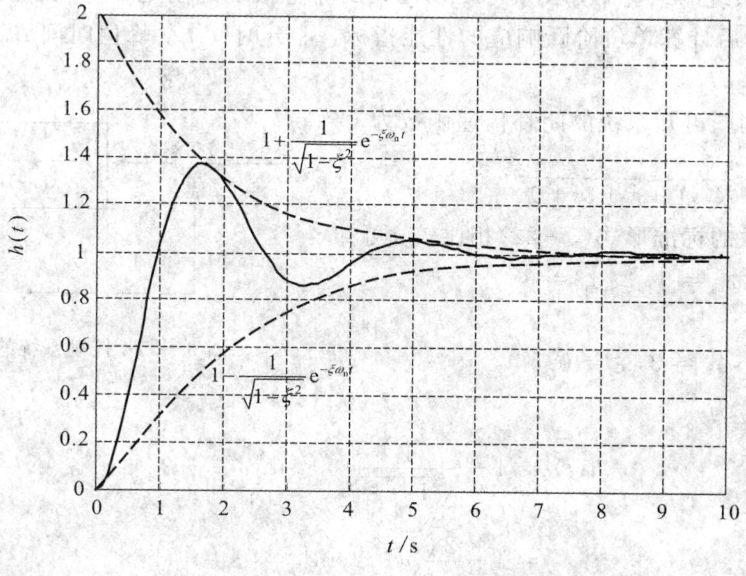

图 3－14　欠阻尼二阶系统的包络线

如果令 Δ 表示实际响应与稳态输出之间的误差，则由调节时间 t_s 的定义和式(3－30)可知

$$\Delta=\left|1-\frac{1}{\sqrt{1-\xi^2}}e^{-\xi\omega_n t}\sin(\omega_d t+\beta)-1\right| \tag{3-39}$$

则

$$\Delta = \left| \frac{1}{\sqrt{1-\xi^2}} e^{-\xi\omega_n t} \sin(\omega_d t + \beta) \right| \leqslant \frac{1}{\sqrt{1-\xi^2}} e^{-\xi\omega_n t} \tag{3-40}$$

如果选取误差带 $\Delta=0.05$，可以得到 $t_s \leqslant \frac{3.5}{\xi\omega_n}$，分析问题时常取

$$t_s = \frac{3.5}{\xi\omega_n} \tag{3-41}$$

如果选取误差带 $\Delta=0.02$，可以得到 $t_s \leqslant \frac{4.4}{\xi\omega_n}$，分析问题时常取

$$t_s = \frac{4.4}{\xi\omega_n} \tag{3-42}$$

调节时间 t_s 与系统闭环极点的实部成反比。

6) 振荡次数 N 的计算

由振荡次数的定义，即在调节时间 t_s 内响应曲线振荡的次数，可知

$$N = \frac{t_s}{T_d} = \frac{t_s}{2\pi/\omega_d} = \frac{\omega_d t_s}{2\pi} \tag{3-43}$$

如果选取误差带 $\Delta=0.05$，则

$$N = \frac{3.5\sqrt{1-\xi^2}}{2\pi\xi} \tag{3-44}$$

如果选取误差带 $\Delta=0.02$，则

$$N = \frac{4.4\sqrt{1-\xi^2}}{2\pi\xi} \tag{3-45}$$

例 3-1 系统的结构图如图 3-15 所示，试确定系统的阻尼比 ξ、无阻尼振荡频率 ω_n 和阶跃响应，然后计算单位阶跃响应的性能指标：上升时间 t_r、峰值时间 t_p、超调量 $\sigma\%$ 和调节时间 t_s。

解 由结构图可知系统的闭环传递函数为

$$\frac{C(s)}{R(s)} = \frac{9}{s^2+3s+9}$$

与传递函数的标准形式(3-22)相比较，可知

$$\omega_n^2 = 9,\ 2\xi\omega_n = 3$$

则

$$\omega_n = 3,\ \xi = 0.5$$

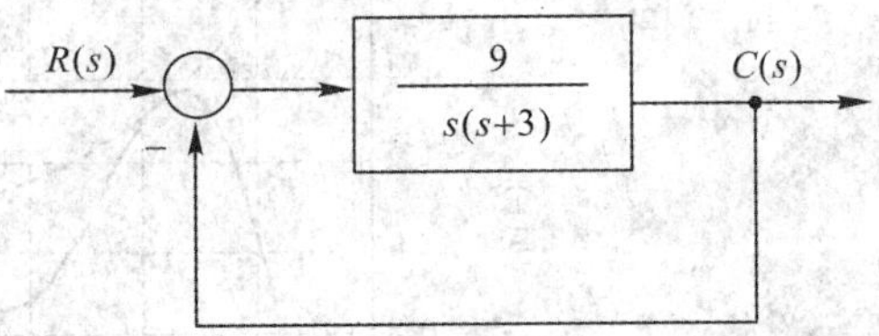

图 3-15 控制系统的结构图

则单位阶跃响应为

$$h(t) = 1 - \frac{1}{\sqrt{1-\xi^2}} e^{-\xi\omega_n t} \sin(\omega_d t + \beta)$$

$$= 1 - \frac{2\sqrt{3}}{3} e^{-1.5t} \sin\left(\frac{3\sqrt{3}}{2} t + \frac{\pi}{3}\right)$$

所以可以求得

$$\sigma\% = e^{-\frac{\xi\pi}{\sqrt{1-\xi^2}}} \times 100\% = 16.3\%$$

$$t_p = \frac{\pi}{\omega_d} = \frac{\pi}{\omega_n\sqrt{1-\xi^2}} = 1.2\ (s)$$

$$t_r = \frac{\pi - \beta}{\omega_n \sqrt{1-\xi^2}} = \frac{\pi - \arccos\xi}{\omega_n \sqrt{1-\xi^2}} = 0.8\ (\text{s})$$

$$t_s = \frac{3.5}{\xi\omega_n} = 2.33\ (\text{s})$$

如果选取误差带 $\Delta = 0.02$，则

$$t_s = \frac{4.4}{\xi\omega_n} = 2.93(\text{s})$$

在利用二阶系统的单位阶跃响应性能指标公式计算相应的性能指标时，请注意，二阶系统模型必须是典型的结构形式，否则，就要进行相应的调整或利用性能指标定义进行计算。

2. 临界阻尼二阶系统的单位阶跃响应及动态性能指标

当 $\xi=1$ 时，二阶系统的特征根(闭环极点)是一对相等的负实根 $s_{1,2} = -\omega_n$，在单位阶跃函数输入作用下，系统输出的拉式变换为

$$C(s) = \frac{\omega_n^2}{s^2 + 2\omega_n s + \omega_n^2} R(s) = \frac{\omega_n^2}{s^2 + 2\omega_n s + \omega_n^2} \cdot \frac{1}{s}$$

$$= \frac{1}{s} - \frac{\omega_n}{(s+\omega_n)^2} - \frac{1}{(s+\omega_n)} \tag{3-46}$$

对上式求拉式反变换，可得临界阻尼二阶系统的单位阶跃响应为

$$h(t) = 1 - e^{-\omega_n t}(1 + \omega_n t),\ t \geqslant 0 \tag{3-47}$$

上式表明，临界阻尼二阶系统的单位阶跃响应为稳态值为 1 的无超调单调上升过程。由于 $\xi=1$ 是振荡与单调衰减过程的分界，所以称为临界阻尼状态。临界阻尼二阶系统的单位阶跃响应变化率为

$$\frac{dh(t)}{dt} = e^{-\omega_n t}\omega_n^2 t \tag{3-48}$$

因而可知，当 $t=0$ 时，响应过程的变化率为零；当 $t>0$ 时，响应过程的变化率为正；当 $t\to\infty$ 时，响应过程的变化率趋于零，响应过程趋于 1。临界阻尼二阶系统的单位阶跃响应曲线如图 3-16 所示。

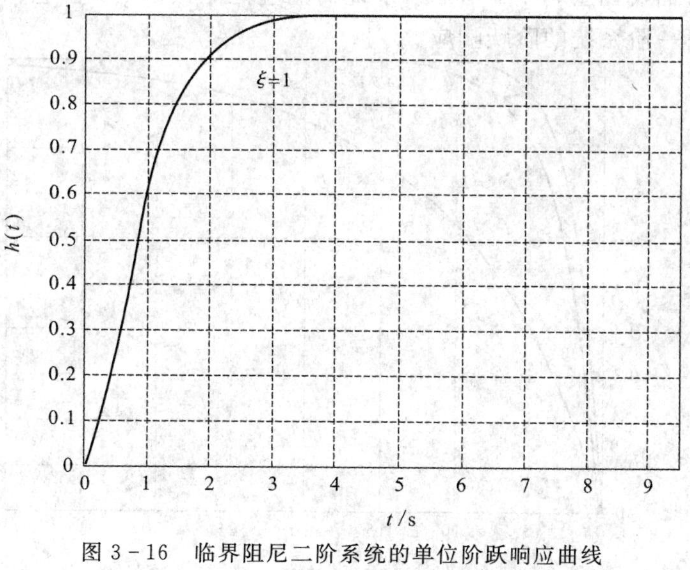

图 3-16　临界阻尼二阶系统的单位阶跃响应曲线

通过上面的分析可知，临界阻尼二阶系统不存在超调量，因此也就不存在峰值时间，在计算其动态性能指标时，主要计算调节时间 t_s，为

$$t_s = 4.7\frac{1}{\omega_n}, \qquad \Delta = 0.05 \tag{3-49}$$

3. 过阻尼二阶系统的单位阶跃响应及动态性能指标

当 $\xi>1$ 时，二阶系统的特征根(闭环极点)是两个不等的实根，$s_1=-\xi\omega_n+\omega_n\sqrt{\xi^2-1}$，$s_2=-\xi\omega_n-\omega_n\sqrt{\xi^2-1}$。单位阶跃输入 $1(t)$ 的拉氏变换为 $R(s)=1/s$，在单位阶跃输入函数作用下，系统输出的拉式变换为

$$\begin{aligned} C(s) &= \frac{\omega_n^2}{s^2+2\xi\omega_n s+\omega_n^2}\cdot R(s) \\ &= \frac{\omega_n^2}{s(s-s_1)(s-s_2)} = \frac{c_0}{s} - \frac{c_1}{s-s_1} - \frac{c_2}{s-s_2} \end{aligned} \tag{3-50}$$

式中 c_0，c_1，c_2 为复平面在 $s=0$，$s=s_1$，$s=s_2$ 处 $C(s)$ 的留数，即

$$c_0 = \lim_{s\to 0} sC(s) = 1$$

$$c_1 = \lim_{s\to s_1}(s-s_1)C(s) = \frac{-1}{2\sqrt{\xi^2-1}(\xi-\sqrt{\xi^2-1})}$$

$$c_2 = \lim_{s\to s_2}(s-s_2)C(s) = \frac{1}{2\sqrt{\xi^2-1}(\xi+\sqrt{\xi^2-1})}$$

可得过阻尼二阶系统的单位阶跃响应为

$$h(t) = 1 - \frac{1}{2\sqrt{\xi^2-1}}\left(\frac{1}{\xi-\sqrt{\xi^2-1}}e^{s_1 t} - \frac{1}{\xi+\sqrt{\xi^2-1}}e^{s_2 t}\right),\ t\geqslant 0 \tag{3-51}$$

分析式(3-51)可知，在过阻尼状态下，$s_1=-\xi\omega_n+\omega_n\sqrt{\xi^2-1}$ 和 $s_2=-\xi\omega_n-\omega_n\sqrt{\xi^2-1}$ 均为负实数，所以阶跃响应的瞬态分量为两个衰减的指数项，两个衰减的指数项的衰减系数分别为 $s_1=-\xi\omega_n+\omega_n\sqrt{\xi^2-1}$ 和 $s_2=-\xi\omega_n-\omega_n\sqrt{\xi^2-1}$。输出的稳态值为 1，所以系统不存在稳态误差，其响应曲线如图 3-17 所示。系统的响应是非振荡的，但它由两个惯性环节串联，所以又不同于一阶系统的阶跃响应。

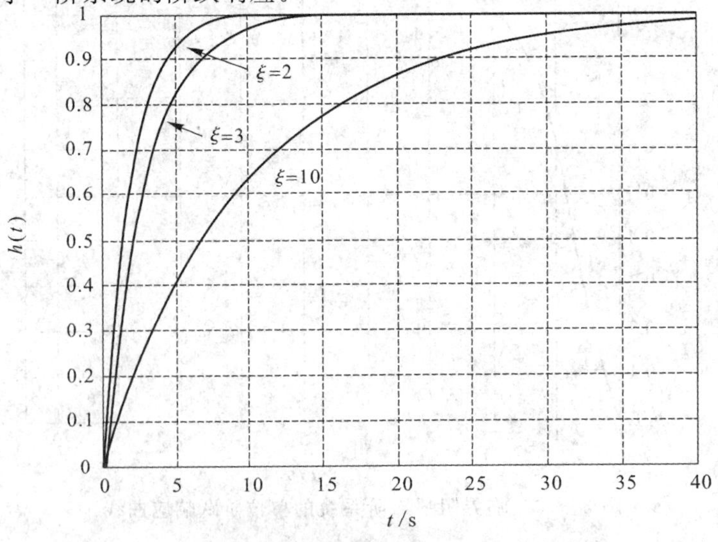

图 3-17 过阻尼二阶系统的单位阶跃响应曲线

当 $\xi \gg 1$ 时，包含 $s_2=-\xi\omega_n-\omega_n\sqrt{\xi^2-1}$ 的指数项比包含 $s_1=-\xi\omega_n+\omega_n\sqrt{\xi^2-1}$ 的指数项衰减要快得多，它在瞬态分量中占的比例很小。所以系统瞬态分量主要取决于包含 $s_1=-\xi\omega_n+\omega_n\sqrt{\xi^2-1}$ 的指数项，此时可略去 s_2 对系统的影响。同时又要保证输出初值和终值不变，则输出表达式可表示为

$$C(s)=\frac{-s_1}{s(s-s_1)} \tag{3-52}$$

系统的单位阶跃响应

$$h(t)\approx 1-e^{s_1 t} \tag{3-53}$$

通过上面的分析可知，过阻尼二阶系统不存在超调量，因此也就不存在峰值时间，在计算其动态性能指标时，主要计算调节时间 t_s。当 $\xi>1.25$ 时，系统的调节时间可近似为

$$t_s=(3\sim 4)\frac{1}{|s_1|} \tag{3-54}$$

4. 无阻尼二阶系统的单位阶跃响应

当 $\xi=0$ 时，二阶系统的特征根(闭环极点)是一对纯虚根 $s_{1,2}=\pm j\omega_n$，在单位阶跃函数输入作用下，系统输出的拉氏变换为

$$C(s)=\frac{\omega_n^2}{s^2+\omega_n^2}R(s)=\frac{\omega_n^2}{s^2+\omega_n^2}\cdot\frac{1}{s} \tag{3-55}$$

可得无阻尼二阶系统的单位阶跃响应为

$$h(t)=1-\cos\omega_n t,\ t\geqslant 0 \tag{3-56}$$

所以，无阻尼二阶系统的单位阶跃响应为等幅振荡过程，其响应曲线如图 3-18 所示。

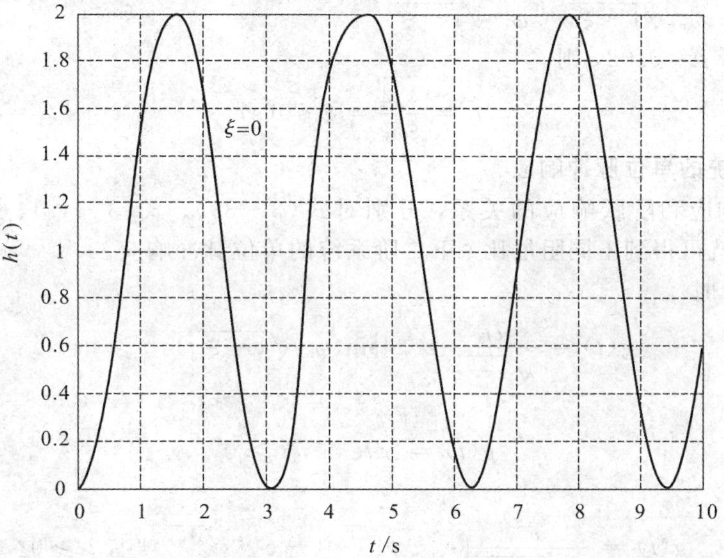

图 3-18　无阻尼二阶系统的单位阶跃响应曲线

例 3-2　系统的结构图如图 3-19 所示，若要求系统具有性能指标 $\sigma\%=20\%$，$t_p=1$ s，试确定系统的参数 K 和 τ，然后计算单位阶跃响应的性能指标：上升时间 t_r 和调节时间 t_s。

解　由结构图可知系统的闭环传递函数为

$$\frac{C(s)}{R(s)} = \frac{K}{s^2 + (1 + K\tau)s + K}$$

与传递函数的标准形式(3-22)相比较，可知

$$K = \omega_n^2,\ 1 + K\tau = 2\xi\omega_n$$

则

$$\omega_n = \sqrt{K},\ \xi = \frac{1 + K\tau}{2\sqrt{K}}$$

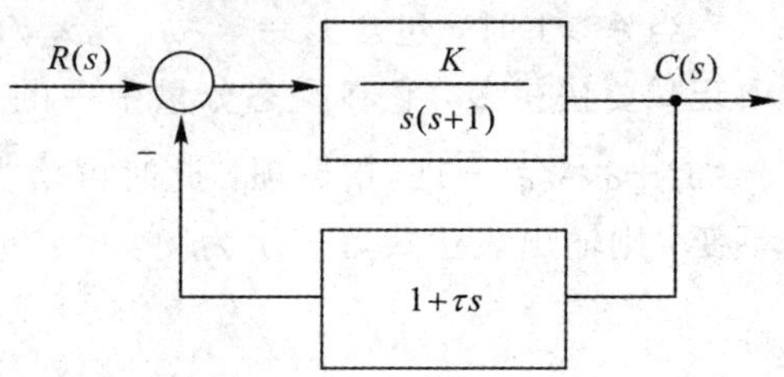

图 3-19　控制系统的结构图

根据题意 $\sigma\% = 20\%$，则

$$\sigma\% = e^{-\frac{\xi\pi}{\sqrt{1-\xi^2}}} \times 100\% = 20\%$$

所以可以求得

$$\xi = 0.46$$

根据题意 $t_p = 1$ s，则

$$t_p = \frac{\pi}{\omega_d} = \frac{\pi}{\omega_n\sqrt{1-\xi^2}} = 1$$

可以求得

$$\omega_n = 3.54\ (\mathrm{rad/s})$$

所以

$$K = \omega_n^2 = 12.53(\mathrm{rad/s})^2,\quad \tau = \frac{2\xi\omega_n - 1}{K} = 0.18(\mathrm{s})$$

所以

$$t_r = \frac{\pi - \beta}{\omega_n\sqrt{1-\xi^2}} = \frac{\pi - \arccos\xi}{\omega_n\sqrt{1-\xi^2}} = 0.65(\mathrm{s}),\quad t_s = \frac{3.5}{\xi\omega_n} = 2.15(\mathrm{s})$$

如果选取误差带 $\Delta = 0.02$，则

$$t_s = \frac{4.4}{\xi\omega_n} = 2.70(\mathrm{s})$$

5. 二阶系统的单位脉冲响应

根据脉冲响应和阶跃响应的关系，分别对式(3-30)、式(3-47)、式(3-51)和式(3-56)求导，就可得到不同阻尼比 ξ 下二阶系统的单位脉冲响应。

当 $0<\xi<1$ 时

$$g(t) = \frac{\omega_n}{\sqrt{1-\xi^2}} e^{-\xi\omega_n t}\sin(\omega_n\sqrt{1-\xi^2}\,t),\ t \geqslant 0 \tag{3-57}$$

当 $\xi=1$ 时

$$g(t) = \omega_n^2 t e^{-\omega_n t},\ t \geqslant 0 \tag{3-58}$$

当 $\xi>1$ 时

$$g(t) = \frac{\omega_n}{2\sqrt{\xi^2-1}}\left[e^{-(\xi-\sqrt{\xi^2-1})\omega_n t} - e^{-(\xi+\sqrt{\xi^2-1})\omega_n t}\right],\ t \geqslant 0 \tag{3-59}$$

当 $\xi=0$ 时

$$g(t) = \omega_n \sin\omega_n t \tag{3-60}$$

3.3.3　二阶系统特征参数与动态性能指标之间的关系

ξ 和 ω_n 是二阶系统的特征参数，决定着二阶系统闭环根的位置，二阶系统的动态性能

指标主要取决于这两个参数。将二阶系统的特征根(闭环极点)$s_{1,2}=-\xi\omega_n\pm j\omega_n\sqrt{1-\xi^2}$表示在复平面上，可得到三条特殊的关系曲线，如图 3-20 所示。

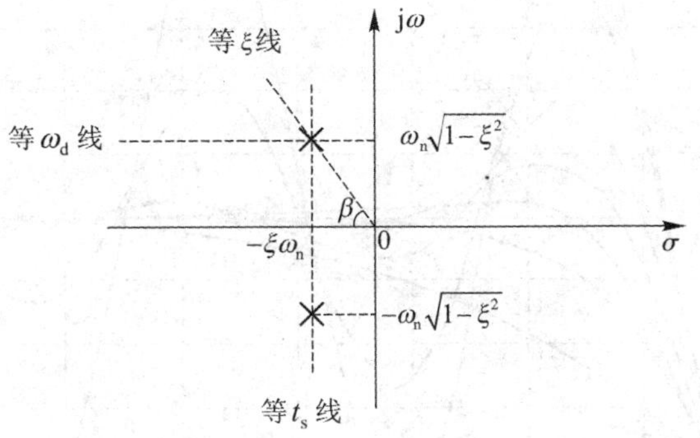

图 3-20　二阶系统三条特殊的关系曲线

1. 等 t_s 线

通过极点 s_1 做一条与虚轴平行的直线，则该直线上各点与虚轴的距离相等，均为 $\xi\omega_n$，即为极点 s_1 实部的绝对值。由于二阶振荡系统的调整时间 t_s 仅与 $\xi\omega_n$ 有关，所以极点位于该直线上的二阶系统具有相同的值，故通常将该直线称为等 t_s 线。等 t_s 线离虚轴越近，系统的调整时间和过渡过程越长。

2. 等 ω_d 线

通过极点 s_1 作一条与实轴平行的直线，该直线上各点与实轴的距离相等，均为 $\omega_n\sqrt{1-\xi^2}$，即极点 s_1 虚部的绝对值。由于极点位于该直线上的二阶系统具有相同的 ω_d 值，故通常将该直线称为等 ω_d 线。等 ω_d 线离实轴越远，系统的振荡频率越高。

3. 等 ξ 线

连接坐标原点和极点 s_1，则该直线与负实轴的夹角 β 与极点的坐标之间的关系为

$$\cos\beta=\frac{\xi\omega_n}{\sqrt{\xi^2\omega_n^2+\omega_n^2(1-\xi^2)}}=\xi \tag{3-61}$$

该直线与负实轴的夹角均相等，为 $\arccos\xi$，仅与 ξ 有关，故通常将该直线称为等 ξ 线。等 ξ 线与负实轴的夹角 β 越小，ξ 越大，则超调量 $\sigma\%$ 越小，表明系统的相对稳定性越高。

如果对二阶系统的动态响应指标给出具体的数值，则可在 s 平面上作出对应于这些给定性能指标的等值线。这样，如果所设计二阶系统的极点位于这些等值线所限制的区域中，则该二阶系统的动态响应特性就一定优于给定的要求。

3.3.4　二阶系统工程最佳参数

根据前面分析，可以得出不同阻尼比 ξ 下系统的单位阶跃响应曲线簇，如图 3-21 所示。通过分析可以看出：

(1) 阻尼比 ξ 越大，超调量越小，响应的平稳性越好。反之，阻尼比 ξ 越小，振荡越强，平稳性越差。当 $\xi=0$ 时，系统具有频率为 ω_n 的等幅振荡。

(2) 过阻尼状态下，系统响应迟缓，过渡过程时间长，系统快速性差；ξ 过小，响应的起始速度较快，但因振荡强烈，衰减缓慢，所以调节时间 t_s 亦长，快速性差。

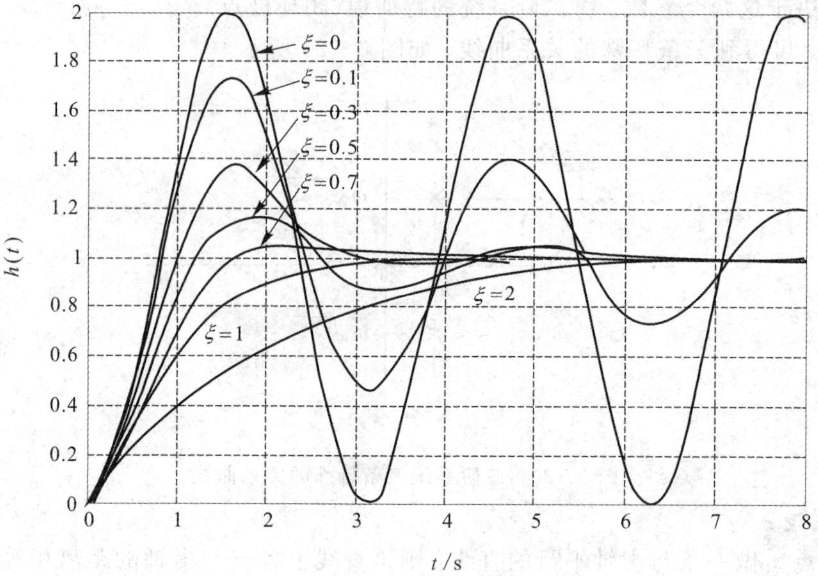

图 3-21 二阶系统的单位阶跃响应曲线簇

(3) 当 $\xi=0.707$ 时，系统的超调量 $\sigma\%<5\%$，调节时间 t_s 也最短，即平稳性和快速性最佳，故称 $\xi=0.707$ 为最佳阻尼比。

(4) 当阻尼比 ξ 为常数时，ω_n 越大，调节时间 t_s 就越短，快速性越好。

(5) 系统的超调量 $\sigma\%$ 和振荡次数 N 仅仅由阻尼比 ξ 决定，它们反映了系统的平稳性。

(6) 工程实际中，二阶系统多数设计成 $0<\xi<1$ 的欠阻尼情况，并且经验取 $\xi=0.4\sim0.8$ 之间。

3.3.5 零点对二阶系统动态性能的影响

假设具有零点的欠阻尼($0<\xi<1$)二阶系统的闭环传递函数为

$$\Phi(s)=\frac{C(s)}{R(s)}=\frac{\omega_n^2(Ts+1)}{s^2+2\xi\omega_n s+\omega_n^2}=\frac{\omega_n^2 T(s+1/T)}{s^2+2\xi\omega_n s+\omega_n^2} \tag{3-62}$$

则其阶跃响应为

$$h(t)=1-\frac{\sqrt{(\omega_n T)^2-\xi\omega_n T+1}}{\sqrt{1-\xi^2}}e^{-\xi\omega_n t}\sin\left(\omega_n\sqrt{1-\xi^2}\,t+\arctan\frac{\sqrt{1-\xi^2}}{\xi-\omega_n T}\right) \tag{3-63}$$

由系统的单位阶跃响应表达式可知，当其他条件不变时，二阶振荡系统增加一个闭环零点后，使系统的超调量 $\sigma\%$ 增加、调整时间 t_s 减少、峰值时间 t_p 也减少，即系统反应更加迅速，但相对稳定性下降。该零点离系统的极点越近，对系统的影响越显著。该零点远离系统极点(离虚轴较远)时，对系统的影响可忽略。

最后特别指出，对具有零点的二阶系统，在定量求其动态性能指标，如上升时间 t_r、峰值时间 t_p、超调量 $\sigma\%$ 和调整时间 t_s 时，以上所给典型二阶系统的相应计算公式均不适用。它的各项动态性能指标，一定要根据定义利用其单位阶跃响应来求取。

例 3-3 已知某一单位反馈系统的开环传递函数为

$$G(s)=\frac{6(0.2s+1)}{s(s+0.4)}$$

试确定系统的阶跃响应，然后计算峰值时间 t_p、超调量 $\sigma\%$。

解　闭环传递函数为

$$\Phi(s) = \frac{6(0.2s+1)}{s^2+1.6s+6}$$

该式不属于典型二阶系统的传递函数形式，所以不能用公式计算阶跃响应和性能指标，可用定义直接求。当 $r(t)=1$ 时，系统的输出为

$$C(s) = \frac{6(0.2s+1)}{s^2+1.6s+6} \cdot \frac{1}{s}$$

求拉普拉斯反变换，得系统单位阶跃响应为

$$h(t) = 1 + 1.014e^{-0.8t}\sin(2.32t - 1.4)$$

系统的单位阶跃响应为衰减振荡形式，峰值时间 t_p、超调量 $\sigma\%$ 可由相应的性能指标定义求取。

由 $\left.\frac{dh(t)}{dt}\right|_{t_p}=0$ 得

$$t_p \approx 1.14(s)$$

根据式(3-9)，得

$$\sigma\% = \frac{h(t_p)-h(\infty)}{h(\infty)} \times 100\% = (h(t_p)-1) \times 100\% \approx 38.6\%$$

3.4　高阶系统的动态响应

3.4.1　高阶系统的阶跃响应

高阶系统是指用三阶或更高阶微分方程描述的系统。控制工程中，几乎所有的系统都是用高阶微分方程描述的。对于高阶系统而言，其动态性能的确定有些复杂，工程上常采用闭环主导极点的概念，将高阶系统降为一阶或二阶系统来进行近似分析，或直接利用计算机软件进行高阶系统分析。

考虑一个 n 阶系统，其闭环传递函数的一般形式为

$$\Phi(s) = \frac{C(s)}{R(s)} = \frac{b_0s^m + b_1s^{m-1} + \cdots + b_{m-1}s + b_m}{s^n + a_1s^{n-1} + \cdots + a_{n-1}s + a_n} \tag{3-64}$$

如果 $\Phi(s)$ 的所有极点都为实数 p_i，则当 $r(t)=1$ 时，系统的输出为

$$C(s) = \frac{b_0s^m + b_1s^{m-1} + \cdots + b_{m-1}s + b_m}{\prod_{i=1}^{n}(s-p_i)} \cdot \frac{1}{s}$$

$$= \frac{A_0}{s} + \sum_{i=1}^{n}\frac{A_i}{s-p_i} \tag{3-65}$$

对上式进行拉普拉斯反变换，可得系统的阶跃响应为

$$h(t) = A_0 + \sum_{i=1}^{n}A_ie^{p_it} \tag{3-66}$$

如果 $\Phi(s)$ 有 q 个实数极点，r 对共轭复数极点，则当 $r(t)=1$ 时，系统的输出为

$$C(s)=\frac{b_0s^m+b_1s^{m-1}+\cdots+b_{m-1}s+b_m}{\prod_{i=1}^{q}(s-p_i)\prod_{k=1}^{r}(s^2+2\xi_k\omega_ks+\omega_k^2)}\cdot\frac{1}{s}$$

$$=\frac{A_0}{s}+\sum_{i=1}^{q}\frac{A_i}{s-p_i}+\sum_{k=1}^{r}\frac{B_k(s+\xi_k\omega_k)+C_k\omega_k\sqrt{1-\xi_k^2}}{s^2+2\xi_k\omega_ks+\omega_k^2} \tag{3-67}$$

对上式进行拉普拉斯反变换，可得系统的阶跃响应为

$$h(t)=A_0+\sum_{i=1}^{q}A_ie^{p_it}+\sum_{k=1}^{r}B_ke^{-\xi_k\omega_kt}\cos\omega_k\sqrt{1-\xi_k^2}t+\sum_{k=1}^{r}C_ke^{-\xi_k\omega_kt}\sin\omega_k\sqrt{1-\xi_k^2}t \tag{3-68}$$

如果系统的闭环极点都位于 s 平面的左半平面，则阶跃响应的瞬态响应分量随时间而衰减，系统是稳定的。只要有一个闭环极点位于 s 平面的右半平面，则阶跃响应的瞬态响应分量随时间而发散，系统是不稳定的。

得到系统的时域响应表达式后，由该表达式或其响应曲线就可以根据定义计算性能指标。但是对于高阶系统，不借助计算机，直接计算系统的单位阶跃响应是很困难的。因而对于高阶系统常采用主导极点法近似分析和估算性能指标。

3.4.2 高阶系统的降阶

对于稳定的高阶系统，即系统的闭环极点都位于 s 平面的左半平面，则闭环极点距虚轴的距离对应着相应的响应分量的衰减快慢。距虚轴最近的闭环极点所对应的响应分量随时间的推移衰减缓慢，无论从指数还是从系数来看，在系统的整个时间响应过程中都起着主要的决定性作用。

1. 闭环主导极点

对于稳定的高阶系统，如果在所有的闭环极点中，距虚轴最近的极点周围没有闭环零点，而其他闭环极点又远离虚轴，这样的闭环极点在系统的整个时间响应过程中起着主要的决定性作用，被称为主导极点。除闭环主导极点外，所有其他闭环极点由于离虚轴很远，对系统的时间响应过程影响很小，因而统称为非主导极点。

闭环主导极点可以是实数极点，也可以是复数极点，或者是它们的组合。

工程上往往只用闭环主导极点估算高阶系统的动态特性，即如果高阶系统存在一对闭环主导复极点或一个闭环主导实极点时，可将高阶系统近似地看成是二阶系统或一阶系统。这时，可以用二阶系统或一阶系统的动态性能指标估算高阶系统的动态特性。

一般其他闭环非主导极点的实部绝对值比闭环主导极点的实部绝对值大 4～5 倍以上时，则那些闭环非主导极点可略去不计，有时甚至比闭环主导极点的实部绝对值大 2～3 倍的极点亦可忽略不计，即在闭环传递函数中除去。为保证降阶前后系统的传递函数增益不发生变化，在进行降阶前，需把传递函数转换为典型的时间常数因式形式，或者也可以令降阶前的传递函数 $\Phi(s)$ 与降阶后的传递函数 $\Phi'(s)$ 在 $s=0$ 的初始值相等，即 $\Phi(0)=\Phi'(0)$。

例 3-4 利用闭环主导极点法，对三阶系统

$$\Phi(s)=\frac{C(s)}{R(s)}=\frac{50}{(s+1)(s+5)(s+10)}$$

进行降阶。

解 通过分析可知系统的主导极点为 -1，非主导极点为 -5，-10。将传递函数转换

为典型的时间常数因式形式，则有

$$\Phi(s)=\frac{C(s)}{R(s)}=\frac{1}{(s+1)(0.2s+1)(0.1s+1)}$$

略去非主导极点对应的项，可得降阶后的系统传递函数为

$$\Phi'(s)=\frac{C(s)}{R(s)}=\frac{1}{s+1}$$

也可以采用另一种方法，即在确定系统的主导极点后，直接进行降阶处理，得到降阶后的传递函数为

$$\Phi'(s)=\frac{C(s)}{R(s)}=\frac{k}{s+1}$$

然后利用 $\Phi(0)=\Phi'(0)$来确定增益 k，即

$$\left.\frac{50}{(s+1)(s+5)(s+10)}\right|_{s=0}=\left.\frac{k}{s+1}\right|_{s=0}$$

所以

$$k=1$$

所以

$$\Phi'(s)=\frac{C(s)}{R(s)}=\frac{1}{s+1}$$

这样，一个三阶系统降阶为一阶系统。

2. 偶极子

如果闭环零、极点相距很近，即这对零、极点之间的距离远小于它们本身的模时，这样的闭环零、极点常称为偶极子。偶极子有实数偶极子和复数偶极子之分，而复数偶极子必共轭出现。只要偶极子不十分接近坐标原点，它们对系统动态性能的影响就很小，从而可以忽略它们的存在。工程上，当某极点和某零点之间的距离比它们的模值小一个数量级时，就可认为这对零、极点为偶极子。

例 3-5　已知某系统的传递函数为

$$\Phi(s)=\frac{C(s)}{R(s)}=\frac{8(s+2.1)}{(s+8)(s+2)(s^2+s+1)}$$

请利用降阶方法近似估算系统的阶跃响应，并求峰值时间 t_p、超调量 $\sigma\%$。

解　通过分析可知系统的主导极点为$-0.5\pm j0.866$，非主导极点为-8，极点-2和零点-2.1为偶极子。所以，略去非主导极点和偶极子对应的项，可得降阶后系统传递函数为

$$\Phi'(s)=\frac{k}{s^2+s+1}$$

然后利用 $\Phi(0)=\Phi'(0)$来确定增益 k，即

$$\left.\frac{8(s+2.1)}{(s+8)(s+2)(s^2+s+1)}\right|_{s=0}=\left.\frac{k}{s^2+s+1}\right|_{s=0}$$

得到

$$k=1.05$$

则

$$\Phi'(s)=\frac{1.05}{s^2+s+1}$$

即近似得到一个二阶系统，可通过二阶系统的性能指标公式来计算其性能指标。所以

$$\xi = 0.5$$

系统的阶跃响应为

$$h(t) = 1.05\left(1 - \frac{2\sqrt{3}}{3}e^{-0.5t}\sin\left(\frac{\sqrt{3}}{2}t + \frac{\pi}{3}\right)\right)$$

峰值时间为

$$t_p = \frac{\pi}{\omega_d} = \frac{2\sqrt{3}\pi}{3}$$

超调量为

$$\sigma\% = e^{-\frac{\pi\xi}{\sqrt{1-\xi^2}}} \times 100\% = 16.3\%$$

利用主导极点法把高阶系统降为二阶系统或一阶系统进行性能估算时，还要考虑其他非主导闭环零、极点对系统动态性能的影响。如果在降阶处理时略去一个 s 左半平面的闭环实零点，那么求得的阶跃响应将较实际系统的响应慢一些，超调量也小些。略去的零点离虚轴愈远，计算结果与实际情况的差别愈小。反之，如果在降阶处理中略去一个 s 右半平面的闭环实零点，则计算结果将较实际系统的响应快一些，超调量也偏大。同样，此零点离虚轴愈远，造成的误差也愈小。如果在降阶处理时略去一个 s 左半平面的闭环实极点，那么求得的阶跃响应较实际系统的响应将变快，超调量也增大，系统的反应也变灵敏。如果略去的零点或极点离虚轴的距离是主导极点实部的 5 倍以上时，上述误差将不超过 5%，可满足一般工程要求。

偶极子的概念对控制系统的综合校正是很有用的，可以有意识地在系统中加入适当的零点，以抵消对系统动态响应过程影响较大的不利极点，使系统的动态特性得以改善。闭环传递函数中，如果零、极点数值上相近，则可将该零点和极点一起消掉，称之为偶极子相消。

3.5 自动控制系统的稳定性分析

在进行控制系统分析和控制时，稳定性是最为重要的问题，是系统能够正常运行的首要条件。在实际运行过程中，控制系统总会受到外界和内部一些因素的扰动，例如负载或电源的波动、系统参数或环境的变化等。如果系统是不稳定的，当系统受到外界或内部扰动时，将会偏离原来的平衡状态，随着时间的推移而发散。如果系统是稳定的，随着时间的推移，系统的物理量就会恢复到原来的平衡状态。因此，自动控制理论的基本任务之一就是研究和分析系统的稳定性，提出保证系统稳定的措施。

3.5.1 线性系统稳定性的概念和稳定的充分必要条件

1. 稳定性的基本概念

任何系统在扰动作用下都会偏离原来的平衡状态，产生偏差。稳定性是指当系统在扰动消失后，能够由初始偏差状态恢复到原来的平衡状态的性能。稳定性的概念可以通过图 3-22 来说明。如果通过施加一外力把图 3-22(a)和图 3-22(b)中静止在 A 点的小球移到

B 点，通过分析可以发现，当外力消失后，图 3-22(a)中的小球，将回到原来静止的 A 点；而图 3-22(b)中的小球，将不会回到原来静止的 A 点。则图 3-22(a)中的 A 点是稳定的平衡点，图 3-22(b)中的 A 点是不稳定的平衡点。

图 3-22　凹凸面上小球的稳定性

上述这种稳定性的概念，可以推广到控制系统。假设系统处于平衡状态，当系统受到有界扰动作用偏离了原来的平衡状态，不论扰动引起的初始偏差有多大，当扰动消除后，系统都能以足够的准确度恢复到原来的平衡状态，则称这种系统为大范围稳定系统；当系统受到有界扰动作用偏离了原来的平衡状态，且只有当扰动引起的初始偏差小于某一范围时，当扰动消除后，系统才能恢复到原来的平衡状态，则称这种系统为小范围稳定系统。对于稳定的线性系统，必然在大范围和小范围内都能稳定；只有非线性系统才可能有小范围稳定而大范围不稳定的情况。

通常而言，线性定常系统的稳定性表现为时域响应的收敛性，即随着时间的推移，线性定常系统的时域响应逐渐衰减，系统最终收敛到稳定状态，则称该系统是稳定的。如果其时域响应是发散的，则称该系统是不稳定的。

2. 线性系统稳定的充分必要条件

线性系统的稳定性仅取决于系统本身的固有特性，与外界条件无关。

考虑线性定常系统

$$\frac{C(s)}{R(s)} = \frac{b_0 s^m + b_1 s^{m-1} + \cdots + b_{m-1} s + b_m}{s^n + a_1 s^{n-1} + \cdots + a_{n-1} s + a_n}$$

设其初始条件为零，则在一个理想单位脉冲 $\delta(t)$的作用下，系统的输出增量为脉冲响应 $g(t)$。这相当于系统在扰动信号作用下，输出信号偏离原平衡点的问题。若 $t\to\infty$时，脉冲响应

$$\lim_{t\to\infty} g(t) = 0 \tag{3-69}$$

即输出增量收敛于原来的平衡点，则线性系统是稳定的。

也就是说，只要满足式(3-69)，线性定常系统就是稳定的。而系统的脉冲响应 $g(t)$是否收敛是由系统的极点位置决定的。只要特征方程

$$s^n + a_1 s^{n-1} + \cdots + a_{n-1} s + a_n = 0$$

的全部根都具有负实部，则脉冲响应 $g(t)$所有项的指数幂次都为负，所有项就都将收敛，这时系统是稳定的。

线性系统稳定的充分必要条件是：闭环系统的所有特征根都具有负实部；或者说，闭环传递函数的极点均位于 s 左半平面。

如果系统所有特征根的实部均为负值，系统的单位脉冲响应最终将衰减到零，式(3-69)才能成立，这样的系统就是稳定的；如果特征根中有一个或多个根具有正实部，系统的单

位脉冲响应将随时间的推移而发散，这样的系统就是不稳定的；如果特征根中有一个及以上零实部，而其余的特征根实部均为负值，系统的单位脉冲响应将趋于常数或等幅振荡，此时系统处于稳定和不稳定的临界状态，按照稳定性的定义，该系统不是渐近稳定的，通常称为临界稳定情况。

3.5.2 劳斯稳定判据

根据稳定的充分必要条件判别系统的稳定性，需要求出系统的全部特征根，但当系统的阶数较高时，求解特征方程将会遇到较大困难，计算工作将相当困难。于是根据特征方程的根与其系数间的关系，产生了一系列代数稳定性判据，其中最主要的一个判据就是1884 年由 E. J. Routh 提出的判据，称之为劳斯判据(Routh 判据)。1895 年，A. Hurwitz 又提出了根据特征方程系数来判别系统稳定性的另一方法，称为赫尔维茨判据(Hurwitz 判据)。

1. 劳斯稳定判据的必要条件

劳斯判据是一种代数判据，它不但能提供线性定常系统稳定性的信息，而且还能指出在 s 平面虚轴上和右半平面特征根的个数。

设控制系统的特征方程为

$$\begin{aligned} D(s) &= a_0 s^n + a_1 s^{n-1} + \cdots + a_{n-1} s + a_n \\ &= a_0 (s - s_1)(s - s_2)\cdots(s - s_n) = 0 \end{aligned} \tag{3-70}$$

式中，s_1，s_2，…，s_n为系统的特征根。

由根与系数的关系求得

$$\begin{aligned} \frac{a_1}{a_0} &= (-1)\sum_{i=1}^{n} s_i \\ \frac{a_2}{a_0} &= \sum_{i=1,j=1}^{n} s_i s_j, i \neq j \\ &\vdots \\ \frac{a_n}{a_0} &= (-1)^n \prod_{i=1}^{n} s_i \end{aligned} \tag{3-71}$$

从上式可知，如果所有特征根 s_1，s_2，…，s_n均具有负实部(即系统稳定)，首先必须满足以下条件：

(1) 特征方程的各项系数 a_0，a_1，…，a_n都不为零。若有一个系数为零，则通过分析式(3-71)可知，必然会出现实部为零或有正有负的特征根，此时系统为临界稳定(实部为零，根在虚轴上)或不稳定(实部为正，根在 s 右半平面)。

(2) 特征方程的各项系数的符号都相同，才能满足式(3-71)。

由此，可归纳系统稳定的必要条件为：特征方程的所有项系数都大于零，即 $a_i>0$。

2. 劳斯稳定判据的充分必要条件

首先根据特征方程(3-70)的系数排成劳斯表。

s^n	a_0	a_2	a_4	a_6	$\cdots$
s^{n-1}	a_1	a_3	a_5	a_7	$\cdots$
s^{n-2}	$b_1=\dfrac{a_1a_2-a_0a_3}{a_1}$	$b_2=\dfrac{a_1a_4-a_0a_5}{a_1}$	$b_3=\dfrac{a_1a_6-a_0a_7}{a_1}$	$\cdots$	$\cdots$
s^{n-3}	$c_1=\dfrac{b_1a_3-a_1b_2}{b_1}$	$c_2=\dfrac{b_1a_5-a_1b_3}{b_1}$	$c_3=\dfrac{b_1a_7-a_1b_4}{b_1}$	$\cdots$	$\cdots$
s^{n-4}	$d_1=\dfrac{c_1b_2-b_1c_2}{c_1}$	$d_2=\dfrac{c_1b_3-b_1c_3}{c_1}$	$d_3=\dfrac{c_1b_4-b_1c_4}{c_1}$	$\cdots$	$\cdots$
$\vdots$	$\vdots$	$\vdots$	$\vdots$		
s^1	$\cdots$				
s^0	a_n				

劳斯表的前两行由系统特征方程的系数直接构成。其中，劳斯表的第一行由特征方程的第一、三、五、…项系数组成；劳斯表的第二行由特征方程的第二、四、六、…项系数组成。劳斯表的其他各行的系数按照表中计算公式计算，凡在运算过程中出现的空位，均写零，一直计算到第 $n+1$ 行。第 $n+1$ 行仅第一列有值，正好为 a_n。需要注意，在展开的阵列中，为了计算方便，可以用一个正数去乘或除某一行，不会改变稳定性结论。

线性系统稳定的充分必要条件是：劳斯表中的第一列各值均为正。如果劳斯表第一列中出现小于零的数值，系统是不稳定的，且第一列中各元素值符号改变的次数代表特征方程实部为正的特征根的个数。

例 3-6　系统的特征方程为

$$2s^4+4s^3+6s^2+8s+1=0$$

试用劳斯判据判断该系统的稳定性。如果系统不稳定，请指出 s 右半平面根的个数。

解　由题意可知，特征方程无缺项，且系数大于零，满足系统稳定的必要条件。该系统劳斯表为

s^4	2	6	1
s^3	4	8	0
s^2	$\dfrac{4\times6-2\times8}{4}=2$	$\dfrac{4\times1-2\times0}{4}=1$	0
s^1	$\dfrac{2\times8-4\times1}{2}=6$	0	
s^0	1		

由于劳斯表中的第一列均大于零，所以系统是稳定的。系统没有根在 s 右半平面。

例 3-7　系统的特征方程为

$$s^4+3s^3+3s^2+6s+5=0$$

试用劳斯判据判断该系统的稳定性。如果系统不稳定，请指出 s 右半平面根的个数。

解　由题意可知，特征方程无缺项，且系数大于零，满足系统稳定的必要条件。该系统劳斯表为

s^4	1	3	5
s^3	3	6	0
s^2	$\dfrac{3\times3-1\times6}{3}=1$	$\dfrac{3\times5-1\times0}{3}=5$	0
s^1	$\dfrac{1\times6-3\times5}{1}=-9$	0	
s^0	5		

由于劳斯表中的第一列出现小于零的情况，所以系统是不稳定的。由于劳斯表中的第一列系数符号改变两次，所以系统有两个根在 s 右半平面。

3. 劳斯稳定判据的特殊情况

(1) 劳斯表中某一行第一列元素为零，该行其余各列元素不为零或不全为零。

出现这种情况后，在计算劳斯表该行的下一行时，将出现无穷大的情况，导致后面的计算将无法继续进行。因此，需要进行一些处理，处理的方法有两种。

第一种方法就是用一个无穷小的正数 ε 来代替第一列的零元素后，继续计算劳斯表。然后进行判断，根据当 $\varepsilon\to0$ 时第一列系数的符号改变情况，得出相应的结论。

例 3-8 系统的特征方程为

$$s^4+2s^3+s^2+2s+1=0$$

试用劳斯判据判断该系统的稳定性。如果系统不稳定，请指出 s 右半平面根的个数。

s^4	1	1	1
s^3	2	2	0
s^2	$0\approx\varepsilon$	1	0
s^1	$\dfrac{\varepsilon\times2-2\times1}{\varepsilon}$	0	
s^0	1		

由于当 $\varepsilon\to0$ 时第一列系数符号改变两次，所以系统是不稳定的，有两个根在 s 右半平面。

第二种方法就是将特征方程乘以一个因子 $(s+a)$，其中 a 可为任意正数，然后再对新的特征方程应用劳斯判据。例如，可将上例中的特征方程乘以 $(s+1)$，可得

$$(s+1)(s^4+2s^3+s^2+2s+1)=0$$

所以

$$s^5+3s^4+3s^3+3s^2+3s+1=0$$

其劳斯表为

s^5	1	3	3	
s^4	3	3	1	
s^3	$2\times\dfrac{3}{2}=3$	$\dfrac{8}{3}\times\dfrac{3}{2}=4$	0	乘以 $\dfrac{3}{2}$
s^2	-1	1	0	
s^1	7	0		
s^0	1			

由于第一列系数符号改变两次，所以系统是不稳定的，有两个根在 s 右半平面。

（2）劳斯表中出现全零行。

当出现这种情况时，说明特征方程中存在着一些绝对值相同但符号相异的实根或共轭虚根，或者是对称于原点的共轭复根，系统是不稳定的。

当遇到这种情况时，可利用该全零行的上一行元素构成辅助多项式 $P(s)$，然后对辅助多项式求导，用其导数的各项系数代替全零行，使劳斯表继续计算下去，进而应用劳斯判据判断不稳定根的情况。

绝对值相同但符号相异的实根或共轭虚根，或是对称于实轴的共轭复根，可通过求解辅助方程 $P(s)=0$ 求得。辅助方程的阶数应为偶数，且等于绝对值相同但符号相异的根的个数。

例 3-9　系统的特征方程为

$$s^5+s^4+4s^3+4s^2+3s+3=0$$

请指出 s 右半平面根的具体情况。

解　该系统的劳斯表为

s^5	1	4	3
s^4	1	4	3
s^3	0	0	0

由于出现了全零行，所以根据其上一行构造辅助多项式 $P(s)=s^4+4s^2+3$，求导后将各项对应系数写入该行，得

s^3	4	8	0
s^2	2	3	0
s^1	2	0	
s^0	3		

因为出现了全零行，所以系统是不稳定的，可通过辅助方程 $P(s)=s^4+4s^2+3=0$ 得到产生全零行的特征方程的根，为 $s_{1,2}=\pm\mathrm{j}$，$s_{3,4}=\pm\sqrt{3}\mathrm{j}$。即系统无正实部的根，有两对共轭纯虚根，所以系统处于临界稳定状态。

3.5.3　赫尔维茨稳定判据

设线性系统的特征方程为

$$D(s)=a_0s^n+a_1s^{n-1}+\cdots+a_{n-1}s+a_n=0$$

以特征方程的系数组成如下行列式：

$$\Delta_n=\begin{vmatrix} a_1 & a_3 & a_5 & \cdots & 0 & 0 \\ a_0 & a_2 & a_4 & \cdots & 0 & 0 \\ 0 & a_1 & a_3 & \cdots & 0 & 0 \\ 0 & a_0 & a_2 & \cdots & 0 & 0 \\ 0 & 0 & a_1 & \cdots & 0 & 0 \\ 0 & 0 & a_0 & \cdots & 0 & 0 \\ \vdots & \vdots & \vdots & & \vdots & \vdots \\ 0 & 0 & 0 & \cdots & a_n & 0 \\ 0 & 0 & 0 & \cdots & a_{n-1} & 0 \\ 0 & 0 & 0 & \cdots & a_{n-2} & a_n \end{vmatrix} \tag{3-72}$$

则赫尔维茨稳定判据为：系统稳定的充分必要条件是在 $a_0>0$ 的情况下，上述行列式的各阶主子式 Δ_i 均大于零，即

$$\Delta_1=a_1>0,\ \Delta_2=\begin{vmatrix}a_1 & a_3\\ a_0 & a_2\end{vmatrix}>0,\ \Delta_3=\begin{vmatrix}a_1 & a_3 & a_5\\ a_0 & a_2 & a_4\\ 0 & a_1 & a_3\end{vmatrix}>0,\ \cdots,\ \Delta_n>0 \quad (3-73)$$

例 3-10 系统的特征方程为

$$a_0s^3+a_1s^2+a_2s+a_3=0,\ a_0>0$$

请利用赫尔维茨稳定判据找出使系统稳定的充分必要条件。

解 根据已知条件得行列式为

$$\Delta_3=\begin{vmatrix}a_1 & a_3 & 0\\ a_0 & a_2 & 0\\ 0 & a_1 & a_3\end{vmatrix}$$

由赫尔维茨稳定判据，该系统稳定的充分必要条件为

$$\Delta_1=a_1>0$$

$$\Delta_2=\begin{vmatrix}a_1 & a_3\\ a_0 & a_2\end{vmatrix}=a_1a_2-a_0a_3>0$$

$$\Delta_3=\begin{vmatrix}a_1 & a_3 & 0\\ a_0 & a_2 & 0\\ 0 & a_1 & a_3\end{vmatrix}=a_3\Delta_2>0$$

则 $a_0>0$，$a_1>0$，$a_2>0$，$a_3>0$，$a_1a_2-a_0a_3>0$。

3.5.4 参数对稳定性的影响

应用劳斯稳定判据或赫尔维茨稳定判据不仅可以判定系统的稳定性，还可以用来确定反馈系统稳定时，其开环增益或其他参数的取值范围。

例 3-11 已知单位负反馈系统的开环传递函数为

$$G(s)=\frac{K}{s(s+1)(s+3)}$$

确定使系统稳定时增益 K 的取值范围。

解 根据题意，系统的特征方程为

$$s^3+4s^2+3s+K=0$$

列劳斯表为

s^3	1	3
s^2	4	K
s^1	$\frac{12-K}{4}$	0
s^0	K	

根据劳斯稳定判据，要使系统稳定，则

$$K>0,\ \frac{12-K}{4}>0$$

所以，系统稳定时增益 K 的取值范围为 $0<K<12$。

例 3-12　已知系统的结构图如图 3-23 所示，请分别讨论使系统稳定的参数 K 和 T 的取值范围。

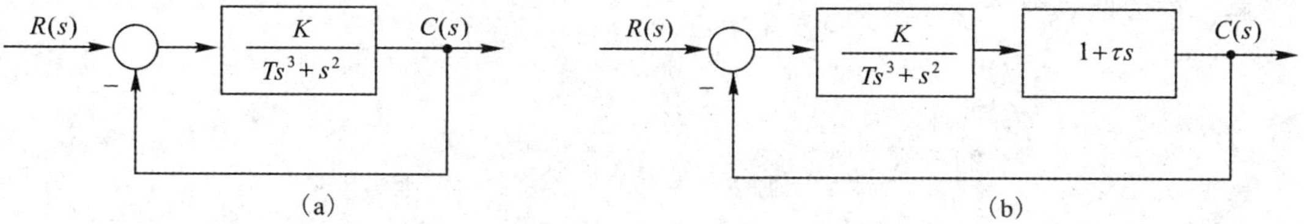

图 3-23　系统的结构图

解　由图 3-23(a)得系统的特征方程为

$$Ts^3+s^2+K=0$$

由于特征方程缺项，不满足劳斯判据的必要条件，所以无论 K 和 T 取何值，系统都是不稳定的。

由图 3-23(b)得系统的特征方程为

$$Ts^3+s^2+K\tau s+K=0$$

列劳斯表为

s^3	T	$K\tau$
s^2	1	K
s^1	$K\tau-KT$	0
s^0	K	

根据劳斯稳定判据，要使系统稳定，则

$$K>0,\ T>0,\ K\tau-KT>0$$

即

$$K>0,\ \tau>T>0$$

通过上述分析可知，对于不稳定的系统，只要适当改进参数或结构，就可使系统稳定。

3.5.5　相对稳定性和稳定裕量

应用劳斯稳定判据可以判定系统的稳定性。如果系统不稳定，该判据并不能直接给出使系统稳定的方法；如果系统稳定，该判据也不能直接指出系统是否具有满意的动态性能。也就是说，通过劳斯稳定判据，只能了解系统是否稳定，即是否所有的特征根都在 s 平面的左半平面。关于特征根到虚轴的距离，通过劳斯稳定判据是无法得知的。如果一个系统的具有负实部的特征根非常靠近虚轴，尽管满足稳定条件，但动态过程的性能指标将较差，甚至会由于内部参数的变化，使特征根转移到 s 平面的右半平面，导致系统不稳定。所以，研究系统的相对稳定性显得很有必要。在研究系统的相对稳定性时，常采用稳定裕量来进行研究。

如果系统的特征根在 s 平面的左半平面且与虚轴有一定的距离 a，则称该距离为稳定裕量 a。在研究相对稳定性时，通常将 s 平面的虚轴左移一个稳定裕量 a，得到新的 s' 平面，即令 $D(s)=0$ 中的 $s=s'-a$，得到新的特征方程 $D(s')=0$，然后再利用劳斯判据判断新特征方程的稳定性，若该方程的所有根都在 s' 平面的左半平面，则表示 $D(s)=0$ 的所有根都在 $s=-a$ 的左侧，即系统的稳定裕量为 a。

例 3-13 已知系统的特征方程为

$$s^3+4s^2+6s+K=0$$

求系统稳定时 K 的取值范围，若要求系统的稳定裕量 $a=1$，确定 K 的取值范围。

解 列劳斯表为

s^3	1	6
s^2	4	K
s^1	$\frac{24-K}{4}$	0
s^0	K	

根据劳斯稳定判据，要使系统稳定，则

$$K>0,\ \frac{24-K}{4}>0$$

所以，系统稳定时 K 的取值范围为 $0<K<24$。

将 $s=s'-1$ 代入特征方程得

$$s'^3+s'^2+s'+K-3=0$$

列劳斯表为

s'^3	1	1
s'^2	1	$K-3$
s'^1	$4-K$	0
s'^0	$K-3$	

根据劳斯稳定判据，要使系统稳定，则

$$4-K>0,\ K-3>0$$

所以，当系统的稳定裕量 $a=1$ 时，K 的取值范围为 $3<K<4$。

3.6 控制系统的稳态误差

控制系统的时间响应可以用瞬态响应和稳态响应来表示。在控制系统中，实际响应的稳态与期望的状态完全一致是很少出现的，一般都存在一定的稳态误差。控制系统的稳态误差是系统控制精度的一种度量，也称其为稳态性能指标。由于稳态误差可以是参考输入或扰动输入引起的，所以稳态误差也可以看成是系统准确跟随输入信号或抑制扰动信号的能力。

3.6.1 稳态误差的定义及计算

1. 误差及稳态误差的定义

误差一般定义为被控量的期望输出 $C_r(s)$ 与实际输出 $C(s)$ 之差，即

$$E'(s)=C_r(s)-C(s) \tag{3-74}$$

式(3-74)也称为输出端的误差定义，这种定义在性能指标中经常使用，但在实际系统中无法测量，一般只具有数学意义。

如果把系统的输入信号 $R(s)$ 作为被控量的期望输出，把主反馈信号 $B(s)$ 作为被控量

的实际输出，则误差可表示为

$$E(s) = R(s) - B(s) \tag{3-75}$$

式(3-75)称为输入端的误差定义，这种定义在实际中可测，具有一定的物理意义，也常常被称为控制系统的偏差信号。

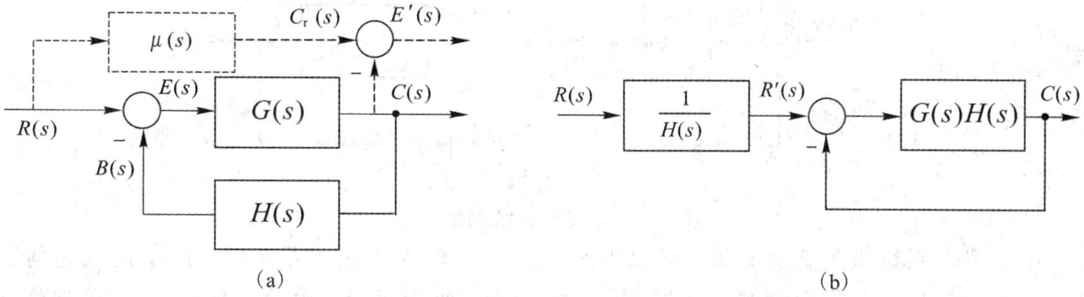

图 3-24　反馈控制系统及其等效反馈控制系统

上述两种定义方法之间存在着一定的联系，如果通过结构图等效变换方法，把图 3-24(a)的反馈系统变换为其等效单位反馈系统，如图 3-24(b)所示。$R'(s)$代表被控量的期望输出，则输出端的误差为

$$E'(s) = R'(s) - C(s) = \frac{1}{H(s)}R(s) - C(s) \tag{3-76}$$

而根据图 3-24(a)所示的反馈系统，输入端的误差为

$$E(s) = R(s) - B(s) = R(s) - C(s)H(s) \tag{3-77}$$

比较式(3-76)和式(3-77)，可得输出端的误差与输入端的误差之间的关系为

$$E'(s) = \frac{1}{H(s)}E(s) \tag{3-78}$$

本书后面的叙述中，均采用输入端的误差定义。如有必要计算输出端误差，可采用式(3-78)进行换算。当 $H(s)=1$ 时，这两种误差的定义方法是一致的。

对误差 $E(s)$求拉普拉斯反变换可得其时域响应表达式为

$$e(t) = \mathscr{L}^{-1}[E(s)] \tag{3-79}$$

误差时域响应 $e(t)$也包含稳态分量和暂态分量两部分，对于一个稳定的系统，随着时间的推移，当时间趋于无穷大时，暂态分量将逐渐消失。其稳态分量，即系统平稳以后的误差，称为稳态误差，记为 e_{ss}。

系统的稳态误差定义为稳定系统误差时域响应 $e(t)$的终值。如果当 $t\to\infty$时，$e(t)$的极限存在，则稳态误差为

$$e_{ss} = \lim_{t\to\infty} e(t) \tag{3-80}$$

2. 稳态误差的计算方法

在计算系统的稳态误差时，往往先计算出误差函数 $E(s)$。如果 $sE(s)$的极点均位于 s 左半平面(包括坐标原点)，利用拉普拉斯变换的终值定理，可得到系统的稳态误差为

$$e_{ss} = \lim_{t\to\infty} e(t) = \lim_{s\to 0} sE(s) \tag{3-81}$$

所以求误差函数 $E(s)$是非常关键的。

控制系统的结构如图 3-25 所示，根据误差的定义可分别求得给定输入 $R(s)$和扰动输

入 $N(s)$ 下的误差函数 $E(s)$，然后，再利用式(3-81)就可计算出系统的稳态误差。但是在应用拉普拉斯变换的终值定理，即式(3-81)计算系统的稳态误差时，要注意 $sE(s)$ 的极点均位于 s 左半平面(包括坐标原点)。

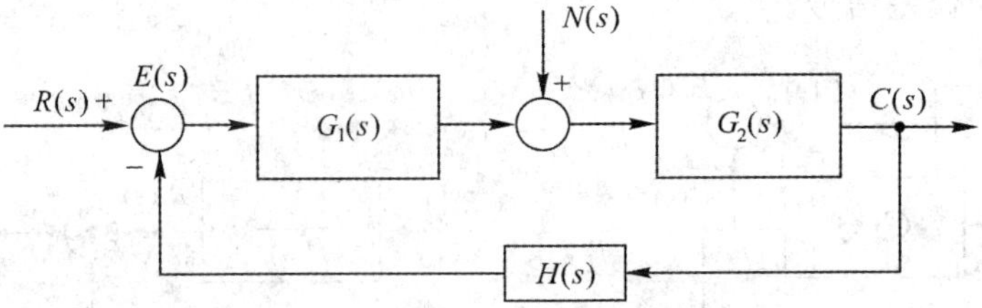

图 3-25　控制系统的结构图

由于线性系统满足叠加原理，所以当两个及以上输入作用于系统时，产生的误差等于每一个输入信号单独作用时产生的误差的叠加。为了加以区分，由给定输入 $R(s)$ 单独作用于系统时，产生的误差记为 $E_r(s)$；由扰动输入 $N(s)$ 单独作用于系统时，产生的误差记为 $E_n(s)$。如果只讨论给定输入 $R(s)$ 误差时，后面一般采用 $E(s)$。

(1) $N(s)=0$ 时，给定输入 $R(s)$ 单独作用于系统时产生的误差 $E_r(s)$ 为

$$E_r(s)=R(s)-B(s)=R(s)-E_r(s)G_1(s)G_2(s)H(s)$$

则

$$E_r(s)=\frac{1}{1+G_1(s)G_2(s)H(s)}R(s) \tag{3-82}$$

定义

$$\Phi_{er}(s)=\frac{E_r(s)}{R(s)}=\frac{1}{1+G_1(s)G_2(s)H(s)} \tag{3-83}$$

为系统对输入信号的误差传递函数。

则稳态误差

$$e_{ssr}=\lim_{s\to 0}sE_r(s)=\lim_{s\to 0}s\frac{1}{1+G_1(s)G_2(s)H(s)}R(s) \tag{3-84}$$

(2) $R(s)=0$ 时，扰动输入 $N(s)$ 单独作用于系统时产生的误差 $E_n(s)$ 为

$$E_n(s)=0-B(s)=-C(s)H(s)=-[E_n(s)G_1(s)+N(s)]G_2(s)H(s)$$

则

$$E_n(s)=\frac{-G_2(s)H(s)}{1+G_1(s)G_2(s)H(s)}N(s) \tag{3-85}$$

定义

$$\Phi_{en}(s)=\frac{E_n(s)}{N(s)}=\frac{-G_2(s)H(s)}{1+G_1(s)G_2(s)H(s)} \tag{3-86}$$

为系统对扰动信号的误差传递函数。

则稳态误差

$$e_{ssn}=\lim_{s\to 0}sE_n(s)=\lim_{s\to 0}s\frac{-G_2(s)H(s)}{1+G_1(s)G_2(s)H(s)}N(s) \tag{3-87}$$

则给定输入 $R(s)$ 和扰动输入 $N(s)$ 共同作用下的稳态误差 e_{ss} 为

$$e_{ss}=e_{ssr}+e_{ssn}=\lim_{s\to 0}s[\Phi_{er}(s)R(s)+\Phi_{en}(s)N(s)] \tag{3-88}$$

例 3-14　已知稳定的控制系统如图 3-25 所示，其中 $G_1(s)=K_p+\frac{K}{s}$，$G_2(s)=\frac{1}{Js}$，$H(s)=1$，给定输入 $R(s)$和扰动输入 $N(s)$均为单位阶跃信号，求系统的稳态误差 e_{ss}。

解　系统对输入信号的误差传递函数为

$$\Phi_{er}(s)=\frac{E_r(s)}{R(s)}=\frac{1}{1+G_1(s)G_2(s)H(s)}=\frac{Js^2}{Js^2+K_ps+K}$$

系统对扰动信号的误差传递函数为

$$\Phi_{en}(s)=\frac{E_n(s)}{N(s)}=\frac{-G_2(s)H(s)}{1+G_1(s)G_2(s)H(s)}=\frac{-s}{Js^2+K_ps+K}$$

则稳态误差为

$$e_{ss}=e_{ssr}+e_{ssn}=\lim_{s\to 0}s[\Phi_{er}(s)R(s)+\Phi_{en}(s)N(s)]$$

$$=\lim_{s\to 0}s\left[\frac{Js^2}{Js^2+K_ps+K}\frac{1}{s}+\frac{-s}{Js^2+K_ps+K}\frac{1}{s}\right]=0$$

例 3-15　已知单位负反馈系统的开环传递函数为 $G(s)=\frac{K}{s(s+1)(4s+1)}$。当 $r(t)=3t$ 时，求系统的稳态误差 e_{ss}。

解　系统只有在稳定的情况下，计算稳态误差才有意义，所以首先要判断系统的稳定性。系统的特征方程为

$$D(s)=4s^3+5s^2+s+K=0$$

列劳斯表为

s^3	4	1
s^2	5	K
s^1	$\frac{5-4K}{5}$	0
s^0	K	

由劳斯判据可得，系统稳定时 K 的取值为 $0<K<\frac{5}{4}$。

系统误差传递函数为

$$\Phi_e(s)=\frac{E(s)}{R(s)}=\frac{1}{1+\frac{K}{s(s+1)(4s+1)}}=\frac{s(s+1)(4s+1)}{4s^3+5s^2+s+K}$$

稳态误差 e_{ss} 为

$$e_{ss}=\lim_{s\to 0}s\Phi(s)R(s)=\lim_{s\to 0}s\frac{s(s+1)(4s+1)}{4s^3+5s^2+s+K}\cdot\frac{3}{s^2}=\frac{3}{K}$$

例 3-16　已知单位负反馈系统的开环传递函数为 $G(s)=\frac{1}{Ts}$。当 $r(t)=\sin\omega t$ 时，求系统的稳态误差 e_{ss}。

解　系统的特征方程为

$$D(s)=Ts+1=0$$

系统稳定时 T 的取值为 $T>0$。

系统误差传递函数为

$$\Phi_e(s)=\frac{E(s)}{R(s)}=\frac{1}{1+\frac{1}{Ts}}$$

所以

$$sE(s)=\frac{1}{1+\frac{1}{Ts}}R(s)=\frac{s^2}{s+\frac{1}{T}}\frac{\omega}{s^2+\omega^2}$$

$sE(s)$的极点不都位于 s 左半平面(包括坐标原点)，所以不能用拉普拉斯终值定理求稳态误差。

由

$$E(s)=\frac{1}{1+\frac{1}{Ts}}R(s)=\frac{s}{s+\frac{1}{T}}\frac{\omega}{s^2+\omega^2}$$

取拉普拉斯反变换得

$$e_{ss}(t)=\frac{T\omega}{T^2\omega^2+1}\cos\omega t+\frac{T^2\omega^2}{T^2\omega^2+1}\sin\omega t$$

显然，$e_{ss}\neq 0$。如果用拉普拉斯终值定理求稳态误差会得到 $e_{ss}=0$ 的错误结论。

3.6.2 静态误差系数法计算稳态误差

由前面分析可知，系统的给定输入稳态误差函数为

$$E(s)=\frac{1}{1+G(s)H(s)}R(s)$$

由上式可知，系统的给定输入稳态误差 $E(s)$与系统开环传递函数 $G(s)H(s)$和系统的输入信号 $R(s)$密切相关。对于一个给定的系统，当输入信号形式一定时，系统是否存在稳态误差就取决于开环传递函数 $G(s)H(s)$所描述的系统结构。

1. 系统的类型

一般地，分子阶次为 m，分母阶次为 n 的系统的开环传递函数可表示为

$$G(s)H(s)=\frac{K\prod_{j=1}^{m}(\tau_j s+1)}{s^{\nu}\prod_{i=1}^{n-\nu}(T_i s+1)} \tag{3-89}$$

式中，K 为开环增益，τ_j 和 T_i 为时间常数，ν 为开环系统在根平面坐标原点上的极点个数。

现在以 ν 的数值来划分系统的类型，当 $\nu=0$ 时，称为 0 型系统；当 $\nu=1$ 时，称为 Ⅰ 型系统；当 $\nu=2$ 时，称为 Ⅱ 型系统…… 以此类推。

2. 阶跃输入作用下系统的稳态误差

当系统的输入为阶跃信号 $r(t)=R\cdot 1(t)$时，可得系统的稳态误差为

$$\begin{aligned}e_{ss}&=\lim_{s\to 0}s\frac{1}{1+G(s)H(s)}R(s)=\lim_{s\to 0}s\frac{1}{1+G(s)H(s)}\cdot\frac{R}{s}\\&=\frac{R}{1+\lim\limits_{s\to 0}G(s)H(s)}=\frac{R}{1+K_p}\end{aligned} \tag{3-90}$$

式中，$K_p=\lim\limits_{s\to 0}G(s)H(s)$，定义为系统静态位置误差系数。

对于 0 型系统($\nu=0$)，有

$$K_p = \lim_{s \to 0} G(s)H(s) = \lim_{s \to 0} \frac{K\prod_{j=1}^{m}(\tau_j s + 1)}{\prod_{i=1}^{n}(T_i s + 1)} = K \tag{3-91}$$

对于Ⅰ型系统($\nu=1$)，有

$$K_p = \lim_{s \to 0} G(s)H(s) = \lim_{s \to 0} \frac{K\prod_{j=1}^{m}(\tau_j s + 1)}{s\prod_{i=1}^{n-1}(T_i s + 1)} = \infty \tag{3-92}$$

对于Ⅱ型系统($\nu=2$)，有

$$K_p = \lim_{s \to 0} G(s)H(s) = \lim_{s \to 0} \frac{K\prod_{j=1}^{m}(\tau_j s + 1)}{s^2\prod_{i=1}^{n-2}(T_i s + 1)} = \infty \tag{3-93}$$

所以，由式(3-90)可求得在阶跃输入作用下各型系统的稳态误差分别为：

对于 0 型系统($\nu=0$)，有

$$e_{ss} = \frac{R}{1+K_p} = \frac{R}{1+K} \tag{3-94}$$

对于Ⅰ型系统($\nu=1$)，有

$$e_{ss} = \frac{R}{1+K_p} = \frac{R}{1+\infty} = 0 \tag{3-95}$$

对于Ⅱ型系统($\nu=2$)，有

$$e_{ss} = \frac{R}{1+K_p} = \frac{R}{1+\infty} = 0 \tag{3-96}$$

由上面的分析可以看出：

(1) K_p的大小反映了系统在阶跃输入下消除误差的能力，K_p越大，稳态误差越小。

(2) 0 型系统对阶跃输入引起的稳态误差为一常值，其大小与 K 有关，K 越大，e_{ss}越小，但总有差，所以常把 0 型系统称为有差系统。

(3) 在阶跃输入时，若要求系统稳态误差为零，则系统至少为Ⅰ型或高于Ⅰ型的系统。

3. 斜坡输入作用下系统的稳态误差

当系统的输入为斜坡信号 $r(t)=Rt$ 时，可得系统的稳态误差为

$$\begin{aligned} e_{ss} &= \lim_{s \to 0} s\frac{1}{1+G(s)H(s)}R(s) = \lim_{s \to 0} s\frac{1}{1+G(s)H(s)} \cdot \frac{R}{s^2} \\ &= \frac{1}{\lim\limits_{s \to 0} sG(s)H(s)} = \frac{R}{K_v} \end{aligned} \tag{3-97}$$

式中，$K_v = \lim\limits_{s \to 0} sG(s)H(s)$，定义为系统静态速度误差系数。

对于 0 型系统($\nu=0$)，有

$$K_v = \lim_{s \to 0} sG(s)H(s) = \lim_{s \to 0} s\frac{K\prod_{j=1}^{m}(\tau_j s + 1)}{\prod_{i=1}^{n}(T_i s + 1)} = 0 \tag{3-98}$$

对于Ⅰ型系统($\nu=1$)，有

$$K_{\mathrm{v}}=\lim_{s\to 0}sG(s)H(s)=\lim_{s\to 0}s\frac{K\prod_{j=1}^{m}(\tau_j s+1)}{s\prod_{i=1}^{n-1}(T_i s+1)}=K \tag{3-99}$$

对于Ⅱ型系统($\nu=2$)，有

$$K_{\mathrm{v}}=\lim_{s\to 0}sG(s)H(s)=\lim_{s\to 0}s\frac{K\prod_{j=1}^{m}(\tau_j s+1)}{s^2\prod_{i=1}^{n-2}(T_i s+1)}=\infty \tag{3-100}$$

所以，由式(3-104)可求得在斜坡输入作用下各型系统的稳态误差分别为：

对于0型系统($\nu=0$)，有

$$e_{\mathrm{ss}}=\frac{R}{K_{\mathrm{v}}}=\frac{R}{0}=\infty \tag{3-101}$$

对于Ⅰ型系统($\nu=1$)，有

$$e_{\mathrm{ss}}=\frac{R}{K_{\mathrm{v}}}=\frac{R}{K} \tag{3-102}$$

对于Ⅱ型系统($\nu=2$)，有

$$e_{\mathrm{ss}}=\frac{R}{K_{\mathrm{v}}}=\frac{R}{\infty}=0 \tag{3-103}$$

由上面的分析可以看出：

(1) K_{v}的大小反映了系统跟踪斜坡输入信号的能力，K_{v}越大，系统稳态误差越小。

(2) 0型系统在稳态时，无法跟踪斜坡输入信号。

(3) Ⅰ型系统在稳态时，输出与输入在速度上相等，但有一个与K成反比的常值位置误差。

(4) Ⅱ型或Ⅱ型以上系统在稳态时，可完全跟踪斜坡信号。

4. 加速度输入作用下系统的稳态误差

当系统的输入为加速度信号$r(t)=\frac{Rt^2}{2}$时，可得系统的稳态误差为

$$\begin{aligned}e_{\mathrm{ss}}&=\lim_{s\to 0}s\frac{1}{1+G(s)H(s)}R(s)=\lim_{s\to 0}s\frac{1}{1+G(s)H(s)}\cdot\frac{R}{s^3}\\&=\frac{R}{\lim\limits_{s\to 0}s^2G(s)H(s)}=\frac{R}{K_{\mathrm{a}}}\end{aligned} \tag{3-104}$$

式中，$K_{\mathrm{a}}=\lim\limits_{s\to 0}s^2G(s)H(s)$，定义为系统静态加速度误差系数。

对于0型系统($\nu=0$)，有

$$K_{\mathrm{a}}=\lim_{s\to 0}s^2G(s)H(s)=\lim_{s\to 0}s^2\frac{K\prod_{j=1}^{m}(\tau_j s+1)}{\prod_{i=1}^{n}(T_i s+1)}=0 \tag{3-105}$$

对于Ⅰ型系统($\nu=1$)，有

$$K_a = \lim_{s \to 0} s^2 G(s) H(s) = \lim_{s \to 0} s^2 \frac{K \prod_{j=1}^{m} (\tau_j s + 1)}{s \prod_{i=1}^{n-1} (T_i s + 1)} = 0 \qquad (3-106)$$

对于Ⅱ型系统($\nu=2$)，有

$$K_a = \lim_{s \to 0} s^2 G(s) H(s) = \lim_{s \to 0} s^2 \frac{K \prod_{j=1}^{m} (\tau_j s + 1)}{s^2 \prod_{i=1}^{n-2} (T_i s + 1)} = K \qquad (3-107)$$

所以，由式(3-104)可求得在加速度输入作用下各型系统的稳态误差分别为：

对于 0 型系统($\nu=0$)，有

$$e_{ss} = \frac{R}{K_a} = \frac{R}{0} = \infty \qquad (3-108)$$，有

对于Ⅰ型系统($\nu=1$)，有

$$e_{ss} = \frac{R}{K_a} = \frac{R}{0} = \infty \qquad (3-109)$$

对于Ⅱ型系统($\nu=2$)，有

$$e_{ss} = \frac{R}{K_a} = \frac{R}{K} \qquad (3-110)$$

由上面的分析可以看出：

(1) K_a的大小反映了系统跟踪加速度输入信号的能力，K_a越大，系统跟踪精度越高。

(2) 0 型和Ⅰ型系统输出不能跟踪加速度输入信号，在跟踪过程中误差越来越大，稳态时达到无限大。

(3) Ⅱ型系统能跟踪加速度输入，但有一常值误差，其大小与 K 成反比。

(4) 要想准确跟踪加速度输入，系统应为Ⅲ型或高于Ⅲ型的系统。

反馈控制系统的型别、各静态误差系数、输入信号形式和稳态误差之间的关系，可归纳为表 3-2。

表 3-2　几种典型信号作用下系统的稳态误差

输入信号 / 系统类型	$r(t)=R\cdot 1(t)$		$r(t)=Rt$		$r(t)=\frac{Rt^2}{2}$	
	静态位置误差系数 K_p	稳态误差 e_{ss}	静态速度误差系数 K_v	稳态误差 e_{ss}	静态加速度误差系数 K_a	稳态误差 e_{ss}
0 型系统	K	$\frac{R}{1+K}$	0	∞	0	∞
Ⅰ型系统	∞	0	K	$\frac{R}{K}$	0	∞
Ⅱ型系统	∞	0	∞	0	K	$\frac{R}{K}$

当利用稳态误差系数来计算系统的稳态误差时，要注意该方法仅适用于给定输入信号为 $r(t)=R\cdot 1(t)$，$r(t)=Rt$，$r(t)=\frac{Rt^2}{2}$，…，$r(t)=\frac{t^n}{n}$的情况。另外，表 3-2 中的 K 为系

统的开环增益。

如果系统的输入信号为多种典型信号的组合，例如

$$r(t)=R_0\cdot 1(t)+R_1t+\frac{1}{2}R_2t^2 \tag{3-111}$$

可根据线性系统的叠加原理，将每一输入单独作用于系统时产生的误差进行叠加，得到

$$e_{ss}=\frac{R_0}{1+K_p}+\frac{R_1}{K_v}+\frac{R_2}{K_a} \tag{3-112}$$

例 3-17 已知单位负反馈系统的开环传递函数为 $G(s)=\dfrac{10}{s(s+1)}$。当 $r(t)=2+3t$ 时，求系统的稳态误差 e_{ss}。

解 系统的特征方程为

$$D(s)=s^2+s+10=0$$

可知系统是稳定的。

系统为Ⅰ型系统，$K_p=\infty$，$K_v=K=10$。

所以系统的稳态误差为

$$e_{ss}=\frac{R_0}{1+K_p}+\frac{R_1}{K_v}=\frac{2}{1+\infty}+\frac{3}{10}=0.3$$

3.6.3 减小稳态误差的方法

1. 减小扰动信号作用下稳态误差的方法

由图 3-25 和式(3-87)可知，扰动作用下的稳态误差为

$$e_{ssn}=\lim_{s\to 0}sE_n(s)=\lim_{s\to 0}s\frac{-G_2(s)H(s)}{1+G_1(s)G_2(s)H(s)}N(s) \tag{3-113}$$

如果$\lim\limits_{s\to 0}G_1(s)G_2(s)H(s)\gg 1$，则上式可近似为

$$e_{ssn}=\lim_{s\to 0}sE_n(s)\approx\lim_{s\to 0}s\frac{-1}{G_1(s)}N(s) \tag{3-114}$$

由上式可知，扰动信号作用下的稳态误差 e_{ssn} 与扰动信号的形式和扰动作用点之前的传递函数的结构和参数有关。

例如，$G_1(s)=\dfrac{K_1}{T_1s+1}$，$G_2(s)=\dfrac{K_2}{s(T_2s+1)}$，$H(s)=1$，$N(s)=\dfrac{1}{s}$，则稳态误差为

$$e_{ssn}=\lim_{s\to 0}sE_n(s)\approx\lim_{s\to 0}s\frac{-1}{G_1(s)}N(s)=\lim_{s\to 0}\frac{-(T_1s+1)}{K_1}=-\frac{1}{K_1} \tag{3-115}$$

所以增大误差信号与扰动作用点之间前向通道的开环增益 K_1，可减小扰动信号作用下的稳态误差 e_{ssn}，且该稳态误差 e_{ssn} 与扰动作用点之后的增益 K_2 无关。但增大开环增益 K_1 可能导致系统不稳定。

如果其他条件不变，$G_1(s)=\dfrac{K_1}{s(T_1s+1)}$，则稳态误差为

$$e_{ssn}=\lim_{s\to 0}sE_n(s)\approx\lim_{s\to 0}s\frac{-1}{G_1(s)}N(s)=\lim_{s\to 0}\frac{-s(T_1s+1)}{K_1}=0 \tag{3-116}$$

所以增加误差信号与扰动作用点之间前向通道的积分环节个数，可以消除稳态误差 e_{ssn}，且该稳态误差 e_{ssn} 与扰动作用点之后的积分环节个数无关。同样增加积分环节个数可

能导致系统不稳定。

2. 减小给定信号作用下稳态误差的方法

由图 3－25、式(3－84)和表 3－2 的分析可知：0 型系统能够跟踪阶跃信号，Ⅰ型系统能够跟踪斜坡信号，Ⅱ型系统能够跟踪加速度信号，且稳态误差均为常数，都与开环增益有关，所以，增大系统的开环增益 K，可减少系统的稳态误差 e_{ssr}。但同样增大开环增益 K 可能导致系统不稳定。

在阶跃信号输入情况下，0 型系统的稳态误差为常数，Ⅰ型系统和Ⅱ型系统的稳态误差为 0；在斜坡信号输入情况下，0 型系统的稳态误差为∞，Ⅰ型系统的稳态误差为常数，Ⅱ型系统的稳态误差为 0；在加速度信号输入情况下，0 型系统和Ⅰ型系统的稳态误差为∞，Ⅱ型系统的稳态误差为常数。所以，如果只考虑消除稳态误差，则开环传递函数中积分环节个数越多，系统消除稳态误差的效果越好。但是，如果积分环节个数越多，系统的稳定性就会降低，甚至导致系统不稳定。所以在工程设计中，往往需要在稳态误差与稳定性之间考虑。一般控制系统的开环传递函数中的积分环节个数最多不超过 2 个。

从上面的分析可知，减小系统的稳态误差(包括给定稳态误差和扰动稳态误差)的方法综合起来为：

(1) 提高系统的型号或增大系统的开环增益，可以减小给定稳态误差，但会使系统的稳定性变差，有可能导致系统不稳定。

(2) 增大误差信号与扰动作用点之间前向通道的开环增益或积分环节个数，可以减小扰动稳态误差，但同样会使系统的稳定性变差，有可能导致系统不稳定。

(3) 可以采用复合控制，即在系统的反馈控制回路中加入前馈通路，组成前馈和反馈控制相结合的系统。关于这一部分内容，可参阅本书后面章节或其他参考教材。

习　题　3

3－1　已知某系统的单位阶跃响应为

$$c(t)=1-2e^{-t}+e^{-2t}$$

请求出该系统的单位脉冲响应和该系统的传递函数。

3－2　根据下列闭环系统的极点位置绘制其单位阶跃响应的概略曲线。

(1) $\Phi(s)=\dfrac{16}{s^2+12s+16}$；　　(2) $\Phi(s)=\dfrac{6}{s^3+6s^2+11s+6}$；

(3) $\Phi(s)=\dfrac{8}{s^2+2s+4}$；　　(4) $\Phi(s)=\dfrac{12.5}{(s^2+2s+5)(s+5)}$。

3－3　已知二阶系统的单位阶跃响应为

$$c(t)=8-10e^{-1.2t}\sin(1.6t+53.1°)$$

请求出该系统的超调量 $\sigma\%$、峰值时间 t_p 和调节时间 t_s。

3－4　设单位反馈系统的开环传递函数为

$$G(s)=\frac{36}{s^2+6s}$$

请求出该系统的单位阶跃响应、阻尼比 ξ、无阻尼振荡频率 ω_n、超调量 $\sigma\%$、峰值时间 t_p 和调节时间 t_s。

3-5　已知某系统的单位阶跃响应为

$$c(t)=1+0.2e^{-60t}-1.2e^{-10t}$$

请求出该系统的阻尼比 ξ、无阻尼振荡频率 ω_n。

3-6　设单位反馈二阶系统的单位阶跃响应如图 3-26 所示，请确定该系统的开环传递函数和闭环传递函数。

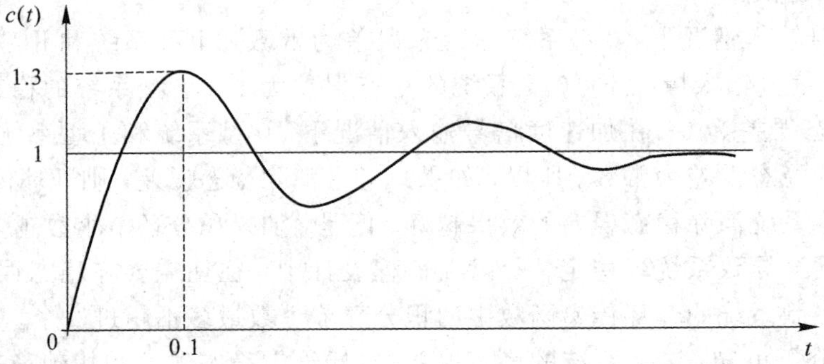

图 3-26　题 3-6 阶跃响应曲线

3-7　设某系统结构图如图 3-27 所示，若要求该系统的单位阶跃响应无超调量，且调节时间尽可能短，求开环增益 K 的取值及调节时间 t_s。

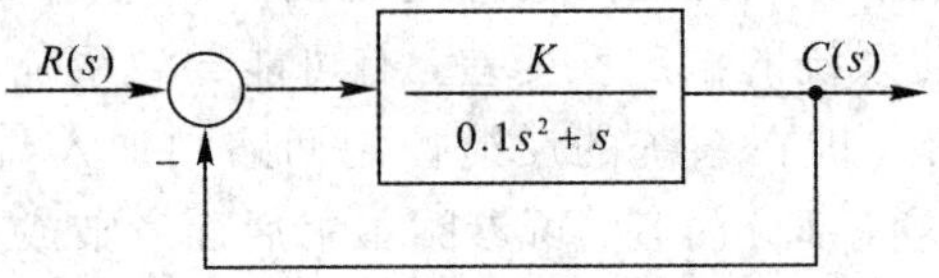

图 3-27　题 3-7 某系统结构图

3-8　已知系统特征方程如下，试求系统在 s 右半平面的根的个数及虚根值。

(1) $s^5+3s^4+12s^3+24s^2+32s+48=0$；

(2) $s^6+4s^5-4s^4+4s^3-7s^2-8s+10=0$；

(3) $s^5+3s^4+12s^3+20s^2+35s+25=0$。

3-9　单位反馈系统的开环传递函数如下，请求出系统稳定时 K 的取值范围。

(1) $G(s)=\dfrac{K}{(1+0.1s)(1+2s)(1+0.5s)}$；

(2) $G(s)=\dfrac{K(s+1)}{s(s^2+2s+2)(s+4)}$。

3-10　单位反馈系统的开环传递函数为

$$G(s)=\frac{K}{s(1+0.1s)(1+0.2s)}$$

请求出：

(1) 系统稳定时 K 的取值范围；

(2) 闭环极点均位于 $s=-1$ 直线左边时 K 的取值范围。

3-11　单位反馈系统的开环传递函数如下：

(1) $G(s)=\dfrac{50}{(1+0.1s)(1+2s)(1+0.5s)}$；

(2) $G(s)=\dfrac{K}{s(s^2+4s+20)}$；

(3) $G(s)=\dfrac{K(1+2s)}{s^2(s+1)(s^2+4s+20)}$；

(4) $G(s)=\dfrac{7(s+1)}{s(s^2+2s+2)(s+4)}$。

请求出：

(1) 各系统的静态位置、速度、加速度误差系数；

(2) 当输入分别为 $r(t)=3$，$r(t)=3+2t$，$r(t)=3+2t+t^2$ 时各系统的稳态误差。

3-12 设控制系统的结构图如图3-28所示，其中 $R(s)$、$N_1(s)$ 和 $N_2(s)$ 均为单位阶跃函数，且

$$G_1(s)=K_1+\frac{K_2}{s},\ G_2(s)=\frac{1}{K_3 s}$$

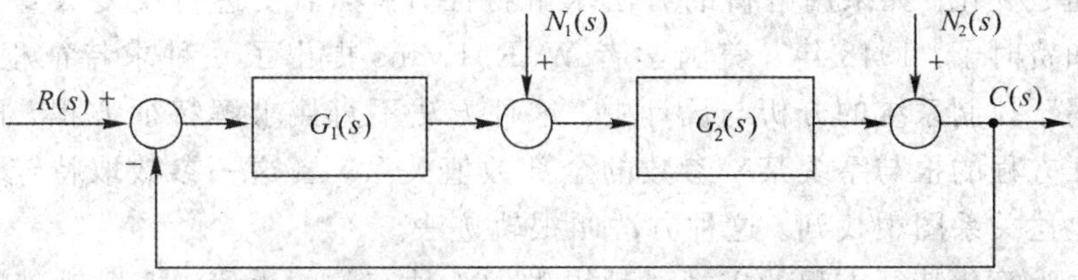

图3-28 题3-12系统的结构图

请求出：

(1) $R(s)$ 单独作用下系统的稳态误差；

(2) $N_1(s)$ 单独作用下系统的稳态误差；

(3) $N_2(s)$ 单独作用下系统的稳态误差；

(4) $R(s)$、$N_1(s)$ 和 $N_2(s)$ 共同作用下系统的稳态误差。

3-13 已知单位反馈三阶系统的特征方程为 $s^3+4s^2+6s+4=0$。当输入为单位阶跃函数时，该系统的稳态误差为零，求其开环传递函数。

3-14 已知单位反馈的三阶系统，它的一对主导极点为 $-1\pm j2$。当输入为单位斜坡函数时，该系统的稳态误差为0.5，求其开环传递函数。

3-15 设稳定的单位负反馈系统的闭环传递函数为

$$\Phi(s)=\frac{b_0 s^m+b_1 s^{m-1}+\cdots+b_m s+b_m}{a_0 s^n+a_1 s^{n-1}+\cdots+a_{n-1}s+a_n}$$

其中误差为 $e(t)=r(t)-c(t)$，试求单位阶跃信号输入下，系统的稳态误差为零的条件。

3-16 一个系统的闭环传递函数为

$$\Phi(s)=\frac{0.33}{(s+2.56)(s^2+0.4s+0.13)}$$

试用主导极点法估算系统的峰值时间 t_p、超调量 $\sigma\%$ 和调节时间 t_s。

第 4 章　控制系统的根轨迹分析

由第 3 章可知，闭环系统的稳定性由闭环系统特征方程的根(即闭环传递函数的极点，简称闭环极点)所决定，系统暂态响应的基本特征也是由闭环极点起主导作用，闭环零点则只影响暂态响应的形态。通常情况下闭环传递函数的分子是由一些低阶因子组成的，故闭环零点较容易求得。但闭环传递函数的分母往往是高阶多项式，通过求解高阶代数方程才能求得系统的闭环极点，求根的过程非常复杂，尤其是当系统参数发生变化时，系统特征方程的根也随之变化。如果用解析的方法求解特征方程，需要进行反复大量的运算，就显得更加繁琐和费时了。1948 年，美国学者 W. R. Evans 提出了一种求特征根的简单方法，并且广泛应用于控制系统的分析与设计中。这种方法不直接求解特征方程，而是用作图的方法表示特征方程的根与系统某一参数的全部数值关系。当这一参数取特定值时，对应的特征根可在上述关系图中找到。这种方法叫根轨迹法。

根轨迹法为简化特征方程的求根过程提供了一种有效的手段。把根轨迹应用于控制系统的分析时，常取系统的开环增益为可变参数，据此作出的根轨迹表示闭环控制系统的极点在不同开环增益值下的分布。控制系统的极点在复数平面上的位置与系统的稳定性和过渡过程性能有密切的关系。根轨迹的建立，为分析控制系统在不同开环增益值时的行为提供了方便的途径。对于设计控制系统的校正装置，根轨迹法也是基本方法之一。

4.1　根轨迹的基本概念

4.1.1　引例

控制系统结构图如图 4-1 所示，系统的闭环传递函数为

$$\frac{C(s)}{R(s)}=\frac{K}{s^2+2s+K} \qquad (4-1)$$

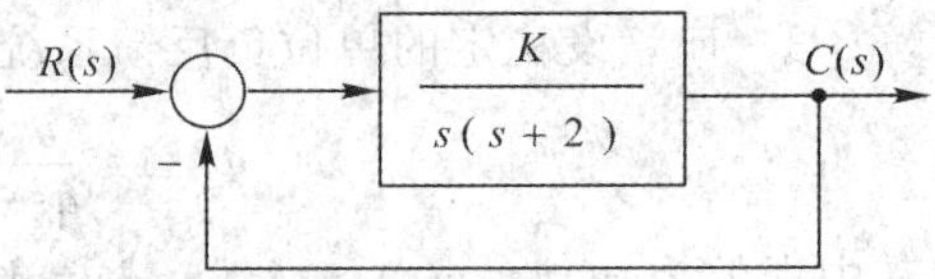

图 4-1　控制系统结构图

闭环特征方程为

$$s^2+2s+K=0 \qquad (4-2)$$

求解闭环特征方程，得系统特征方程的根(系统的闭环极点)为

$$s_1=-1+\sqrt{1-K},\ s_2=-1-\sqrt{1-K}$$

这表明，特征根是随 K 值的改变而变化的。下面分析当增益 K 从 0 变化到∞时，特征方程的根在 s 平面上移动的轨迹。

$K=0$ 时，$s_1=0$，$s_2=-2$，这时系统的闭环极点与系统的开环极点相同。将这两个根用符号“×”在 s 平面上标注出来，如图 4-2 所示。本书中，用符号“×”表示 $K=0$ 时特征方

程的根，即开环极点；用符号“○”表示系统的开环零点。

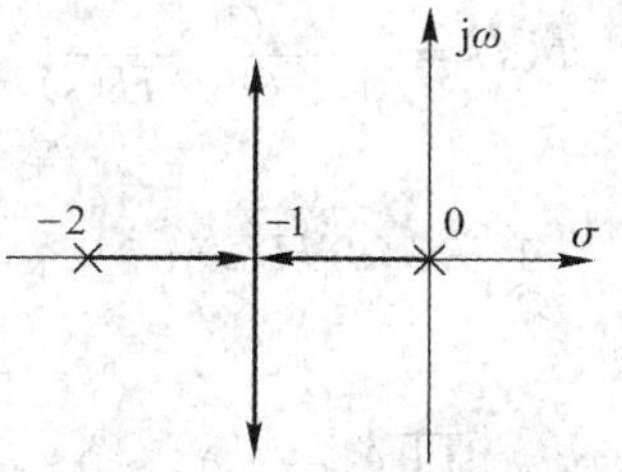

图 4-2　图 4-1 所示系统的根轨迹图

当 $0<K<1$ 时，两个极点 s_1 和 s_2 都是负实数极点，且随着 K 值的增大，s_1 从 0 开始沿负实轴向左移动，s_2 从 -2 开始沿负实轴向右移动。因此，从 0 到 $(-2, \mathrm{j}0)$ 点这段负实轴是根轨迹的一部分。这时系统处于过阻尼状态，其阶跃响应是非周期的。

当 $K=1$ 时，$s_1=s_2=-1$，特征方程有两个重实根。这时系统处于临界阻尼状态，其阶跃响应仍然是非周期的。

当 $K>1$ 时，$s_{1,2}=-1\pm \mathrm{j}\sqrt{K-1}$，特征方程有两个共轭复数根，其实部为 -1，不随 K 值变化，虚部的数值则随 K 值的增大而增大，复平面上的直线 $s=-1$ 是根轨迹的一部分。s_1 从 $(-1, \mathrm{j}0)$ 开始沿直线向上移动，s_2 从 $(-1, \mathrm{j}0)$ 开始沿直线向下移动，当 K 可以从零变化到无穷时，闭环特征方程的根在复平面上的移动轨迹，如图 4-2 所示。图中，粗实线表示了所有 K 值时特征方程的根在复平面上的轨迹，轨迹是以 K 为参量画出来的，直线的箭头表示当 K 值增大时，特征根移动的方向。

4.1.2　根轨迹方程

用以上解析法绘制根轨迹，简单，容易理解。但对于阶次较高的系统，求解系统特征方程根的过程非常繁琐，用解析法绘制根轨迹不再适用。下面，通过对闭环系统特征方程的分析，得到求解特征根的作图方法。

控制系统结构图如图 4-3 所示，设系统的开环传递函数有如下形式：

$$G(s)=\frac{C(s)}{R(s)}=\frac{b_0 s^m+b_1 s^{m-1}+\cdots+b_{m-1}s+b_m}{a_0 s^n+a_1 s^{n-1}+\cdots+a_{n-1}s+a_n} \tag{4-3}$$

式(4-3)与第 2 章的式(2-40)一致，它还可以进一步改写为式(2-42)和式(2-43)两种形式。

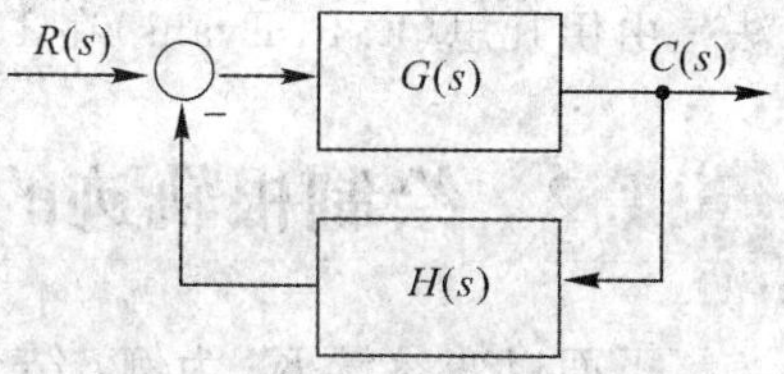

图 4-3　控制系统结构图

而如果将系统开环传递函数写成如下形式：

$$G(s)H(s)=K^*\frac{\prod_{j=1}^{m}(s-z_j)}{\prod_{i=1}^{n}(s-p_i)} \tag{4-4}$$

式中，K^* 为根轨迹增益，z_j 和 p_i 分别是开环传递函数的零点和极点。K 与 K^* 的关系为

$$K=K^*\frac{\prod_{j=1}^{m}(-z_j)}{\prod_{i=1}^{n}(-p_i)} \tag{4-5}$$

图 4-3 系统的闭环传递函数为

$$\Phi(s)=\frac{G(s)}{1+G(s)H(s)} \tag{4-6}$$

闭环特征方程为

$$1+G(s)H(s)=0 \tag{4-7}$$

则特征方程可以写成如下形式：

$$K^*\frac{\prod_{j=1}^{m}(s-z_j)}{\prod_{i=1}^{n}(s-p_i)}=-1 \tag{4-8}$$

称式(4-8)为根轨迹方程，它是一复数方程，利用复数方程两边的幅值和相角相等的规则，可以得到幅值条件和相角条件：

$$K^*\frac{\prod_{j=1}^{m}|s-z_j|}{\prod_{i=1}^{n}|s-p_i|}=1 \tag{4-9}$$

$$\sum_{j=1}^{m}\angle(s-z_j)-\sum_{i=1}^{n}\angle(s-p_i)=\pi+2k\pi,\quad k=0,\pm 1,\pm 2,\cdots \tag{4-10}$$

式(4-9)称作幅值条件，式(4-10)称作相角条件。满足幅值条件和相角条件的 s 值就是特征方程的根，即系统的闭环极点。当 K^* 从零到无穷大变化时，特征方程的根在复平面上变化的轨迹就是根轨迹。实际上，只要满足相角条件的点都是根轨迹上的点，所以，当 K^* 从零到无穷大变化时，依据相角条件，可以在复平面上找到满足 K^* 变化时的所有闭环极点，即绘制出系统的根轨迹。但是在实际中，通常并不需要按相角条件逐点确定该点是否为根轨迹上的点，而是依据一定的规则，找到某些特殊点，绘制出闭环极点随参数变化的大致轨迹，在感兴趣的范围内，再用幅值条件和相角条件确定极点的准确位置。这种方法是由伊凡思(E. R. Evans)在 1948 年首先提出的。

4.2 绘制根轨迹的基本规则

下面以变参量 K^* 为例，结合例 4-1 讨论绘制根轨迹的基本规则。

例 4-1 某单位负反馈系统，$G(s)H(s)=\dfrac{K(s+5)}{s(s+1)(s+2)}$，试绘制其根轨迹。

该系统中存在 1 个开环零点 $z_1=-5$，3 个开环极点 $p_1=0$，$p_2=-1$，$p_3=-2$，如图 4-4 所示。

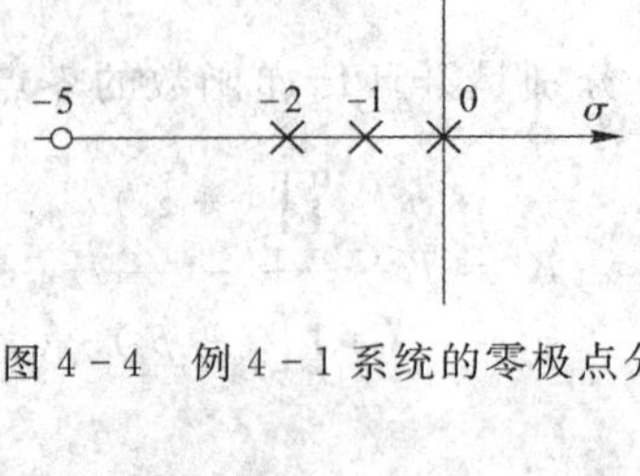

图 4-4 例 4-1 系统的零极点分布

规则 1　根轨迹起始于开环极点，终止于开环零点。

根轨迹的起点对应根轨迹增益 $K^*=0$ 时特征方程的根，根轨迹的终点对应 $K^*=\infty$ 时特征方程的根。

由根轨迹的幅值条件可知

$$\frac{\prod_{j=1}^{m}|s-z_j|}{\prod_{i=1}^{n}|s-p_i|}=\frac{1}{K^*} \tag{4-11}$$

式中，n 为开环极点的个数，m 为开环零点的个数。

当 $K^*=0$ 时，有

$$s=p_i,\ i=1,\ 2,\ \cdots,\ n$$

满足幅值条件，说明根轨迹的起点是开环极点。

当 $K^*=\infty$ 时，有

$$s=z_j,\ j=1,\ 2,\ \cdots,\ m$$

满足幅值条件，说明根轨迹的终点是开环零点。

(1) 当 $n=m$ 时，根轨迹起点的个数与根轨迹终点的个数相等。

(2) 当 $n>m$ 时，根轨迹终点数少于起点数。由式(4-11)知，当 $K^*=\infty$ 时，有

$$\frac{1}{K^*}=\lim_{s\to\infty}\frac{\prod_{j=1}^{m}|s-z_j|}{\prod_{i=1}^{n}|s-p_i|}=\lim_{s\to\infty}\frac{1}{|s|^{n-m}}=0 \tag{4-12}$$

说明有 $n-m$ 个终点在无穷远处。将这些终点称作无限零点，把有限数值的零点称作有限零点。

(3) 若研究的参变量不是系统的根轨迹增益 K^*，可能会有 $n<m$ 的情况，即根轨迹的起点数少于根轨迹的终点数。由式(4-11)知，当 $K^*=0$ 时，有

$$\frac{1}{K^*}=\lim_{s\to\infty}\frac{\prod_{j=1}^{m}|s-z_j|}{\prod_{i=1}^{n}|s-p_i|}=\lim_{s\to\infty}\frac{1}{|s|^{n-m}}=\infty \tag{4-13}$$

说明有 $m-n$ 个根轨迹的极点在无穷远处，若将这些极点看作无限极点，仍可认为根轨迹的起点是开环极点。

对于例 4-1，3 条根轨迹始于 3 个开环极点，一条止于开环零点，另两条($n-m=2$)趋于无穷远处。

规则 2　根轨迹的分支数与 m 和 n 中的大者相等，根轨迹是连续的并且对称于实轴。

(1) 由式(4-8)，系统的特征方程为

$$\prod_{i=1}^{n}(s-p_i)+K^*\prod_{j=1}^{m}(s-z_j)=0 \tag{4-14}$$

特征方程的根的数目等于 m 和 n 中的较大者，而根轨迹的分支数与闭环特征方程的根的数目一样。可见，根轨迹的分支数与 m 和 n 中的较大者相等。

(2) 由幅值条件 $K^* = \dfrac{\prod_{i=1}^{n}|s-p_i|}{\prod_{j=1}^{m}|s-z_j|}$，参变量 K^* 的无限小增量与 s 平面上的长度 $|s-p_i|$ 和 $|s-z_j|$ 的无限小增量相对应，此时，复平面 s 在 n 条根轨迹上就各有一个无穷小的位移，因此，当 K^* 从零到无穷连续变化时，根轨迹在 s 平面上一定是连续的。

(3) 由于闭环特征方程是实系数多项式方程，特征根或为实数位于实轴上，或为共轭复数成对出现在复平面上。因此，根轨迹是对称于实轴的，在绘制根轨迹时，只要做出 s 平面上半部的轨迹，就可根据对称性得到下半平面的根轨迹，对于例 4-1，$n=3$，$m=1$，则有 3 条根轨迹。

规则 3 实轴上，若某线段右侧的开环实数零、极点个数之和为奇数，则此线段为根轨迹的一部分。

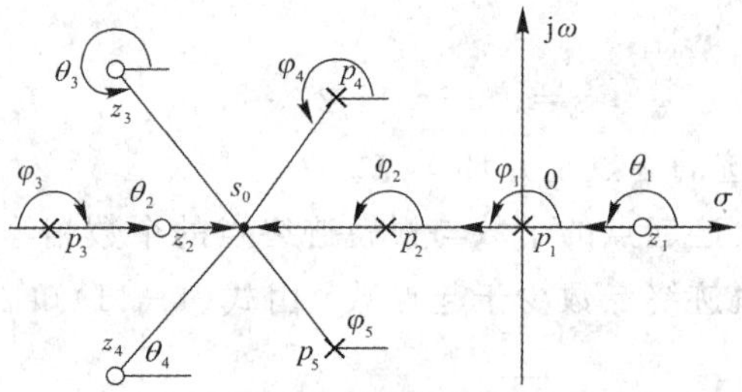

图 4-5 实轴上根轨迹相角示意

图 4-5 中，设 5 个开环极点到 s_0 点的向量的相角分别为 $\varphi_i(i=1, 2, 3, 4, 5)$，4 个开环零点到 s_0 点的向量的相角分别为 $\theta_j(j=1, 2, 3, 4)$。选取实轴上一点 s_0，若 s_0 为根轨迹上的点，必满足相角条件，有

$$\sum_{j=1}^{4}\theta_j - \sum_{i=1}^{5}\varphi_i = (2k+1)\pi \tag{4-15}$$

下面分别分析开环零、极点对相角条件的影响，进而分析对实轴上根轨迹的影响。

(1) 共轭复数极点 p_4 和 p_5 到点 s_0 的向量的相角和为 $\varphi_4+\varphi_5=2\pi$，共轭复数零点到 s_0 点的向量的相角和也为 2π。

(2) 实轴上，s_0 点左侧的开环极点 p_3 和开环零点 z_2 到点 s_0 所构成的向量的夹角 φ_3 和 θ_2 均为零度。

(3) 实轴上，s_0 点右侧的开环极点 p_1、p_2 和开环零点 z_1 到点 s_0 所构成的向量的夹角 φ_1、φ_2 和 θ_1 均为 π。

由以上分析可知，当确定 s_0 是否为实轴根轨迹上一点时，不必考虑复数开环零、极点和实轴上 s_0 点左侧的开环零、极点对相角条件的影响，而真正对相角条件有影响的是位于 s_0 右侧实轴上的开环极点和开环零点。只有 s_0 右侧的开环实数零、极点个数之和为奇数时，才满足相角条件，即 s_0 才是根轨迹上的点。进而由 s_0 推广到一般情况，可得：实轴上，若某线段右侧的开环实数零、极点个数之和为奇数，则此线段为根轨迹的一部分。在图 4-5 中，实轴上的 p_1 至 z_1、p_2 至 z_2 和 p_3 至 $-\infty$ 这三段是实轴上的根轨迹。

对于例 4-1，其在实轴上的根轨迹一条始于开环极点，止于开环零点(根轨迹位于 -2

到－5 之间)，另两条始于开环极点，止于无穷远处(在实轴上，根轨迹位于－1 到 0 之间)，如图 4－6 所示。

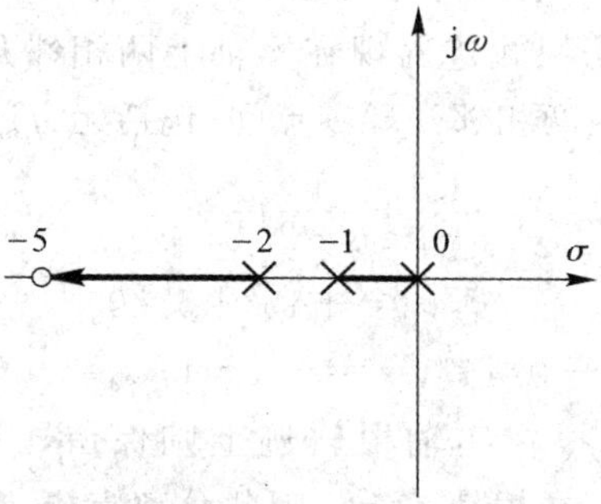

图 4－6　例 4－1 系统的实轴根轨迹

规则 4　当有限开环极点数 n 大于有限零点数 m 时，有 $n-m$ 条根轨迹沿 $n-m$ 条渐近线趋于无穷远处，这 $n-m$ 条渐近线在实轴上都交于一点，交点坐标的计算公式为

$$\sigma_a=\frac{\sum_{i=1}^{n}p_i-\sum_{j=1}^{m}z_j}{n-m}\tag{4-16}$$

渐近线与实轴的夹角为

$$\varphi_a=\frac{(2k+1)\pi}{n-m},\ k=0,\ 1,\ 2,\ \cdots,\ n-m-1\tag{4-17}$$

对于例 4－1，渐近线与实轴的夹角为

$$\varphi=\frac{(2k+1)\cdot 180^\circ}{n-m}=\left.\frac{(2k+1)\cdot 180^\circ}{2}\right|_{k=0,\ 1}=90^\circ,\ -90^\circ(270^\circ)$$

交点坐标为

$$\sigma_a=\frac{-1-2-(-5)}{2}=1,\quad 即(1,\ \mathrm{j}0)$$

如图 4－7 虚线所示。

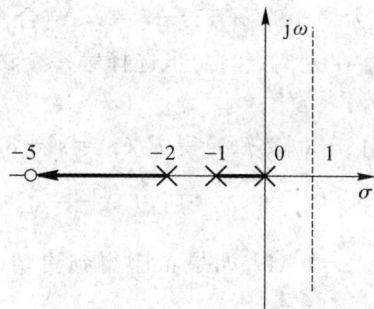

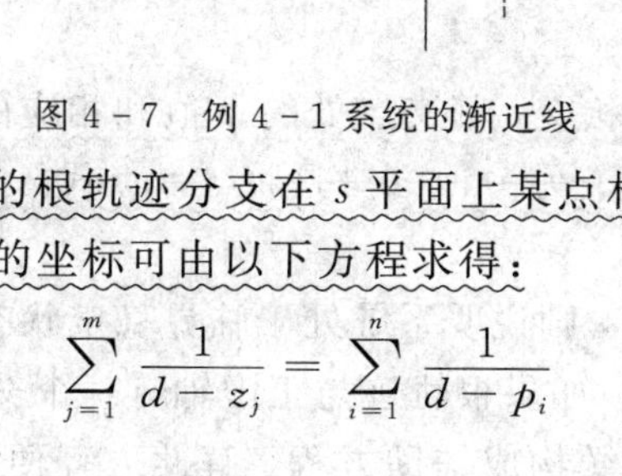

图 4－7　例 4－1 系统的渐近线

规则 5　两条或两条以上的根轨迹分支在 s 平面上某点相遇又立即分开，则称该点为分离点(也称汇合点)，分离点的坐标可由以下方程求得：

$$\sum_{j=1}^{m}\frac{1}{d-z_j}=\sum_{i=1}^{n}\frac{1}{d-p_i}\tag{4-18}$$

分离角的计算公式为

$$\beta=\frac{(2k+1)\pi}{l},\ k=0,1,2,\cdots,l-1 \tag{4-19}$$

式(4-19)中，l 为进入分离点的根轨迹分支数。

利用根轨迹的性质可知，当根轨迹出现在实轴上两相邻开环极点间(包括无穷远处)时，必有一分离点。当根轨迹出现在两相邻开环零点间(包括无穷远处)时，也必有一分离点。

例 4-1 中，解方程 $\frac{1}{s+5}=\frac{1}{s}+\frac{1}{s+1}+\frac{1}{s+2}$ 得

$$s^3+9s^2+15s+5=0$$

$$s_1=-0.447,\ s_2=-1.61,\ s_3=-6.94$$

求出结果后，需经判断，如果根在实轴根轨迹上则保留，否则，舍去。显然，后两个根不在根轨迹上，因此分离点坐标为(-0.447, j0)。

求出分离角为：$\beta=\frac{\pm 180°}{2}=\pm 90°$。系统的根轨迹如图 4-8 所示。

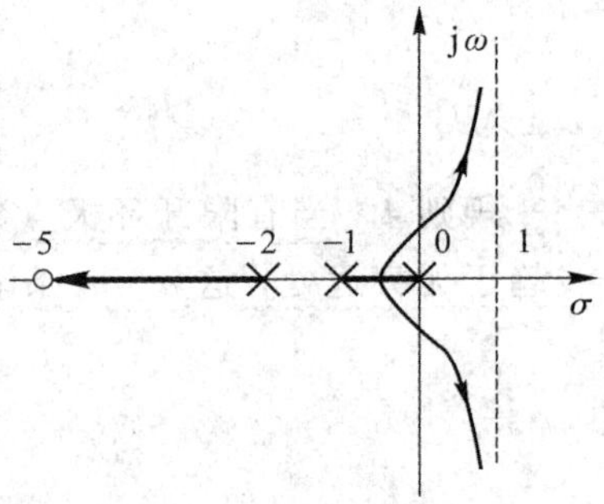

图 4-8 例 4-1 系统的根轨迹

绘制根轨迹确定分离点(或汇合点)、闭环极点时，往往需要求高阶代数方程的根，在确定了系统某实数根的取值范围的情况下(实轴上根轨迹存在的区间)，可以运用牛顿余数定理进行求解。下面简单介绍一下牛顿余数定理的使用。

已知方程 $f(s)=0$ 中某实根的范围，先任取 s_0 属于该范围且作为其初始近似值，令 $s-s_0$ 长除 $f(s)$，得到商的多项式 $P_1(s)$，余数记为 R_1；再用 $s-s_0$ 长除 $P_1(s)$，又得到商的多项式 $P_2(s)$，余数记为 R_2；于是，得到 $s_1=s_0-\frac{R_1}{R_2}$，s_1 是比 s_0 更接近于所求实根的近似值。如果精度要求高，就把 s_1 作为初始近似值，再重复以上步骤即可，经过多次重复后，可以得到更精确的近似值。

例 4-1 中，其分离点方程为 $s^3+9s^2+15s+5=0$，结合图 4-7，通过实轴上存在根轨迹的条件可知在[-1, 0]区间存在分离点，初步选择第一个试验点 $s_0=-0.5$，利用牛顿余数定理求解分离点如下：

$f(s)=s^3+9s^2+15s+5$，用 $s-s_0$ 除 $f(s)$ 得 $P_1(s)=s^2+8.5s+10.75$，$R_1=-0.375$；再用 $s-s_0$ 除 $P_1(s)$ 得 $P_2(s)=s+8$，$R_2=6.75$。所以 $s_1=-0.5-\left(\frac{-0.375}{6.75}\right)=-0.44$，粗略得出该系统的一个分离点为 $s_1=-0.44$。如果希望得到更精确的数值，可以把 s_1 作为新的试验点，再重复上述步骤即可。

规则 6 若根轨迹与虚轴相交，其交点处的 ω 值和相应的 K^* 值可以用两种方法求得：一种方法是采用劳斯判据求得；另一种方法是将 $s=j\omega$ 代入特征方程，并令其实部和虚部分别等于 0 求得。

(1) 若根轨迹与虚轴相交，则说明系统处于临界稳定状态。令劳斯表中含有 K^* 项的某奇数行为全零行，求出 K^* 值。如果根轨迹与正虚轴有一个交点，说明特征方程有一对纯虚根，可利用劳斯表中 s^2 项的系数构成辅助方程，解此方程便可求得交点处的 ω 值。若根轨

迹与正虚轴有两个或两个以上的交点，则说明特征方程有两对或两对以上的纯虚根，可由劳斯表中幂大于 2 的偶次方行的系数构成辅助方程，求得根轨迹与虚轴的交点。

(2) 将 $s=\mathrm{j}\omega$ 带入特征方程 $1+G(\mathrm{j}\omega)H(\mathrm{j}\omega)=0$，令特征方程的实部和虚部分别为零，有

$$\mathrm{Re}[1+G(\mathrm{j}\omega)H(\mathrm{j}\omega)]=0$$
$$\mathrm{Im}[1+G(\mathrm{j}\omega)H(\mathrm{j}\omega)]=0$$

联立解上面二方程，即可求出根轨迹与虚轴交点处的 K^* 值和 ω 值。

对于例 4－1，由 $1+G(s)H(s)=1+\dfrac{K^*(s+5)}{s(s+1)(s+2)}=0$，得系统闭环特征方程式 $s(s+1)(s+2)+K^*(s+5)=0$，即 $s^3+3s^2+2s+K^*(s+5)=0$，则其劳斯表为

$$\begin{array}{lcc} s^3 & 1 & 2+K^* \\ s^2 & 3 & 5K^* \\ s^1 & \dfrac{6-2K^*}{3} & 0 \\ s^0 & 5K^* & \end{array}$$

当 $6-2K^*=0$ 时，特征方程出现共轭虚根，求出与虚轴交点处的 $K^*=3$。

虚轴交点处的 ω 值可利用 s^2 行的辅助方程 $3s^2+5K^*=0$ 求出。将 $s=\mathrm{j}\omega$，$K^*=3$ 代入辅助方程得

$$3(\mathrm{j}\omega)^2+15=0$$

解得与虚轴交点处的 ω 值为：$\omega=\pm\sqrt{5}$。

规则 7　根轨迹起始角(出射角)和终止角(入射角)的计算。

规则 7.1　一般复数极零点系统根轨迹起始角(出射角)和终止角(入射角)的计算。

设系统的根轨迹方程为

$$K^*\frac{\prod\limits_{j=1}^{m}(s-z_j)}{\prod\limits_{i=1}^{n}(s-p_i)}=-1 \tag{4-20}$$

式中，$z_j(j=1, 2, \cdots, m)$为系统的开环零点，$p_i(i=1, 2, \cdots, n)$为系统的开环极点。

相角条件是确定 s 平面上根轨迹的充分必要条件，幅值条件可确定根轨迹上各点 K 的具体值。根轨迹离开开环复数极点处的切线与正实轴的夹角称为起始角，以 θ_{p_i} 表示；根轨迹进入开环复数零点处的切线与正实轴的夹角称为终止角，以 φ_{z_i} 表示。这些角度可按如下关系式求出：

$$\theta_{p_i}=(2k+1)\pi+\Big(\sum_{j=1}^{m}\varphi_{z_jp_i}-\sum_{\substack{j=1\\(j\neq i)}}^{n}\theta_{p_jp_i}\Big),\quad k=0, \pm1, \pm2, \cdots \tag{4-21}$$

$$\varphi_{z_i}=(2k+1)\pi-\Big(\sum_{\substack{j=1\\(j\neq i)}}^{m}\varphi_{z_jz_i}-\sum_{j=1}^{n}\theta_{p_jz_i}\Big),\quad k=0, \pm1, \pm2, \cdots \tag{4-22}$$

式中，$\varphi_{z_jp_i}=\angle(p_i-z_j)$，$\theta_{p_jp_i}=\angle(p_i-p_j)$，$\varphi_{z_jz_i}=\angle(z_i-z_j)$，$\theta_{p_jz_i}=\angle(z_i-p_j)$。

运用该法则可求取单极点(或一对共轭复数极点)的起始角和单零点(或一对共轭复数零点)的终止角，这对于确定相关根轨迹分支的初始走向(K^* 值较小时)和最终走向(K^* 很

大时)发挥了重要的作用。

规则7.1不能求取共轭复数重极点的起始角和重零点的终止角，原因分析如下：

设系统有n个开环极点(p_1，p_2，…，p_n)，m个开环零点(z_1，z_2，…，z_m)，其中开环极点中的γ重开环共轭复数极点为

$$p_1=p_2=\cdots=p_\gamma=\sigma_1+\mathrm{j}\omega_1,\ p_{\gamma+1}=p_{\gamma+2}=\cdots=p_{\gamma+\gamma}=\sigma_1-\mathrm{j}\omega_1$$

设γ重开环极点p_1，p_2，…，p_γ所对应的起始角为θ_{p_1}，θ_{p_2}，…，θ_{p_γ}，根据公式(4-21)，在计算$\theta_{p_l}(l=1, 2, \cdots, \gamma)$时，必然会出现

$$\sum_{\substack{j=1\\(j\neq l)}}^{\gamma}\theta_{p_jp_l}=(\gamma-1)\angle(p_l-p_l)=(\gamma-1)\angle 0$$

在数学中认为$\angle 0$这个角度为任意值。因而重极点无法用上述起始角公式(4-21)，同样道理，重零点也无法使用上述终止角公式(4-22)。

那么重极点(重零点)的情况又如何求起始角、终止角呢？

下面先给出求取法则，然后给出证明。通用的根轨迹起始角求取法则如下：

规则7.2　重复数极、零点系统起始角、终止角的求取法则。

规则7.2.1　多重复数极点起始角的求取法则。

设系统有n个开环极点(p_1，p_2，…，p_n)，m个开环零点(z_1，z_2，…，z_m)，其中开环极点中的γ对重开环共轭复数极点为

$$p_1=p_2=\cdots=p_\gamma=\sigma_1+\mathrm{j}\omega_1,\ p_{\gamma+1}=p_{\gamma+2}=\cdots=p_{\gamma+\gamma}=\sigma_1-\mathrm{j}\omega_1$$

设γ重开环极点p_1，p_2，…，p_γ所对应的起始角为θ_{p_1}，θ_{p_2}，…，θ_{p_γ}，则θ_{p_1}，θ_{p_2}，…，θ_{p_γ}的计算公式为

$$\theta_{p_i}=\frac{1}{\gamma}\Big[(2k+1)\pi+\Big(\sum_{j=1}^{m}\varphi_{z_jp_i}-\sum_{j=\gamma+1}^{n}\theta_{p_jp_i}\Big)\Big],\ i=1, 2, \cdots, \gamma,\ k=i-1 \tag{4-23}$$

式中，$\varphi_{z_jp_i}=\angle(p_i-z_j)$，$\theta_{p_jp_i}=\angle(p_i-p_j)$，$\gamma$为系统开环极点的重数。

该法则适用于任意阶系统任意极点(实数单极点、多重极点或复数任意重极点)的起始角求取。

规则7.2.2　多重复数零点终止角的求取法则。

设系统有n个开环极点(p_1，p_2，…，p_n)，m个开环零点(z_1，z_2，…，z_m)，其中开环零点中的γ对重开环共轭复数零点为

$$z_1=z_2=\cdots=z_\gamma=\sigma_2+\mathrm{j}\omega_2,\ z_{\gamma+1}=z_{\gamma+2}=\cdots=z_{\gamma+\gamma}=\sigma_2-\mathrm{j}\omega_2$$

设γ重开环零点z_1，z_2，…，z_γ所对应的终止角为φ_{z_1}，φ_{z_2}，…，φ_{z_γ}，则φ_{z_1}，φ_{z_2}，…，φ_{z_γ}的计算公式为

$$\varphi_{z_i}=\frac{1}{\gamma}\Big[(2k+1)\pi-\Big(\sum_{j=\gamma+1}^{m}\varphi_{z_jz_i}-\sum_{j=1}^{n}\theta_{p_jz_i}\Big)\Big],\ i=1, 2, \cdots, \gamma,\ k=i-1 \tag{4-24}$$

式中，$\varphi_{z_jz_i}=\angle(z_i-z_j)$，$\theta_{p_jz_i}=\angle(z_i-p_j)$，$\gamma$为系统开环零点的重数。

规则7.2.2同样适用于对实轴上多重零点终止角的求取。

多重极点起始角的求取规则证明如下：

设系统有n个开环极点(p_1，p_2，…，p_n)，m个开环零点(z_1，z_2，…，z_m)，其中开环极点中的γ对重开环共轭复数极点为

$$p_1=p_2=\cdots=p_\gamma=\sigma_1+\mathrm{j}\omega_1,\ p_{\gamma+1}=p_{\gamma+2}=\cdots=p_{\gamma+\gamma}=\sigma_1-\mathrm{j}\omega_1$$

设 γ 重开环极点 p_1，p_2，…，p_γ所对应的起始角为 θ_{p_1}，θ_{p_2}，…，θ_{p_γ}，在 γ 重开环极点 p_1，p_2，…，p_γ的邻域内讨论起始角。设邻域半径为 ε，圆心为 γ 重开环极点 $p_i(i=1, 2, \cdots, \gamma)$，设 s_1为在 p_i邻域内的根轨迹上的一点，则 s_1必然满足相角条件。根据相角条件得

$$\sum_{j=1}^{m}\varphi_{z_j s_1}-\left(\theta_{p_1 s_1}+\sum_{j=2}^{\gamma}\theta_{p_j s_1}+\sum_{j=\gamma+1}^{n}\theta_{p_j s_1}\right)=-(2k+1)\pi \tag{4-25}$$

式中，$\theta_{p_1 s_1}$ 为重极点中 p_1的起始角，即 $\theta_{p_1 s_1}=\theta_{p_1}$。又 $p_1=p_2=\cdots=p_\gamma$，所以有

$$\sum_{j=2}^{\gamma}\theta_{p_j s_1}=(\gamma-1)\theta_{p_1 s_1}=(\gamma-1)\theta_{p_1}$$

因为 s_1在极点 p_1的邻域内($\varepsilon\to 0$)，而 $\sum\limits_{j=1}^{m}z_j$ 和 $\sum\limits_{j=\gamma+1}^{n}p_j$ 在极点 p_1 的邻域外，所以有

$$\sum_{j=1}^{m}\varphi_{z_j s_1}=\sum_{j=1}^{m}\varphi_{z_j p_1},\quad \sum_{j=\gamma+1}^{n}\theta_{p_j s_1}=\sum_{j=\gamma+1}^{n}\theta_{p_j p_1}$$

将上式代入式(4-25)，整理得

$$\gamma\theta_{p_1}=(2k+1)\pi+\left(\sum_{j=1}^{m}\varphi_{z_j p_1}-\sum_{j=\gamma+1}^{n}\theta_{p_j p_1}\right)$$

方程两边同除以 γ，得

$$\theta_{p_1}=\frac{1}{\gamma}\left[(2k+1)\pi+\left(\sum_{j=1}^{m}\varphi_{z_j p_1}-\sum_{j=\gamma+1}^{n}\theta_{p_j p_1}\right)\right]$$

用通式表示如下：

$$\theta_{p_i}=\frac{1}{\gamma}\left[(2k+1)\pi+\left(\sum_{j=1}^{m}\varphi_{z_j p_i}-\sum_{i=\gamma+1}^{n}\theta_{p_j p_i}\right)\right]$$

$$i=1, 2, \cdots, \gamma;\ k=0, 1, 2, \cdots, \gamma-1 \tag{4-26}$$

其中 γ 为极点的重数，法则 7.2.1 得证。当 $\gamma=1$ 时，式(4-26)与求起始角公式(4-21)一致。

多重零点终止角求取法则的证明可以利用相角条件，同起始角的证明类似，不再赘述。

下面仅给出三重开环实数极点起始角及二重复数零点终止角的一个仿真实例。

已知某系统的根轨迹方程为 $\dfrac{K^*(s+3)(s^2+4s+5)^2}{s^3(s+4)(s^2+6s+13)}=-1$，其中该系统的开环极点为 $p_1=p_2=p_3=0$，$p_4=-4$，$p_{5,6}=-3\pm j2$；开环零点为 $z_1=z_2=-2+j$，$z_3=z_4=-2-j$，$z_5=-3$。设 $p_1=p_2=p_3=0$ 所对应的根轨迹的起始角为 θ_1、θ_2、θ_3；设 $z_1=z_2=-2+j$ 所对应的根轨迹的终止角为 φ_1、φ_2。系统的根轨迹仿真结果如图 4-9 所示。读者请自行计算起始角和终止角的数值。

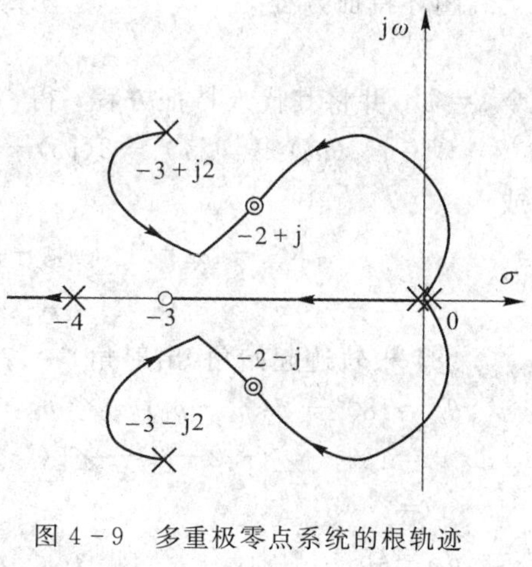

图 4-9　多重极零点系统的根轨迹

规则 8　当 $n-m\geqslant 2$ 成立时，系统闭环极点之和为常数且等于开环极点之和，即

$$\sum_{i=1}^{n}s_i=\sum_{i=1}^{n}p_i$$

证明略。

4.3 控制系统根轨迹绘制举例

上一节讨论了绘制根轨迹的 8 条基本规则，按照这些规则，就可粗略地绘制出控制系统根轨迹的大致形状。在此基础上，可在感兴趣的区域内，利用幅值条件和相角条件，对根轨迹进行修正，得到该区域内根轨迹的精确图形。

例 4-2 设单位负反馈控制系统的开环传递函数为

$$G(s)=\frac{K^*}{s(s^2+4s+8)}$$

试绘制系统的完整根轨迹，并要求计算起始角(出射角)。

解 开环极点为 $p_1=0$，$p_2=-2+\mathrm{j}2$，$p_3=-2-\mathrm{j}2$，无开环零点，$n=3$，$m=0$。

(1) 由于 $n=3$，$m=0$，所以根轨迹有 3 条分支。

(2) 根轨迹起始于开环极点 $p_1=0$，$p_2=-2+\mathrm{j}2$，$p_3=-2-\mathrm{j}2$，终止于无穷远处。

(3) 实轴上的根轨迹为$(-\infty,\ 0]$，即整个负实轴。

(4) 3 条根轨迹的渐近线夹角和交点坐标为

$$\varphi_a=\frac{(2k+1)\pi}{n-m}=\frac{(2k+1)\pi}{3}=\begin{cases}\dfrac{\pi}{3},\ k=0\\ \pi,\quad k=1\\ \dfrac{5\pi}{3},\ k=2\end{cases}$$

$$\sigma_a=\frac{p_1+p_2+p_3}{3}=\frac{0-2+\mathrm{j}2-2-\mathrm{j}2}{3}=-\frac{4}{3}$$

(5) 根轨迹无分离(汇合)点。

(6) 起始于 $p_2=-2+\mathrm{j}2$，$p_3=-2-\mathrm{j}2$ 的根轨迹分支分别向着与实轴夹角为 $\varphi_a=\pi/3$，$5\pi/3$ 的两条渐近线逼近。

(7) 根轨迹与虚轴的交点：

闭环特征方程为

$$s^3+4s^2+8s+K^*=0$$

令 $s=\mathrm{j}\omega$，并将其代入特征方程，得

$$(\mathrm{j}\omega)^3+4(\mathrm{j}\omega)^2+8(\mathrm{j}\omega)+K^*=0$$

或

$$\begin{cases}K^*-4\omega^2=0\\ 8\omega-\omega^3=0\end{cases}\Rightarrow\begin{cases}\omega=\pm2\sqrt{2}\\ K^*=32\end{cases}$$

(8) 根轨迹起始角(出射角)：

$$\begin{aligned}\theta_{p_2}&=180^\circ-\angle(p_2-p_1)-\angle(p_2-p_3)\\&=180^\circ-\angle(-2+\mathrm{j}2)-\angle[(-2+\mathrm{j}2)-(-2-\mathrm{j}2)]\\&=-45^\circ\end{aligned}$$

$$\theta_{p3}=45^\circ$$

(9) 绘制根轨迹如图 4-10 所示。

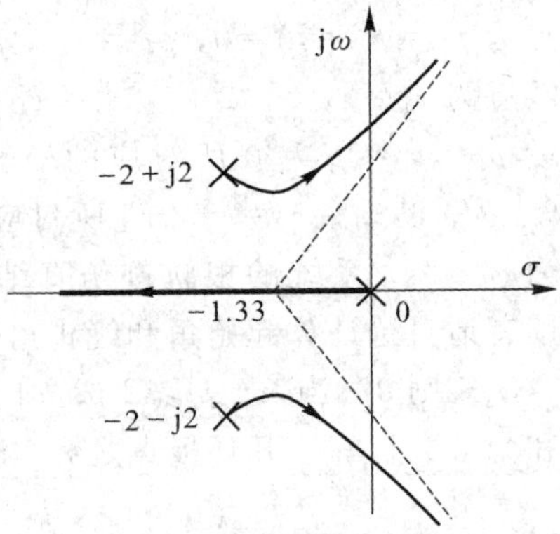

图 4-10　例 4-2 的根轨迹

例 4-3　闭环系统的特征方程为 $s(s+4)(s+5)(s^2+2s+5)+K^*(s+2)=0$，试绘制系统的根轨迹图。

解　系统的开环传递函数为

$$G(s)H(s)=\frac{K^*(s+2)}{s(s+4)(s+5)(s^2+2s+5)}$$

按照以下步骤绘制根轨迹：

(1) 系统阶次为 5 阶，故根轨迹有 5 支，根轨迹的起点有 5 个，$p_1=0$，$p_2=-4$，$p_3=-5$，$p_4=-1+\mathrm{j}2$，$p_5=-1-\mathrm{j}2$。根轨迹的有限终点为 -2，有 4 个无穷远终点。

(2) 有 4 条根轨迹趋于无穷远处，故有 4 条渐近线，渐近线与实轴的夹角为

$$\varphi_a=\frac{(2k+1)\pi}{n-m}=\frac{(2k+1)\pi}{5-1},\ k=0,\ 1,\ 2,\ 3$$

得 $\varphi_{a1}=45°$，$\varphi_{a2}=135°$，$\varphi_{a3}=225°$，$\varphi_{a4}=315°$。

渐近线与实轴的交点为

$$\sigma_a=\frac{\sum_{i=1}^{n}p_i-\sum_{j=1}^{m}z_j}{n-m}=\frac{(0-4-5-1+\mathrm{j}2-1-\mathrm{j}2)-(-2)}{4}=-2.25$$

(3) 实轴上的根轨迹位于[0，-2]及[-4，-5]两段。

(4) 根轨迹离开复数极点的起始角为

$$\begin{aligned}\theta_{p_4}&=180°+[\angle(p_4-z_1)-\angle(p_4-p_1)-\angle(p_4-p_2)-\angle(p_4-p_3)-\angle(p_4-p_5)]\\&=180°+63.43°-116.57°-33.69°-26.57°-90°=-23.4°\end{aligned}$$

(5) 按照式(4-18)求根轨迹的分离点：

$$\frac{1}{d+2}=\frac{1}{d}+\frac{1}{d+4}+\frac{1}{d+5}+\frac{2(d+1)}{d^2+2d+5}$$

上式是一高阶代数方程，经分析知根轨迹在实轴上只有一个分离点，用试探法或者牛顿余数定理法求得分离点为 $d=-4.47$。

(6) 根轨迹与虚轴的交点可利用劳斯判据确定。由特征方程可列劳斯表如下：

s^5	1	43	$100+K^*$
s^4	11	85	$2K^*$
s^3	35.3	$100+0.82K^*$	0
s^2	$53.8-0.256K^*$	$2K^*$	0
s^1	$\dfrac{5380-52.084K^*-0.21K^{*2}}{53.8-0.256K^*}$	0	0
s^0	$2K^*$	0	

若系统稳定，由劳斯表的第一列系数，有以下不等式成立：

$$53.8-0.256K^*>0,\ 5380-52.084K^*-0.21K^{*2}>0,\ K^*>0$$

得 $0<K^*<78.47$。

由此可知，当 $K_c^*=78.47$ 时，系统临界稳定，此时根轨迹穿过虚轴。$K^*=78.47$ 时的 ω 值由以下辅助方程确定：

$$(53.8-0.256K^*)s^2+2K^*=0$$

将 $K^*=78.47$ 代入辅助方程，得

$$33.7s^2+156.94=0$$

解得 $s=\pm j2.16$。

由以上步骤可绘出根轨迹，如图 4-11 所示。

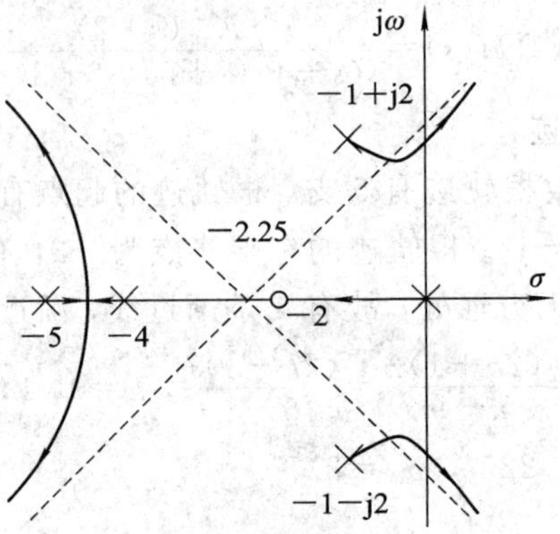

图 4-11　系统的根轨迹

例 4-4　设单位反馈系统的开环传递函数为

$$G(s)=\frac{K^*}{s(s+2)(s+4)}$$

(1) 绘制 K^* 从 $0\to+\infty$ 变化时闭环系统的根轨迹。

(2) 确定使闭环系统稳定的 K^* 的取值范围。

(3) 为使闭环系统的调节时间 $t_s=10$ s(按误差带Δ=5%计算)，求 K 的取值。

解　(1) 根轨迹方程为

$$\frac{K}{s(s+2)(s+4)}=-1$$

① 有 3 条分支，起始于开环极点 $p_1=0$，$p_2=-2$，$p_3=-4$，终止于无穷远处。

② 实轴上的根轨迹区段为：$(-\infty,\ -4]$，$[-2,\ 0]$。

③ 渐近线与实轴的交点为 $\sigma_a=\dfrac{0+(-2)+(-4)}{3-0}=-2$，夹角为 $\varphi_a=\dfrac{(2k+1)\pi}{3-0}=60°$，180°，300°。

④ 由 $\dfrac{1}{d}+\dfrac{1}{d+2}+\dfrac{1}{d+4}=0$ 得，分离点满足 $3d^2+12d+8=0$，解为 $d_1=-0.85$，$d_2=-3.15$（舍去，因为它不在根轨迹上），d_1 对应的 K^* 值为 $K_d^*=|d_1(d_1+2)(d_1+4)|=3.08$。

⑤ 求根轨迹与虚轴的交点时，将 $1+G(j\omega)H(j\omega)=0$ 的实部、虚部分开，有

$$\begin{cases}-\omega^3+8\omega=0\\-6\omega^2+K=0\end{cases}$$

解出

$$\begin{cases}\omega_1=0, & K^*=0\\\omega_2=2.83, & K^*=48\\\omega_3=-2.83, & K^*=48\end{cases}$$

根轨迹图如图 4-12 所示。

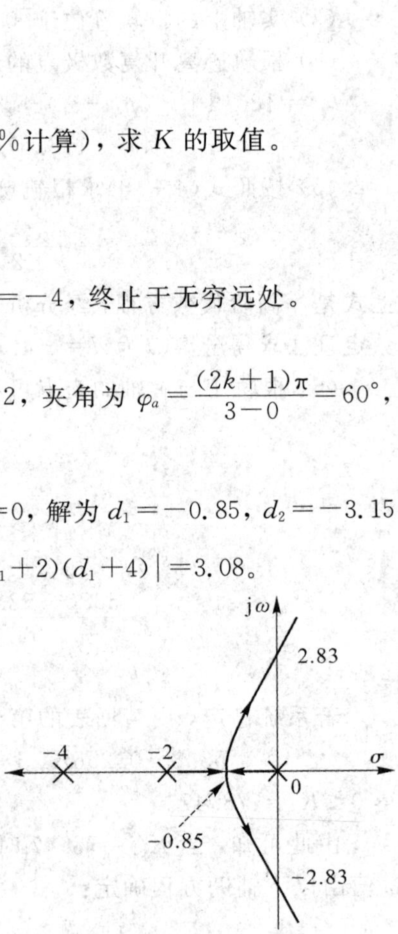

图 4-12　例 4-4 系统的根轨迹

(2) $0<K<48$ 时，闭环系统稳定。

(3) 按 $t_s=\frac{3.5}{\xi\omega_n}=10$，得主导极点的实部 $-\xi\omega_n=-0.35$，系统的闭环特征方程为

$$s(s+2)(s+4)+K=s^3+6s^2+8s+K=(s-s_1)(s-s_2)(s-s_3)$$

式中 $s_{1,2,3}$ 为系统的 3 个闭环特征根，设 $s_{1,2}=-\xi\omega_n\pm j\omega_d$ 为闭环共轭主导极点，显然由规则 8 可得

$$-s_1-s_2-s_3=2\xi\omega_n-s_3=-(0-2-4)=6$$

这样得到 $s_3=-5.3$。根据幅值条件，$s_3=-5.3$ 时的根轨迹增益为

$$K^*=|s_3(s_3+2)(s_3+4)|=5.3\times3.3\times1.3=22.74$$

例 4-5　设单位反馈系统的开环传递函数为

$$G(s)=\frac{K}{s(\tau s+1)(Ts+1)}$$

式中 $K=2$，$T=1$，$\tau>0$ 且为变化参数。

(1) 试绘制参数 τ 变化时，闭环系统的根轨迹图，给出系统稳定时 τ 的取值范围。

(2) 求使 -3 成为一个闭环极点时 τ 的取值。

(3) τ 取(2)中给出的值时，求系统其余的两个闭环极点，并据此计算系统的调节时间(按 5%误差计算)和超调量。

解　(1) 系统的特征方程为

$$s(\tau s+1)(Ts+1)+K=s(\tau s+1)(s+1)+2=\tau s^3+\tau s^2+s^2+s+2=0$$

等效的开环传递函数为

$$G'(s)H'(s)=\frac{\tau s^2(s+1)}{s^2+s+2}=\frac{\tau s^2(s+1)}{(s+0.5+j1.32)(s+0.5-j1.32)}$$

绘制根轨迹如图 4-13 所示。

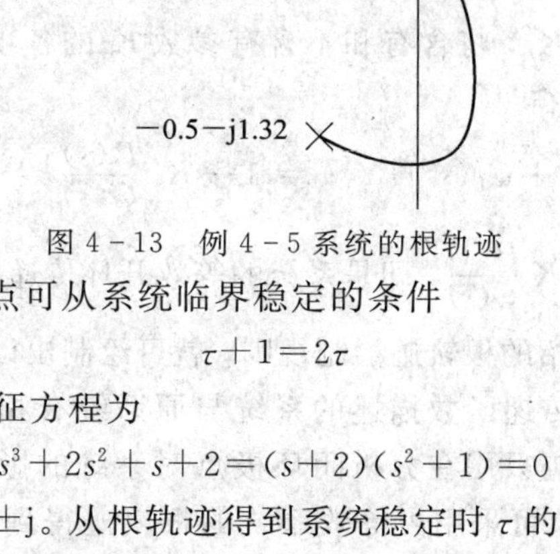

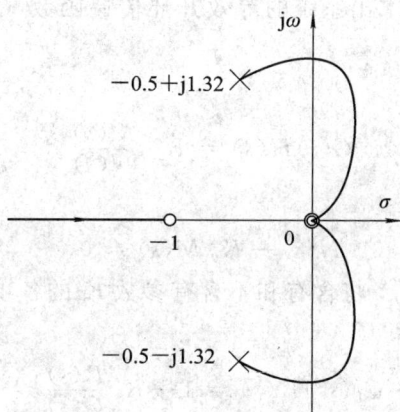

图 4-13　例 4-5 系统的根轨迹

图中根轨迹与虚轴的交点可从系统临界稳定的条件

$$\tau+1=2\tau$$

得到 $\tau=1$。$\tau=1$ 时系统的特征方程为

$$s^3+2s^2+s+2=(s+2)(s^2+1)=0$$

得与虚轴交点的坐标为 $j\omega=\pm j$。从根轨迹得到系统稳定时 τ 的取值范围为 $0<\tau<1$。

(2) -3 成为一个闭环极点时，从根轨迹的幅值条件有

$$\frac{\tau|-3|^2|-3+1|}{|(-3)^2+(-3)+2|}=1$$

得 $\tau=\frac{4}{9}=0.444$。

(3) $\tau=0.444$ 时，系统的另外两个闭环根从特征方程

$$s^3+s^2+\frac{1}{\tau}s^2+\frac{1}{\tau}s+\frac{2}{\tau}=s^3+s^2+\frac{9}{4}s^2+\frac{9}{4}s+\frac{9}{2}=(s+3)\left(s^2+\frac{1}{4}s+\frac{6}{4}\right)=0$$

求出为 $-0.125\pm j1.218$，显然它是系统的主导极点。系统的调节时间和超调量分别为

$$t_s=\frac{3.5}{0.125}=28(s)$$

$$\sigma\%=e^{\frac{-\pi\xi}{\sqrt{1-\xi^2}}}\times100\%=e^{\frac{-\pi\xi\omega_n}{\omega_n\sqrt{1-\xi^2}}}\times100\%=e^{\frac{-\pi\xi\omega_n}{\omega_d}}\times100\%$$

$$=e^{\frac{-\pi\times0.125}{1.218}}\times100\%=72.5\%$$

4.4 广义根轨迹

前面我们讨论的都是以根轨迹增益 K^* 为变量的负反馈系统的根轨迹，在实际系统中，除了增益 K^* 以外，还会有其他参数对闭环特征根有影响。另外，还会遇到内环是正反馈的系统。因此，我们把以非 K^* 为参变量或非负反馈系统的根轨迹统称为广义根轨迹。

4.4.1 参数根轨迹

除了根轨迹增益 K^* 以外，还常常分析系统其他参数(如开环零极点、调节器 PID 参数或者系统的时间常数等)变化对系统性能的影响，在绘制这类参数变化时的根轨迹之前，要先将开环传递函数进行变形，求出系统的等效开环传递函数，再利用我们以前讨论的绘制根轨迹的规则进行绘制。

设系统的开环传递函数为

$$G(s)H(s)=K^*\frac{M(s)}{N(s)} \tag{4-27}$$

则系统的闭环特征方程为

$$N(s)+K^*M(s)=0 \tag{4-28}$$

设 $N(s)$或 $M(s)$中含有参数 K'，将含有和不含有参数 K'的各项分别进行合并，并用不含有参数 K'的各项除方程两端，得

$$1+G_1(s)H_1(s)=1+K'\frac{P(s)}{Q(s)}=0 \tag{4-29}$$

式(4-29)中的 $G_1(s)H_1(s)=K'\frac{P(s)}{Q(s)}$，即是系统的等效开环传递函数。根据等效开环传递函数 $G_1(s)H_1(s)$，按照 4-2 节介绍的根轨迹绘制规则，就可绘制出以 K'为变量的参数根轨迹。

需要注意的是，由等效传递函数描述的系统与原系统有相同的闭环极点，但闭环零点不一定相同，所以参数根轨迹只用在分析闭环极点对系统的影响，不能用于分析整个闭环系统。故在分析系统性能时，可采用由等效系统的根轨迹得到的闭环极点和原系统的闭环零点来对系统进行分析。

例 4-6　已知负反馈控制系统的开环传递函数为

$$G_K(s)=G(s)H(s)=\frac{\frac{1}{4}(s+a)}{s^2(s+1)}$$

试绘制参数 a 从 0→∞变化时闭环系统的根轨迹。

解　闭环特征方程为

$$D_B(s)=1+G_K(s)=1+\frac{\frac{1}{4}(s+a)}{s^2(s+1)}=0$$

即

$$s^3+s^2+\frac{1}{4}s+\frac{1}{4}a=0$$

将方程变形为

$$1+\frac{\frac{1}{4}a}{s^3+s^2+\frac{1}{4}s}=0\Rightarrow 1+\frac{a}{4s^3+4s^2+s}=0\Rightarrow\frac{a}{s(4s^2+4s+1)}=-1$$

于是等效的开环传递函数为

$$G'_K(s)=\frac{a}{s(4s^2+4s+1)}$$

作出参数 a 从 0→∞变化时的根轨迹，如图 4-14 所示。图中，根据轨迹分离点 $d\approx-0.17$，分离点 d 所对应的参数 $a_d=0.074$。

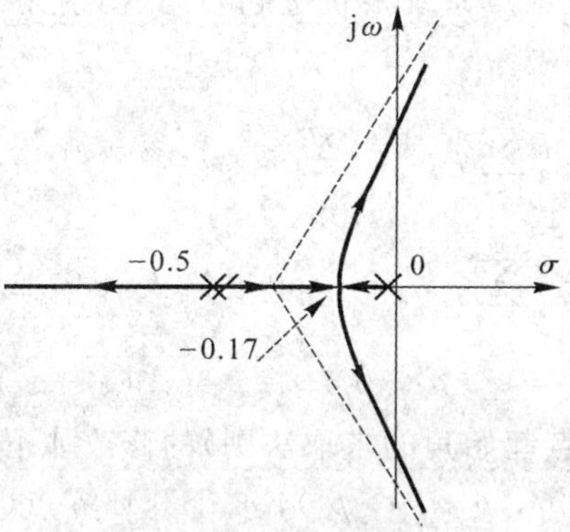

图 4-14　例 4-6 系统的根轨迹

4.4.2　正反馈系统根轨迹的绘制

在许多较复杂的系统中，可能会遇到内回路是正反馈连接的系统，所以有必要讨论正反馈系统的根轨迹。

对于具有开环传递函数 $G(s)H(s)$ 的正反馈系统，其特征方程为

$$1-G(s)H(s)=0 \qquad (4-30)$$

所以，正反馈系统的根轨迹方程为

$$G(s)H(s)=1 \qquad (4-31)$$

对照4.1节的负反馈系统根轨迹方程式(4-8)，可以得到它们的幅值条件相同，而正反馈系统根轨迹方程的相角条件变为

$$\angle G(s)H(s) = 0 + 2k\pi,\ k = 0,\ \pm 1,\ \pm 2,\ \cdots \tag{4-32}$$

即

$$\sum_{j=1}^{m}\angle(s - z_j) - \sum_{i=1}^{n}\angle(s - p_i) = 2k\pi,\ k = 0,\ \pm 1,\ \pm 2,\ \cdots \tag{4-33}$$

由以上分析可知，负反馈系统的相角满足 $\pi+2k\pi$，而正反馈系统的相角满足 $0+2k\pi$，所以，通常也称负反馈系统的根轨迹为180°根轨迹，正反馈系统的根轨迹为0°根轨迹，在负反馈系统根轨迹的画法规则中，凡是与相角条件有关的规则，都要做相应的修改，需要修改的规则如下：

规则3修改为：实轴上，若某线段右侧的开环实数零、极点个数之和为偶数，则此线段为根轨迹的一部分。

规则4修改为：当有限开环极点数 n 大于有限零点数 m 时，有 $n-m$ 条根轨迹沿 $n-m$ 条渐近线趋于无穷远处，这 $n-m$ 条渐近线在实轴上都交于一点，交点坐标为

$$\sigma_a = \frac{\sum_{i=1}^{n} p_i - \sum_{j=1}^{m} z_j}{n - m}\text{(与 180° 根轨迹同)}$$

渐近线与实轴的夹角为

$$\varphi_a = \frac{2k\pi}{n-m},\ k = 0,\ 1,\ 2,\ \cdots,\ n-m-1 \tag{4-34}$$

规则7.1修改为：一般复数极零点系统根轨迹起始角(出射角)和终止角(入射角)的计算公式为

$$\theta_{p_i} = 2k\pi + \Big(\sum_{j=1}^{m}\varphi_{z_jp_i} - \sum_{\substack{j=1\\(j\neq i)}}^{n}\theta_{p_jp_i}\Big),\ k = 0,\ \pm 1,\ \pm 2,\ \cdots \tag{4-35}$$

$$\varphi_{z_i} = 2k\pi - \Big(\sum_{\substack{j=1\\j\neq i}}^{m}\varphi_{z_jz_i} - \sum_{j=1}^{n}\theta_{p_jz_i}\Big),\ k = 0,\ \pm 1,\ \pm 2,\ \cdots \tag{4-36}$$

式中，$\varphi_{z_jp_i}=\angle(p_i-z_j)$，$\theta_{p_jp_i}=\angle(p_i-p_j)$，$\varphi_{z_jz_i}=\angle(z_i-z_j)$，$\theta_{p_jz_i}=\angle(z_i-p_j)$。

规则7.2.1(多重复数极点起始角的求取法则)的修改如下：

设系统有 n 个开环极点(p_1，p_2，…，p_n)，m 个开环零点(z_1，z_2，…，z_m)，其中开环极点中的 γ 对重开环共轭复数极点为

$$p_1 = p_2 = \cdots = p_\gamma = \sigma_1 + \mathrm{j}\omega_1,\ p_{\gamma+1} = p_{\gamma+2} = \cdots = p_{\gamma+\gamma} = \sigma_1 - \mathrm{j}\omega_1$$

设 γ 重开环极点 p_1，p_2，…，p_γ 所对应的起始角为 θ_{p_1}，θ_{p_2}，…，θ_{p_γ}，则 θ_{p_1}，θ_{p_2}，…，θ_{p_γ} 的计算公式为

$$\theta_{p_i} = \frac{1}{\gamma}\Big[(2k+0)\pi + \Big(\sum_{j=1}^{m}\varphi_{z_jp_i} - \sum_{j=\gamma+1}^{n}\theta_{p_jp_i}\Big)\Big],\ i = 1,\ 2,\ \cdots,\ \gamma,\ k = i-1 \tag{4-37}$$

式中，$\varphi_{z_jp_i}=\angle(p_i-z_j)$，$\theta_{p_jp_i}=\angle(p_i-p_j)$，$\gamma$ 为系统开环极点的重数。

规则7.2.2(复数重零点终止角的求取法则)的修改如下：

设系统有 n 个开环极点(p_1，p_2，…，p_n)，m 个开环零点(z_1，z_2，…，z_m)，其中开环零点中的 γ 对重开环共轭复数零点为

$$z_1=z_2=\cdots=z_\gamma=\sigma_2+\mathrm{j}\omega_2,\ z_{\gamma+1}=z_{\gamma+2}=\cdots=z_{\gamma+\gamma}=\sigma_2-\mathrm{j}\omega_2$$

设 γ 重开环零点 z_1，z_2，…，z_γ 所对应的终止角为 φ_{z_1}，φ_{z_2}，…，φ_{z_γ}，则 φ_{z_1}，φ_{z_2}，…，φ_{z_γ} 的计算公式为

$$\varphi_{z_i}=\frac{1}{\gamma}\Big[(2k+0)\pi-\Big(\sum_{j=\gamma+1}^{m}\varphi_{z_jz_i}-\sum_{j=1}^{n}\theta_{p_jz_i}\Big)\Big],\ i=1,\ 2,\ \cdots,\ \gamma,\ k=i-1 \tag{4-38}$$

式中，$\varphi_{z_jz_i}=\angle(z_i-z_j)$，$\theta_{p_{j_{zi}}}=\angle(z_i-p_j)$，$\gamma$ 为系统开环零点的重数。

规则 7.2.2 同样适用于对实轴上多重零点终止角的求取。

例 4-7　控制系统的结构图如图 4-15 所示，试概略绘制其根轨迹($K^*>0$)。

解　此系统为正反馈系统，应绘制 0°根轨迹。

实轴上的根轨迹：$(-\infty,\ -2]$，$[-1,\ +\infty)$。

分离点：$\dfrac{3}{d+2}=\dfrac{1}{d+1}$，解得 $d=-0.5$，$k_d^*=6.75$。

起始角：根据相角条件，有

$$\sum_{i=1}^{m}\varphi_i-\sum_{j=1}^{n}\theta_j=2k\pi$$

得 $\theta_{p_1}=60°$，$\theta_{p_2}=-60°$，$\theta_{p_3}=180°$。

根轨迹如图 4-16 所示。

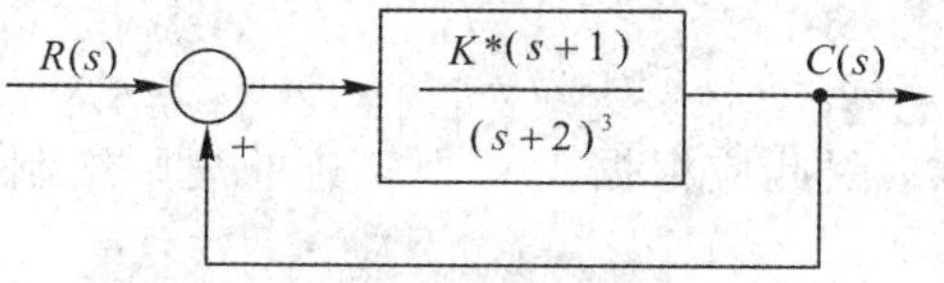

图 4-15　例 4-7 系统结构图

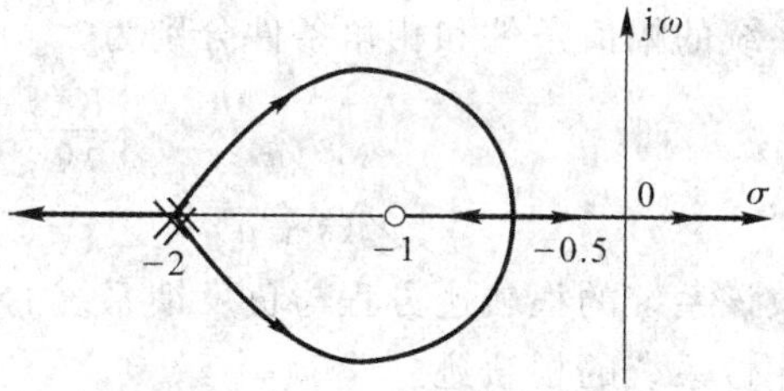

图 4-16　例 4-7 系统的根轨迹

4.4.3　非最小相位系统根轨迹的绘制

若系统的开环传递函数在 s 右半平面有零点或极点，则该系统称为非最小相位系统。将非最小相位系统的开环传递函数写成如下形式：

$$G(s)H(s)=K'\frac{\prod\limits_{j=1}^{m}(s-z_j)}{\prod\limits_{i=1}^{n}(s-p_i)} \tag{4-39}$$

如果 $K'<0$，则按 0°根轨迹的规则进行绘制；如果 $K'>0$，则按 180°根轨迹的规则进行绘制。

(1) 设负反馈系统的开环传递函数为

$$G(s)H(s)=\frac{K(a-s)}{s(s+b)}=K'\frac{(s-a)}{s(s+b)},\ a>0,\ b>0,\ K'=-K<0 \tag{4-40}$$

由于系统存在一个在 s 右半平面的开环零点，所以该系统是非最小相位系统，系统的特征方程为

$$1+G(s)H(s)=1+\frac{K(a-s)}{s(s+b)}=1-\frac{K(s-a)}{s(s+b)}=0 \tag{4-41}$$

即有

$$\frac{K(s-a)}{s(s+b)}=1 \tag{4-42}$$

则该系统的幅值条件和相角条件分别为

$$\left|\frac{K(s-a)}{s(s+b)}\right|=1 \tag{4-43}$$

$$\angle(s-a)-\angle s-\angle(s+b)=0^\circ+2k\pi \tag{4-44}$$

故该系统的根轨迹方程与正反馈系统的一样，因此应根据 0°根轨迹的规则绘制该非最小相位系统的根轨迹。

(2) 设负反馈系统的开环传递函数为

$$G(s)H(s)=\frac{K(s+a)}{s(s-b)}=K'\frac{(s+a)}{s(s-b)},\ a>0,\ b>0,\ K'=K>0 \tag{4-45}$$

由于系统存在一个在 s 右半平面的开环极点，所以该系统是非最小相位系统，系统的特征方程为

$$1+G(s)H(s)=1+\frac{K(s+a)}{s(s-b)}=0 \tag{4-46}$$

即有

$$\frac{K(s+a)}{s(s-b)}=-1 \tag{4-47}$$

则该系统的幅值条件和相角条件分别为

$$\left|\frac{K(s+a)}{s(s-b)}\right|=1 \tag{4-48}$$

$$\angle(s+a)-\angle s-\angle(s-b)=180^\circ+2k\pi \tag{4-49}$$

故该系统的根轨迹方程与负反馈系统的一样，因此应根据 180°根轨迹的规则绘制该非最小相位系统的根轨迹。

4.5 线性系统的根轨迹分析方法

在时域分析法中，一般是通过系统的单位阶跃响应来分析系统的性能；而根轨迹法分析系统，则是由系统开环零极点的分布得到系统的根轨迹，由根轨迹来分析系统的稳定性，分析闭环极点随系统参数变化改变其在复平面上的分布位置，而使系统性能随之发生的变化。由于系统的闭环极点在系统的性能分析中起着主要作用，所以可以借助系统的根轨迹，研究某个参数或某些参数的变化对闭环系统特征方程的根在 s 平面上分布的影响，通过一些简单的作图和计算，就可以看到系统参数的变化对系统闭环极点影响的趋势，从而确定系统在某些特定参数下的性能，也可根据性能指标的要求，在根轨迹上选择合适的闭环极点的位置。因此，根轨迹法可为分析系统性能和改善系统性能提供依据。

4.5.1 线性系统的根轨迹分析举例

在工程实际中，为使系统分析简化，常常用主导极点的概念对系统进行分析。例如，研究具有以下闭环传递函数的系统

$$\Phi(s)=\frac{1.05}{(s+2.43)(s+0.33+\mathrm{j}0.58)(s+0.33-\mathrm{j}0.58)} \tag{4-50}$$

系统的单位阶跃响应为

$$h(t)=1-0.125\mathrm{e}^{-2.34t}-1.297\mathrm{e}^{-0.33t}\sin(0.58t+44.3°) \tag{4-51}$$

式中，指数项是由闭环极点 $s_1=-2.43$ 产生的，衰减正弦项是由闭环复数极点 $s_{2,3}=-0.33\pm \mathrm{j}0.58$ 产生的，比较这两项可以发现，指数项随时间的增加而迅速衰减且幅值很小，故可以忽略，所以上述系统可近似为一个二阶系统

$$\Phi'(s)=\frac{1.05}{2.43(s+0.33+\mathrm{j}0.58)(s+0.33-\mathrm{j}0.58)} \tag{4-52}$$

它的单位阶跃响应变为

$$h(t)=1-1.297\mathrm{e}^{-0.33t}\sin(0.58t+44.3°) \tag{4-53}$$

其动态特性则由闭环复数极点 $s_{2,3}=-0.33\pm \mathrm{j}0.58$ 确定，像这种离虚轴较近(离虚轴的距离小于其他闭环极点到虚轴距离的 1/5)并且在它附近没有闭环零点的闭环极点称为闭环主导极点。它们在系统的时间响应过程中起主要作用。另外，在系统的时间响应过程中，各分量所占的比重，除了取决于相应的闭环极点外，还与该极点处的留数，即闭环零、极点间的相互位置有关，故只有既接近虚轴又不十分接近闭环零点的闭环极点，才可能成为主导极点。在工程计算中，采用主导极点代替系统的全部闭环极点来估算系统性能指标的方法称为主导极点法。

例 4-8　设单位反馈系统的开环传递函数为 $G(s)=\dfrac{K^*}{s(s+4)(s+6)}$，试判断闭环极点 $s_{1,2}=-1.20\pm \mathrm{j}2.08$ 是否是系统的闭环主导极点。若是，试估算闭环系统的性能指标。

解　(1) 首先绘制闭环根轨迹草图，如图 4-17 所示。

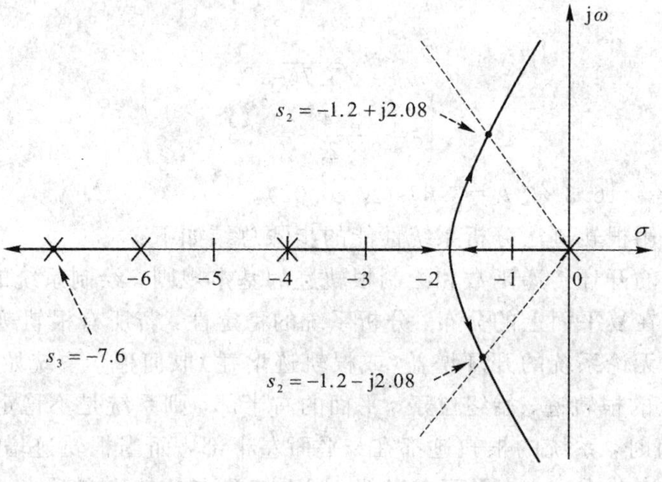

图 4-17　例 4-8 系统的根轨迹

(2) 利用相角方程，判别闭环极点 $s_{1,2}=-1.20\pm \mathrm{j}2.08$ 是否位于根轨迹上。

$$\begin{aligned}&0°-[\angle(s_1-p_1)+\angle(s_1-p_2)+\angle(s_1-p_3)]\\&=-[\angle(-1.20+\mathrm{j}2.08-0)+\angle(-1.20+\mathrm{j}2.08+4)+\angle(-1.20+\mathrm{j}2.08+6)]\\&=-[\angle(-1.20+\mathrm{j}2.08)+\angle(2.8+\mathrm{j}2.08)+\angle(4.8+\mathrm{j}2.08)]\\&=-\left[-\arctan\frac{2.08}{1.2}+\arctan\frac{2.08}{2.8}+\arctan\frac{2.08}{4.8}\right]\\&=-[180°-60°+36.6°+23.4°]=-180°\end{aligned}$$

可见，$s_{1,2}=-1.20\pm j2.08$ 是根轨迹上的点。

(3) 由于 $s_{1,2}=-1.20\pm j2.08$ 是根轨迹上的 2 个点，由根的和与积性质可以求得第 3 个极点。

$$D_B(s)=s^3+10s^2+24s+K_g=0$$

$$s_1+s_2+s_3=-10\Rightarrow s_3=-10-(s_1+s_2)=-10-(-1.2+j2.08-1.2-j2.08)=-7.6$$

由幅值方程计算对应的根轨迹增益 K^*：

$$\frac{|K^*|}{|s(s+4)(s+6)|}\bigg|_{s=-7.6}=1\Rightarrow K^*=7.6\times3.6\times1.6=43.766$$

(4) 确定 $s_{1,2}=-1.20\pm j2.08$ 是否是主导极点。

由于 $\frac{|s_3|}{|s_{1,2}|}=\frac{7.6}{1.2}=6.333>5$，且极点周围无零点，所以 $s_{1,2}=-1.20\pm j2.08$ 是主导极点。

(5) 估算性能指标。

系统闭环传递函数为

$$\Phi(s)=\frac{43.766}{(s+7.6)(s+1.2-j2.08)(s+1.2+j2.08)}$$

简化传递函数为

$$\Phi(s)=\frac{43.766}{7.6(s+1.2-j2.08)(s+1.2+j2.08)}=\frac{5.76}{(s+1.2-j2.08)(s+1.2+j2.08)}$$

$$=\frac{5.76}{s^2+2.4s+5.79}$$

求得

$$\begin{cases}\omega_n=\sqrt{5.76}=2.4\\ \xi=\dfrac{2.4}{2\times2.4}=0.5\end{cases}$$

估算性能指标：$\sigma\%=16.3\%$，$t_s=3.67s(\Delta=0.02)$。

通过该例，将用根轨迹法分析系统性能的步骤总结如下：

(1) 根据系统的开环传递函数和绘制根轨迹的基本规则，绘制系统的根轨迹图。

(2) 由根轨迹在复平面上的分布，分析系统的稳定性：若所有根轨迹分支都位于 s 平面的左半部，则说明无论系统的开环增益(或根轨迹增益)取何值，系统始终都是稳定的；若有一条或一条以上的根轨迹，始终位于 s 平面的右半部，则系统是不稳定的；若当根轨迹增益在某一范围取值时，系统的根轨迹都在 s 平面左半部，而当根轨迹增益在另一部分定义范围取值时，根轨迹分支进入 s 平面右半部，则系统为有条件稳定系统，系统根轨迹穿过虚轴，由左半 s 平面进入右半 s 平面所对应的 K^* 称为临界稳定的根轨迹增益，记为 K_c^*。

(3) 根据对系统的要求和系统的根轨迹图，分析系统的暂态性能：对于低阶系统可以很容易地在根轨迹上确定对应参数的闭环极点；对于高阶系统，通常是用简单的作图法，求出系统的主导极点(若存在主导极点)，然后，将高阶系统简化为由主导极点(通常是一对共轭复数极点)决定的二阶系统，来分析系统的性能，这种方法简单、方便、直观，在满足主导极点的条件下，分析结果的误差很小，如果求出的离虚轴最近的闭环极点不满足主导极点的条件，还应考虑其他极点和闭环零点的影响。

4.5.2　增加开环零极点对根轨迹的影响

1. 增加开环零点对根轨迹的影响

(1) 加入开环零点，改变了渐近线的条数和渐近线的倾角。

(2) 增加开环零点，相当于增加微分作用，使根轨迹向左移动或弯曲，从而提高了系统的相对稳定性。系统阻尼增加，过渡过程时间缩短。

(3) 增加的开环零点越接近坐标原点，微分作用越强，系统的相对稳定性越好。

2. 增加开环极点对根轨迹的影响

(1) 加入开环极点，改变了渐近线的条数和渐近线的倾角。

(2) 增加开环极点，相当于增加积分作用，使根轨迹向右移动或弯曲，从而降低了系统的相对稳定性。系统阻尼减小，过渡过程时间加长。

(3) 增加的开环极点越接近坐标原点，积分作用越强，系统的相对稳定性越差。

3. 同时增加开环零极点的作用

增加一对开环零极点，可以改善系统的稳态性能。设一对开环零极点的零点为 z_c、极点为 p_c，当 $z_c \approx p_c$ 时，满足

$$\angle(s - z_c) = \angle(s - p_c),\ |s - z_c| = |s - p_c| \tag{4-54}$$

因此它们对根轨迹几乎没有影响。

设系统在没有同时增加一对开环零极点时的开环放大倍数 K 为

$$K = \lim_{s \to 0} \frac{K^* \prod_{i=1}^{m}(s - z_i)}{\prod_{j=1}^{n}(s - p_j)} = \frac{K^* \prod_{i=1}^{m}(-z_i)}{\prod_{j=1}^{n}(-p_j)} \tag{4-55}$$

增加开环零极点后的开环放大倍数 K_c 为

$$K_c = \frac{K^* \prod_{i=1}^{m}(-z_i)}{\prod_{j=1}^{n}(-p_j)} \frac{z_c}{p_c} = K \times \frac{z_c}{p_c} \tag{4-56}$$

若取 $z_c = -0.5$，$p_c = -0.05$，则有

$$K_c = K \times \frac{z_c}{p_c} = K \times \frac{0.5}{0.05} = 10K \tag{4-57}$$

显然开环放大倍数增加了 10 倍，系统的稳态精度得到了有效的提高。

习　题　4

4-1　设系统的根轨迹方程为 $\dfrac{K^*(s+5)}{s(s+2)} = -1$，试用相角条件校验 s 平面上的以下 4 个点是不是根轨迹上的点，若是根轨迹上的点，求对应的 K^* 值。这 4 个点分别为 $s_1(-1+\mathrm{j}0)$，$s_2(-3+\mathrm{j}0)$，$s_3(-1.2+\mathrm{j}0.3)$，$s_4(-10+\mathrm{j}0)$。

4-2　绘制具有下列开环传递函数的负反馈系统的根轨迹图。

(1) $G(s)H(s)=\dfrac{K^*}{s(s+2)(s+3)}$；　　(2) $G(s)H(s)=\dfrac{K^*}{s(s+2)^2(s+3)}$；

(3) $G(s)H(s)=\dfrac{K^*}{s(s+2)^2(s+3)^2}$；　　(4) $G(s)H(s)=\dfrac{K^*(s+1)}{s^2(s+10)}$；

(5) $G(s)H(s)=\dfrac{K^*(s+1)}{s^2(s+9)}$；　　(6) $G(s)H(s)=\dfrac{K^*(s+1)}{s^2(s+8)}$。

4-3　已知系统特征方程如下，试绘制以 K^* 为参数的根轨迹图。

(1) $s^2+9s+K^*s+2K^*=0$；

(2) $s^3(s+5)+K^*s+K^*=0$；

(3) $(s+2)(s+4)+K^*s+6K^*=0$。

4-4　已知系统的开环传递函数为

$$G(s)H(s)=\frac{K^*}{(s+1)(s+3)^2}$$

(1) 绘制系统的根轨迹图；

(2) 确定实轴上的分离点及对应的 K^* 值；

(3) 确定使系统稳定的 K^* 值范围。

4-5　设单位负反馈系统的开环传递函数为

$$G(s)=\frac{K^*}{s(s+4)(s^2+4s+13)}$$

(1) 绘制系统的根轨迹图；

(2) 求系统的分离点及对应的 K^* 值；

(3) 确定使系统稳定的 K^* 值范围。

4-6　设负反馈系统的开环传递函数为

$$G(s)H(s)=\frac{K^*(s+3)}{s(s+2)}$$

(1) 绘制系统的根轨迹图；

(2) 求系统的分离点及对应的 K^* 值；

(3) 确定使系统单位阶跃响应无超调的 K^* 值范围。

4-7　已知单位负反馈控制系统的开环传递函数如下，试概略绘制相应的闭环根轨迹（要求算出起始角 θ_{p_i}）。

(1) $G(s)=\dfrac{K^*(s+2)}{(s+1+j2)(s+1-j2)}$；

(2) $G(s)=\dfrac{K^*(s+2)}{(s+1+j2)^2(s+1-j2)^2}$；

(3) $G(s)=\dfrac{K^*(s+10)}{s(s+5+j5)(s+5-j5)}$。

4-8　设单位负反馈控制系统的开环传递函数为

$$G(s)=\frac{K^*(1-s)}{s(s+3)}$$

试绘制其根轨迹，并求出使系统产生重实根和纯虚根的 K^* 值。

4-9　设控制系统的开环传递函数为

$$G(s)H(s)=\frac{K^*(s+1)}{s^2(s+2)(s+4)}$$

试分别画出正反馈系统和负反馈系统的根轨迹，并指出它们的稳定情况有何不同。

4-10　设控制系统的开环传递函数如下，试画出参数 a 从 0 变化到∞时系统的根轨迹图。

(1) $G(s)=\frac{20}{(s+4)(s+a)}$；

(2) $G(s)=\frac{30(s+a)}{s(s+10)}$。

4-11　已知正反馈系统的开环传递函数为

$$G(s)H(s)=\frac{K^*}{(s+1)(s-1)(s+3)(s+4)}$$

试绘制系统的根轨迹图。

4-12　非最小相位系统的特征方程为 $(s+1)(s+3)(s-1)(s-3)+K^*(s^2+1)=0$

试绘制系统的根轨迹图。

4-13　已知系统的根轨迹方程为

$$\frac{K^*}{s(s+2)(s^2+2s+2)}=-1$$

(1) 绘制系统的根轨迹图；

(2) 求系统的分离点及对应的 K^* 值；

(3) 确定使系统稳定的 K^* 值范围。

4-14　已知系统的结构图如图 4-18 所示。

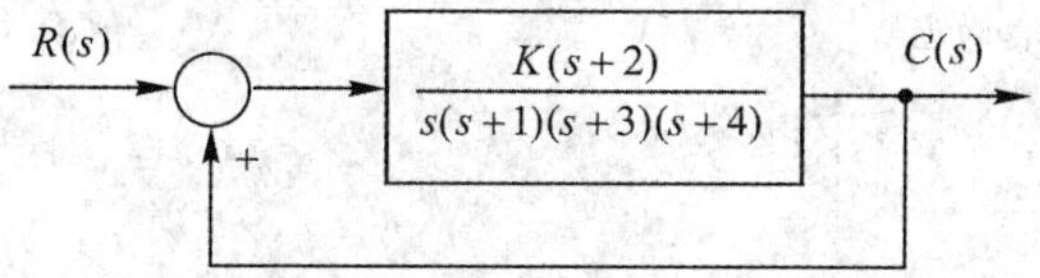

图 4-18　题 4-14 系统结构图

绘制以 K 为参变量的根轨迹图(注意：该系统为正反馈)。

4-15　已知系统的根轨迹方程为

$$K_g\frac{(s+2)}{s(s+1)(s+3)(s+4)}=1$$

绘制系统根轨迹并进行简要分析（注意：本题为 0°根轨迹）。

4-16　已知系统的结构图如图 4-19 所示，画出以 T 为参变量的根轨迹图。

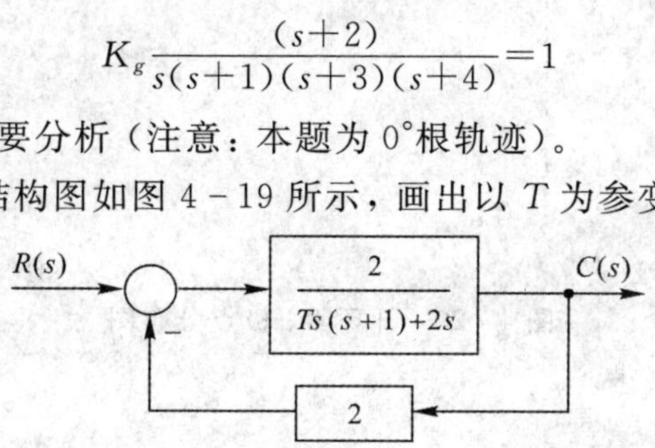

图 4-19　题 4-16 系统结构图

4-17　已知系统的开环零、极点分布如图 4-20 所示，试绘制系统根轨迹草图。

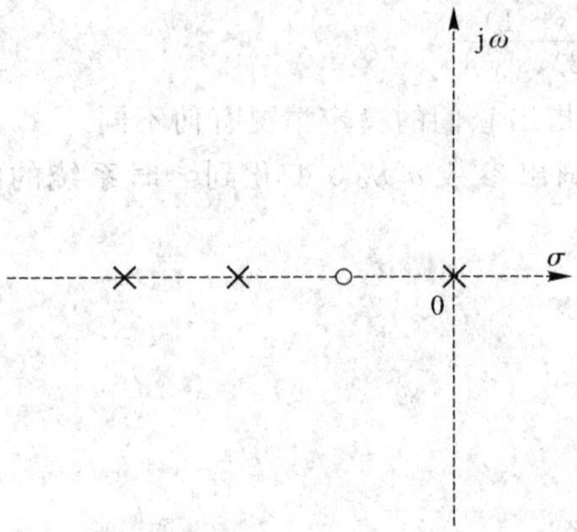

(a) 180° 根轨迹

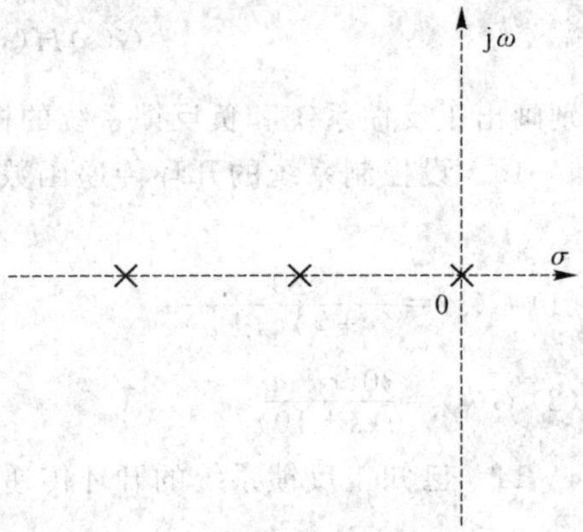

(b) 180° 根轨迹

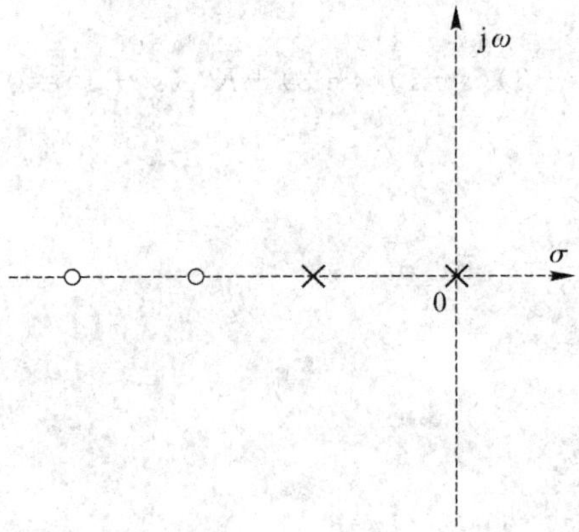

(c) 180° 根轨迹

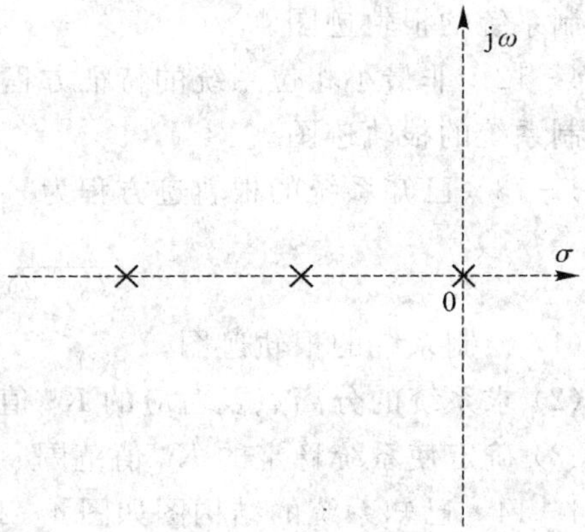

(d) 0° 根轨迹

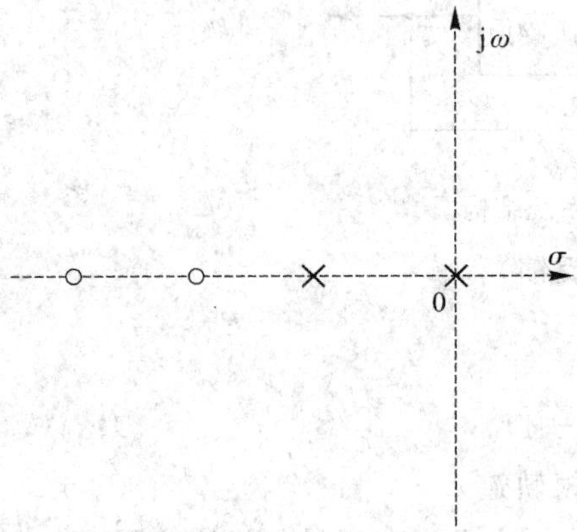

(e) 0° 根轨迹

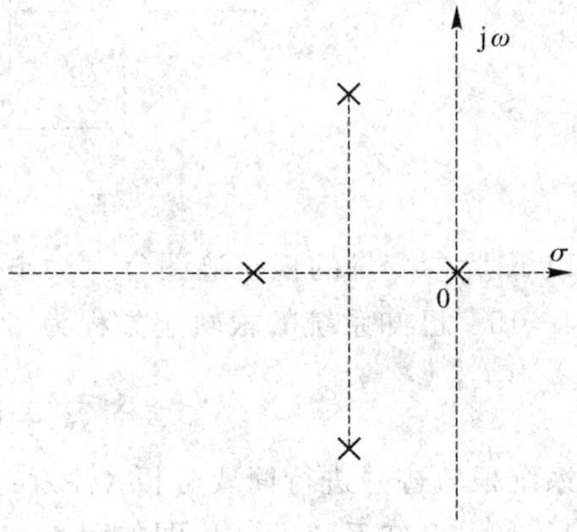

(f) 180° 根轨迹

图 4-20　开环零、极点分布图

第 5 章　控制系统的频域分析

时域分析法主要适用于低阶系统的性能分析，在高阶系统的性能分析中，应用时域分析法较为困难。

频域分析法是应用频率特性研究线性系统的一种实用的工程方法，它以控制系统的频率特性作为数学模型，以伯德图、极坐标图等作为分析工具，来研究分析控制系统的稳定性及动态性能与稳态性能。频域分析法由于使用方便，对问题的分析明确，便于掌握，因而在自动控制系统的分析与综合中获得了广泛的应用。它克服了求解高阶系统时域响应十分困难的缺点，可以根据系统的开环频率特性去判断闭环系统的稳定性，分析系统参数对系统性能的影响，在控制系统的校正设计中应用尤为广泛。

本章介绍频率特性的基本概念、典型环节和控制系统的开环频率特性曲线、奈奎斯特稳定判据以及开环频域性能分析等内容。

5.1　频率特性

5.1.1　频率特性的基本概念

在前面几章讨论了阶跃、斜坡、加速度以及脉冲等函数的输入信号对控制系统的作用。现在考虑另一种重要函数——正弦函数作为输入信号对系统的作用。

对于图 5-1 所示的典型一阶系统，系统的闭环传递函数为

$$G(s)=\frac{1}{Ts+1} \tag{5-1}$$

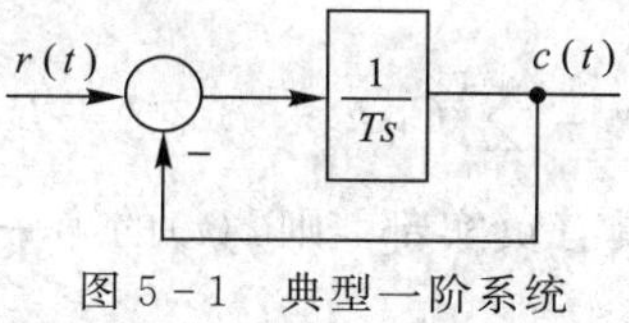

图 5-1　典型一阶系统

若输入为一正弦信号，$r(t)=R_0\sin\omega t$，$R(s)=\frac{R_0\omega}{s^2+\omega^2}$，则

$$C(s)=G(s)R(s)=\frac{1}{Ts+1}\cdot\frac{R_0\omega}{s^2+\omega^2} \tag{5-2}$$

经拉氏反变换，得

$$c(t)=\frac{R_0\omega T}{1+\omega^2T^2}e^{-\frac{t}{T}}+\frac{R_0}{\sqrt{1+\omega^2T^2}}\sin[\omega t-\arctan(\omega T)] \tag{5-3}$$

式中，第一项为暂态分量，其值随着时间趋于无穷而趋于零，第二项为稳态分量，它是一个角频率为 ω 的正弦信号，于是

$$c_s(t)=\lim_{t\to\infty}c(t)=\frac{R_0}{\sqrt{1+\omega^2T^2}}\sin[\omega t-\arctan(\omega T)] \quad (5-4)$$

当时间 t 趋于无穷时，稳态分量即为系统的稳态输出，说明在正弦信号作用下系统的稳态输出为一个频率同为 ω 的正弦信号。

可以证明，对于一个稳定的线性定常系统，在其输入端施加一个正弦信号，其稳态输出为与输入信号同频率的正弦信号，其幅值和初始相位为输入信号频率的函数。

对于图 5-2 所示的一般线性定常系统，可列出描述输出量 $c(t)$ 和输入量 $r(t)$ 关系的微分方程：

$$\begin{aligned}&\frac{d^nc(t)}{dt^n}+a_{n-1}\frac{d^{n-1}c(t)}{dt^{n-1}}+\cdots+a_1\frac{dc(t)}{dt}+a_0c(t)\\&=b_m\frac{d^mr(t)}{dt^m}+b_{m-1}\frac{d^{m-1}r(t)}{dt^{m-1}}+\cdots+b_1\frac{dr(t)}{dt}+b_0r(t)\end{aligned} \quad (5-5)$$

图 5-2 一般线性定常系统

与其对应的传递函数为

$$G(s)=\frac{C(s)}{R(s)}=\frac{b_ms^m+b_{m-1}s^{m-1}+\cdots+b_1s+b_0}{s^n+a_{n-1}s^{n-1}+\cdots+a_1s+a_0} \quad (5-6)$$

如果在系统输入端加一个正弦信号，即

$$r(t)=R_0\sin\omega t \quad (5-7)$$

式中，R_0是幅值，ω 是角频率。由于

$$R(s)=\frac{R_0\omega}{s^2+\omega^2}=\frac{R_0\omega}{(s+j\omega)(s-j\omega)} \quad (5-8)$$

所以

$$C(s)=G(s)R(s)=\sum_{i=1}^{n}\frac{C_i}{s-s_i}+\frac{B}{s+j\omega}+\frac{D}{s-j\omega} \quad (5-9)$$

其中，s_i为系统的闭环极点(设为互异)，C_i、B、D 均为相应极点处的留数。对式(5-9)进行拉氏反变换，得

$$c(t)=\sum_{i=1}^{n}C_ie^{s_it}+Be^{-j\omega t}+De^{j\omega t} \quad (5-10)$$

对于稳定的系统，特征根 s_i具有负实部，则 $c(t)$的第一部分为暂态分量，随时间延续逐渐消失，系统的稳态分量为

$$c_s(t)=Be^{-j\omega t}+De^{j\omega t} \quad (5-11)$$

由于 $G(-j\omega)$是 $G(j\omega)$的共轭复数，所以

$$B=G(s)R(s)(s+j\omega)\big|_{s=-j\omega}=G(-j\omega)\frac{R_0}{-2j}=\frac{1}{2}|G(j\omega)|R_0e^{-j[\angle G(j\omega)-\frac{\pi}{2}]} \quad (5-12)$$

$$D=G(s)R(s)(s-j\omega)\big|_{s=j\omega}=G(j\omega)\frac{R_0}{2j}=\frac{1}{2}|G(j\omega)|R_0e^{j[\angle G(j\omega)-\frac{\pi}{2}]} \quad (5-13)$$

故稳态分量为

$$c_s(t)=|G(j\omega)|R_0\frac{1}{2}[e^{j(\omega t+\angle G(j\omega)-\frac{\pi}{2})}+e^{-j(\omega t+\angle G(j\omega)-\frac{\pi}{2})}]$$

$$= |G(j\omega)|R_0\cos\left[\omega t + \angle G(j\omega) - \frac{\pi}{2}\right]$$

$$= |G(j\omega)|R_0\sin[\omega t + \angle G(j\omega)] \tag{5-14}$$

对于稳定的系统，暂态分量随着时间的增长而趋于零，稳态分量 $c_s(t)$ 即为系统的稳态响应，也称为频率响应。可见系统的稳态响应为与输入信号同频率的正弦信号，定义该正弦信号的幅值与输入信号的幅值之比为幅频特性 $A(\omega)$，相位之差为相频特性 $\varphi(\omega)$，则有

$$A(\omega) = |G(j\omega)| \tag{5-15}$$

$$\varphi(\omega) = \angle G(j\omega) \tag{5-16}$$

频率特性是指系统的幅频特性和相频特性，通常用复数来表示，即

$$A(\omega)e^{j\varphi(\omega)} = G(j\omega) = G(s)|_{s=j\omega} \tag{5-17}$$

显然，只要在传递函数中令 $s=j\omega$ 即可得到频率特性。可以证明，稳定系统的频率特性等于输出量傅氏变换与输入量傅氏变换之比。

对于不稳定的线性定常系统，在正弦信号作用下，其输出信号的暂态分量不可能消失，暂态分量和稳态分量始终存在，系统的稳态分量是无法观察到的，但稳态分量是与输入信号同频率的正弦信号，可定义该正弦信号的幅值与输入信号的幅值之比为幅频特性 $A(\omega)$，相位之差为相频特性 $\varphi(\omega)$。据此可定义出不稳定线性定常系统的频率特性。

式(5-15)～式(5-17)同样适用于不稳定的线性定常系统，差别在于，系统不稳定时，暂态分量不可能消失，暂态分量和稳态分量始终存在，所以不稳定系统的频率特性是观察不到的。

频率特性和传递函数、微分方程一样，也是系统的数学模型。三种数学模型之间的关系如图 5-3 所示。

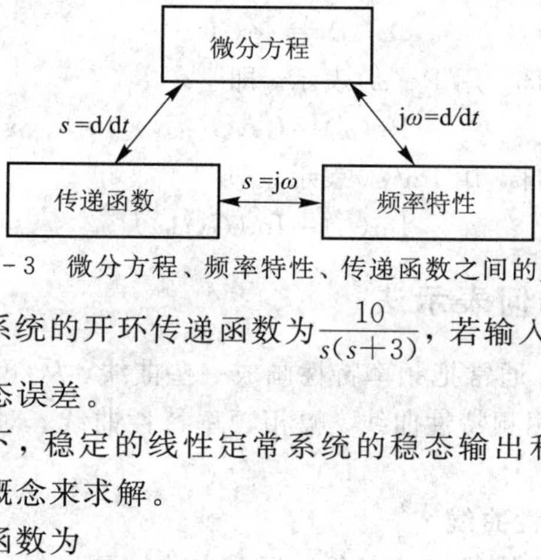

图 5-3　微分方程、频率特性、传递函数之间的关系

例 5-1　单位负反馈系统的开环传递函数为 $\frac{10}{s(s+3)}$，若输入信号 $r(t)=5\sin(6t+18°)$，试求系统的稳态输出和稳态误差。

解　在正弦信号作用下，稳定的线性定常系统的稳态输出和稳态误差也是正弦信号，本题可以利用频率特性的概念来求解。

控制系统的闭环传递函数为

$$\Phi(s)=\frac{10}{s^2+3s+10}$$

对应的频率特性为

$$\Phi(j\omega) = \frac{10}{10-\omega^2+j3\omega}$$

由于输入正弦信号的角频率为 $\omega=6$，计算得

$$\Phi(j\omega)|_{\omega=6} = \frac{10}{10-\omega^2+j3\omega}\Big|_{\omega=6} = \frac{10}{-26+j18} = 0.316e^{-j145.3°}$$

即

$$A(6)=0.316,\ \varphi(6)=-145.3^\circ$$

因此稳态输出为

$$c_s(t) = 5A(6)\sin(6t + 18^\circ + \varphi(6)) = 1.58\sin(6t - 127.3^\circ)$$

在计算稳态误差时，可把误差作为系统的输出量，利用误差传递函数来计算，即

$$\Phi_e(s) = \frac{s^2 + 3s}{s^2 + 3s + 10},\ \Phi_e(j\omega) = \frac{-\omega^2 + j3\omega}{10 - \omega^2 + j3\omega},\ \Phi_e(j6) = \frac{-36 + j18}{-26 + j18} = 1.27e^{j8.1^\circ}$$

因此稳态误差为

$$e_{ss}(t) = 5 \times 1.27\sin(6t + 18^\circ + 8.1^\circ) = 6.35\sin(6t + 26.1^\circ)$$

从例 5-1 可以看出，在正弦信号作用下求系统的稳态输出和稳态误差时，由于正弦信号的象函数 $R(s)$的极点位于虚轴上，不符合拉氏变换终值定理的应用条件，因此不能利用拉氏变换的终值定理来求解，但运用频率特性的概念来求解却非常方便。需要注意的是，此时的系统应当是稳定的。

5.1.2 频率特性的定义

频率特性：指线性系统或环节在正弦函数作用下，稳态输出与正弦输入复数符号之比对频率的关系特性，即系统或环节的稳态输出与正弦输入之间的关系特性，用 $G(j\omega)$表示，其物理意义反映了系统对正弦信号的三大传递能力：同频、变幅、移相。

幅频特性：稳态输出与输入振幅之比，用 $A(\omega)$表示，即

$$A(\omega) = |G(j\omega)| \tag{5-18}$$

相频特性：稳态输出与输入相位之差，用 $\varphi(\omega)$表示，即

$$\varphi(\omega) = \angle G(j\omega) \tag{5-19}$$

实频特性：$G(j\omega)$的实部，用 $\mathrm{Re}(\omega)$表示，即

$$\mathrm{Re}(\omega)=\mathrm{Re}(G(j\omega)) \tag{5-20}$$

虚频特性：$G(j\omega)$的虚部，用 $\mathrm{Im}(\omega)$表示，即

$$\mathrm{Im}(\omega)=\mathrm{Im}(G(j\omega)) \tag{5-21}$$

5.1.3 频率特性的几何表示法

在工程分析和设计中，通常把频率特性画成一些曲线，从频率特性曲线出发进行研究。这些曲线包括幅频特性和相频特性曲线、幅相频率特性曲线、对数频率特性曲线以及对数幅相曲线等。

1. 幅频特性和相频特性曲线

幅频特性和相频特性曲线是指在直角坐标系中分别画出幅频特性和相频特性随频率 ω 变化的曲线，其中横坐标表示频率 ω，纵坐标分别表示幅频特性 $A(\omega)$ 和相频特性 $\varphi(\omega)$。

例如，设

$$G(j\omega) = \frac{1}{1 + j\omega T}$$

则有 $A(\omega) = \dfrac{1}{\sqrt{1 + (\omega T)^2}}$ 以及 $\varphi(\omega) = -\arctan\omega T$。表 5-1 列出了幅频特性和相频特性的计算数据，图 5-4 是根据表 5-1 绘制的幅频和相频特性曲线。

表 5-1 幅频特性和相频特性数据

ω	0	$1/(2T)$	$1/T$	$2/T$	$3/T$	$4/T$	$5/T$	∞
$A(\omega)$	1	0.89	0.71	0.45	0.32	0.24	0.20	0
$\varphi(\omega)$	0°	−26.6°	−45°	−63.5°	−71.5°	−76°	−78.7°	−90°

2. 幅相频率特性曲线

幅相频率特性曲线简称幅相曲线，是频率响应法中常用的一种曲线。其特点是把频率 ω 看作参变量，将频率特性的幅频特性和相频特性同时表示在复数平面上，例如按表 5-1 所示的频率特性数据，可画出幅相曲线如图 5-5 所示。

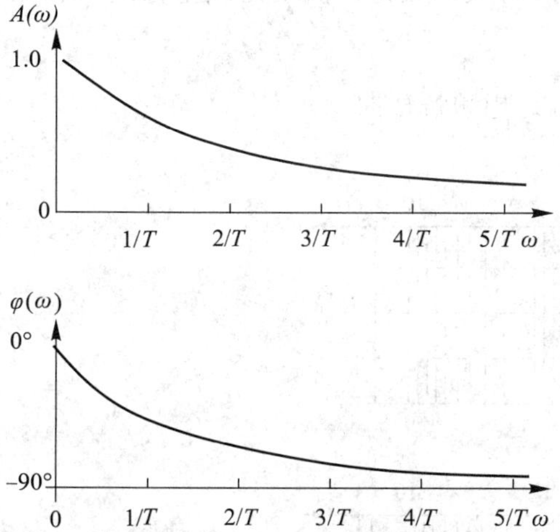

图 5-4 幅频和相频特性曲线

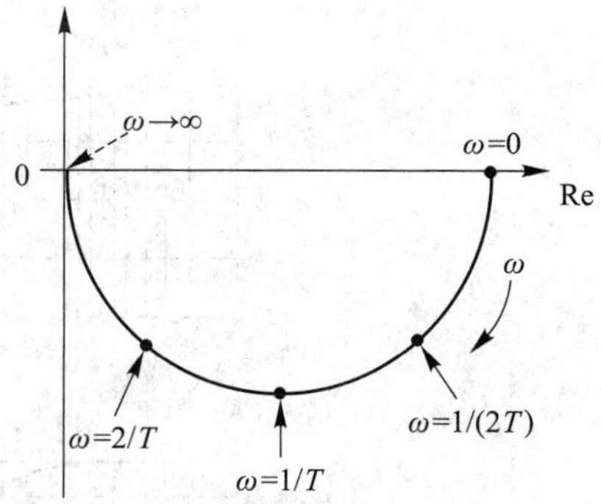

图 5-5 $\Phi(j\omega)=\dfrac{1}{1+j\omega T}$幅相曲线

图 5-5 中实轴正方向为相角的零度线，逆时针转过的角度为正角度，顺时针转过的角度为负角度。对于某一频率 ω，必有一个幅频特性的幅值和一个相频特性的相角与之对应，此幅值和相角在复数平面上代表一个向量。当频率 ω 从 0 到∞变化时，相应向量的矢端就绘出一条曲线，这条曲线就叫作幅相曲线。幅相曲线中常用箭头方向代表 ω 增加时，幅相曲线改变的方向。鉴于幅频特性是 ω 的偶函数，相频特性是 ω 的奇函数，一旦画出了 ω 从 0 到$+\infty$时的幅相曲线，则 ω 从 0 到$-\infty$时的幅相曲线，根据对称于实轴的原理即可求得。因此，一般只需研究 ω 从 0 到$+\infty$时的幅相曲线，这种画有幅相曲线的图形称为极坐标图。

3. 对数频率特性曲线

对数频率特性曲线又称伯德图(Bode 图)，包括对数幅频和对数相频两条曲线，是频率响应法中广泛使用的一组曲线，这两条曲线连同它们的坐标组成了对数坐标图或称伯德图。

对数频率特性曲线的横坐标表示频率 ω，并按对数分度，单位是弧度/秒。所谓对数分度，是指横坐标以 $\lg\omega$ 进行均匀分度，即横坐标对 $\lg\omega$ 来讲是均匀的，对 ω 而言却是不均匀的，如图5-6所示。从图中可以看出，频率 ω 每变化十倍(称为一个十倍频程)，横坐标的间隔距离为一个单位长度。横坐标以 ω 标出，一般情况下，无法标出 $\omega=0$ 的点(因为此时 $\lg\omega$ 不存在)。若 ω_2 位于 ω_1 和 ω_3 的几何中点，此时应有 $\lg\omega_2-\lg\omega_1=\lg\omega_3-\lg\omega_2$，即 $\omega_2^2=\omega_1\omega_3$。

例如，$\omega_1=2$ 和 $\omega_3=18$ 两点的几何中点为 $\omega_2=\sqrt{\omega_1\omega_3}=\sqrt{2\times18}=6$。

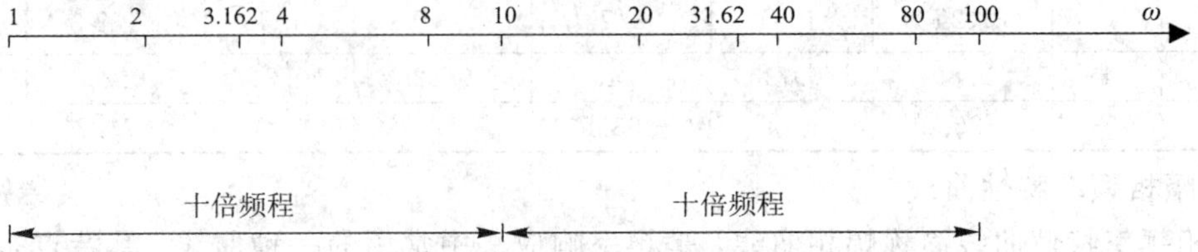

图 5-6　对数分度示意图

对数幅频特性曲线的纵坐标表示对数幅频特性的数值，均匀分度，单位是分贝，记作 dB，对数幅频特性定义为 $L(\omega)=20\lg A(\omega)$；对数相频特性曲线的纵坐标表示相频特性的数值，均匀分度，单位是度。

图 5-7 是 $G(\mathrm{j}\omega)=\dfrac{1}{1+\mathrm{j}\omega T}$的对数幅频和对数相频特性曲线。

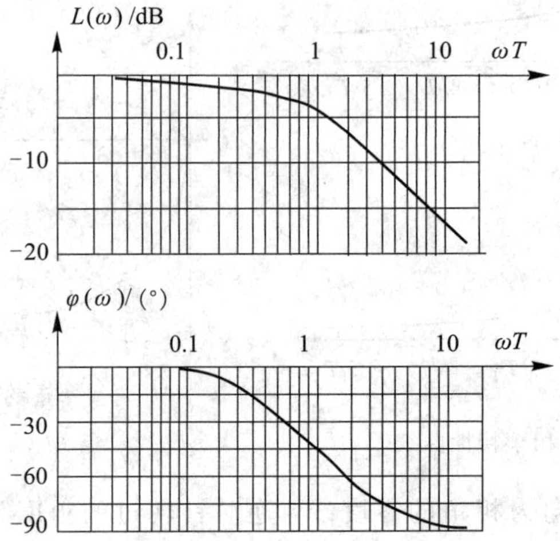

图 5-7　$G(\mathrm{j}\omega)=\dfrac{1}{1+\mathrm{j}\omega T}$ 对数幅频和对数相频特性曲线

4. 对数幅相曲线

频率响应法中见到的另一种曲线是对数幅相曲线(又称尼柯尔斯曲线)，对应的曲线图称为对数幅相图(又称尼柯尔斯图)。对数幅相图的特点是以 ω 为参变量，横坐标和纵坐标都均匀分度，横坐标表示对数相频特性的角度，纵坐标表示对数幅频特性的分贝数。图 5-8 是 $G(\mathrm{j}\omega)=\dfrac{1}{1+\mathrm{j}\omega T}$的对数幅相曲线。

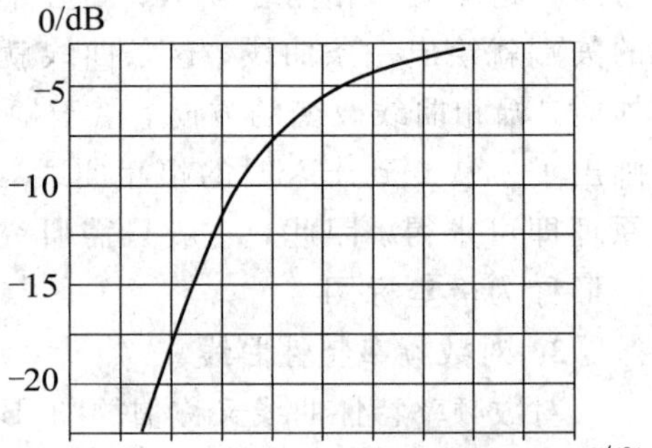

图 5-8　$G(\mathrm{j}\omega)=\dfrac{1}{1+\mathrm{j}\omega T}$ 对数幅相曲线

5.2　典型环节的频率特性

通常线性定常系统的开环传递函数可看作是由一些典型环节串联而成的，因此研究典型环节的频率特性曲线的绘制方法和特点很有必要，本节着重研究各典型环节频率特性曲线的绘图要点及绘制方法。

1. 比例环节

比例环节的传递函数为

$$G(s)=K$$

其频率特性为

$$G(\mathrm{j}\omega)=K \tag{5-22}$$

1）极坐标图

比例环节的幅频特性为

$$A(\omega)=K \tag{5-23}$$

其相频特性为

$$\varphi(\omega)=0^\circ \tag{5-24}$$

比例环节的极坐标图如图 5-9 所示。

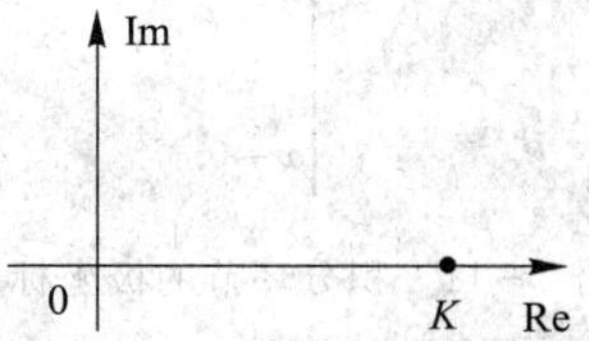

图 5-9　比例环节的极坐标图

2）伯德图

比例环节的对数幅频特性表达式为

$$L(\omega)=20\lg K \tag{5-25}$$

其对数相频特性表达式为

$$\varphi(\omega)=0^\circ \tag{5-26}$$

比例环节的对数频率特性曲线(即伯德图)如图 5-10 所示。

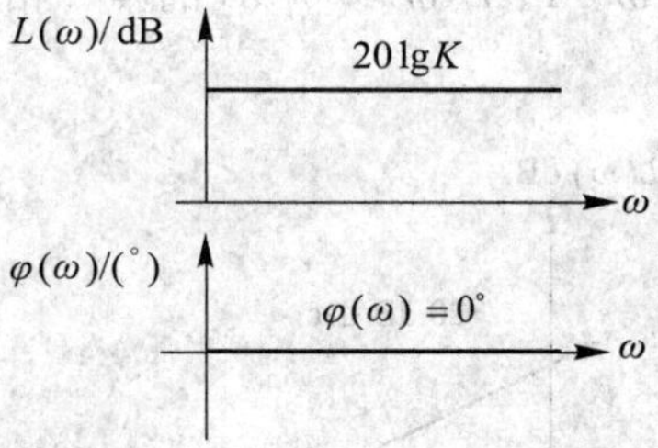

图 5-10　比例环节的伯德图

2. 积分环节

积分环节的传递函数为

$$G(s)=\frac{1}{s}$$

其频率特性为

$$G(\mathrm{j}\omega)=\frac{1}{\mathrm{j}\omega} \tag{5-27}$$

1）极坐标图

积分环节的幅频特性为

$$A(\omega)=\frac{1}{\omega} \tag{5-28}$$

其相频特性为

$$\varphi(\omega)=-90^\circ \tag{5-29}$$

积分环节的极坐标图如图 5-11 所示。显然 ω 由 0 变化到∞时，其幅值由∞变化到 0，而相角始终为-90°。

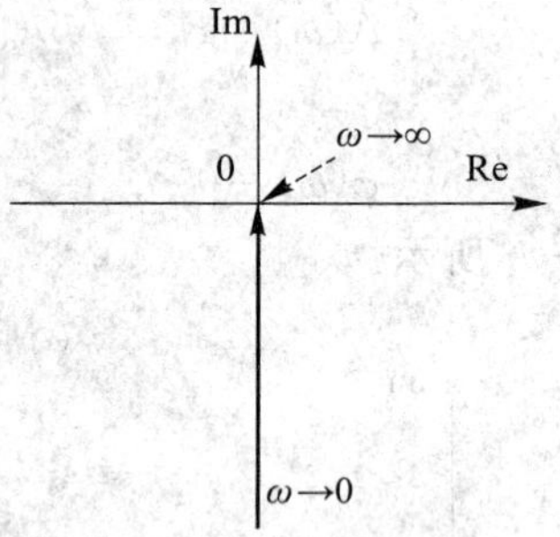

图 5-11　积分环节的极坐标图

2）伯德图

积分环节的对数幅频特性表达式为

$$L(\omega)=20\lg A(\omega)=20\lg\frac{1}{\omega}=-20\lg\omega \tag{5-30}$$

曲线为每十倍频程衰减 20 dB 的一条斜线，此线通过 $\omega=1$、$L(\omega)=0$ dB 的点。

积分环节的对数相频特性表达式为

$$\varphi(\omega)=-90^\circ \tag{5-31}$$

积分环节的伯德图如图 5-12 所示。由图可见，其对数幅频特性为一条斜率为-20 dB/dec的直线，此线通过 $\omega=1$、$L(\omega)=0$ dB 的点。相频特性是一条平行于横轴的直线，其纵坐标为$-\pi/2$。

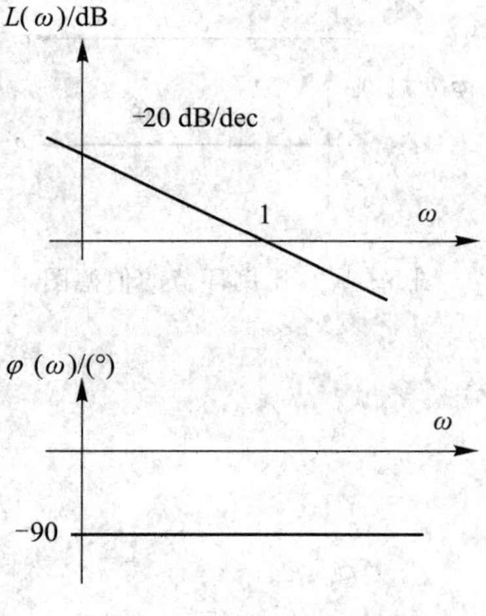

图 5-12　积分环节的伯德图

3. 微分环节

微分环节的传递函数为

$$G(s)=s$$

其频率特性为

$$G(\mathrm{j}\omega)=\mathrm{j}\omega \tag{5-32}$$

1）极坐标图

微分环节的幅频特性为

$$A(\omega)=\omega \tag{5-33}$$

其相频特性为

$$\varphi(\omega)=90° \tag{5-34}$$

微分环节的极坐标图如图 5-13 所示。显然 ω 由 0 变化到∞时，其幅值也由 0 变化到∞，而相角始终为 90°。

2）伯德图

微分环节的对数幅频特性表达式为

$$L(\omega)=20\ \lg A(\omega)=20\ \lg\omega \tag{5-35}$$

曲线为每十倍频程增加 20 dB 的一条斜线，此线通过 $\omega=1$、$L(\omega)=0$ dB 的点。

微分环节的对数相频特性表达式为

$$\varphi(\omega)=+90° \tag{5-36}$$

微分环节的伯德图如图 5-14 所示。

积分环节和微分环节的传递函数互为倒数，故它们的对数幅频特性和相频特性关于横轴对称。

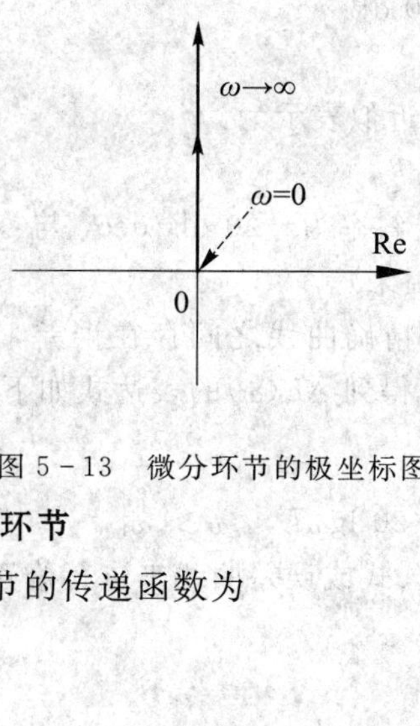

图 5-13　微分环节的极坐标图

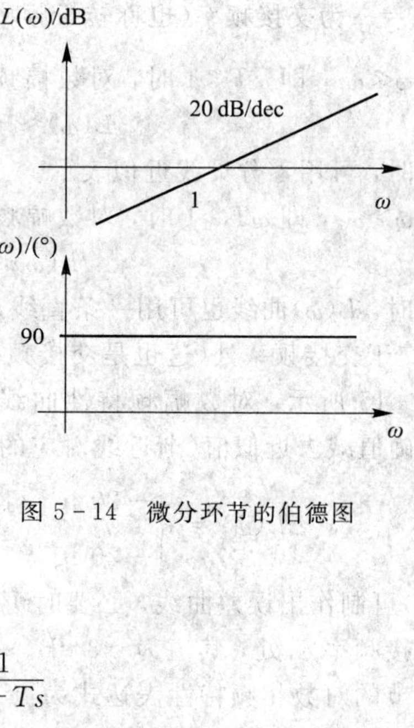

图 5-14　微分环节的伯德图

4. 惯性环节

惯性环节的传递函数为

$$G(s)=\frac{1}{1+Ts}$$

其频率特性为

$$G(j\omega)=\frac{1}{1+j\omega T} \tag{5-37}$$

1）极坐标图

惯性环节的幅频特性为

$$A(\omega)=\frac{1}{\sqrt{1+\omega^2 T^2}} \tag{5-38}$$

其相频特性为

$$\varphi(\omega)=-\arctan\omega T \tag{5-39}$$

如将惯性环节频率特性写成实部和虚部形式，即

$$G(j\omega)=\frac{1}{1+j\omega T}=\frac{1}{1+\omega^2 T^2}-j\frac{\omega T}{1+\omega^2 T^2}=X(\omega)+jY(\omega) \tag{5-40}$$

则有

$$X^2(\omega)+Y^2(\omega)=\frac{1}{1+\omega^2 T^2}=X(\omega) \tag{5-41}$$

整理得

$$[X(\omega)-0.5]^2+Y^2(\omega)=0.5^2 \tag{5-42}$$

故惯性环节的极坐标图是圆心在(0.5,0)、半径为0.5的半圆，如图5-15(a)所示。

2）伯德图

惯性环节的对数幅频特性表达式为

$$L(\omega)=20\lg\frac{1}{\sqrt{1+\omega^2 T^2}}=-20\lg\sqrt{1+\omega^2 T^2} \tag{5-43}$$

可以通过计算若干点的数值来绘制惯性环节的对数幅频特性的精确曲线，如图5-15所示。工程上，此环节的对数幅频特性可以采用两段渐近线来近似表示。作图方法如下：

定义 $\omega_1=\frac{1}{T}$ 为交接频率(也称转折频率)。

(1) 当 $\omega\ll\omega_1$，即 $\omega T\ll 1$ 时，对数幅频特性可以近似表示为

$$L(\omega)\approx-20\lg 1=0\ \text{dB} \tag{5-44}$$

即频率很低时，可用零分贝线近似表示。

(2) 当 $\omega\gg\omega_1$，即 $\omega T\gg 1$ 时，对数幅频特性可以近似表示为

$$L(\omega)\approx-20\lg\omega T \tag{5-45}$$

即频率很高时，$L(\omega)$曲线也可用一条直线近似，直线斜率为-20 dB/dec，与零分贝线交于$\omega T=1$，即交于交接频率处(这也是交接频率名称的由来)。

如图5-15所示，对数幅频特性曲线渐近线与精确曲线之间存在误差，若规定误差$\Delta L(\omega)$为准确值减去近似值(渐近线对应的数值)，可得到$\Delta L(\omega)$的表达式如下：

$$\Delta L(\omega)=\begin{cases}-20\lg\sqrt{1+\omega^2 T^2}, & \omega<\omega_1\\ -20\lg\sqrt{1+\omega^2 T^2}+20\lg\omega T, & \omega>\omega_1\end{cases} \tag{5-46}$$

由式(5-46)可制作出误差曲线，必要时可利用误差公式或误差曲线来进行修正，最大的误差发生在交接频率ω_1处，其值为-3 dB。

惯性环节的对数相频特性表达式为

$$\varphi(\omega)=-\arctan\omega T \tag{5-47}$$

对数相频特性曲线的绘制没有类似的简化方法。只能给出若干个 ω 值，逐点求出相应的 $\varphi(\omega)$ 值，然后用平滑曲线连接。对数相频特性曲线如图 5-15(b)所示。ω 趋于无穷时，$\varphi(\omega)=-90°$，相频曲线是单调衰减的，而且以转折频率为中心，两边的角度是斜对称的。

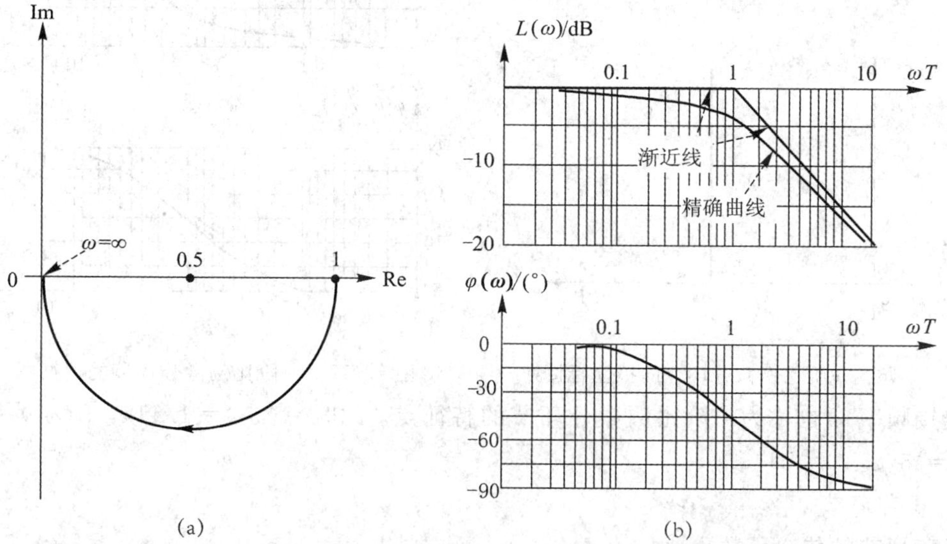

图 5-15　惯性环节的极坐标图和伯德图

交接频率 ω_1 也称为惯性环节的特征点，此时 $A(\omega_1)=0.707$，$L(\omega_1)=-3$ dB，$\varphi(\omega_1)=-45°$。

5. 一阶比例微分环节

一阶比例微分环节的传递函数为

$$G(s)=1+Ts$$

其频率特性为

$$G(j\omega)=1+j\omega T \tag{5-48}$$

1) 极坐标图

一阶比例微分环节的幅频特性为

$$A(\omega)=\sqrt{1+\omega^2T^2} \tag{5-49}$$

其相频特性为

$$\varphi(\omega)=\arctan\omega T \tag{5-50}$$

当频率 ω 从 0 变化到∞时，实部始终为单位 1，虚部则随着 ω 线性增长，极坐标图如图 5-16 所示。

2) 伯德图

一阶比例微分环节的对数幅频特性表达式为

$$L(\omega)=20\lg\sqrt{1+\omega^2T^2} \tag{5-51}$$

其对数相频特性表达式为

$$\varphi(\omega)=\arctan\omega T \tag{5-52}$$

由于一阶比例微分环节与惯性环节的对数幅频特性和对数相频特性相差一个符号，因此它们的伯德图以横轴互为镜像。一阶比例微分环节的伯德图如图 5-17 所示。

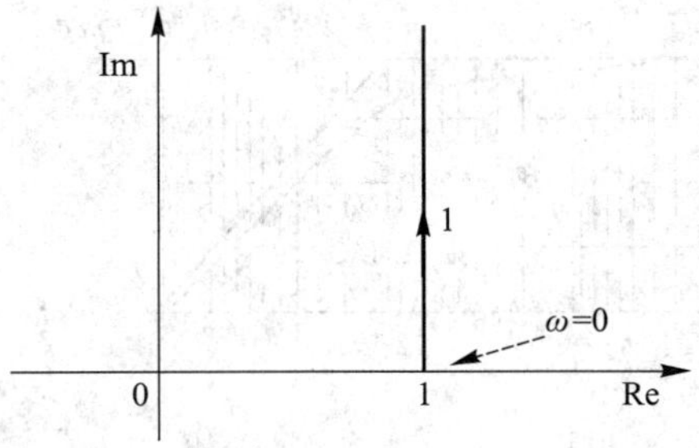

图 5-16　一阶比例微分环节的极坐标图

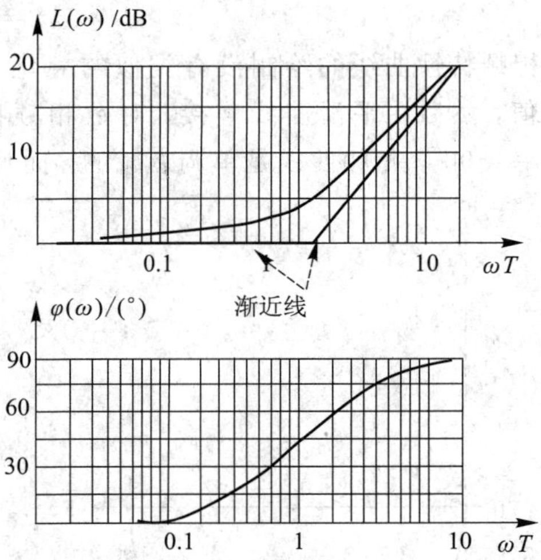

图 5-17　一阶比例微分环节的伯德图

交接频率 ω_1 也称为一阶比例微分环节的特征点，此时 $A(\omega_1)=1.414$，$L(\omega_1)=3$ dB，$\varphi(\omega_1)=45°$。

6. 振荡环节

振荡环节的传递函数为

$$G(s)=\frac{\omega_n^2}{s^2+2\xi\omega_n s+\omega_n^2}=\frac{1}{T^2s^2+2\xi Ts+1}$$

式中 $T=\dfrac{1}{\omega_n}$，即 $\omega_n=\dfrac{1}{T}$。

振荡环节的频率特性为

$$G(j\omega)=\frac{1}{1-\left(\dfrac{\omega}{\omega_n}\right)^2+j\dfrac{2\xi\omega}{\omega_n}} \tag{5-53}$$

1）极坐标图

振荡环节的幅频特性为

$$A(\omega)=\frac{1}{\sqrt{\left(1-\dfrac{\omega^2}{\omega_n^2}\right)^2+4\xi^2\dfrac{\omega^2}{\omega_n^2}}} \tag{5-54}$$

其相频特性为

$$\varphi(\omega)=\begin{cases}-\arctan\dfrac{2\xi\dfrac{\omega}{\omega_n}}{1-\dfrac{\omega^2}{\omega_n^2}}, & \dfrac{\omega}{\omega_n}\leqslant 1\\[2ex] -\left[\pi-\arctan\dfrac{2\xi\dfrac{\omega}{\omega_n}}{\dfrac{\omega^2}{\omega_n^2}-1}\right], & \dfrac{\omega}{\omega_n}>1\end{cases} \tag{5-55}$$

当 $\omega=0$ 时，$A(0)=1$，$\varphi(0)=0°$；当 $\omega=\omega_n$ 时，$A(\omega_n)=\dfrac{1}{2\xi}$，$\varphi(\omega_n)=-90°$；当 $\omega\to\infty$

时，$A(\infty)=0$，$\varphi(\infty)=-180°$。其极坐标图如图 5-18 所示。

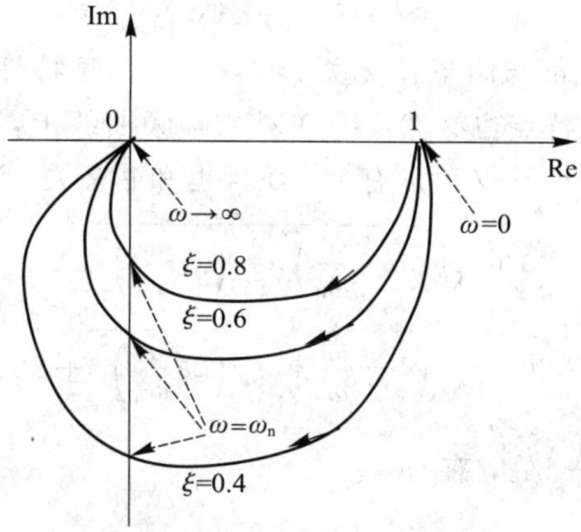

图 5-18　振荡环节的极坐标图

由图 5-18 可见，幅频特性的最大值随 ξ 减小而增大，其值可能大于 1，在系统参数所对应的条件下，在某一频率 $\omega=\omega_r$（谐振频率）处，振荡环节会产生谐振峰值 M_r，在产生谐振峰值处，必有

$$\frac{d}{d\omega}A(\omega)=0\Big|_{\omega=\omega_r} \tag{5-56}$$

因此，可以解出谐振频率为

$$\omega_r=\omega_n\sqrt{1-2\xi^2} \tag{5-57}$$

将其代入幅值表达式，求得谐振峰值为

$$M_r=A(\omega_r)=\frac{1}{2\xi\sqrt{1-\xi^2}} \tag{5-58}$$

可以看出：

(1) $\xi>0.707$，没有峰值，$A(\omega)$单调衰减。

(2) $\xi=0.707$，$M_r=1$，$\omega_r=0$，这正是幅频特性曲线的初始点。

(3) $\xi<0.707$，$M_r>1$，$\omega_r>0$，幅频 $A(\omega)$ 出现峰值，而且 ξ 越小，峰值 M_r 及谐振频率 ω_r 越高。

(4) $\xi=0$，峰值 M_r 趋于无穷，谐振频率 ω_r 趋于 ω_n。这表明外加正弦信号的频率和自然振荡频率相同，引起环节的共振，环节处于临界稳定的状态。

峰值过高，意味着动态响应的超调量大，过程不平稳。对振荡环节或二阶系统来说，相当于阻尼比 ξ 小，这和时域分析所得结论一致。

2) 伯德图

振荡环节的对数幅频特性表达式为

$$L(\omega)=-20\lg\sqrt{\left(1-\frac{\omega^2}{\omega_n^2}\right)^2+\left(\frac{2\xi\omega}{\omega_n}\right)^2} \tag{5-59}$$

根据式(5-59)可以作出两条渐近线：

(1) 当 $\omega\ll\omega_n$ 时，$L(\omega)\approx 0$ dB。

(2) 当 $\omega\gg\omega_n$ 时，$L(\omega)\approx-20\lg\left(\frac{\omega^2}{\omega_n^2}\right)=-40\lg\left(\frac{\omega}{\omega_n}\right)$。这是一条斜率为 -40 dB/dec 的

直线，和0 dB线交于$\omega=\omega_n$处，故振荡环节的交接频率为ω_n，对数幅频特性曲线如图5-19所示。

以上得到的两条渐近线都与阻尼比无关。实际上，幅频特性在谐振频率处有峰值，峰值大小取决于阻尼比，这一特点也必然反映在对数幅频曲线上，用渐近线近似表示对数幅频曲线会存在误差，误差大小不仅和ω有关，而且也和ξ有关，误差计算公式为

$$\Delta L(\omega,\xi)=\begin{cases}-20\lg\sqrt{\left(1-\dfrac{\omega^2}{\omega_n^2}\right)^2+\left(2\xi\dfrac{\omega}{\omega_n}\right)^2}, & \omega\leqslant\omega_n\\ -20\lg\sqrt{\left(1-\dfrac{\omega^2}{\omega_n^2}\right)^2+\left(2\xi\dfrac{\omega}{\omega_n}\right)^2}+20\lg\dfrac{\omega^2}{\omega_n^2}, & \omega\geqslant\omega_n\end{cases}\tag{5-60}$$

在交接频率$\omega=\omega_n\left(即\ \omega=\dfrac{1}{T}\right)$处，有

$$\Delta L(\omega,\xi)\big|_{\omega=\omega_n}=-20\lg(2\xi)\tag{5-61}$$

振荡环节的对数相频特性表达式为

$$\varphi(\omega)=\begin{cases}-\arctan\dfrac{2\xi\dfrac{\omega}{\omega_n}}{1-\dfrac{\omega^2}{\omega_n^2}}, & \dfrac{\omega}{\omega_n}\leqslant 1\\ -\left[\pi-\arctan\dfrac{2\xi\dfrac{\omega}{\omega_n}}{\dfrac{\omega^2}{\omega_n^2}-1}\right], & \dfrac{\omega}{\omega_n}>1\end{cases}\tag{5-62}$$

当$\omega=0$时，$\varphi(0)=0°$；当$\omega=\omega_n$时，$\varphi(\omega_n)=-90°$；当$\omega\to\infty$时，$\varphi(\infty)=-180°$。由于系统阻尼比取值不同，$\varphi(\omega)$在$\omega=\omega_n$邻域的角度变化率也不同，阻尼比越小，变化率越大。对数相频特性曲线如图5-19所示。

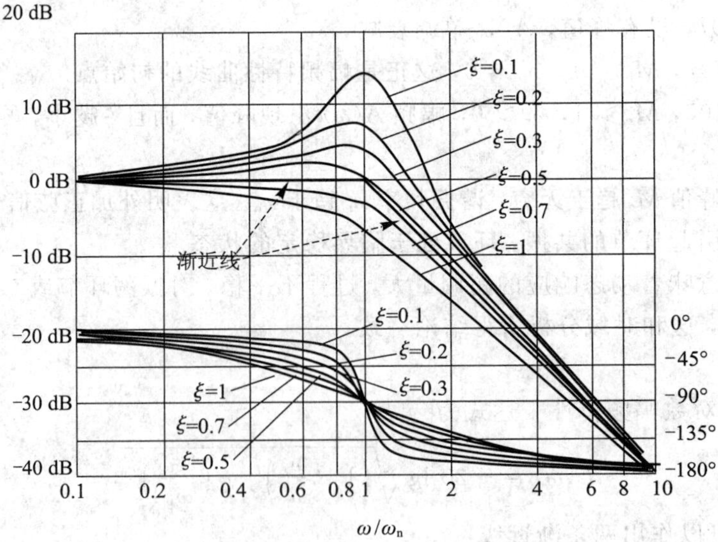

图5-19　振荡环节的对数幅频和对数相频特性曲线(即伯德图)

7. 二阶比例微分环节

二阶比例微分环节的传递函数为

$$G(s)=\frac{s^2+2\xi\omega_n s+\omega_n^2}{\omega_n^2}=T^2s^2+2\xi Ts+1$$

式中，$T=\frac{1}{\omega_n}$。

其频率特性为

$$G(j\omega)=\left(1-\frac{\omega^2}{\omega_n^2}\right)+j2\xi\frac{\omega}{\omega_n} \tag{5-63}$$

二阶比例微分环节的极坐标图如图 5-20 所示。

二阶比例微分环节和振荡环节的传递函数互为倒数，它们的对数幅频特性和相频特性关于横轴对称。二阶比例微分环节的伯德图如图 5-21 所示。注意到对数幅频特性曲线的渐近线在 $\omega<\omega_n$ 时是一条 0 dB 的水平线，而在 $\omega>\omega_n$ 时是一条斜率为 +40 dB/dec 的直线，它和 0 dB 线交于横坐标 $\omega=\omega_n$ 处。ω_n 称为二阶比例微分环节的交接频率。

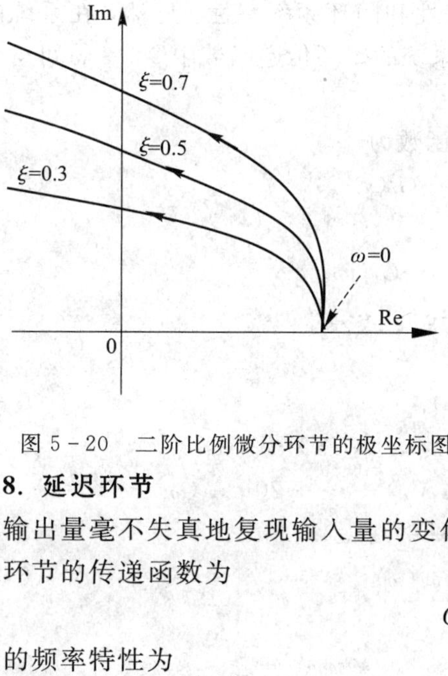

图 5-20　二阶比例微分环节的极坐标图

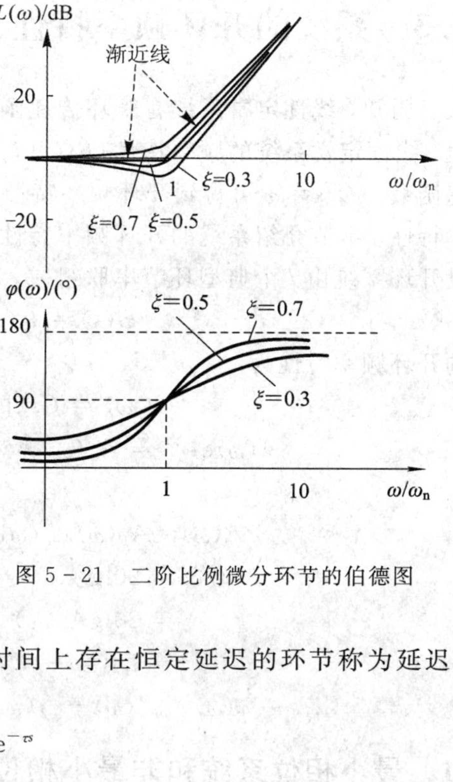

图 5-21　二阶比例微分环节的伯德图

8. 延迟环节

输出量毫不失真地复现输入量的变化，但时间上存在恒定延迟的环节称为延迟环节。延迟环节的传递函数为

$$G(s)=e^{-\tau s}$$

对应的频率特性为

$$G(j\omega)=e^{-j\omega\tau} \tag{5-64}$$

幅频特性为

$$A(\omega)=1 \tag{5-65}$$

相频特性为

$$\varphi(\omega)=-\omega\tau(\mathrm{rad})=-57.3\omega\tau(°) \tag{5-66}$$

延迟环节的极坐标图如图 5-22(a)所示，由于幅值恒等于 1，相频特性是 ω 的线性函数，ω 为零时，相角等于零，ω 趋于无穷大时，相角趋于负无穷。延迟环节的极坐标图是一单位圆。

延迟环节的伯德图如图 5-22(b)所示，其对数幅频特性恒为 0 dB，$L(\omega)=0$。由图

5-22可知，τ 越大，相角滞后就越大，由于 $\varphi(\omega)$ 随频率的增长而线性滞后，对系统的稳定性产生不利影响。

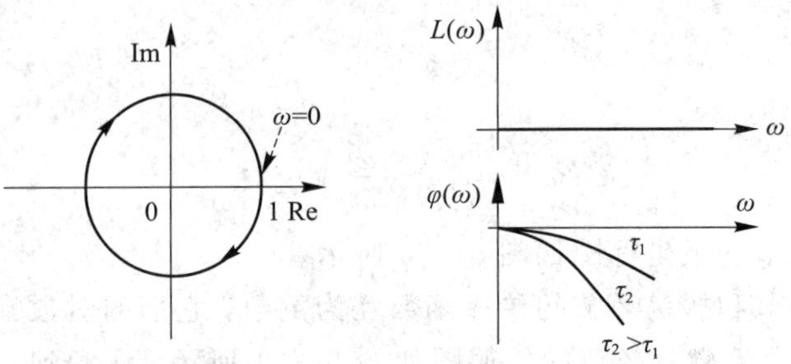

(a) 极坐标图　(b) 伯德图

图 5-22　延迟环节的极坐标图和伯德图

5.3　系统的开环频率特性

众所周知，线性定常系统有开环传递函数和闭环传递函数，在分析系统时应注意区分。类似地，线性定常系统的频率特性也有开环频率特性和闭环频率特性。显然，在系统的开环传递函数中令 $s=j\omega$ 可得到开环频率特性，而在系统的闭环传递函数中令 $s=j\omega$ 可得到闭环频率特性。本节介绍系统的开环频率特性。

设开环系统由 l 个典型环节串联组成，其传递函数为

$$G(s)=G_1(s)G_2(s)\cdots G_l(s) \tag{5-67}$$

系统的开环频率特性为

$$G(j\omega) = G_1(j\omega)G_2(j\omega)\cdots G_l(j\omega) \tag{5-68}$$

$$A(\omega)e^{j\varphi(\omega)} = A_1(\omega)e^{j\varphi_1(\omega)}A_2(\omega)e^{j\varphi_2(\omega)}\cdots A_l(\omega)e^{j\varphi_l(\omega)} \tag{5-69}$$

可见

$$A(\omega)=A_1(\omega)A_2(\omega)\cdots A_l(\omega) \tag{5-70}$$

$$\begin{aligned}L(\omega) &= 20\lg A(\omega) = 20\lg(A_1(\omega)A_2(\omega)\cdots A_l(\omega)) \\ &= 20\lg A_1(\omega) + 20\lg A_2(\omega) + \cdots + 20\lg A_l(\omega) \\ &= L_1(\omega) + L_2(\omega) + \cdots + L_l(\omega)\end{aligned} \tag{5-71}$$

$$\varphi(\omega)=\varphi_1(\omega)+\varphi_2(\omega)+\cdots+\varphi_l(\omega) \tag{5-72}$$

5.3.1　最小相位系统和非最小相位系统

若控制系统开环传递函数的所有零、极点都位于虚轴以及 s 左半平面，则称为最小相位系统，否则称为非最小相位系统。在幅频特性完全一致的情况下，组成最小相位系统的各典型环节(如惯性环节、振荡环节等)的相位变化范围比相应的不稳定环节(如不稳定惯性环节、不稳定振荡环节等)的相位变化范围要小。

最小相位系统的开环幅频特性和相频特性是直接关联的，即一个幅频特性只能有一个相频特性与之对应；反之亦然。因此，对于最小相位系统，只要根据其对数幅频特性曲线就能确定系统的开环传递函数；而对于非最小相位系统，仅根据其对数幅频特性曲线是无法确定系统的开环传递函数的。

5.3.2　开环幅相曲线(极坐标图)的绘制

开环系统的幅相曲线简称开环幅相曲线，又称开环极坐标图。这类曲线的绘制方法和绘制典型环节极坐标图的方法一样。也就是说，可以列出开环幅频特性和相频特性的表达式，用解析计算法绘制，也可以用图解计算法绘制。这里着重介绍绘制概略开环幅相曲线的方法。

例 5－2　系统的开环传递函数为

$$G(s)=\frac{Ts}{Ts+1}$$

要求绘制它的极坐标图。

解　系统的开环频率特性为

$$G(\mathrm{j}\omega)=\frac{\mathrm{j}\omega T}{\mathrm{j}\omega T+1}$$

开环极坐标图的起点为 $G(\mathrm{j}0)=0$，$G(\mathrm{j}0^+)=0^+\angle 90°$，终点为 $G(\mathrm{j}\infty)=1\angle 0°$。注意到在 ω 由 0 到∞变化时，$G(\mathrm{j}\omega)$的相角由 90°变化到 0°，而 $G(\mathrm{j}\omega)$的幅值由 0 变化到 1，幅相曲线从原点开始，终止于(1，j0)点，位于第一象限，概略绘制极坐标图如图 5－23 所示。

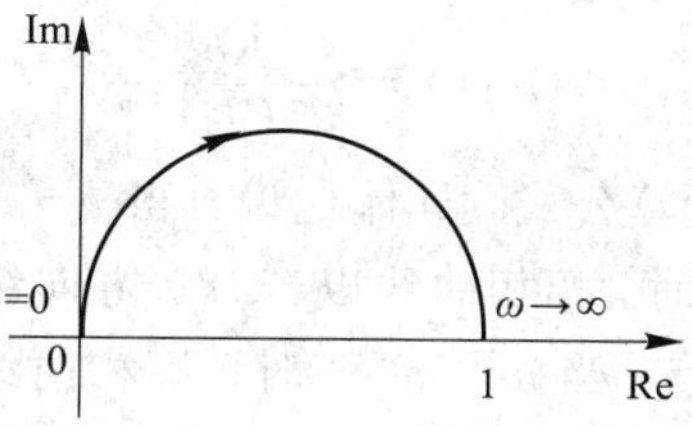

图 5－23　例 5－2 的极坐标图

例 5－3　某零型控制系统，开环传递函数为

$$G(s)=\frac{1}{(T_1s+1)(T_2s+1)}$$

试概略绘制系统开环幅相曲线。

解　系统开环频率特性为

$$G(\mathrm{j}\omega)=\frac{1}{(\mathrm{j}\omega T_1+1)(\mathrm{j}\omega T_2+1)}$$

开环幅相曲线的起点为 $G(\mathrm{j}0)=1\angle 0°$，终点为 $G(\mathrm{j}\infty)=0\angle -180°$，注意到在 ω 由 0 到∞变化时，$G(\mathrm{j}\omega)$的幅值由 1 变化到 0，相角由 0°减小到－180°，幅相曲线应位于第三、四象限，如图 5－24 所示。

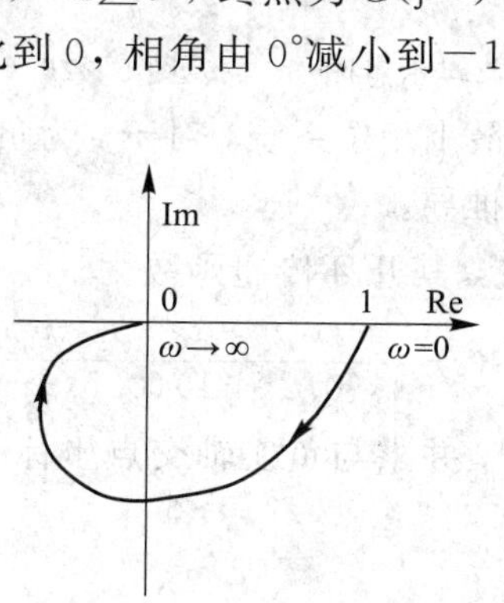

图 5－24　例 5－3 的幅相曲线

从以上两例可以看出，在概略绘制幅相曲线时，首先应当计算出系统幅相曲线的起点 $G(\mathrm{j}0)$ 和终点 $G(\mathrm{j}\infty)$，再注意到在 ω 由 0 到 ∞ 变化时，$G(\mathrm{j}\omega)$ 的幅值和相角的变化情况，必要时可以计算若干点的数值，即可画出幅相曲线的大致形状。需要说明的是，如果幅相曲线和负实轴有交点，应当计算出相交时的频率以及交点的位置。具体做法见例 5-4。

对于最小相位系统，可以总结出幅相曲线的起点和终点的分布规律。设最小相位系统的开环传递函数为

$$G(s)=\frac{K(b_m s^m+b_{m-1}s^{m-1}+\cdots+b_1 s+1)}{s^{\nu}(a_n s^{n-\nu}+a_{n-1}s^{n-\nu-1}+a_{n-2}s^{n-\nu-2}+\cdots+1)} \tag{5-73}$$

式中，$n>m$。令 $s=\mathrm{j}\omega$，即可得到系统的开环频率特性，在 $\omega\to 0$ 时，有

$$G(\mathrm{j}\omega)=\frac{K}{(\mathrm{j}\omega)^{\nu}} \tag{5-74}$$

式(5-74)为幅相曲线起点的计算公式。具体地说，对于零型系统($\nu=0$)，幅相曲线起始于(K，j0)点；对于Ⅰ型系统($\nu=1$)，幅相曲线在无穷远处起始于虚轴的负方向；对于Ⅱ型系统($\nu=2$)，幅相曲线在无穷远处起始于实轴的负方向；对于Ⅲ型系统($\nu=3$)，幅相曲线在无穷远处起始于虚轴的正方向，如图 5-25 所示。

在 $\omega\to\infty$时，有

$$G(\mathrm{j}\omega)=\frac{Kb_m}{a_n(\mathrm{j}\omega)^{n-m}} \tag{5-75}$$

式(5-75)为幅相曲线终点的计算公式。具体地说，当 $n-m=1$ 时，系统幅相曲线以 -90° 方向终止于原点；当 $n-m=2$ 时，幅相曲线以 -180°方向终止于原点；当 $n-m=3$ 时，幅相曲线以 -270°方向终止于原点；当 $n-m=4$ 时，幅相曲线则以 -360°(即 0°)方向终止于原点，如图 5-26 所示。

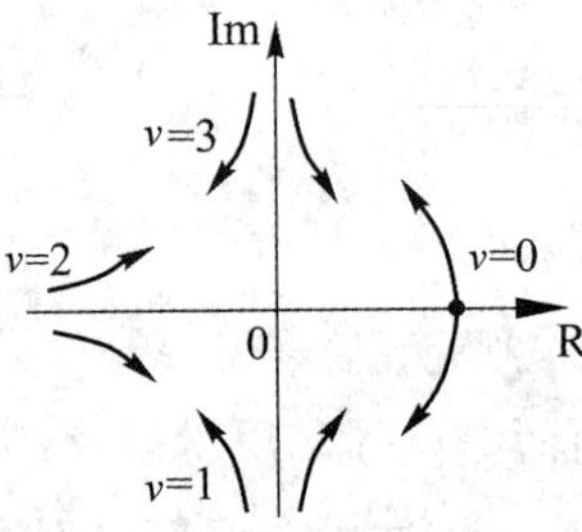

图 5-25 幅相曲线起点示意图

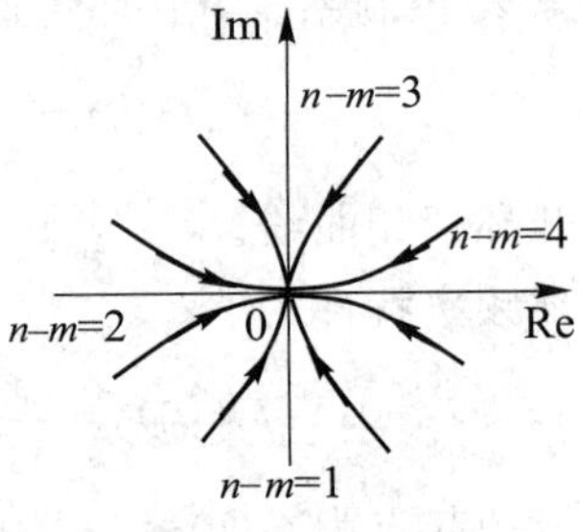

图 5-26 幅相曲线终点示意图

图 5-25 和图 5-26 适用于最小相位系统，对于 ν 为负数(类似于例 5-2)以及 $n\leqslant m$ 时起点和终点的情况，读者可自行推导。

例 5-4 某单位负反馈系统，其开环传递函数为

$$G(s)=\frac{8}{s(0.2s+1)(0.5s+1)}$$

试概略绘制系统的开环幅相曲线，并求与负实轴交点坐标。

解 开环频率特性为

$$G(\mathrm{j}\omega)=\frac{8}{\mathrm{j}\omega(\mathrm{j}0.2\omega+1)(\mathrm{j}0.5\omega+1)}$$

$$A(\omega)=\frac{8}{\omega\sqrt{1+(0.2\omega)^2}\sqrt{1+(0.5\omega)^2}}$$

$$\varphi(\omega)=-90^\circ-\arctan 0.2\omega-\arctan 0.5\omega$$

显然，$G(\mathrm{j}0^+)=\infty\angle(-90^\circ-\varepsilon)$，$G(\mathrm{j}\infty)=0\angle(-270^\circ+\varepsilon)$，此处 ε 为非常小的正数，即 $\varepsilon>0$ 且 $\varepsilon\to 0$。也就是说，幅相曲线起于虚轴负方向，以 -270° 方向终止于原点，如图 5 - 27 所示。

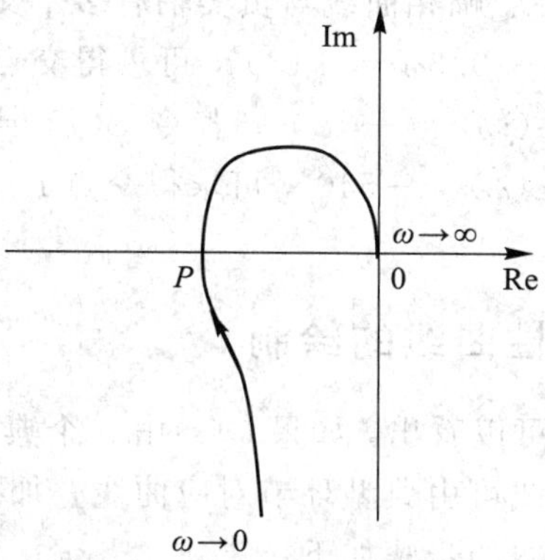

图 5 - 27　例 5 - 4 的幅相曲线

幅相曲线与负实轴有交点 P。为求交点的数值，可令虚部为 0 或令相角为 -180° 求取，本例利用相角关系来求。

因为

$$\varphi(\omega)=-90^\circ-\arctan 0.2\omega-\arctan 0.5\omega=-180^\circ$$

整理得

$$\arctan 0.2\omega+\arctan 0.5\omega=90^\circ$$

两边取正切有

$$\frac{0.2\omega+0.5\omega}{1-0.2\omega\times 0.5\omega}=\infty$$

所以

$$1-0.2\omega\times 0.5\omega=0$$

即

$$\omega^2=10,\ \omega=\sqrt{10}\approx 3.16$$

把 $\omega=\sqrt{10}$ 代入 $A(\omega)$，可得

$$A(\omega)\big|_{\omega=\sqrt{10}}=\frac{8}{\omega\sqrt{1+(0.2\omega)^2}\sqrt{1+(0.5\omega)^2}}\bigg|_{\omega=\sqrt{10}}=\frac{8}{7}$$

幅相曲线与负实轴交点 P 的坐标为 $\left(-\frac{8}{7},\ \mathrm{j}0\right)$。

例 5 - 5　概略绘制

$$G(\mathrm{j}\omega)=\frac{5\mathrm{e}^{-\mathrm{j}0.2\omega}}{1+\mathrm{j}0.5\omega}$$

的幅相曲线。

解　系统的频率特性包括三个典型环节，即比例、惯性和滞后（延迟）环节，可以求得幅频特性和相频特性分别为

$$A(\omega)=\frac{5}{\sqrt{1+(0.5\omega)^2}}$$

$$\varphi(\omega)=-\arctan 0.5\omega-0.2\omega$$

在 ω 由 $0\to\infty$ 变化时，$|G(j\omega)|$ 由 5 减小到 0，$\varphi(\omega)$ 由 0° 减小到 $-\infty$，注意到幅相曲线的起点为 $G(j0)=5\angle 0°$，可概略绘出幅相曲线如图 5-28 所示。幅相曲线与负实轴有多个交点，若令 $\varphi(\omega)=-\arctan 0.5\omega-0.2\omega=-180°$，可求得交点 P_1 对应的 $\omega=8.95$ rad/s，$G(j\omega)=-1.09$；若令 $\varphi(\omega)=-360°$，可求得交点 P_2；若令 $\varphi(\omega)=-540°$，可求得交点 P_3。以此类推。

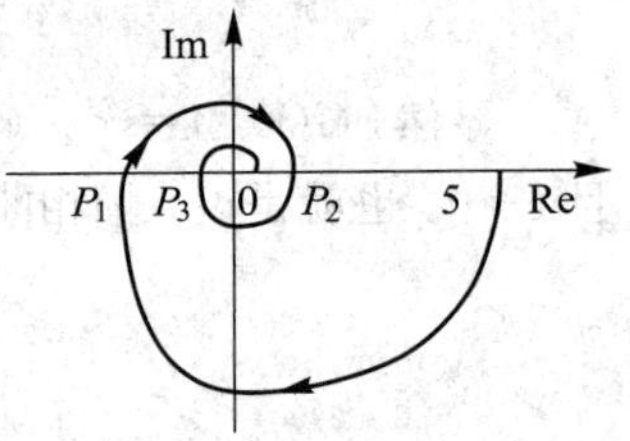

图 5-28　例 5-5 的幅相曲线

5.3.3　开环对数频率特性曲线的绘制

从式(5-71)和式(5-72)可以看出，如果 $G(s)$ 由 n 个典型环节串联而成，则其对数幅频特性曲线和对数相频特性曲线可由典型环节对应曲线叠加而得。

绘制系统对数幅频特性曲线的步骤如下：

(1) 将开环传递函数变为时间常数形式，即

$$G(s)=\frac{K\prod_{j=1}^{m}(\tau_j s+1)}{s^{\nu}\prod_{i=1}^{n-\nu}(T_i s+1)} \tag{5-76}$$

则初始段(第一个转折频率及以前)直线的斜率为 -20ν dB/dec(ν 为串联积分环节的个数)，在该段上，横坐标为 ω 的点所对应的纵坐标为 $L(\omega)=20\lg\frac{K}{\omega^{\nu}}$。初始段渐近线或其延长线在 $\omega=1$ 时，$L(\omega)=20\lg K$；或者 $\omega=\sqrt[\nu]{K}$ 时，$L(\omega)=0$ dB。

(2) 求各环节的转折频率，并标在伯德图的 ω 轴上。当对数幅频特性 $L(\omega)$ 由低频向高频延伸时，在转折频率处，渐近线的斜率依据对应环节的性质发生变化，经过惯性环节的转折频率，斜率变化 -20 dB/dec；经过一阶比例微分环节的转折频率，斜率变化 $+20$ dB/dec；经过振荡环节的转折频率，斜率变化 -40 dB/dec；经过二阶比例微分环节的转折频率，斜率变化 $+40$ dB/dec。注意，当系统的多个环节具有相同的转折频率时，该点处斜率的变化应为各个环节对应的斜率变化值的代数和。$L(\omega)$ 高频段为 $-20(n-m)$ dB/dec 斜率的直线。

(3) 完成了对数幅频曲线渐近线之后，如有必要，可以根据典型环节的误差曲线在各转折频率附近进行修正，得到精确曲线。

对于对数相频曲线，原则上讲，应计算若干点的数值进行绘制。工程上，重点应掌握 ω 从 0 到 ∞ 变化时，$\varphi(\omega)$ 的变化趋势，必要时，再计算一些特殊点的数值。

例 5-6　已知单位负反馈系统的开环传递函数为

$$G(s)=\frac{100(s+2.5)}{s(s+1)(s+25)}$$

试绘制系统的开环对数幅频特性曲线。

解　先将 $G(s)$ 化成由典型环节串联的标准形式，即

$$G(s)=\frac{10(0.4s+1)}{s(s+1)(0.04s+1)}$$

然后按下列步骤绘制 $L(\omega)$的渐近线：

(1) 把各典型环节对应的交接频率标在 ω 轴上，交接频率分别为 1，2.5，25，如图 5-29所示。

(2) 画出初始段(低频段)直线(最左端)，斜率为 -20 dB/dec。当 $\omega=1$ 时，$L(1)=20\lg\frac{10}{1}=20$ dB。

(3) 由低频向高频延续，每经过一个交接频率，斜率作适当的改变。$\omega=1$，2.5，25 分别为惯性环节、一阶比例微分环节、惯性环节的交接频率，故当低频段直线延续到 ω 为 1 时，直线斜率由 -20 dB/dec 变为 -40 dB/dec；ω 为 2.5 时，直线斜率由 -40 dB/dec 变为 -20 dB/dec；ω 为 25 时，直线斜率由 -20 dB/dec 变为 -40 dB/dec。这样，就可以很容易绘制出对数幅频特性曲线。开环对数幅频特性曲线(渐近线)如图 5-29 所示。

(4) 如果需要精确的对数幅频特性曲线，可在近似对数幅频特性曲线的基础上加以修正。

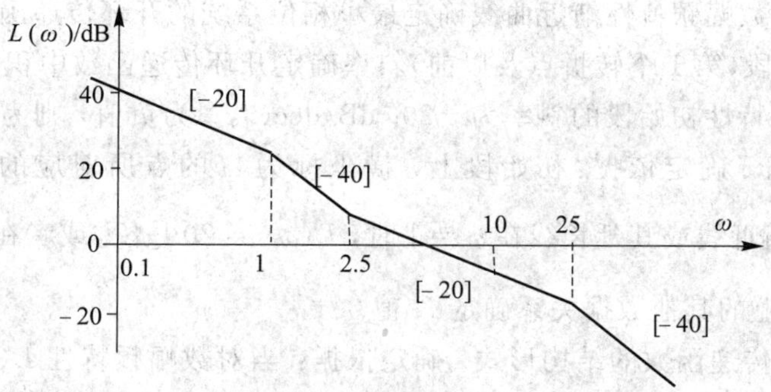

图 5-29　例 5-6 的对数幅频特性曲线

例 5-7　分别绘制传递函数 $G_1(s)=\frac{T_1s+1}{T_2s+1}$，$G_2(s)=\frac{T_1s-1}{T_2s+1}$的对数幅频和对数相频特性曲线($T_1>T_2>0$)。

解　$G_1(s)$和 $G_2(s)$的对数幅频特性是一样的，差别在于，$G_1(s)$为最小相位系统，$G_2(s)$为非最小相位系统。先绘制它们的近似对数幅频曲线，共有两个交接频率 $1/T_1$和 $1/T_2$，最左端直线为 0 dB 的水平线，过 $1/T_1$斜率变为+20 dB/dec，过 $1/T_2$斜率变为 0 dB/dec，如图 5-30 所示。图中的细实线为近似对数幅频曲线，粗实线为修正后的对数幅频曲线。

在画对数相频曲线时，先讨论一下 $G_1(j\omega)$ 和 $G_2(j\omega)$ 相角的变化情况。首先，$G_1(s)$ 为最小相位系统，在 ω 由 0 到 ∞ 变化时，由于 $T_1>T_2>0$，$1+j\omega T_1$ 和 $1+j\omega T_2$ 的相角皆由 0° 变化到 90°，且前者大于后者，故 $G_1(j\omega)$ 的相角由 0° 变化到 0°，始终为正，如图 5-30 中曲线 ① 所示。其次，$G_2(s)$ 为非最小相位系统，ω 由 0 到 ∞ 变化时，$j\omega T_1-1$ 的相角由 180° 变化到 90°，而 $1+j\omega T_2$ 的相角则由 0° 变化到 90°，故 $G_2(j\omega)$ 的相角应由 180° 变化到 0°，如图 5-30 中曲线 ② 所示。

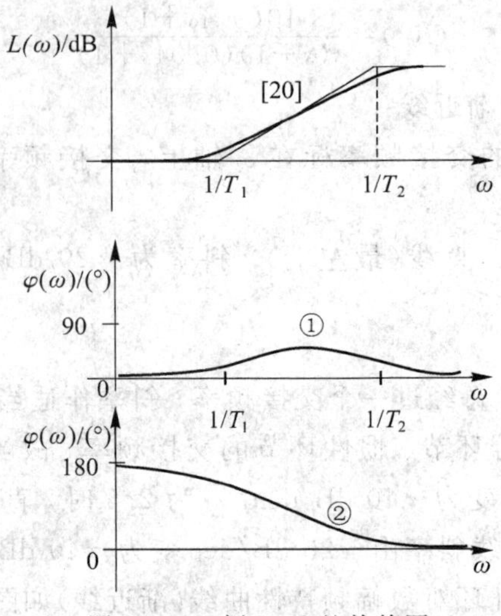

图 5-30　例 5-7 的伯德图

从例 5-7 中可以看出，在幅频特性相同时，最小相位系统的相位变化幅度最小。对于最小相位系统，根据幅频特性曲线可以写出其传递函数。

根据系统的对数幅频特性渐近曲线确定最小相位系统的开环传递函数的步骤如下：

(1) 根据初始段(第 1 个转折点及以前)斜率确定开环传递函数中积分环节的个数 ν，确定依据为对数幅频特性初始段的斜率为 -20ν dB/dec(若 ν 为负值，则为微分环节)。

(2) 确定 K 值。确定依据：初始段上，横坐标为 ω 的点所对应的纵坐标为 $L(\omega)=20\lg\dfrac{K}{\omega^{\nu}}$。初始段渐近线或其延长线在 $\omega=1$ 时，$L(\omega)=20\lg K$；或者在 $\omega=\sqrt[\nu]{K}$ 时，$L(\omega)=0$。也可利用图上的其他数据关系确定 K 值。

(3) 确定系统传递函数的结构形式。确定依据：当对数幅频特性 $L(\omega)$ 由低频向高频延伸时，在转折频率处，渐近线的斜率依据对应环节性质发生变化，经过惯性环节的转折频率，斜率变化 -20 dB/dec；经过一阶比例微分环节的转折频率，斜率变化 $+20$ dB/dec；经过振荡环节的转折频率，斜率变化 -40 dB/dec；经过二阶比例微分环节的转折频率，斜率变化 $+40$ dB/dec。注意，当系统的多个环节具有相同的转折频率时，该点处斜率的变化应为各个环节对应的斜率变化值的代数和。

(4) 由给定条件确定传递函数的参数。

例 5-8　某最小相位系统的近似对数幅频特性曲线如图 5-31 所示。试求该系统的传递函数。

解　由于在图 5-31 上，最左端直线的斜率为 -40 dB/dec，故系统包含 2 个积分环节。

因为在 ω_1 处近似对数幅频曲线斜率从 -40 dB/dec 变为 -20 dB/dec，故 ω_1 是一阶比例微分环节的交接频率。由类似分析可知，ω_2 是惯性环节的交接频率，于是系统的传递函数为如下形式：

$$G(s)=\frac{K\left(\dfrac{1}{\omega_1}s+1\right)}{s^2\left(\dfrac{1}{\omega_2}s+1\right)}$$

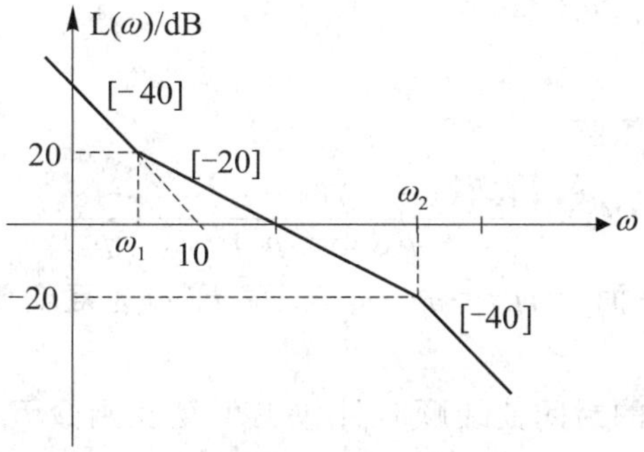

图 5-31　例 5-8 系统对数幅频特性曲线

下面利用图中的信息(注意利用图中的多个三角形关系)求取 K、ω_1、ω_2。

$$\begin{cases} 20\ \lg \dfrac{K}{\omega_1^2}=20 \\ 40\ \lg \dfrac{10}{\omega_1}=20 \\ 20\ \lg \dfrac{\omega_2}{\omega_1}=40 \end{cases}$$

解得

$$\begin{cases} \omega_1=\sqrt{10}\approx 3.16 \\ \omega_2=100\sqrt{10}\approx 316 \\ K=100 \end{cases}$$

所以系统的传递函数为

$$G(s)=\frac{K\left(\dfrac{1}{\omega_1}s+1\right)}{s^2\left(\dfrac{1}{\omega_2}s+1\right)}=\frac{100\left(\dfrac{1}{3.16}s+1\right)}{s^2\left(\dfrac{1}{316}s+1\right)}=\frac{100(0.316s+1)}{s^2(0.00316s+1)}$$

用实验方法确定系统的传递函数时，常常先画出实验对数幅频曲线的渐近线，并以此写出系统的传递函数。如果实验曲线有峰值，则被测系统包含有振荡环节或二阶比例微分环节，应按峰值确定这个环节的阻尼比 ξ。最后，根据实验对数相频曲线校核并修改传递函数表达式，直到其对数相频曲线和实验曲线基本吻合为止。

在非最小相位系统中，幅频和相频特性之间不存在一一对应的关系。

5.4　奈奎斯特判据和系统的相对稳定性

在第 3 章中已经指出，闭环控制系统稳定的充分必要条件是，其特征方程式的所有根(闭环极点)都具有负实部，即都位于 s 平面的左半部。前面介绍了两种判断系统稳定性的方法：代数判据法和根轨迹法。代数判据法根据特征方程根和系数的关系判断系统的稳定性；根轨迹法根据特征方程式的根随系统参量变化的轨迹来判断系统的稳定性。本节介绍另一种重要并且实用的方法——奈奎斯特稳定判据。这种方法可以根据系统的开环频率特性来判断闭环系统的稳定性，并能确定系统的相对稳定性。奈奎斯特稳定判据的数学基础是复变函数论中的映射定理，又称辐角原理，详细内容请参照第 0 章。

5.4.1 映射定理

设有一复变函数为

$$F(s)=\frac{K^{*}(s-z_1)(s-z_2)\cdots(s-z_m)}{(s-p_1)(s-p_2)\cdots(s-p_n)} \tag{5-77}$$

式中，s 为复变量，以 s 复平面上的 $s=\sigma+\mathrm{j}\omega$ 表示；$F(s)$为复变函数，以 $F(s)$复平面上的 $F(s)=U+\mathrm{j}V$ 来表示。

映射定理：设 s 平面上的封闭曲线顺时针包围了复变函数 $F(s)$的 Z 个零点和 P 个极点，并且此曲线不经过 $F(s)$的任一零点和极点，则当 s 沿着 s 平面上的封闭曲线顺时针方向移动一周时，在 $F(s)$平面上的映射曲线将沿逆时针方向围绕着坐标原点旋转 $P-Z$ 周。

5.4.2 奈奎斯特稳定判据

现在讨论闭环控制系统的稳定性。设系统的特征方程为

$$F(s)=1+G(s)H(s)=0 \tag{5-78}$$

系统的开环传递函数可以写为

$$G(s)H(s)=\frac{K^{*}(s-z_1)(s-z_2)\cdots(s-z_m)}{(s-p_1)(s-p_2)\cdots(s-p_n)} \tag{5-79}$$

将式(5-79)代入特征方程式(5-78)，可得

$$F(s)=1+G(s)H(s)=1+\frac{K^{*}(s-z_1)(s-z_2)\cdots(s-z_m)}{(s-p_1)(s-p_2)\cdots(s-p_n)}=\frac{(s-s_1)(s-s_2)\cdots(s-s_n)}{(s-p_1)(s-p_2)\cdots(s-p_n)} \tag{5-80}$$

由式(5-80)可见，复变函数 $F(s)$的零点为系统特征方程的根(闭环极点)s_1，s_2，…，s_n，而 $F(s)$的极点则为系统的开环极点 p_1，p_2，…，p_n。

闭环系统稳定的充分和必要条件是，特征方程的根，即 $F(s)$的零点，都位于 s 平面的左半部。

为了判断闭环系统的稳定性，需要检验 $F(s)$是否具有位于右半部的零点。为此可以选择一条包围整个 s 平面右半部的按顺时针方向运动的封闭曲线，通常称为奈奎斯特回线，简称奈氏回线，如图 5-32 所示。

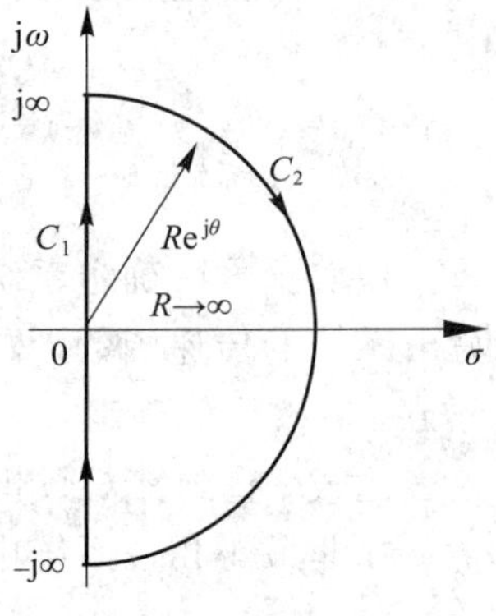

图 5-32 奈奎斯特回线

奈奎斯特回线由两部分组成：一部分是沿着虚轴由下向上移动的直线段 C_1，在此线段上 $s=\mathrm{j}\omega$，ω 由 $-\infty$ 变到 $+\infty$；另一部分是半径为无穷大的半圆 C_2。如此定义的封闭曲线肯定包围了 $F(s)$的位于右半部的所有零点和极点。

设复变函数 $F(s)$ 在 s 平面右半部有 Z 个零点和 P 个极点。根据映射定理，当 s 沿着 s 平面上的奈奎斯特回线移动一周时，在 $F(s)$ 平面上的映射曲线 $\Gamma_F=1+G(\mathrm{j}\omega)H(\mathrm{j}\omega)$ 将按逆时针方向围绕原点旋转 $P-Z$ 周。

由于闭环系统稳定的充要条件是，$F(s)$在 s 平面右半部无零点，即 $Z=0$，因此可得以下稳定判据：

如果在 s 平面上，s 沿着奈奎斯特回线顺时针方向移动一周时，在 $F(s)$ 平面上的映射曲线 Γ_F 围绕坐标原点按逆时针方向旋转 $N=P$ 周，则系统是稳定的。

事实上，闭环系统在 s 平面右半部的极点数 Z、开环系统在 s 平面右半部的极点数 P，映射曲线 Γ_F 围绕坐标原点按逆时针方向旋转周数 R 之间的关系为

$$Z=P-R \tag{5-81}$$

Z 等于零时，系统是稳定的；Z 不等于零时，系统是不稳定的。

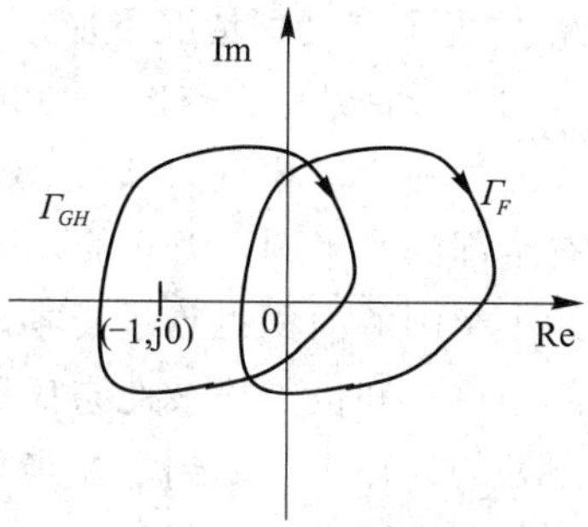

图 5-33　Γ_{GH} 和 Γ_F 的关系

根据系统闭环特征方程式，有 $G(s)H(s)=F(s)-1$，这意味着 $F(s)$ 的映射曲线 Γ_F 围绕原点的运动情况，相当于 $G(s)H(s)$ 的封闭曲线 Γ_{GH} 围绕着$(-1, \mathrm{j}0)$点的运动情况，如图 5-33 所示。

当 s 沿着奈奎斯特回线顺时针方向移动一周时，绘制映射曲线 Γ_{GH} 的方法是，令 $s=\mathrm{j}\omega$ 代入 $G(s)H(s)$，得到开环频率特性 $G(\mathrm{j}\omega)H(\mathrm{j}\omega)$，当 ω 由零至无穷大变化时，映射曲线 Γ_{GH} 即为系统的开环频率特性曲线，即幅相曲线。一旦画出了 ω 从零到无穷大时的幅相曲线，则 ω 从零到负无穷大时的幅相曲线可根据对称于实轴的原理得到。

综上所述，可将奈奎斯特稳定判据(简称奈氏判据）表述如下：闭环控制系统稳定的充分必要条件是，当 ω 从 $-\infty$ 变化到 $+\infty$ 时，系统的开环频率特性曲线 $G(\mathrm{j}\omega)H(\mathrm{j}\omega)$ 按逆时针方向包围$(-1, \mathrm{j}0)$点 P 周，P 为位于 s 平面右半部的开环极点数目。

闭环系统位于右半部的极点数 $Z=P-R$，这里 R 为 ω 从 $-\infty$ 变到 $+\infty$ 时系统的开环频率特性曲线 $G(\mathrm{j}\omega)H(\mathrm{j}\omega)$ 逆时针方向包围$(-1, \mathrm{j}0)$点的周数。显然，若开环系统稳定，即位于 s 平面右半部的开环极点数 $P=0$，则闭环系统稳定的充分必要条件是：系统的开环频率特性 $G(\mathrm{j}\omega)H(\mathrm{j}\omega)$ 不包围$(-1, \mathrm{j}0)$点。

例 5-9　绘制开环传递函数为

$$G(s)H(s)=\frac{K}{T_1 s-1}$$

的系统的幅相曲线，并判断系统的稳定性。

解　此系统的开环传递函数中，s 平面右半平面的极点个数 $P=1$，开环频率特性为

$$G(\mathrm{j}\omega)H(\mathrm{j}\omega)=\frac{K}{\mathrm{j}\omega T_1-1}$$

由上式可见，当 $\omega=0$ 时，$G(\mathrm{j}\omega)H(\mathrm{j}\omega)=-K$；当 $\omega\to\infty$ 时，$G(\mathrm{j}\omega)H(\mathrm{j}\omega)=0$，通过计算若干个点的数值，可以画出系统的幅相曲线如图 5-34 所示。

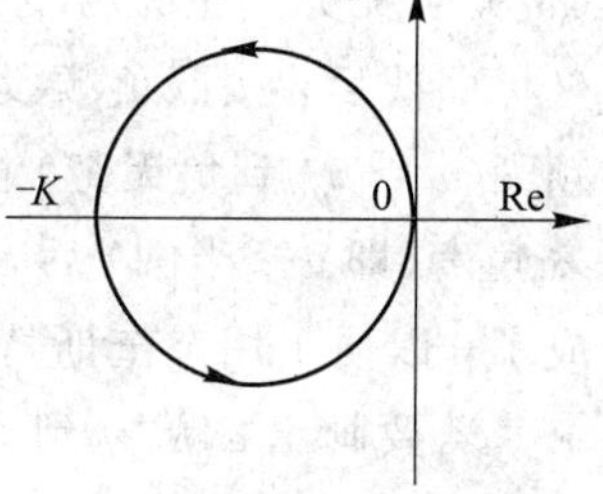

图 5-34　例 5-9 的幅相曲线

由图 5-34 可见，当 $0<K<1$ 时，幅相曲线不包围$(-1, \mathrm{j}0)$点，$R=0$，闭环系统位于右半部的极点数 $Z=P-R=1$，系统是不稳定的；当 $K>1$ 时，幅相曲线逆时针包围$(-1, \mathrm{j}0)$点 1 周，$R=1$，$Z=P-R=0$，系统是稳定的。

5.4.3　虚轴上有开环极点时的奈氏判据

虚轴上有开环极点的情况通常出现于系统中有串联积分环节的时候，即在 s 平面的坐

标原点有开环极点。这时不能直接应用图 5－32 所示的奈奎斯特回线，因为映射定理要求此回线不经过 $F(s)$的奇点。

为了在这种情况下应用奈氏判据，可以选择图 5－35 所示的奈氏回线，它与图5-32中奈氏回线的区别仅在于，此回线经过一个以原点为圆心、以无穷小量 ε 为半径的位于 s 平面右半部的小半圆，绕开了开环极点所在的原点。当 $\varepsilon \to 0$ 时，此小半圆的面积也趋近于零。因此，$F(s)$ 的位于 s 平面右半部的零点和极点均被此奈氏回线包围在内。而将位于坐标原点处的开环极点划到了左半部。这样处理是为了适应奈奎斯特判据的要求，因为应用奈氏判据时必须首先明确位于 s 平面右半部和左半部的开环极点的数目。

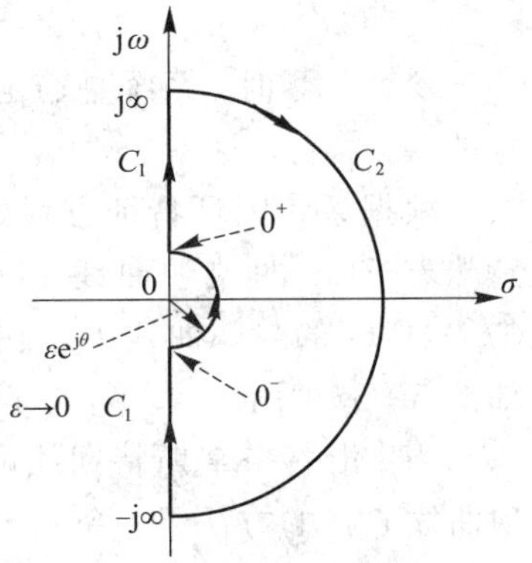

图 5－35　开环系统有积分环节时的奈氏回线

当 s 沿着上述小半圆移动时，有

$$s=\lim_{\varepsilon\to 0}\varepsilon\cdot e^{j\theta} \tag{5-82}$$

当 ω 从 0^- 沿小半圆变到 0^+ 时，θ 按逆时针方向旋转了 π，$G(s)H(s)$在其平面上的映射为

$$G(s)H(s)\Big|_{s=\lim\limits_{\varepsilon\to 0}\varepsilon e^{j\theta}}=\lim_{\varepsilon\to 0}\frac{K}{\varepsilon^{\nu}}e^{-j\nu\theta}=\infty e^{-j\nu\theta} \tag{5-83}$$

式中，ν 为积分环节数目。

由以上分析可见，当 s 沿着小半圆从 $\omega=0^-$ 变化到 $\omega=0^+$ 时，θ 从 $-\frac{\pi}{2}$ 经 0 变化到 $\frac{\pi}{2}$，这时 $G(s)H(s)$ 平面上的映射曲线将沿着半径为无穷大的圆弧按顺时针方向从 $\frac{\nu\pi}{2}$ 经过 0 转到 $-\frac{\nu\pi}{2}$，相当于沿着半径为无穷大的圆弧按顺时针方向旋转 $\frac{\nu}{2}$ 周。

对于有 ν 个积分环节的开环传递函数，在应用奈奎斯特稳定判据绘制完整频率特性（ω 从负无穷到正无穷变化）幅相曲线时，在绘制好开环系统正频段（$\omega=0^+$ 到正无穷）的极坐标曲线后，按照负频段极坐标曲线与正频段极坐标曲线关于实轴对称的原则，补画出负频段（$\omega=0^-$ 到负无穷）极坐标曲线；然后从 $\omega=0^-$ 点出发，以无穷大为半径，顺时针绕过 $\nu\pi$ 角度（即 ν 个半圆）后，与 $\omega=0^+$ 点连接成闭合曲线。这样完整的奈奎斯特曲线就绘制完成了，以便于用奈奎斯特稳定性判据判断闭环系统的稳定性。

若要画出 ω 从 0 到 ∞ 变化时的 $G(j\omega)H(j\omega)$ 曲线，应先画出 ω 从 0^+ 到 ∞ 变化时的 $G(j\omega)H(j\omega)$ 曲线，至于 ω 从 0 到 0^+ 时的 $G(j\omega)H(j\omega)$ 曲线，应按顺时针方向补画半径为无穷大的圆弧 $\nu/4$ 周。

将 $G(j\omega)H(j\omega)$ 曲线补画后，可照常使用奈氏判据，此时在计算不稳定的开环极点数目 P 时，$s=0$ 的开环极点不应计算在内。下面举例说明在上述情况下奈氏判据的应用。

例 5－10　设系统的开环传递函数为

$$G(s)H(s)=\frac{K}{s(Ts+1)}$$

试绘制系统的开环幅相曲线，并判断闭环系统的稳定性。

解　令 $s=\mathrm{j}\omega$ 并将其代入开环传递函数表达式，给定若干 ω 值，画出幅相曲线如图 5－36 所示。系统开环传递函数有一极点在 s 平面的原点处，因此从 $\omega=0^-$ 到 $\omega=0^+$ 时，幅相曲线应以无穷大半径顺时针补画 1/2 周，如图 5－36 所示。

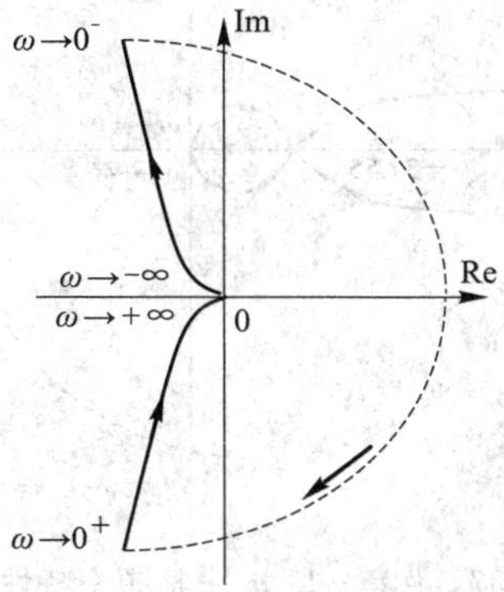

图 5－36　例 5－10 的幅相曲线

系统的开环传递函数在 s 右半平面没有极点，开环频率特性 $G(\mathrm{j}\omega)H(\mathrm{j}\omega)$ 又不包围 $(-1,\mathrm{j}0)$ 点，$Z=P-R=0-0=0$，故闭环系统是稳定的。

例 5－11　设系统的开环传递函数为

$$G(s)H(s)=\frac{2(5s+1)}{s^2(s+1)(3s+1)}$$

试概略画出完整的频率特性曲线，并利用奈奎斯特判据判断系统的稳定性。

解　与该系统对应的开环频率特性为

$$G(\mathrm{j}\omega)H(\mathrm{j}\omega)=\frac{2\times(\mathrm{j}5\omega+1)}{-\omega^2(\mathrm{j}\omega+1)(\mathrm{j}3\omega+1)}$$

$$A(\omega)=\frac{2\sqrt{(5\omega)^2+1}}{\omega^2\sqrt{\omega^2+1}\sqrt{(3\omega)^2+1}}$$

$$\varphi(\omega)=-180^\circ+\arctan5\omega-\arctan\omega-\arctan3\omega$$

令 $\varphi(\omega)=-180^\circ$，有 $\arctan\omega+\arctan3\omega=\arctan5\omega$，两边取正切得 $\frac{4\omega}{1-3\omega^2}=5\omega$，可求得，$\omega^2=\frac{1}{15}$，$\omega=0.258$，此时 $A(\omega)\Big|_{\omega=0.258}=37.55$，即幅相曲线与负实轴的交点为 $(-37.55,\mathrm{j}0)$。也可令 $\mathrm{Im}G(\mathrm{j}\omega)H(\mathrm{j}\omega)=0$，得 ω 后代入 $\mathrm{Re}G(\mathrm{j}\omega)H(\mathrm{j}\omega)$ 来求该交点的坐标。该系统为最小相位系统，经分析，可以画出概略的完整频率特性曲线（ω 从 $-\infty$ 到 $+\infty$），如图 5－37 所示。开环系统有两个极点在 s 平面的坐标原点，因此 ω 从 0^- 到 0^+ 时，幅相曲线应以无穷大半径顺时针补画 $2\times\frac{1}{2}$ 周，如图 5－37 虚线所示。

由图 5－37 可见，$G(\mathrm{j}\omega)H(\mathrm{j}\omega)$ 顺时针方向包围了 $(-1,\mathrm{j}0)$ 点 2 周，即 $R=-2$，由于系统无开环极点位于 s 平面的右半部，故 $P=0$，所以 $Z=P-R=2$，说明系统是不稳定的，并有两个闭环极点在 s 平面的右半部。

需要说明的是，在无穷远处，$\omega=0^-$ 与 $\omega=0^+$ 是连接在一起的，由于限于画图篇幅，只能画出有限半径的奈氏曲线，因此图 5－37 中画出的 $\omega=0^-$ 与 $\omega=0^+$ 虽然没有连在一起，实际上这两点是连在一起的。

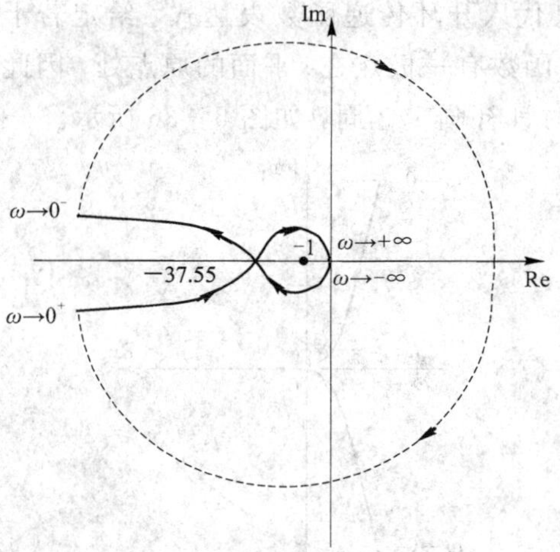

图 5-37　例 5-11 的完整频率特性曲线

5.4.4　根据伯德图判断系统的稳定性

系统开环频率特性的幅相曲线(极坐标图或奈奎斯特图)和伯德图之间存在着一定的对应关系。奈氏图上 $|G(j\omega)H(j\omega)|=1$ 的单位圆与伯德图对数幅频特性的 0 dB 线相对应，单位圆以外对应于 $L(\omega)>0$。奈氏图上的负实轴对应于伯德图上相频特性的 $-\pi$ 线。

如开环频率特性按逆时针方向包围(−1，j0)点一周，则 $G(j\omega)H(j\omega)(0\leqslant\omega\leqslant\infty)$ 必然从上到下穿过负实轴的 $(-1,-\infty)$ 段一次，这种穿越伴随着相角增加，称为正穿越。在正穿越处，$|G(j\omega)H(j\omega)|>1$。相应地在伯德图上，规定在 $L(\omega)>0$ 范围内，相频曲线 $\varphi(\omega)$ 由下而上穿越 $-\pi$ 线为正穿越。反之，如开环频率特性按顺时针方向包围(−1，j0)点一周，则 $G(j\omega)H(j\omega)(0\leqslant\omega\leqslant\infty)$ 必然从下到上穿过负实轴的 $(-1,-\infty)$ 段一次，这种穿越伴随着相角减小，称为负穿越。在负穿越处，$|G(j\omega)H(j\omega)|>1$。相应地在伯德图上，规定在 $L(\omega)>0$ 范围内，相频曲线 $\varphi(\omega)$ 由上而下穿越 $-\pi$ 线为负穿越。请参阅图 5-38，在图上，正穿越以“+”表示，负穿越以“−”表示。

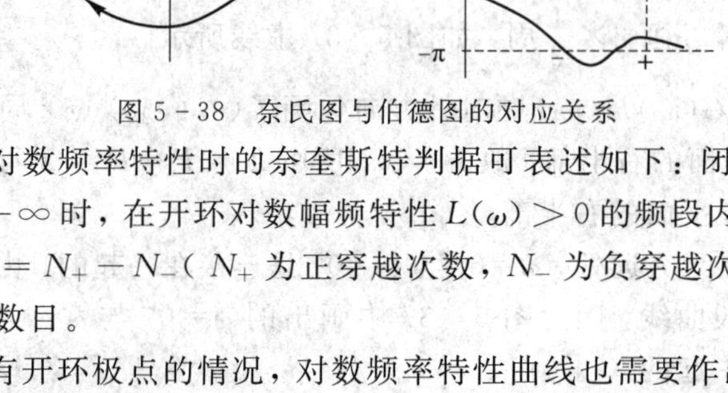

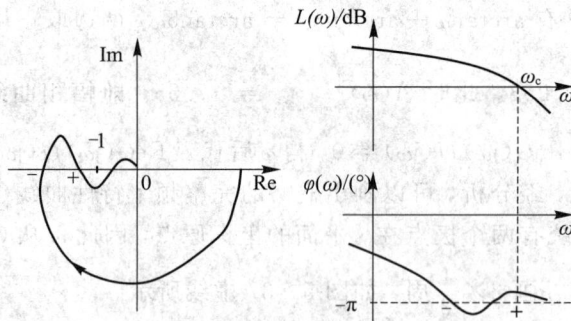

图 5-38　奈氏图与伯德图的对应关系

综上所述，采用对数频率特性时的奈奎斯特判据可表述如下：闭环系统稳定的充要条件是，当 ω 由 0 变到 $+\infty$ 时，在开环对数幅频特性 $L(\omega)>0$ 的频段内，相频特性曲线 $\varphi(\omega)$ 穿越 $-\pi$ 线的次数 $N=N_+-N_-$(N_+ 为正穿越次数，N_- 为负穿越次数)为 $P/2$，P 为 s 平面右半部开环极点的数目。

对于 s 平面原点有开环极点的情况，对数频率特性曲线也需要作出相应的修改。设 ν 为积分环节数目，当 ω 由 0 变到 0^+ 时，相频特性曲线 $\varphi(\omega)$ 应在 ω 趋于 0 处，由上而下补画 $\nu\pi/2$。计算正负穿越次数时，应将补画的曲线看成对数相频曲线的一部分。

例 5-12　一反馈控制系统，其开环传递函数为

$$G(s)H(s)=\frac{K}{s^2(Ts+1)}$$

试用对数频率稳定判据判断系统的稳定性。

解　系统的开环对数频率特性曲线(伯德图)如图 5-39 所示。由于 $G(s)H(s)$ 有两个积分环节，故在对数相频曲线 ω 趋于 0 处，补画了 0° 到 −180° 的虚线，作为对数相频曲线的一部分。显而易见，$N=N_+-N_-=-1$，根据 $G(s)H(s)$ 的表达式可知，$P=0$，所以，$Z=P-2N=2$，说明闭环系统是不稳定的，有 2 个闭环极点位于 s 平面右半部。

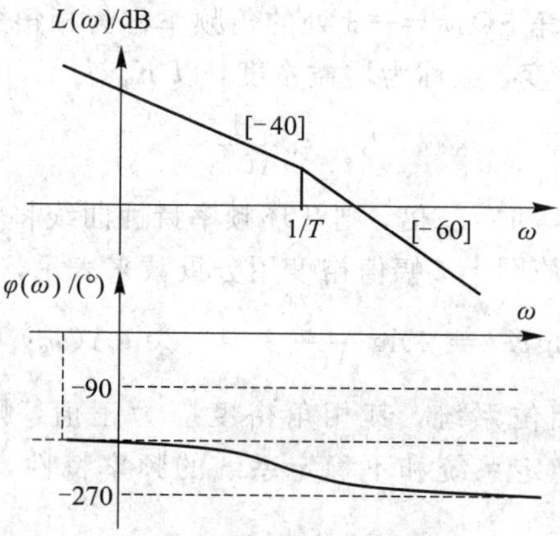

图 5-39　例 5-12 的伯德图

一个反馈控制系统，若开环传递函数在 s 右半平面的极点数 $P=0$，则开环系数(即开环增益)改变时，闭环系统的稳定性将发生变化。

注意到开环增益改变时，只影响系统的开环幅频特性，不影响开环相频特性。所以当开环增益增加时，幅相曲线与负实轴的交点将按比例向左边移动(在伯德图上，表现为对数幅频特性曲线向上移动)，如果开环增益增加到足够大，以至于 $N=N_+-N_-=1-2=-1$，那么 $Z=P-2N=2$，系统就由稳定状态变为不稳定状态；当开环增益减小时，幅相曲线与负实轴的交点将按比例向右边移动(在伯德图上，表现为对数幅频特性曲线向下移动)，如果开环增益减到足够小，以至于 $N=N_+-N_-=0-1=-1$，那么 $Z=P-2N=2$，系统也由稳定状态变为不稳定状态。只有开环增益在一定范围内时，N 才等于零，$Z=P-2N=0$，闭环系统才稳定。故这一系统的稳定是有条件的，这种系统称为条件稳定系统。

5.4.5　系统的相对稳定性和稳定裕度

前面介绍了根据开环频率特性判断系统稳定性的奈奎斯特判据，利用这种方法不仅可以定性地判别系统的稳定性，而且可以定量地反映系统的相对稳定性，即稳定的裕度。后者与系统的暂态响应指标有着密切的关系。

前面已经指出，若开环系统稳定，则闭环系统稳定的充分必要条件是，开环频率特性曲线不包围(−1，j0)点。如果开环频率特性曲线包围(−1，j0)点，则闭环系统是不稳定的，而当开环频率特性曲线穿过(−1，j0)点时，意味着系统处于稳定的临界状态。因此，系统

开环频率特性曲线靠近(−1，j0)的程度表征了系统的相对稳定性，它距离(−1，j0)点越远，闭环系统的相对稳定性越高。

系统的相对稳定性通常用相角裕度 γ 和幅值裕度 K_g 来衡量。

1. 相角裕度

在频率特性上对应于幅值 $A(\omega)=1$ 的角频率称为截止频率 ω_c(或称剪切频率)，在截止频率 ω_c 处，使系统达到稳定的临界状态所要附加的相角滞后量，称为相角裕度，也称为相位裕度，以 γ 表示。不难看出

$$\gamma = 180° + \varphi(\omega_c) \tag{5-84}$$

式中，$\varphi(\omega_c)$ 为开环相频特性在 $\omega=\omega_c$ 处的相角。

2. 幅值裕度 K_g

在频率特性上对应于相角 $\varphi(\omega)=-\pi$ 处的角频率称为相角穿越频率 ω_g，开环幅频特性的倒数 $1/A(\omega_g)$ 称为幅值裕度，也称为增益裕度，以 K_g 表示，即

$$K_g = \frac{1}{A(\omega_g)} \tag{5-85}$$

它是一个系数，若开环增益增加 K_g 倍，则开环频率特性曲线将穿过(−1，j0)点，闭环系统达到稳定的临界状态。在伯德图上，幅值裕度用分贝数来表示，即

$$h = 20\lg K_g = 20\lg\frac{1}{A(\omega_g)} = -20\lg A(\omega_g) \quad (\text{dB}) \tag{5-86}$$

对于一个稳定的最小相位系统，其相角裕度应为正值，幅值裕度应大于1(或大于0 dB)。图5-40中给出了稳定系统和不稳定系统的频率特性，并标明了其相角和幅值裕度，请读者分析比较。

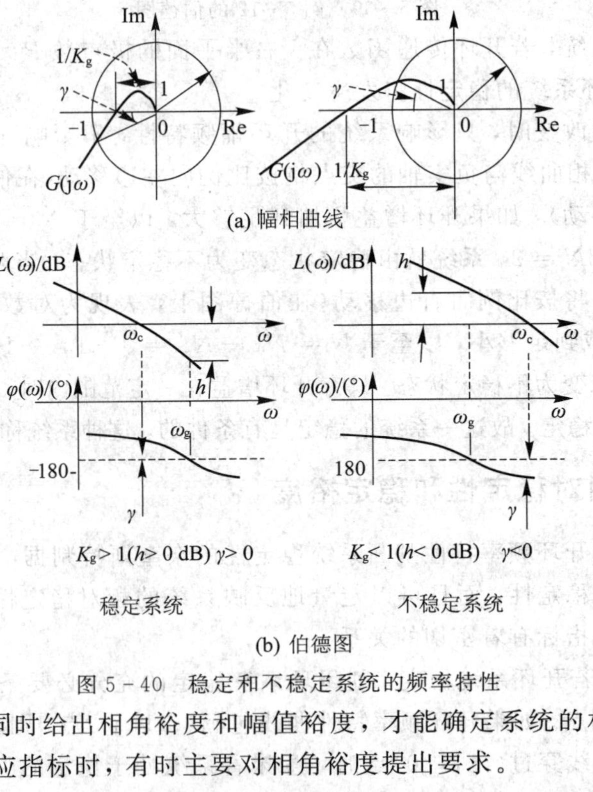

图5-40 稳定和不稳定系统的频率特性

严格地讲，应当同时给出相角裕度和幅值裕度，才能确定系统的相对稳定性。但在粗略估计系统的暂态响应指标时，有时主要对相角裕度提出要求。

保持适当的稳定裕度，可以预防系统中元件性能变化可能对系统稳定性带来的不利影响。为了得到较满意的暂态响应，一般相角裕度应当在30°至70°之间，而幅值裕度应大于6dB。

对于最小相位系统，开环对数幅频和对数相频曲线存在单值对应关系，当要求相角裕度在30°至70°之间时，意味着开环对数幅频曲线在截止频率 ω_c 附近的斜率应大于 −40 dB/dec，且有一定的宽度。在大多数实际系统中，要求斜率为 −20 dB/dec。如果此斜率设计为 −40 dB/dec，则系统即使稳定，相角裕度也过小；如果此斜率为 −60 dB/dec 或更小，则系统通常是不稳定的。

例 5－13　单位负反馈控制系统的开环传递函数为

$$G(s)=\frac{10}{s(0.2s+1)(0.02s+1)}$$

试求系统的相角裕度和幅值裕度的分贝值。

解　概略绘制系统的开环对数频率特性曲线(伯德图)，如图 5－41 所示。

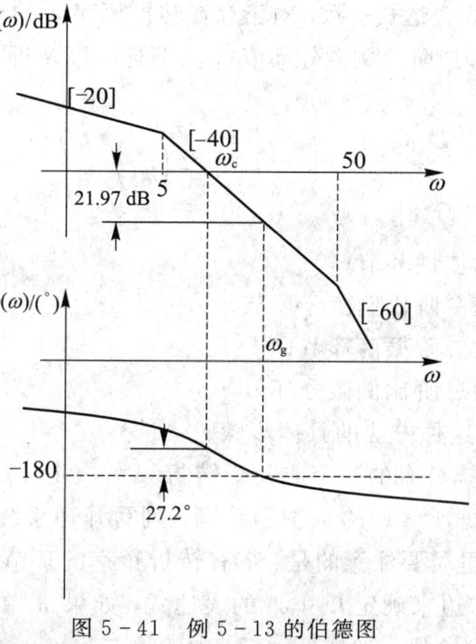

图 5－41　例 5－13 的伯德图

与该系统对应的开环频率特性为

$$G(j\omega)=\frac{10}{j\omega(j0.2\omega+1)(j0.02\omega+1)}$$

$$A(\omega)=\frac{10}{\omega\sqrt{(0.2\omega)^2+1}\sqrt{(0.02\omega)^2+1}}$$

$$\varphi(\omega)=-90°-\arctan0.2\omega-\arctan0.02\omega$$

利用图中关系有

$$20\lg\frac{10}{5}=40\lg\frac{\omega_c}{5}\Rightarrow\omega_c=\sqrt{50}=7.07$$

因此：

$$\gamma=180°+\varphi(\omega_c)=180°-90°-\arctan(0.2\times7.07)-\arctan(0.02\times7.07)=27.2°$$

令 $\varphi(\omega)=-90°-\arctan0.2\omega-\arctan0.02\omega=-180°$，解得

$$\omega_g = 15.81$$

$$A(\omega)\Big|_{\omega=\omega_g=15.81} = \frac{10}{\omega\sqrt{(0.2\omega)^2+1}\sqrt{(0.02\omega)^2+1}}\Bigg|_{\omega=\omega_g=15.81} = 0.182$$

$$h = 20\lg K_g = 20\lg\frac{1}{A(\omega_g)} = -20\lg 0.333 = 21.97\ (\text{dB})$$

所求相角裕度和幅值裕度也标在了图 5-41 中。

5.4.6　截止频率 ω_c 的近似求取法

截止频率 ω_c 是频域分析中一个重要的参数，这里介绍一种不用画出开环系统 $L(\omega)$ 渐近线 $L_c(\omega)$，只利用 $L_c(\omega)$ 表达式就可以方便求出截止频率 ω_c 的方法。

使用这种方法的前提是需要掌握常见典型环节对数幅频特性曲线的渐近线表达式 $L_{c_i}(\omega)$，对于不存在转折频率的环节(如比例、积分和理想微分环节)，其对数幅频特性曲线的渐近线表达式与精确曲线表达式一致，对于存在转折频率 ω_i 的环节(如惯性环节、一阶比例微分环节、二阶振荡环节和二阶比例微分环节)，其渐近线以转折频率 ω_i 为界分为两段，即

$$L_{c_i}(\omega) = \begin{cases} 0, & \omega \leqslant \omega_i \\ (-1)^j 20\lg\left(\dfrac{\omega}{\omega_i}\right)^\lambda, & \omega > \omega_i \end{cases} \tag{5-87}$$

式中，$j=1, 2, \lambda=1, 2$。

当 $j=1, \lambda=1$ 时为惯性环节；

当 $j=2, \lambda=1$ 时为一阶比例微分环节；

当 $j=1, \lambda=2$ 时为二阶振荡环节；

当 $j=2, \lambda=2$ 时为二阶比例微分环节。

下面在此基础上介绍这种方法的具体步骤。

第一步：根据开环系统具有的一个或几个转折频率，可以先假设开环系统的截止频率 ω_c 在某段范围内，然后根据所假设的 ω_c 取值范围，列写开环系统对数幅频特性曲线 $L(\omega)$ 的渐近线表达式 $L_c(\omega)$。这里需要注意的是：带有转折频率的环节要根据所假设的 ω_c 位于其转折频率 ω_i 的左边还是右边来确定 $L_{c_i}(\omega)$ 的表达式，如果 ω_c 在 ω_i 左边，其 $L_{c_i}(\omega)$ 表达式取式(5-87)中的第一段；否则，取式(5-87)中的第二段。

第二步：由 $L_c(\omega_c) = \sum L_{c_i}(\omega_c) = 0$ dB 求出 ω_c，如果求出的 ω_c 值是在第一步中所假设的取值范围内，则第一步中求出的 ω_c 值就是所要求的开环系统的截止频率 ω_c；否则，进入第三步。

第三步：如果 ω_c 的值不是在第一步中所假设的取值范围内，说明假设错误，所求出的 ω_c 不是开环系统真正的截止频率，需要重新假设一个 ω_c 范围，这次假设可以根据第一步中求出的 ω_c 值是在原来假设范围的左边还是右边，进行重新假设，然后重复第一步和第二步，一直到计算出的 ω_c 值位于所假设取值范围之内为止。

例 5-14　系统开环传递函数为

$$G(s)H(s) = \frac{10}{s(0.2s+1)(0.02s+1)}$$

试求该系统的截止频率。

解　本题开环传递函数同例 5-13 相同，例 5-13 是通过作图的方法求解截止频率。本例旨在说明不用画出开环系统伯德图，只利用渐近线表达式求出截止频率 ω_c 的方法。

系统开环频率特性为

$$G(j\omega)H(j\omega)=\frac{10}{j\omega(j0.2\omega+1)(j0.02\omega+1)}$$

其中，有 2 个惯性环节存在转折频率，分别为 $\omega_1=\frac{1}{0.2}=5$，$\omega_2=\frac{1}{0.02}=50$，这两个惯性环节的对数幅频特性渐近线表达式分别为

$$L_{c_1}(\omega)=\begin{cases}0, & \omega\leqslant 5\\ -20\lg 0.2\omega, & \omega>5\end{cases}$$

$$L_{c_2}(\omega)=\begin{cases}0, & \omega\leqslant 50\\ -20\lg 0.02\omega, & \omega>50\end{cases}$$

比例环节：

$$L_{c_3}(\omega)=L_3(\omega)=20\lg 10=20\ \text{dB}$$

积分环节：

$$L_{c_4}(\omega)=L_4(\omega)=-20\lg\omega$$

第一步：假设 $5<\omega_c<50$，根据假设可知 $L_{c_1}(\omega_c)=-20\lg 0.2\omega_c$，$L_{c_2}(\omega_c)=0$ dB。

第二步：由 $L_c(\omega_c)=L_{c_1}(\omega_c)+L_{c_2}(\omega_c)+L_{c_3}(\omega_c)+L_{c_4}(\omega_c)=0$ dB，即 $L_c(\omega_c)=20-20\lg\omega_c-20\lg 0.2\omega_c+0=0$ dB，可得 $\omega_c=\sqrt{50}=7.07$。所求 ω_c 正好位于假设范围之内，因此，该 ω_c 就是系统的开环截止频率，说明假设正确。

下面再看一下如果第一次假设不正确的情况如何使用该方法。

第一步：假设 $\omega_c<5$，根据假设可知 $L_{c_1}(\omega_c)=0$ dB，$L_{c_2}(\omega_c)=0$ dB。

第二步：由 $L_c(\omega_c)=L_{c_1}(\omega_c)+L_{c_2}(\omega_c)+L_{c_3}(\omega_c)+L_{c_4}(\omega_c)=0$ dB，即 $L_c(\omega_c)=20-20\lg\omega_c+0+0=0$ dB，可得 $\omega_c=10$。求出的 ω_c 值不在假设范围之内，说明假设有误，需要重新假设，又由于所求出的 ω_c 值在第一次假设范围的右边，说明新的假设值应该大于原来的假设范围。所以，第二次假设选为 $5<\omega_c<50$，重复第一步和第二步即可。

5.4.7 "三频段"的概念

由奈氏判据可知，稳定系统的开环幅相特性 $G(j\omega)$ 曲线距离(-1，j0)点的远近反映了系统的稳定程度，即系统动态过程的平稳性，而 $G(j\omega)$ 曲线靠近(-1，j0)点的部位相当于系统开环对数幅频曲线 $20\lg|G(j\omega)|$ 和 0 dB 线交点附近的区段。交点处的角频率称为截止频率 ω_c，因此说 $20\lg|G(j\omega)|$ 在 ω_c 附近的特性对闭环系统的 $\sigma\%$ 和 t_s 起着主要的影响。如图 5-42 所示，这一区段称为 $20\lg|G(j\omega)|$ 的中频段。另外，由时域分析法知，稳态误差主要取决于系统开环传递函数中积分环节的数目和开环增益，这反映在开环对数幅频曲线 $20\lg|G(j\omega)|$ 的低频段。

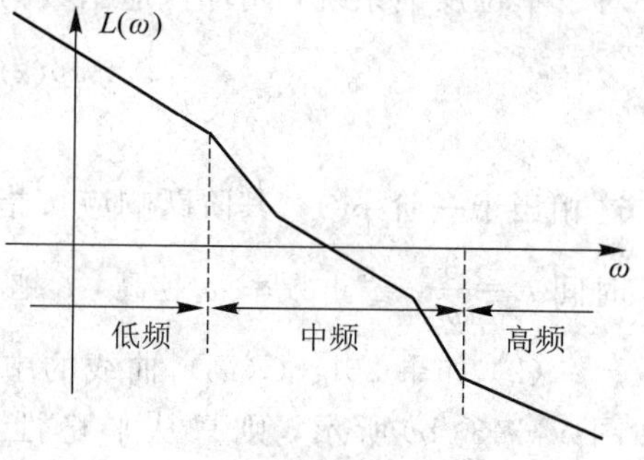

图 5-42　频率特性的三个频段

下面介绍“三频段”的概念。

1. 低频段

低频段通常是指 $20\lg|G(j\omega)|$ 的渐近线在第一个转折频率以前的频率区段，这一段的特性完全由积分环节和开环增益决定。

设低频段的传递函数为 $G(s)=K/s^{\nu}$，则低频段的对数幅频特性为

$$20\lg|G(j\omega)|=20\lg K-\nu\times 20\lg\omega \tag{5-88}$$

ν 为不同值时，低频段对数幅频曲线为斜率不等的一些直线，斜率为 -20νdB/dec。低频段的斜率越小，位置越高，对应于系统积分环节数目越多，开环增益越大，则闭环系统在满足稳定的条件下，其稳态误差越小，说明系统的精度越高。

2. 中频段

中频段是指开环对数幅频曲线 $20\lg|G(j\omega)|$ 在截止频率 ω_c 附近(或 0 dB 附近)的区段，一般也指开环频率特性的最小转折频率与最大转折频率之间的区段，这段的特性集中反映了闭环系统动态响应的稳定性和快速性。下面在假定闭环系统稳定的条件下，对两种极端情况进行分析。

(1) 如果 $20\lg|G(j\omega)|$ 曲线的中频段斜率为 -20 dB/dec，且占据的频率区间较宽，如图 5-43(a)所示，则只从平稳性和快速性着眼，可近似认为整个开环特性为斜率是 -20 dB/dec 的直线，其对应的开环传递函数为

$$G(s)=\frac{K}{s}=\frac{\omega_c}{s} \tag{5-89}$$

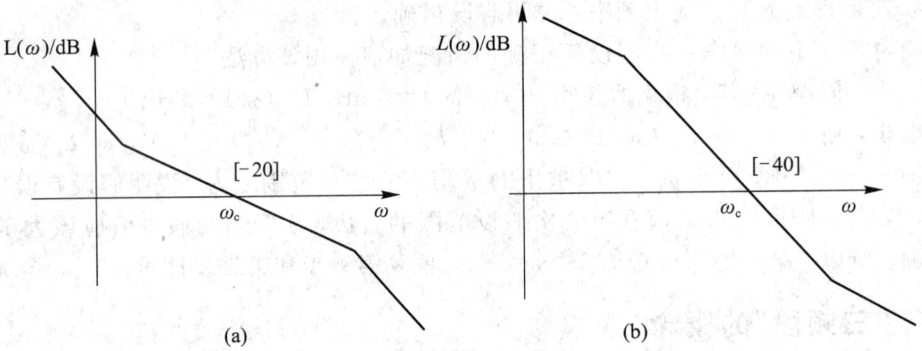

图 5-43　中频段对数幅频特性曲线

对于单位反馈系统，闭环传递函数为

$$\Phi(s)=\frac{G(s)}{1+G(s)}=\frac{1}{\dfrac{s}{\omega_c}+1} \tag{5-90}$$

这相当于一阶系统。其阶跃响应按指数规律变化，没有振荡，即有较高的稳定程度，而调节时间 $t_s=\dfrac{3}{\omega_c}$，截止频率 ω_c 越高，t_s 越小，系统的快速性越好。

(2) 如果 $20\lg|G(j\omega)|$ 曲线的中频段斜率为 -40 dB/dec，且占据的频率区间较宽，如图 5-43(b)所示，则只从平稳性和快速性着眼，可近似认为整个开环特性为斜率是 -40 dB/dec的直线，其对应的开环传递函数为

$$G(s)=\frac{K}{s^2}=\frac{\omega_c^2}{s^2} \tag{5-91}$$

对于单位反馈系统，闭环传递函数为

$$\Phi(s)=\frac{G(s)}{1+G(s)}=\frac{\omega_c^2}{s^2+\omega_c^2} \tag{5-92}$$

这相当于零阻尼的二阶系统。系统处于临界稳定状态，动态过程持续振荡。

因此，中频段斜率如为－40 dB/dec，所占频率不宜过宽，否则，$\sigma\%$及 t_s 显著增加。中频段斜率越陡，闭环系统越难以稳定。故通常取 $20\lg|G(j\omega)|$ 曲线在截止频率 ω_c 附近(＋20 dB～－10 dB)的斜率为－20 dB/dec，以期得到良好的平稳性；而以通过提高 ω_c 来保证快速性的要求。

3. 高频段

高频段是指 $20\lg|G(j\omega)|$ 曲线在中频段以后($\omega>10\omega_c$)的区段，通常也指最大转折频率右边的频率区间，这部分特性是由系统中时间常数很小、频带很高的部件决定的。由于远离 ω_c，一般分贝值又较低，故对系统的动态响应影响不大，近似分析时可以只保留一两个部件特性的作用，而将其他高频部件当作放大环节处理。

另外，从系统抗干扰性的角度来看，高频段特性是有其意义的。由于高频部件开环幅频一般较低，即 $20\lg|G(j\omega)|\ll 0$，$|G(j\omega)|\ll 1$，故对单位负反馈系统，有

$$|\Phi(j\omega)|=\left|\frac{G(j\omega)}{1+G(j\omega)}\right|\approx|G(j\omega)| \tag{5-93}$$

即闭环幅频等于开环幅频。

因此，系统开环对数幅频在高频段的幅值直接反映了系统对输入端高频干扰信号的抑制能力。这部分特性的分贝值越低，系统的抗干扰能力就越强。

三个频段的划分并没有很严格的确定性准则。但是“三频段”的概念为直接运用开环特性判别稳定的闭环系统的动态性能指出了原则和方向。

习　题　5

5-1　已知系统单位阶跃输入下的输出 $c(t)=1-1.5e^{-2t}+0.5e^{-5t}(t\geqslant 0)$，求系统的频率特性表达式。

5-2　已知单位负反馈系统的开环传递函数为 $G(s)=\frac{6}{s+2}$，试求当下列输入信号作用于闭环系统时系统的稳态输出。

(1) $r(t)=\sin(t+10°)$；

(2) $r(t)=3\cos(2t+25°)$；

(3) $r(t)=\sin(3t+40°)-2\cos(5t-45°)$。

5-3　试求图 5-44 所示网络的频率特性，其中 $R_1=10\ \text{k}\Omega$，$R_2=40\ \text{k}\Omega$，$C=2\ \mu\text{F}$，绘制其幅相频率特性曲线。

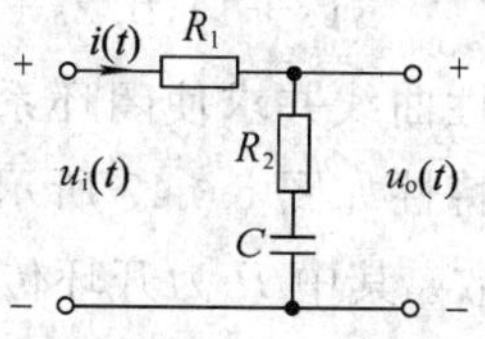

图 5-44　题 5-3 所示网络

5-4　已知某单位负反馈系统的开环传递函数为 $G(s)=\dfrac{K}{s(Ts+1)}$，在正弦信号 $r(t)=\sin 5t$ 作用下，闭环系统的稳态响应 $c_s(t)=\sin\left(5t-\dfrac{\pi}{2}\right)$，试计算 K、T 的值。

5-5　已知系统传递函数如下，试分别概略绘制各系统的幅相频率特性曲线(极坐标图)。

(1) $G(s)=\dfrac{10}{(s+1)(0.1s+1)}$；　(2) $G(s)=\dfrac{5}{s(s+1)}$；

(3) $G(s)=\dfrac{10(s+1)}{s(5s+1)}$；　(4) $G(s)=\dfrac{K(0.5s+1)}{s^2(0.2s+1)}$；

(5) $G(s)=\dfrac{150}{s(s+5)(s+15)}$；　(6) $G(s)=\dfrac{20}{s(s^2+s+1)}$；

(7) $G(s)=\dfrac{2}{s(s-1)}$；　(8) $G(s)=\dfrac{2s-1}{0.2s+1}$。

5-6　系统开环传递函数如下，试分别绘制各系统的对数幅频特性渐近线和对数相频特性曲线。

(1) $G(s)=\dfrac{16}{(2s+1)(8s+1)}$；

(2) $G(s)=\dfrac{10(0.5s+1)}{s^2}$；

(3) $G(s)=\dfrac{20(s+0.2)}{s^2(s+0.1)}$；

(4) $G(s)=\dfrac{10(s-40)}{s(s+8)}$。

5-7　试概略绘制下列传递函数相应的对数幅频特性渐近线。

(1) $G(s)=\dfrac{8(s+0.1)(s+10)}{s(s^2+4s+25)(s^2+s+1)}$；

(2) $G(s)=\dfrac{10}{s(s-1)(0.1s+1)}$；

(3) $G(s)=\dfrac{100(0.02s+1)}{s^2(0.5s+1)(10s+1)}$；

(4) $G(s)=\dfrac{10(s+1)^2}{s^2+\sqrt{2}s+2}$。

5-8　已知系统的传递函数为

$$G(s)=\frac{K}{s(s+1)(0.2s+1)}$$

试绘制系统的开环幅相频率特性曲线并求使闭环系统稳定的临界增益 K 值。

5-9　已知系统开环幅相频率特性如图 5-45 所示，试根据奈氏判据判别系统的稳定性，并说明闭环右半平面的极点个数。其中 P 为开环传递函数在 s 右半平面的极点数，ν 为开环积分环节的个数。

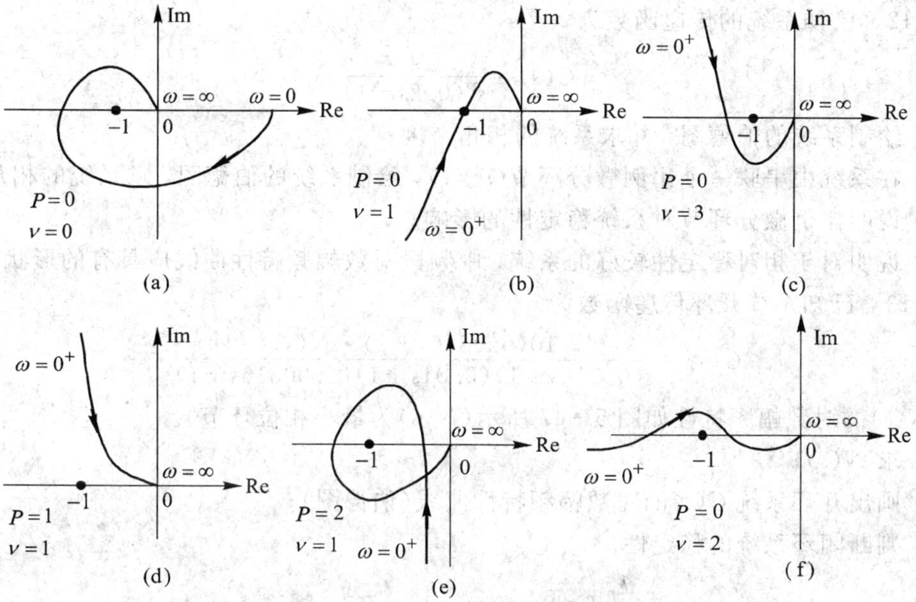

图 5 - 45　题 5 - 9 系统开环幅相频率特性

5 - 10　已知单位负反馈系统的开环传递函数，根据要求求解。

(1) $G(s)=\dfrac{as+1}{s^2}$，试确定使相角裕度等于 45°的 a 值；

(2) $G(s)=\dfrac{K}{(0.01s+1)^3}$，试确定使相角裕度等于 45°的 K 值；

(3) $G(s)=\dfrac{K}{s(s^2+s+100)}$，试确定使幅值裕度等于 20 dB 的 K 值。

5 - 11　已知最小相位系统的开环对数幅频特性渐近线如图 5 - 46 所示，试求相应的开环传递函数。

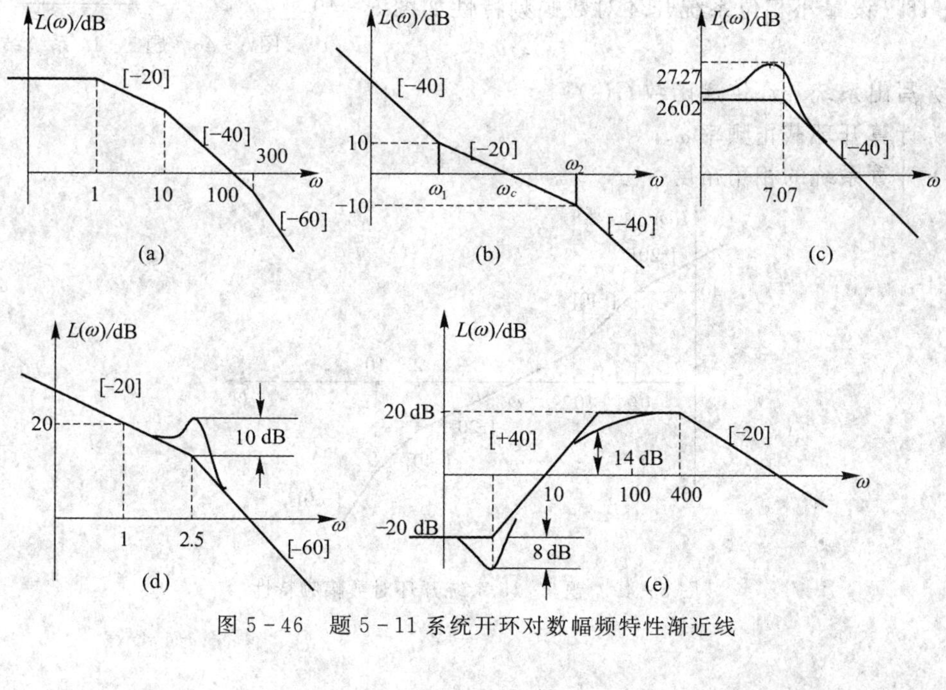

图 5 - 46　题 5 - 11 系统开环对数幅频特性渐近线

5-12　已知系统的传递函数为

$$G(s)=\frac{4}{s^2(0.2s+1)}$$

(1) 绘制系统的伯德图，并求系统的相角裕度；

(2) 在系统中串联一个比例微分环节$(s+1)$，绘制系统的伯德图，求系统的相角裕度；

(3) 说明比例微分环节对系统稳定性的影响；

(4) 说明对于相对稳定性较好的系统，中频段对数幅频特性曲线应具有的形状。

5-13　已知系统开环传递函数为

$$G(s)=\frac{10(0.0316s+1)\cdot N(s)}{s(0.316s+1)(0.01s+1)(0.00316s+1)}$$

其中，$N(s)$的对数幅频特性如图 5-47 所示（$N(s)$为最小相位环节）。

(1) 求 $N(s)$；

(2) 画出开环系统 $G(s)$的对数幅频特性曲线（伯德图）；

(3) 判断闭环系统的稳定性。

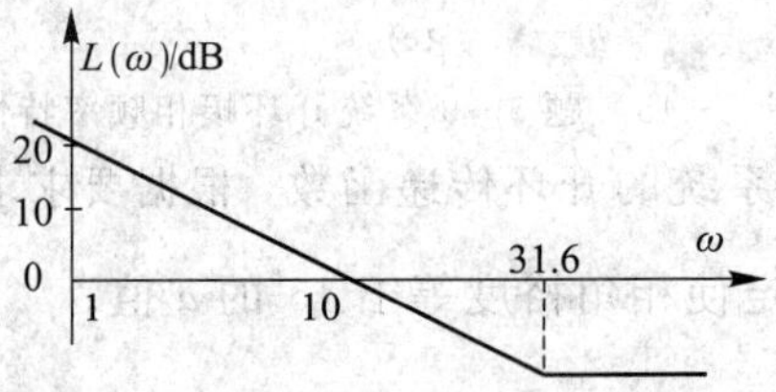

图 5-47　题 5-13$N(s)$的对数幅频特性

5-14　某控制系统结构图如图 5-48 所示。

(1) 绘制系统的奈氏曲线；

(2) 用奈氏判据判断闭环系统的稳定性，并说明在 s 平面右半面的闭环极点数。

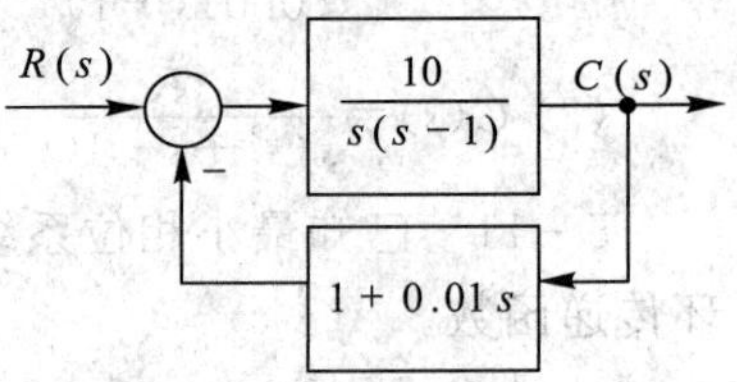

图 5-48　题 5-14 系统结构图

5-15　设最小相位系统开环对数幅频特性如图 5-49 所示。

(1) 写出系统开环传递函数 $G(s)$；

(2) 计算开环截止频率 ω_c；

(3) 计算系统的相角裕度。

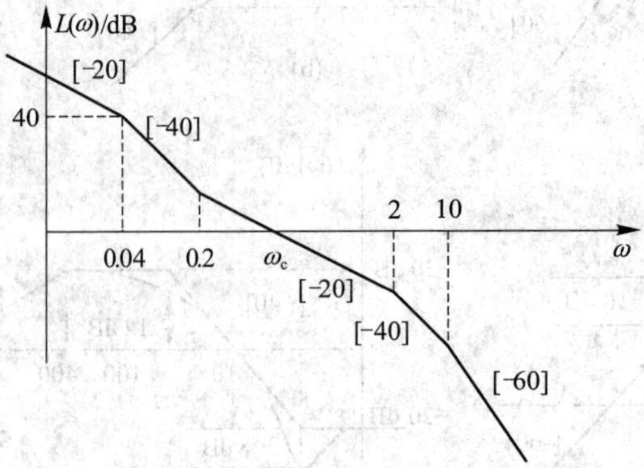

图 5-49　题 5-15 系统开环对数幅频特性

5－16　设单位反馈系统开环传递函数为 $G(s)=\dfrac{10(s+1)}{s^2(s-1)}$，依据下述两种曲线判断闭环系统的稳定性：

(1) 概略幅相频率特性曲线；

(2) 概略对数频率特性曲线。

5－17　已知某系统的结构图和对数幅频特性如图 5－50 所示(系统为最小相位系统)。

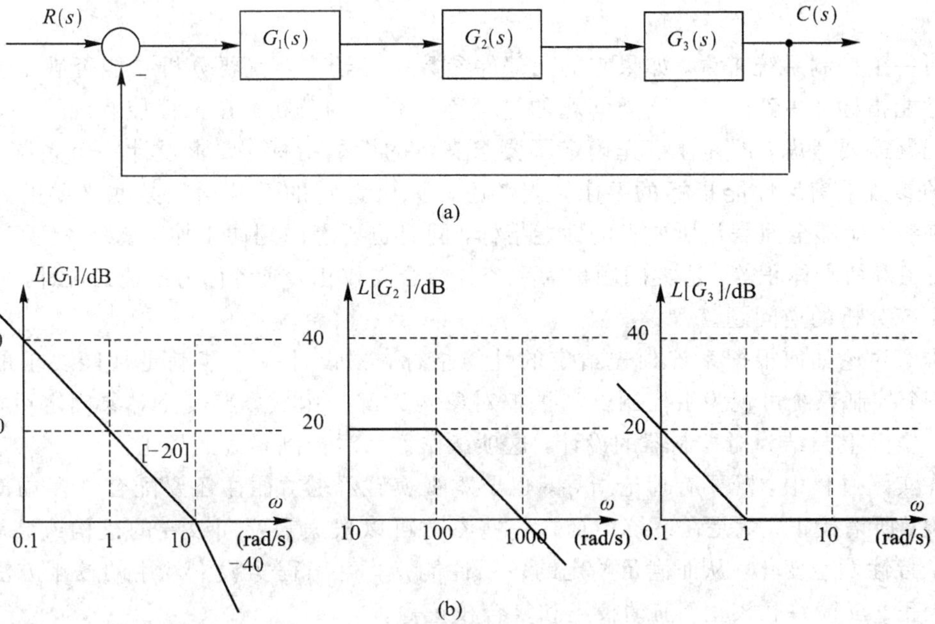

图 5－50　题 5－17 系统结构图和各环节的对数幅频特性

试求出系统的开环传递函数和系统的相角裕度。

5－18　设单位反馈系统的开环传递函数为

$$G(s)=\frac{K}{s(0.2s+1)(0.05s+1)}$$

试通过奈氏稳定性判据判断闭环系统稳定时 K 的取值范围。

(1) 绘制开环频率特性的幅相曲线；

(2) 通过奈奎斯特稳定性判据分析闭环系统的稳定性(分析 K 的范围)。

5－19　已知系统开环传递函数为 $G(s)=\dfrac{40(0.5s+1)}{s(2s+1)(0.025s+1)}$。试绘制系统开环对数幅频特性渐近线 $L(\omega)$，并利用相角裕度判断系统稳定性。

第 6 章　控制系统的校正

对一个控制系统来说，如果它的元部件参数已经给定，就要分析它能否满足所要求的各项性能指标，一般把解决这类问题的过程称为系统的分析。在工程控制问题中，还有另一类问题需要考虑，即往往事先确定了要求满足的性能指标，要求设计一个系统，并选择适当的参数来满足性能指标的要求，或考虑对原已选定的系统增加某些必要的元件或环节，使系统能够全面满足所要求的性能指标，同时也要考虑到便于加工、经济性好、可靠性高、使用寿命和体积等，这类问题称为系统的综合与校正，或者称为系统的设计。可以把它看作系统分析的逆问题。

本章讨论如何根据系统预先给定的性能指标，去设计一个能满足性能要求的控制系统。一个控制系统可视为由控制器和被控对象两大部分组成，当被控对象确定后，对系统的设计实际上归结为对控制器的设计，这项工作称为对控制系统的校正。

在实际过程中，既要有理论指导，也要重视实践经验，往往还要配合许多局部和整体的试验。所谓校正，就是在系统中加入一些参数可以根据需要而改变的机构或装置，使系统整个特性发生变化，从而满足给定的各项性能指标。工程实践中常用的校正方法主要有串联校正、反馈并联校正、前馈校正和复合校正等。

6.1　系统的设计与校正问题

6.1.1　被控对象

被控对象和控制装置同时进行设计是比较合理的，可以充分发挥控制的作用，往往能使被控对象获得特殊的、良好的技术性能，甚至使复杂的被控对象得以改造而变得异常简单。某些生产过程的合理控制可以大大简化工艺设备。然而，相当多的场合还是先给定被控对象，之后进行系统设计。但无论如何，对被控对象要作充分的了解是不容置疑的。要详细了解被控对象的工作原理和特点，如哪些参量需要控制、哪些参量能够测量、可以通过哪几个机构进行调整、对象的工作环境和干扰如何，等等。还必须尽可能准确地掌握被控对象的动态数学模型，以及对象的性能要求，这些都是系统设计的主要依据。

6.1.2　控制系统的性能指标

控制系统的时域性能指标（也称直接指标）包括稳态性能指标和动态性能指标，其中稳态性能指标主要有：稳态误差 e_{ss}、系统的无差度 ν、静态位置误差系数 K_p、静态速度误差系数 K_v、静态加速度误差系数 K_a；动态性能指标主要有：超调量 $\sigma\%$、上升时间 t_r、调节时间 t_s。

控制系统的频域指标（间接指标）主要有：开环截止频率 ω_c、中频带宽度 h、相角裕度

γ、幅值裕度 K_g。

闭环频率特性主要有：谐振峰值 M_r、谐振频率 ω_r、带宽频率(简称为带宽)ω_b。

性能指标通常是由控制系统的使用单位或被控对象的设计制造单位提出的。不同的系统对指标的要求应有所侧重，如调速系统对平稳性和稳态精度要求较高，而随动系统则对快速性期望很高。性能指标的提高要有根据，不能脱离实际的可能。例如，要求系统响应快，则必须使运动部件具有较高的速度和加速度，从而导致其承受过大的离心载荷和惯性载荷，如超过强度极限就会遭到破坏。此外，能源的功率也是有限制的，超过最大也将可能无法实现。性能指标在一定程度上决定了系统的工艺性、可靠性和成本。除一般性能指标外，具体系统往往还有一些特殊的要求，如低速平稳性、对变载荷的适应性等，也要在系统设计中给予相应的考虑。

目前，工业技术界多习惯采用频率法性能指标，故通常通过近似公式进行两种指标的互换。

1. 二阶系统频域指标与时域指标的关系

谐振峰值 $M_r=\dfrac{1}{2\xi\sqrt{1-\xi^2}}$， $0\leqslant\xi\leqslant 0.707$ (6-1)

谐振频率 $\omega_r=\omega_n\sqrt{1-2\xi^2}$ (6-2)

带宽频率 $\omega_b=\omega_n\sqrt{1-2\xi^2+\sqrt{(1-2\xi^2)^2+1}}$ (6-3)

截止频率 $\omega_c=\omega_n\sqrt{\sqrt{4\xi^4+1}-2\xi^2}$ (6-4)

相角裕度 $\gamma=\arctan\dfrac{2\xi}{\sqrt{\sqrt{4\xi^4+1}-2\xi^2}}$ (6-5)

超调量 $\sigma\%=e^{\frac{-\pi\xi}{\sqrt{1-\xi^2}}}\times 100\%$ (6-6)

调节时间 $t_s=\dfrac{3.5}{\xi\omega_n}$ 或 $\omega_c t_s=\dfrac{7}{\tan\gamma}$ (6-7)

2. 高阶系统频域指标与时域指标的关系

谐振峰值 $M_r\approx\dfrac{1}{\sin\gamma}$ (6-8)

超调量 $\sigma\approx 0.16+0.4(M_r-1)$， $1\leqslant M_r\leqslant 1.8$ (6-9)

调节时间 $t_s\approx\dfrac{K\pi}{\omega_c}$，$K=2+1.5(M_r-1)+2.5(M_r-1)^2$， $1\leqslant M_r\leqslant 1.8$ (6-10)

6.1.3 系统带宽的选择

带宽频率是一项重要指标。无论采用哪种校正方式，都要求校正后的系统既能以所需精度跟踪输入信号，又能抑制噪声扰动信号。在控制系统实际运行中，输入信号一般是低频信号，而噪声信号是高频信号。系统带宽的选择如图6-1所示。

如果输入信号的带宽为 ω_m，则

$$\omega_b=(5\sim 10)\omega_m \tag{6-11}$$

带宽是在闭环频率特性上定义的，它表示了一个系统跟踪输入正弦信号的最大频率。按一般定义，输出衰减到0.707的频率称为系统的带宽。在频率法中，整个闭环系统可以

看作是一个低通滤波器，带宽越宽，输出复现精度就越高，带宽反映了系统的响应速度，所以设计的时候总希望带宽要宽。但带宽的值要受到噪声误差和不确定性的限制。否则，或者是噪声误差太大，或者是所设计的系统实际上不能稳定工作。

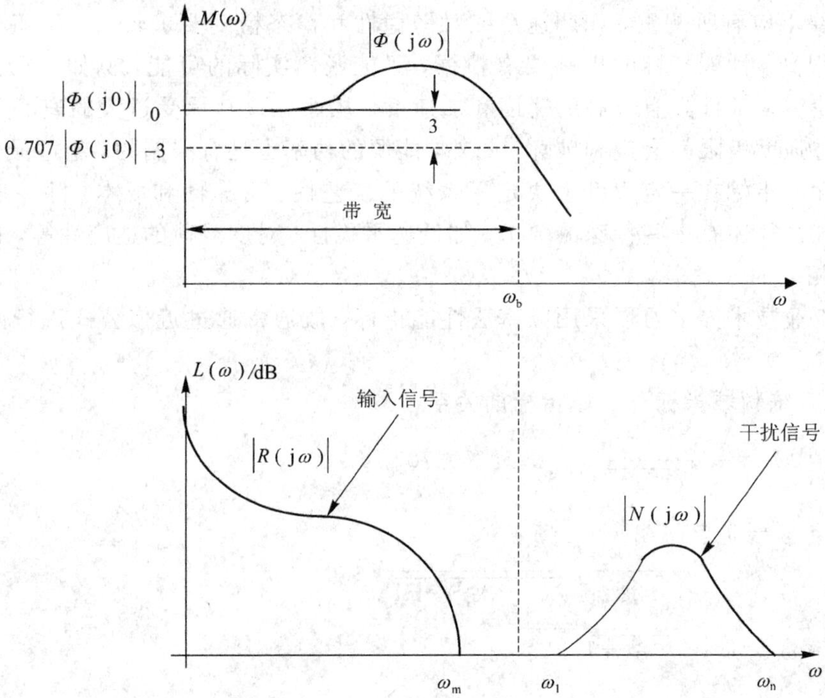

图 6-1 系统带宽的选择

6.1.4 校正方式

所谓校正，就是在系统中加入一些其参数可以根据需要而改变的机构或装置，使系统整个特性发生变化，从而满足给定的各项性能指标，这一附加的装置称为校正装置。加入校正装置后使未校正系统的缺陷得到补偿，这就是校正的作用。常用的校正方式有串联校正、反馈校正、前馈校正和复合校正四种。

串联校正装置一般接在系统误差测量点之后和放大器之前，串接于系统前向通道之中。反馈校正装置接在系统局部反馈通路中。串联校正与反馈校正如图 6-2 所示。

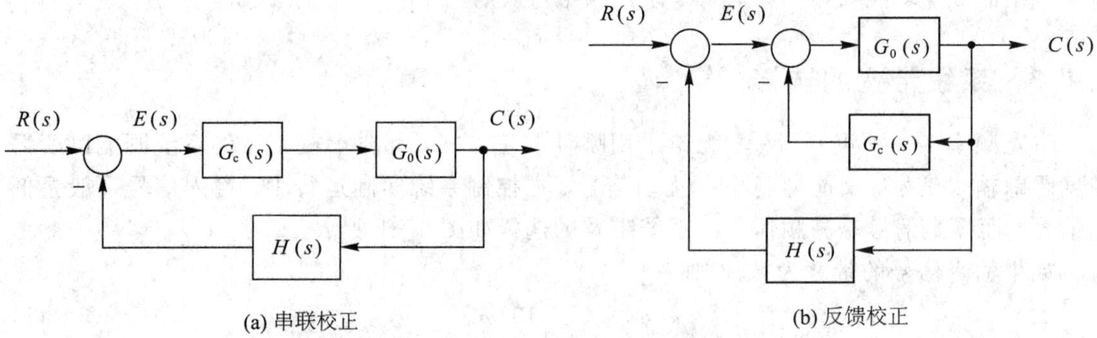

图 6-2 串联校正与反馈校正

前馈校正又称顺馈校正，是在系统主反馈回路之外采用的校正方式。前馈校正装置接在系统给定值之后及主反馈作用点之前的前向通道上，如图 6-3(a)所示，这种校正方式的作用相当于对给定值信号进行整形或滤波后，再送入系统；另一种前馈校正装置接在系统可测扰动作用点与误差测量点之间，对扰动信号进行直接或间接测量，并经过变换后接入系统，形成一条附加的对扰动影响进行补偿的通道，如图 6-3(b)所示。前馈校正可单独作用于开环控制系统，也可作为反馈控制系统的附加校正而组成复合控制系统。

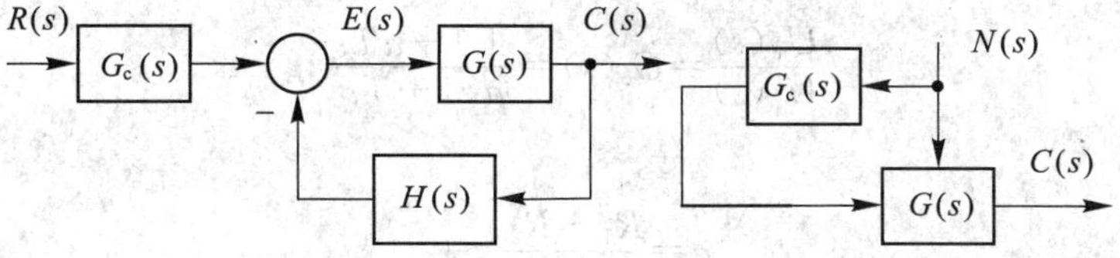

(a) 前馈校正(对给定值处理)　　(b) 前馈校正(对扰动的补偿)

图 6-3　前馈校正图

复合校正方式是在反馈控制回路中，加入前馈校正通路，组成一个有机整体，如图 6-4 所示。

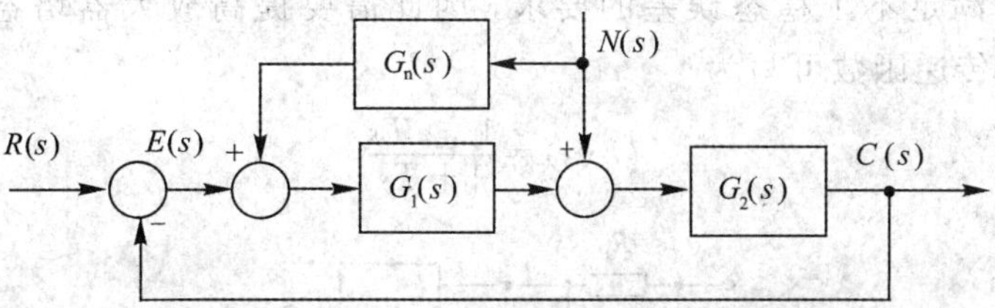

(a) 按扰动补偿的复合控制

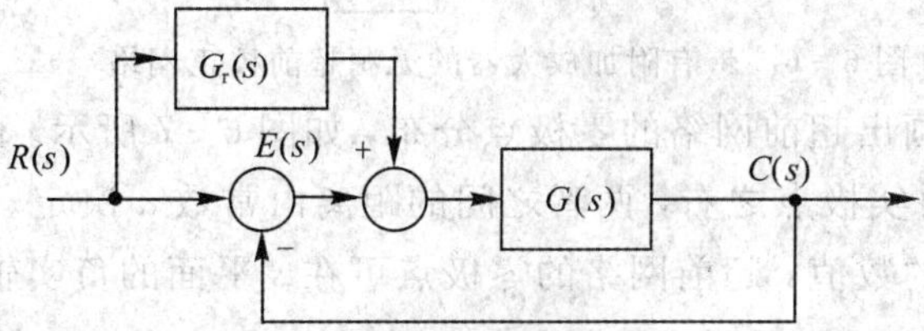

(b) 按输入补偿的复合控制

图 6-4　复合校正

在控制系统设计中，常用的校正方式为串联校正和反馈校正两种。究竟选用哪种校正方式，取决于系统中的信号性质、技术实现的方便性、可供选用的元件、抗扰性要求、经济性要求、环境使用条件及设计者的经验等因素。

由于串联校正结构的校正装置位于低能源端，因此装置简单、调整灵活、成本低。而反馈校正结构的校正装置其输入信号直接取自输出信号，是从高能源端得到的，因此校正装置费用高，调整不方便，但是可以获得高灵敏度与高稳定度。

6.2　频率法串联超前校正

6.2.1　无源超前校正网络及其特性

一般而言，当控制系统的开环增益增大到满足其静态性能所要求的数值时，系统有可能不稳定，或者即使稳定，其动态性能一般也不会理想。在这种情况下，需在系统的前向通路中增加超前校正装置，以实现在开环增益不变的前提下，系统的动态性能亦能满足设计的要求。

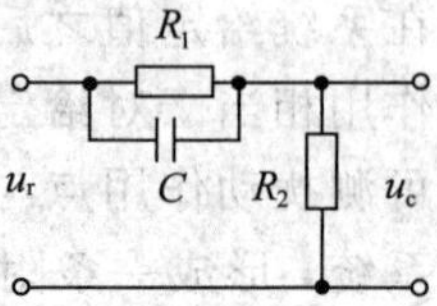

图 6-5　无源超前网络

图 6-5 为常用的无源超前网络。假设该网络信号源的阻抗很小，可以忽略不计，而输出负载的阻抗为无穷大，则其传递函数为

$$\frac{U_c(s)}{U_r(s)}=G_c(s)=\frac{1}{a}\frac{1+aTs}{1+Ts} \tag{6-12}$$

式中

$$a=\frac{R_1+R_2}{R_2}>1 \tag{6-13}$$

$$T=\frac{R_1R_2}{R_1+R_2}C \tag{6-14}$$

由式(6-12)可见：采用无源超前网络进行串联校正时，校正后系统的开环放大系数要下降 a 倍，这样就满足不了稳态误差的要求，因此需要提高放大器增益加以补偿，如图 6-6所示。此时的传递函数可写为

$$G_c(s)=\frac{1+aTs}{1+Ts} \tag{6-15}$$

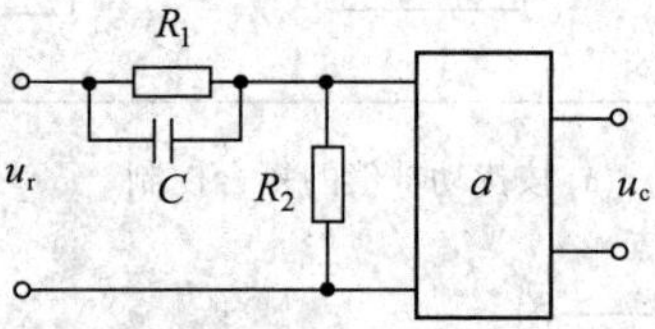

图 6-6　带有附加放大器的无源超前校正网络

根据式(6-15)，可画出超前网络的零极点分布，如图 6-7 所示。由于 $a>1$，故超前网络的负实零点总是位于负实极点之右，两者之间的距离由常数 a 决定。可知改变 a 和 T(即电路的参数 R_1，R_2，C)的数值，超前网络的零极点可在 s 平面的负实轴任意移动。

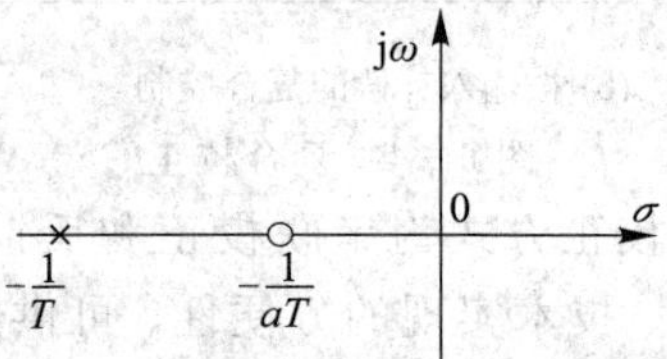

图 6-7　无源超前网络零极点分布

对应式(6-15)，求其对数频率特性得

$$20\lg|G_c(j\omega)|=20\lg\sqrt{1+(aT\omega)^2}-20\lg\sqrt{1+(T\omega)^2} \tag{6-16}$$

$$\varphi_c(\omega)=\arctan aT\omega-\arctan T\omega=\arctan\frac{(a-1)T\omega}{1+aT^2\omega^2} \tag{6-17}$$

画出无源超前网络的对数频率特性(即伯德图)如图 6-8 所示。显然，超前网络对频率在$\frac{1}{aT}$至$\frac{1}{T}$之间的输入信号有明显的微分作用，在该频率范围内输出信号相角比输入信号相角超前，超前网络的名称由此而得。

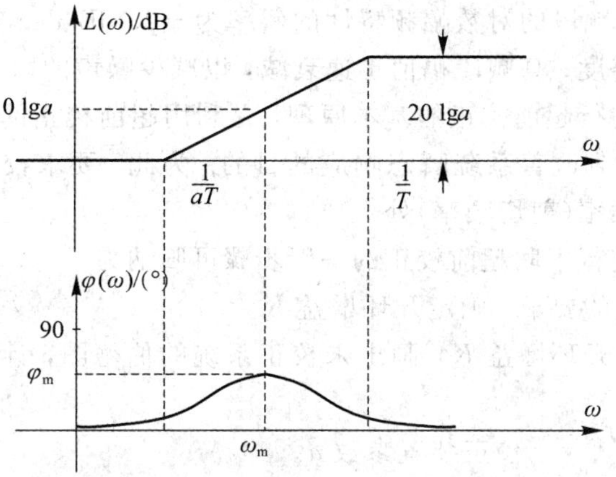

图 6-8 无源超前网络的伯德图

将式(6-17)求导并令其为零，得最大超前角频率为

$$\omega_{m}=\frac{1}{T\sqrt{a}} \tag{6-18}$$

因为

$$\frac{1}{2}\left(\lg\frac{1}{aT}+\lg\frac{1}{T}\right)=\frac{1}{2}\lg\frac{1}{aT^{2}}=\frac{1}{2}\lg\omega_{m}^{2}=\lg\omega_{m} \tag{6-19}$$

所以 φ_{m}正好处于频率 $\omega_{1}=\frac{1}{aT}$与 $\omega_{2}=\frac{1}{T}$的几何中心。故有

$$L_{c}(\omega_{m})=10\lg a \tag{6-20}$$

将式(6-18) 代入式(6-17)，得最大超前角

$$\varphi_{m}=\arctan\frac{a-1}{2\sqrt{a}}=\arcsin\frac{a-1}{a+1} \tag{6-21}$$

或

$$a=\frac{1+\sin\varphi_{m}}{1-\sin\varphi_{m}} \tag{6-22}$$

φ_{m}与 a 的关系如图 6-9 所示。

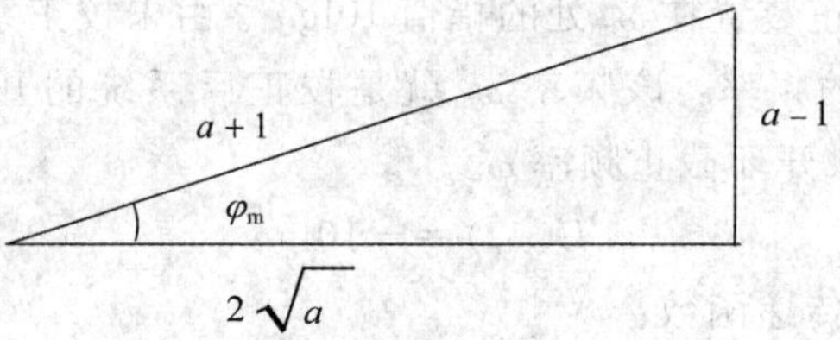

图 6-9 φ_{m}与 a 的关系图

式(6-21)和式(6-22)表明：φ_{m}仅与 a 有关。$a\uparrow\rightarrow\varphi_{m}\uparrow$，但 a 不能取得太大(为了保证较高的信噪比)，a 一般不超过 20。一般一级超前校正装置所能提供的最大超前相位角 $\varphi_{m}\leqslant 60^{\circ}$。

6.2.2 频率法串联超前校正

用频率法对系统进行校正的基本思路是通过所加的校正装置，改变系统开环频率特性的形状，即要求校正后系统的开环频率特性应该具有如下特点：低频段的增益充分大，满足稳态误差的要求；中频段的对数幅频特性的斜率为−20 dB/dec，并具有较宽的频带，以保证具备适当的相角裕度；高频段幅值迅速衰减，以减少噪声的影响。

用频率法对系统进行超前校正的基本原理，是利用超前校正网络的相位超前特性来增大系统的相位裕量，达到改善系统瞬态响应的目的。为此，要求校正网络最大的相位超前角出现在系统的截止频率(剪切频率)处。

用频率法对系统进行串联超前校正的一般步骤可归纳为：

(1) 根据稳态误差的要求，确定开环增益 K。

(2) 根据所确定的开环增益 K，画出未校正系统的伯德图，计算未校正系统的截止频率 ω_c 和相角裕度 γ。

(3) 计算校正后 ω_c'、γ'、校正装置参数 a。

① 如果对校正后系统的截止频率 ω_c' 已提出要求，则可选定 ω_c'。在伯德图上求得未校正系统的 $L(\omega_c')$，取 $\omega_m=\omega_c'$，充分利用网络的相角超前特性，则

$$L(\omega_c')+10\lg a=0 \tag{6-23}$$

$$T=\frac{1}{\omega_m\sqrt{a}} \tag{6-24}$$

由式(6-23)可求出 a，由式(6-24)可求出 T。

写出校正装置的传递函数，验证已校正系统的相角裕度 γ''。

② 如果对校正后系统的截止频率 ω_c' 未提出要求，可从给出的相角裕度 γ' 出发，先确定 φ_m，再求 a，再确定 ω_c'。此时

$$\varphi_m=\gamma'-\gamma+\Delta \tag{6-25}$$

式中，Δ 是用于补偿因超前校正装置的引入使系统截止频率右移而带来的相角滞后量。Δ 值通常是这样估计的：如果未校正系统的开环对数幅频特性在截止频率处的斜率为−40 dB/dec，一般取 $\Delta=5°\sim10°$；如果为−60 dB/dec，则取 $\Delta=15°\sim20°$。

根据所确定的最大相位超前角 φ_m，按

$$a=\frac{1+\sin\varphi_m}{1-\sin\varphi_m} \tag{6-26}$$

算出 a 的值，然后计算校正装置在 ω_m 处的幅值 $10\lg a$。由未校正系统的对数幅频特性曲线，求得其幅值为 $-10\lg a$ 处的频率，该频率 ω_m 就是校正后系统的开环截止频率 ω_c'，即 $\omega_c'=\omega_m$，即根据式(6-27)求取开环截止频率 ω_c'。

$$L(\omega_c')=-10\lg a \tag{6-27}$$

(4) 确定校正装置的传递函数。

① 网络的转折频率 ω_1 和 ω_2：

$$\omega_1=\frac{\omega_m}{\sqrt{a}}=\frac{\omega_c'}{\sqrt{a}} \tag{6-28}$$

$$\omega_2=\omega_m\sqrt{a}=\omega_c'\sqrt{a} \tag{6-29}$$

② 写出校正装置的传递函数：

$$G_c(s)=\frac{1+s/\omega_1}{1+s/\omega_2}=\frac{1+aTs}{1+Ts} \tag{6-30}$$

(5) 画出校正后系统的伯德图，并校验相角裕度是否满足要求，如果不满足，则需再一

次选定 ω_c' 或 ω_m，通过增大 Δ 值等方式，重新进行计算。

(6) 如有需要，可根据超前网络的参数，确定超前网络的元件值。

例 6-1　某一控制系统的开环传递函数为

$$G(s)=\frac{K}{s(0.1s+1)(0.001s+1)}$$

对该系统的要求是：系统的相角裕度 $\gamma'\geqslant 45°$；系统的静态速度误差系数 $K_v=1000$。求校正装置的传递函数。

解　(1) 由稳态指标要求，$K_v=K=1000$。

(2) 未校正系统的开环传递函数为

$$G(s)=\frac{K}{s(0.1s+1)(0.001s+1)}$$

画出未校正系统的伯德图，如图 6-10 所示，得 $\omega_c=100$，$\gamma=0$，系统处于临界稳定状态。

(3) 根据 $\gamma'\geqslant 45°$，$\gamma=0$，取 $\Delta=8°$，则

$$\varphi_m=\gamma'-\gamma+\Delta=45°-0+8°=53°$$

$$a=\frac{1+\sin\varphi_m}{1-\sin\varphi_m}=\frac{1+\sin 53°}{1-\sin 53°}=8.93$$

$G_c(s)$ 在 ω_m 时的对数幅值为

$$L_c(\omega_m)=10\lg a=10\lg 8.93=9.5(\text{dB})$$

在图 6-10 上求出未校正系统的 $L(\omega)=-9.5(\text{dB})$ 所对应的频率就是校正后系统的 0 dB频率 ω_c'，由 $40\lg\frac{\omega_c'}{100}=9.5$ 得

$$\omega_c'=172.8$$

(4) $G_c(s)$ 的两转折频率为

$$\omega_1=\frac{\omega_m}{\sqrt{a}}=\frac{\omega_c'}{\sqrt{a}}=57.8，\omega_2=\omega_c'\sqrt{a}=516.4$$

于是可以写出

$$G_c(s)=\frac{1+s/\omega_1}{1+s/\omega_2}=\frac{1+0.0173s}{1+0.00194s}$$

对应 $G_c(s)$ 的对数频率特性 $L_c(\omega)$ 和 $\varphi_m(\omega)$ 如图 6-10 所示。

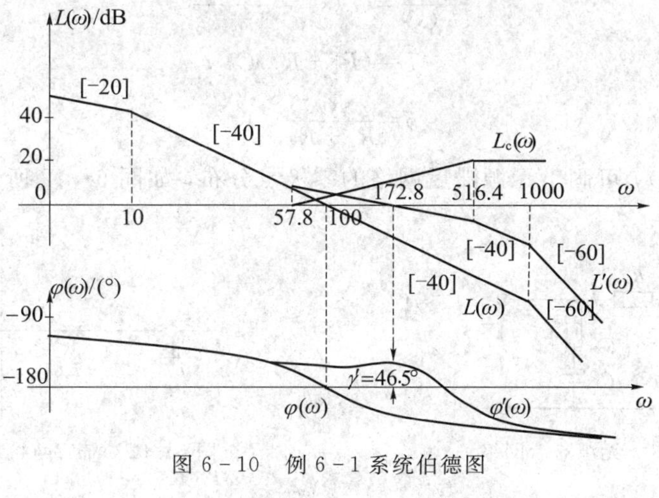

图 6-10　例 6-1 系统伯德图

(5) 校正后系统的开环传递函数为

$$G'(s)=G_c(s)G(s)=\frac{1000(1+0.0173s)}{s(1+0.00194s)(1+0.1s)(1+0.001s)}$$

校正后系统的开环对数频率特性 $L'(\omega)$ 和 $\varphi'(\omega)$ 示于图 6-10。校正后系统的相角裕度

$$\gamma'=180^\circ+\arctan(0.0173\times172.8)-90^\circ-\arctan(0.00194\times172.8)$$
$$-\arctan(0.1\times172.8)-\arctan(0.001\times172.8)=46.5^\circ>45^\circ$$

满足性能指标要求。

串联超前校正有如下特点：

(1) 这种校正主要对未校正系统的中频段进行校正，使校正后中频段幅值的斜率为 -20 dB/dec，且有足够大的相角裕度。

(2) 超前校正会使系统瞬态响应的速度变快。由例 6-1 可知，校正后系统的截止频率由未校正前的 100 增大到 172.8。这表明校正后，系统的频带变宽，瞬态响应速度变快；但系统抗高频噪声的能力变差。对此，在校正装置设计时必须注意。

(3) 超前校正一般虽能较有效地改善动态性能，但未校正系统的相频特性在截止频率附近(在未校正系统截止频率的附近，或有两个交接频率彼此靠近的惯性环节，或有两个交接频率彼此相等的惯性环节，或有一个振荡环节)急剧下降时，若用单级超前校正网络去校正，收效不大。因为校正后系统的截止频率向高频段移动。在新的截止频率处，由于未校正系统的相角滞后量过大，因而用单级的超前校正网络难以获得较大的相角裕度。此时，系统可采用其他方法进行校正，例如，采用两级或两级以上的串联超前网络进行串联超前校正，或采用一个滞后网络进行串联滞后校正，也可以采用测速反馈校正。

6.3 频率法串联滞后校正

6.3.1 无源滞后网络及其特性

无源滞后网络的电路图如图 6-11 所示。如果信号源的内部阻抗为零，负载阻抗为无穷大，则滞后网络的传递函数为

$$\frac{U_c(s)}{U_r(s)}=G_c(s)=\frac{1+bTs}{1+Ts} \tag{6-31}$$

式中

$$T=(R_1+R_2)C \tag{6-32}$$

$$b=\frac{R_2}{R_1+R_2}<1 \tag{6-33}$$

根据式(6-31)，可画出无源滞后网络的零极点分布，如图 6-12 所示。

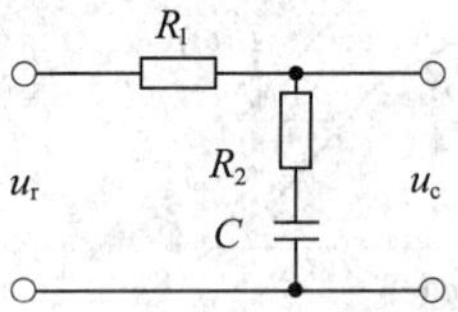

图 6-11　无源滞后网络

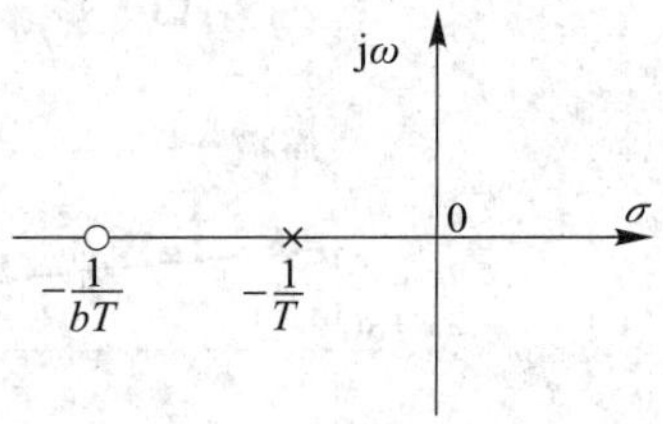

图 6-12　滞后网络零极点分布

无源滞后网络的对数频率特性(即伯德图)如图 6 - 13 所示。由图可知，滞后网络在 $\omega<\frac{1}{T}$时，对信号没有衰减作用；$\frac{1}{T}<\omega<\frac{1}{bT}$时，对信号有积分作用，呈滞后特性；$\omega>\frac{1}{T}$时，对信号衰减作用为 20 lg$b$，$b$ 越小，这种衰减作用越强。

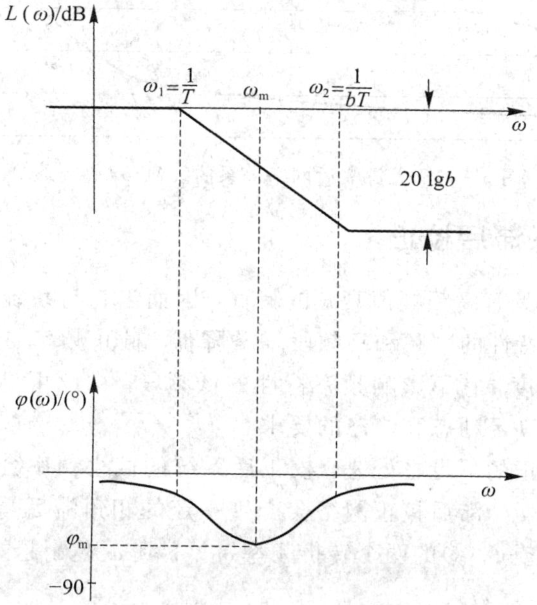

图 6 - 13　无源滞后网络的伯德图

同超前网络一样，最大滞后角发生在$\frac{1}{T}$与$\frac{1}{bT}$的几何中心，称为最大滞后角频率，计算公式为

$$\omega_m=\frac{1}{T\sqrt{b}} \tag{6-34}$$

$$\varphi_m=\arcsin\frac{b-1}{b+1} \tag{6-35}$$

采用无源滞后网络进行串联校正时，主要利用其高频幅值衰减的特性，以减小系统的开环截止频率，提高系统的相角裕度。在设计中应力求避免最大滞后角发生在已校系统开环截止频率 ω_c'附近。选择滞后网络参数时，通常使网络的交接频率$\frac{1}{bT}$远小于 ω_c'。一般取

$$\frac{1}{bT}=(\frac{1}{10}\sim\frac{1}{4})\omega_c' \tag{6-36}$$

此时，滞后网络在 ω_c'处产生的相位滞后按下式确定：

$$\varphi_c(\omega_c')=\arctan bT\omega_c'-\arctan T\omega_c'=\frac{(b-1)T\omega_c'}{1+b(T\omega_c')^2} \tag{6-37}$$

当$\frac{1}{bT}=\frac{\omega_c'}{10}$时，将 $\omega_c'T=\frac{10}{b}$代入式(6 - 37)，得

$$\varphi_c(\omega_c')=\arctan\frac{(b-1)\frac{10}{b}}{1+b\left(\frac{10}{b}\right)^2}=\arctan\frac{10(b-1)}{100+b}\approx\arctan[0.1(b-1)] \tag{6-38}$$

无源滞后网络关系曲线如图 6-14 所示。

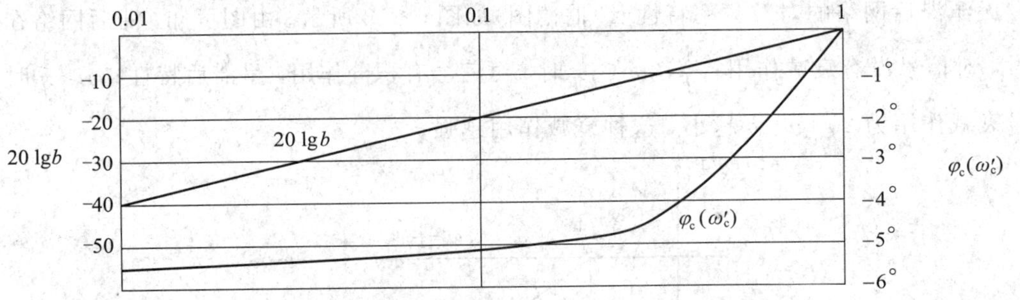

图 6-14　无源滞后网络关系曲线($1/bT=0.1\omega_c'$)

6.3.2　频率法串联滞后校正

由于滞后校正网络具有高频幅值衰减的特性，因而当它与系统的不可变部分串联相连时，会使系统开环频率特性的中频和高频段增益降低、截止频率 ω_c 减小，从而有可能使系统获得足够大的相角裕度，它不影响频率特性的低频段。由此可见，滞后校正在一定的条件下，也能使系统同时满足动态和静态的要求。

不难看出，滞后校正的不足之处是：校正后系统的截止频率会减小，瞬态响应的速度会变慢；在截止频率 ω_c 处，滞后校正网络会产生一定的相角滞后量。为了使这个滞后角尽可能地小，理论上总希望 $G_c(s)$ 的两个转折频率 ω_1、ω_2 比 ω_c 越小越好，但考虑物理实现上的可行性，一般取 $\omega_2=\dfrac{1}{bT}=(0.1\sim0.25)\omega_c$ 为宜。

在系统响应速度要求不高而抑制噪声电平性能要求较高的情况下，可考虑采用串联滞后校正。如果所研究的系统为单位反馈最小相位系统，则应用频率法设计串联滞后校正网络的步骤如下：

(1) 根据稳态性能要求，确定开环增益 K。

(2) 利用已确定的开环增益，画出未校正系统对数频率特性曲线，确定未校正系统的截止频率 ω_c、相角裕度 γ 和幅值裕度 h(dB)。

(3) 根据相角裕度 γ' 要求，求取已校正系统的截止频率 ω_c'。

考虑到滞后网络在新的截止频率 ω_c' 处，会产生一定的相角滞后 $\varphi_c(\omega_c')$，因此，下列等式成立：

$$\gamma'=\gamma(\omega_c')-\varepsilon \tag{6-39}$$

式中，γ' 为指标，ε 可取 6～15°。

由式(6-39)变形可得

$$\gamma(\omega_c')=\gamma'+\varepsilon \tag{6-40}$$

根据式(6-40)可求 ω_c'，即在未校正系统伯德图上求取距离 $-180°$ 相角线为 $(\gamma'+\varepsilon)°$ 处所对应的角频率值，即为校正后系统的截止频率 ω_c' 值。

(4) 根据下述关系确定滞后网络参数 b 和 T：

$$\begin{cases} L(\omega_c')=-20\lg b & (6-41)\\ \dfrac{1}{bT}=(0.1\sim0.25)\omega_c' & (6-42)\end{cases}$$

式(6－41)成立的原因是显然的，因为要保证已校正系统的截止频率为上一步所选的 ω_c'值，就必须使滞后网络的衰减量 20 lg$b$ 在数值上等于未校正系统在新截止频率 ω_c'处的对数幅频值 $L(\omega_c')$，该值在未校正系统的对数幅频曲线上可以求出，于是，通过式(6－41)可以算出 b 值。

式(6－42)中的系数通常取 0.1，根据式(6－42)，由已确定的 b 值，可以算出滞后网络的 T 值。如果求得的 T 值过大难以实现，则可将式(6－40)中的系数 0.1 适当增大，例如在 0.1～0.25 范围内选取，而 ε 可在 6°～15°范围内确定。

(5) 验算已校正系统的相角裕度和幅值裕度。若不满足给定指标，则回到步骤(3)，通过改变 ε 和式(6－42)中的系数，重新计算，直至满意为止。

例 6－2　某一单位反馈系统的开环传递函数为

$$G(s)=\frac{K}{s(s+20)}$$

要求系统的相角裕度 $\gamma'\geqslant45°$，系统的静态速度误差系数 $K_v=100$，采用串联滞后校正，求校正装置的传递函数。

解　(1) 由稳态指标要求

$$K_v=\lim_{s\to0}sG(s)=\frac{K}{20}=100$$

求得

$$K=2000$$

(2) 未校正系统的开环传递函数为

$$G(s)=\frac{2000}{s(s+20)}=\frac{100}{s(0.05s+1)}$$

画出未校正系统的伯德图，如图 6－15 所示。

由 $20\lg\frac{100}{20}=40\lg\frac{\omega_c}{20}$，得

$$\omega_c=44.7$$

$$\gamma=180°-90°-\arctan(0.05\times44.7)=24.1°<45°$$

根据 $\gamma'\geqslant45°$，并且取 $\varepsilon=8°$，有

$$\gamma(\omega_c')=\gamma'+\varepsilon=45°+8°=53°=180°-90°-\arctan(0.05\times\omega_c')$$

解得 $\omega_c'=15$，未校正系统在 $\omega_c'=15$ 时的对数幅值为

$$L(\omega_c')=20\lg\frac{100}{15}=16.5(\text{dB})$$

由 $L(\omega_c')=-20\lg b$，得

$$b=0.15$$

则滞后校正装置的第二个转折频率

$$\omega_2=0.1\omega_c'=0.1\times15=1.5,\ bT=\frac{10}{\omega_c'}$$

则

$$\omega_1=b\omega_2=0.15\times1.5=0.225$$

于是滞后校正网络的传递函数为

$$G_c(s)=\frac{1+bTs}{1+Ts}=\frac{1+\frac{1}{\omega_2}s}{1+\frac{1}{\omega_1}s}=\frac{1+\frac{1}{1.5}s}{1+\frac{1}{0.225}s}=\frac{1+0.667s}{1+4.444s}$$

图 6-15 中所示的 $L_c(\omega)$ 为滞后校正装置的对数幅频特性。

校正后系统的开环传递函数为

$$G'(s)=G_c(s)G(s)=\frac{100(1+0.667s)}{s(1+0.05s)(1+4.444s)}$$

对应的对数频率特性 $L'(\omega)$ 和 $\varphi(\omega)$ 示于图 6-15。校正后系统的相角裕度 $\gamma'=180°-90°+\arctan0.667\times15-\arctan0.05\times15-\arctan4.444\times15=48.3°>45°$，满足给出的性能指标要求。

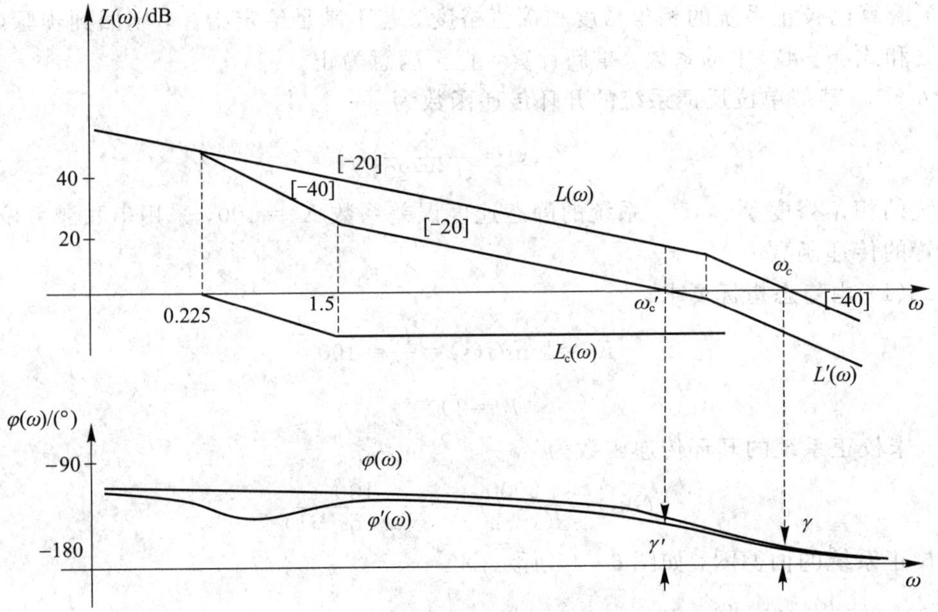

图 6-15　例 6-2 系统的伯德图

6.4　频率法反馈校正

为了改善控制系统的性能，除了采用串联校正方式外，反馈校正也是广泛应用的一种校正方式，系统采用反馈校正后，除了可以得到与串联校正相同的校正效果外，还可以获得某些改善系统性能的特殊功能。

设具有反馈校正的控制系统结构图如图 6-16 所示，其开环传递函数为

$$G(s)=G_1(s)\frac{G_2(s)}{1+G_2(s)G_c(s)} \tag{6-43}$$

如果在对系统动态性能起主要影响的频率范围内，下列关系式成立：

$$|G_2(j\omega)G_c(j\omega)|\gg1 \tag{6-44}$$

则式(6-43)可表示为

$$G(s)=\frac{G_1(s)}{G_c(s)} \tag{6-45}$$

式(6-45)表明，反馈校正后系统的特性几乎与被反馈校正装置包围的环节无关；而当

$$|G_2(j\omega)G_c(j\omega)|\ll1 \tag{6-46}$$

时，式(6-43)变成

$$G(s)=G_1(s)G_2(s) \tag{6-47}$$

表明此时已校正系统与未校正系统特性一致。因此，适当选择反馈校正装置 $G_c(s)$ 的参数，可以使已校正系统的特性发生期望的变化。

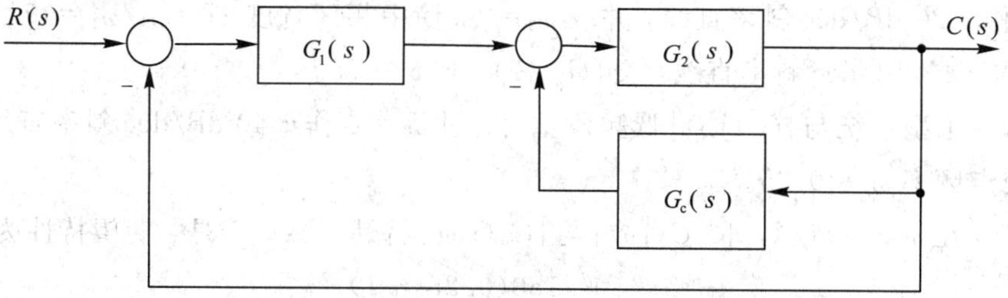

图 6-16　控制系统结构图

反馈校正的基本原理是：用反馈校正装置包围未校正系统中对动态性能改善有重大妨碍作用的某些环节，形成一个局部反馈回路，在局部反馈回路的开环幅值远大于 1 的条件下，局部反馈回路的特性主要取决于反馈校正装置，而与被包围部分无关；适当选择反馈校正装置的形式和参数，可以使已校正系统的性能满足给定指标的要求。

在控制系统初步设计时，往往把条件(6-44)简化为

$$|G_2(j\omega)G_c(j\omega)|>1 \tag{6-48}$$

这样做的结果会产生一定的误差，特别是在 $|G_2(j\omega)G_c(j\omega)|=1$ 的附近。可以证明，此时的最大误差不超过 3 dB，在工程允许误差范围之内。

例 6-3　设控制系统结构图如图 6-17 所示。图中

$$G_1(s)=\frac{K_1}{0.014s+1},\ G_2(s)=\frac{12}{(0.1s+1)(0.02s+1)},\ G_3(s)=\frac{0.0025}{s}$$

K_1 在 6000 以内可调。试设计反馈校正装置特性 $G_c(s)$，使系统满足下列性能指标：

(1) 系统的静态速度误差系数 $K_v \geqslant 150(\mathrm{rad/s})$；

(2) 单位阶跃输入下的超调量 $\sigma\% \leqslant 40\%$；

(3) 阶跃输入下的调节时间 $t_s \leqslant 1(\mathrm{s})$。

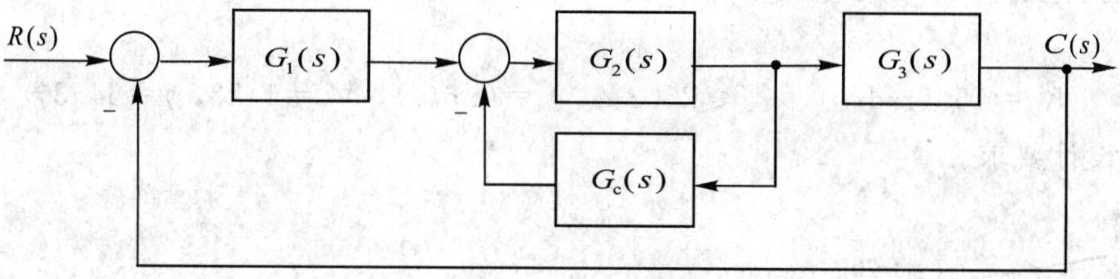

图 6-17　例 6-3 控制系统结构图

解　本例可按如下步骤求解：

(1) 令 $K_1=5000$，画出未校正系统

$$G_0(s)=\frac{150}{s(0.014s+1)(0.1s+1)(0.02s+1)}$$

的对数幅频特性，如图 6-18 所示，得 $\omega_c'=38.7$。

(2) 绘制期望对数幅频特性。

中频段：将 σ 与 t_s 转换为相应的频域指标，并且取

$$M_r=1.6,\ \omega_c=13$$

为使校正装置简单，取

$$\omega_3=\frac{1}{0.014}=71.3$$

过 $\omega_c=13$ 作 -20 dB/dec 斜率直线，并取 $\omega_2=4$，使中频区宽度 $H=\omega_3/\omega_2=17.8$。在 $\omega_3=71.3$ 处，作 -40 dB/dec 斜率直线，交 $|G_0(j\omega)|$ 于 $\omega_4=75$。

低频段：Ⅰ型系统与 $|G_0(j\omega)|$ 低频段重合。过 $\omega_2=4$ 作 -40 dB/dec 斜率直线与低频段相交，取交点频率 $\omega_1=0.35$。

高频段：在 $\omega\geqslant\omega_4$ 范围，取 $|G(j\omega)|$ 与 $|G_0(j\omega)|$ 特性一致。于是，期望特性为

$$G(s)=\frac{150(0.25s+1)}{s(2.86s+1)(0.013s+1)^2(0.014s+1)}$$

(3) 求 G_2G_c 特性，在图 6-18 中，作

$$|G_2G_c|(\mathrm{dB})=|G_0|(\mathrm{dB})-|G|(\mathrm{dB})$$

为使 G_2G_c 特性简单，取

$$G_2(s)G_c(s)=\frac{2.86s}{(0.25s+1)(0.1s+1)(0.02s+1)}$$

(4) 检验小闭环的稳定性。主要检验 $\omega=\omega_4=75$ 处 G_2G_c 的相角裕度：

$$\gamma(\omega_4)=180°+90°-\arctan 0.25\omega_4-\arctan 0.1\omega_4-\arctan 0.02\omega_4=44.3°$$

故小闭环稳定。再检验小闭环在 $\omega_c=13$ 处幅值：

$$20\lg\left|\frac{2.86\omega_c}{0.25\times0.1\times\omega_c^2}\right|=18.9(\mathrm{dB})$$

基本满足 $|G_2G_c|\gg1$ 的要求，表明近似程度较高。

(5) 求取反馈校正装置传递函数 $G_c(s)$。

$$G_c(s)=\frac{G_2(s)G_c(s)}{G_2(s)}=0.95\frac{0.25s}{0.25s+1}$$

(6) 验算设计指标要求。由于近似条件能较好地满足，故可直接用期望特性来验算，其结果为

$$K_v=150(\mathrm{rad/s}),\ \sigma\%\leqslant25.2\%,\ t_s=0.6(s),\ M_r=1.23,\ \gamma=54.3°$$

全部满足设计要求。

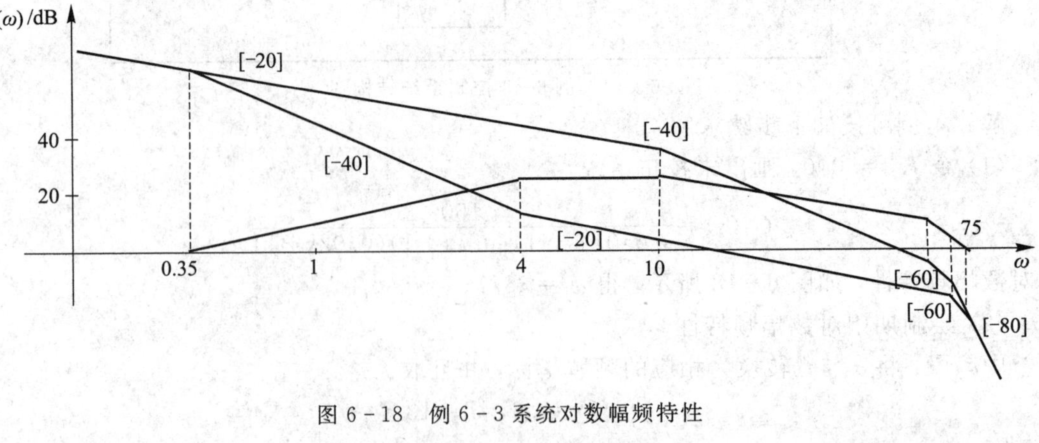

图 6-18　例 6-3 系统对数幅频特性

6.5　控制系统的复合校正

串联校正和反馈校正是控制系统工程中两种常用的校正方法，在一定程度上可以使校正系统满足给定的性能指标要求。然而，如果控制系统中存在强扰动，特别是低频扰动，或者系统的稳态精度和响应速度要求很高，则一般的反馈控制校正方法难以满足要求。为了减小或消除系统在特定输入作用下的稳态误差，可以提高系统的开环增益，或者采用高型别系统。但是，这两种方法都将影响系统的稳定性，并会降低系统的动态性能。当型别过高或开环增益过大时，甚至使系统失去稳定。此外，通过适当选择系统宽度的方法，可以抑制高频扰动，但对低频扰动却无能为力。如果在系统的反馈控制回路中加入前馈通道，组成一个前馈控制和反馈控制相组合的系统，只要系统参数选择得当，不但可以保持系统稳定，极大地减小乃至消除稳态误差，而且可以抑制几乎所有的可测扰动，其中包括低频强扰动。这样的系统就称之为复合控制系统，相应的控制方式称之为复合控制，把复合控制的思想用于系统设计，就是所谓的复合校正。在高精度的控制系统中，复合控制得到了广泛的应用。

复合校正的前馈装置是按不变性原理进行设计的，可分为按扰动补偿和按输入补偿两种方式。

6.5.1　按扰动补偿的复合校正

在反馈控制的基础上，增加抵消扰动信号影响的复合控制结构，从结构上利用扰动信号来构成补偿信号，是一种有效的抗扰动方案。该种方法对于可测扰动信号的克服简单易行，是工程中经常使用的方法。其结构图如图 6-19 所示，$G_0(s)$为固有特性的传递函数，$G_c(s)$为校正装置的传递函数，$G_f(s)$为扰动与输出间的传递函数，$G_n(s)$为扰动补偿器的传递函数。

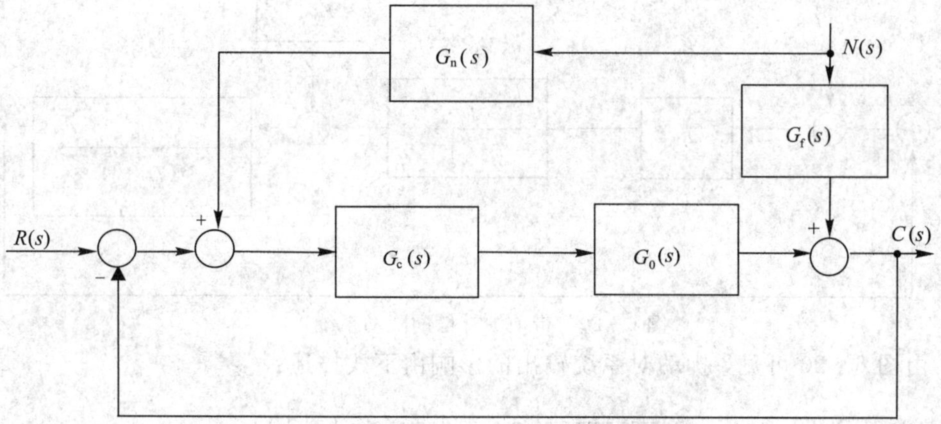

图 6-19　扰动补偿结构图

由于扰动信号作用时的误差分量为

$$E_N(s)=-C_N(s) \tag{6-49}$$

式中，$C_N(s)$为扰动信号作用时系统的输出，由图 6-19 可知扰动信号作用下的输出为

$$C_N(s)=\frac{G_f(s)+G_n(s)G_c(s)G_0(s)}{1+G_c(s)G_0(s)}N(s) \tag{6-50}$$

令扰动引起的误差为零，则有

$$E_N(s)=-C_N(s)=-\frac{G_f(s)+G_n(s)G_c(s)G_0(s)}{1+G_c(s)G_0(s)}N(s)=0 \tag{6-51}$$

因此必有

$$G_f(s)+G_n(s)G_c(s)G_0(s)=0 \tag{6-52}$$

得到扰动补偿的全部补偿条件为

$$G_n(s)=-\frac{G_f(s)}{G_c(s)G_0(s)} \tag{6-53}$$

具体设计时，可以选择$G_c(s)$的形式与参数，使系统获得满意的动态性能和稳态性能；然后按式(6-53)确定前馈补偿装置的传递函数$G_n(s)$，使系统完全不受可测扰动的影响。然而，误差全补偿条件(6-53)在物理上往往无法实现，因为对由物理装置实现的$G_c(s)\cdot G_0(s)$来说，其分母多项式次数总是大于或等于分子多项式的次数。因此在实际使用时，多在对系统性能及主要影响的频率内采用近似全补偿，或者采用稳态全补偿，以使前馈补偿装置易于物理实现。从补偿原理来看，由于前馈补偿实际上是采用开环控制方式去补偿可测的扰动信号，因此，前馈补偿并不改变反馈控制系统的特性；从抑制扰动的角度来看，前馈控制可以减轻反馈控制的负担，所以，反馈控制系统的增益可以取得小一些，以有利于系统的稳定性，所有这些都是复合校正方法设计控制系统的有利因素。

例 6-4 设按扰动补偿的复合校正随动系统如图 6-20 所示，图中K_1为综合放大器的传递函数，$1/(T_1s+1)$为滤波器的传递函数，$N(s)$为负载转矩扰动。试设计前馈补偿装置$G_n(s)$，使系统输出不受扰动影响。

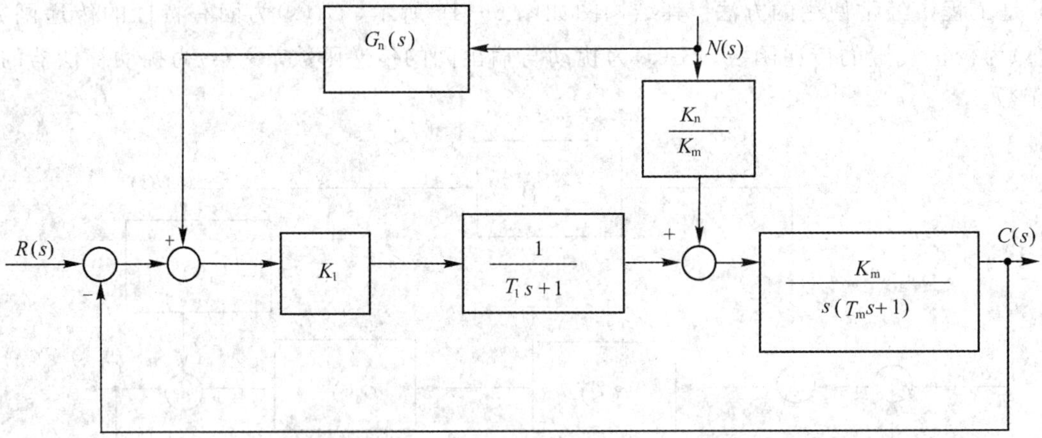

图 6-20 带前馈补偿的随动系统

解 由图 6-20 可见，扰动对系统输出的影响由下式描述：

$$C(s)=\frac{\frac{K_m}{s(T_ms+1)}\left[\frac{K_n}{K_m}+\frac{K_1}{T_1s+1}G_n(s)\right]N(s)}{1+K_1\frac{1}{T_1s+1}\frac{K_m}{s(T_ms+1)}}$$

令

$$G_n(s)=-\frac{K_n}{K_1K_m}(T_1s+1)$$

系统输出便可不受负载转矩扰动的影响。但是由于$G_n(s)$的分子次数高于分母次数，故不便于物理实现。若令

$$G_n(s)=-\frac{K_n}{K_1K_m}\frac{T_1s+1}{T_2s+1},\quad T_1\gg T_2$$

则$G_n(s)$在物理上便于实现，且达到近似全补偿要求，即在扰动信号作用的主要频段内进行了全补偿。此外，若取

$$G_n(s)=-\frac{K_n}{K_1K_m}$$

则由扰动对输出影响的表达式可见：在稳态时，系统输出完全不受扰动的影响。这就是所谓稳态全补偿，它在物理上更易于实现。

由上述分析可知，采用前馈控制补偿扰动信号对系统输出的影响，是提高系统控制准确度的有效措施。但是，采用前馈控制，首先要求扰动信号可以测量，其次要求前馈补偿装置在物理上是可实现的，并应力求简单。在实际应用中，多采用近似全补偿或稳态全补偿的方案。一般来说，主要扰动引起的误差，由前馈控制进行全部或部分补偿；次要扰动引起的误差，由反馈控制予以抑制。这样，在不提高开环增益的情况下，各种扰动引起的误差均可得到补偿，从而有利于同时兼顾提高系统稳定性和减小系统稳态误差的要求。此外，由于前馈控制是一种开环控制，因此要求构成前馈补偿装置的元器件具有较高的参数稳定性，否则将削弱补偿效果，并给系统输出造成新的误差。

6.5.2 按输入补偿的复合校正

设按输入补偿的复合控制系统如图 6-21 所示。图中，$G_0(s)$为固有特性，$G_c(s)$为前向校正特性，$G_r(s)$为输入补偿器。由图可知，系统的输出量为

$$C(s)=\frac{[G_r(s)+G_c(s)]G_0(s)}{1+G_c(s)G_0(s)}R(s)\tag{6-54}$$

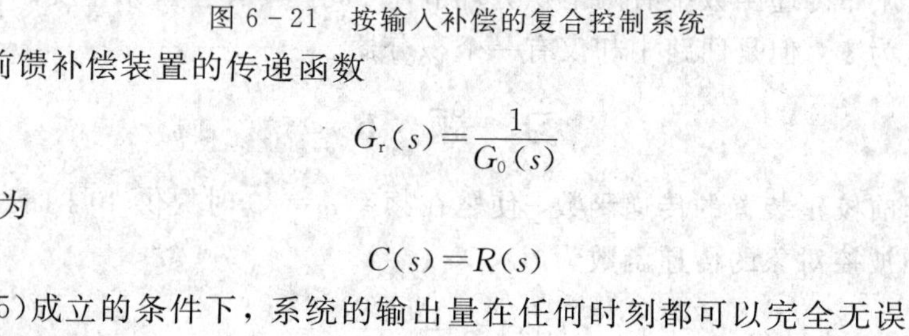

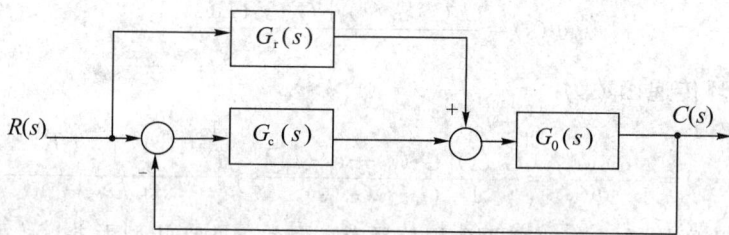

图 6-21　按输入补偿的复合控制系统

如果选择前馈补偿装置的传递函数

$$G_r(s)=\frac{1}{G_0(s)}\tag{6-55}$$

则式(6-54)变为

$$C(s)=R(s)\tag{6-56}$$

表明在式(6-55)成立的条件下，系统的输出量在任何时刻都可以完全无误地复现输入量，具有理想的时间响应特性。

为了说明前馈补偿装置能够完全消除误差的物理意义，误差的表达式为

$$E(s)=\frac{1-G_r(s)G_0(s)}{1+G_c(s)G_0(s)}R(s)\tag{6-57}$$

上式表明，在式(6－55)成立的条件下，恒有 $E(s)=0$，前馈补偿装置 $G_r(s)$的存在，相当于在系统上增加了一个输入信号 $G_r(s)R(s)$，其产生的误差信号与原输入信号 $R(s)$产生的误差信号相比，大小相等而方向相反。故式(6－55)称为对输入信号的误差全补偿条件。

由于 $G_0(s)$一般均具有比较复杂的形式，故全补偿条件式(6－55)的物理实现相当困难。在工程实践中，大多采用满足跟踪精度要求的部分补偿条件，或者在对系统性能起主要影响的频段内实现近似全补偿，以使 $G_r(s)$的形式简单并易于物理实现。

例 6－5 设复合校正随动系统如图 6－22 所示，试选择前馈补偿方案和参数，并作误差分析。

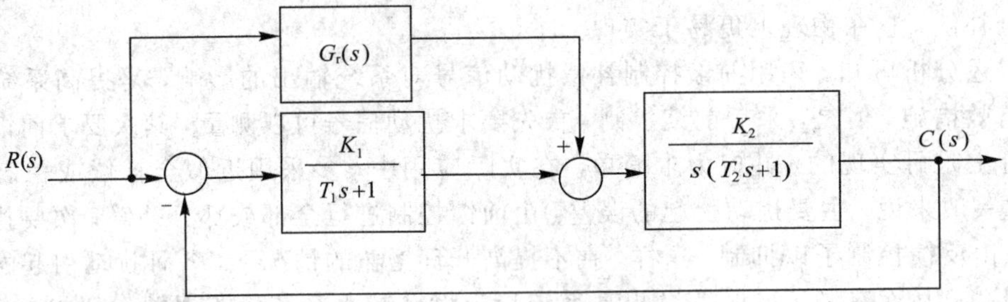

图 6－22 例 6－4 系统结构图

解 (1) 根据输入全补偿条件得到

$$G_r(s)=\frac{1}{G_0(s)}=\frac{s(T_2 s+1)}{K_2}=\frac{T_2 s^2}{K_2}+\frac{s}{K_2}=\lambda_2 s^2+\lambda_1 s$$

如果取 $\lambda_2=T_2/K_2$，$\lambda_1=1/K_2$，则仅由输入信号的一阶微分与二阶微分构成完全补偿；如果取 $\lambda_2=0$，$\lambda_1=1/K_2$，则仅由输入信号的一阶微分构成近似补偿。

(2) 误差分析。选择 $\lambda_2=T_2/K_2$，$\lambda_1=1/K_2$，则 $E(s)=0$，复合校正系统对任何形式的输入信号均不产生误差。选择 $\lambda_2=0$，$\lambda_1=1/K_2$，由于闭环传递函数为

$$\Phi(s)=\frac{G_c(s)G_0(s)+G_r(s)G_0(s)}{1+G_c(s)G_0(s)}$$

可以求出等效开环传递函数为

$$G_{DK}(s)=\frac{\Phi(s)}{1-\Phi(s)}=\frac{G_c(s)[G_c(s)+G_r(s)]}{1-G_r(s)G_0(s)}=\frac{\frac{1}{T_2}(T_2 s^2+s+K_1 K_2)}{s^2(T_1 s+1)}$$

可以看出，等效开环传递函数中有两个积分环节，因此，具有Ⅱ型无差度，可以实现在输入斜坡信号时误差为零，但是回路中却仅有一个积分器。

习 题 6

6－1 求超前校正装置的传递函数，使之在频率 $\omega=30$ 时提供 40°的最大超前角。

6－2 已知被控对象的传递函数为

$$G(s)=\frac{K}{s(s+2)}$$

试设计一个串联校正环节 $G_c(s)$，使校正后系统的超调量 $\sigma\%<30\%$，调节时间 $t_s\leqslant 2$ s。

6－3 简要说明超前校正和滞后校正对改善系统性能的作用。

6－4 超前校正装置为

$$G_c(s)=\frac{1+0.07s}{1+0.015s}$$

求它可提供多大的相位超前角 θ，以及该超前角所在的频率点 ω_m。

6-5 设单位负反馈系统开环传递函数为

$$G(s)=\frac{10}{s(s+1)}$$

试设计一串联校正环节 $G_c(s)$，使开环截止频率 $\omega_c>4.4$ rad/s，相角裕度 $\gamma\geqslant45°$。

6-6 用 $\frac{1+\tau s}{1+Ts}$ 作为超前校正环节，要求 τ 和 T 的大小关系为________。

6-7 已知单位负反馈系统的开环传递函数 $G_0(s)$ 和超前校正装置的传递函数 $G_1(s)$ 如下：

$$G_0(s)=\frac{10}{s(s+1)},\ G_1(s)=\frac{k_1(s+2)}{s+6}$$

(1) 概略画出 $G_0(s)$ 的伯德图；

(2) 计算 $G_0(s)$ 的截止频率 ω_c 及相角裕度 γ_0；

(3) 求 k_1，使校正后系统的截止频率为 $\omega_c=4$ rad/s，并计算此时的相角裕度 γ。

6-8 在系统设计中，应尽量将中频段幅频特性的斜率设计成________。

6-9 已知单位负反馈控制系统的开环传递函数为

$$G(s)=\frac{2}{s(s+1)(0.1s+1)}$$

(1) 试求它的剪切频率 ω_0 和相角裕度 γ_0，判断该系统是否闭环稳定；

(2) 要使系统的速度误差系数为 $K_v\geqslant20\ s^{-1}$，试设计串联校正环节。

6-10 无源滞后-超前网络如图 6-23 所示，求其传递函数，绘制其零极点分布图，概略绘制其伯德图。

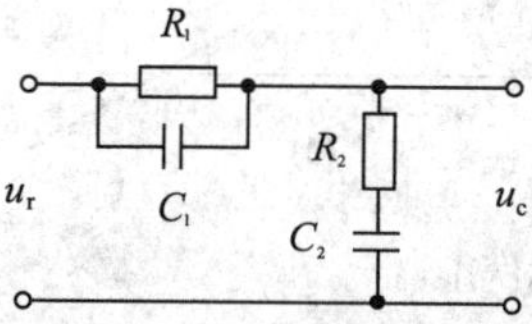

图 6-23 题 6-10 无源滞后-超前网络

6-11 已知单位反馈系统开环传递函数为

$$G_0(s)=\frac{K}{s(0.1s+1)}$$

要求速度误差系数 $K_v=200\ s^{-1}$，$\omega_c>30$ rad/s，$\gamma(\omega_c)>50°$。试进行串联校正。

6-12 已知单位反馈系统开环传递函数为

$$G_0(s)=\frac{K}{s(0.5s+1)(0.1s+1)}$$

要求速度误差系数 $K_v=10\ s^{-1}$，$\gamma(\omega_c)>50°$。试进行串联滞后校正。

6-13 某一单位反馈系统的开环传递函数为

$$G(s)=\frac{4K}{s(s+2)}$$

设计一个超前校正装置，使校正后系统的静态速度误差系数 $K_v=20\ s^{-1}$，相角裕度 $\gamma\geqslant50°$，增益裕度 20 lg$h$ 不小于 10 dB。

6-14　控制系统结构图如图 6-24 所示。若要求校正后的静态速度误差系数等于 30 s^{-1}，相角裕度不低于 40°，幅值裕度不小于 10 dB，截止频率不小于 2.3 rad/s，设计串联滞后校正装置。

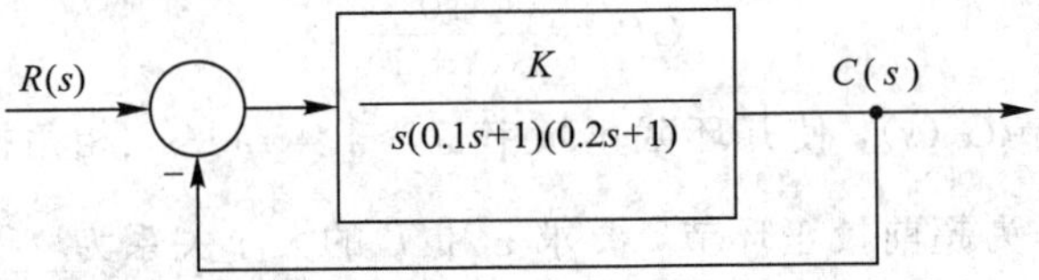

图 6-24　题 6-14 控制系统结构图

6-15　设单位反馈系统的开环传递函数为

$$G(s)=\frac{k}{s(2s+1)}$$

若要求设计串联超前校正装置，使系统满足下列性能指标：$K_v=15\ s^{-1}$，$\gamma\geqslant30°$，$\omega_c\geqslant$ 3.5 rad/s(请把校正前后近似对数幅频特性曲线画出)。

6-16　系统开环传递函数为

$$G(s)=\frac{K}{s(0.01s+1)}$$

单位斜坡输入 $R(t)=t$，输入产生稳态误差 $e_{ss}\leqslant0.005$。若要使校正后相角裕度 γ''不低于 45°，试设计超前校正系统(绘制校正前后系统及校正装置的对数幅频特性)。

6-17　最小相位系统对数幅频特性分别如图 6-25(a)、(b)、(c)所示。

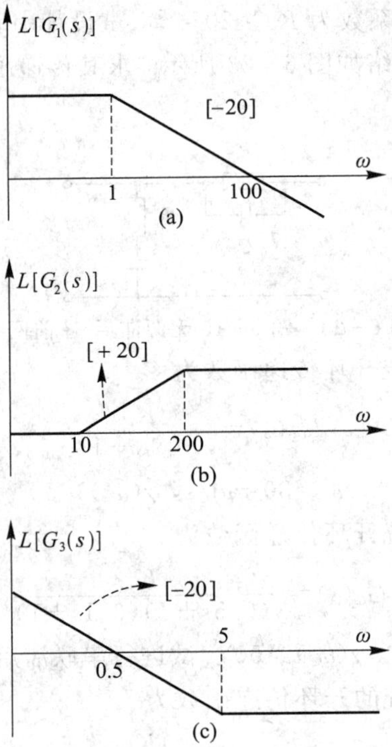

图 6-25　题 6-17 最小相位系统对数幅频特性

(1) 分别求 $G_1(s)$、$G_2(s)$、$G_3(s)$的表达式；

(2) 画出校正环节 $G_2(s)$ 的实现电路。

6-18　系统开环传递函数为

$$G(s)=\frac{K}{s(s+1)(0.01s+1)}$$

单位斜坡输入 $R(t)=t$，输入产生稳态误差 $e_{ss}\leqslant 0.0625$。若要使校正后相角裕度 γ'' 不低于 $45°$，截止频率 $\omega''>2$ rad/s，试设计超前校正系统。

6-19　设系统开环传递函数为

$$G(s)=\frac{K}{s(s+1)(0.5s+1)}$$

试设计滞后校正网络，使校正后开环增益等于 5，相角裕度 $\gamma''\geqslant 40°$。

6-20　单位反馈系统原有部分的开环传递函数为

$$G(s)=\frac{k}{s(0.04s+1)}$$

要求 $K_v=100\ \text{s}^{-1}$，相角裕度 $\gamma'\geqslant 45°$。采用串联滞后校正，试确定校正装置的传递函数，要求绘制系统校正前后及校正装置的开环对数幅频特性曲线的渐近线。

6-21　绘制滞后校正装置 $G(s)=\dfrac{1+0.02s}{1+0.2s}$ 的开环对数幅频特性曲线的渐近线，并给出其电路实现(画出电路图)，给出一组电路具体参数(标出电阻值、电容值等)。

6-22　单位反馈系统的开环传递函数为

$$G(s)=\frac{16}{s^2(0.1s+1)}$$

期望对数幅频特性如图 6-26 所示，试求串联环节的传递函数 $G_c(s)$，并比较串联 $G_c(s)$ 前后系统的相角裕度。

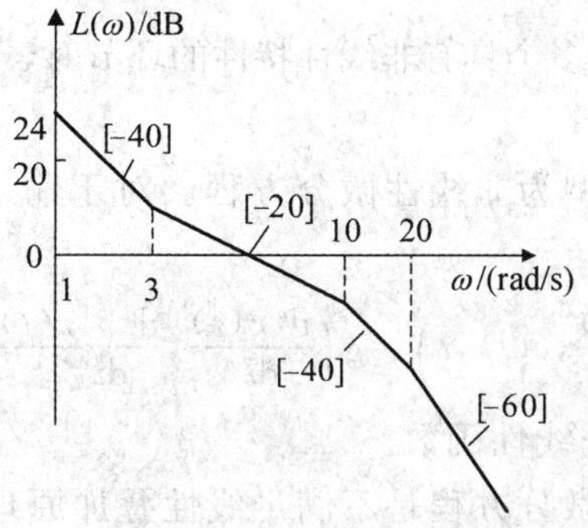

图 6-26　题 6-22 系统期望对数幅频特性

第 7 章　非线性系统的分析

本书在前面各章中讨论了线性系统的分析和设计问题。但严格地讲，由于实际的物理系统都是非线性的（每个控制元件都会或多或少地带有非线性特性），因此理想的线性系统并不存在。所以，事实上任何控制系统都是非线性控制系统。

通常情况下，在允许的范围内，为了分析和求解方便，可以将实际工程中的部分非线性系统近似看成线性系统。可以这样做的理由是，有些系统的非线性特性并不明显，可以在一定的工作范围内近似为线性系统；而对于有些系统，我们只是研究系统在工作点（或平衡点）附近的控制问题和稳定性，因此可以对该点附近的小增量进行线性化处理；也有某些实际系统的非线性特性虽然较为明显，但在某些条件下，可以进行分段线性化处理。

但是，当系统的非线性特征非常明显，或者进行线性化处理后出现很大误差时，就必须利用非线性系统的分析方法去处理。

7.1　非线性系统概述

7.1.1　非线性系统的描述与特点

当控制系统中包含有一个或多个具有非线性特性的环节时，该系统被称为非线性系统。

1. 非线性系统的描述

描述非线性系统的数学模型为非线性微分方程。对于输入为 $r(t)$，输出为 $c(t)$ 的非线性系统，其形式为

$$f\left(\frac{\mathrm{d}^n c(t)}{\mathrm{d}t^n}, \frac{\mathrm{d}^{n-1} c(t)}{\mathrm{d}t^{n-1}}, \cdots, \frac{\mathrm{d}c(t)}{\mathrm{d}t}, c(t), t\right) = g\left(\frac{\mathrm{d}^m r(t)}{\mathrm{d}t^m}, \frac{\mathrm{d}^{m-1} r(t)}{\mathrm{d}t^{m-1}}, \cdots, \frac{\mathrm{d}r(t)}{\mathrm{d}t}, r(t), t\right) \tag{7-1}$$

式中，$f(\cdot)$ 和 $g(\cdot)$ 均为非线性函数。

描述非线性系统的非线性微分方程是不满足线性叠加原理的。例如：

$$\dot{c}(t) + 5c^2(t) = r(t)$$

$$\dot{c}(t) + \sin[c(t)] = r(t)$$

$$\dot{c}(t) + \dot{c}(t)c(t) = r(t)$$

第一个方程中含有输出量 $c(t)$ 的平方项，第二个方程中存在输出量的正弦函数，第三个方程中含有变量及其导数的乘积。因此，这三个方程均为非线性方程，它们代表的系统都是非线性系统。

在描述非线性系统时，我们也同样使用结构图。如果一个非线性系统的线性部分和非线性环节可以分离为如图 7－1 所示的结构形式，则称之为具有基本形式的非线性系统。在图 7－1 中，线性部分仍然利用传递函数 $G(s)$ 来表示。

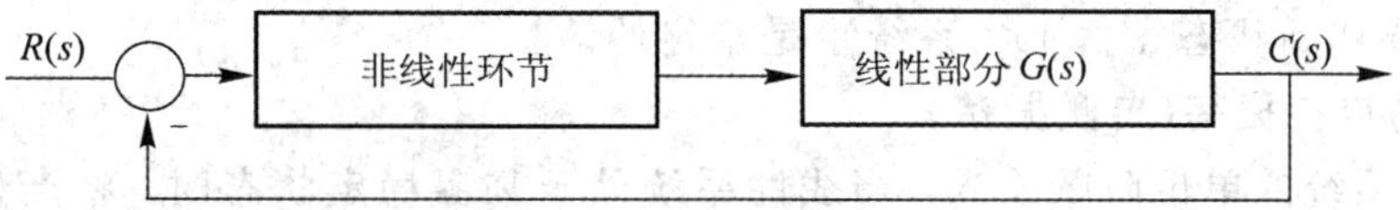

图 7－1　基本形式的非线性系统

2. 系统的动态响应

我们知道，线性系统的动态响应过程是由系统的结构和参数决定的，而与系统输入信号的大小无关，与系统的初始状态也无关。因此，如果系统在某初始条件下的响应为衰减振荡，则该系统在相同输入形式、不同输入幅值和初始条件下的响应均为衰减振荡形式，只是响应曲线的幅值和起始相位有所变化，但不改变它的基本形状特征。

而非线性系统的动态响应除了与非线性系统的结构和参数有关外，还与系统的输入信号大小和系统的初始状态有密切关系。因此，同一非线性系统对于同一输入信号，可能会表现为在某一初始条件下的动态响应为单调衰减，而在另一初始条件下的动态响应为振荡。这是与线性系统的动态响应所不同的。

3. 系统的稳定性

与系统的动态响应类似，线性系统的稳定性是系统的固有特性，仅与系统的结构和参数有关，而与系统输入信号的大小和初始状态无关。而非线性系统的稳定性，除了与系统的结构、参数有关外，还与系统的初始状态及输入信号大小有直接关系。

对于某个非线性系统，可能在某个初始条件下稳定，而在另一个初始条件下该非线性系统就不稳定；也可能在某个输入信号下稳定，而仅将输入信号幅值变化一下之后，该非线性系统就不稳定。

此外，同一个非线性系统可能存在多个平衡点(或称为奇点)，各平衡点的稳定性也可以不同。平衡点就是系统能够处于“相对稳定”的某些特殊状态，但与系统的稳定性不是一个概念。

下面举例说明对于非线性系统，其稳定性是与初始状态有关的。

例 7－1　某非线性系统的数学模型为

$$\dot{x}=-x\cdot(1-x)$$

设 $t=0$ 时，系统的初始状态为 x_0。通过求解 $x(t)$，了解它的稳定性是与系统的初始状态 x_0 相关的。

具体求解 $x(t)$ 的过程这里省略，但是在获得 $x(t)=\dfrac{x_0 e^{-t}}{1-x_0+x_0 e^{-t}}$ 的表达式后，我们会发现：

(1) 当 $x_0<1$ 时，系统的时间响应曲线 $x(t)$ 从 x_0 开始按指数规律衰减至零，非线性系统稳定。

(2) 当 $x_0=1$ 时，系统的时间响应为 $x(t)=1$。

(3) 当 $x_0>1$ 时，系统的时间响应 $x(t)$ 从初始状态 x_0 开始按指数曲线发散，非线性系统不稳定。

在例 7－1 中，$x_0=1$ 和 $x_0=0$ 均为非线性系统的平衡状态。但是平衡状态 $x_0=1$ 是不稳定的，这是因为如果 x 值稍有偏离，系统就不能恢复至原平衡状态，如果稍微偏大就会发散出去，如果稍微偏小就会趋近于零。而对于另一个平衡状态 $x_0=0$，即使在一定范围的扰动下(只要初始状态 $x_0<1$)，系统也是稳定的。

4. 系统的自持振荡(自激振荡)

对于线性系统的单位阶跃输入，当线性系统处于临界稳定状态时，将产生周期性的等幅振荡。而一旦系统参数发生微小变化，临界稳定状态就无法维持，要么发散(不稳定)，要么衰减至某一数值(稳定)。

而在非线性系统中，其响应除了稳定和不稳定这两种形式外，还存在一种特殊的运动状态，就是系统可能发生自持振荡(或自激振荡)。自持振荡是指在没有外界周期信号的作用下，系统内产生的具有固定振幅和频率的稳定周期运动。与线性系统的临界稳定不同，自持振荡是稳定的周期运动，它是由非线性系统的结构和参数所确定的一种振荡状态，并且还可能产生不止一种振幅和频率的振荡。

在大多数情况下，我们并不希望自持振荡出现。这是因为长时间大幅度的振荡会造成机械磨损，也会增加控制误差。但在某些情况下，在控制中适当地引入小幅振荡，却可以用来克服间隙、死区等非线性因素造成的不良影响。

5. 跳跃谐振和多值响应

在线性系统中，当输入为正弦信号时，系统的稳态输出是同频率的正弦信号，仅仅是幅值和相位与输入不同。因此，利用正弦输入信号可以分析线性系统的频率特性。

非线性系统在正弦信号作用下的输出响应一般不是正弦信号，但仍是周期信号。有时输出信号的频率也表现为输入频率的倍频、分频等，也可能存在跳跃谐振或多值响应。这些是线性系统的频率特性所不存在的。

因此，在分析非线性系统的频率特性时，必须要利用非线性系统的频域分析方法。

7.1.2 典型的非线性特性

在进行非线性系统的分析之前，我们先介绍一些比较典型的非线性特性。通常将典型的非线性特性分为死区特性、饱和特性、间隙特性、继电器特性等。

1. 死区(不灵敏区)特性

其特点是当输入信号 x 在零值附近存在小范围变化时，系统没有输出。只有当输入信号 x 大于某一数值时，系统才有输出，且输出 y 与输入 x 呈线性比例关系。死区特性一般是由测量元件、放大元件及执行机构的不灵敏区所造成的。

对于输入为 x，输出为 y 的非线性系统，死区特性如图 7－2 所示。

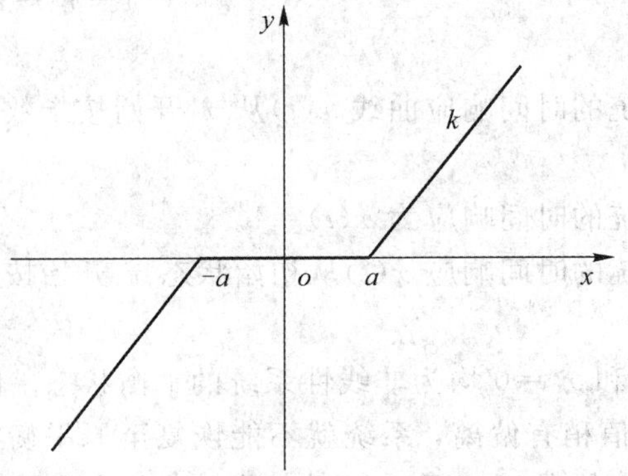

图 7－2　死区特性

死区特性的数学描述为

$$y=\begin{cases} k(x+a), & x<-a \\ 0, & |x|\leqslant a \\ k(x-a), & x>a \end{cases} \tag{7-2}$$

由于死区的存在，降低了系统的灵敏度，增大了系统的稳态误差，因此降低了系统的控制精度。但是，如果干扰信号落在死区段内，系统正好可以对干扰信号不响应，则可以大大提高系统的抗干扰能力。

2. 饱和特性

其特点是当输入信号超出其线性范围后，输出信号不再随输入信号的改变而变化(保持恒定)。最典型的饱和特性就是放大器的饱和输出。有时从系统的安全性考虑，常常会加入各种机械限幅和限位装置，这些也属于饱和特性。

对于输入为 x，输出为 y 的非线性系统，饱和特性如图 7-3 所示。

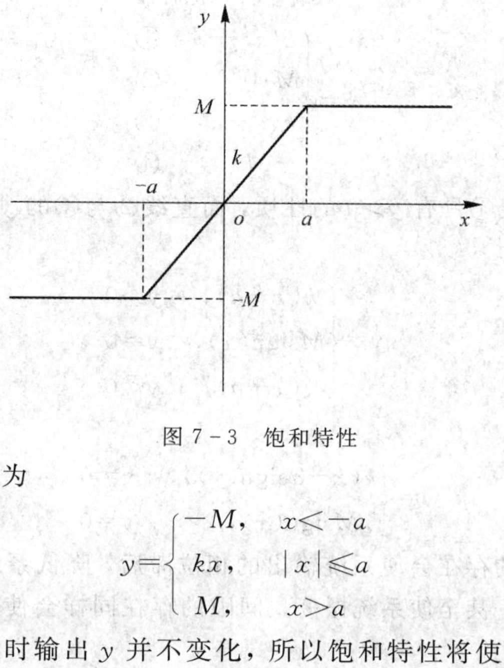

图 7-3　饱和特性

饱和特性的数学描述为

$$y=\begin{cases} -M, & x\leqslant -a \\ kx, & |x|\leqslant a \\ M, & x>a \end{cases} \tag{7-3}$$

因为在输入值 x 较大时输出 y 并不变化，所以饱和特性将使系统的开环增益有所降低，对系统的稳定性有利，但也会降低系统的快速性和稳态跟踪精度。

3. 间隙特性(回环特性)

这类特性中最典型的是齿轮传动中的间隙，表现在主动齿轮和负载齿轮之间在啮合时存在间隙。当主动齿轮改变转动方向后，只有消除了齿轮之间的间隙，负载齿轮才能够开始反向转动。

其特点是在当前输入下，输出向一个方向运动，若输入信号改变方向，则需要输入信号变化一段范围后，输出才会反方向运行。间隙特性如图 7-4 所示，从图中可以得到间隙特性的数学描述为

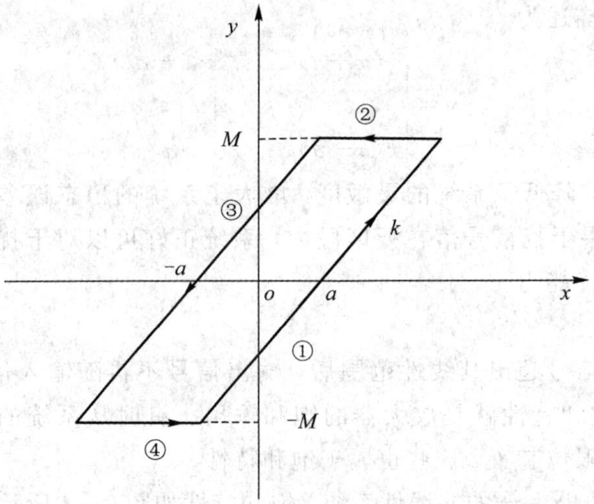

图 7-4　间隙特性

$$y=\begin{cases}k(x-a) & ①\\ M & ②\\ k(x+a) & ③\\ -M & ④\end{cases} \tag{7-4}$$

在式(7-4)中，直线①具有 $\dot{y}>0$ 的性质，而直线②与④的 $\dot{y}=0$，直线③的 $\dot{y}<0$。所以，式(7-4)可以改写为

$$y=\begin{cases}k(x-a), & \dot{y}>0\\ M\text{sign}(x), & \dot{y}=0\\ k(x+a), & \dot{y}<0\end{cases} \tag{7-5}$$

或者更简洁地表示为

$$y=\begin{cases}k(x-a\,\text{sign}(\dot{y})), & \dot{y}\neq 0\\ M\text{sign}(x), & \dot{y}=0\end{cases} \tag{7-6}$$

一般情况下，间隙的存在会使系统输出的相位滞后，降低系统的稳定裕量，并且使控制系统的动态特性变差，甚至使系统振荡。间隙的存在同样会使系统的稳态误差增大，使稳态特性变差。

从动力学特性来看，间隙的作用相当于一个延时环节。从稳态性能来看，间隙相当于引入了一个死区特性。

4. 继电器特性

继电器、接触器和可控硅等电气元件的特性通常都表现为继电器特性。理想继电器特性如图 7-5(a)所示。理想继电器特性与上面介绍的几种非线性特性相结合，可以产生出死区继电器特性、回环继电器特性和死区加回环继电器特性，分别如图 7-5(b)、(c)、(d)所示。

(1) 理想继电器特性：

$$y=\begin{cases}+M, & x>0\\ -M, & x<0\end{cases} \tag{7-7}$$

(2) 死区继电器特性：

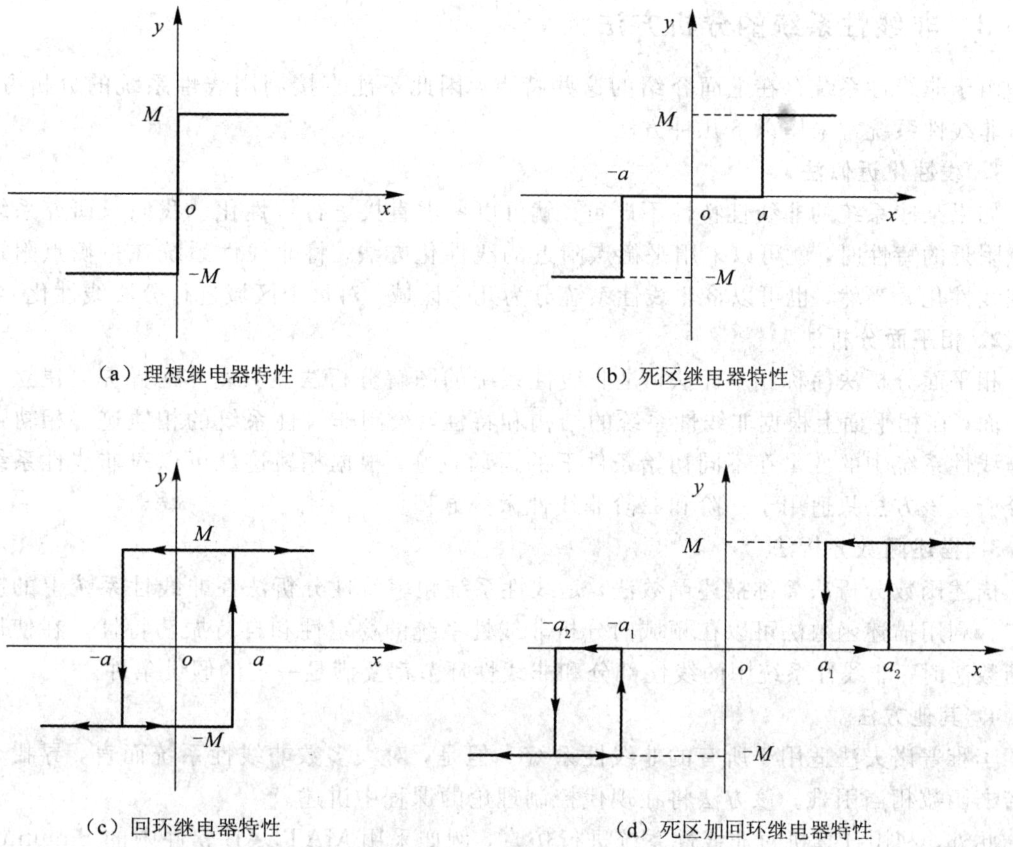

（a）理想继电器特性　　（b）死区继电器特性

（c）回环继电器特性　　（d）死区加回环继电器特性

图 7－5　几种继电器特性

$$y=\begin{cases}-M, & x<-a\\ 0, & |x|<a\\ M, & x>a\end{cases}\tag{7-8}$$

（3）回环继电器特性：

$$y=\begin{cases}-M, & x<a\ 且\ \dot{x}>0\\ M, & x>a\ 且\ \dot{x}>0\\ -M, & x<-a\ 且\ \dot{x}<0\\ M & x>-a\ 且\ \dot{x}<0\end{cases}\tag{7-9}$$

（4）死区加回环继电器特性：

$$y=\begin{cases}M, & x\geqslant a_2\ 且\ \dot{x}>0\\ 0, & -a_1\leqslant x<a_2\ 且\ \dot{x}>0\\ -M, & x<-a_1\ 且\ \dot{x}>0\\ M, & x>a_1\ 且\ \dot{x}<0\\ 0, & -a_2<x<a_1\ 且\ \dot{x}<0\\ -M, & x<-a_2\ 且\ \dot{x}<0\end{cases}\tag{7-10}$$

7.1.3 非线性系统的分析方法

由于非线性系统存在上面介绍的这些特点，因此不能直接利用线性系统的分析方法。分析非线性系统常采用以下几种方法。

1. 线性化近似法

如果某些系统的非线性特性不严重，就可以考虑直接进行线性化。我们只研究系统平衡点附近的特性时，就可以采用平衡点附近的线性化方法，将非线性系统在平衡点附近小范围线性化。当然，也可以将非线性系统分为几个区域，对每个区域进行分段线性化。

2. 相平面分析法

相平面分析法简称相平面法，是非线性系统的图解分析法。其基本思路是：建立一个相平面，在相平面上根据非线性系统的结构和特性，绘制非线性系统的相轨迹。相轨迹就是非线性系统中的变量在不同初始条件下的运动轨迹，根据相轨迹就可以对非线性系统进行分析。该方法只适用于一阶和二阶非线性微分方程。

3. 描述函数分析法

描述函数分析法简称描述函数法，是线性系统频率特性分析法在非线性系统上的应用推广。利用描述函数法可以在频域内分析非线性系统的稳定性和自持振荡特性。在使用描述函数法时，非线性系统中的线性部分和非线性环节都要满足一定的假设条件。

4. 其他方法

李雅普诺夫法适用于所有的非线性系统。但是，对大多数非线性系统而言，寻找李雅普诺夫函数相当困难。该方法将在现代控制理论的课程中讲述。

此外，利用计算机对非线性系统进行仿真，例如采用 MATLAB 软件中的 Simulink 来模拟、分析非线性系统，也是一种非常有效的方法。读者可参考相关文献进行自学。本书的附录部分也提供了大量的 MATLAB 仿真常用命令可参考使用。

本章针对非线性系统，将分别介绍相平面分析法和描述函数分析法。

7.2 相平面分析法

相平面分析法是求解二阶非线性微分方程的图解法，因此，它也适用于对二阶非线性系统的分析。

7.2.1 相平面的基本概念

设二阶非线性系统的微分方程为

$$\ddot{x}+f(x,\dot{x})=0 \tag{7-11}$$

式中，$f(x,\dot{x})$是变量 x、$\dot{x}$ 的线性或非线性函数。

如果直接求解该二阶非线性微分方程，可能会有些困难。因此，可以考虑对式(7－11)做降阶处理。对 $f(x,\dot{x})$中的两个变量 x 和 $\dot{x}$，令

$$\begin{cases}x_1=x\\x_2=\dot{x}\end{cases}$$

则

$$\begin{cases}\dot{x}_1=\dot{x}=x_2\\ \dot{x}_2=\ddot{x}\end{cases}$$

那么，式(7－11)所示的二阶微分方程可以写成两个一阶微分方程组的形式，即

$$\begin{cases}\dot{x}_1=x_2\\ \dot{x}_2=-f(x_1,\ x_2)\end{cases}\tag{7－12}$$

对式(7－12)进行整理，可得

$$\frac{\dot{x}_2}{\dot{x}_1}=\frac{\mathrm{d}x_2/\mathrm{d}t}{\mathrm{d}x_1/\mathrm{d}t}=\frac{\mathrm{d}x_2}{\mathrm{d}x_1}=\frac{-f(x_1,\ x_2)}{x_2}\tag{7－13}$$

或者

$$\frac{\mathrm{d}\dot{x}}{\mathrm{d}x}=\frac{-f(x,\ \dot{x})}{\dot{x}}\tag{7－14}$$

1. 相平面和相轨迹

前面已经设定 $x_1=x$，$x_2=\dot{x}$，我们称以 x_1(或 x)为横坐标、以 x_2(或 $\dot{x}$)为纵坐标构成的平面为相平面(注意，纵坐标 x_2 是横坐标 x_1 的一阶导数)，如图 7－6 所示。x_1、x_2 为相变量。由某一初始条件出发在相平面上按照式(7－13)或式(7－14)绘出的曲线称为相平面轨迹，简称相轨迹。不同初始条件下构成的相轨迹，称为相轨迹簇。由相轨迹簇构成的图称为相平面图。利用相平面图分析系统性能的方法，称为相平面分析法。

图 7－6 为某个非线性系统的相平面图。图中，相轨迹上的箭头表示相变量随着时间的增加沿相轨迹运动的方向。

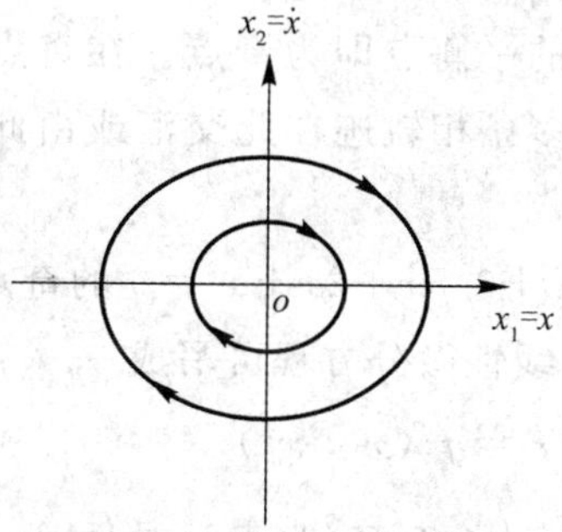

图 7－6　某非线性系统的相平面图

2. 相轨迹方程

定义两个相变量 $x_1=x$，$x_2=\dot{x}$ 之后，就可以将一个二阶微分方程改写成两个一阶微分方程组。式(7－12)的一般形式为

$$\begin{cases}\dot{x}_1=f_1(x_1,\ x_2)\\ \dot{x}_2=f_2(x_1,\ x_2)\end{cases}\tag{7－15}$$

整理可得

$$\frac{\mathrm{d}x_2}{\mathrm{d}x_1}=\frac{f_2(x_1,\ x_2)}{f_1(x_1,\ x_2)}\tag{7－16}$$

求解式(7－16)，可得相轨迹方程为

$$x_2=g(x_1)\tag{7－17}$$

式(7－17)表示相平面(以 x_1 为横轴，x_2 为纵轴)上的一条曲线，即相轨迹。由于相平面

的横、纵坐标分别为(x_1, x_2)，因此式(7-16)也表示相轨迹上任意一点的斜率，称为相轨迹的斜率方程。

3. 相轨迹的性质

(1) 一般情况下，不同初始状态下的相轨迹不可相交。这是因为由式(7-16)可得相轨迹上的任意一点(x_{10}, x_{20})处的斜率为

$$\left.\frac{\mathrm{d}x_2}{\mathrm{d}x_1}\right|_{(x_{10},\ x_{20})}=\left.\frac{f_2(x_1,\ x_2)}{f_1(x_1,\ x_2)}\right|_{(x_{10},\ x_{20})} \tag{7-18}$$

只要该斜率值唯一，在点(x_{10}, x_{20})处就不会有两条不同的曲线相交，因为两条相交曲线的斜率是不同的。

(2) 如果式(7-18)的结果不唯一，会是什么情况呢？答案只能是在点(x_{10}, x_{20})处满足

$$\begin{cases}\dot{x}_1=f_1(x_{10},\ x_{20})=0\\ \dot{x}_2=f_2(x_{10},\ x_{20})=0\end{cases} \tag{7-19}$$

此时，两个相变量 x_1、x_2对时间的变化率均为零，可见系统处于平衡状态。相应的状态点(x_{10}, x_{20})称为系统的平衡点。平衡点处相轨迹的斜率满足

$$\frac{\mathrm{d}x_2}{\mathrm{d}x_1}=\frac{\dfrac{\mathrm{d}x_2}{\mathrm{d}t}}{\dfrac{\mathrm{d}x_1}{\mathrm{d}t}}=\frac{\dot{x}_2}{\dot{x}_1}=\frac{0}{0} \tag{7-20}$$

式(7-20)不能唯一确定相轨迹在平衡点(x_{10}, x_{20})处的斜率。相轨迹上斜率不确定的点在数学上被称为奇点，故系统的平衡点即为奇点。在奇点处，由于相轨迹的斜率为不定值，表明以不同初始条件出发的多条相轨迹在此交汇或由此出发，因此相轨迹可以在奇点处相交。

例 7-2 确定非线性系统 $\ddot{x}+0.5\dot{x}+2x+x^2=0$ 的奇点。

解 令 $x_1=x$, $x_2=\dot{x}$，则非线性微分方程可写成

$$\begin{cases}\dot{x}_1=x_2=f_1(x_1,\ x_2)\\ \dot{x}_2=-0.5x_2-2x_1-x_1^2=f_2(x_1,\ x_2)\end{cases}$$

由奇点定义，得

$$\begin{cases}f_1(x_{10},\ x_{20})=0\\ f_2(x_{10},\ x_{20})=0\end{cases}$$

解得

$$\begin{cases}x_{10}=0\\ x_{20}=0\end{cases} \quad 或 \quad \begin{cases}x_{10}=-2\\ x_{20}=0\end{cases}$$

因此，系统在(x_1, x_2)相平面上有两个奇点，分别为(0, 0)和(−2, 0)。

(3) 如图 7-7 所示，无论系统的相轨迹形状如何，在相平面的上半平面，因为 $\dot{x}>0$，所以 x 值必定递增，相轨迹总是沿着横轴(x 轴)正方向移动；而在相平面的下半平面，因为是 $\dot{x}<0$，所以相轨迹总是沿着横轴负方向移动。因此，相轨迹总的方向是顺时针方向。而在穿越横轴时，因为纵坐标 $\dot{x}=0$，所以相轨迹垂直穿过横轴。

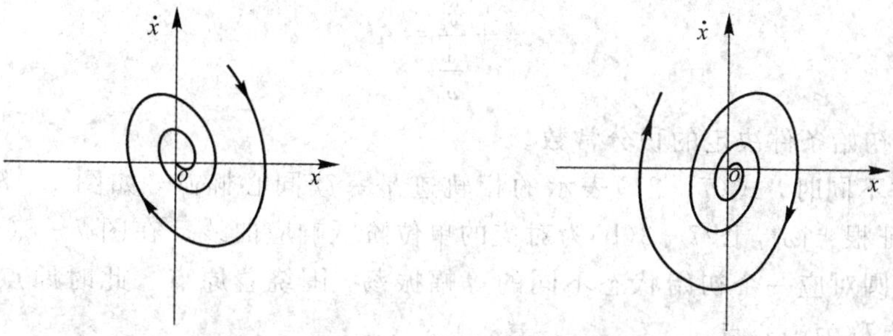

图 7-7　不同状态时的相轨迹

7.2.2　线性系统的相轨迹

在学习非线性系统的相平面分析法之前，我们先对非常熟悉的线性系统做相平面分析。设二阶线性系统的微分方程为

$$\ddot{x}+2\xi\omega_n\dot{x}+\omega_n^2x=0 \tag{7-21}$$

令 $x_1=x$，$x_2=\dot{x}$，得

$$\begin{cases}\dot{x}_1=x_2\\ \dot{x}_2=-2\xi\omega_n x_2-\omega_n^2x_1\end{cases} \tag{7-22}$$

相轨迹的斜率方程为

$$\frac{dx_2}{dx_1}=-\frac{2\xi\omega_n x_2+\omega_n^2x_1}{x_2} \tag{7-23}$$

系统的平衡点(奇点)满足

$$\frac{dx_2}{dx_1}=\frac{0}{0}$$

解得 $x_1=0$，$x_2=0$。所以(0，0)为系统的奇点。

也就是说，无论系统特征参数 ω_n 和 ξ 是何值，系统的奇点是不变的。此外，式(7-21)的特征方程为

$$\lambda^2+2\xi\omega_n\lambda+\omega_n^2=0 \tag{7-24}$$

系统的特征根为

$$\lambda_{1,2}=-\xi\omega_n\pm\omega_n\sqrt{\xi^2-1} \tag{7-25}$$

对于不同的阻尼比 ξ，二阶系统特征根的形式是不同的，而线性系统的时域响应是由特征根决定的。下面介绍系统特征根与系统的奇点(0，0)以及相轨迹的关系。

1. $\xi=0$(无阻尼状态)

当 $\xi=0$ 时，由式(7-25)得到系统特征根为一对纯虚根 $\pm j\omega_n$，阶跃输入的响应曲线为等幅振荡。将 $\xi=0$ 代入式(7-23)，可得相轨迹方程为

$$\frac{dx_2}{dx_1}=-\frac{\omega_n^2x_1}{x_2} \tag{7-26}$$

对式(7-26)分离变量，得到

$$x_2dx_2+\omega_n^2x_1dx_1=0$$

积分后得到

$$x_2^2+\frac{x_1^2}{\frac{1}{\omega_n^2}}=A^2 \tag{7-27}$$

式中，A 为由初始条件决定的积分常数。

初始条件不同时，式(7－27)表示的相轨迹是一簇同心椭圆，如图 7－8(c)所示。图 7－8(a)为特征根$\pm j\omega_n$，图 7－8(b)为对应的单位阶跃响应曲线。在图 7－8(c)所示相轨迹中，每一个椭圆对应一个初始状态不同的等幅振荡，围绕着原点。此时原点为平衡点(奇点)，这类奇点称为中心点。

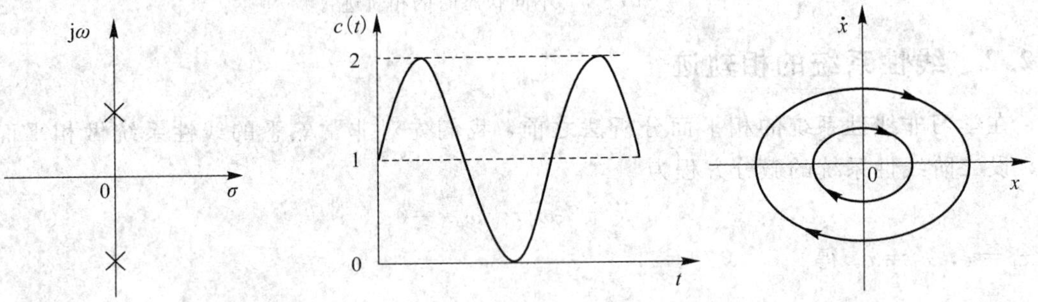

(a) 特征根　　(b) 阶跃响应　　(c) 相轨迹

图 7－8　无阻尼二阶线性系统的特征根、阶跃响应与相轨迹

2. $0<\xi<1$(欠阻尼状态)

当$0<\xi<1$时，系统的特征根为一对具有负实部的共轭复根$-\xi\omega_n\pm j\omega_n\sqrt{1-\xi^2}$。系统的阶跃响应是衰减振荡，最终趋于稳定值。在相平面上，从不同初始条件出发的相轨迹呈对数螺旋线收敛于平衡点(0，0)，这样的平衡点(奇点)称为稳定焦点。欠阻尼状态对应的特征根、阶跃响应和相轨迹如图 7－9 所示。

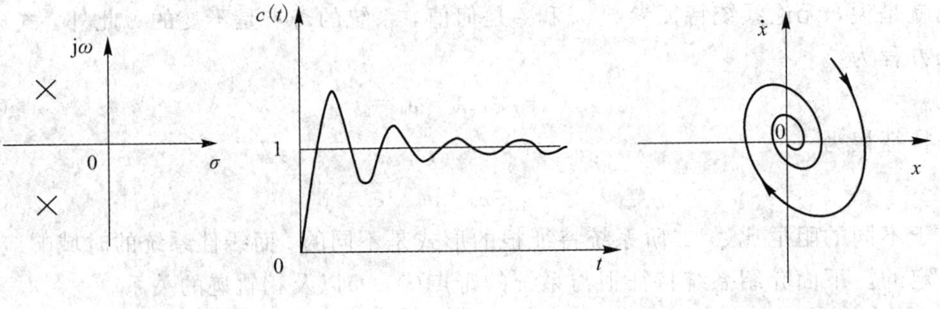

(a) 特征根　　(b) 阶跃响应　　(c) 相轨迹

图 7－9　欠阻尼二阶线性系统的特征根、阶跃响应与相轨迹

3. $\xi>1$(过阻尼状态)

当阻尼比$\xi>1$时，系统特征根为两个不相等的负实根，如图 7－10(a)所示。系统的单位阶跃响应曲线如图 7－10(b)所示，系统稳定。不同初始状态的相轨迹为趋向于平衡点(0，0)的抛物线，这种平衡点(奇点)称为稳定节点，相轨迹如图 7－10(c)所示。

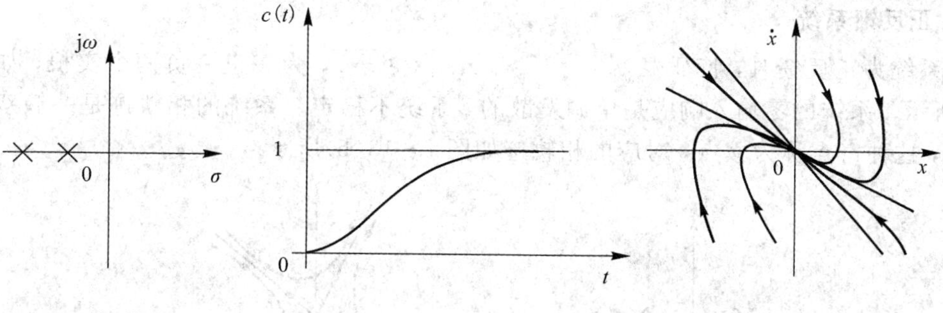

(a) 特征根　　(b) 阶跃响应　　(c) 相轨迹

图 7-10　过阻尼二阶线性系统的特征根、阶跃响应与相轨迹

4. $-1<\xi<0$

控制系统的稳定性是讨论系统输入为零、初始偏差不为零时的稳定状态。当$-1<\xi<0$时，系统的特征根为一对具有正实部的共轭复根，如图 7—11 (a)所示。系统的零输入响应是发散振荡的，系统不稳定。而在不同初始条件下出发的相轨迹，从平衡点呈对数螺旋线发散出去，这种奇点(0，0)称为不稳定焦点，相轨迹如图 7-11(b)所示。

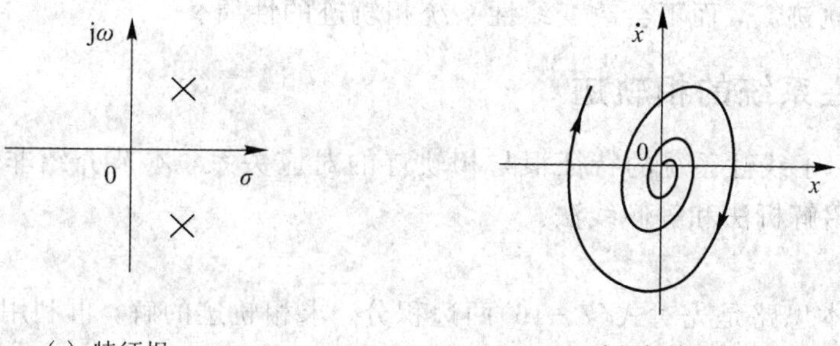

(a) 特征根　　(b) 相轨迹

图 7-11　阻尼比$-1<\xi<0$时二阶线性系统的特征根与相轨迹

5. $\xi<-1$

当阻尼比$\xi<-1$时，系统的特征根为两个正实根，如图 7—12(a)所示。系统的零输入响应曲线是单调发散的，系统不稳定。不同初始状态的相轨迹为由平衡点出发的发散的抛物线，这种奇点(0，0)称为不稳定节点，相轨迹如图 7-12(b)所示。

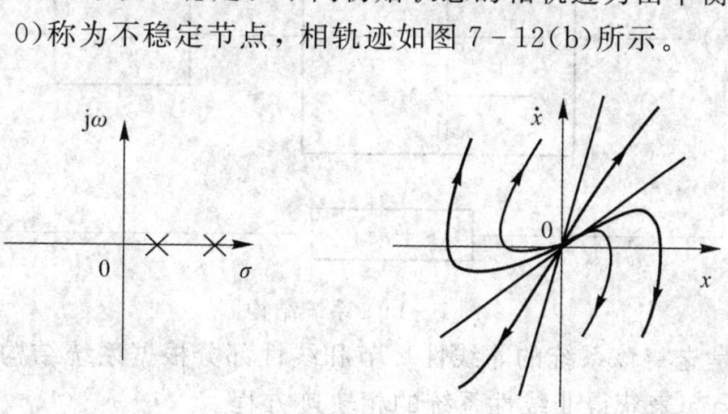

(a) 特征根　　(b) 相轨迹

图 7-12　阻尼比$\xi<-1$时二阶线性系统的特征根与相轨迹

6. 正反馈系统

当系统为正反馈时，特征根 $\lambda_{1,2}=-\xi\omega_n\pm\omega_n\sqrt{\xi^2+1}$，为一正一负两个实根，如图 7-13(a)所示。系统的零输入响应是单调发散的，系统不稳定。系统的相轨迹是一簇双曲线，呈鞍形，这种奇点称为鞍点，对应的相轨迹如图 7-13(b)所示。

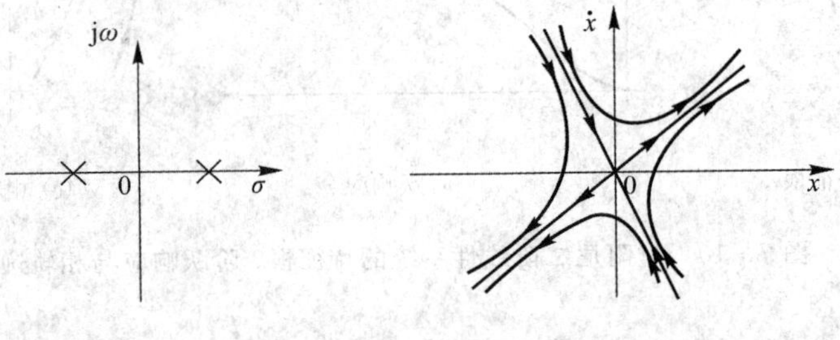

图 7-13　正反馈时二阶线性系统的特征根与相轨迹

以上分析表明，对于线性系统，相轨迹的形状与系统的特征根(闭环极点)的位置密切相关，与奇点类型也密切相关，而与初始状态无关。不同初始状态只能在相平面上形成几何形状相似的相轨迹簇，而不会改变线性系统相轨迹的性质。

7.2.3　非线性系统的相轨迹

7.2.2 节介绍了线性系统的特征根与相轨迹的对应关系，本节介绍非线性系统相轨迹的绘制，主要介绍解析法和等倾线法。

1. 解析法

解析法的基本思路是先对式(7-16)两边积分，求相轨迹的解，再利用相轨迹的解绘制相轨迹。因此，解析法一般适用于较为简单的微分方程。

例 7-3　绘制图 7-14 所示系统在 $\beta=0$，$\beta<0$，$\beta>0$ 时输出 $c(t)$的相轨迹图。假设输入信号$r=0$。

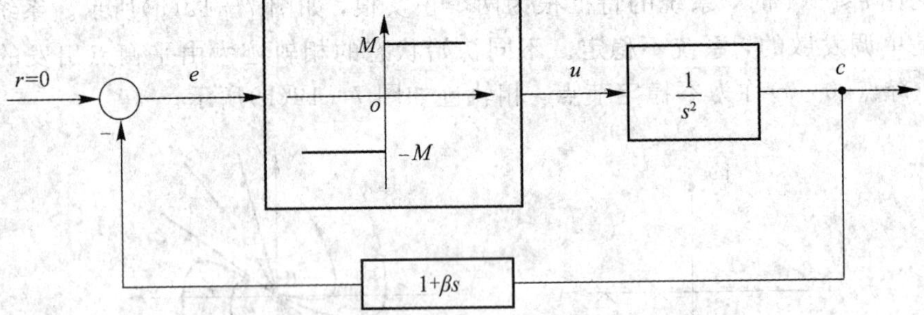

图 7-14　系统结构图

解　解题思路是先将该系统的非线性环节和线性部分根据系统结构图分别列出各自的关系式，之后再结合起来获得非线性系统的相轨迹方程。

(1) 该系统的非线性环节为理想继电器特性，即

$$u(e)=\begin{cases}M, & e>0\\-M, & e<0\end{cases}\tag{7-28}$$

(2) 该系统线性部分的传递函数为

$$\begin{cases} U(s)\cdot\dfrac{1}{s^2}=C(s) \\ E(s)=R(s)-C(s)(1+\beta s) \end{cases}$$

可以得到

$$\begin{cases} u(t)=\ddot{c}(t) \\ e(t)=r(t)-c(t)-\beta\dot{c}(t) \end{cases} \tag{7-29}$$

(3) 结合上面的步骤(1)与步骤(2)，将式(7-29)代入式(7-28)，可得

$$u=\ddot{c}=\begin{cases} M, & r(t)-c(t)-\beta\dot{c}(t)>0 \\ -M, & r(t)-c(t)-\beta\dot{c}(t)<0 \end{cases}$$

因为 $r(t)=0$，所以得到

$$\ddot{c}=\begin{cases} M, & c(t)+\beta\dot{c}(t)<0 \\ -M, & c(t)+\beta\dot{c}(t)>0 \end{cases}$$

(4) 设$\begin{cases} x_1=c \\ x_2=\dot{c} \end{cases}$，可得

$$\begin{cases} \dot{x}_1=\dot{c}=x_2 \\ \dot{x}_2=\ddot{c} \end{cases}$$

所以

$$\frac{\mathrm{d}x_2}{\mathrm{d}x_1}=\frac{\ddot{c}}{x_2}=\begin{cases} \dfrac{M}{x_2}, & c+\beta\dot{c}<0 \\ -\dfrac{M}{x_2}, & c+\beta\dot{c}>0 \end{cases}$$

即

$$x_2\mathrm{d}x_2=\begin{cases} M\mathrm{d}x_1, & c+\beta\dot{c}<0 \\ -M\mathrm{d}x_1, & c+\beta\dot{c}>0 \end{cases}$$

得到

$$\frac{x_2^2}{2}=\begin{cases} Mx_1+A, & c+\beta\dot{c}<0 \\ -Mx_1+B, & c+\beta\dot{c}>0 \end{cases}$$

即

$$\frac{(\dot{c})^2}{2}=\begin{cases} Mc+A, & c+\beta\dot{c}<0 \\ -Mc+B, & c+\beta\dot{c}>0 \end{cases} \tag{7-30}$$

至此，式(7-30)中的变量只有 c 与 $\dot{c}$。我们选取相变量 c 和 $\dot{c}$，通过式(7-30)可以得到相轨迹方程为

$$(\dot{c})^2=\begin{cases} 2Mc+2A, & c+\beta\dot{c}<0 \\ -2Mc+2B, & c+\beta\dot{c}>0 \end{cases} \tag{7-31}$$

以上各式中，A，B 为由初始条件决定的常数。

从式(7-31)可以看出，相轨迹方程的切换条件为 $c+\beta\dot{c}=0$，称为相轨迹的开关曲线。

(1) 当 $\beta=0$ 时，开关曲线为 $c=0$，即纵轴 $\dot{c}$。相轨迹由位于纵轴两侧的曲线在开关曲

线(纵轴)上进行切换，对应的运动是周期运动，相轨迹如图 7－15 所示。

(2) 当 $\beta<0$ 时，开关曲线 $c+\beta\dot{c}=0$ 位于第一、三象限，相轨迹由两簇抛物线组成。每当在开关曲线处切换时，相轨迹是沿着抛物线发散的，如图 7－16 所示的粗线。

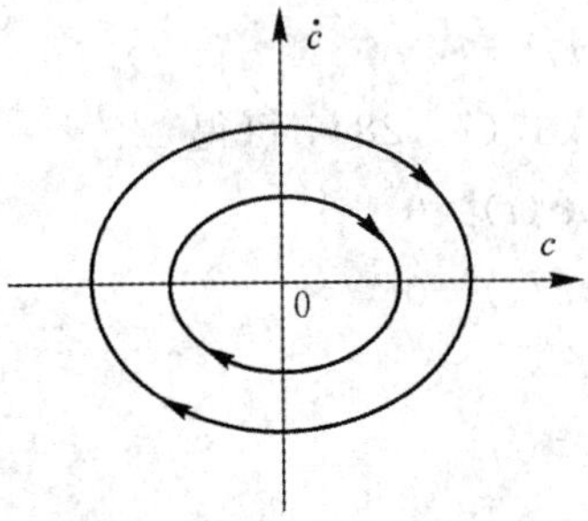

图 7－15　$\beta=0$ 时的相轨迹

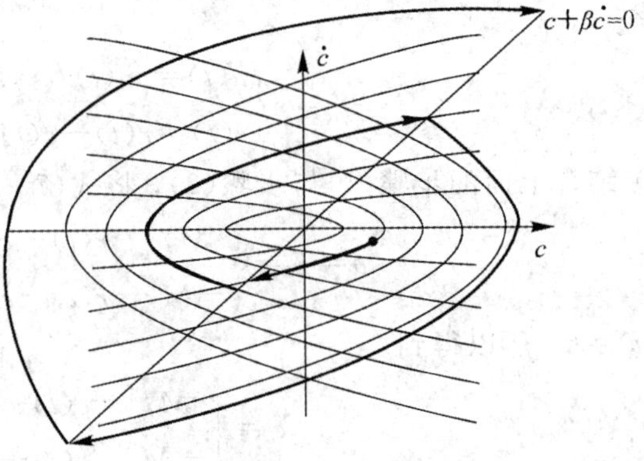

图 7－16　$\beta<0$ 时的相轨迹

(3) 当 $\beta>0$ 时，开关曲线 $c+\beta\dot{c}=0$ 位于第二、四象限，相轨迹仍由两簇抛物线组成。但每次切换时，相轨迹是沿着抛物线收敛的，如图 7－17 所示的粗线。

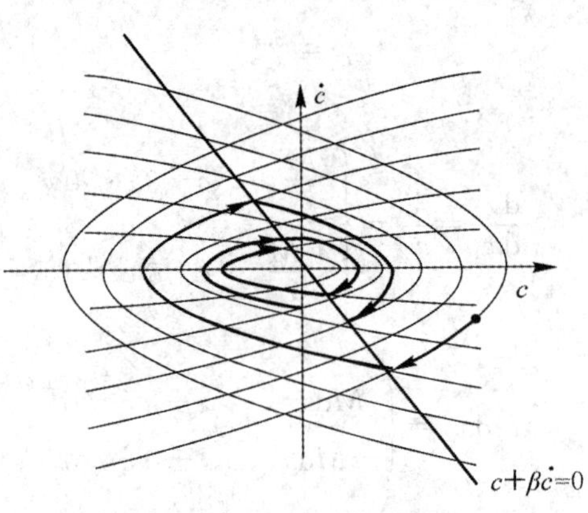

图 7－17　$\beta>0$ 时的相轨迹

在此有必要说明，虽然我们介绍的是利用解析法绘制相轨迹，但是当相轨迹方程相当复杂时，是较难解析和绘制的，一般我们可以利用等倾线法这样的图解法或借助计算机仿真软件进行绘制。

2. 等倾线法

等倾线法的基本思路是先确定相轨迹的等倾线(即等斜率线)，就得到了相轨迹的切线方向，进而从初始条件出发沿着切线方向逐步绘制相轨迹。

对于非线性系统

$$\ddot{x}=f(x,\dot{x})$$

我们已经知道相轨迹的斜率方程为

$$\frac{d\dot{x}}{dx}=\frac{f(x,\dot{x})}{\dot{x}} \tag{7-32}$$

若取斜率为常数 α，则式(7－32)为

$$\frac{\mathrm{d}\dot{x}}{\mathrm{d}x}=\frac{f(x,\ \dot{x})}{\dot{x}}=\alpha \tag{7-33}$$

即

$$\dot{x}=\frac{f(x,\ \dot{x})}{\alpha} \tag{7-34}$$

对于给定的 α 值，式(7－34)描述了相平面$(x,\ \dot{x})$上的一条曲线。相轨迹与该曲线相交时总是具有相同的斜率 α，所以，式(7－34)称为等倾线方程。图 7－18 为利用等倾线法绘制相轨迹的示意图。

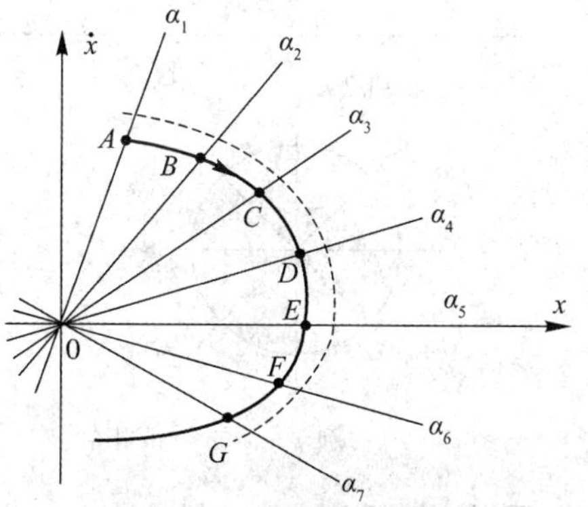

图 7－18　利用等倾线法绘制相轨迹

具体步骤如下：

(1) 对于给定的斜率 α，通过式(7－34)求解等倾线方程，在相平面上得到一条等倾线(图 7－18 中的等倾线为直线)。给定不同的值 α，可在相平面上绘制若干条不同的等倾线。我们可以先绘制一些比较稀疏的等倾线。但是因为等倾线法的精度取决于等倾线的分布密度，为保证作图的准确性，一般相邻两条等倾线之间的夹角为 $5^\circ\sim10^\circ$ 为宜。

(2) 从起始点 A(所在等倾直线表示相轨迹在该点的切线斜率为 α_1)出发，作一条斜率为$(\alpha_1+\alpha_2)/2$ 的直线，与对应斜率为 α_2 的等倾线相交于 B 点。

(3) 从 B 点出发重复步骤(2)画出直线至 C 点，依次类推，得到 D、E、F、G 点。

(4) 用一条光滑曲线连接 A、B、C、D、E、F、G 等各点，最终绘制出从 A 出发的相轨迹曲线。

例 7－4　利用等倾线法绘制二阶系统 $\ddot{x}+x=0$ 的相轨迹。

解　由系统的微分方程可得相轨迹的斜率方程为

$$\frac{\mathrm{d}\dot{x}}{\mathrm{d}x}=-\frac{x}{\dot{x}}=\alpha$$

等倾线方程为

$$\dot{x}=-\frac{x}{\alpha}$$

根据表 7－1，取不同的 α，分别绘制等倾线。图 7－19 为绘制完成的一组等倾线以及一条相轨迹。

表 7-1　求取等倾线方程

α	等倾线方程
-1	$\dot{x}=x$
0	$x=0$
$\frac{1}{2}$	$\dot{x}=-2x$
1	$\dot{x}=-x$
∞	$\dot{x}=0$

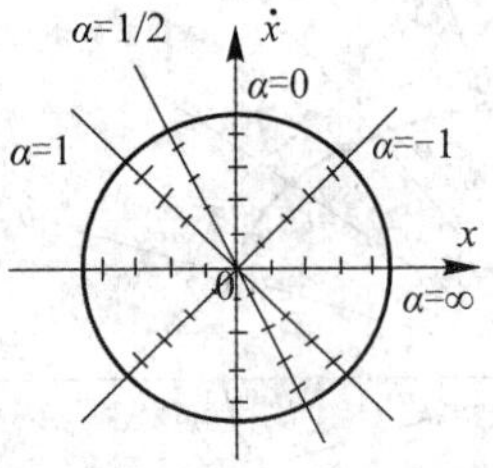

图 7-19　例 7-4 的一条相轨迹

7.2.4　非线性系统的相平面分析

如图 7-20 所示，非线性系统一般由非线性环节和线性部分组成。例 7-3 已经简单说明了非线性系统相平面分析的一般步骤。首先，分别由非线性环节的特性和线性部分的传递函数求得系统中的各种关系式；然后，根据非线性系统的整体特性将整个相平面划分成若干区域，采用解析法、等倾线法等绘制各区域的相轨迹。不同区域相轨迹在开关曲线上发生变化，构成整个系统的相轨迹。

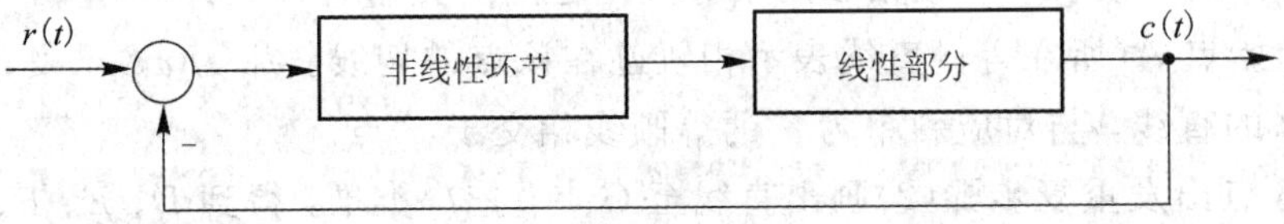

图 7-20　非线性系统的一般结构

例 7-5　图 7-21 所示为带死区继电器特性的非线性系统。设系统在零初始条件下施加阶跃信号 $r(t)=R\cdot 1(t)$，试分析系统的动态特性和稳态特性。

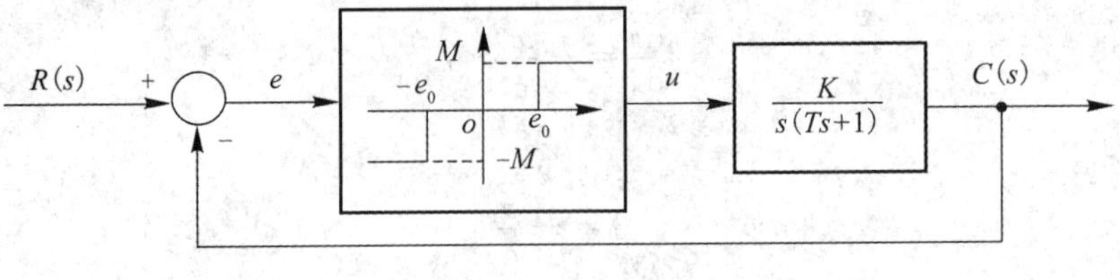

图 7-21　非线性系统

解　(1) 线性部分

$$U(s)\frac{K}{s(Ts+1)}=C(s) \tag{7-35}$$

$$E(s)=R(s)-C(s) \tag{7-36}$$

由式(7-35)可得

$$K\cdot U(s)=C(s)[s(Ts+1)]$$

即

$$T\ddot{c}+\dot{c}=Ku \tag{7-37}$$

由式(7-36)可得

$$\begin{aligned} e&=r-c\\ \dot{e}&=\dot{r}-\dot{c}\\ \ddot{e}&=\ddot{r}-\ddot{c} \end{aligned} \tag{7-38}$$

(2) 非线性部分的特性为

$$u=\begin{cases} M, & e>e_0\\ 0, & -e_0<e<e_0\\ -M, & e<-e_0 \end{cases} \tag{7-39}$$

选取相平面$(e,\dot{e})$，将线性部分与非线性部分结合起来。将式(7-38)和式(7-39)代入式(7-37)，有

$$T(\ddot{r}-\ddot{e})+\dot{r}-\dot{e}=Ku=\begin{cases} KM, & e>e_0\\ 0, & -e_0<e<e_0\\ -KM, & e<-e_0 \end{cases}$$

因为$r(t)=R\cdot 1(t)$，则有$\dot{r}=\ddot{r}=0$，得到

$$T\ddot{e}+\dot{e}=\begin{cases} -KM, & e>e_0 & \text{Ⅰ}\\ 0, & -e_0<e<e_0 & \text{Ⅱ}\\ KM, & e<-e_0 & \text{Ⅲ} \end{cases} \tag{7-40}$$

非线性特性按照式(7-40)划分为Ⅰ、Ⅱ、Ⅲ这三个区域，开关曲线为$e=e_0$和$e=-e_0$。

Ⅰ区：相平面$e>e_0$的区域，相轨迹方程可表示为

$$T\ddot{e}+\dot{e}=-KM$$

令$x_1=e$，$x_2=\dot{e}=\dot{x}_1$，则

$$\begin{cases} \dot{x}_1=\dot{e}\\ \dot{x}_2=\ddot{e}=\dfrac{-KM-\dot{e}}{T} \end{cases}$$

可以得到

$$\frac{\mathrm{d}x_2}{\mathrm{d}x_1}=\frac{-KM-\dot{e}}{T\dot{e}}=\alpha$$

整理后得到Ⅰ区相轨迹的等倾线方程为

$$\dot{e}=\frac{-KM}{1+\alpha T}$$

Ⅱ区：相平面$-e_0<e<e_0$的区域，对应的相轨迹方程可表示为

$$T\ddot{e}+\dot{e}=0$$

令$\dot{x}_1=\dot{e}$，$\dot{x}_2=\ddot{e}=\dfrac{-\dot{e}}{T}$，得到

$$\frac{\mathrm{d}x_2}{\mathrm{d}x_1}=\frac{-\dot{e}}{T\dot{e}}=\alpha$$

可以得到Ⅱ区相轨迹的等倾线方程为

$$(1+\alpha T)\dot{e}=0$$

因此，Ⅱ区内的相轨迹是斜率$\alpha=-1/T$的直线或者是$\dot{e}=0$的直线。

Ⅲ区：相平面$e<-e_0$的区域，相轨迹方程可表示为

$$T\ddot{e}+\dot{e}=KM$$

同样可得Ⅲ区相轨迹的等倾线方程为

$$\dot{e}=\frac{KM}{1+\alpha T}$$

该非线性系统的相轨迹如图 7-22 所示。从系统的相轨迹看，在$-e_0<e<e_0$之间存在死区。还可以看出，在阶跃输入作用下，不同初始状态的相轨迹均为收敛的，因此系统是稳定的。但是，由于存在死区，系统将存在稳态误差。

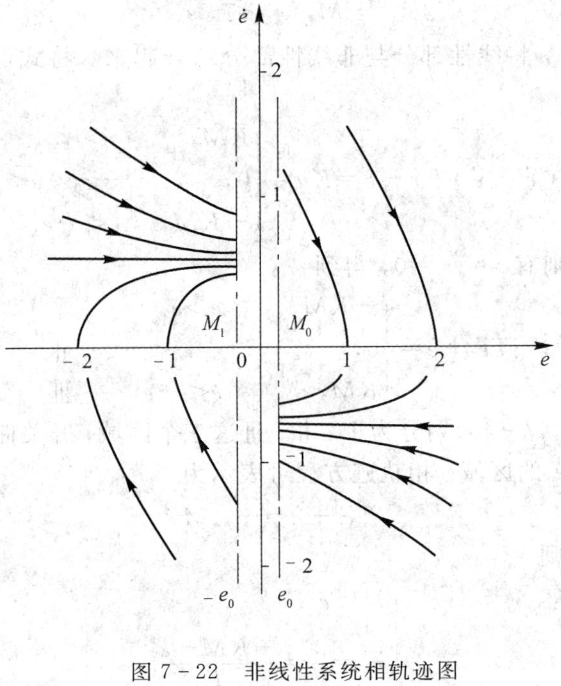

图 7-22 非线性系统相轨迹图

7.3 描述函数分析法

7.3.1 描述函数的定义

描述函数分析法是将线性系统的频率分析法(Nyquist 稳定判据)延伸到非线性系统的一种尝试，简称描述函数法。它的基本思路是:当系统满足一定的假设条件时，系统中的非线性环节在正弦信号作用下的输出也可以用正弦函数来近似。此时，非线性环节的输入-

输出关系被称为描述函数。利用描述函数，我们就可以借用线性系统的频率特性分析法来分析非线性系统。

如图 7－23 所示，我们通常将非线性系统简化为一个非线性环节和一个线性部分串联的结构。

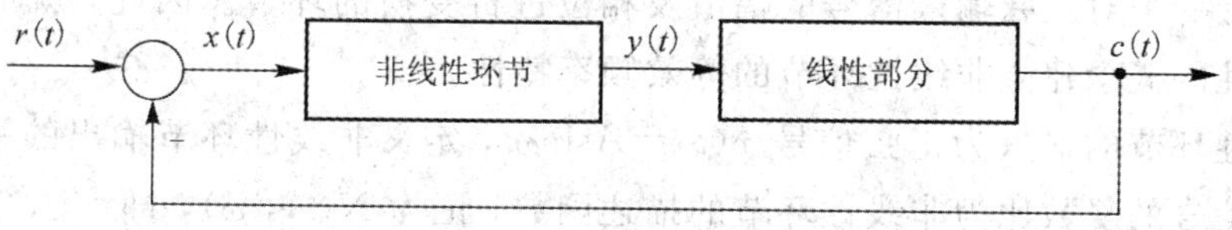

图 7－23　非线性系统结构图

这里，非线性系统需要满足如下假设条件：

① 非线性环节的输入 $x(t)$为正弦信号；

② 非线性环节的特性应该是奇对称的；

③ 非线性系统的线性部分必须具有较好的低通滤波特性。

我们知道，线性系统在正弦信号的作用下，其输出为同频率的正弦信号。而非线性环节在正弦信号作用下，其输出却可能包含有各次谐波分量。但是，如果非线性系统中的线性部分具有较好的低通滤波特性，就可以将非线性环节的高次谐波过滤掉，从而可以认为非线性环节的输出为一次谐波分量。

设非线性环节的输入 x、输出 y 的特性为

$$y=f(x) \tag{7-41}$$

当非线性环节的输入为正弦信号

$$x(t)=A\sin\omega t \tag{7-42}$$

时，非线性环节的输出一般不是正弦信号，但仍是一个周期信号，其傅里叶级数展开式为

$$y(t)=A_0+\sum_{n=1}^{\infty}(A_n\cos n\omega t+B_n\sin n\omega t) \tag{7-43}$$

式中

$$\begin{cases} A_0=\dfrac{1}{2\pi}\displaystyle\int_0^{2\pi}y(t)\mathrm{d}(\omega t) \\ A_n=\dfrac{1}{\pi}\displaystyle\int_0^{2\pi}y(t)\cos n\omega t\,\mathrm{d}(\omega t) \\ B_n=\dfrac{1}{\pi}\displaystyle\int_0^{2\pi}y(t)\sin n\omega t\,\mathrm{d}(\omega t) \end{cases} \tag{7-44}$$

从式(7－43)可以看出，非线性环节的输出信号 $y(t)$中含有基波及各种高次谐波。通常，谐波的次数越高，其对应的傅里叶系数越小，即相应的谐波分量幅值就越小。如果系统的线性部分 $G(s)$具有良好的低通滤波特性，则非线性环节的高次谐波分量通过线性部分后将被衰减到很小，甚至可以忽略不计。因此，如果前面提出的假设条件③满足的话，就可以对非线性环节只考虑一次谐波。

如果前面提出的假设条件②也满足的话，那么非线性环节就表现为斜对称，由式(7－44)可得直流分量 $A_0=0$，则式(7－43)改写为

$$y(t)\approx A_1\cos\omega t+B_1\sin\omega t=Y_1\sin(\omega t+\varphi_1) \tag{7-45}$$

式中，$Y_1=\sqrt{A_1^2+B_1^2}$为一次谐波幅值，$\varphi_1=\arctan\dfrac{A_1}{B_1}$为一次谐波相角。

我们看到，通过对非线性系统中的线性部分和非线性环节增加假设条件，就可以将非线性环节视为一个对正弦输入信号的幅值及相位进行变换的环节。因此，就可以仿照线性系统频率特性的概念建立非线性环节的等效频率特性。

设非线性环节的输入为正弦信号 $x(t)=A\sin\omega t$，定义非线性环节输出的一次谐波分量与输入正弦信号的复数比为非线性环节的描述函数，记为 $N(A,\omega)$，即

$$\begin{cases} N(A,\omega)=\dfrac{Y_1\mathrm{e}^{\mathrm{j}\varphi_1}}{A\mathrm{e}^{\mathrm{j}0}}=\dfrac{Y_1}{A}\mathrm{e}^{\mathrm{j}\varphi_1}=\dfrac{B_1+\mathrm{j}A_1}{A} \\ A_1=\dfrac{1}{\pi}\displaystyle\int_0^{2\pi}y(t)\cos\omega t\,\mathrm{d}(\omega t) \\ B_1=\dfrac{1}{\pi}\displaystyle\int_0^{2\pi}y(t)\sin\omega t\,\mathrm{d}(\omega t) \end{cases} \tag{7-46}$$

对于通常的非线性系统，描述函数一般是输入振幅 A 的函数，因此通常记为 $N(A)$。

7.3.2 典型非线性环节的描述函数

1. 死区非线性环节

当正弦信号 $x=A\sin\omega t$ 输入给死区非线性环节时，我们需要求解输出值 $y(\omega t)$。求解过程可以利用图 7-24 表示。

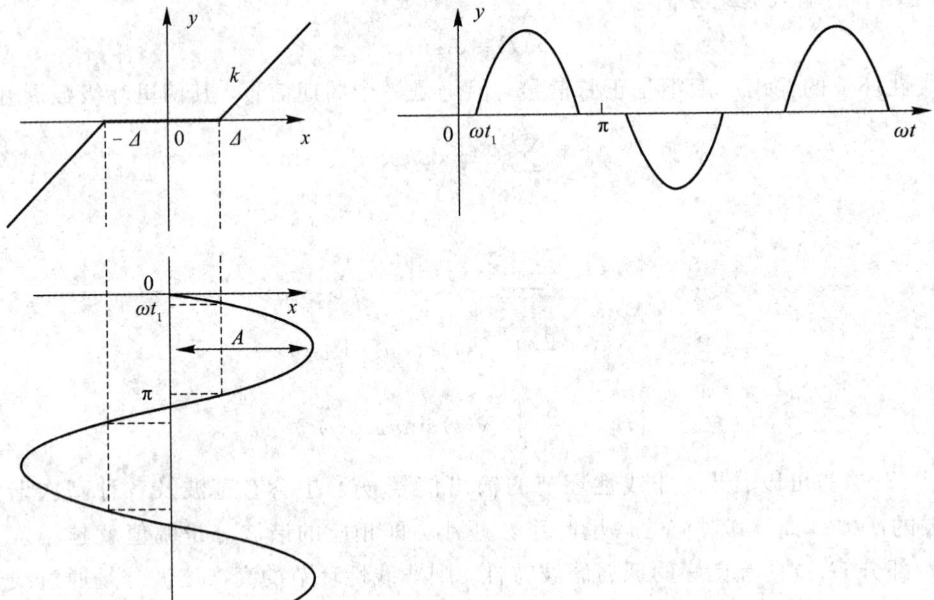

图 7-24 死区特性及输入/输出波形

具体步骤如下：

(1) 在左上角绘制死区非线性特性图 $y=f(x)$。

(2) 在其下方绘制输入信号 $x=A\sin\omega t$。需要注意的是，由于死区非线性特性的横轴是 x，而输入信号 $x=A\sin\omega t$ 的纵轴是 x，因此输入信号图需要顺时针旋转 90°以保证上下两个图的 x 轴一致。

(3) 在死区非线性特性图的右侧绘制一个空的坐标系，它是输出信号图。其纵轴是非线性环节的输出量 y，横轴是 ωt。

(4) 当输入信号随着时间由 0 逐渐变大时，对应死区非线性特性，可以逐步绘制出输出信号图。

例如，由死区非线性特性图可知，当 $0<x<\Delta$ 时，$y=0$。由输入信号图 $x=A\sin\omega t$ 可知，当 $0<\omega t<\omega t_1$ 时，$x<\Delta$。所以，在输出信号图中，当 $0<\omega t<\omega t_1$ 时，$y=0$。以此类推，即可得到输出信号图。

按照以上步骤得到的输出表达式为

$$y(t)=\begin{cases}0, & 0\leqslant\omega t\leqslant\omega t_1\\ k(A\sin\omega t-\Delta), & \omega t_1\leqslant\omega t\leqslant\pi-\omega t_1\\ 0, & \pi-\omega t_1\leqslant\omega t\leqslant\pi\end{cases} \tag{7-47}$$

式中，$\omega t_1=\arcsin\dfrac{\Delta}{A}$。

由图 7-24 可以看出输出波形是奇对称的，所以

$$A_1=0,$$

$$\varphi_1=\arctan\frac{A_1}{B_1}=0$$

$$\begin{aligned}B_1&=\frac{1}{\pi}\int_0^{2\pi}y(t)\sin\omega t\,\mathrm{d}(\omega t)\\&=\frac{4}{\pi}\int_0^{\frac{\pi}{2}}y(t)\sin\omega t\,\mathrm{d}(\omega t)\\&=\frac{4}{\pi}\int_0^{\omega t_1}y(t)\sin\omega t\,\mathrm{d}(\omega t)+\frac{4}{\pi}\int_{\omega t_1}^{\frac{\pi}{2}}y(t)\sin\omega t\,\mathrm{d}(\omega t)\\&=\frac{4k}{\pi}\int_{\omega t_1}^{\frac{\pi}{2}}(A\sin\omega t-\Delta)\sin\omega t\,\mathrm{d}(\omega t)\\&=\frac{2Ak}{\pi}\left[\frac{\pi}{2}-\arctan\left(\frac{\Delta}{A}\right)-\frac{\Delta}{A}\sqrt{1-\left(\frac{\Delta}{A}\right)^2}\right],\quad A\geqslant\Delta\end{aligned} \tag{7-48}$$

由式(7-46)可得死区特性的描述函数为

$$N(A)=\frac{B_1}{A}=k-\frac{2k}{\pi}\left[\arcsin\left(\frac{\Delta}{A}\right)+\frac{\Delta}{A}\sqrt{1-\left(\frac{\Delta}{A}^2\right)}\right],\quad A\geqslant\Delta \tag{7-49}$$

2. 理想继电器非线性环节

求取理想继电器特性的输出方程的过程如图 7-25 所示。当输入为正弦信号 $x=A\sin\omega t$ 时，其输出表达式为

$$y(t)=\begin{cases}+M, & 0\leqslant\omega t\leqslant\pi\\ -M, & \pi<\omega t\leqslant 2\pi\end{cases} \tag{7-50}$$

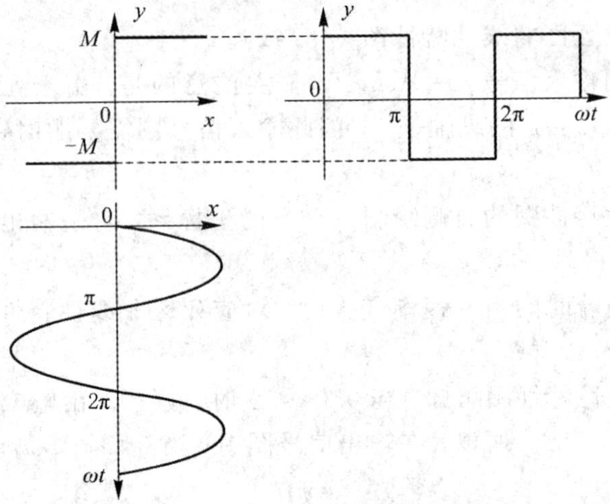

图 7-25 理想继电器特性及输入/输出波形

$y(t)$波形是单值奇对称的，所以 $A_1=0$，$\varphi_1=0$，并且

$$\begin{aligned}B_1 &= \frac{1}{\pi}\int_0^{2\pi} y(t)\sin\omega t\,\mathrm{d}(\omega t) = \frac{2}{\pi}\int_0^{\pi} y(t)\sin\omega t\,\mathrm{d}(\omega t)\\ &= \frac{2}{\pi}\int_0^{\pi} M\sin\omega t\,\mathrm{d}(\omega t) = \frac{4M}{\pi}\end{aligned} \tag{7-51}$$

由式(7-46)可得理想继电器特性的描述函数为

$$N(A)=\frac{Y_1}{A}\mathrm{e}^{\mathrm{j}0}=\frac{B_1}{A}=\frac{4M}{\pi A} \tag{7-52}$$

表 7-2 列出了一些常用的非线性特性曲线及其描述函数 $N(A)$。

表 7-2 常用非线性特性曲线及其描述函数 N(A)

非线性类型	非线性特性曲线	描述函数 $N(A)$
死区特性	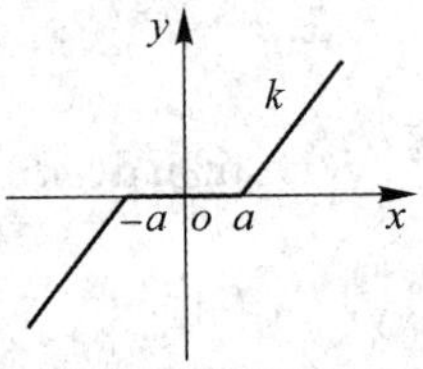	$\frac{2k}{\pi}\left[\frac{\pi}{2}-\arcsin\frac{a}{A}-\frac{a}{A}\sqrt{1-\left(\frac{a}{A}\right)^2}\right]$，$A\geqslant a$
饱和特性	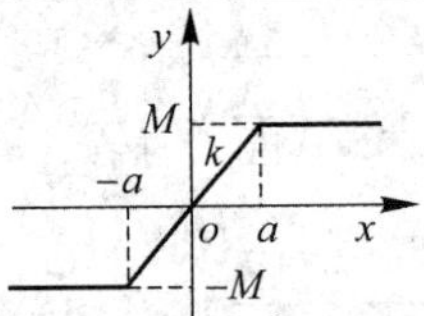	$\frac{2k}{\pi}\left[\arcsin\frac{a}{A}+\frac{a}{A}\sqrt{1-\left(\frac{a}{A}\right)^2}\right]$，$A\geqslant a$
间隙特性	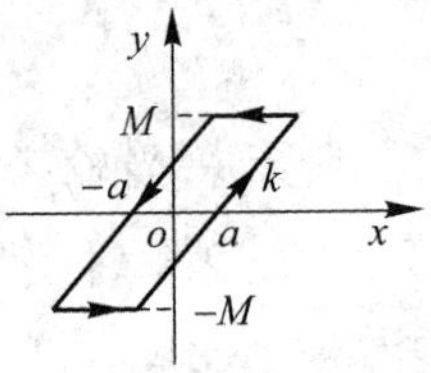	$\frac{k}{\pi}\left[\frac{\pi}{2}+\arcsin\left(1-\frac{2a}{A}\right)+2\left(1-\frac{2a}{A}\right)\sqrt{\frac{a}{A}\left(1-\frac{a}{A}\right)}\right]$ $+\mathrm{j}\frac{4ka}{\pi A}\left(\frac{a}{A}-1\right)$，$A\geqslant a$

续表

非线性类型	非线性特性曲线	描述函数 $N(A)$
理想继电器特性	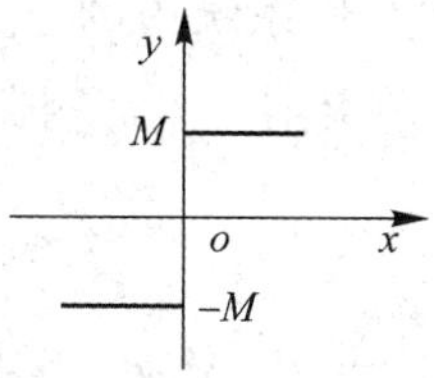	$\frac{4M}{\pi A}$
死区继电器特性	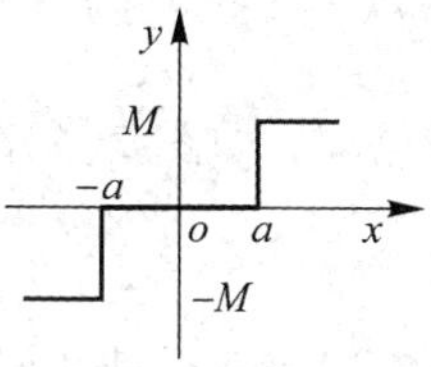	$\frac{4M}{\pi A}\sqrt{1-\left(\frac{a}{A}\right)^2}$，$A\geqslant a$
滞环继电器特性	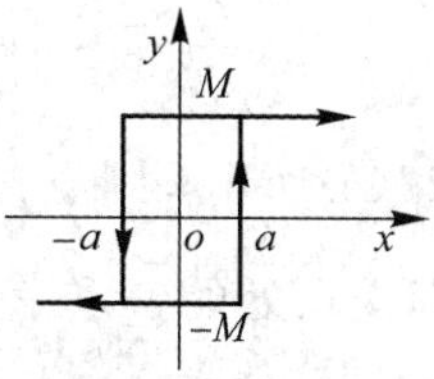	$\frac{4M}{\pi A}\sqrt{1-\left(\frac{a}{A}\right)^2}-\mathrm{j}\,\frac{4Ma}{\pi A^2}$，$A\geqslant a$

7.3.3　描述函数分析法

如前所述，如果非线性系统中的线性部分具有良好的低通滤波特性，那么非线性环节的输入-输出特性可以用描述函数 $N(A)$来表示，如图 7-26 所示。这样，非线性系统就可以近似为线性系统，也可以利用线性系统的频率特性分析法来分析非线性系统的稳定性、自持振荡产生的条件、自持振荡的幅值和频率以及如何消除自持振荡。

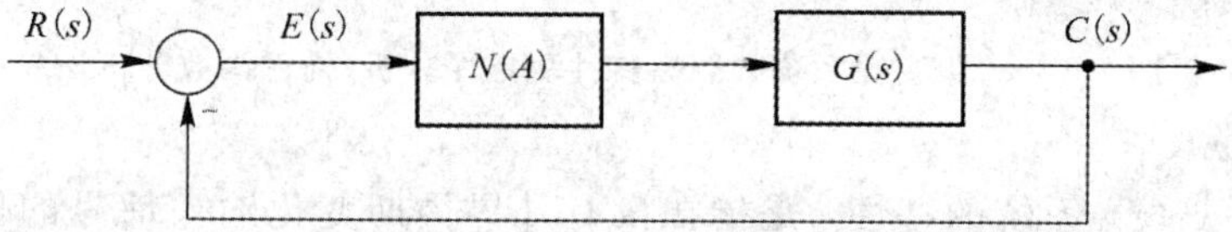

图 7-26　非线性系统结构图

1. 非线性系统的稳定性分析

判断线性系统稳定性的频率特性分析法是 Nyquist 稳定判据，也就是分析开环频率特性曲线与(−1，j0)点之间的关系。描述函数分析法就是将线性系统频率特性分析法推广到图 7-26 所示的非线性系统。

系统的输入是正弦信号 $r(t)=A\sin\omega t$，其闭环系统频率特性为

$$\frac{C(\mathrm{j}\omega)}{R(\mathrm{j}\omega)}=\frac{N(A)G(\mathrm{j}\omega)}{1+N(A)G(\mathrm{j}\omega)} \tag{7-53}$$

系统的特征方程为

$$1+N(A)G(\mathrm{j}\omega)=0 \tag{7-54}$$

即

$$G(j\omega)=-\frac{1}{N(A)} \tag{7-55}$$

可以看出，与线性系统的 Nyquist 稳定判据相比，非线性系统中的$-\frac{1}{N(A)}$相当于线性系统中的临界稳定点(−1，j0)。所不同的是，在非线性系统中，临界稳定不是一个点，而是一条曲线，即曲线$-\frac{1}{N(A)}$。

由此得到非线性系统的稳定性 Nyquist 判据：当线性部分 $G(j\omega)$ 为最小相位系统时，有：

(1) 如果曲线$-\frac{1}{N(A)}$不被线性部分的 $G(j\omega)$ 曲线所包围，如图 7-27(a)所示，则非线性系统是稳定的。

(2) 如果曲线$-\frac{1}{N(A)}$被 $G(j\omega)$ 曲线包围，如图 7-27(b)所示，则非线性系统是不稳定的。

(3) 如果曲线$-\frac{1}{N(A)}$与 $G(j\omega)$ 曲线相交，如图 7-27(c)所示，则意味着非线性系统存在临界状态，可以产生周期振荡运动，振荡频率和振幅即交点处的 ω 和 A 值。

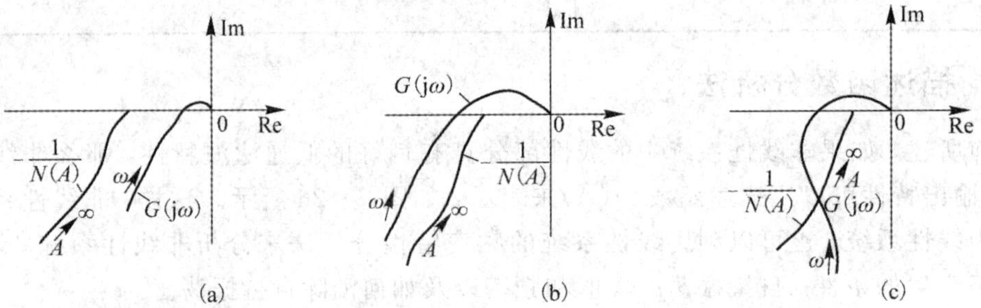

图 7-27 非线性系统的频率特性稳定性分析(描述函数分析法)

2. 自持振荡

自持振荡是非线性系统的特性，是指在没有外界周期变化输入信号的作用下，系统能够产生具有固定频率和振幅的稳定的等幅振荡运动。我们先分析等幅振荡产生的条件，之后再分析这种振荡是否稳定。

在图 7-26 所示的非线性系统中，当输入 $r(t)=A\sin\omega t$，曲线$-\frac{1}{N(A)}$与 $G(j\omega)$ 相交，即如图 7-27(c)所示状态时，就会产生等幅振荡。所以，产生等幅振荡的条件为

$$G(j\omega)=-\frac{1}{N(A)} \tag{7-56}$$

如果式(7-56)有多组解，则系统存在多个不同振幅的等幅振荡。如图 7-28 所示，曲线$-\frac{1}{N(A)}$与 $G(j\omega)$ 有两个交点 P 和 Q，因此存在两个等幅运动。而图 7-27(c)中，交点只有一个，因此只存在一个等幅运动。在交点处 $G(j\omega)$ 的频率 ω 即为振荡频率，交点处$-\frac{1}{N(A)}$的 A 值即为振荡幅值。

我们也可以直接利用式(7-54)，即$\begin{cases}|G(\mathrm{j}\omega)N(A)|=1\\ \angle G(\mathrm{j}\omega)N(A)=-\pi\end{cases}$，求取 ω 和 A。

等幅振荡与自持振荡是不同的，自持振荡是指稳定的等幅振荡。在图 7-28 中，两个交点 P 和 Q 对应两个等幅振荡运动。但是，还需要分析 P 和 Q 点对应的等幅振荡运动是否可以稳定地维持下去。也就是说，要判断当系统运动状态稍有变化后，还能否回到原来的状态。如果可以，就说明等幅振荡过程是稳定的，才可以被称为自持振荡；否则，该运动过程不能够维持长久，就不具备稳定性，不是自持振荡。

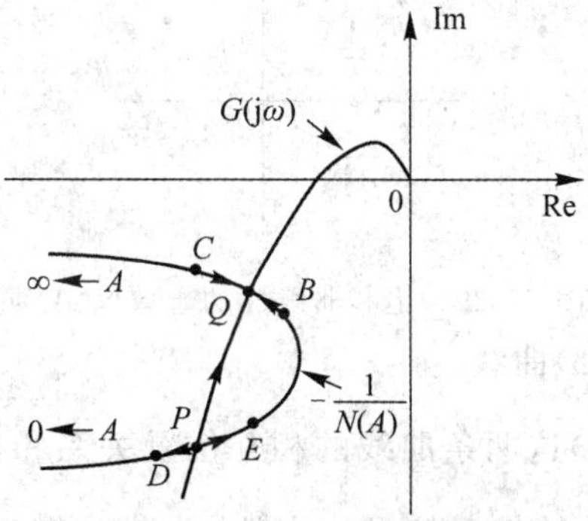

图 7-28　等幅振荡的分析

首先，我们观察 P 点。假设受到一个小的干扰使得幅值 A 变大，非线性环节的工作点朝 A 变大的方向由 P 点移动到 E 点。由于 E 点被曲线 $G(\mathrm{j}\omega)$包围，因此 E 点不稳定。此时振幅将沿着幅值 A 增大的方向移动，工作点沿着曲线$-\dfrac{1}{N(A)}$朝 Q 点运动。而如果工作点 P 受到扰动移动到 D 点，则如图 7-28 所示，D 点不被曲线 $G(\mathrm{j}\omega)$包围，因此 D 点处于稳定区间，振幅将继续减小，工作点将在曲线$-\dfrac{1}{N(A)}$上沿着振幅 A 减小的方向远离 P 点。所以，P 点是不稳定的，该点形成的等幅振荡不是自持振荡。

同样，我们分析 Q 点。当受到扰动后，无论移动到 B 点还是 C 点，通过稳定性判断，最终工作点都会返回到 Q 点。因此 Q 点具有稳定性，产生的等幅振荡是自持振荡。

自持振荡是稳定的，我们可以观察到。但是，不稳定的振荡是很难观察到的，这是因为系统受到任何扰动都将破坏这种不稳定振荡的存在。

3. 非线性系统的描述函数分析法举例

1）饱和非线性特性

饱和非线性特性的描述函数为

$$N(A)=\frac{2k}{\pi}\left[\arcsin\frac{a}{A}+\frac{a}{A}\sqrt{1-\left(\frac{a}{A}\right)^2}\right],\quad A\geqslant a$$

所以

$$-\frac{1}{N(A)}=-\frac{\pi}{2k\left[\arcsin\frac{a}{A}+\frac{a}{A}\sqrt{1-\left(\frac{a}{A}\right)^2}\right]},\quad A\geqslant a \tag{7-57}$$

在利用描述函数分析非线性系统时，需要分别描绘非线性环节的$-\dfrac{1}{N(A)}$曲线和线性

部分的 $G(j\omega)$ 曲线。可以先选取几个关键点，之后再将曲线连接起来。步骤如下：

（1）求取 $-\dfrac{1}{N(A)}$ 曲线的起点。当 $A=a$ 时，$-\dfrac{1}{N(A)}=-\dfrac{1}{k}$。

（2）求取 $-\dfrac{1}{N(A)}$ 曲线的终点。当 $A\to\infty$ 时，$-\dfrac{1}{N(A)}\to-\infty$。

因此，$-\dfrac{1}{N(A)}$ 是一条沿着实轴负方向，从 $-\dfrac{1}{k}$ 到 $-\infty$ 变化的曲线，如图 7-29 所示。

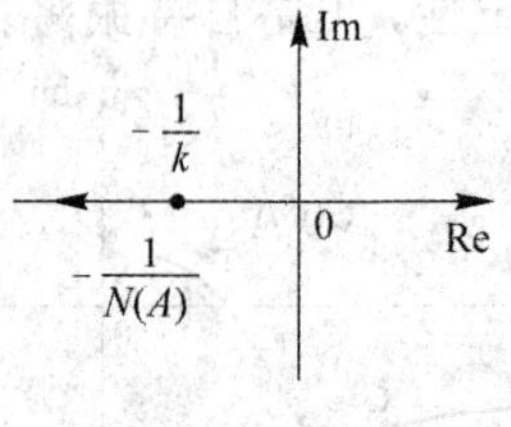

图 7-29　饱和非线性的 $-1/N(A)$ 曲线

（3）绘制线性部分的 $G(j\omega)$ 曲线。

（4）根据 $-\dfrac{1}{N(A)}$ 和 $G(j\omega)$ 这两条曲线的相互位置关系和包围状况，判断非线性系统的稳定性。图 7-30(a)所示的非线性系统是稳定的。图 7-30(b)所示的非线性系统中，因为 $G(j\omega)$ 曲线与 $-\dfrac{1}{N(A)}$ 曲线相交，所以系统产生等幅振荡（请分析是否是自持振荡）。

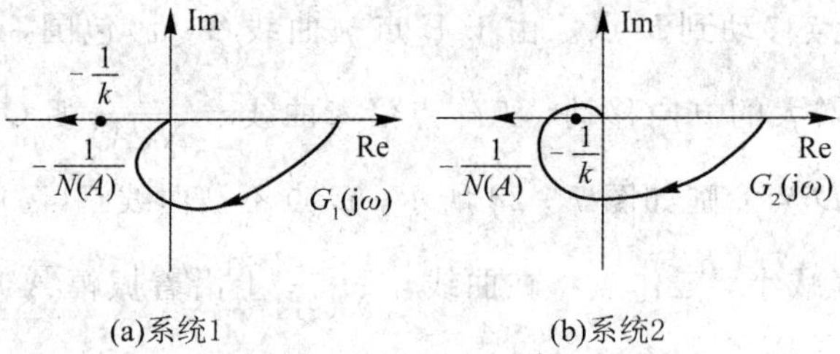

图 7-30　饱和非线性系统稳定性的描述函数分析法

2）死区继电器特性

死区继电器特性的描述函数为

$$N(A)=\frac{4M}{\pi A}\sqrt{1-\left(\frac{a}{A}\right)^2},\quad A\geqslant a$$

描述函数的负倒数为

$$-\frac{1}{N(A)}=-\frac{\pi A}{4M\sqrt{1-\left(\dfrac{a}{A}\right)^2}},\quad A\geqslant a \tag{7-58}$$

当 $A=a$ 时，$-\dfrac{1}{N(A)}=-\infty$，当 $A=\infty$ 时，$-\dfrac{1}{N(A)}=-\infty$，因此 $-\dfrac{1}{N(A)}$ 存在极值。令

$$\frac{d}{dA}\left(-\frac{1}{N(A)}\right)=0$$

得到极值，即 $A=\sqrt{2}a$ 时，有

$$-\frac{1}{N(A)}=-\frac{\pi a}{2M} \tag{7-59}$$

死区继电器特性的描述函数负倒曲线如图 7－31 所示。注意，$-\frac{1}{N(A)}$曲线在负实轴上的折返是完全重合的，只是对应的振幅不同(图中所画是为了表示清楚方向)。

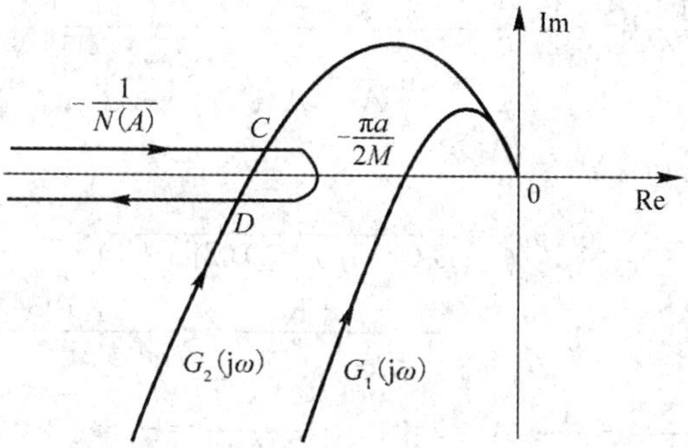

图 7－31　死区继电器非线性系统稳定性的描述函数分析法

图 7－31 中，死区继电器环节的$-\frac{1}{N(A)}$曲线与$G_1(j\omega)$曲线不相交，因此死区继电器环节与线性部分$G_1(j\omega)$构成的非线性系统是稳定的。而死区继电器环节的$-\frac{1}{N(A)}$曲线与$G_2(j\omega)$曲线相交于 C 点和 D 点。利用图 7－28 的分析可以看出，C 点是不稳定的；D 点对应的等幅振荡是稳定的，可以形成**自持**振荡。

由图 7－31 可知，若想消除自持振荡，有两种方法:一种方法是改变线性部分 $G(j\omega)$曲线，由前面介绍的线性系统频率特性可知，线性部分 $G(j\omega)$曲线与负实轴的交点坐标值是与开环增益 K 成负数的正比关系，因此可以通过减小 K 值使得$G(j\omega)$曲线与负实轴的交点接近原点，而不与$-\frac{1}{N(A)}$曲线相交;第二种方法是改变非线性环节的 $N(A)$，例如调整死区继电器特性的死区 a 和幅值M，通过式(7－59)使得$-\frac{1}{N(A)}$曲线的极值点不被 $G(j\omega)$曲线包围。

例 7－6　饱和非线性系统如图 7－32 所示，非线性饱和特性参数 $a=1$，$k=2$。试分析：

(1) 当 $K=15$ 时，该系统是否存在自持振荡？如果存在，求出自持振荡的振幅和频率。

(2) 当 K 为何值时，系统处于稳定边界状态？

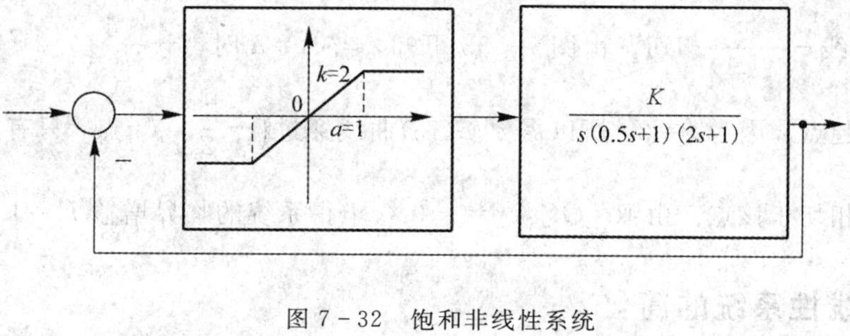

图 7－32　饱和非线性系统

解　系统中饱和非线性特性的描述函数为

$$N(A)=\frac{2k}{\pi}\left[\arcsin\frac{a}{A}+\frac{a}{A}\sqrt{1-\left(\frac{a}{A}\right)^2}\right],\quad A\geqslant a$$

描述函数的负倒数为

$$-\frac{1}{N(A)}=-\frac{\pi}{2k\left[\arcsin\frac{a}{A}+\frac{a}{A}\sqrt{1-\left(\frac{a}{A}\right)^2}\right]},\quad A\geqslant a$$

线性部分的频率特性为

$$G(\mathrm{j}\omega)=\frac{K}{\mathrm{j}\omega(0.5\mathrm{j}\omega+1)(2\mathrm{j}\omega+1)}$$
$$=\frac{-2.5K}{\omega^4+0.5\omega^2+1}-\mathrm{j}\frac{K(1-\omega^2)}{\omega(\omega^4+0.5\omega^2+1)}$$

当 $A=a$ 时，$-\frac{1}{N(A)}=-\frac{1}{k}$；$A=\infty$时，$-\frac{1}{N(A)}=-\infty$。代入参数 $a=1$，$k=2$，描述函数负倒曲线和线性部分 $G(\mathrm{j}\omega)$曲线如图 7-33 所示。

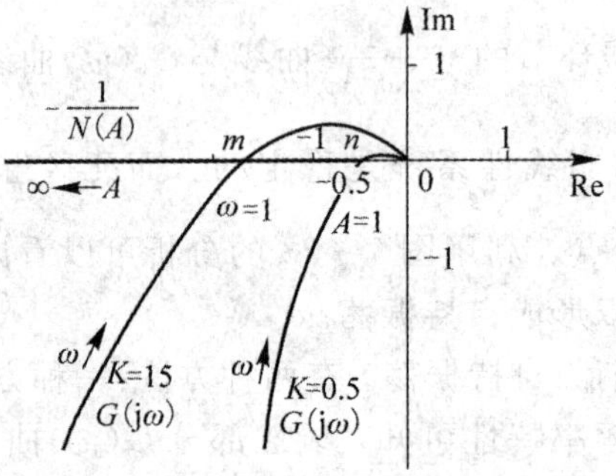

图 7-33 饱和非线性的描述函数分析法

(1) 当 $K=15$ 时，由图 7-33 可知，线性部分的频率特性曲线 $G(\mathrm{j}\omega)$与非线性环节的描述函数负倒曲线$-\frac{1}{N(A)}$相交于 m 点，且 m 点对应的周期振荡为稳定的自持振荡。

令 $\mathrm{Im}G(\mathrm{j}\omega)=0$，得到 m 点处的自持振荡频率 $\omega=1$。将 $\omega=1$ 代入 $G(\mathrm{j}\omega)$的实部，得

$$\mathrm{Re}[G(\mathrm{j}\omega)]\Big|_{\omega=1}=\frac{-2.5\times15}{\omega^4+0.5\omega^2+1}\Big|_{\omega=1}=-6$$

在点 m 处因为$G(\mathrm{j}\omega)=-\frac{1}{N(A)}$，解得自持振荡的幅值 $A=15.27$。

(2) 系统处于稳定边界状态，是指线性部分的频率特性曲线 $G(\mathrm{j}\omega)$与非线性环节的描述函数负倒曲线$-\frac{1}{N(A)}$相切。由图 7-33 可知，当 $A=a$ 时，$-\frac{1}{N(A)}=-\frac{1}{k}$，为负倒曲线$-\frac{1}{N(A)}$的起点。因为 $k=2$，所以需要 $G(\mathrm{j}\omega)$曲线穿过$\left(-\frac{1}{2},\mathrm{j}0\right)$点，只有这样才能够和曲线$-\frac{1}{N(A)}$相切于该点。由 $\mathrm{Re}[G(\mathrm{j}\omega)]=-0.5$ 求得系统的临界增益 $K=1.25$。

7.3.4 非线性系统的简化

当系统由多个非线性环节和多个线性部分组合而成时，可以通过等效变换，使系统简

化为典型的非线性系统结构。

非线性系统等效变换的原则是：根据多个非线性环节的串并联结构，简化非线性部分为一个等效非线性环节；之后再保持等效非线性环节的输入输出关系不变，简化线性部分。

1. 非线性环节的串联

若两个非线性环节串联，可采用作图方法求得串联后的等效非线性特性。注意，串联后的等效非线性特性不等于单独非线性特性的描述函数的乘积。

如图 7－34 所示的两个非线性环节串联，可以采用如图 7－35 所示的作图法，求得等效后的非线性特性。等效后的非线性特性以第一个非线性环节的输入 x_1 为输入，以第二个非线性环节的输出 y_2 为输出。

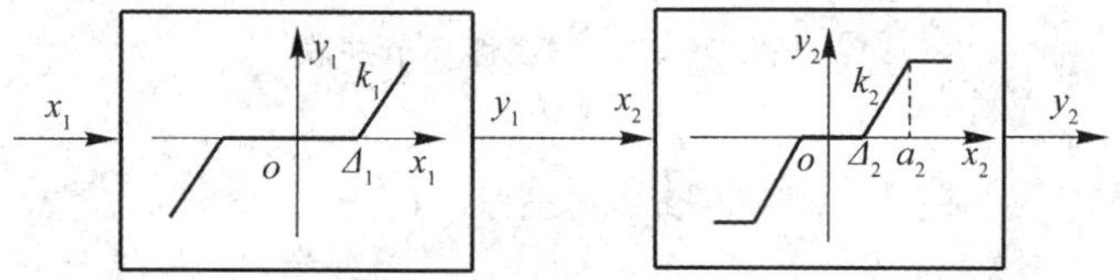

图 7－34　非线性环节串联

图 7－35 所示的作图求解法与图 7－24 表示的绘制输入一输出波形图的步骤近似。将第二个非线性环节放置在左上角，将第一个非线性环节顺时针旋转 90°后放置在下方(保证第一个非线性环节的输出 y_1 是第二个非线性环节的输入 x_2)。再以第一个非线性环节的输入 x_1 为横坐标，以第二个非线性环节的输出 y_2 为纵坐标，在右侧绘制新的坐标系，并描绘出特性曲线。

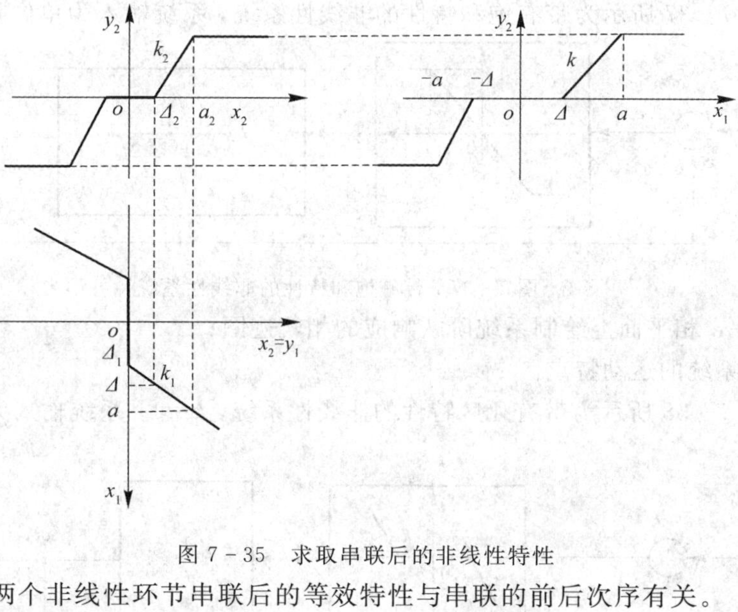

图 7－35　求取串联后的非线性特性

应当注意，两个非线性环节串联后的等效特性与串联的前后次序有关。

2. 非线性环节的并联

两个非线性环节并联，相当于将两个非线性特性进行叠加。如图 7－36 所示，两个非线性环节的死区范围不同，并联后的等效非线性特性也是不同的。当 $\Delta_1 < \Delta_2$，$\Delta_1 = \Delta_2$ 和 $\Delta_1 > \Delta_2$ 时，等效后的非线性特性分别如图 7－36(a)、(b)和(c)所示。

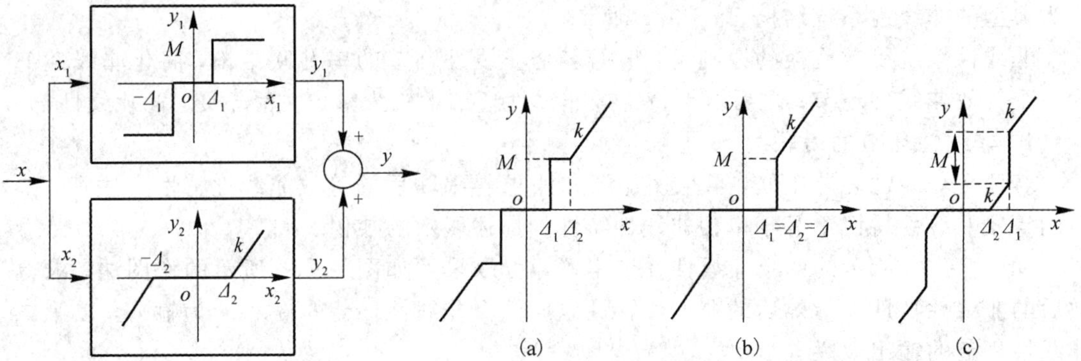

图 7-36　非线性环节并联

习　题　7

7-1　求以下非线性系统微分方程的奇点：

(1) $\ddot{x}+0.5\dot{x}-2x-x^2=0$；

(2) $\ddot{x}-\dot{x}+x^2-1=0$；

(3) $\ddot{x}+\dot{x}-x^3=0$。

7-2　分析二阶线性系统的特征根、单位阶跃响应和相轨迹之间的关系。

7-3　利用等倾线法绘制二阶系统 $\ddot{x}+3x=0$ 的相轨迹。

7-4　图 7-37 所示为带有饱和特性的非线性系统，系统输入为单位阶跃信号。试求：

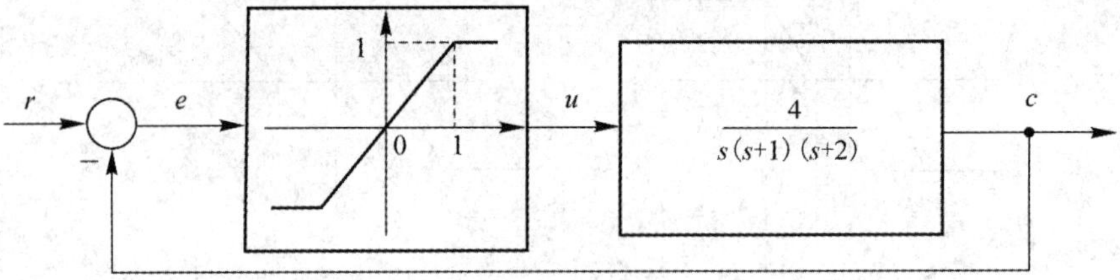

图 7-37　带有饱和特性的非线性系统

(1) 在 e-$\dot{e}$ 相平面上绘制系统阶跃响应的相轨迹图；

(2) 分析系统的运动特点。

7-5　图 7-38 所示为带有死区特性的非线性系统，$k=1$，系统输入为单位阶跃信号。试求：

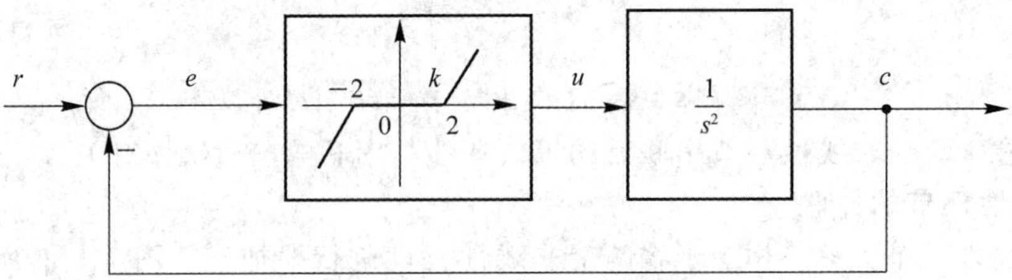

图 7-38　题 7-5 带有死区特性的非线性系统

(1) 在 e-$\dot{e}$ 相平面上绘制系统的相轨迹图；

（2）分析系统的运动特点。

7-6　推导出下列非线性特性的描述函数 $N(A)$。

（1）饱和特性；

（2）死区继电器特性；

（3）滞环继电器特性。

7-7　已知非线性环节特性曲线如图 7-39 所示，求非线性环节(a)、(b)、(c)在正弦输入信号 $x(t)=A\sin\omega t$ 下的输出波形和描述函数 $N(A)$。

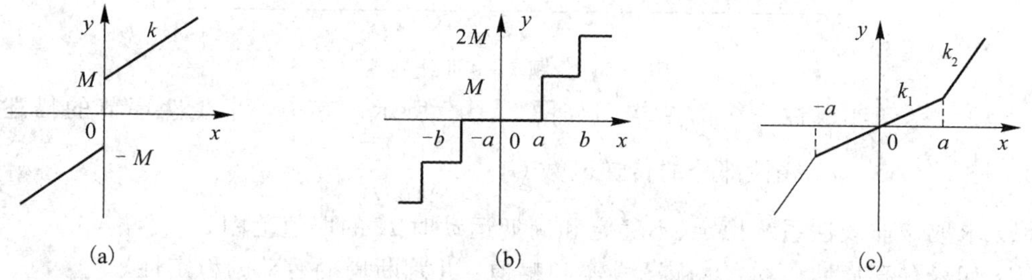

图 7-39　非线性环节特性曲线

7-8　已知系统的线性部分频率特性曲线（均为最小相位）和非线性环节的描述函数负倒曲线如图 7-40 所示，请分析系统的稳定性。如存在振荡，请分析振荡的稳定性。

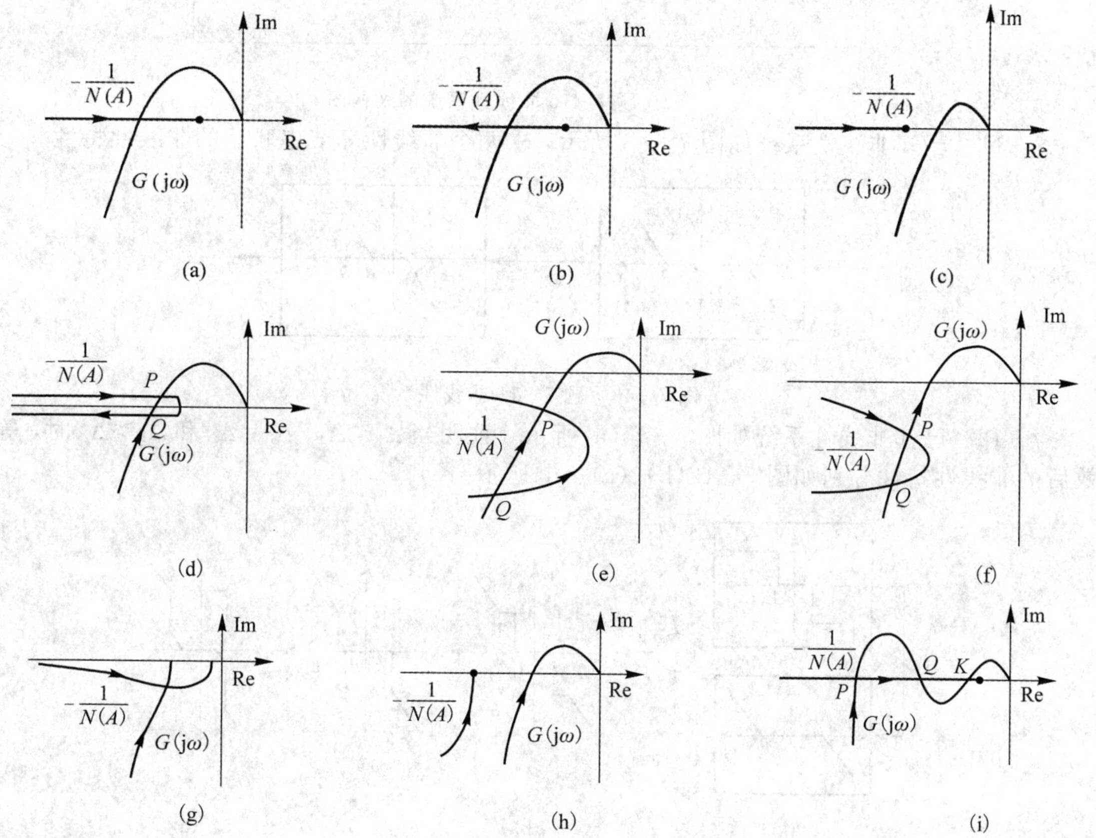

图 7-40　题 7-8 系统线性部分的频率特性曲线和非线性环节的描述函数负倒曲线

7-9　利用描述函数法求图 7-41 所示系统的稳定性。

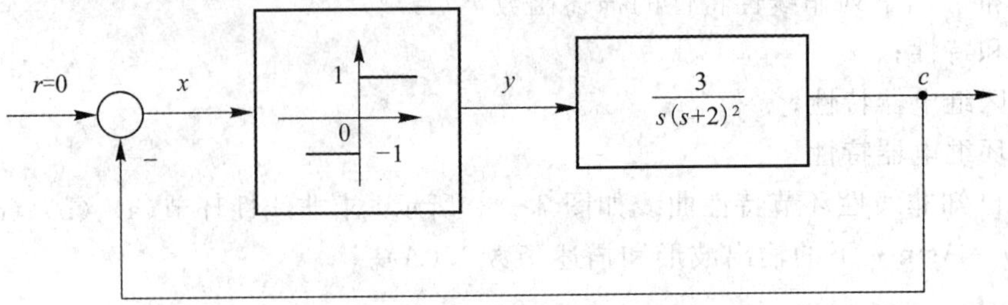

图 7-41　题 7-9 非线性系统

7-10　已知非线性系统的结构图如图 7-42 所示。其中，非线性环节的描述函数 $N(A)=\dfrac{A+5}{A+3}(A>0)$，线性部分的传递函数 $G(s)=\dfrac{K}{s(s+2)^2}$。

(1) 求取该非线性系统稳定、不稳定和周期运动时 K 的取值范围。

(2) 如果存在周期运动，求振荡频率和幅值，并判断周期运动的稳定性。

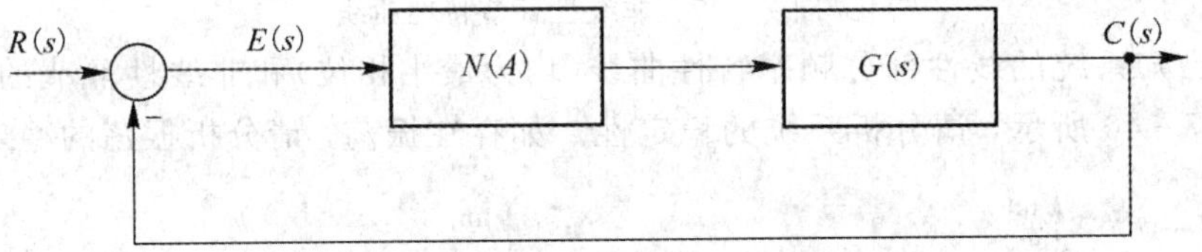

图 7-42　题 7-10 非线性系统的结构图

7-11　已知非线性系统如图 7-43 所示，求两个非线性环节串联后的非线性特性。

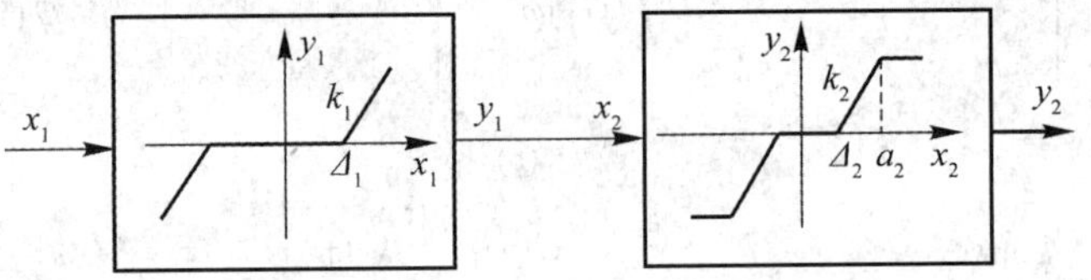

图 7-43　题 7-11 非线性系统

7-12　已知非线性系统如图 7-44(a)所示。证明当 $\Delta_1<\Delta_2$、$\Delta_1=\Delta_2$ 和 $\Delta_1>\Delta_2$ 时，等效后的非线性特性分别如图 7-12(b)、(c)、(d)所示。

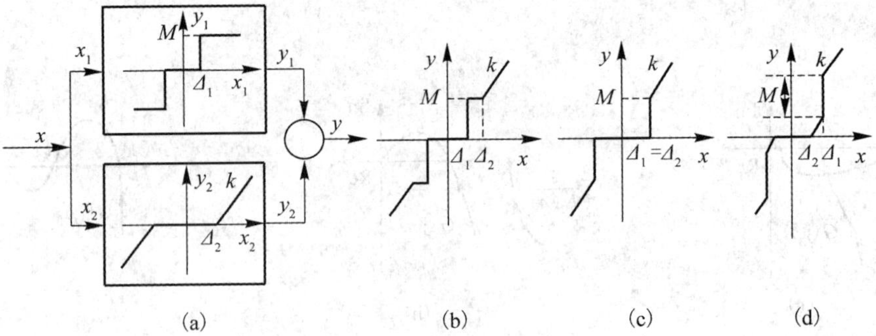

图 7-44　题 7-12 非线性系统

第 8 章　线性离散时间控制系统

计算机在控制领域中的应用已经成为必然，而且由于数字信号具有连续信号无法比拟的特点，使得计算机(或微控制器)在控制系统中的应用越来越广泛。反过来，计算机在控制领域的应用又有力地推动了自动控制理论和控制系统工艺技术的发展。

离散时间控制系统就是在此基础上发展起来的，也被广义地称为计算机控制系统。又因为该类系统需要处理的信号大多是经过采样获得的，因此也被称作采样控制系统。

8.1　信号采样与采样定理

8.1.1　概述

离散时间系统(简称离散系统)是指系统中全部或一部分的环节或变量具有离散信号形式的系统。系统中的信号不全部为连续信号，在系统中必须有一处或多处信号是脉冲序列。如图 8-1 所示，利用采样开关，可以将连续的输入信号 $r(t)$ 和反馈信号 $b(t)$ 采样成为离散信号(脉冲信号) $r^*(t)$ 和 $b^*(t)$。星号表示将连续信号离散化。因此，偏差信号也是离散型的时间函数，即

$$e^*(t)=r^*(t)-b^*(t) \tag{8-1}$$

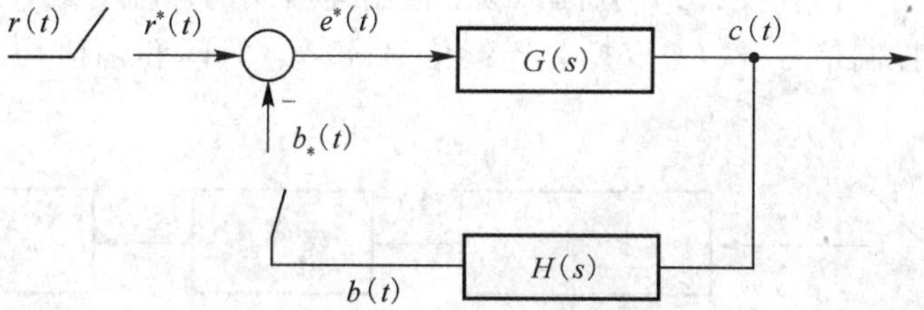

图 8-1　离散系统框图

这里的采样开关不一定是实际的开关，也可以是控制程序。一般情况下，图 8-1 中两个采样开关的动作是同步的，所以图 8-1 所示的离散系统框图可以等效为图 8-2。

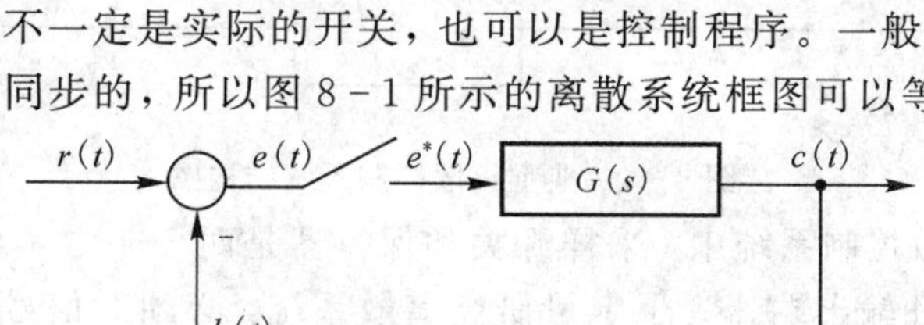

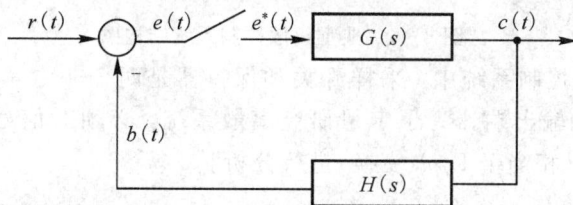

图 8-2　离散系统等效框图

一般情况下，采样开关每经过一定时间 T 就会重复闭合，每次闭合时间为 τ，且 $\tau<T$，如图 8－3(a)所示。由于数值 τ 远远小于 T，所以大多数情况下可以忽略不计。经过周期为 T 的采样之后，就由连续信号 $e(t)$ 得到了如图 8－3(b)所示的离散信号 $e^*(t)$。

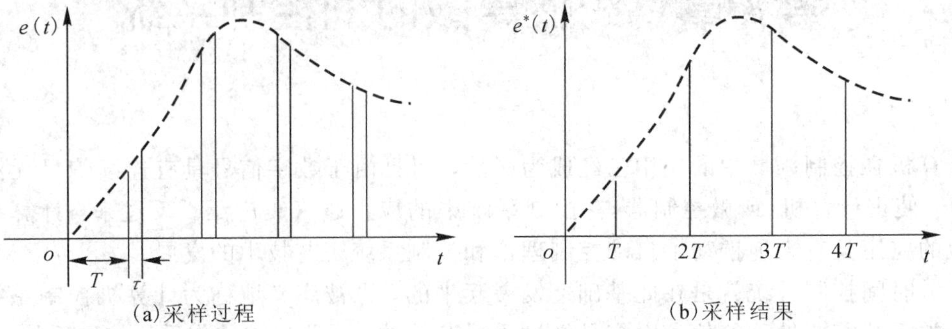

图 8－3　连续信号与离散信号

在离散系统中，采样开关重复闭合的时间间隔 T 称为采样周期，且有

$$f_s=\frac{1}{T} \tag{8-2}$$

$$\omega_s=\frac{2\pi}{T} \tag{8-3}$$

分别称为采样频率及采样角频率。

通过采样开关后，连续信号就变成了周期为 T 的脉冲序列，如图 8－3(b)中的实线。为了区分连续信号和离散信号，在连续信号上打“＊”号用以表示经过采样之后的离散信号。

图 8－4 是一种典型离散控制系统的结构图。一方面，因为计算机控制器需要输入的信号是离散信号，所以需要把连续误差信号 $e(t)$ 变换为离散信号 $e^*(t)$，这就是采样过程，因此在控制器之前使用采样开关;另一方面，为了控制连续式的被控对象，需要在控制器之后使用保持器将脉冲控制信号 $u^*(t)$ 变换为连续信号 $u_h(t)$（时间和幅值均为连续的信号称为连续信号）。

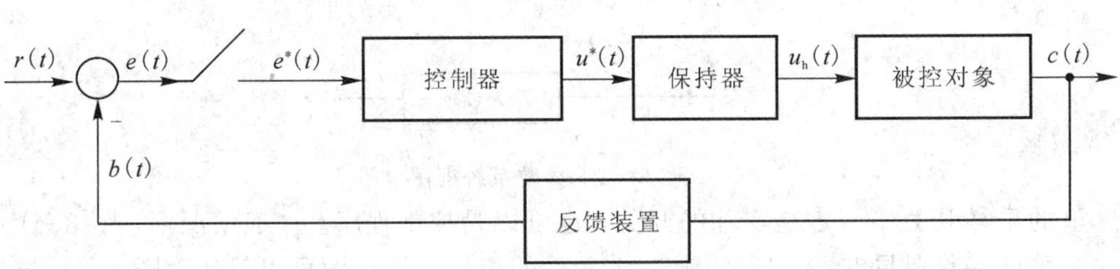

图 8－4　典型离散控制系统结构图

可以看出，在离散控制系统中，采样开关和保持器是两个非常重要的环节，分别位于计算机控制器的输入和输出端。为了定量研究离散系统，必须对信号的采样过程（相当于 A/D 变换）和保持过程（相当于 D/A 变换）进行分析。

8.1.2　采样过程

实现离散控制首先需要将连续信号变换为脉冲序列信号。把连续信号变换为脉冲序列的装置称为采样器(或采样开关)。按一定的时间间隔对连续信号进行采样，将其转换为相应的脉冲序列的过程就是采样过程。

采样器用一个周期为 T 的开关来表示，每闭合一次就是采样一次，每次闭合持续的时间为 τ。τ 远小于采样周期 T，也远小于系统连续部分的时间常数。因此，可近似认为 τ 趋近于 0，即认为是瞬间采样完毕。

如图 8-3 所示，输入信号为连续信号 $e(t)$，经过周期为 T 的采样开关后，其输出信号 $e^*(t)$是一个脉冲序列，即 $e(0T)$，$e(1T)$，$e(2T)$等。

$$\begin{aligned} e^*(t) &= e(t)\delta(t-0T)+e(t)\delta(t-1T)+\cdots+e(t)\delta(t-kT)+\cdots \\ &= e(0T)\delta(t-0T)+e(1T)\delta(t-1T)+\cdots+e(kT)\delta(t-kT)+\cdots \end{aligned} \tag{8-4}$$

式(8-4)可表示为

$$e^*(t)=e(t)\sum_{k=0}^{\infty}\delta(t-kT) \tag{8-5}$$

或

$$e^*(t)=\sum_{k=0}^{\infty}e(kT)\delta(t-kT) \tag{8-6}$$

8.1.3　采样定理

采样的目的是将连续信号转换为周期为 T 的脉冲信号，进而输入给计算机控制器。也就是说，采样后的离散信号必须能够保留有原连续信号的完整或近似完整的信息。因此，周期 T 的设定非常重要。

采样定理(也叫 Shannon 定理)从理论上给出了必须以多快的采样周期(或多高的采样频率)对连续信号进行采样，才能保证采样后离散信号可以不失真地保留原连续信号的信息。换句话说，采样定理给出了对采样周期的限定条件，即采样周期要在多短时间之内，才能保证采样后的离散信号保留有采样之前的连续信号的尽量多的信息。

采样函数 $e^*(t)=e(t)\sum\limits_{k=0}^{\infty}\delta(t-kT)$ 的拉普拉斯变换式为

$$E^*(s)=\frac{1}{T}\sum_{n=-\infty}^{\infty}E[s+\mathrm{j}n\omega_s] \tag{8-7}$$

式中，$\omega_s=2\pi/T$ 为采样角频率。用 $\mathrm{j}\omega$ 代替式(8-7) 中的复变量 s，得到

$$E^*(\mathrm{j}\omega)=\frac{1}{T}\sum_{n=-\infty}^{\infty}E[\mathrm{j}(\omega+n\omega_s)] \tag{8-8}$$

式(8-8)为采样信号的频谱函数。$n=0$ 时，$E^*(\mathrm{j}\omega)=\frac{1}{T}E(\mathrm{j}\omega)$被称为主频谱，只有它对应原连续信号。

原连续函数 $e(t)$的频谱是孤立的，上限最高频率为 ω_{max}，如图 8-5(a)所示。而离散函数 $e^*(t)$则如式(8-8)所示，具有以采样角频率 ω_s为周期的无数多个频谱。图 8-5(b)为采样角频率 ω_s较高时 $E^*(\mathrm{j}\omega)$的频谱。由于采样频率较高，使得图 8-5(b)中各频谱分量彼此不重叠。而当采样角频率 ω_s较低时，会造成 $E^*(\mathrm{j}\omega)$的各频谱分量彼此重叠，如图 8-5(c)所示。

若希望采样后的离散信号能够最大限度地保持原连续信号，就要保证采样后离散信号

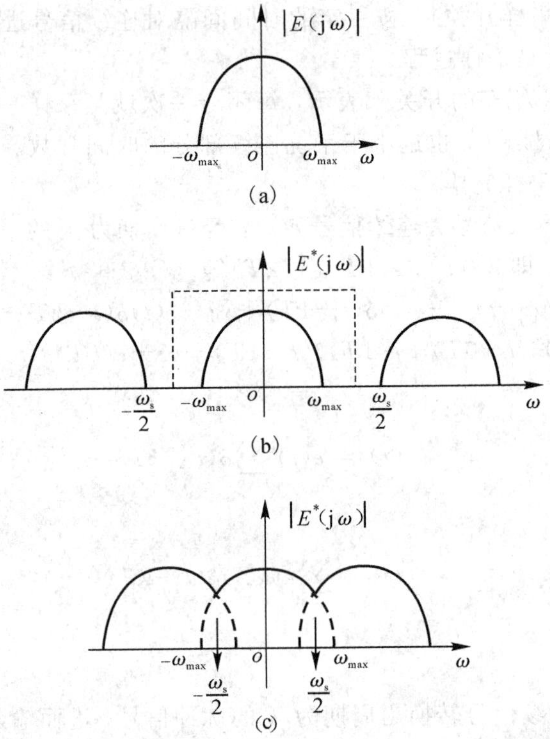

图 8-5　连续信号及采样后离散信号的频谱

的频谱彼此不重叠。只有这样，在用一个比较理想的低通滤波器滤掉全部附加的高频频谱分量后，中间的主频谱才能被不受干扰地保留下来，这样就可以较完整地保留采样之前的原连续信号的信息。

由图 8-5(b)可知，离散信号相邻两频谱互不重叠的条件为

$$\frac{\omega_s}{2}\geqslant\omega_{max} \text{ 或 } \omega_s\geqslant 2\omega_{max} \tag{8-9}$$

即采样开关的采样角频率必须要大于原连续信号最高角频率的 2 倍。如果$\frac{\omega_s}{2}<\omega_{max}$，则会在采样后出现相邻频谱的重叠现象，如图 8-5(c)所示。这样，就不能将主频谱分离出来，从而难以准确保持原有的连续信号信息。

由此可见，若要保证采样后的离散信号 $e^*(t)$无失真地复现原连续信号，必须满足式(8-9)。这就是香农(Shannon)采样定理。

8.2　信号保持器

由图 8-4 可知，离散信号在通过控制器之后，就要恢复为连续信号，因为只有连续信号才可以作为被控对象的输入。从数学上讲，信号保持器的任务就是解决离散信号各采样点之间的插值问题。从电路和控制而言，它的作用就是 D/A 变换。

利用保持器把离散信号转化为连续信号，实际上是一种在时域上的外推计算。通常把

具有常值、线性和抛物线外推规律的保持器分别称为零阶、一阶和二阶保持器。在工程实践中，普遍采用的是零阶保持器。

8.2.1　零阶保持器

零阶保持器是一种按常值外推的保持器。它把前一时刻 nT 的脉冲值 $e(nT)$ 一直保持到下一时刻 $(n+1)T$ 到来之前。因为在一个采样区间内的值不变，其导数为零，因此称为零阶保持器。零阶保持器的输入信号 $e(nT)$ 和输出信号 $e_h(t)$ 的关系如图 8-6 所示。

图 8-6 中，原连续信号为 $e(t)$，经过采样周期为 T 的采样后，得到离散的信号 $e(0)$、$e(T)$、$e(2T)$ 等值(图 8-6 中带有箭头的有向线段)。离散信号经过零阶保持器处理后的连续信号为阶梯状的 $e_h(t)$。可见，零阶保持器的输出 $e_h(t)$ 与原信号 $e(t)$ 是存在较大误差的。

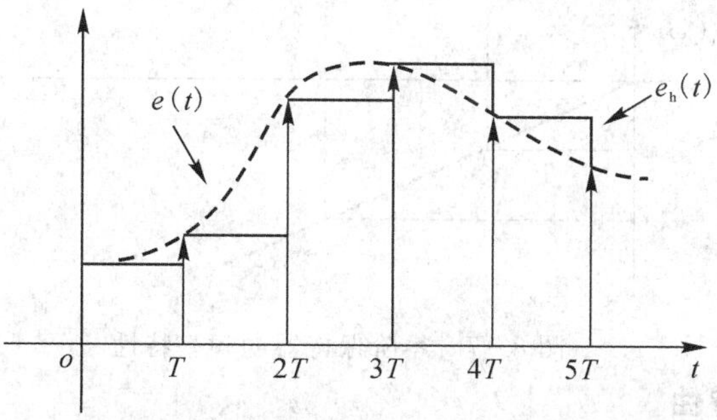

图 8-6　零阶保持器输入信号与输出信号的关系

下面推导零阶保持器的表达式。利用泰勒级数展开公式，可以得到

$$e(t)\Big|_{nT+\Delta t}=e(nT)+\frac{\mathrm{d}e}{\mathrm{d}t}\Big|_{nT}\Delta t+\frac{\mathrm{d}^2e}{\mathrm{d}t^2}\Big|_{nT}(\Delta t)^2+\cdots,\quad 0\leqslant\Delta t<T \tag{8-10}$$

如果略去含 Δt、$(\Delta t)^2$ 等项，可得

$$e(t)\big|_{nT+\Delta t}=e(nT),\quad 0\leqslant\Delta t<T \tag{8-11}$$

这就是零阶保持器的公式。由式(8-11)可得零阶保持器输出信号的完整表达式为

$$e_h(t)=\sum_{k=0}^{\infty}e(kT)[1(t-kT)-1(t-(k+1)T)] \tag{8-12}$$

事实上，如果在式(8-10)中还保留 Δt 项，就成为了一阶保持器。

1. 零阶保持器的传递函数

对式(8-12)取拉普拉斯变换，得

$$E_h(s)=\sum_{k=0}^{\infty}e(kT)\mathrm{e}^{-kTs}\frac{1-\mathrm{e}^{-Ts}}{s} \tag{8-13}$$

则

$$E_h(s)=\frac{1-\mathrm{e}^{-Ts}}{s}E^*(s) \tag{8-14}$$

所以，零阶保持器的传递函数为

$$G_h(s)=\frac{E_h(s)}{E^*(s)}=\frac{1-\mathrm{e}^{-Ts}}{s} \tag{8-15}$$

令 $s=\mathrm{j}\omega$，可以得到零阶保持器的频率特性为

$$G_h(j\omega)=\frac{1-e^{-jT\omega}}{j\omega}=T\frac{\sin(\omega T/2)}{(\omega T/2)}e^{-j\omega T/2}$$

根据上式，可画出零阶保持器的幅频特性 $|G_h(j\omega)|$ 和相频特性 $\angle G_h(j\omega)$，如图 8-7 所示。

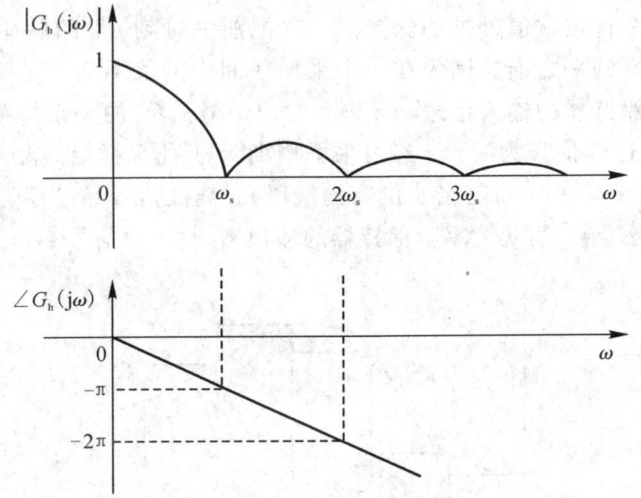

图 8-7　零阶保持器的频率特性

2. 零阶保持器的特性

零阶保持器具有如下特性：

(1) 由图 8-7 可知，零阶保持器幅频特性中，幅值随频率值的增大而迅速衰减，说明零阶保持器基本上是一个低通滤波器。图 8-8 为理想的低通滤波器频率特性。零阶保持器与理想低通滤波器相比，在 $\omega=\omega_s/2$ 时，其幅值只有初值的63.7%。而且虽然零阶保持器是低通滤波器，但它除了允许主频谱分量通过外，还允许部分高频分量通过，这会在数字控制系统的输出中产生纹波。

(2) 零阶保持器的输出信号是阶梯信号。由图 8-9 可见，如果把阶梯信号的各中点连接成曲线，可以得到与连续信号形状基本一致但在时间上落后 $T/2$ 的响应曲线。这反映了零阶保持器的相位滞后特性。

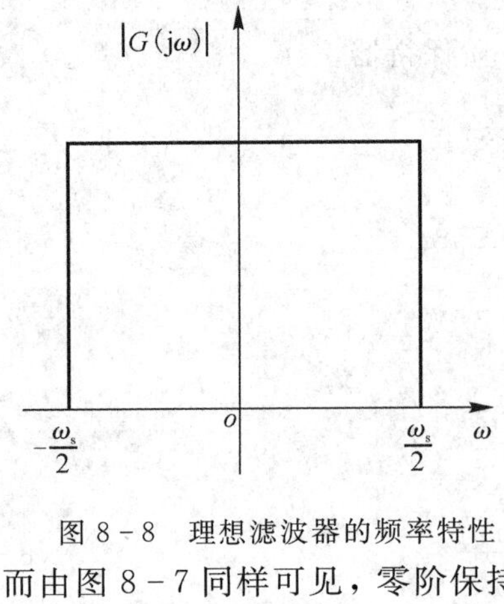

图 8-8　理想滤波器的频率特性

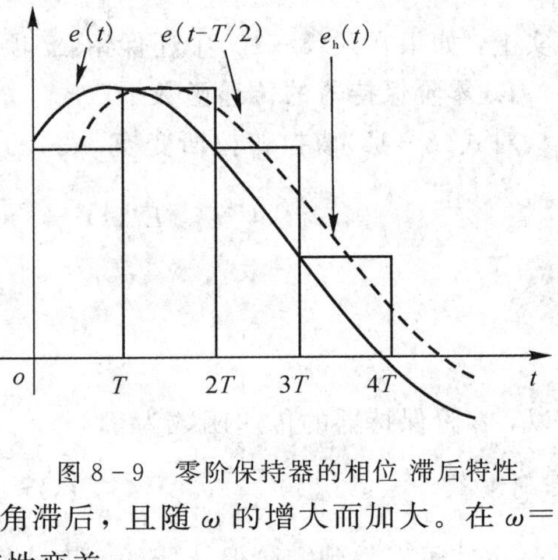

图 8-9　零阶保持器的相位 滞后特性

而由图 8-7 同样可见，零阶保持器产生了相角滞后，且随 ω 的增大而加大。在 $\omega=\omega_s$ 时，相角滞后可达 -180°，从而使闭环系统的稳定性变差。

(3) 图 8-9 表明，零阶保持器的输出为阶梯信号 $e_h(t)$，其平均响应为 $e(t-T/2)$，表明输出比输入在时间上要滞后 $T/2$，相当于给系统增加了一个时间为 $T/2$ 的延迟环节，对系统的稳定性不利。

8.2.2　一阶保持器

与零阶保持器按照常值外推不同，一阶保持器是按线性外推的，其外推公式为

$$e(t)\Big|_{nT+\Delta t}=e(nT)+\frac{\mathrm{d}e(t)}{\mathrm{d}t}\Big|_{nT}\Delta t,\quad 0<\Delta t<T \tag{8-16}$$

一阶保持器复现原信号的准确度与零阶保持器相比有所提高。但由于在式(8-16)中仍然忽略了高阶微分，一阶保持器的输出信号与原连续信号之间仍有不同。

由式(8-16)可知，一阶保持器的响应可以分解为阶跃响应和斜坡输入响应之和。将式(8-16)的微分形式变换成式(8-17)的差分形式，对应的传递函数为式(8-18)。

$$e(t)\big|_{nT+\Delta t}=e(nT)+\frac{e(nT)-e((n-1)T)}{T}\Delta t,\quad 0<\Delta t<T \tag{8-17}$$

$$G_h(s)=\frac{E_h(s)}{E^*(s)}=T(1+Ts)\left(\frac{1-e^{-Ts}}{Ts}\right)^2 \tag{8-18}$$

一阶保持器的频率特性如图 8-10 中实线所示。作为对比，图中的虚线为零阶保持器的频率特性。

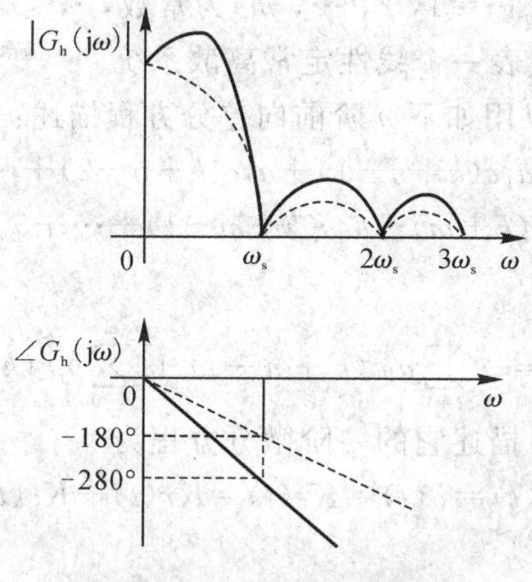

图 8-10　一阶保持器与零阶保持器的频率特性对比

一阶保持器的幅频特性比零阶保持器高，同时高频分量也更大，因而高频分量较容易通过。一阶保持器的相位滞后比零阶保持器大，影响系统的稳定性。因此在计算机控制系统中一般很少采用一阶保持器，更不建议采用高阶保持器。

在工程实践中通常使用零阶保持器，一般还附加模拟滤波器，可以更有效地除去在采样频率及谐波频率附近的高频分量。

8.3　离散系统的数学模型

线性离散系统的数学模型有差分方程、脉冲传递函数和离散状态空间表达式三种。本节主要介绍差分方程和脉冲传递函数。

如果离散系统满足叠加原理，则称为线性离散系统，并且有如下关系式：

若 $c_1(n)=F[r_1(n)]$，$c_2(n)=F[r_2(n)]$，且有 $r(n)=ar_1(n)\pm br_2(n)$，其中 a 和 b 为任意常数，则

$$\begin{aligned} c(n)&=F[r(n)]=F[ar_1(n)\pm br_2(n)]\\ &=aF[r_1(n)]\pm bF[r_2(n)]\\ &=ac_1(n)\pm bc_2(n) \end{aligned} \tag{8-19}$$

如果输入与输出关系不随时间而改变的话，这样的线性离散系统称为线性定常离散系统，可以用线性定常差分方程(线性常系数差分方程)描述。

8.3.1 差分方程

对于一般的线性定常离散系统，输出 $c(k)$ 与输入 $r(k)$ 的关系可以用下列差分方程描述：

$$c(k)+a_1c(k-1)+a_2c(k-2)+\cdots+a_nc(k-n)=b_0r(k)+b_1r(k-1)+\cdots+b_mr(k-m) \tag{8-20}$$

上式也可表示为

$$c(k)=-\sum_{i=1}^{n}a_ic(k-i)+\sum_{j=0}^{m}b_jr(k-j) \tag{8-21}$$

式中，$a_i(i=1,2,\cdots,n)$ 和 $b_j(j=1,2,\cdots,m)$ 为常数，$m\leqslant n$。式(8-21)称为 n 阶线性常系数差分方程，它在数学上代表一个线性定常离散系统。

线性定常离散系统也可以用如下 n 阶前向差分方程描述：

$$\begin{aligned} &c(k+n)+a_1c(k+n-1)+a_2c(k+n-2)+\cdots+a_nc(k)\\ &=b_0r(k+m)+b_1r(k+m-1)+\cdots+b_mr(k) \end{aligned}$$

上式可表示为

$$c(k+n)=-\sum_{i=1}^{n}a_ic(k+n-i)+\sum_{j=0}^{m}b_jr(k+m-j) \tag{8-22}$$

图 8-11 所示离散系统，描述它的一阶微分方程为

$$u(t)=\dot{c}(t)=Ke(t)=Kr(t)-Kc(t)$$

即

$$\dot{c}(t)+Kc(t)=Kr(t)$$

将微分变换成差分，有

$$\dot{c}(t)=\frac{c[(k+1)T]-c(kT)}{T}$$

得到一阶差分方程为

$$c[(k+1)T]+(KT-1)c(kT)=KTr(kT)$$

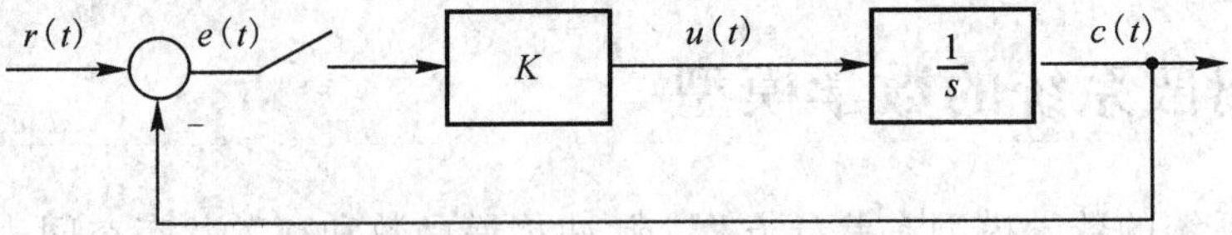

图 8-11 离散系统方框图

8.3.2 差分方程求解

差分方程求解常用迭代法和 Z 变换法。迭代法是已知差分方程式，并给出输入和输出序列初值，则可以利用递推关系，一步步迭代推算出输出序列。

Z 变换法是对差分方程两端取 Z 变换，将差分方程转化为以 z 为变量的代数方程，然后再进行 Z 反变换，求出各采样时刻的响应。有关 Z 变换的内容请参阅第 0 章。

例 8-1　已知差分方程

$$c(k)-2c(k-1)+3c(k-2)=r(k)$$

输入序列 $r(k)=1$，初始条件为 $c(0)=0$，$c(1)=1$，利用迭代法求输出序列 $c(k)$，$k=0$，1，2，3。

解　根据初始条件及递推关系，得

$$k=0：c(0)=0$$

$$k=1：c(1)=1$$

$$k=2：c(2)=r(2)+2c(1)-3c(0)=3$$

$$k=3：c(3)=r(3)+2c(2)-3c(1)=4$$

例 8-2　已知 $c(0)=0$，$c(1)=1$，用 Z 变换法解二阶差分方程

$$c(k+2)+3c(k+1)+2c(k)=0$$

解　对方程两端进行 Z 变换。需要注意的是，因为初始值不为零，因此必须使用完整的 Z 变换公式。Z 变换性质中的超前平移公式为

$$\mathscr{Z}[x(t+nT)] = z^n\left[X(z) - \sum_{k=0}^{n-1} x(kT)z^{-k}\right]$$

所以，方程的 Z 变换为

$$z^2C(z)-z^2c(0)-zc(1)+3zC(z)-3zc(0)+2C(z)=0$$

整理得

$$(z^2+3z+2)C(z)=c(0)z^2+[c(1)+3c(0)]z$$

代初始条件后，得

$$(z^2+3z+2)C(z)=z$$

即

$$C(z)=\frac{z}{z^2+3z+2}=\frac{z}{z+1}-\frac{z}{z+2}$$

求 Z 反变换得

$$c(k)=(-1)^k-(-2)^k$$

$$c^*(t)=\delta(t-T)-3\delta(t-2T)+7\delta(t-3T)-15\delta(t-4T)+\cdots$$

8.3.3 脉冲传递函数

1. 脉冲传递函数的定义

在线性离散系统中，零初始条件下系统的输出采样信号 Z 变换与输入采样信号 Z 变换之比，称为该系统的脉冲传递函数，也称为 Z 传递函数。即

$$G(z)=\frac{C(z)}{R(z)} \tag{8-23}$$

实际上，多数离散系统的最终输出往往是连续信号，而不是离散信号。此时，可以在输出端虚设一个理想采样开关，如图 8 - 12 所示，并使它与输入采样开关以相同的采样周期 T 同步工作。

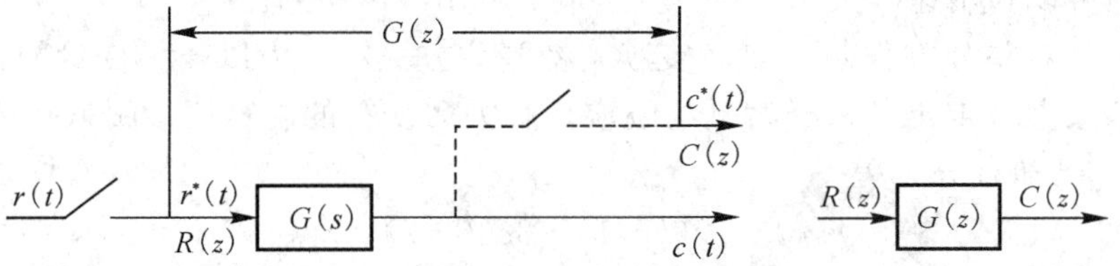

图 8 - 12　离散系统脉冲传递函数

2. 脉冲传递函数的求法

(1) 若已知系统的传递函数 $G(s)$，则脉冲传递函数 $G(z)$ 为

$$G(z)=\mathscr{Z}[G(s)]$$

(2) 若已知系统的差分方程，就可以在零初始条件下，对差分方程两端进行 Z 变换，并整理成 $G(z)=\dfrac{C(z)}{R(z)}$ 的形式。

例 8 - 3　求如下离散系统的脉冲传递函数

$$c(k+2)-2.5c(k+1)-3c(k)=4.3r(k+1)+2r(k)$$

解　对该差分方程在零初始条件下进行 Z 变换，有

$$z^2C(z)-2.5zC(z)-3C(z)=4.3zR(z)+2R(z)$$

则

$$G(z)=\frac{C(z)}{R(z)}=\frac{4.3z+2}{z^2-2.5z-3}$$

3. 开环脉冲传递函数

若离散函数的拉氏变换 $E^*(s)$ 与连续函数的拉氏变换 $G(s)$ 相乘后再离散化，则 $E^*(s)$ 可以从离散符号中提出来，即

$$[G(s)E^*(s)]^*=G^*(s)E^*(s) \tag{8-24}$$

当开环离散系统由几个环节串联组成时，由于采样开关的数目和位置不同，其脉冲传递函数也是不同的。

下面讨论离散系统在开环状态下的脉冲传递函数。当有两个环节串联时，存在图 8 - 13(a) 和 (b) 所示的两种不同结构。

(1) 串联环节之间无采样开关时，脉冲传递函数为

$$G(z)=\frac{C(z)}{R(z)}=\mathscr{Z}[G_1(s)G_2(s)]=G_1G_2(z) \tag{8-25}$$

在这种情况下，必须将两个环节 $G_1(s)$ 与 $G_2(s)$ 串联之后作为一个整体，再求 Z 变换。

(2) 串联环节之间有采样开关时，脉冲传递函数为

$$G(z)=\frac{C(z)}{R(z)}=G_1(z)G_2(z) \tag{8-26}$$

上式表明，由理想采样开关隔开的两个环节串联时的脉冲传递函数，等于这两个环节各自的脉冲传递函数之积。

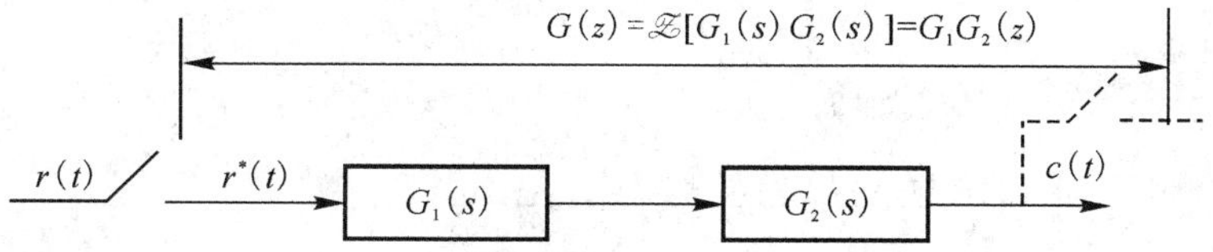

(a) 两个串联环节之间无采样开关

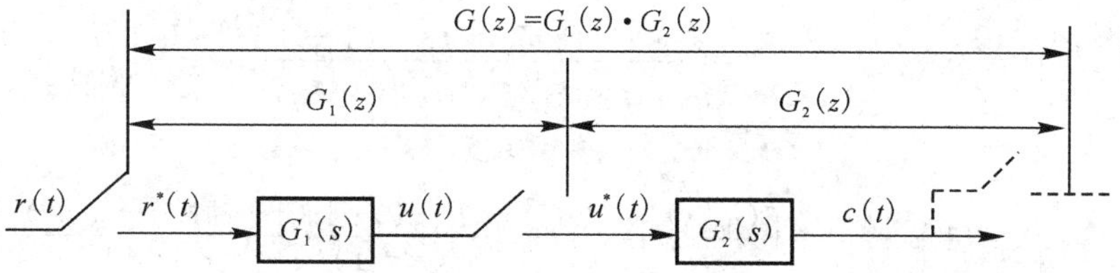

(b) 两个串联环节之间有采样开关

图 8-13　环节串联的结构

(3) 带有零阶保持器的开环脉冲传递函数。

因为零阶保持器是常用的保持器，在此我们给出带有零阶保持器的开环脉冲传递函数。设有零阶保持器的开环系统如图 8-14(a)所示，可以变换为如图 8-14(b)所示的等效开环系统。

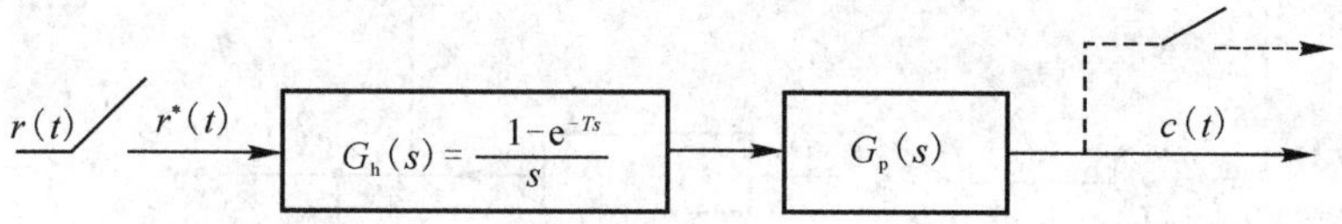

(a) 带有零阶保持器的开环系统

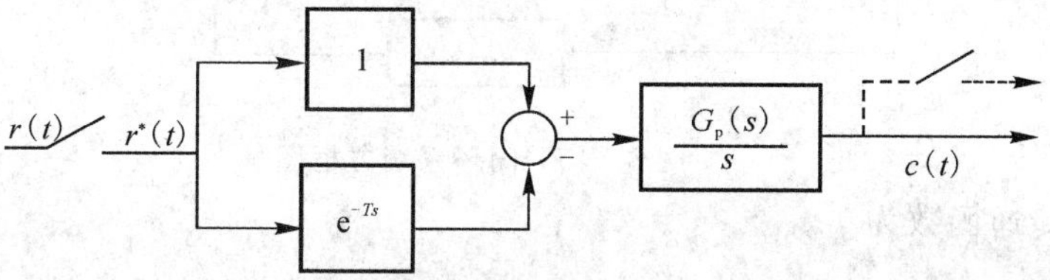

(b) 等效系统

图 8-14　带有零阶保持器的开环脉冲传递函数

由图 8-14(b)可得

$$C(s)=\left[\frac{G_p(s)}{s}-e^{-Ts}\frac{G_p(s)}{s}\right]R^*(s)$$

则

$$C(z)=\mathscr{Z}\left[\frac{G_p(s)}{s}\right]R(z)-z^{-1}\mathscr{Z}\left[\frac{G_p(s)}{s}\right]R(z)$$

于是，当有零阶保持器时，开环脉冲传递函数为

$$G(z)=\frac{C(z)}{R(z)}=(1-z^{-1})\mathscr{Z}\left[\frac{G_p(s)}{s}\right] \tag{8-27}$$

例 8-4　设离散系统为具有零阶保持器的开环系统，$G_p(s)=\dfrac{1}{s(s+1)}$，求系统的脉冲

传递函数 $G(z)$。

解 因为

$$\frac{G_p(s)}{s}=\frac{1}{s^2(s+1)}=\frac{1}{s^2}-\frac{1}{s}+\frac{1}{s+1}$$

$$\mathscr{Z}\left[\frac{G_p(s)}{s}\right]=\frac{Tz}{(z-1)^2}-\frac{z}{z-1}+\frac{z}{z-e^{-T}}$$

$$=\frac{z[(e^{-T}+T-1)z+(1-Te^{-T}-e^{-T})]}{(z-1)^2(z-e^{-T})}$$

所以

$$G(z)=(1-z^{-1})\mathscr{Z}\left[\frac{G_p(s)}{s}\right]=\frac{(e^{-T}+T-1)z+(1-Te^{-T}-e^{-T})}{(z-1)(z-e^{-T})}$$

4. 闭环脉冲传递函数

在离散系统中，由于设置采样开关的位置不同，闭环系统的结构也是不一样的。图8-15是比较常见的系统框图。图中，在系统的输入端和输出端都虚设了采样开关。

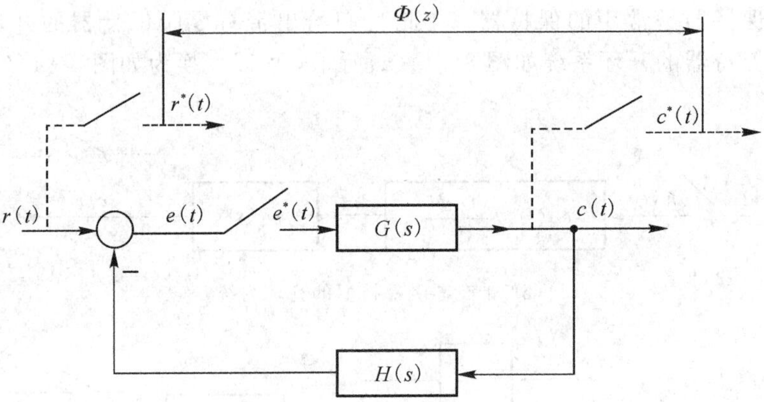

图 8-15 闭环系统方框图

闭环脉冲传递函数为

$$\Phi(z)=\frac{C(z)}{R(z)}=\frac{G(z)}{1+GH(z)} \tag{8-28}$$

闭环误差脉冲传递函数为

$$\Phi_e(z)=\frac{E(z)}{R(z)}=\frac{1}{1+GH(z)} \tag{8-29}$$

式中，$GH(z)$为开环离散系统脉冲传递函数。因为两个串联的线性环节 $G(s)$和 $H(s)$之间有一边没有采样开关，因此它们必须相乘后再求 Z 变换，记作 $GH(z)$。

类似于连续系统，令 $\Phi(z)$或 $\Phi_e(z)$的分母多项式为零，可以得到离散系统的特征方程为

$$D(z)=1+GH(z)=0 \tag{8-30}$$

采样开关在闭环系统中的位置不同时，离散系统结构图及其输出信号 Z 变换 $C(z)$可参见表 8-1。

表 8-1　离散系统典型结构图

序号	系统结构图	输出 $C(z)$
1	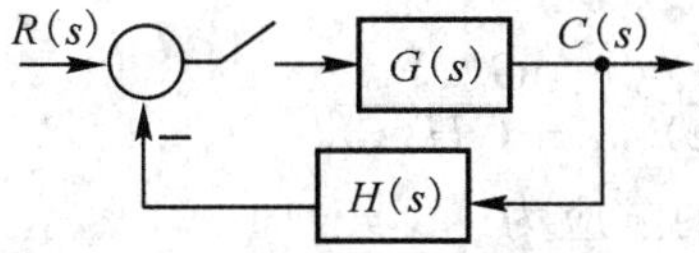	$\dfrac{G(z)}{1+GH(z)}R(z)$
2	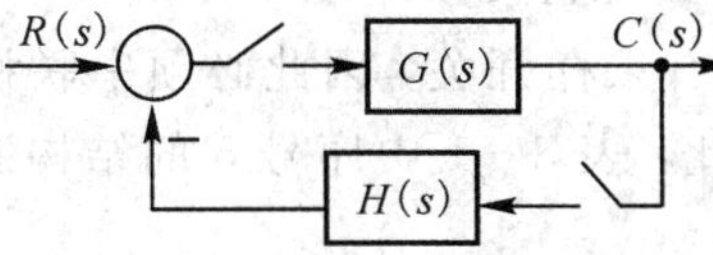	$\dfrac{G(z)}{1+G(z)H(z)}R(z)$
3	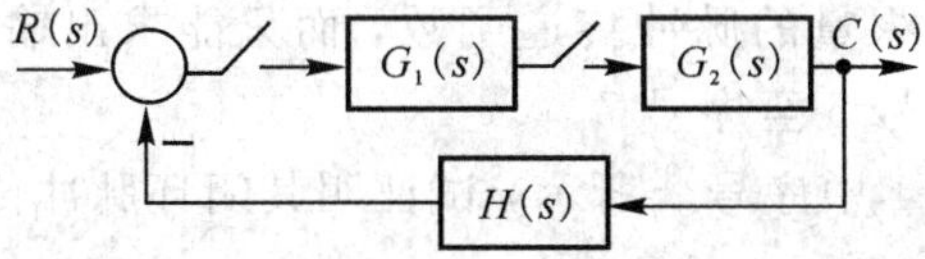	$\dfrac{G_1(z)G_2(z)}{1+G_1(z)HG_2(z)}R(z)$
4	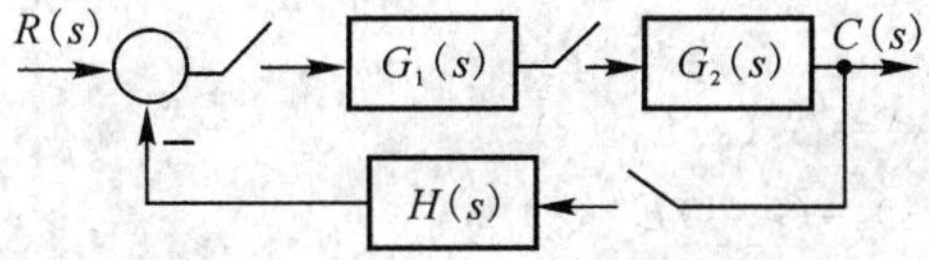	$\dfrac{G_1(z)G_2(z)}{1+G_1(z)G_2(z)H(z)}R(z)$
5	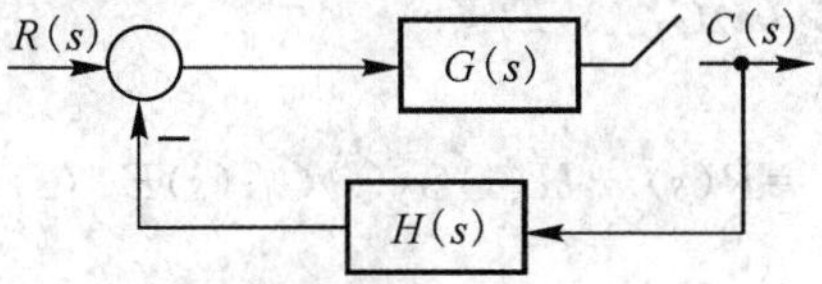	$\dfrac{RG(z)}{1+GH(z)}$
6	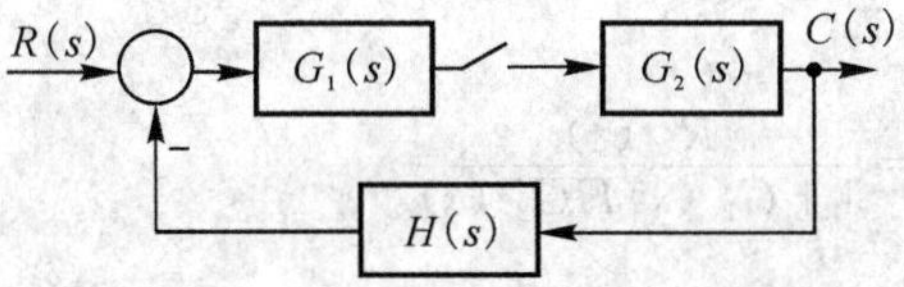	$\dfrac{RG_1(z)G_2(z)}{1+G_2HG_1(z)}$
7	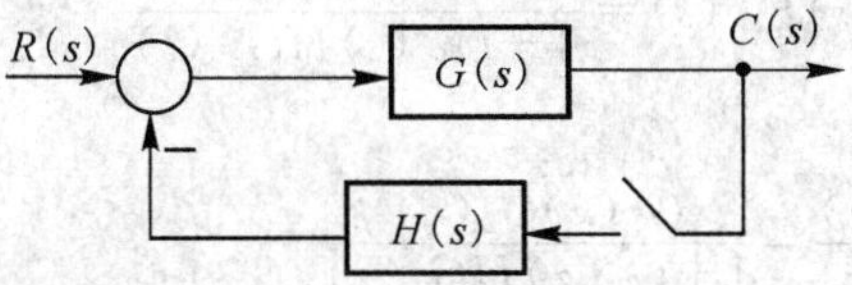	$\dfrac{RG(z)}{1+HG(z)}$

需要注意的是，闭环离散系统脉冲传递函数和误差脉冲传递函数不能直接从 $\Phi(s)$ 或 $\Phi_e(s)$ 求 Z 变换而得，即

$$\Phi(z)\neq\mathscr{Z}[\Phi(s)],\ \Phi_e(z)\neq\mathscr{Z}[\Phi_e(s)]$$

这是因为连续系统的传递函数总是存在的。但是，离散化之后的离散系统却有可能不存在

脉冲传递函数。如表 8-1 中序号 1 的结构图所示，因为响应

$$C(z)=\frac{G(z)R(z)}{1+GH(z)}$$

所以闭环脉冲传递函数可以表示为

$$\Phi(z)=\frac{C(z)}{R(z)}=\frac{G(z)}{1+GH(z)}$$

但是，表 8-1 中序号 5 的结构图对应的响应为

$$C(z)=\frac{RG(z)}{1+GH(z)}$$

因为输入 $R(s)$与前向通道中的 $G(s)$之间没有采样开关，因此必须串联相乘之后再求 Z 变换为 $RG(z)$，所以 $R(z)$无法独立出现。因此，表 8-1 中序号 5 的结构图不存在闭环脉冲传递函数。但是，输出 $C(z)$还是可求的。

从表 8-1 可以看出，只要误差信号 $e(t)$处没有采样开关，则离散输入信号 $r^*(t)$就不存在，此时就不能写出闭环系统对于输入量的脉冲传递函数，而只能求出输出的离散信号的 Z 变换函数 $C(z)$，如表 8-1 中的序号 5 至序号 7。

例 8-5 设离散系统结构如表 8-1 中序号 3 所示，试证明其闭环脉冲传递函数为

$$\Phi(z)=\frac{G_1(z)G_2(z)}{1+G_1(z)HG_2(z)}$$

证明 由图可得

$$C(s)=G_2(s)E_1^*(s)$$
$$E_1(s)=G_1(s)E^*(s)$$

对 $E_1(s)$离散化，有 $E_1^*(s)=G_1^*(s)E^*(s)$，则

$$C(s)=G_2(s)G_1^*(s)E^*(s)$$

考虑到

$$E(s)=R(s)-H(s)C(s)=R(s)-H(s)G_2(s)G_1^*(s)E^*(s)$$

离散化有

$$E^*(s)=R^*(s)-HG_2^*(s)G_1^*(s)E^*(s)$$

即

$$E^*(s)=\frac{R^*(s)}{1+G_1^*(s)HG_2^*(s)}$$

输出信号的采样拉普拉斯变换为

$$C^*(s)=G_2^*(s)G_1^*(s)E^*(s)=\frac{G_2^*(s)G_1^*(s)R^*(s)}{1+G_1^*(s)HG_2^*(s)}$$

进行 Z 变换，证得

$$\Phi(z)=\frac{C(z)}{R(z)}=\frac{G_1(z)G_2(z)}{1+G_1(z)HG_2(z)}$$

8.3.4 一种求取闭环脉冲传递函数的简易方法

闭环脉冲传递函数是分析和设计离散控制系统的有力工具。然而，求取离散控制系统的闭环脉冲传递函数要比求取连续系统的闭环传递函数难，这是因为采样开关在离散控制系统中的位置是多种多样的。因此，离散控制系统闭环脉冲传递函数的求取不能像连续系

统闭环传递函数那样有统一的求取方法。

一般情况下，求取闭环脉冲传递函数时，是根据系统中信号的传递关系逐步进行推导，这种方法存在非常明显的缺点，比较繁琐、费时。并且对于同一结构的系统，若是采样开关的位置发生了变化，则必须从头推导其闭环脉冲传递函数。

为此，本节提出一种求取离散控制系统闭环脉冲传递函数的简易方法。它借鉴了求连续系统闭环传递函数的方法。因此，这种方法具有比较统一的步骤。步骤如下：

(1) 将离散控制系统中的所有采样开关都闭合，将系统看作是一个连续系统，求出该连续系统的输出拉氏变换 $C(s)=\dfrac{G_{前向}(s)}{1\pm G_{开环}(s)}R(s)$。

(2) 将所有采样开关都打开，恢复成离散系统，求采样后的输出拉氏变换 $C^*(s)$。

① $C(s)$的分子部分 $G_{前向}(s)\cdot R(s)$是由系统的前向传递函数及输入的拉氏变换 $R(s)$相乘而得。从输入 $R(s)$沿着前向通路看向 $C(s)$，若前向通路中环节与环节之间存在采样开关，则这几个环节的传递函数分别采样后再相乘，表现为各个环节的传递函数由 $G_i(s)$变为 $G_i^*(s)$。若环节与环节之间不存在采样开关，则这几个环节的传递函数先相乘之后再采样。以三个环节之间无采样开关为例，表现为这三个环节的传递函数由 $G_1(s)G_2(s)G_3(s)$变为 $G_1G_2G_3^*(s)$。

② $C(s)$的分母部分是由常数项 1 和系统各个回环的开环传递函数组成。从回环中的任意一个采样开关处，沿回环中信号的传递方向看一圈，仍然根据开环脉冲传递函数的求取方法，求取各个回环采样后的开环传递函数。

③ 写出 $C^*(s)$。

(3) 求取输出的 Z 变换 $C(z)$。即将 $C^*(s)$表达式中的 * 号去掉，把 s 换成 z 即可。

(4) 若 $R(s)$与前向通道的第一个环节之间有采样开关隔离，则 $R(z)$能够分离出来，这时可以写出系统的闭环脉冲传递函数 $\Phi(z)$。否则就不存在闭环脉冲传递函数，只能求出 $C(z)$。

例 8-6　求图 8-16 所示离散控制系统输出的 Z 变换 $C(z)$。

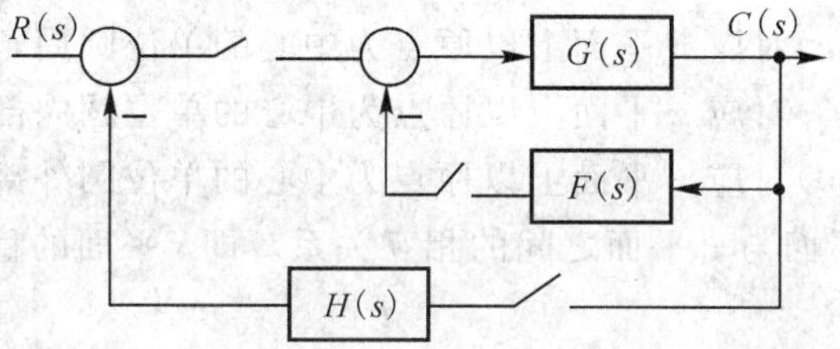

图 8-16　离散控制系统方框图

解　(1) 求采样开关闭合后的连续系统的 $C(s)$：

$$C(s)=\frac{G(s)R(s)}{1+G(s)F(s)+G(s)H(s)}$$

(2) 写出 $C^*(s)$：

$$C^*(s)=\frac{G^*(s)R^*(s)}{1+GF^*(s)+G^*(s)H^*(s)}$$

(3) 写出 $C(z)$：

$$C(z)=\frac{G(z)R(z)}{1+GF(z)+G(z)H(z)}$$

(4) 由于该系统中 $R(s)$ 与 $G(s)$ 之间存在采样开关，因此可以写出该系统的闭环脉冲传递函数 $\Phi(z)$ 为

$$\Phi(z)=\frac{C(z)}{R(z)}=\frac{G(z)}{1+GF(z)+G(z)H(z)}$$

8.4 离散系统的稳定性分析

上节我们讨论了线性离散系统的脉冲传递函数的求取方法，本节对线性离散系统进行分析。线性离散系统的分析问题包括稳定性、稳态误差以及动态性能分析。

8.4.1 离散系统的稳定条件

我们知道，根据线性连续系统特征方程的根在 s 平面的分布位置，可以判别线性连续系统的稳定性。当系统稳定时，系统的所有特征根都要在 s 平面的左半平面。

线性离散系统的数学模型是脉冲传递函数，因此需要在 z 平面对系统的稳定性进行分析。为了从连续系统的稳定性分析过渡过来，首先需要弄清 s 平面与 z 平面之间的相互关系。

1. s 平面到 z 平面的映射

在 Z 变换定义中，复变量 s 和 z 的相互关系为

$$z=e^{sT} \tag{8-31}$$

其中 T 为采样周期。

s 域中的任意点可表示为 $s=\sigma+j\omega$，映射到 z 域则为 $z=e^{(\sigma+j\omega)T}=e^{\sigma T}e^{j\omega T}$。于是，$s$ 平面到 z 平面的映射关系为

$$\begin{cases}|z|=e^{\sigma T}\\ \angle z=\omega T\end{cases} \tag{8-32}$$

由此可得如下结论：

(1) s 平面虚轴($\sigma=0$)对应 z 平面上以原点为中心的单位圆周，即 $|z|=1$。

(2) s 左半平面($\sigma<0$)对应 z 平面上以原点为中心的单位圆内部，即 $|z|<1$。

(3) s 右半平面($\sigma>0$)对应 z 平面上以原点为中心的单位圆外部，即 $|z|>1$。

图 8-17 给出了 s 平面与 z 平面之间的相互关系。即 s 平面的稳定区域为左半平面，对应 z 平面的单位圆内部。

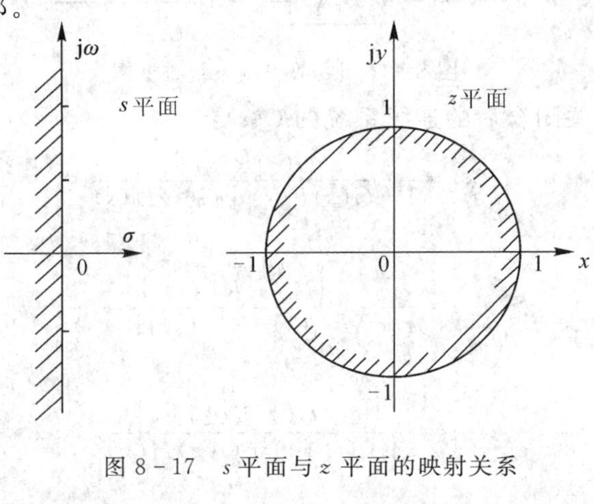

图 8-17　s 平面与 z 平面的映射关系

2. 线性离散系统稳定的充要条件

在线性连续系统中，系统稳定的充要条件是以下几点之一：① 系统齐次微分方程的解是收敛的；② 系统特征方程式的根均具有负实部；③ 系统传递函数的极点均位于 s 左半平面。

现在我们分析线性离散系统稳定的充分必要条件。线性离散系统的特征方程为

$$D(z)=1+GH(z)=0$$

设闭环系统特征根为 λ_1，λ_2，…，λ_n，即闭环脉冲传递函数的极点。s 左半平面映射为 z 平面上的单位圆内的区域，对应稳定区域；s 右半平面映射为 z 平面上的单位圆外的区域，对应不稳定区域；s 平面上的虚轴，映射为 z 平面的单位圆，对应临界稳定情况。

所以在 z 平面中，离散系统稳定的充分必要条件是：当且仅当离散系统全部特征根均分布在 z 平面的单位圆内，或者所有特征根的模均小于 1，相应的线性定常离散系统就是稳定的。

只要有特征根在单位圆外，系统就不稳定。如果特征根位于单位圆的圆周上，则系统处于临界稳定状态。

因此，我们要想判断离散系统是否稳定，就需要求出它的所有特征根。一般地，如果特征方程是高阶的，根的求解很不方便。于是，需要采用一些比较实用的判别系统稳定的方法，我们希望不必求出特征根就可以直接判断稳定性。在连续系统中，比较常用的是劳斯稳定判据。现在我们讨论如何在离散系统中使用劳斯稳定判据。

8.4.2　离散系统的劳斯稳定判据

线性连续系统中的劳斯判据是通过系统特征方程的系数及其符号来判别系统稳定性的，其实质是判别系统特征根是否都在 s 左半平面。而离散系统中需要判断的是系统特征根是否都存在于 z 平面的单位圆内。

因此，对于线性离散系统，直接应用劳斯判据是不行的。这是因为，劳斯判据证明的是方程的根是否都在 s 左半平面，从而间接证明线性连续系统是否稳定。但劳斯判据无法证明 Z 变换之后的离散系统特征根是否都在 z 平面的单位圆内。

必须采用一种新的变换，使得在离散系统中，将 z 平面单位圆内的区域映射成一个新平面的左半平面。这样，我们就可以在离散系统中继续使用劳斯判据了。

双线性变换(又称为 w 变换)，可以作为这种新的坐标变换。令

$$z=\frac{w+1}{w-1}\quad 或\quad w=\frac{z+1}{z-1} \tag{8-33}$$

式中，z 和 w 均为复数，且

$$z=x+\mathrm{j}y,\ w=u+\mathrm{j}v$$

则

$$w=\frac{z+1}{z-1}=\frac{(x+\mathrm{j}y)+1}{(x+\mathrm{j}y)-1}=\frac{x^2+y^2-1}{(x-1)^2+y^2}-\mathrm{j}\,\frac{2y}{(x-1)^2+y^2}=u+\mathrm{j}v$$

在 z 平面的单位圆内时，应满足 $|z|=\sqrt{x^2+y^2}<1$，从而可以得到

$$u=\frac{x^2+y^2-1}{(x-1)^2+y^2}<0 \tag{8-34}$$

式(8-34)说明，z 平面单位圆内的部分对应左半 w 平面，w 平面的虚轴对应 z 平面的单位圆上。如图 8-18 所示，经过这种变换后，就可以使用劳斯判据了。这种变换因为复

变量 z 与 w 互为线性变换，所以叫作双线性变换。

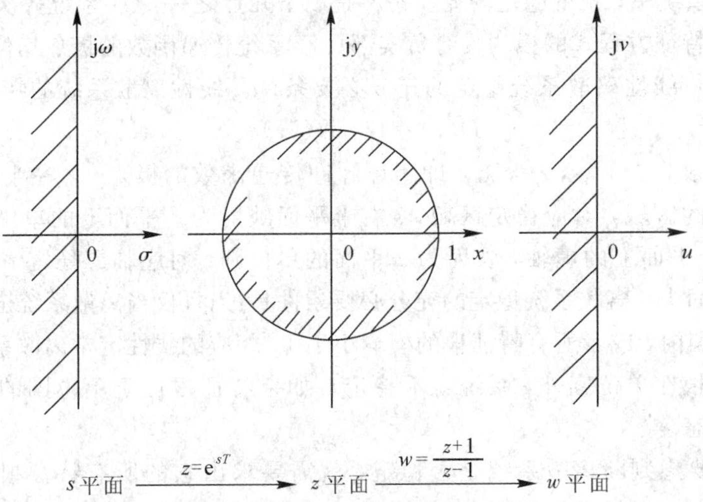

图 8-18　双线性变换（s 平面，z 平面，w 平面的对应关系）

因此，离散系统稳定的充要条件是：特征方程 $1+GH(z)=0$ 的所有根严格位于 z 平面的单位圆内。经过双线性变换后，转换为特征方程 $1+GH(w)=0$ 的所有根严格位于左半 w 平面。

例 8-7　设闭环离散系统如图 8-19 所示，其中采样周期 $T=0.1$ s，试求系统稳定时 K 的变化范围。

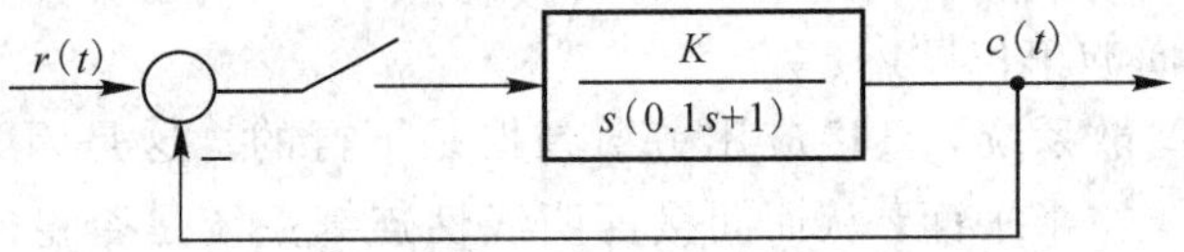

图 8-19　闭环系统方框图

解　闭环系统脉冲传递函数为

$$\Phi(z)=\frac{G(z)}{1+G(z)}$$

式中，$G(z)$ 为前向通道的传递函数 $G(s)=\dfrac{K}{s(0.1s+1)}=\dfrac{K}{s}-\dfrac{K}{s+10}$ 的 Z 变换，且有

$$G(z)=\frac{Kz}{z-1}-\frac{Kz}{z-0.368}=\frac{0.632Kz}{z^2-1.368z+0.368}$$

故闭环系统特征方程为

$$1+G(z)=0$$

即

$$z^2+(0.632K-1.368)z+0.368=0$$

令 $z=\dfrac{w+1}{w-1}$，代入上式得

$$\left(\frac{w+1}{w-1}\right)^2+(0.632K-1.368)\left(\frac{w+1}{w-1}\right)+0.368=0$$

化简后，得 w 平面的特征方程为

$$0.632Kw^2+1.264w+(2.736-0.632K)=0$$

列出劳斯表为

w^2	$0.632K$	$2.736-0.632K$
w^1	1.264	0
w^0	$2.736-0.632K$	0

为保证系统稳定，从劳斯表第一列系数可以看出，必须使

$$K>0 \quad 且 \quad 2.736-0.632K>0$$

即

$$0<K<4.33$$

8.4.3　离散系统的朱利稳定判据

朱利稳定判据(July 判据)是直接在 z 平面内应用的稳定判据，类似于连续系统中的赫尔维茨判据。朱利判据是直接根据离散系统的闭环特征方程 $D(z)=1+GH(z)=0$ 的系数，判别其根是否位于 z 平面上的单位圆内，从而判断该离散系统的稳定性。

设离散系统的闭环特征方程为

$$D(z)=a_n z^n+\cdots+a_2 z^2+a_1 z+a_0=0, \quad a_n>0$$

特征方程的系数按照下述方法构造 $2n-3$ 行、$n+1$ 列朱利阵列，如表 8-2 所示。

表 8-2　朱利阵列

行数	z^0	z^1	z^2	z^3	…	z^{n-k}	…	z^{n-1}	z^n
1	a_0	a_1	a_2	a_3	…	a_{n-k}	…	a_{n-1}	a_n
2	a_n	a_{n-1}	a_{n-2}	a_{n-3}	…	a_k	…	a_1	a_0
3	b_0	b_1	b_2	b_3	…	b_{n-k}	…	b_{n-1}	
4	b_{n-1}	b_{n-2}	b_{n-3}	b_{n-4}	…	b_{k-1}	…	b_0	
5	c_0	c_1	c_2	c_3	…	c_{n-2}			
6	c_{n-2}	c_{n-3}	c_{n-4}	c_{n-5}	…	c_0			
⋮	⋮	⋮	⋮	⋮					
$2n-5$	p_0	p_1	p_2	p_3					
$2n-4$	p_3	p_2	p_1	p_0					
$2n-3$	q_0	q_1	q_2						

在朱利阵列中，第 $2k+2$ 行各元素是 $2k+1$ 行各元素的反序排列。第 1 行和第 2 行为特征方程中各常系数的排列。

从第 3 行起，阵列中各元素的定义如下：

$$b_k=\begin{vmatrix} a_0 & a_{n-k} \\ a_n & a_k \end{vmatrix}, \quad k=0, 1, \cdots, n-1$$

$$c_k=\begin{vmatrix} b_0 & b_{n-k-1} \\ b_{n-1} & b_k \end{vmatrix}, \quad k=0, 1, \cdots, n-2$$

$$d_k=\begin{vmatrix} c_0 & c_{n-k-2} \\ c_{n-2} & c_k \end{vmatrix},\quad k=0,1,\cdots,n-3$$

$$\vdots$$

$$q_0=\begin{vmatrix} p_0 & p_3 \\ p_3 & p_0 \end{vmatrix},\ q_1=\begin{vmatrix} p_0 & p_2 \\ p_3 & p_1 \end{vmatrix},\ q_0=\begin{vmatrix} p_0 & p_1 \\ p_3 & p_2 \end{vmatrix}$$

朱利稳定判据：特征方程 $D(z)=0$ 的根，全部位于 z 平面单位圆内的充分必要条件是

$$D(1)>0,\quad D(-1)\begin{cases} >0, & \text{当 } n \text{ 为偶数时} \\ <0, & \text{当 } n \text{ 为奇数时} \end{cases}$$

及下列 $n-1$ 个约束条件同时成立：

$$|a_0|<a_n,\ |b_0|>|b_{n-1}|,\ |c_0|>|c_{n-2}|$$
$$|d_0|>|d_{n-3}|,\ \cdots,\ |q_0|>|q_2|$$

只有当上述诸条件均满足时，离散系统才是稳定的，否则系统不稳定。

例 8-8 已知离散系统闭环特征方程为

$$D(z)=z^4-1.368z^3+0.4z^2+0.08z+0.002=0$$

利用朱利判据判断系统的稳定性。

解 由于 $n=4$，所以 $2n-3=5$，$n+1=5$。因此，朱利阵列有 5 行 5 列。

$$a_0=0.002,\ a_1=0.08,\ a_2=0.4,\ a_3=-1.368,\ a_4=1$$

计算朱利阵列中的元素 b_k 和 c_k 为

$$b_0=\begin{vmatrix} a_0 & a_4 \\ a_4 & a_0 \end{vmatrix}=-1,\ b_1=\begin{vmatrix} a_0 & a_3 \\ a_4 & a_1 \end{vmatrix}=1.368$$

$$b_2=\begin{vmatrix} a_0 & a_2 \\ a_4 & a_2 \end{vmatrix}=-0.399,\ b_3=\begin{vmatrix} a_0 & a_1 \\ a_4 & a_3 \end{vmatrix}=-0.082$$

$$c_0=\begin{vmatrix} b_0 & b_3 \\ b_3 & b_0 \end{vmatrix}=0.993,\ c_1=\begin{vmatrix} b_0 & b_2 \\ b_3 & b_1 \end{vmatrix}=-1.401,\ c_2=\begin{vmatrix} b_0 & b_1 \\ b_3 & b_2 \end{vmatrix}=0.511$$

列出如下朱利阵列：

行数	z^0	z^1	z^2	z^3	z^4
1	0.002	0.08	0.4	−1.368	1
2	1	−1.368	0.4	0.08	0.002
3	−1	1.368	−0.399	−0.082	
4	−0.082	−0.399	1.368	−1	
5	0.993	−1.401	0.511		

因为 $n=4$ 为偶数，且

$$D(1)=0.114>0,\quad D(-1)=2.69>0$$
$|a_0|=0.002,\quad a_4=1,\quad$ 满足 $|a_0|<a_4$
$|b_0|=1,\quad |b_3|=0.082,\quad$ 满足 $|b_0|>|b_3|$
$|c_0|=0.993,\quad |c_2|=0.511,\quad$ 满足 $|c_0|>|c_2|$

故由朱利稳定判据知，该离散系统是稳定的。

8.4.4 采样周期与开环增益对稳定性的影响

我们知道，连续系统的稳定性取决于系统的开环增益 K、系统的零极点分布和传输延迟等因素。但是，影响离散系统稳定性的因素，除了上述因素外，还与采样周期 T 的取值有关。

显而易见，开环增益 K 与采样周期 T 对离散系统稳定性有如下影响：

(1) 当采样周期 T 一定时，开环增益 K 增大会使离散系统的稳定性变差，甚至使系统变得不稳定。

(2) 当开环增益 K 一定时，采样周期 T 越长，丢失的信息越多，对离散系统的稳定性及动态性能均不利，甚至会导致系统失去稳定。

8.5 离散系统的稳态误差

线性连续系统计算稳态误差的方法有两种：一种是利用拉普拉斯变换终值定理计算稳态误差；另一种是从系统的误差传递函数出发，求出系统动态误差的稳态分量。

这两种方法都可以推广到离散系统中来。这里仅利用 Z 变换的终值定理求取离散系统的稳态误差。

设单位负反馈离散系统如图 8-20 所示，系统的开环脉冲传递函数为 $G(z)$。离散系统的稳态误差可以从输出信号在各采样时刻上的数值 $c(nT)(n=0, 1, 2, \cdots, \infty)$ 和动态过程曲线 $c^*(t)$ 求取，也可以应用 Z 变换的终值定理来计算。

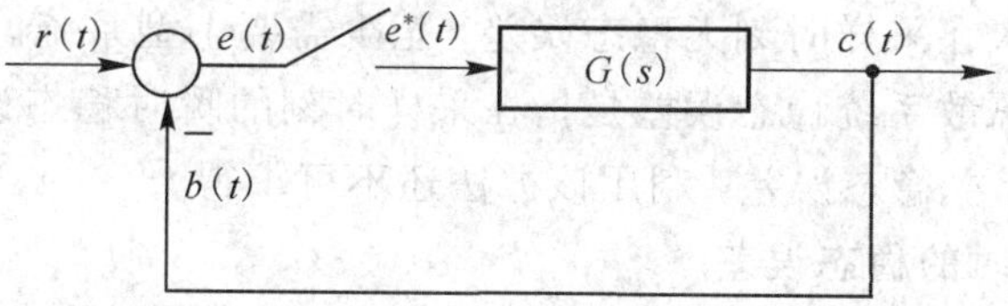

图 8-20　单位负反馈系统框图

因为

$$C(z)=\Phi(z)R(z)$$

$$\Phi(z)=\frac{G(z)}{1+G(z)}$$

所以

$$E(z)=R(z)-C(z)=R(z)-\frac{G(z)}{1+G(z)}R(z)=\frac{1}{1+G(z)}R(z)=\Phi_e(z)R(z) \quad (8-35)$$

利用 Z 变换的终值定理求出离散系统采样时刻的稳态误差为

$$e(\infty)=\lim_{t\to\infty}e^*(t)=\lim_{z\to1}[(z-1)E(z)]=\lim_{z\to1}\frac{(z-1)R(z)}{1+G(z)} \quad (8-36)$$

式(8-36)表明，在离散系统稳定的前提下，系统的稳态误差与 $G(z)$ 及输入信号 $R(z)$ 有关。

为了更详细地分析非线性系统的稳态误差，与线性连续系统稳态误差分析类似，我们引入系统型别这个概念。由于 $z=e^{sT}$，原线性连续系统开环传递函数 $G(s)$ 在 $s=0$ 处极点的个数 v 作为划分系统型别的标准，可推广为将离散系统开环脉冲传递函数 $G(z)$ 在 $z=1$ 处

极点的数目 v 作为离散系统的型别，称 $v=0$，1，2 的系统分别为 0 型、Ⅰ型、Ⅱ型离散系统，如式(8-37)所示。

$$G(z)=\frac{M(z)}{(z-1)^{v}N(z)} \tag{8-37}$$

下面考查几种典型输入作用下不同型别离散系统的稳态误差。

1. 单位阶跃输入时的稳态误差

当系统输入为单位阶跃函数 $r(t)=1(t)$ 时，$R(z)=\frac{z}{z-1}$，采样瞬时稳态误差为

$$\begin{aligned}e(\infty)&=\lim_{z\to 1}[(z-1)E(z)]=\lim_{z\to 1}\left[\frac{z-1}{1+G(z)}\cdot\frac{z}{z-1}\right]\\&=\frac{1}{\lim\limits_{z\to 1}[1+G(z)]}=\frac{1}{K_p}\end{aligned} \tag{8-38}$$

式中，$K_p=\lim\limits_{z\to 1}[1+G(z)]$，称为静态位置误差系数。

(1) 若 $G(z)$ 没有 $z=1$ 的极点，即 $G(z)=\frac{M(z)}{(z-1)^{v}N(z)}$ 中 $v=0$，这样的系统称为 0 型离散系统。因为 $K_p\neq\infty$，所以 $e(\infty)\neq 0$。

(2) 若 $G(z)$ 有一个或一个以上 $z=1$ 的极点，这样的系统相应地称为Ⅰ型或Ⅱ型及以上的离散系统。因为 $K_p=\infty$，所以 $e(\infty)=0$。

因此，在单位阶跃函数作用下，0 型离散系统在采样瞬时存在位置误差。Ⅰ型或Ⅱ型及以上的离散系统，在采样瞬时没有位置误差，这与连续系统十分相似。可见，若需要系统对单位阶跃信号输入在采样时刻无稳态误差，至少需要Ⅰ型系统。

这里我们强调的离散系统稳态误差是指在采样时刻的瞬时稳态误差。而在采样时刻之间，系统的输出是否存在稳态误差，利用该方法还不可求得。

2. 单位斜坡输入时的稳态误差

当系统输入为单位斜坡函数 $r(t)=t$ 时，$R(z)=\frac{Tz}{(z-1)^2}$，采样时刻的稳态误差为

$$\begin{aligned}e(\infty)&=\lim_{z\to 1}[(z-1)E(z)]=\lim_{z\to 1}\left[\frac{z-1}{1+G(z)}\cdot\frac{Tz}{(z-1)^2}\right]\\&=\frac{T}{\lim\limits_{z\to 1}[(z-1)G(z)]}=\frac{T}{K_v}\end{aligned} \tag{8-39}$$

式中，$K_v=\lim\limits_{z\to 1}[(z-1)G(z)]$，称为静态速度误差系数。

(1) 对于 0 型系统，因为 $K_v=0$，所以 $e(\infty)=\infty$。0 型离散系统对于单位斜坡函数的输入不稳定。

(2) Ⅰ型系统的 K_v 为有限值，所以 $e(\infty)$ 也为有限值。Ⅰ型离散系统在单位斜坡函数作用下存在速度误差。

(3) Ⅱ型及其以上系统的 $K_v=\infty$，所以 $e(\infty)=0$。Ⅱ型和Ⅱ型以上离散系统在单位斜坡函数作用下不存在稳态误差。

3. 单位加速度输入时的稳态误差

当系统输入为单位加速度函数 $r(t)=t^2/2$ 时，$R(z)=\frac{T^2z(z+1)}{2(z-1)^3}$，采样时刻的稳态误差为

$$e(\infty)=\lim_{z\to 1}[(z-1)E(z)]=\lim_{z\to 1}\left[\frac{(z-1)}{1+G(z)}\cdot\frac{T^2z(z+1)}{2(z-1)^3}\right]$$

$$=\frac{T^2}{\lim\limits_{z\to 1}[(z-1)^2G(z)]}=\frac{T^2}{K_a} \tag{8-40}$$

式中，$K_a=\lim\limits_{z\to 1}[(z-1)^2G(z)]$，称为静态加速度误差系数。

(1) 对于 0 型及Ⅰ型系统，因为 $K_a=0$，所以 $e(\infty)=\infty$。0 型及Ⅰ型离散系统对于单位加速度函数输入不稳定。

(2) Ⅱ型系统的 K_a 为常值，所以 $e(\infty)$ 也为有限值。Ⅱ型离散系统在单位加速度函数作用下存在加速度误差。

(3) Ⅲ型及以上系统的 $K_a=\infty$，所以 $e(\infty)=0$。Ⅲ型及以上的离散系统在单位加速度函数作用下，不存在采样瞬时的稳态误差。

不同型别单位负反馈离散系统的稳态误差，如表 8-3 所示。

表 8-3　不同型别单位负反馈离散系统的稳态误差

系统型别 v	阶跃输入 $r(t)=1(t)$	斜坡输入 $r(t)=t$	加速度输入 $r(t)=\frac{t^2}{2}$
0 型	$\frac{1}{K_p}$	∞	∞
Ⅰ型	0	$\frac{T}{K_v}$	∞
Ⅱ型	0	0	$\frac{T^2}{K_a}$
$G(z)=\frac{M(z)}{(z-1)^vN(z)}$	$K_p=\lim\limits_{z\to 1}[1+G(z)]$	$K_v=\lim\limits_{z\to 1}[(z-1)G(z)]$	$K_a=\lim\limits_{z\to 1}[(z-1)^2G(z)]$

8.6　离散系统的动态性能

本节主要介绍在时域中如何应用 Z 变换法分析线性定常离散系统的动态性能，即如何求取离散系统的时间响应，以及在 z 平面上定性分析离散系统闭环极点与其动态性能之间的关系。

离散系统闭环脉冲传递函数的极点在 z 平面上单位圆内的分布，对系统的动态响应具有重要的影响。设闭环系统的脉冲传递函数为

$$\Phi(z)=\frac{M(z)}{N(z)}=\frac{b_0z^m+b_1z^{m-1}+b_2z^{m-2}+\cdots+b_{m-1}z+b_m}{a_0z^n+a_1z^{n-1}+a_2z^{n-2}+\cdots+a_{n-1}z+a_n},\quad n>m \tag{8-41}$$

为分析简便，设式(8-41)无重极点，p_1，p_2，…，p_n 为 n 个互不相等的闭环极点。若闭环极点均位于 z 平面的单位圆内，则离散系统稳定。

对于单位阶跃输入，已知 $C(z)=\Phi(z)R(z)$，其中 $R(z)=\frac{z}{z-1}$，则

$$C(z)=A_0\frac{z}{z-1}+\sum_{i=1}^{n}A_i\frac{z}{z-p_i} \tag{8-42}$$

通过 Z 反变换导出输出信号的脉冲序列 $c^*(t)$，得

$$c(kt) = A_0 \cdot 1(nT) + \sum_{i=1}^{n} A_i p_i^k \tag{8-43}$$

式中，第一项为系统输出的稳态分量，若其值为 1，则单位反馈离散系统在单位阶跃输入作用下的稳态误差为零；第二项为系统输出的动态分量。

容易看出，随着极点 p_i 在 z 平面上位置的变化，它所对应的动态分量也就不同。下面分几种情况来讨论。

1. 实轴上的闭环单极点

设 p_i 为正实数，p_i 对应的动态分量为

$$c_i^*(t) = \mathscr{Z}^{-1}\left[A_i \frac{z}{z-p_i}\right]$$

当 $p_i>0$ 时，$c_i(kt)=A_i p_i^k = A_i e^{akT}\left(a=\frac{1}{T}\ln p_i\right)$，正实轴上的闭环极点对应按指数规律变化的动态过程形式；当 $p_i<0$ 时，$c_i(kt)=A_i p_i^k$，动态响应是交替变号的双向脉冲序列。

(1) 若闭环实数极点位于右半 z 平面，则输出动态响应形式为单向正脉冲序列。实数极点位于单位圆内，脉冲序列收敛，且实数极点越接近原点，收敛越快；实数极点位于单位圆上，脉冲序列等幅变化；实数极点位于单位圆外，脉冲序列发散。

(2) 若闭环实数极点位于左半 z 平面，则输出动态响应形式为双向交替脉冲序列。实数极点位于单位圆内，双向脉冲序列收敛；实数极点位于单位圆上，双向脉冲序列等幅变化；实数极点位于单位圆外，双向脉冲序列发散。

2. 闭环共轭复数极点

设 p_k，$p_{k+1}=|p_k|e^{\pm j\theta_k}$ 为一对共轭复数极点，p_k 和 p_{k+1} 对应的动态分量为

$$c_k^*(t) = \mathscr{Z}^{-1}\left[A_k\frac{z}{z-p_k} + A_{k+1}\frac{z}{z-p_{k+1}}\right]$$

$$c_k(nT) = 2|A_k|e^{anT}\cos(n\omega T+\varphi_k)$$

式中，$a=\frac{1}{T}\ln|p_k|$；$\omega=\frac{\theta_k}{T}$；$0<\theta_k<\pi$，为共轭复数极点 p_k 的相角。

(1) 若 $|p_k|>1$，闭环复数极点位于 z 平面上的单位圆外，动态响应为振荡脉冲序列。

(2) 若 $|p_k|=1$，闭环复数极点位于 z 平面上的单位圆上，动态响应为等幅振荡脉冲序列。

(3) 若 $|p_k|<1$，闭环复数极点位于 z 平面上的单位圆内，动态响应为振荡收敛脉冲序列，且 $|p_k|$ 越小，即复极点越靠近原点，振荡收敛得越快。

根据以上分析可知，当闭环极点位于单位圆内时，其对应的动态分量是衰减的。极点离原点越近，衰减越快。若极点位于正实轴上，动态分量按指数衰减。一对共扼复数极点的动态分量为振荡衰减，其角频率为 θ_k/T。若极点位于负实轴上，也将出现衰减振荡，其振荡角频率为 π/T。

例 8-9 已知单位负反馈离散系统的闭环脉冲传递函数为

$$\Phi(z) = \frac{0.3805z^2+0.4990z+0.0198}{z^3-0.7728z^2+0.6048z+0.0173}$$

求其单位阶跃响应的离散值，并分析系统的动态性能。采样周期 $T=0.2$ s。

解 当输入量 $r(t)=1(t)$ 时，$R(z)=\frac{z}{z-1}$，输出量的 z 变换为

$$C(z)=\Phi(z)R(z)=\frac{0.3805z^2+0.4990z+0.0198}{z^3-0.7728z^2+0.6048z+0.0173}\cdot\frac{z}{z-1}$$
$$=\frac{0.3805z^3+0.4990z^2+0.0198z}{z^4-1.7728z^3+1.3776z^2-0.5875z-0.0173}$$

利用长除法得

$$\begin{aligned}C(z)&=0.381z^{-1}+1.124z^{-2}+1.488z^{-3}+1.313z^{-4}+0.945z^{-5}\\&\quad+0.760z^{-6}+0.841z^{-7}+1.025z^{-8}+1.118z^{-9}+1.079z^{-10}\\&\quad+0.989z^{-11}+0.942z^{-12}+0.960z^{-13}+1.005z^{-14}+\cdots\\&=\sum c_k z^{-k}\end{aligned}$$

基于 Z 变换的定义，得到

$$c(kT)=\sum c_k\delta(t-kT)$$

可以求得系统在单位阶跃作用下的输出序列 $c(kT)$ 为

$$\begin{array}{ll}c(0)=0 & c(5T)=0.945\\ c(T)=0.381 & c(6T)=0.760\\ c(2T)=1.124 & c(7T)=0.841\\ c(3T)=1.488 & c(8T)=1.025\\ c(4T)=1.313 & c(9T)=1.118\end{array}$$

8.7　离散系统的校正

在设计离散控制系统的过程中，为了满足性能指标的要求，常常需要对系统进行校正。在连续控制系统中，按照校正装置在系统中的位置不同可分为串联校正装置和反馈校正装置。同样，离散控制系统中的校正装置也可分为串联校正装置和反馈校正装置。本节介绍串联校正。

8.7.1　数字控制器的脉冲传递函数

图 8-21 为线性离散系统，数字控制器 $D(s)$ 串联引入后，输出新的脉冲序列 $u^*(t)$。因为 $D(s)$ 前后都有采样开关，所以输入脉冲序列 $e^*(t)$ 与输出脉冲序列 $u^*(t)$ 的脉冲传递函数 $D(z)$ 是可以分离出来的。在确定数字控制器的脉冲传递函数 $D(z)$ 时，假设其前后两个采样开关的动作是同步的，即认为计算过程很快，输出对输入没有明显的滞后。

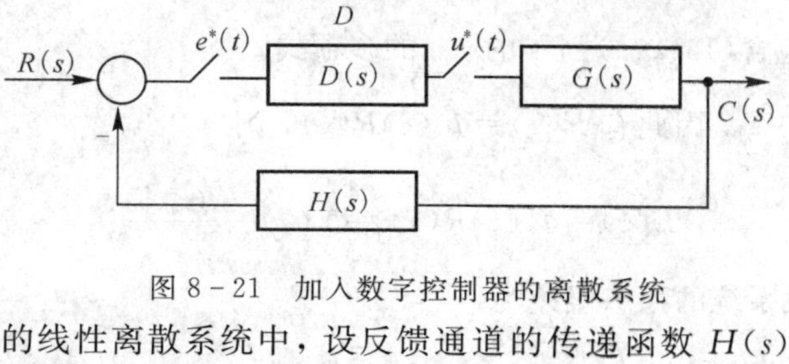

图 8-21　加入数字控制器的离散系统

在图 8-21 所示的线性离散系统中，设反馈通道的传递函数 $H(s)=1$，则单位负反馈线性离散系统的闭环脉冲传递函数为

$$\Phi(z)=\frac{C(z)}{R(z)}=\frac{D(z)G(z)}{1+D(z)G(z)} \tag{8-44}$$

可以得到

$$D(z)=\frac{\Phi(z)}{G(z)(1-\Phi(z))} \tag{8-45}$$

误差脉冲传递函数为

$$\Phi_e(z)=\frac{E(z)}{R(z)}=\frac{1}{1+D(z)G(z)} \tag{8-46}$$

可以得到

$$D(z)=\frac{1-\Phi_e(z)}{G(z)\Phi_e(z)} \tag{8-47}$$

因此，数字控制器的脉冲传递函数 $D(z)$ 可以表示为式(8-45)和式(8-47)。也就是说，可以根据线性离散系统连续部分的脉冲传递函数 $G(z)$ 及系统的闭环脉冲传递函数 $\Phi(z)$ 或 $\Phi_e(z)$ 确定。而数字控制器的一般形式为

$$D(z)=\frac{b_0+b_1z^{-1}+b_2z^{-2}+\cdots+b_mz^{-m}}{1+a_1z^{-1}+a_2z^{-2}+\cdots+a_nz^{-n}} \tag{8-48}$$

式中，$a_i(i=1, 2, \cdots, n)$ 及 $b_i(i=1, 2, \cdots, m)$ 为常系数，且 $n \geqslant m$。

8.7.2 最少拍系统的脉冲传递函数

在离散控制过程中，通常把一个采样周期称为一拍。所谓最少拍系统，是指在典型输入作用下，能以有限的最少周期结束响应过程，且在采样时刻上无稳态误差。最少拍系统的设计，是针对典型输入信号进行的。常见的典型输入信号为单位阶跃信号、单位速度信号和单位加速度信号，其 Z 变换分别为

$$r(t)=1(t), \ R(z)=\frac{z}{z-1}=\frac{1}{1-z^{-1}}$$

$$r(t)=t, \ R(z)=\frac{Tz}{(z-1)^2}=\frac{Tz^{-1}}{(1-z^{-1})^2}$$

$$r(t)=\frac{1}{2}t^2, \ R(z)=\frac{T^2z(z+1)}{2(z-1)^3}=\frac{T^2z^{-1}(1+z^{-1})}{2(1-z^{-1})^3}$$

可见，典型输入信号的 Z 变换可写为

$$R(z)=\frac{A(z^{-1})}{(1-z^{-1})^{\alpha}}$$

式中，$A(z^{-1})$ 是不包含 $(1-z^{-1})$ 因子的 z^{-1} 的多项式。

由于 $\Phi_e(z)=\dfrac{E(z)}{R(z)}$，因此有 $E(z)=\Phi_e(z)R(z)$，则

$$E(z)=\Phi_e(z)R(z)=\Phi_e(z)\frac{A(z^{-1})}{(1-z^{-1})^{\alpha}} \tag{8-49}$$

利用终值定理，离散系统的稳态误差为

$$e_{\infty}=\lim_{z\to 1}[(1-z^{-1})E(z)]=\lim_{z\to 1}\left[(1-z^{-1})\Phi_e(z)\frac{A(z^{-1})}{(1-z^{-1})^{\alpha}}\right] \tag{8-50}$$

为使稳态误差为 0，$\Phi_e(z)$ 中应包含 $(1-z^{-1})^{\alpha}$ 因子。

因此，必须有

$$\Phi_e(z)=(1-z^{-1})^{\alpha}F(z^{-1}) \tag{8-51}$$

式中，$F(z^{-1})$为不包含$(1-z^{-1})$因子的 z^{-1} 多项式。

要想成为最少拍控制系统，需要动态响应过程尽快结束。可见，当 $F(z^{-1})=1$ 时，$\Phi_e(z)$中包含 z^{-1} 的项数最少，离散系统的动态响应过程会最快结束。因此

$$\Phi_e(z)=(1-z^{-1})^{\alpha} \tag{8-52}$$

所以，无稳态误差最少拍离散系统的闭环脉冲传递函数为

$$\Phi(z)=1-\Phi_e(z)=1-(1-z^{-1})^{\alpha} \tag{8-53}$$

进而得到输出为

$$C(z)=\Phi(z)R(z) \tag{8-54}$$

(1) 当 $r(t)=1(t)$，$R(z)=\dfrac{1}{1-z^{-1}}$，$\alpha=1$ 时，可得

$$\Phi_e(z)=1-z^{-1}，\Phi(z)=z^{-1}$$

于是有

$$D(z)=\frac{1-\Phi_e(z)}{G(z)\Phi_e(z)}=\frac{\Phi(z)}{G(z)\Phi_e(z)}=\frac{z^{-1}}{G(z)(1-z^{-1})} \tag{8-55}$$

且有

$$E(z)=\Phi_e(z)R(z)=1$$

$$C(z)=\Phi(z)R(z)=z^{-1}\frac{1}{1-z^{-1}}=z^{-1}+z^{-2}+z^{-3}+\cdots+z^{-n}+\cdots$$

表明

$$e(0)=1，e(T)=e(2T)=\cdots=0$$
$$c(0)=0，c(T)=c(2T)=\cdots=1$$

可见，串联上按照式(8-45)和式(8-47)设计的控制器，只有在 $T=0$ 时存在误差，最少拍离散系统经过一拍便可完全跟踪阶跃输入，其调整时间 $t_s=T$。

(2) 当 $r(t)=t$，$R(z)=\dfrac{Tz^{-1}}{(1-z^{-1})^2}$，$\alpha=2$ 时，可得

$$\Phi_e(z)=(1-z^{-1})^2=1-2z^{-1}+z^{-2}$$

$$\Phi(z)=1-(1-z^{-1})^2=2z^{-1}-z^{-2}$$

于是有

$$D(z)=\frac{\Phi(z)}{G(z)\Phi_e(z)}=\frac{2z^{-1}-z^{-2}}{G(z)(1-2z^{-1}+z^{-2})} \tag{8-56}$$

且有

$$E(z)=\Phi_e(z)R(z)=Tz^{-1}$$

$$C(z)=\Phi(z)R(z)=(2z^{-1}-z^{-2})\frac{Tz^{-1}}{(1-z^{-1})^{-2}}=2Tz^{-2}+3Tz^{-3}+\cdots+nTz^{-n}+\cdots$$

表明

$$c(0)=c(T)=0,\ c(2T)=2T,\ c(3T)=3T,\ \cdots,\ c(nT)=nT,\ \cdots$$

$$e(0)=0,\ e(T)=T,\ e(2T)=e(3T)=\cdots=0$$

可见，最少拍离散系统经过两拍便可完全跟踪斜坡输入，其调整时间 $t_s=2T$。

(3) 当 $r(t)=\frac{1}{2}t^2$，$R(z)=\frac{T^2z^{-1}(1+z^{-1})}{2(1-z^{-1})^3}$，$\alpha=3$ 时，可得

$$\Phi_e(z)=(1-z^{-1})^3$$

$$\Phi(z)=1-(1-z^{-1})^3=3z^{-1}-3z^{-2}+z^{-3}$$

于是有

$$D(z)=\frac{\Phi(z)}{G(z)\Phi_e(z)}=\frac{3z^{-1}-3z^{-2}+z^{-3}}{G(z)(1-z^{-1})^3} \tag{8-57}$$

且有

$$E(z)=\Phi_e(z)R(z)=\frac{1}{2}T^2z^{-1}+\frac{1}{2}T^2z^{-2}$$

$$C(z)=\Phi(z)R(z)=(3z^{-1}-3z^{-2}+z^{-3})\frac{T^2z^{-1}(1+z^{-1})}{2(1-z^{-1})^3}$$

$$=\frac{3}{2}T^2z^{-2}+\frac{9}{2}T^2z^{-3}+\cdots+\frac{n^2}{2}T^2z^{-n}+\cdots$$

得到

$$c(0)=c(T)=0,\ c(2T)=\frac{3}{2}T^2,\ \cdots,\ c(nT)=\frac{n^2}{2}T^2,\ \cdots$$

$$e(0)=0,\ e(T)=\frac{1}{2}T^2,\ e(2T)=\frac{1}{2}T^2,\ e(3T)=\cdots=0$$

可见，最少拍离散系统经过三拍便可完全跟踪加速度输入，其调整时间 $t_s=3T$。

最少拍系统对应阶跃输入、斜坡输入及加速度输入信号时的动态过程 $c^*(t)$，分别如图 8－22、图 8－23 和图 8－24 所示。

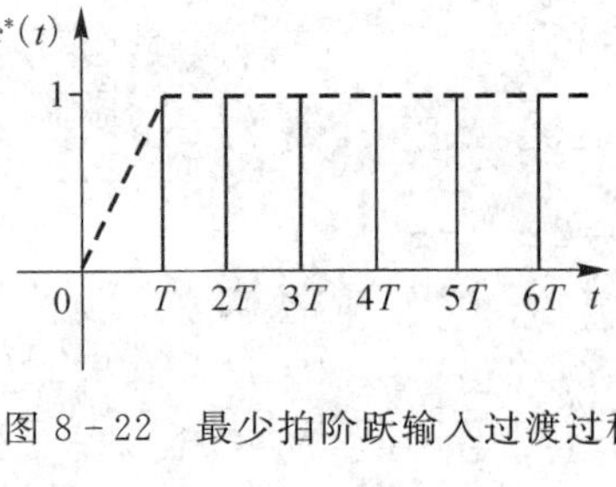

图 8－22　最少拍阶跃输入过渡过程

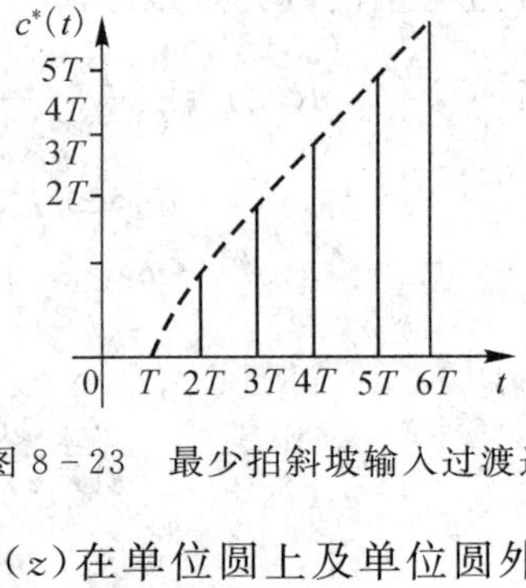

图 8－23　最少拍斜坡输入过渡过程

如果开环脉冲传递函数 $G(z)$ 不含滞后环节，且 $G(z)$ 在单位圆上及单位圆外既无极点也无零点，那么当线性离散系统的典型输入信号确定后，便可由表 8－4 选取相应的最少拍系统的闭环脉冲传递函数。这时，将选定的闭环脉冲传递函数 $\Phi(z)$ 或 $\Phi_e(z)$ 代入式(8－45)或式(8－47)，就能求得确保线性离散系统成为最少拍系统的数字控制器的脉冲传递函数 $D(z)$。

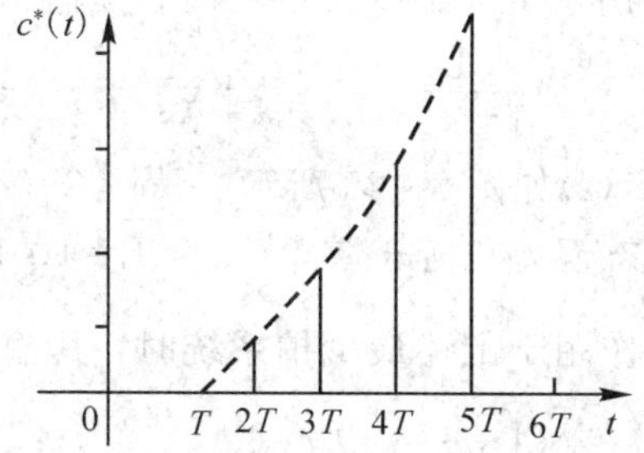

图 8-24　最少拍加速度输入过渡过程

表 8-4　最少拍系统的闭环脉冲传递函数及调整时间

典型输入		闭环脉冲传递函数		调整时间
$r(t)$	$R(z)$	$\Phi(z)$	$\Phi_e(z)$	t_s
$1(t)$	$\dfrac{1}{1-z^{-1}}$	z^{-1}	$1-z^{-1}$	T
t	$\dfrac{Tz^{-1}}{(1-z^{-1})^2}$	$2z^{-1}-z^{-2}$	$(1-z^{-1})^2$	$2T$
$\dfrac{1}{2}t^2$	$\dfrac{T^2z^{-1}(1+z^{-1})}{2(1-z^{-1})^3}$	$3z^{-1}-3z^{-2}+z^{-3}$	$(1-z^{-1})^3$	$3T$

例 8-10　设单位负反馈线性离散系统的连续部分及零阶保持器的传递函数分别为

$$G_0(s)=\frac{10}{s(s+1)},\ G_h(s)=\frac{1-e^{-Ts}}{s}$$

其中，$T=1$s 为采样周期。求取在输入信号 $r(t)=t$ 作用下，能使给定系统成为最少拍系统的数字控制器的脉冲传递函数 $D(z)$。

解　根据给定的传递函数 $G_0(s)$ 及 $G_h(s)$，求取未加入数字控制器时的开环脉冲传递函数 $G(z)$，即

$$G(z)=Z[G_0(s)G_h(s)]=\frac{3.68z^{-1}(1+0.717z^{-1})}{(1-z^{-1})(1-0.368z^{-1})}$$

当 $r(t)=t$ 时，对应的最少拍系统的闭环脉冲传递函数为

$$\Phi(z)=2z^{-1}-z^{-2}$$

$$\Phi_e(z)=1-2z^{-1}+z^{-2}$$

则可求得数字控制器的脉冲传递函数 $D(z)$，即

$$D(z)=\frac{\Phi(z)}{G(z)\Phi_e(z)}=\frac{2z^{-1}-z^{-2}}{G(z)(1-2z^{-1}+z^{-2})}$$

经过数字校正后，最少拍系统的开环脉冲传递函数为

$$D(z)G(z)=\frac{2z^{-1}-z^{-2}}{1-2z^{-1}+z^{-2}}$$

该系统反应典型输入 $r(t)=t$ 的过渡过程 $c^*(t)$ 如图 8-23 所示。过渡过程在两个采样周期就可结束。下面分析上述最少拍系统在阶跃输入及加速度输入时的过渡过程。

当阶跃输入 $r(t)=1(t)$ 作用于上述最少拍系统时，其输出函数 $c(t)$ 的 Z 变换 $C(z)$ 为

$$C(z)=(2z^{-1}-z^{-2})\frac{1}{1-z^{-1}}=2z^{-1}+z^{-2}+z^{-3}+\cdots+z^{-n}+\cdots$$

与上式对应的过渡过程 $c^*(t)$ 如图 8-25 所示。从图 8-25 可见，阶跃输入的过渡过程时间 t_s 仍为两个采样周期，稳态误差仍等于零，在 $t=T=1$ s 时却出现一个 100% 的超调。

当加速度输入 $r(t)=\frac{1}{2}t^2$ 作用于上述最少拍系统时，其输出函数的 Z 变换 $C(z)$ 为

$$C(z)=(2z^{-1}-z^{-2})\frac{z^{-1}(1+z^{-1})}{2(1-z^{-1})^3}=z^{-2}+3.5z^{-3}+7z^{-4}+11.5z^{-5}+\cdots$$

与上式对应的过渡过程 $c^*(t)$ 如图 8-26 所示。从图 8-26 可见，加速度输入时过渡过程的持续时间 t_s 仍为两个采样周期，但出现了数值等于 1 的常值稳态误差。

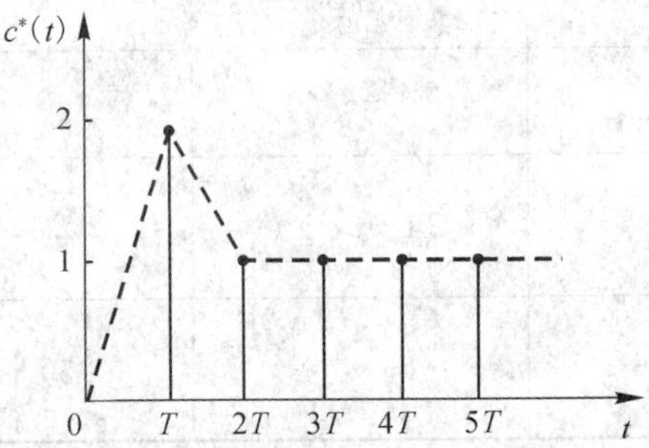

图 8-25　阶跃输入的过渡过程

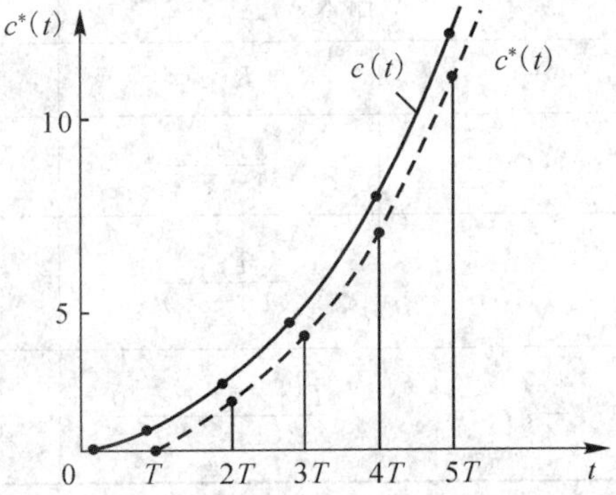

图 8-26　加速度输入的过渡过程

从以上分析可以看出，当线性离散系统是对速度信号设计的最少拍系统时，反应阶跃输入信号时的过渡过程会出现 100% 的超调，而在加速度输入时系统将具有不为零的稳态误差。这说明，最少拍系统在设计时，是针对某种典型输入信号进行设计的，在应用于其他典型输入信号时性能不理想。

需要强调的是，按照上述方法设计的最少拍系统只能保证在采样时刻的稳态误差为零，而在采样时刻之间系统的输出有可能会产生波动，这种系统称为有纹波系统。纹波的存在会引起误差，还会增加系统功耗和机械磨损，这是系统所不容许的。

适当延长系统暂态响应的时间(增加响应的拍数)，就能设计出既使输出无纹波又使动态响应为最少拍采样周期的系统。关于无纹波最少拍系统的设计，请读者参阅有关文献。

习　题　8

8-1　已知差分方程为 $c(k)-3c(k+1)+2c(k+2)=0$，初始条件：$c(0)=0$，$c(1)=1$。试用迭代法求输出序列 $c(k)$，$k=0, 1, 2, 3, 4$。

8-2　试用 Z 变换法求解差分方程 $c(k+3)-5c(k+2)+3c(k+1)+c(k)=0$。

(1) 初始条件为 $c(0)=c(1)=c(2)=0$；

(2) 初始条件为 $c(0)=c(2)=1$，$c(1)=0$。

8-3　设开环离散系统如图 8-27 所示，采样周期为 T，求开环脉冲传递函数。

8-4　求图 8-28 所示系统当采样周期 $T=0.1$ s，1 s 时，离散系统的单位阶跃输出 $c^*(t)$。

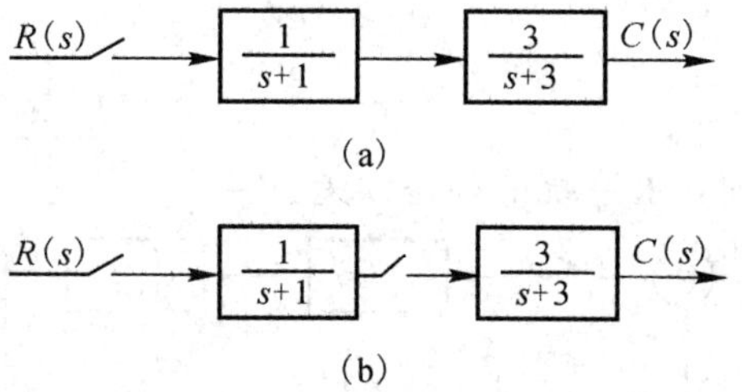

图 8－27　题 8－3 开环离散系统

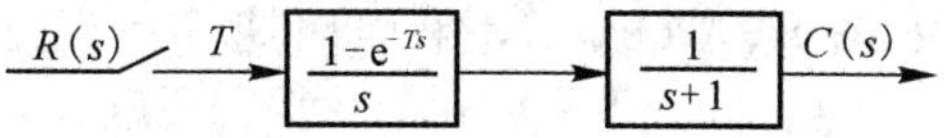

图 8－28　题 8－4 开环离散系统

8－5　求图 8－29 所示系统的输出 $C(z)$，若存在闭环脉冲传递函数则求之。设所有采样开关的采样周期均为 T，并且同时采样。

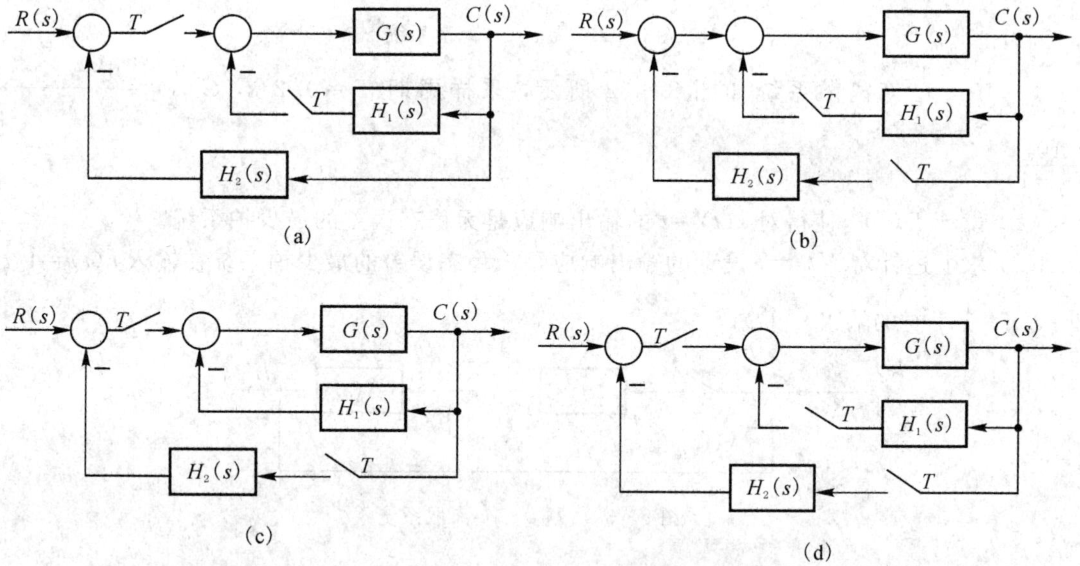

图 8－29　题 8－5 离散系统

8－6　判断下列闭环离散系统的稳定性，其特征多项式分别为：

(1) $D(z)=(z+1.5)(z+2.5)(z+4.7)$；

(2) $D(z)=(z+1.5)(z-3)(z+5.5)$；

(3) $D(z)=(z+1)(z+0.5)(z+4.5)$。

8－7　利用朱利判据判断闭环离散系统的稳定性，其特征多项式为：

(1) $D(z)=z^4+0.5z^3+z^2+z+4.7$；

(2) $D(z)=z^4+0.2z^3+z^2+0.3z+1$；

(3) $D(z)=z^3+2z^2-0.5z+0.8$。

8－8　已知离散系统如图 8－30 所示，采样周期 $T=1$ s。其中，$G_h(s)=\dfrac{1-e^{-Ts}}{s}$，

$G_0(s)=\dfrac{1}{s+1}$。

(1) 判断系统的稳定性；

(2) 当 $r(t)=1(t)+t$ 时，求系统的稳态误差。

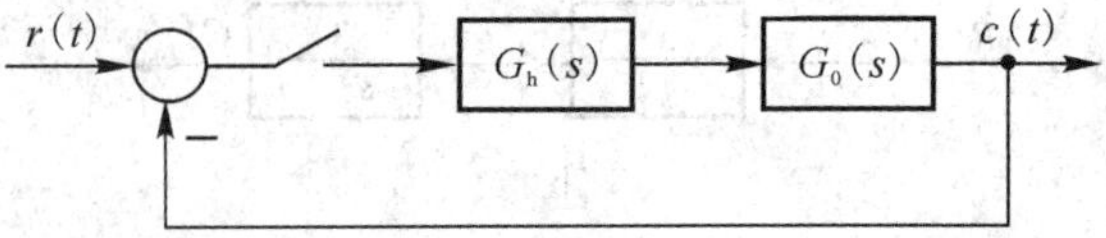

图 8-30　题 8-8 离散系统

8-9　已知离散系统如图 8-31 所示，采样周期 $T=1$ s。其中，$G_h(s)=\dfrac{1-e^{-Ts}}{s}$，$G_0(s)=\dfrac{K}{s(0.2s+1)}$。确定系统稳定的 K 值范围。

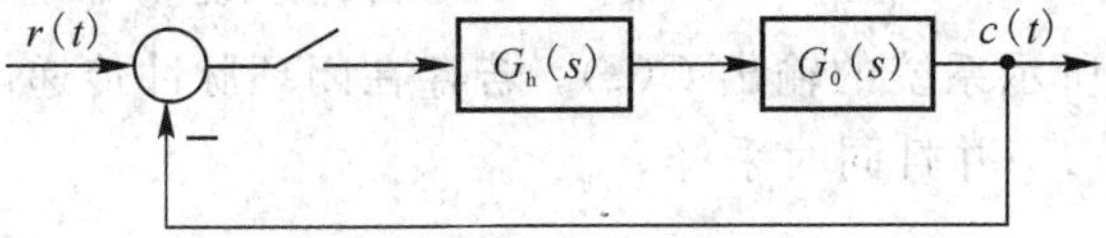

图 8-31　题 8-9 离散系统

8-10　已知离散系统如图 8-32 所示，采样周期 $T=0.2$ s，$G(s)=\dfrac{1-e^{-Ts}}{s}\times\dfrac{10}{s(s+1)}$。

(1) 设计 $D(z)$，使得对 $r(t)=t$ 的输出响应是无稳态误差的最少拍系统。

(2) 求上述针对 $r(t)=t$ 设计的输出响应是无稳态误差的最少拍系统在输入 $r(t)=1(t)$ 和 $r(t)=\dfrac{1}{2}t^2$ 时的输出 $c^*(t)$。

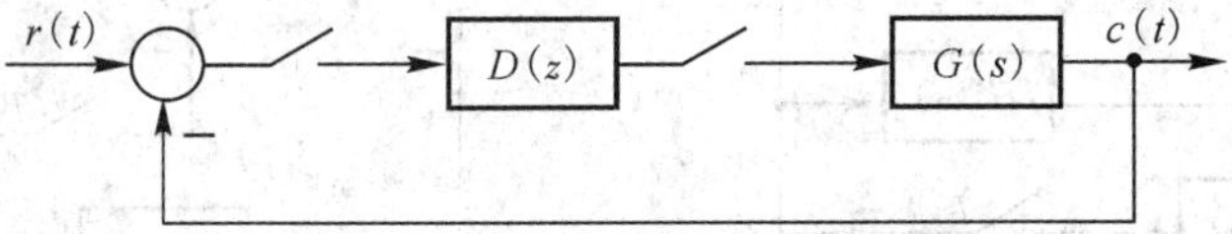

图 8-32　题 8-10 离散系统

下部

现代控制理论

第 9 章　控制系统的状态空间描述

一个复杂系统可能有多个输入和多个输出，并且以某种方式相互关联或耦合。为了分析这样的系统，必须简化其数学表达式，转而借助于计算机来进行各种大量的分析与计算。

经典控制理论是建立在系统的输入-输出关系的微分方程描述或传递函数描述的基础之上的，但这两种方式只描述了系统的输入量和输出量之间的动态关系，称为外部模型。而现代控制理论通常采用状态空间表达式和输出方程作为系统的数学模型，用时域分析法分析和研究系统的动态特性，状态空间表达式是一阶微分方程组和一个代数方程组，这些微分方程又组合成一个一阶向量-矩阵微分方程称为状态表达式，输出方程则表达了系统输出与状态和系统输入间的关系。应用向量-矩阵表示方法，可极大地简化系统的数学表达式。状态变量、输入或输出数目的增多并不增加方程的复杂性。状态空间表达式描述了系统的输入、输出与内部状态之间的关系，揭示了系统内部状态的运动规律，反映了控制系统动态特性的全部信息，所以又往往称其为系统的内部模型。因此，状态空间法对系统分析是最适宜的。

常见的系统有连续系统和离散系统两种，其中连续系统不管是作用于系统的变量，还是表征系统形态的变量，都是时间 t 的连续变量过程。而离散时间系统的各个变量取值于离散的时刻，状态空间法对于连续系统和离散系统都是适用的，本书主要对于连续系统进行分析，离散系统的相关分析可以参考相关的教材。

9.1　控制系统中状态的基本概念

1. 系统的状态

如果给定了变量组的初始值 $x(t_0)$ 和 $t \geqslant t_0$ 时的输入函数 $u(t)$，就能完全确定系统在 $t \geqslant t_0$ 时的行为，像这种能完全描述系统时域行为的一组最小变量组称为系统的状态。

需要说明的是，系统在 t 时刻的状态是由初始状态 $x(t_0)$ 和 $t \geqslant t_0$ 后的输入 $u(t)$ 唯一确定的，与 t_0 时刻以前的状态和输入无关。

2. 状态变量

能够完全表征系统运动状态的最小变量组中的每个变量 $x_i(t)(i=1, 2, \cdots, n)$ 称为状态变量。

3. 状态向量

系统有 n 个状态变量 $x_1(t), \cdots, x_n(t)$，用这 n 个状态变量作为分量所构成的向量(通常以列向量表示)称为系统的状态向量：$\boldsymbol{x}(t)=(x_1(t) \ \cdots \ x_n(t))^{\mathrm{T}}$。

4. 状态空间

以状态变量 $x_1(t)$，$x_2(t)$，…，$x_n(t)$为坐标轴所组成的 n 维正交空间，称为状态空间 X^n。状态空间的每一个点均代表系统的某一特定状态。反过来，系统在任意时刻的状态都可用状态空间中的一个点来表示。显然，系统在不同时刻下的状态，可用状态空间中的一条轨迹表示。状态轨迹的形状完全由系统在 t_0 时刻的初态 $x(t_0)$和 $t\geqslant t_0$ 时的输入函数，以及系统本身的动力学特性所决定。

例 9－1　在图 9－1 所示的 RLC 电路系统中，若设电压 $u(t)$为输入，电容上的电压 $u_C(t)$为输出，则由电路理论可知，它们满足如下关系：

$$\begin{cases} L\dfrac{\mathrm{d}i(t)}{\mathrm{d}t}+Ri(t)+u_C(t)=u(t) \\ C\dfrac{\mathrm{d}u_C(t)}{\mathrm{d}t}=i(t) \end{cases}$$

式中，$i(t)$为流过电容的电流，$u_C(t)$为电容上的电压。

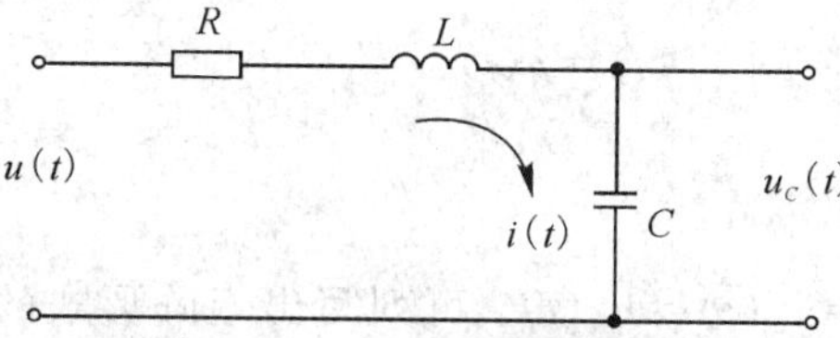

图 9－1　RLC 电路图

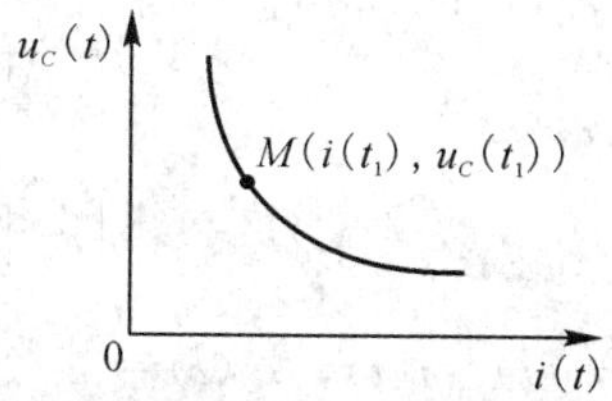

图 9－2　状态空间

考虑到 $i(t)$，$u_C(t)$这两个变量是独立的，故可选择系统的状态变量为 $x_1(t)=i(t)$，$x_2(t)=u_C(t)$。状态向量为 $\boldsymbol{x}=(x_1(t)\quad x_2(t))^{\mathrm{T}}$。状态空间则为以 $i(t)$，$u_C(t)$为坐标轴构成的二维空间。比如，系统在任一时刻(例如 t_1 时刻)的状态可以用图 9－2 中的一个点 $M(i(t_1),\ u_C(t_1))$来描述。

9.2　控制系统的状态空间表达式

9.2.1　状态空间表达式的概念

设系统的结构图如图 9－3 所示，设输入为 r 维，输出为 m 维。在经典控制理论中，传递函数只是描述系统输入量和输出量之间的关系。而在现代控制理论中，以状态空间模型描述系统行为的方法和传递函数不同，它把输入对输出的影响分成两部分来描述。

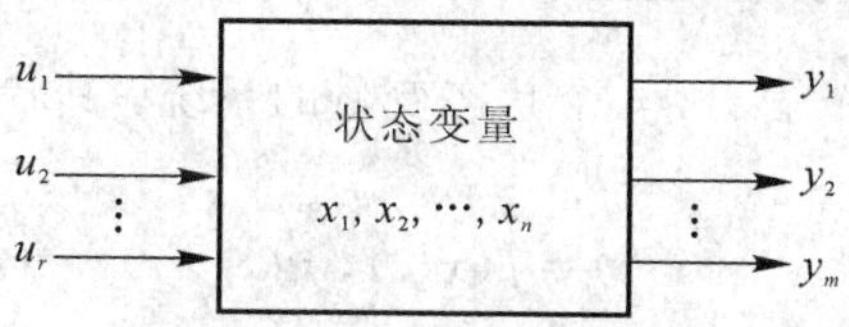

图 9－3　系统结构图

(1) 输入引起系统内部状态发生变化，其变化方程式称为状态方程，其一般形式为

$$\dot{\boldsymbol{x}}(t)=\boldsymbol{f}(\boldsymbol{x}(t),\ \boldsymbol{u}(t),\ t) \tag{9-1}$$

(2) 系统内部状态及输入变化引起系统输出的变化，其变化方程式称为输出方程，其

一般形式为

$$\boldsymbol{y}(t)=\boldsymbol{g}(\boldsymbol{x}(t),\ \boldsymbol{u}(t),\ t) \tag{9-2}$$

其中，状态向量为

$$\boldsymbol{x}(t)=(x_1(t)\ \ \cdots\ \ x_n(t))^{\mathrm{T}}$$

输入向量为

$$\boldsymbol{u}(t)=(u_1(t)\ \ \cdots\ \ u_r(t))^{\mathrm{T}}$$

输出向量：

$$\boldsymbol{y}(t)=(y_1(t)\ \ \cdots\ \ y_m(t))^{\mathrm{T}}$$

状态方程和输出方程组合起来，构成对系统动态行为的完整描述，称为系统的状态空间表达式，又称动态方程，其一般形式为

$$\begin{cases}\dot{\boldsymbol{x}}(t)=\boldsymbol{f}(\boldsymbol{x}(t),\ \boldsymbol{u}(t),\ t)\\ \boldsymbol{y}(t)=\boldsymbol{g}(\boldsymbol{x}(t),\ \boldsymbol{u}(t),\ t)\end{cases}$$

在例 9－1 中，由于

$$\begin{cases}L\dfrac{\mathrm{d}i(t)}{\mathrm{d}t}+Ri(t)+u_C(t)=u(t)\\ C\dfrac{\mathrm{d}u_C(t)}{\mathrm{d}t}=i(t)\end{cases}$$

假设$x_1(t)=i(t)$，$x_2(t)=u_C(t)$，$y(t)=x_2(t)=u_C(t)$，可列写出矩阵形式的状态空间表达式如下：

$$\begin{bmatrix}\dot{x}_1(t)\\ \dot{x}_2(t)\end{bmatrix}=\begin{bmatrix}-\dfrac{R}{L} & -\dfrac{1}{L}\\ \dfrac{1}{C} & 0\end{bmatrix}\begin{bmatrix}x_1(t)\\ x_2(t)\end{bmatrix}+\begin{bmatrix}\dfrac{1}{L}\\ 0\end{bmatrix}u(t)$$

$$y=[0\ \ 1]\begin{bmatrix}x_1(t)\\ x_2(t)\end{bmatrix}$$

值得说明的是，系统的输出量和状态变量是两个不同的概念，输出量是人们希望从系统外部能测量到的某些信息，它们可能是状态分量中的一部分，也可能是一些状态分量和控制量的线性组合；而状态变量则是能完全描述系统时域行为的一组最小变量，在许多实际系统中往往难以直接从外部测量得到，甚至根本就不是物理量，只具有数字意义。如何恰当选择输出量，要根据需要来决定，但其数量不会超过状态分量的个数。

9.2.2 状态空间表达式的一般形式

对于具有 r 个输入，m 个输出，n 个状态变量的系统，其状态空间表达式的一般形式用式(9－3)表示，即

$$\begin{cases}\dot{\boldsymbol{x}}(t)=\boldsymbol{f}(\boldsymbol{x}(t),\ \boldsymbol{u}(t),\ t)\\ \boldsymbol{y}(t)=\boldsymbol{g}(\boldsymbol{x}(t),\ \boldsymbol{u}(t),\ t)\end{cases} \tag{9-3}$$

若按线性、非线性、时变和定常划分，系统可分为非线性时变系统、非线性定常系统、线性时变系统和线性定常系统，对于不同类型的系统，其状态空间表达式的形式有所不同。

1. 非线性时变系统

在状态空间表达式(9－3)中，若向量方程中 $\boldsymbol{f}$ 和 $\boldsymbol{g}$ 中的各元

$$f_i(x_1(t), x_2(t), \cdots, x_n(t); u_1(t), u_2(t), \cdots, u_r(t); t),\ i=1, 2, \cdots, n$$

$$g_j(x_1(t), x_2(t), \cdots, x_n(t); u_1(t), u_2(t), \cdots, u_r(t); t),\ j=1, 2, \cdots, m$$

至少包含一个元为变量 $x(t)$ 和 $u(t)$ 的非线性函数，并且向量函数 $\boldsymbol{f}(\boldsymbol{x}(t), \boldsymbol{u}(t), t)$ 和 $\boldsymbol{g}(\boldsymbol{x}(t), \boldsymbol{u}(t), t)$ 是包含 t 的函数时，则称相应的系统为非线性时变系统。

对于非线性时变系统，状态空间表达式用式(9-3)表示。

2. 非线性定常系统

非线性系统中，向量函数 $\boldsymbol{f}(\boldsymbol{x}(t), \boldsymbol{u}(t), t)$ 和 $\boldsymbol{g}(\boldsymbol{x}(t), \boldsymbol{u}(t), t)$ 表达式中不显含 t，则称相应的系统为非线性定常系统。

对于非线性定常系统，状态空间表达式有如下形式：

$$\begin{cases} \dot{\boldsymbol{x}}(t)=\boldsymbol{f}(\boldsymbol{x}(t), \boldsymbol{u}(t)) \\ \boldsymbol{y}(t)=\boldsymbol{g}(\boldsymbol{x}(t), \boldsymbol{u}(t)) \end{cases} \tag{9-4}$$

3. 线性时变系统

在状态空间表达式(9-3)中，若向量方程中 $\boldsymbol{f}$ 和 $\boldsymbol{g}$ 的各元，即

$$f_i(x_1(t), x_2(t), \cdots, x_n(t); u_1(t), u_2(t), \cdots, u_r(t); t),\ i=1, 2, \cdots, n$$

$$g_j(x_1(t), x_2(t), \cdots, x_n(t); u_1(t), u_2(t), \cdots, u_r(t); t),\ j=1, 2, \cdots, m$$

都是变量 $x(t)$ 和 $u(t)$ 的线性函数，则称相应的系统为线性系统。且当向量函数 $\boldsymbol{f}(\boldsymbol{x}(t), \boldsymbol{u}(t), t)$ 和 $\boldsymbol{g}(\boldsymbol{x}(t), \boldsymbol{u}(t), t)$ 是包含 t 的函数时，则称相应的系统为线性时变系统。

根据线性系统的叠加原理,线性时变系统的状态空间表达式用以下方法进行分解。

假设多输入、多输出 n 阶系统中，r 个输入量为 $u_1(t), u_2(t), \cdots, u_r(t)$，$m$ 个输出量为 $y_1(t), y_2(t), \cdots, y_m(t)$，$n$ 个状态变量为 $x_1(t), x_2(t), \cdots, x_n(t)$。此时系统的状态空间表达式为

$$\begin{cases} \dot{x}_1(t)=a_{11}(t)x_1(t)+a_{12}(t)x_2(t)+\cdots+a_{1n}(t)x_n(t) \\ \qquad\quad +b_{11}(t)u_1(t)+b_{12}(t)u_2(t)+\cdots+b_{1r}(t)u_r(t) \\ \dot{x}_2(t)=a_{21}(t)x_1(t)+a_{22}(t)x_2(t)+\cdots+a_{2n}(t)x_n(t) \\ \qquad\quad +b_{21}(t)u_1(t)+b_{22}(t)u_2(t)+\cdots+b_{2r}(t)u_r(t) \\ \qquad\qquad \vdots \\ \dot{x}_n(t)=a_{n1}(t)x_1(t)+a_{n2}(t)x_2(t)+\cdots+a_{nn}(t)x_n(t) \\ \qquad\quad +b_{n1}(t)u_1(t)+b_{n2}(t)u_2(t)+\cdots+b_{nr}(t)u_r(t) \end{cases}$$

和

$$\begin{cases} y_1(t)=c_{11}(t)x_1(t)+c_{12}(t)x_2(t)+\cdots+c_{1n}(t)x_n(t) \\ \qquad\quad +d_{11}(t)u_1(t)+d_{12}(t)u_2(t)+\cdots+d_{1r}(t)u_r(t) \\ y_2(t)=c_{21}(t)x_1(t)+c_{22}(t)x_2(t)+\cdots+c_{2n}(t)x_n(t) \\ \qquad\quad +d_{21}(t)u_1(t)+d_{22}(t)u_2(t)+\cdots+d_{2r}(t)u_r(t) \\ \qquad\qquad \vdots \\ y_m(t)=c_{m1}(t)x_1(t)+c_{m2}(t)x_2(t)+\cdots+c_{mn}(t)x_n(t) \\ \qquad\quad +d_{m1}(t)u_1(t)+d_{m2}(t)u_2(t)+\cdots+d_{mr}(t)u_r(t) \end{cases}$$

将上两式用矩阵方程的形式表示，可得出线性时变系统的状态空间表达式为

$$\begin{bmatrix}\dot{x}_1(t)\\ \dot{x}_2(t)\\ \vdots\\ \dot{x}_n(t)\end{bmatrix}=\begin{bmatrix}a_{11}(t) & a_{12}(t) & \cdots & a_{1n}(t)\\ a_{21}(t) & a_{22}(t) & \cdots & a_{2n}(t)\\ \vdots & \vdots & & \vdots\\ a_{n1}(t) & a_{n2}(t) & \cdots & a_{nn}(t)\end{bmatrix}\begin{bmatrix}x_1(t)\\ x_2(t)\\ \vdots\\ x_n(t)\end{bmatrix}+\begin{bmatrix}b_{11}(t) & b_{12}(t) & \cdots & b_{1r}(t)\\ b_{21}(t) & b_{22}(t) & \cdots & b_{2r}(t)\\ \vdots & \vdots & & \vdots\\ b_{n1}(t) & b_{n2}(t) & \cdots & b_{nr}(t)\end{bmatrix}\begin{bmatrix}u_1(t)\\ u_2(t)\\ \vdots\\ u_r(t)\end{bmatrix}$$

$$\begin{bmatrix}y_1(t)\\ y_2(t)\\ \vdots\\ y_m(t)\end{bmatrix}=\begin{bmatrix}c_{11}(t) & c_{12}(t) & \cdots & c_{1n}(t)\\ c_{21}(t) & c_{22}(t) & \cdots & c_{2n}(t)\\ \vdots & \vdots & & \vdots\\ c_{m1}(t) & c_{m2}(t) & \cdots & c_{mn}(t)\end{bmatrix}\begin{bmatrix}x_1(t)\\ x_2(t)\\ \vdots\\ x_n(t)\end{bmatrix}+\begin{bmatrix}d_{11}(t) & d_{12}(t) & \cdots & d_{1r}(t)\\ d_{21}(t) & d_{22}(t) & \cdots & d_{2r}(t)\\ \vdots & \vdots & & \vdots\\ d_{m1}(t) & d_{m2}(t) & \cdots & d_{mr}(t)\end{bmatrix}\begin{bmatrix}u_1(t)\\ u_2(t)\\ \vdots\\ u_r(t)\end{bmatrix}$$

或者，状态空间表达式也可以表示为

$$\begin{cases}\dot{\boldsymbol{x}}(t)=\boldsymbol{A}(t)\boldsymbol{x}(t)+\boldsymbol{B}(t)\boldsymbol{u}(t)\\ \boldsymbol{y}(t)=\boldsymbol{C}(t)\boldsymbol{x}(t)+\boldsymbol{D}(t)\boldsymbol{u}(t)\end{cases}\tag{9-5}$$

式中，$\boldsymbol{A}(t)$为 $n\times n$ 系统矩阵，即

$$\boldsymbol{A}(t)=\begin{bmatrix}a_{11}(t) & a_{12}(t) & \cdots & a_{1n}(t)\\ a_{21}(t) & a_{22}(t) & \cdots & a_{2n}(t)\\ \vdots & \vdots & & \vdots\\ a_{n1}(t) & a_{n2}(t) & \cdots & a_{nn}(t)\end{bmatrix}$$

$\boldsymbol{B}(t)$为 $n\times r$ 输入矩阵，即

$$\boldsymbol{B}(t)=\begin{bmatrix}b_{11}(t) & b_{12}(t) & \cdots & b_{1r}(t)\\ b_{21}(t) & b_{22}(t) & \cdots & b_{2r}(t)\\ \vdots & \vdots & & \vdots\\ b_{n1}(t) & b_{n2}(t) & \cdots & b_{nr}(t)\end{bmatrix}$$

$\boldsymbol{C}(t)$为 $m\times n$ 输出矩阵，即

$$\boldsymbol{C}(t)=\begin{bmatrix}c_{11}(t) & c_{12}(t) & \cdots & c_{1n}(t)\\ c_{21}(t) & c_{22}(t) & \cdots & c_{2n}(t)\\ \vdots & \vdots & & \vdots\\ c_{m1}(t) & c_{m2}(t) & \cdots & c_{mn}(t)\end{bmatrix}$$

$\boldsymbol{D}(t)$为 $m\times r$ 直联矩阵，即

$$\boldsymbol{D}(t)=\begin{bmatrix} d_{11}(t) & d_{12}(t) & \cdots & d_{1r}(t) \\ d_{21}(t) & d_{22}(t) & \cdots & d_{2r}(t) \\ \vdots & \vdots & & \vdots \\ d_{m1}(t) & d_{m2}(t) & \cdots & d_{mr}(t) \end{bmatrix}$$

4. 线性定常系统

线性定常系统中，状态空间表达式中不显含时间 t，其系数矩阵 $\boldsymbol{A}$、$\boldsymbol{B}$、$\boldsymbol{C}$、$\boldsymbol{D}$ 是不包含 t 的函数，所以其状态空间表达式变为

$$\begin{cases} \dot{\boldsymbol{x}}(t)=\boldsymbol{A}\boldsymbol{x}(t)+\boldsymbol{B}\boldsymbol{u}(t) \\ \boldsymbol{y}(t)=\boldsymbol{C}\boldsymbol{x}(t)+\boldsymbol{D}\boldsymbol{u}(t) \end{cases} \tag{9-6}$$

式中

$$\boldsymbol{A}=\begin{bmatrix} a_{11} & a_{12} & \cdots & a_{1n} \\ a_{21} & a_{22} & \cdots & a_{2n} \\ \vdots & \vdots & & \vdots \\ a_{n1} & a_{n2} & \cdots & a_{nn} \end{bmatrix},\quad \boldsymbol{B}=\begin{bmatrix} b_{11} & b_{12} & \cdots & b_{1r} \\ b_{21} & b_{22} & \cdots & b_{2r} \\ \vdots & \vdots & & \vdots \\ b_{n1} & b_{n2} & \cdots & b_{nr} \end{bmatrix}$$

$$\boldsymbol{C}=\begin{bmatrix} c_{11} & c_{12} & \cdots & c_{1n} \\ c_{21} & c_{22} & \cdots & c_{2n} \\ \vdots & \vdots & & \vdots \\ c_{m1} & c_{m2} & \cdots & c_{mn} \end{bmatrix},\quad \boldsymbol{D}=\begin{bmatrix} d_{11} & d_{12} & \cdots & d_{1r} \\ d_{21} & d_{22} & \cdots & d_{2r} \\ \vdots & \vdots & & \vdots \\ d_{m1} & d_{m2} & \cdots & d_{mr} \end{bmatrix}$$

9.2.3　状态空间表达式的系统结构图与模拟结构图

1. 系统结构图

对于线性系统状态方程和输出方程可以用结构图表示，它形象地表明了系统中信号传递的关系，图 9-4 为 n 阶线性时变系统的结构图，图 9-5 为线性时变系统的信号流图。由图 9-4 和图 9-5 可清楚地看出，它们既表示了输入变量对系统内部状态的因果关系，又反映了内部状态变量对输出变量的影响，所以状态空间表达式是对系统的一种完整描述。

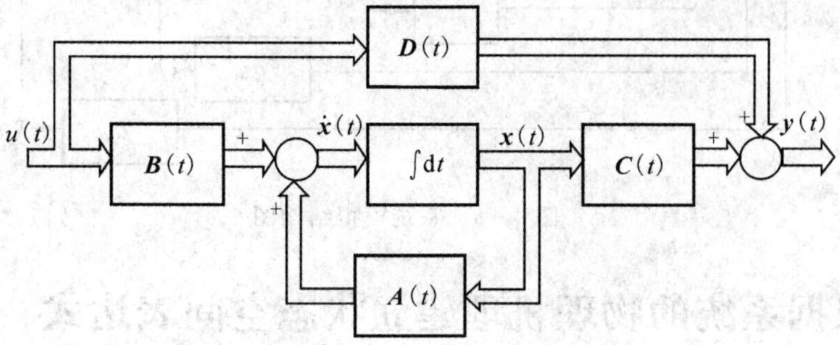

图 9-4　线性时变系统的结构图

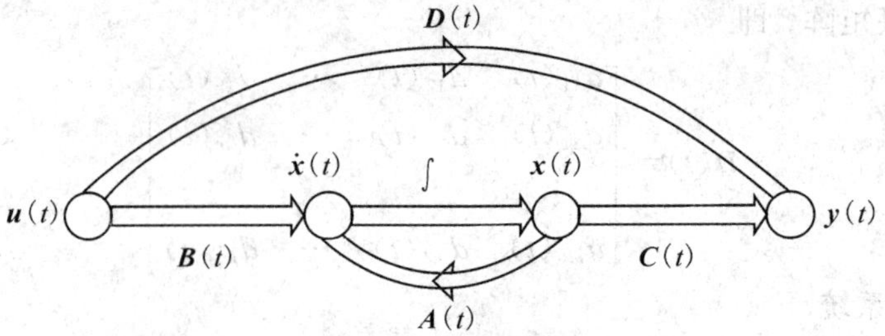

图 9-5　线性时变系统的信号流图

2. 模拟结构图

在状态空间分析中，通常采用模拟结构图来反映系统各状态变量之间的信息传递关系，这种图为系统提供了一种清晰的物理图像，有助于加深对状态空间概念的理解。

绘制模拟结构图的步骤是，首先在适当的位置上画出积分器，每个积分器的输出表示对应的状态变量，积分器的数目为状态变量的个数；然后根据所给的状态方程和输出方程，画出相应的加法器和比例器；最后用箭头表示出信号的传递关系。

对于状态空间表达式

$$\begin{cases}\dot{\boldsymbol{x}}=\boldsymbol{A}\boldsymbol{x}+\boldsymbol{b}u\\ y=\boldsymbol{c}\boldsymbol{x}\end{cases}$$

其中

$$\boldsymbol{A}=\begin{bmatrix}0&1&0&\cdots&0\\0&0&1&\cdots&0\\\vdots&\vdots&\vdots&&\vdots\\0&0&0&\cdots&1\\-a_n&-a_{n-1}&-a_{n-2}&\cdots&-a_1\end{bmatrix},\quad \boldsymbol{b}=\begin{bmatrix}0\\0\\\vdots\\0\\b\end{bmatrix}$$

$$\boldsymbol{c}=[1\quad 0\quad 0\quad \cdots\quad 0]$$

系统模拟结构图如图 9-6 所示。

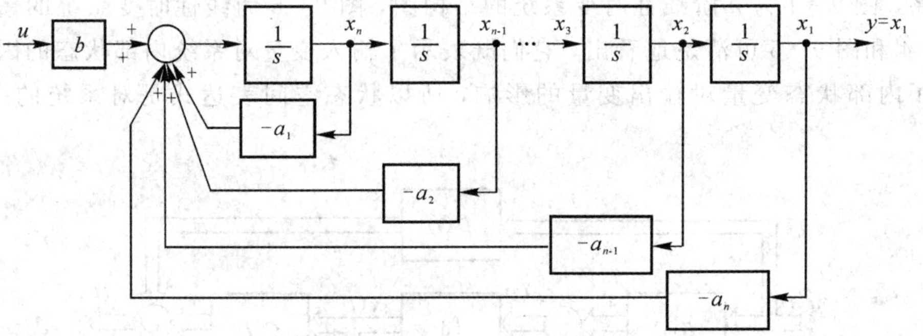

图 9-6　系统模拟结构图

9.3　根据系统的物理机理建立状态空间表达式

实践中，我们常常会遇到不同的控制系统，不同的系统具有不同的物理机理，比如，弹簧质量系统、液位系统等，根据系统的物理机理，就可建立系统的状态空间表达式，其一般步骤如下：

(1) 确定系统的输入变量、输出变量和状态变量；

(2) 根据变量应遵循的有关物理(或化学)定律，列出描述系统动态特性或运动规律的微分方程；

(3) 消去中间变量，得出状态变量的一阶导数与各状态变量、输入变量的关系式和输出变量与各状态变量、输入变量的关系式；

(4) 将方程整理成状态方程、输出方程的标准形式。

下面还是以 RLC 电路为例，说明根据系统的物理机理建立状态空间表达式的方法。

例 9-2　如图 9-1 所示 RLC 电路系统，试以电压 $u(t)$ 为输入变量，以电容上的电压 $u_C(t)$ 为输出变量，列写其状态空间表达式。

解　分析电路可知：

(1) 选择输入变量为 $u(t)$，输出变量为 $y(t)=u_C(t)$，流过电容的电流 $i(t)$ 和电容上的电压 $u_C(t)$ 作为 2 个状态变量，则有

$$\begin{bmatrix} x_1(t) \\ x_2(t) \end{bmatrix}=\begin{bmatrix} i(t) \\ u_C(t) \end{bmatrix}$$

(2) 由电路理论可知，它们满足如下关系：

$$\begin{cases} L\dfrac{\mathrm{d}i(t)}{dt}+Ri(t)+u_C(t)=u(t) \\ C\dfrac{\mathrm{d}u_C(t)}{\mathrm{d}t}=i(t) \end{cases}$$

由于

$$\begin{cases} \dfrac{\mathrm{d}i(t)}{\mathrm{d}t}=-\dfrac{R}{L}i(t)-\dfrac{1}{L}u_C(t)+\dfrac{1}{L}u(t) \\ \dfrac{\mathrm{d}u_C(t)}{\mathrm{d}t}=\dfrac{1}{C}i(t) \end{cases}$$

$$y(t)=u_C(t)$$

可列写出矩阵形式的状态方程如下：

$$\begin{bmatrix} \dot{x}_1(t) \\ \dot{x}_2(t) \end{bmatrix}=\begin{bmatrix} -R/L & -1/L \\ 1/C & 0 \end{bmatrix}\begin{bmatrix} x_1(t) \\ x_2(t) \end{bmatrix}+\begin{bmatrix} 1/L \\ 0 \end{bmatrix}u(t)$$

$$y=\begin{bmatrix} 0 & 1 \end{bmatrix}\begin{bmatrix} x_1(t) \\ x_2(t) \end{bmatrix}$$

9.4　根据系统的微分方程建立状态空间表达式

在经典控制理论中，我们根据系统的输入输出关系可以建立微分方程。在现代控制理论中，因为采用状态空间法进行系统分析，常常需要在保持原系统输入输出关系不变的条件下，根据系统的微分方程建立状态空间表达式。下面分微分方程中含有和不含有输入函数导数项两种方式来分析建立系统状态空间表达式的方法。

9.4.1 微分方程中不含有输入信号的导数项

一般情况下，系统的输入和输出关系由 n 阶微分方程描述，其微分方程的形式为

$$y^{(n)}+a_1y^{(n-1)}+\cdots+a_{n-1}\dot{y}+a_ny=bu \tag{9-7}$$

根据微分方程的理论，如果已知 $y(0)$，$\dot{y}(0,)$，…，$y^{(n-1)}(0)$及 $t\geqslant0$ 时的输入 $u(t)$，则可以唯一确定式(9-7)所表示的系统在 $t\geqslant0$ 时的行为，因此选取系统输出变量及其各阶导数 $x_1=y$，$x_2=\dot{y}$，…，$x_n=y^{(n-1)}$ 作为状态变量，则式(9-7)可以表示为

$$\begin{cases}\dot{x}_1=x_2\\ \dot{x}_2=x_3\\ \quad\vdots\\ \dot{x}_{n-1}=x_n\\ \dot{x}_n=-a_nx_1-a_{n-1}x_2-\cdots-a_2x_{n-1}-a_1x_n+bu\end{cases} \tag{9-8}$$

写成向量-矩阵形式为

$$\dot{\boldsymbol{x}}=\boldsymbol{Ax}+\boldsymbol{b}u$$

式中

$$\boldsymbol{x}=\begin{bmatrix}x_1\\x_2\\\vdots\\x_{n-1}\\x_n\end{bmatrix},\quad \boldsymbol{A}=\begin{bmatrix}0&1&0&\cdots&0\\0&0&1&\cdots&0\\\vdots&\vdots&\vdots&&\vdots\\0&0&0&\cdots&1\\-a_n&-a_{n-1}&-a_{n-2}&\cdots&-a_1\end{bmatrix},\quad \boldsymbol{b}=\begin{bmatrix}0\\0\\\vdots\\0\\b\end{bmatrix}$$

输出方程为

$$y=\boldsymbol{cx} \tag{9-9}$$

式中

$$\boldsymbol{c}=[1\quad 0\quad 0\quad \cdots\quad 0]$$

则系统的状态空间表达式为

$$\begin{cases}\dot{\boldsymbol{x}}=\boldsymbol{Ax}+\boldsymbol{b}u\\ y=\boldsymbol{cx}\end{cases} \tag{9-10}$$

例 9-3 设系统的微分方程为

$$\dddot{y}+5\ddot{y}+8\dot{y}+6y=3u$$

求系统的状态空间表达式。

解 选取状态变量为 $x_1=y$，$x_2=\dot{y}$，$x_3=\ddot{y}$，由微分方程得

$$\begin{aligned}&\dot{x}_1=x_2\\&\dot{x}_2=x_3\\&\dot{x}_3=-6x_1-8x_2-5x_3+3u\\&y=x_1\end{aligned}$$

则系统的状态空间表达式为

$$\begin{bmatrix}\dot{x}_1\\ \dot{x}_2\\ \dot{x}_3\end{bmatrix}=\begin{bmatrix}0 & 1 & 0\\ 0 & 0 & 1\\ -6 & -8 & -5\end{bmatrix}\begin{bmatrix}x_1\\ x_2\\ x_3\end{bmatrix}+\begin{bmatrix}0\\ 0\\ 3\end{bmatrix}u$$

$$y=\begin{bmatrix}1 & 0 & 0\end{bmatrix}\begin{bmatrix}x_1\\ x_2\\ x_3\end{bmatrix}$$

9.4.2 微分方程中含有输入信号的导数项

如果单输入-单输出系统的微分方程为

$$y^{(n)}+a_1y^{(n-1)}+\cdots+a_{n-1}\dot{y}+a_ny=b_0u^{(n)}+b_1u^{(n-1)}+\cdots+b_{n-1}\dot{u}+b_nu \tag{9-11}$$

如果同输入信号中无导数项一样，选取系统输出变量 $x_1=y$，$x_2=\dot{y}$，…，$x_n=y^{(n-1)}$ 作为状态变量，则在最后一个状态变量方程中包含有 u 的导数项，它可能导致系统在状态空间中的运动出现无穷大的跳变，方程解的存在性和唯一性被破坏。对于这种情况，一般有几种方法选择状态变量。

1. 方法一

对于式(9-11)中的微分方程，引入中间变量 z，令

$$u=z^{(n)}+a_1z^{(n-1)}+\cdots+a_{n-1}\dot{z}+a_nz$$

并将原微分方程分解成如下两个方程：

$$u=z^{(n)}+a_1z^{(n-1)}+\cdots+a_{n-1}\dot{z}+a_nz \tag{9-12}$$

$$y=b_0z^{(n)}+b_1z^{(n-1)}+\cdots+b_{n-1}\dot{z}+b_nz \tag{9-13}$$

选择系统的状态变量为

$$\begin{cases}x_1=z\\ x_2=\dot{z}\\ \vdots\\ x_{n-1}=z^{(n-2)}\\ x_n=z^{(n-1)}\end{cases} \tag{9-14}$$

由式(9-12)和式(9-14)得系统状态方程为

$$\begin{cases}\dot{x}_1=x_2\\ \dot{x}_2=x_3\\ \vdots\\ \dot{x}_{n-1}=x_n\\ \dot{x}_n=-a_nx_1-a_{n-1}x_2-\cdots-a_2x_{n-1}-a_1x_n+u\end{cases} \tag{9-15}$$

综合式(9-13)～式(9-15)，得系统输出方程为

$$\begin{aligned}y&=b_0(-a_nx_1-a_{n-1}x_2-\cdots-a_2x_{n-1}-a_1x_n+u)+b_1x_n+b_2x_{n-1}+\cdots+b_{n-1}x_2+b_nx_1\\ &=(b_n-a_nb_0)x_1+(b_{n-1}-a_{n-1}b_0)x_2+\cdots+(b_2-a_2b_0)x_{n-1}+(b_1-a_1b_0)x_n+b_0u\end{aligned} \tag{9-16}$$

写成矩阵形式为

$$\begin{bmatrix}\dot{x}_1\\ \dot{x}_2\\ \vdots\\ \dot{x}_{n-1}\\ \dot{x}_n\end{bmatrix}=\begin{bmatrix}0 & 1 & 0 & \cdots & 0 & 0\\ 0 & 0 & 1 & \cdots & 0 & 0\\ \vdots & \vdots & \vdots & & \vdots & \vdots\\ 0 & 0 & 0 & \cdots & 0 & 1\\ -a_n & -a_{n-1} & -a_{n-2} & \cdots & -a_2 & -a_1\end{bmatrix}\begin{bmatrix}x_1\\ x_2\\ \vdots\\ x_{n-1}\\ x_n\end{bmatrix}+\begin{bmatrix}0\\ 0\\ \vdots\\ 0\\ 1\end{bmatrix}u$$

$$y=[b_n-a_nb_0 \quad b_{n-1}-a_{n-1}b_0 \quad \cdots \quad b_2-a_2b_0 \quad b_1-a_1b_0]\begin{bmatrix}x_1\\ x_2\\ \vdots\\ x_{n-1}\\ x_n\end{bmatrix}+b_0u$$

若 $b_0=0$，则有

$$y=b_1x_n+b_2x_{n-1}+\cdots+b_nx_1$$

即

$$y=[b_n \quad b_{n-1} \quad \cdots \quad b_2 \quad b_1]\begin{bmatrix}x_1\\ x_2\\ \vdots\\ x_{n-1}\\ x_n\end{bmatrix}$$

例 9-4 设系统的微分方程为

$$\dddot{y}+2\ddot{y}+5\dot{y}+y=\ddot{u}+\dot{u}+3u$$

试求其状态空间表达式。

解 引入中间变量 z，则有

$$u=\dddot{z}+2\ddot{z}+5\dot{z}+z$$
$$y=\ddot{z}+\dot{z}+3z$$

选择系统的状态变量为

$$x_1=z,\quad x_2=\dot{z},\quad x_3=\ddot{z}$$

则

$$\begin{cases}\dot{x}_1=x_2\\ \dot{x}_2=x_3\\ \dot{x}_3=-x_1-5x_2-2x_3+u\end{cases}$$
$$y=3x_1+x_2+x_3$$

写成矩阵形式为

$$\begin{bmatrix}\dot{x}_1\\ \dot{x}_2\\ \dot{x}_3\end{bmatrix}=\begin{bmatrix}0 & 1 & 0\\ 0 & 0 & 1\\ -1 & -5 & -2\end{bmatrix}\begin{bmatrix}x_1\\ x_2\\ x_3\end{bmatrix}+\begin{bmatrix}0\\ 0\\ 1\end{bmatrix}u$$

$$y=[3 \quad 1 \quad 1]\begin{bmatrix}x_1\\ x_2\\ x_3\end{bmatrix}$$

2. 方法二

对于微分方程

$$y^{(n)}+a_1y^{(n-1)}+\cdots+a_{n-1}\dot{y}+a_ny=b_0u^{(n)}+b_1u^{(n-1)}+\cdots+b_{n-1}\dot{u}+b_nu \tag{9-17}$$

可以选择如下的一组状态变量：

$$\begin{cases}x_1=y-\beta_0u\\ x_2=\dot{y}-\beta_0\dot{u}-\beta_1u=\dot{x}_1-\beta_1u\\ x_3=\ddot{y}-\beta_0\ddot{u}-\beta_1\dot{u}-\beta_2u=\dot{x}_2-\beta_2u\\ \qquad\vdots\\ x_n=y^{(n-1)}-\beta_0u^{(n-1)}-\beta_1u^{(n-2)}-\cdots-\beta_{n-1}u=\dot{x}_{n-1}-\beta_{n-1}u\end{cases} \tag{9-18}$$

式中，β_0，β_1，β_2，…，β_{n-1}为 n 个待定系数。

由式(9-18)分别求得 y 及其各阶导数与状态变量之间的关系为

$$\begin{cases}y=x_1+\beta_0u\\ \dot{y}=x_2+\beta_0\dot{u}+\beta_1u\\ \ddot{y}=x_3+\beta_0\ddot{u}+\beta_1\dot{u}+\beta_2u\\ \qquad\vdots\\ y^{(n-1)}=x_n+\beta_0u^{(n-1)}+\beta_1u^{(n-2)}+\cdots+\beta_{n-1}u\end{cases} \tag{9-19}$$

由微分方程(9-17)得

$$y^{(n)}=-a_1y^{(n-1)}-\cdots-a_{n-1}\dot{y}-a_ny+b_0u^{(n)}+b_1u^{(n-1)}+\cdots+b_{n-1}\dot{u}+b_nu \tag{9-20}$$

将式(9-19)代入式(9-20)，整理得

$$\begin{aligned}y^{(n)}=&-a_1x_n-\cdots-a_{n-1}x_2-a_nx_1\\ &-a_1(\beta_0u^{(n-1)}+\beta_1u^{(n-2)}+\cdots+\beta_{n-1}u)\\ &-\cdots\\ &-a_{n-1}(\beta_0\dot{u}+\beta_1u)\\ &-a_n\beta_0u\\ &+b_0u^{(n)}+b_1u^{(n-1)}+\cdots+b_{n-1}\dot{u}+b_nu\end{aligned} \tag{9-21}$$

由式(9-19)得

$$x_n=y^{(n-1)}-\beta_0u^{(n-1)}-\beta_1u^{(n-2)}-\cdots-\beta_{n-1}u$$

则

$$\dot{x}_n=y^{(n)}-\beta_0u^{(n)}-\beta_1u^{(n-1)}-\cdots-\beta_{n-1}\dot{u} \tag{9-22}$$

将式(9-21)代入式(9-22)，整理得

$$\begin{aligned}\dot{x}_n=&-a_1x_n-\cdots-a_{n-1}x_2-a_nx_1\\ &+(b_0-\beta_0)u^{(n)}\\ &+(b_1-\beta_1-a_1\beta_0)u^{(n-1)}\\ &+\cdots\\ &+(b_{n-1}-\beta_{n-1}-a_1\beta_{n-2}-a_2\beta_{n-3}-\cdots-a_{n-1}\beta_0)\dot{u}\\ &+(b_n-a_1\beta_{n-1}-a_2\beta_{n-2}-\cdots-a_{n-1}\beta_1-a_n\beta_0)u\end{aligned} \tag{9-23}$$

选择 β_0，β_1，…，β_{n-1}，使得上式中 u 的各阶导数项的系数都等于 0，并令式(9-23)中 u 的系数为 β_n，即可解得

$$\begin{cases}\beta_0=b_0\\ \beta_1=b_1-a_1\beta_0\\ \beta_2=b_2-a_1\beta_1-a_2\beta_0\\ \qquad\vdots\\ \beta_{n-1}=b_{n-1}-a_1\beta_{n-2}-a_2\beta_{n-3}-\cdots-a_{n-1}\beta_0\\ \beta_n=b_n-a_1\beta_{n-1}-a_2\beta_{n-2}-\cdots-a_{n-1}\beta_1-a_n\beta_0\end{cases}\tag{9-24}$$

由式(9-18)、式(9-23)和式(9-24)得系统的状态方程为

$$\begin{cases}\dot{x}_1=x_2+\beta_1 u\\ \dot{x}_2=x_3+\beta_2 u\\ \quad\vdots\\ \dot{x}_{n-1}=x_n+\beta_{n-1}u\\ \dot{x}_n=-a_n x_1-a_{n-1}x_2-\cdots-a_2 x_{n-1}-a_1 x_n+\beta_n u\end{cases}\tag{9-25}$$

由式(9-18)得系统的输出方程为

$$y=x_1+\beta_0 u\tag{9-26}$$

写成向量-矩阵的形式，即

$$\begin{cases}\dot{\boldsymbol{x}}=\boldsymbol{A}\boldsymbol{x}+\boldsymbol{b}u\\ y=\boldsymbol{c}\boldsymbol{x}+du\end{cases}$$

即

$$\begin{bmatrix}\dot{x}_1\\ \dot{x}_2\\ \vdots\\ \dot{x}_{n-1}\\ \dot{x}_n\end{bmatrix}=\begin{bmatrix}0 & 1 & 0 & \cdots & 0\\ 0 & 0 & 1 & \cdots & 0\\ \vdots & \vdots & \vdots & \ddots & \vdots\\ 0 & 0 & 0 & \cdots & 1\\ -a_n & -a_{n-1} & -a_{n-2} & \cdots & -a_1\end{bmatrix}\begin{bmatrix}x_1\\ x_2\\ \vdots\\ x_{n-1}\\ x_n\end{bmatrix}+\begin{bmatrix}\beta_1\\ \beta_2\\ \vdots\\ \beta_{n-1}\\ \beta_n\end{bmatrix}u\tag{9-27}$$

$$y=[1\quad 0\quad \cdots\quad 0]\begin{bmatrix}x_1\\ x_2\\ \vdots\\ x_n\end{bmatrix}+\beta_0 u\tag{9-28}$$

例 9-5 设系统的微分方程为

$$\dddot{y}+2\ddot{y}+5\dot{y}+y=\ddot{u}+\dot{u}+3u$$

试写出它的状态空间表达式。

解 对照式(9-17)得

$$n=3,\ b_0=0,\ b_1=1,\ b_2=1,\ b_3=3$$
$$a_3=1,\ a_2=5,\ a_1=2$$

根据式(9-24)得

$$\begin{cases}\beta_0=b_0=0\\ \beta_1=b_1-a_1\beta_0=1\\ \beta_2=b_2-a_1\beta_1-a_2\beta_0=-1\\ \beta_3=b_3-a_1\beta_2-a_2\beta_1-a_3\beta_0=0\end{cases}$$

状态空间表达式为

$$\begin{bmatrix}\dot{x}_1\\ \dot{x}_2\\ \dot{x}_3\end{bmatrix}=\begin{bmatrix}0 & 1 & 0\\ 0 & 0 & 1\\ -1 & -5 & -2\end{bmatrix}\begin{bmatrix}x_1\\ x_2\\ x_3\end{bmatrix}+\begin{bmatrix}1\\ -1\\ 0\end{bmatrix}u$$

$$y=\begin{bmatrix}1 & 0 & 0\end{bmatrix}\begin{bmatrix}x_1\\ x_2\\ x_3\end{bmatrix}$$

与例 9-4 对比可知，同一系统的状态空间描述是不唯一的。

9.5　根据系统的方框图或传递函数建立状态空间表达式

一个系统既可以用传递函数来描述，也可以用状态空间模型来描述。在经典理论中，可以在不精确了解系统内部机理的情况下用试验的方法来确定系统的传递函数，有了传递函数，就可以通过适当选取系统内部的状态变量来建立相应的状态空间模型，这个过程称为系统传递函数的状态空间实现。状态空间实现不是唯一的，但都应保持输入-输出关系不变，即都能实现传递函数。常用的实现方法一般有状态变量图法和部分分式法两种，本书只介绍状态变量图法，部分分式法可参考相关资料。

9.5.1　几种常见环节的状态变量图

当线性系统由方框图的形式给出时，可首先将其化为模拟结构图，即将其化为积分器、放大器和比较器等各环节组成的形式。一般来说，n 阶系统就有 n 个积分器，选择每个积分器的输出作为状态变量，并标在系统模拟结构图上，就可得到系统的状态变量图。

下面介绍几种传递函数典型环节的状态变量图。

(1) 传递函数为 $G(s)=\dfrac{1}{s+a}$，其系统方框图如图 9-7(a)所示，则系统对应的微分方程为 $\dot{y}+ay=u$，取 $x=y$，则 $\dot{x}=-ax+u$。系统对应的状态变量图如图 9-8(a)所示。

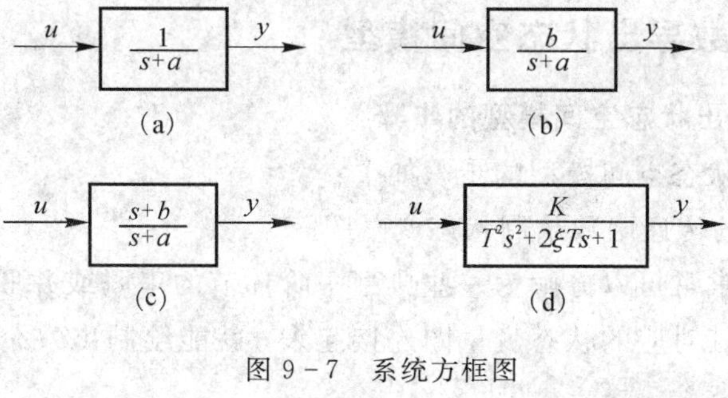

图 9-7　系统方框图

(2) 传递函数为 $G(s)=\dfrac{b}{s+a}$，其系统方框图如图 9-7(b)所示，系统对应的状态变量图如图 9-8(b)所示。

(3) 传递函数为$G(s)=\frac{s+b}{s+a}$，其系统方框图如图 9-7(c)所示，系统对应的状态变量图如图 9-8(c)所示。

(4) 传递函数为$G(s)=\frac{K}{T^2s^2+2\xi Ts+1}$，其系统方框图如图 9-7(d)所示。二阶振荡环节可以用两个一阶环节等效连接得到，系统对应的状态变量图如图 9-8(d)所示。

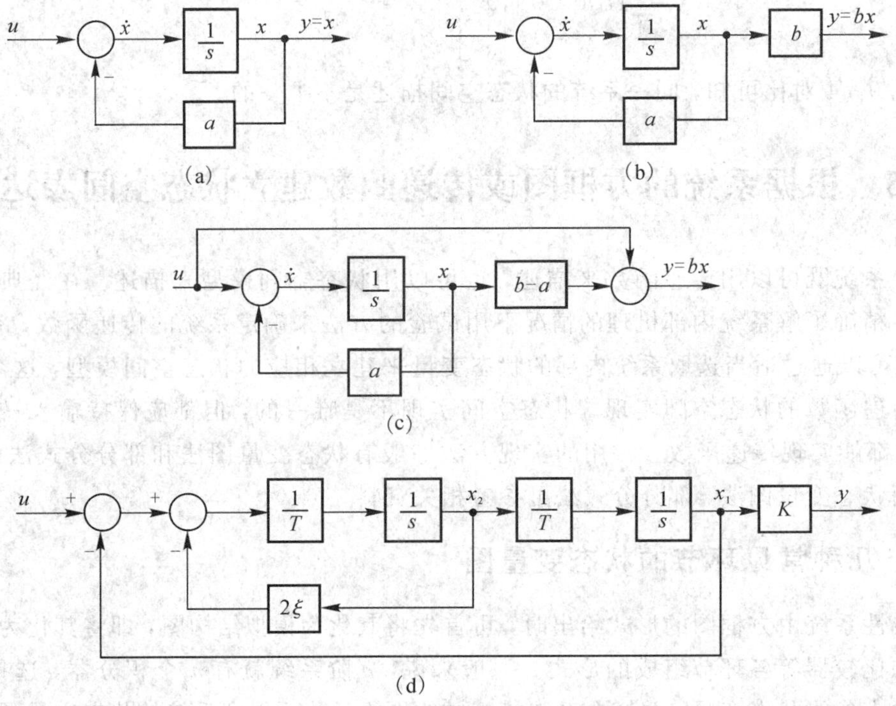

图 9-8　系统状态变量图

由此看出，三阶及三阶以上的环节也完全可以用若干个一阶环节等效连接得到。因此，任何一个复杂的控制系统都可以用若干个典型环节来组成。根据典型环节的状态变量图可以画出任何复杂控制系统的状态变量图，进而导出系统的状态空间模型。

9.5.2 由传递函数导出状态空间模型

1. 由传递函数导出状态空间模型的步骤

由传递函数导出状态空间模型的步骤如下：

(1) 由线性系统的传递函数绘制状态变量图。

系统的传递函数常常可以分解为一些典型一阶环节的串联或并联，由此可以根据典型环节的串并联形式将其对应的状态变量图连接起来，就能绘制出整个线性系统的状态变量图，如串联法和并联法。

(2) 根据整个系统状态变量图可以列写出系统的状态空间表达式。

2. 由传递函数导出状态空间模型的方法

由传递函数导出状态空间模型的方法有串联法、并联法和级联法三种方法。

1）串联法

串联法的思想是将一个 n 阶传递函数分解成若干个低阶传递函数的乘积，然后写出这些低阶传递函数的状态空间实现，最后利用串联关系，写出原来系统的状态空间模型。下面以例 9-6 来说明串联法建立状态空间模型的方法。

例 9-6　求 $G(s)=\dfrac{4s+8}{s^3+8s^2+19s+12}$ 的状态空间实现。

解　将所给的传递函数分解成"相乘"形式，有

$$G(s)=\frac{4(s+2)}{(s+1)(s+3)(s+4)}$$

$$=\frac{4}{s+1}\cdot\frac{1}{s+3}\cdot\frac{s+2}{s+4}=\frac{4}{s+1}\cdot\frac{1}{s+3}\cdot\left(\frac{-2}{s+4}+1\right)$$

系统可以看成三个一阶环节的串联，其系统串联分解图如图 9-9 所示。

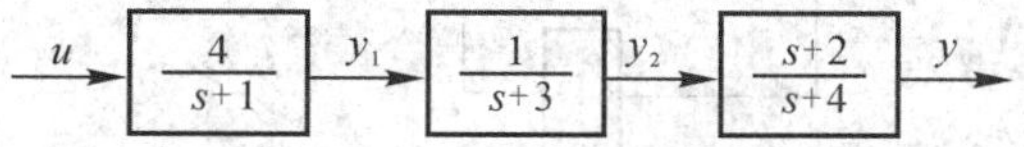

图 9-9　系统串联分解图

相应的状态变量图如图 9-10 所示。

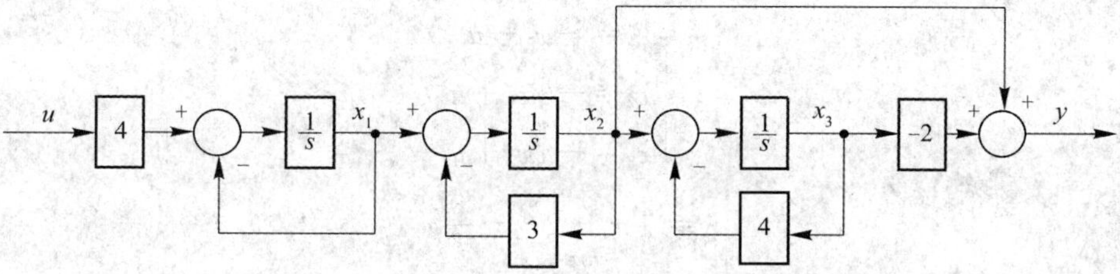

图 9-10　串联结构的状态变量图

可写出系统的状态空间模型如下：

$$\begin{bmatrix}\dot{x}_1\\ \dot{x}_2\\ \dot{x}_3\end{bmatrix}=\begin{bmatrix}-1 & 0 & 0\\ 1 & -3 & 0\\ 0 & 1 & -4\end{bmatrix}\begin{bmatrix}x_1\\ x_2\\ x_3\end{bmatrix}+\begin{bmatrix}4\\ 0\\ 0\end{bmatrix}u$$

$$y=\begin{bmatrix}0 & 1 & -2\end{bmatrix}\begin{bmatrix}x_1\\ x_2\\ x_3\end{bmatrix}$$

2）并联法

并联法的思想是将一个复杂传递函数分解成若干个低阶传递函数的和，然后写出这些低阶传递函数的状态空间实现，最后利用并联关系写出原来系统的状态空间模型。下面以例 9-7 来说明并联法建立状态空间模型的方法。

例 9-7　用"并联法"求传递函数 $C(s)=\dfrac{4s+8}{s^3+8s^2+19s+12}$ 的状态空间实现。

解　传递函数特征方程的根相异，分别为 -1，-3，-4，可以将所给的传递函数分解成如下"相加"形式：

$$G(s)=\frac{4(s+2)}{(s+1)(s+3)(s+4)}=\frac{2/3}{s+1}+\frac{2}{s+3}-\frac{8/3}{s+4}$$

该传递函数对应的状态变量图如图 9-11 所示。

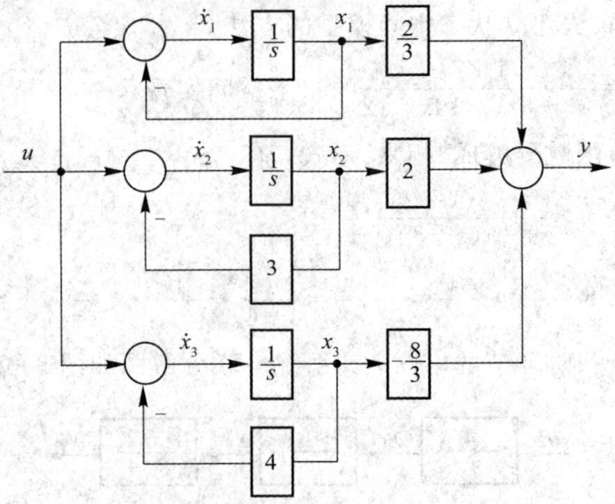

图 9-11 并联状态变量图

可得

$$\begin{cases}\dot{x}_1=-x_1+u\\ \dot{x}_2=-3x_2+u\\ \dot{x}_3=-4x_3+u\end{cases}$$

$$y=\frac{2}{3}x_1+2x_2-\frac{8}{3}x_3$$

即

$$\begin{bmatrix}\dot{x}_1\\ \dot{x}_2\\ \dot{x}_3\end{bmatrix}=\begin{bmatrix}-1&0&0\\ 0&-3&0\\ 0&0&-4\end{bmatrix}\begin{bmatrix}x_1\\ x_2\\ x_3\end{bmatrix}+\begin{bmatrix}1\\ 1\\ 1\end{bmatrix}u$$

$$y=\begin{bmatrix}\frac{2}{3}&2&-\frac{8}{3}\end{bmatrix}\begin{bmatrix}x_1\\ x_2\\ x_3\end{bmatrix}$$

3）级联法

设 n 阶线性系统的传递函数为

$$G(s)=\frac{Y(s)}{U(s)}=\frac{b_1s^{n-1}+b_2s^{n-2}+\cdots+b_{n-1}s+b_n}{s^n+a_1s^{n-1}+\cdots+a_{n-1}s+a_n} \tag{9-29}$$

将式(9-29)改为

$$G(s)=\frac{Y(s)}{U(s)}=\frac{b_1s^{-1}+b_2s^{-2}+\cdots+b_{n-1}s^{-(n-1)}+b_ns^{-n}}{1+a_1s^{-1}+a_2s^{-2}+\cdots+a_{n-1}s^{-(n-1)}+a_ns^{-n}}$$

根据梅逊公式，此传递函数可用图 9-12 所示的信号流图表示，与信号流图相对应的状态变量图如图 9-13 所示。

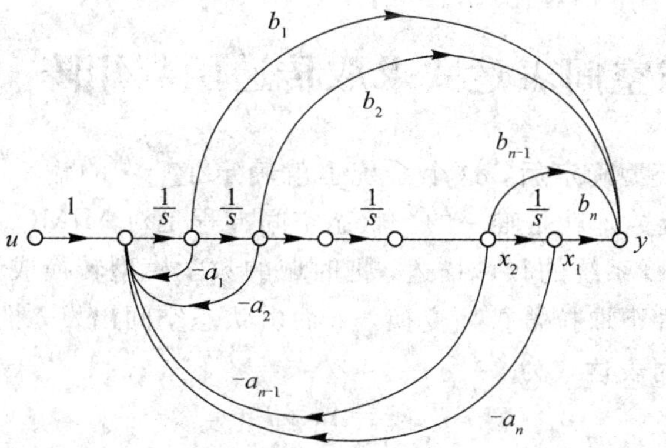

图 9－12　信号流图

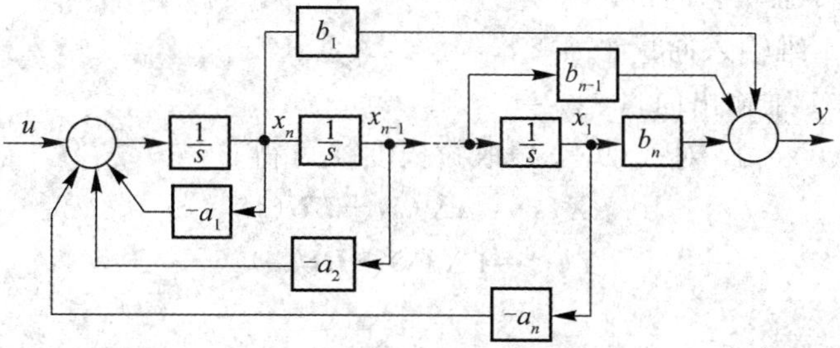

图 9－13　状态变量图

在图 9－13 中，令每个积分器的输出为一个状态变量，由状态变量图写出系统的状态空间表达式为

$$\begin{cases}\dot{x}_1=x_2\\ \dot{x}_2=x_3\\ \quad\vdots\\ \dot{x}_{n-1}=x_n\\ \dot{x}_n=-a_nx_1-a_{n-1}x_2-\cdots-a_2x_{n-1}-a_1x_n+u\\ y=b_nx_1+b_{n-1}x_2+\cdots+b_2x_{n-1}+b_1x_n\end{cases}$$

写成矩阵形式，则其状态空间表达式为

$$\begin{bmatrix}\dot{x}_1\\ \dot{x}_2\\ \vdots\\ \dot{x}_{n-1}\\ \dot{x}_n\end{bmatrix}=\begin{bmatrix}0&1&0&\cdots&0\\ 0&0&1&\cdots&0\\ \vdots&\vdots&\vdots&&\vdots\\ 0&0&0&\cdots&1\\ -a_n&-a_{n-1}&-a_{n-2}&\cdots&-a_1\end{bmatrix}\begin{bmatrix}x_1\\ x_2\\ \vdots\\ x_{n-1}\\ x_n\end{bmatrix}+\begin{bmatrix}0\\ 0\\ \vdots\\ 0\\ 1\end{bmatrix}u \tag{9-30}$$

$$y=\begin{bmatrix}b_n & b_{n-1} & b_{n-2} & \cdots & b_1\end{bmatrix}\begin{bmatrix}x_1\\ x_2\\ x_3\\ \vdots\\ x_n\end{bmatrix}$$

9.6 从状态空间表达式求取传递函数矩阵

当系统状态空间模型确定后，这个系统也就确定了，它的输入-输出关系也唯一确定了，因此求出的传递函数阵就是唯一的。状态空间方程是对 MIMO 系统的时域描述，而传递函数阵则是对 MIMO 系统的频域描述，把时域的数学模型转换成频域的数学模型，其基本方法是在零初始条件下取拉普拉斯变换，下面由状态空间出发，推导出系统传递函数。

设系统的状态空间表达式为

$$\begin{cases}\dot{\boldsymbol{x}}=\boldsymbol{A}\boldsymbol{x}+\boldsymbol{B}\boldsymbol{u}\\ \boldsymbol{y}=\boldsymbol{C}\boldsymbol{x}+\boldsymbol{D}\boldsymbol{u}\end{cases} \tag{9-31}$$

式中，$\boldsymbol{x}$ 为系统 $n\times1$ 维状态向量；

$\boldsymbol{u}$ 为系统 $r\times1$ 维输入向量；

$\boldsymbol{y}$ 为系统 $m\times1$ 维输出向量。

设初始条件 $X(0)=0$，对式(9-31)取拉氏变换可得

$$sX(s)=\boldsymbol{A}X(s)+\boldsymbol{B}\boldsymbol{U}(s)$$
$$\boldsymbol{Y}(s)=\boldsymbol{C}X(s)+\boldsymbol{D}\boldsymbol{U}(s)$$

则

$$(s\boldsymbol{I}-\boldsymbol{A})X(s)=\boldsymbol{B}\boldsymbol{U}(s)$$
$$X(s)=(s\boldsymbol{I}-A)^{-1}\boldsymbol{B}\boldsymbol{U}(s)$$
$$\begin{aligned}\boldsymbol{Y}(s)&=\boldsymbol{C}(s\boldsymbol{I}-\boldsymbol{A})^{-1}\boldsymbol{B}\boldsymbol{U}(s)+\boldsymbol{D}\boldsymbol{U}(s)\\&=[\boldsymbol{C}(s\boldsymbol{I}-\boldsymbol{A})^{-1}\boldsymbol{B}+\boldsymbol{D}]\boldsymbol{U}(s)\\&=\boldsymbol{G}(s)\boldsymbol{U}(s)\end{aligned} \tag{9-32}$$

式中，$\boldsymbol{G}(s)=\boldsymbol{C}(s\boldsymbol{I}-\boldsymbol{A})^{-1}\boldsymbol{B}+\boldsymbol{D}$ 称为系统的传递函数矩阵，在工程实践中，常常有 $D=0$。无论 SISO 系统还是 MIMO 系统，传递函数中各元素的分子阶数常常低于分母阶数，所以

$$\boldsymbol{G}(s)=\boldsymbol{C}(s\boldsymbol{I}-\boldsymbol{A})^{-1}\boldsymbol{B}=\frac{\boldsymbol{C}\cdot\mathrm{adj}(s\boldsymbol{I}-\boldsymbol{A})\cdot\boldsymbol{B}}{\det(s\boldsymbol{I}-\boldsymbol{A})} \tag{9-33}$$

$\det(s\boldsymbol{I}-\boldsymbol{A})=|s\boldsymbol{I}-\boldsymbol{A}|$ 是 $G(s)$ 的特征多项式，求解 $\det(s\boldsymbol{I}-\boldsymbol{A})=0$ 可得到 A 的特征值，$\mathrm{adj}(s\boldsymbol{I}-\boldsymbol{A})$ 称为 $(s\boldsymbol{I}-\boldsymbol{A})$ 的伴随矩阵。

例 9-8 求下列系统的状态空间表达式的传递函数阵。

$$\begin{bmatrix}\dot{x}_1\\ \dot{x}_2\end{bmatrix}=\begin{bmatrix}0 & 1\\ -2 & -3\end{bmatrix}\begin{bmatrix}x_1\\ x_2\end{bmatrix}+\begin{bmatrix}1 & 0\\ 1 & 1\end{bmatrix}\begin{bmatrix}u_1\\ u_2\end{bmatrix}$$

$$\begin{bmatrix}y_1\\ y_2\end{bmatrix}=\begin{bmatrix}1 & 0\\ 1 & 1\end{bmatrix}\begin{bmatrix}x_1\\ x_2\end{bmatrix}$$

解

$$\boldsymbol{G}(s)=\boldsymbol{C}(s\boldsymbol{I}-\boldsymbol{A})^{-1}\boldsymbol{B}=\begin{bmatrix}1 & 0\\ 1 & 1\end{bmatrix}\begin{bmatrix}s & -1\\ 2 & s+3\end{bmatrix}^{-1}\begin{bmatrix}1 & 0\\ 1 & 1\end{bmatrix}$$

根据矩阵求逆公式，有

$$(s\boldsymbol{I}-\boldsymbol{A})^{-1}=\frac{\mathrm{adj}(s\boldsymbol{I}-\boldsymbol{A})}{|s\boldsymbol{I}-\boldsymbol{A}|}$$

$$\mathrm{adj}\begin{bmatrix}s & -1\\ 2 & s+3\end{bmatrix}=\begin{bmatrix}s+3 & 1\\ -2 & s\end{bmatrix}$$

$$|s\boldsymbol{I}-\boldsymbol{A}|=\begin{bmatrix} s & -1 \\ 2 & s+3 \end{bmatrix}=s(s+3)+2=s^2+3s+2=(s+1)(s+2)$$

$$\boldsymbol{G}(s)=\boldsymbol{C}(s\boldsymbol{I}-\boldsymbol{A})^{-1}\boldsymbol{B}=\begin{bmatrix} 1 & 0 \\ 1 & 1 \end{bmatrix}\frac{\begin{bmatrix} s+3 & 1 \\ -2 & s \end{bmatrix}}{(s+1)(s+2)}\begin{bmatrix} 1 & 0 \\ 1 & 1 \end{bmatrix}$$

$$\boldsymbol{G}(s)=\begin{bmatrix} \dfrac{s+4}{(s+1)(s+2)} & \dfrac{1}{(s+1)(s+2)} \\ \dfrac{2}{s+2} & \dfrac{1}{s+2} \end{bmatrix}$$

传递函数阵中各元素均为子系统的传递函数。例如，输入 u_1 和输出 y_2 之间的传递函数是

$$\frac{Y_2(s)}{U_1(s)}=G_{21}(s)=\frac{2}{s+2}$$

9.7　系统状态空间表达式的特征标准型

对同一个系统，其状态变量的选取方法多种多样、不唯一，因而导致状态空间模型也是不同的，即一个系统的状态空间模型不是唯一的。那么，描述同一系统的不同状态变量之间有什么关系呢？同一系统不同形式的状态空间模型是否可以相互转换呢？回答是肯定的。这就是状态空间模型的等价变换。

9.7.1　系统状态的线性变换

对于 n 阶状态空间模型，如果 x_1，x_2，…，x_n 与 $\tilde{x}_1$，$\tilde{x}_2$，…，$\tilde{x}_n$ 是描述同一系统的两组不同状态变量，则两组状态变量之间存在着非奇异线性变换关系。状态向量 $\boldsymbol{x}$ 和 $\tilde{\boldsymbol{x}}$ 的变换，称为状态的线性变换或等价变换。状态线性变换时，其状态空间表达式也要进行变换。

设线性定常系统状态 $\boldsymbol{x}$ 下的状态空间表达式为

$$\begin{cases} \dot{\boldsymbol{x}}=\boldsymbol{A}\boldsymbol{x}+\boldsymbol{B}\boldsymbol{u} \\ \boldsymbol{y}=\boldsymbol{C}\boldsymbol{x}+\boldsymbol{D}\boldsymbol{u} \end{cases}$$

取一个 $n\times n$ 维非奇异变换矩阵 $\boldsymbol{P}$，使

$$\boldsymbol{x}=\boldsymbol{P}\tilde{\boldsymbol{x}} \tag{9-34}$$

则

$$\tilde{\boldsymbol{x}}=\boldsymbol{P}^{-1}\boldsymbol{x} \tag{9-35}$$

可以得到状态 $\tilde{\boldsymbol{x}}$ 下的状态空间表达式为

$$\begin{aligned} \dot{\tilde{\boldsymbol{x}}}&=\boldsymbol{P}^{-1}\boldsymbol{A}\boldsymbol{P}\tilde{\boldsymbol{x}}+\boldsymbol{P}^{-1}\boldsymbol{B}\boldsymbol{u} \\ \boldsymbol{y}&=\boldsymbol{C}\boldsymbol{P}\tilde{\boldsymbol{x}}+\boldsymbol{D}\boldsymbol{u} \end{aligned} \tag{9-36}$$

或

$$\begin{aligned} \dot{\tilde{\boldsymbol{x}}}&=\tilde{\boldsymbol{A}}\tilde{\boldsymbol{x}}+\tilde{\boldsymbol{B}}\boldsymbol{u} \\ \boldsymbol{y}&=\tilde{\boldsymbol{C}}\tilde{\boldsymbol{x}}+\tilde{\boldsymbol{D}}\boldsymbol{u} \end{aligned} \tag{9-37}$$

式中

$$\tilde{\boldsymbol{A}}=\boldsymbol{P}^{-1}\boldsymbol{A}\boldsymbol{P},\ \tilde{\boldsymbol{B}}=\boldsymbol{P}^{-1}\boldsymbol{B},\ \tilde{\boldsymbol{C}}=\boldsymbol{C}\boldsymbol{P},\ \tilde{\boldsymbol{D}}=\boldsymbol{D}$$

例 9-9 系统状态空间表达式为

$$\begin{bmatrix}\dot{x}_1\\ \dot{x}_2\end{bmatrix}=\begin{bmatrix}1 & 2\\ -3 & -1\end{bmatrix}\begin{bmatrix}x_1\\ x_2\end{bmatrix}+\begin{bmatrix}1 & 0\\ 0 & 1\end{bmatrix}\begin{bmatrix}u_1\\ u_2\end{bmatrix}$$

$$y=\begin{bmatrix}1 & 2\end{bmatrix}\begin{bmatrix}x_1\\ x_2\end{bmatrix}$$

选取状态变换矩阵

$$\boldsymbol{P}=\begin{bmatrix}-1 & 1\\ -1 & -1\end{bmatrix}$$

则

$$\boldsymbol{P}^{-1}=\begin{bmatrix}-\frac{1}{2} & -\frac{1}{2}\\ \frac{1}{2} & -\frac{1}{2}\end{bmatrix}$$

设新的状态变量为

$$\tilde{\boldsymbol{x}}=\boldsymbol{P}^{-1}\boldsymbol{x}$$

则有

$$\dot{\tilde{\boldsymbol{x}}}=\boldsymbol{P}^{-1}\boldsymbol{A}\boldsymbol{P}\,\tilde{\boldsymbol{x}}+\boldsymbol{P}^{-1}\boldsymbol{B}\boldsymbol{u}=\begin{bmatrix}-\frac{1}{2} & \frac{3}{2}\\ -\frac{7}{2} & \frac{1}{2}\end{bmatrix}\tilde{\boldsymbol{x}}+\begin{bmatrix}-\frac{1}{2} & -\frac{1}{2}\\ \frac{1}{2} & -\frac{1}{2}\end{bmatrix}\boldsymbol{u}$$

$$y=\boldsymbol{C}\boldsymbol{P}\tilde{\boldsymbol{x}}=\begin{bmatrix}-3 & -1\end{bmatrix}\tilde{\boldsymbol{x}}$$

9.7.2 系统的特征值和特征向量

1. $n\times n$ 维系统矩阵 $\boldsymbol{A}$ 的特征值

对于线性定常系统

$$\begin{cases}\dot{\boldsymbol{x}}=\boldsymbol{A}\boldsymbol{x}+\boldsymbol{B}\boldsymbol{u}\\ \boldsymbol{y}=\boldsymbol{C}\boldsymbol{x}\end{cases}$$

则 $|\lambda\boldsymbol{I}-\boldsymbol{A}|=\det(\lambda\boldsymbol{I}-\boldsymbol{A})$ 称为系统的特征多项式，而 $|\lambda\boldsymbol{I}-\boldsymbol{A}|=0$ 为系统的特征方程，该特征方程的根称为系统的特征值。

例如，考虑下列矩阵 $\boldsymbol{A}$

$$\boldsymbol{A}=\begin{bmatrix}0 & 1 & 0\\ 0 & 0 & 1\\ -6 & -11 & -6\end{bmatrix}$$

特征多项式为

$$|\lambda\boldsymbol{I}-\boldsymbol{A}|=\begin{vmatrix}\lambda & -1 & 0\\ 0 & \lambda & -1\\ 6 & 11 & \lambda+6\end{vmatrix}=\lambda^3+6\lambda^2+11\lambda+6$$

特征方程为

$$|\lambda\boldsymbol{I}-\boldsymbol{A}|=\lambda^3+6\lambda^2+11\lambda+6=(\lambda+1)(\lambda+2)(\lambda+3)=0$$

这里 $\boldsymbol{A}$ 的特征值就是特征方程的根，即 -1，-2 和 -3。

2. 特征向量

设 λ_i 是系统矩阵 $\boldsymbol{A}$ 的特征值，若存在一个 $\boldsymbol{n}$ 维非零向量 $\boldsymbol{p}_i$，使 $\boldsymbol{A}\boldsymbol{p}_i=\lambda_i\boldsymbol{p}_i$ $(i=1, 2, \cdots, n)$ 成立，则称 $\boldsymbol{p}_i$ 为 $\boldsymbol{A}$ 的对应于特征值 λ_i 的特征向量。

例 9-10　系统矩阵为

$$\boldsymbol{A}=\begin{bmatrix} 0 & 1 \\ -2 & -3 \end{bmatrix}$$

计算各特征值的特征向量。

解　系统的特征方程为

$$|\lambda\boldsymbol{I}-\boldsymbol{A}|=\begin{vmatrix} \lambda & -1 \\ 2 & \lambda+3 \end{vmatrix}=(\lambda+1)(\lambda+2)=0$$

系统的特征值为

$$\lambda_1=-1, \lambda_2=-2$$

相应的特征向量为二维特征向量 $\boldsymbol{p}_1$ 和 $\boldsymbol{p}_2$，即

$$\boldsymbol{p}_1=\begin{bmatrix} p_{11} \\ p_{21} \end{bmatrix}, \qquad \boldsymbol{p}_2=\begin{bmatrix} p_{12} \\ p_{22} \end{bmatrix}$$

由

$$(\lambda_i\boldsymbol{I}-\boldsymbol{A})\boldsymbol{p}_i=0$$

可得

$$\begin{bmatrix} -1 & -1 \\ 2 & 2 \end{bmatrix}\begin{bmatrix} p_{11} \\ p_{21} \end{bmatrix}=0$$

$$\begin{bmatrix} -2 & -1 \\ 2 & 1 \end{bmatrix}\begin{bmatrix} p_{12} \\ p_{22} \end{bmatrix}=0$$

则由 $p_{11}+p_{21}=0$，选取 $p_{11}=1$，则 $p_{21}=-1$；由 $2p_{12}+p_{22}=0$，选取 $p_{12}=1$，则 $p_{22}=-2$。

系统相应于 $\lambda_1=-1$ 的特征向量为

$$\boldsymbol{p}_1=\begin{bmatrix} p_{11} \\ p_{21} \end{bmatrix}=\begin{bmatrix} 1 \\ -1 \end{bmatrix}$$

系统相应于 $\lambda_2=-2$ 的特征向量为

$$\boldsymbol{p}_2=\begin{bmatrix} p_{12} \\ p_{22} \end{bmatrix}=\begin{bmatrix} 1 \\ -2 \end{bmatrix}$$

3. 系统特征值的不变性

由于变换矩阵 $\boldsymbol{p}$ 是非奇异的，因此，状态空间表达式中的系统矩阵 $\boldsymbol{A}$ 与 $\widetilde{\boldsymbol{A}}=\boldsymbol{P}^{-1}\boldsymbol{A}\boldsymbol{P}$ 是相似矩阵，而相似矩阵具有相同的基本特性，如行列式相同、秩相同、迹相同、特征多项式相同和特征值相同等。

为证明线性变换下特征值的不变性，需证明 $|\lambda\boldsymbol{I}-\boldsymbol{A}|$ 和 $|\lambda\boldsymbol{I}-\boldsymbol{P}^{-1}\boldsymbol{A}\boldsymbol{P}|$ 的特征多项式相同。

由于

$$\begin{aligned}|\lambda\boldsymbol{I}-\boldsymbol{P}^{-1}\boldsymbol{A}\boldsymbol{P}|&=|\lambda\boldsymbol{P}^{-1}\boldsymbol{P}-\boldsymbol{P}^{-1}\boldsymbol{A}\boldsymbol{P}|=|\boldsymbol{P}^{-1}(\lambda\boldsymbol{I}-\boldsymbol{A})\boldsymbol{P}|\\&=|\boldsymbol{P}^{-1}||\lambda\boldsymbol{I}-\boldsymbol{A}||P|\\&=|\boldsymbol{P}^{-1}||\boldsymbol{P}||\lambda\boldsymbol{I}-\boldsymbol{A}|\end{aligned}$$

注意到行列式$|\boldsymbol{P}^{-1}|$和$|\boldsymbol{P}|$的乘积等于乘积$|\boldsymbol{P}^{-1}\boldsymbol{P}|$的行列式，从而

$$|\lambda \boldsymbol{I}-\boldsymbol{P}^{-1}\boldsymbol{A}\boldsymbol{P}|=|\boldsymbol{P}^{-1}\boldsymbol{P}||\lambda I-\boldsymbol{A}|=|\lambda I-\boldsymbol{A}|$$

这就证明了在线性变换下矩阵$\boldsymbol{A}$的特征值是不变的。

9.7.3 状态方程的对角线标准型

对于线性定常系统，若$n\times n$矩阵$\boldsymbol{A}$的特征值λ_1，λ_2，…，λ_n互异，即矩阵$\boldsymbol{A}$的独立特征向量数等于n，则必存在非奇异变换矩阵$\boldsymbol{P}$，经过$\boldsymbol{x}=\boldsymbol{P}\tilde{\boldsymbol{x}}$或$\tilde{\boldsymbol{x}}=\boldsymbol{P}^{-1}\boldsymbol{x}$变换后，可将状态方程化为对角线标准型，即

$$\dot{\tilde{\boldsymbol{x}}}=\begin{bmatrix}\lambda_1 & & & \boldsymbol{0}\\ & \lambda_2 & & \\ & & \ddots & \\ \boldsymbol{0} & & & \lambda_n\end{bmatrix}\tilde{\boldsymbol{x}}=\tilde{\boldsymbol{B}}\boldsymbol{u} \tag{9-38}$$

将$n\times n$矩阵$\boldsymbol{A}$化为对角线标准型的步骤如下：

(1) 计算$\boldsymbol{A}$的特征值λ_1，λ_2，…，λ_n和对应于每个特征值的特征向量$\boldsymbol{p}_1$，$\boldsymbol{p}_2$，…，$\boldsymbol{p}_n$；

(2) 用特征向量构造变换矩阵$\boldsymbol{P}=[\boldsymbol{p}_1\quad \boldsymbol{p}_2\quad \cdots\quad \boldsymbol{p}_n]$；

(3) 对状态空间表达式的$\boldsymbol{A}$、$\boldsymbol{B}$、$\boldsymbol{C}$、$\boldsymbol{D}$分别作式(9-39)的运算，使$\tilde{\boldsymbol{A}}$变成对角阵且系统保持等价。

$$\tilde{\boldsymbol{A}}=\boldsymbol{P}^{-1}\boldsymbol{A}\boldsymbol{P},\ \tilde{\boldsymbol{B}}=\boldsymbol{P}^{-1}\boldsymbol{B},\ \tilde{\boldsymbol{C}}=\boldsymbol{C}\boldsymbol{P},\ \tilde{\boldsymbol{D}}=\boldsymbol{D} \tag{9-39}$$

例 9-11 系统状态空间表达式为

$$\begin{bmatrix}\dot{x}_1\\ \dot{x}_2\end{bmatrix}=\begin{bmatrix}0 & 1\\ -2 & -3\end{bmatrix}\begin{bmatrix}x_1\\ x_2\end{bmatrix}+\begin{bmatrix}1\\ 1\end{bmatrix}u$$

$$y=[1\quad 0]\begin{bmatrix}x_1\\ x_2\end{bmatrix}$$

试化为对角线标准型。

解 由例 9-10 得，系统相应于$\lambda_1=-1$的特征向量为

$$\boldsymbol{p}_1=\begin{bmatrix}p_{11}\\ p_{21}\end{bmatrix}=\begin{bmatrix}1\\ -1\end{bmatrix}$$

系统相应于$\lambda_2=-2$的特征向量为

$$\boldsymbol{p}_2=\begin{bmatrix}p_{12}\\ p_{22}\end{bmatrix}=\begin{bmatrix}1\\ -2\end{bmatrix}$$

故用特征向量构造变换矩阵为

$$\boldsymbol{P}=[\boldsymbol{p}_1\quad \boldsymbol{p}_2]=\begin{bmatrix}1 & 1\\ -1 & -2\end{bmatrix}$$

其逆矩阵为

$$\boldsymbol{P}^{-1}=\begin{bmatrix}2 & 1\\ -1 & -1\end{bmatrix}$$

则

$$\tilde{\boldsymbol{A}}=\boldsymbol{P}^{-1}\boldsymbol{A}\boldsymbol{P}=\begin{bmatrix}-1 & 0\\ 0 & -2\end{bmatrix}$$

$$\tilde{\boldsymbol{B}}=\boldsymbol{P}^{-1}\boldsymbol{B}=\begin{bmatrix}3\\ -2\end{bmatrix}$$

$$\tilde{\boldsymbol{C}}=\boldsymbol{C}\boldsymbol{P}=[1\quad 1]$$

变换后的状态空间表达式为

$$\dot{\tilde{\boldsymbol{x}}}=\begin{bmatrix}-1 & 0\\ 0 & -2\end{bmatrix}\tilde{\boldsymbol{x}}+\begin{bmatrix}3\\ -2\end{bmatrix}u$$

$$y(t)=[1\quad 1]\tilde{\boldsymbol{x}}$$

系统的信号流图如图 9－14 所示。

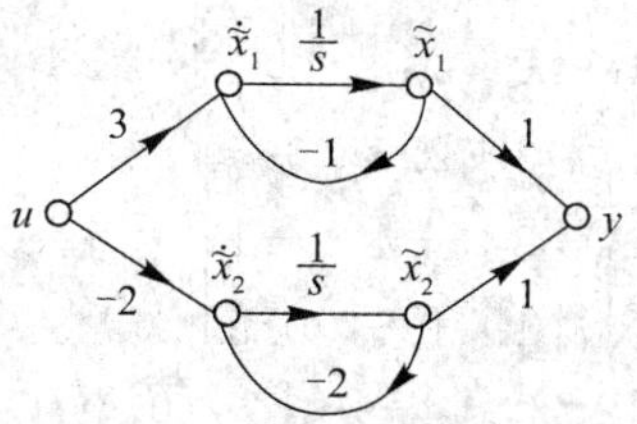

图 9－14　系统信号流图

特殊情况下，如果一个具有相异特征值的 $n\times n$ 维矩阵 $\boldsymbol{A}$ 由下式给出：

$$\boldsymbol{A}=\begin{bmatrix}0 & 1 & 0 & \cdots & 0\\ 0 & 0 & 1 & \cdots & 0\\ \vdots & \vdots & \vdots & & \vdots\\ 0 & 0 & 0 & \cdots & 1\\ -a_n & -a_{n-1} & -a_{n-2} & \cdots & -a_1\end{bmatrix}$$

作非奇异线性变换 $\boldsymbol{x}=\boldsymbol{P}\tilde{\boldsymbol{x}}$，将 $\boldsymbol{A}$ 化为对角线标准型，其中

$$\boldsymbol{P}=\begin{bmatrix}1 & 1 & \cdots & 1\\ \lambda_1 & \lambda_2 & \cdots & \lambda_n\\ \vdots & \vdots & & \vdots\\ \lambda_1^{n-1} & \lambda_2^{n-1} & \cdots & \lambda_n^{n-1}\end{bmatrix}\tag{9-40}$$

式中，λ_1，λ_2，…，λ_n 是系统矩阵 $\boldsymbol{A}$ 的 n 个相异特征值。化 $\boldsymbol{A}$ 为对角线标准型的变换矩阵 $\boldsymbol{P}$ 称为范德蒙德(Vandermonde)矩阵。

例 9－12　考虑下列系统的状态空间表达式

$$\begin{bmatrix}\dot{x}_1\\ \dot{x}_2\\ \dot{x}_3\end{bmatrix}=\begin{bmatrix}0 & 1 & 0\\ 0 & 0 & 1\\ -6 & -11 & -6\end{bmatrix}\begin{bmatrix}x_1\\ x_2\\ x_3\end{bmatrix}+\begin{bmatrix}0\\ 0\\ 1\end{bmatrix}u$$

$$y=[1\quad 0\quad 0]\begin{bmatrix}x_1\\ x_2\\ x_3\end{bmatrix}$$

试变换为对角线标准型。

解 系统的特征方程为

$$|\lambda \boldsymbol{I}-\boldsymbol{A}|=\begin{vmatrix}\lambda & -1 & 0\\ 0 & \lambda & -1\\ 6 & 11 & \lambda+6\end{vmatrix}=(\lambda+1)(\lambda+2)(\lambda+3)=0$$

矩阵 $\boldsymbol{A}$ 的特征值为

$$\lambda_1=-1,\ \lambda_2=-2,\ \lambda_3=-3$$

系统矩阵 $\boldsymbol{A}$ 为友矩阵，且三个特征值互异，因此可将 $\boldsymbol{A}$ 化为对角线标准型，其变换矩阵 $\boldsymbol{P}$ 为范德蒙矩阵，即

$$\boldsymbol{P}=\begin{bmatrix}1 & 1 & 1\\ \lambda_1 & \lambda_2 & \lambda_3\\ \lambda_1^2 & \lambda_2^2 & \lambda_3^2\end{bmatrix}=\begin{bmatrix}1 & 1 & 1\\ -1 & -2 & -3\\ 1 & 4 & 9\end{bmatrix}$$

$$\boldsymbol{P}^{-1}=\begin{bmatrix}3 & 2.5 & 0.5\\ -3 & -4 & -1\\ 1 & 1.5 & 0.5\end{bmatrix}$$

那么

$$\widetilde{\boldsymbol{A}}=\boldsymbol{P}^{-1}\boldsymbol{A}\boldsymbol{P}=\begin{bmatrix}3 & 2.5 & 0.5\\ -3 & -4 & -1\\ 1 & 1.5 & 0.5\end{bmatrix}\begin{bmatrix}0 & 1 & 0\\ 0 & 0 & 1\\ -6 & -11 & -6\end{bmatrix}\begin{bmatrix}1 & 1 & 1\\ -1 & -2 & -3\\ 1 & 4 & 9\end{bmatrix}$$

$$=\begin{bmatrix}-1 & 0 & 0\\ 0 & -2 & 0\\ 0 & 0 & -3\end{bmatrix}$$

$$\widetilde{\boldsymbol{B}}=\boldsymbol{P}^{-1}\boldsymbol{B}=\begin{bmatrix}3 & 2.5 & 0.5\\ -3 & -4 & -1\\ 1 & 1.5 & 0.5\end{bmatrix}\begin{bmatrix}0\\ 0\\ 1\end{bmatrix}=\begin{bmatrix}0.5\\ -1\\ 0.5\end{bmatrix}$$

$$\widetilde{\boldsymbol{C}}=\boldsymbol{C}\boldsymbol{P}=\begin{bmatrix}1 & 0 & 0\end{bmatrix}\begin{bmatrix}1 & 1 & 1\\ -1 & -2 & -3\\ 1 & 4 & 9\end{bmatrix}=\begin{bmatrix}1 & 1 & 1\end{bmatrix}$$

经线性变换后系统状态空间表达式为

$$\begin{bmatrix}\dot{\tilde{x}}_1\\ \dot{\tilde{x}}_2\\ \dot{\tilde{x}}_3\end{bmatrix}=\begin{bmatrix}-1 & 0 & 0\\ 0 & -2 & 0\\ 0 & 0 & -3\end{bmatrix}\begin{bmatrix}\tilde{x}_1\\ \tilde{x}_2\\ \tilde{x}_3\end{bmatrix}+\begin{bmatrix}0.5\\ -1\\ 0.5\end{bmatrix}u$$

$$y=\begin{bmatrix}1 & 1 & 1\end{bmatrix}\begin{bmatrix}\tilde{x}_1\\ \tilde{x}_2\\ \tilde{x}_3\end{bmatrix}$$

线性变换前后的系统信号流图分别如图 9－15(a)、(b)所示。

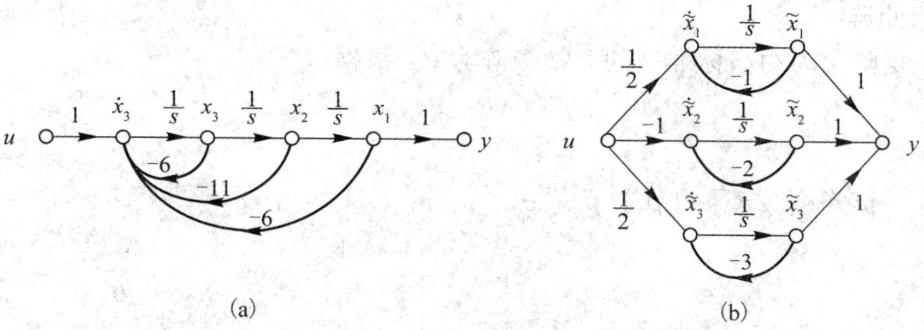

图 9-15　系统信号流图

9.7.4　状态方程的约当(Jordan)标准型

由前述内容知，对于线性定常系统，若 $n\times n$ 矩阵 $\boldsymbol{A}$ 的特征值 λ_1，λ_2，…，λ_n 互异，可将状态方程化为对角线标准型。而如果矩阵 $\boldsymbol{A}$ 的特征值不互异，即系统有重特征值，此时只要矩阵 $\boldsymbol{A}$ 的独立特征向量数等于 n，则矩阵 $\boldsymbol{A}$ 仍可以化为对角线形矩阵 $\boldsymbol{\Lambda}$；如果 $n\times n$ 矩阵 $\boldsymbol{A}$ 的独立特征向量数小于 n，则经过线性变换后，可将 $\boldsymbol{A}$ 化为约当标准型 $\boldsymbol{J}$。

1. 约当(Jordan)标准型

约当标准型 $\boldsymbol{J}$ 是主对角线上为约当块的准对角线形矩阵，即

$$\boldsymbol{J}=\boldsymbol{P}^{-1}\boldsymbol{A}\boldsymbol{P}=\begin{bmatrix}\boldsymbol{J}_1 & & & \boldsymbol{0}\\ & \boldsymbol{J}_2 & & \\ & & \ddots & \\ \boldsymbol{0} & & & \boldsymbol{J}_n\end{bmatrix} \tag{9-41}$$

其中，根据 m 重特征值 λ_i 构造的 $m\times m$ 矩阵 $\boldsymbol{J}_i$ 称为 m 阶约当块，即

$$\boldsymbol{J}_i=\begin{bmatrix}\lambda_i & 1 & & \boldsymbol{0}\\ & \lambda_i & \ddots & \\ & & \ddots & 1\\ \boldsymbol{0} & & & \lambda_i\end{bmatrix}_{m\times m} \tag{9-42}$$

在式(9-42)的约当块中，主对角线上的元素为 m 重特征值 λ_i，主对角线上方的次对角线上的元素均为 1，其余的元素均为 0。

例如，若 $n\times n$ 矩阵 $\boldsymbol{A}$ 的特征值中，λ_1 为 m 重特征值，其余 λ_{m+1}，λ_{m+2}，…，λ_n 均为单根，并且 $\boldsymbol{A}$ 的相应于 m 重特征值 λ_1 的独立特征向量只有一个，则约当标准型矩阵 $\boldsymbol{J}$ 为如下形式：

$$\boldsymbol{J}=\boldsymbol{P}^{-1}\boldsymbol{A}\boldsymbol{P}=\left[\begin{array}{cccc|ccc}\lambda_1 & 1 & & 0 & & & \\ & \lambda_1 & \ddots & & & \boldsymbol{0} & \\ & & \ddots & 1 & & & \\ 0 & & & \lambda_1 & & & \\ \hline & & & & \lambda_{m+1} & & \\ & \boldsymbol{0} & & & & \ddots & \\ & & & & & & \lambda_n\end{array}\right]=\begin{bmatrix}\boldsymbol{J}_1 & & & \boldsymbol{0}\\ & \boldsymbol{J}_2 & & \\ & & \ddots & \\ \boldsymbol{0} & & & \boldsymbol{J}_{n-m+1}\end{bmatrix} \tag{9-43}$$

2. 变换矩阵

设将 $\boldsymbol{A}$ 矩阵化为约当标准型的变换矩阵为 $\boldsymbol{P}$，根据

$$\boldsymbol{AP}=\boldsymbol{PJ}$$

即

$$\boldsymbol{A}[\boldsymbol{p}_1\quad \boldsymbol{p}_2\quad \cdots\quad \boldsymbol{p}_n]=[\boldsymbol{p}_1\quad \boldsymbol{p}_2\quad \cdots\quad \boldsymbol{p}_n]\boldsymbol{J}$$

$$=[\boldsymbol{p}_1\quad \boldsymbol{p}_2\quad \cdots\quad \boldsymbol{p}_n]\begin{bmatrix} \lambda_1 & 1 & & & & & \\ & \lambda_1 & \ddots & & \boldsymbol{0} & & \\ & & \ddots & 1 & & & \\ & & & \lambda_1 & & & \\ & & & & \lambda_{m+1} & & \\ & & \boldsymbol{0} & & & \ddots & \\ & & & & & & \lambda_n \end{bmatrix}$$

$$=[\lambda_1\boldsymbol{p}_1\quad \boldsymbol{p}_1+\lambda_1\boldsymbol{p}_2\quad \cdots\quad \boldsymbol{p}_{m-1}\lambda_1+\boldsymbol{p}_m\quad \lambda_{m+1}\boldsymbol{p}_{m+1}\quad \cdots\quad \lambda_n\boldsymbol{p}_n]$$

由两矩阵相应的向量相等，可得

$$\begin{cases} \boldsymbol{Ap}_1=\lambda_1\boldsymbol{p}_1 \\ \boldsymbol{Ap}_2=\boldsymbol{p}_1+\lambda_1\boldsymbol{p}_2 \\ \quad\vdots \\ \boldsymbol{Ap}_m=\boldsymbol{p}_{m-1}+\lambda_1\boldsymbol{p}_m \\ \boldsymbol{Ap}_{m+1}=\lambda_{m+1}\boldsymbol{p}_{m+1} \\ \quad\vdots \\ \boldsymbol{Ap}_n=\lambda_n\boldsymbol{p}_n \end{cases} \tag{9-44}$$

整理得

$$\begin{cases} \left.\begin{aligned} &(\lambda_1\boldsymbol{I}-\boldsymbol{A})\boldsymbol{p}_1=0 \\ &(\lambda_1\boldsymbol{I}-\boldsymbol{A})\boldsymbol{p}_2=-\boldsymbol{p}_1 \\ &\quad\vdots \\ &(\lambda_1\boldsymbol{I}-\boldsymbol{A})\boldsymbol{p}_m=-\boldsymbol{p}_{m-1} \\ &(\lambda_{m+1}\boldsymbol{I}-\boldsymbol{A})\boldsymbol{p}_{m+1}=0 \end{aligned}\right\}\text{第一个约当块} \\ \quad\vdots \\ (\lambda_n\boldsymbol{I}-\boldsymbol{A})\boldsymbol{p}_n=0 \end{cases} \tag{9-45}$$

由式(9-45)看出，$\boldsymbol{p}_1$，$\boldsymbol{p}_{m+1}$，…，$\boldsymbol{p}_n$ 为独立的特征向量，而$\boldsymbol{p}_2$，$\boldsymbol{p}_3$，…，$\boldsymbol{p}_m$ 是由重特征值 λ_1 构成的非独立的特征向量，也称广义特征向量。

特殊地，如果 $n\times n$ 的系统矩阵 $\boldsymbol{A}$ 为友矩阵，即

$$\boldsymbol{A}=\begin{bmatrix} 0 & 1 & 0 & \cdots & 0 \\ 0 & 0 & 1 & \cdots & 0 \\ \vdots & \vdots & \vdots & & \vdots \\ 0 & 0 & 0 & \cdots & 1 \\ -a_n & -a_{n-1} & -a_{n-2} & \cdots & -a_1 \end{bmatrix}$$

若矩阵 $\boldsymbol{A}$ 的特征值中 λ_1 为 m 重特征值，其余 λ_{m+1}，λ_{m+2}，…，λ_n 均为单根，并且 $\boldsymbol{A}$ 的相应

于 $\boldsymbol{m}$ 重特征值 $\boldsymbol{\lambda}_1$ 的独立特征向量只有一个，则将 $\boldsymbol{A}$ 化为约当标准型矩阵 $\boldsymbol{J}$ 的变换矩阵 $\boldsymbol{P}$ 可以采用如下形式：

$$\begin{aligned}\boldsymbol{P}&=[\boldsymbol{p}_1\quad \boldsymbol{p}_2\quad \boldsymbol{p}_3\quad \cdots\quad \boldsymbol{p}_m\quad \boldsymbol{p}_{m+1}\quad \cdots\quad \boldsymbol{p}_n]\\&=\left[\boldsymbol{p}_1\quad \frac{\mathrm{d}\boldsymbol{p}_1}{\mathrm{d}\lambda_1}\quad \frac{1}{2!}\frac{\mathrm{d}^2\boldsymbol{p}_1}{\mathrm{d}\lambda^2}\quad \cdots\quad \frac{1}{(m-1)!}\frac{\mathrm{d}^{m-1}\boldsymbol{p}_1}{\mathrm{d}\lambda_1^{m-1}}\quad \boldsymbol{p}_{m+1}\quad \cdots\quad \boldsymbol{p}_n\right]\end{aligned}$$

习　题　9

9-1　考虑如图 9-16 所示的质量弹簧系统。其中，m 为运动物体的质量，k 为弹簧的弹性系数，h 为阻尼器的阻尼系数，f 为系统所受外力。取物体位移为状态变量 x_1，速度为状态变量 x_2，并取位移为系统输出 y，外力为系统输入 u，试建立系统的状态空间表达式。

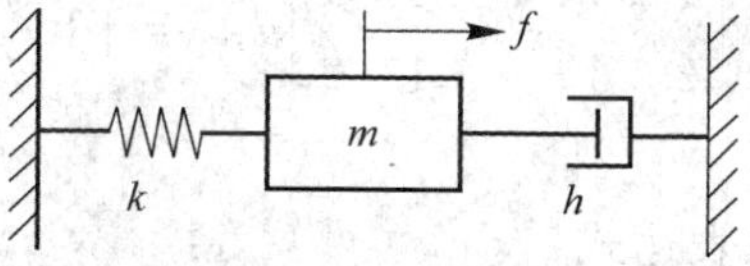

图 9-16　题 9-1 质量弹簧系统

9-2　试建立图 9-17 所示电路的状态空间表达式。

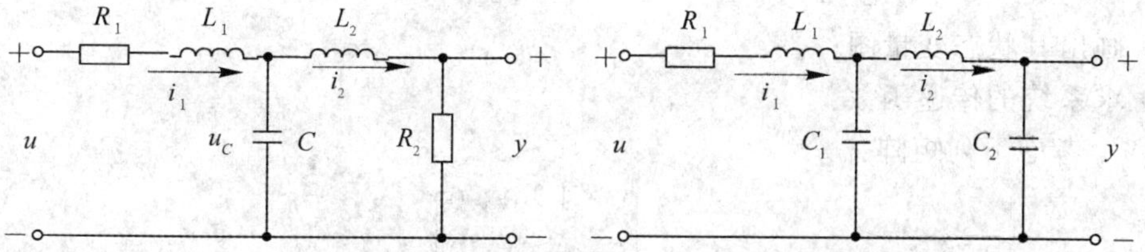

图 9-17　题 9-2 电路

9-3　有电路如图 9-18 所示，以电压 u_i 为输入量，求图示网络的状态空间表达式，选取 u_C 和 i_L 为状态变量。

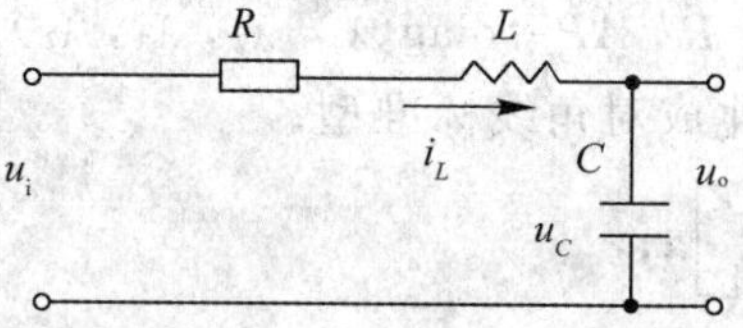

图 9-18　题 9-3 电路

9-4　系统的动态特性由下列微分方程描述：

(1) $\dddot{y}+5\ddot{y}+3\dot{y}+2y=3u$；

(2) $\dddot{y}+5\ddot{y}+7\dot{y}+3y=\ddot{u}+3\dot{u}+2u$；

(3) $2\ddot{y}+4\dot{y}+y=u$；

(4) $\dddot{y}+5\ddot{y}+3y=\dot{u}+3u$。

列写其相应的状态空间表达式，并画出相应的状态变量图。

9-5　已知系统的传递函数，试列写出状态空间表达式，并画出状态变量图。

(1) $G(s)=\dfrac{s^2+2s+3}{s^3+1}$；(2) $G(s)=\dfrac{3s+4}{s(s+1)(s+3)}$。

9-6 考虑由下式定义的系统：

$$\begin{cases}\dot{x}=\boldsymbol{A}\boldsymbol{x}+\boldsymbol{b}\boldsymbol{u}\\ y=\boldsymbol{c}x\end{cases}$$

式中

$$\boldsymbol{A}=\begin{bmatrix}-1 & 0 & 1\\ 1 & -2 & 0\\ 0 & 0 & -3\end{bmatrix},\ \boldsymbol{b}=\begin{bmatrix}0\\0\\1\end{bmatrix},\ \boldsymbol{c}=[1\ \ 1\ \ 0]$$

试求其传递函数 $Y(s)/U(s)$。

9-7 已知系统的状态空间表达式为

$$\dot{\boldsymbol{x}}=\begin{bmatrix}1 & 0\\ 2 & 3\end{bmatrix}\boldsymbol{x}+\begin{bmatrix}0 & 1\\ 1 & 2\end{bmatrix}\boldsymbol{u},\ y=[1\ \ 1]\boldsymbol{x}$$

试求系统的传递函数矩阵。

9-8 给定下列状态空间表达式：

$$\dot{\boldsymbol{x}}=\begin{bmatrix}0 & 1 & 0\\ -2 & -3 & 0\\ -1 & 1 & -3\end{bmatrix}\boldsymbol{x}+\begin{bmatrix}0\\1\\2\end{bmatrix}\boldsymbol{u},\ y=[0\ \ 0\ \ 1]\boldsymbol{x}$$

(1) 画出其状态变量图；

(2) 求系统的传递函数。

9-9 考虑下列矩阵：

$$\boldsymbol{A}=\begin{bmatrix}0 & 1 & 0 & 0\\ 0 & 0 & 1 & 0\\ 0 & 0 & 0 & 1\\ 1 & 0 & 0 & 0\end{bmatrix}$$

试求矩阵 $\boldsymbol{A}$ 的特征值 λ_1，λ_2，λ_3，λ_4；再求变换矩阵 $\boldsymbol{P}$，使得

$$\boldsymbol{P}^{-1}\boldsymbol{A}\boldsymbol{P}=\mathrm{diag}(\lambda_1,\lambda_2,\lambda_3,\lambda_4)$$

9-10 将下列状态方程化成对角线标准型。

(1) $\dot{\boldsymbol{x}}=\begin{bmatrix}0 & 1\\ -5 & -6\end{bmatrix}\boldsymbol{x}+\begin{bmatrix}0\\1\end{bmatrix}\boldsymbol{u}$；

(2) $\dot{\boldsymbol{x}}=\begin{bmatrix}0 & 1 & 0\\ 3 & 0 & 2\\ -12 & -7 & -6\end{bmatrix}\boldsymbol{x}+\begin{bmatrix}2 & 3\\ 1 & 5\\ 7 & 1\end{bmatrix}\boldsymbol{u}$；

(3) $\dot{\boldsymbol{x}}=\begin{bmatrix}0 & 1 & 0\\ 0 & 0 & 1\\ -6 & -11 & -6\end{bmatrix}\boldsymbol{x}+\begin{bmatrix}1\\1\\0\end{bmatrix}\boldsymbol{u}$。

9-11 已知系统传递函数 $G(s)=\dfrac{10(s-1)}{s(s+1)(s+3)}$，试求出系统的约当标准型的实现。

9-12 已知系统传递函数 $G(s)=\dfrac{6(s+1)}{s(s+2)(s+3)^2}$，试求出系统的约当标准型的实现，

并画出相应的状态变量图。

9-13　利用并联分解法将下列状态空间表达式化成约当标准型。

$$\begin{bmatrix}\dot{x}_1\\ \dot{x}_2\\ \dot{x}_3\end{bmatrix}=\begin{bmatrix}4 & 1 & -2\\ 1 & 0 & 2\\ 1 & -1 & 3\end{bmatrix}\begin{bmatrix}x_1\\ x_2\\ x_3\end{bmatrix}+\begin{bmatrix}3 & 1\\ 2 & 7\\ 5 & 3\end{bmatrix}\boldsymbol{u}$$

$$\begin{bmatrix}y_1\\ y_2\end{bmatrix}=\begin{bmatrix}1 & 2 & 0\\ 0 & 1 & 1\end{bmatrix}\begin{bmatrix}x_1\\ x_2\\ x_3\end{bmatrix}$$

第 10 章　线性控制系统的运动分析

在讨论了状态方程的描述、标准型和模型转换后，本章将讨论线性控制系统的运动分析，即线性状态方程的求解。对于线性定常系统，为保证状态方程解的存在性和唯一性，系统矩阵 A 和输入矩阵 B 中各元必须有界。一般来说，在实际工程中，这个条件是一定满足的。关于离散系统的运动分析请读者参阅有关书籍。

10.1　线性定常齐次系统状态方程的解

10.1.1　标量微分方程的解

设标量微分方程为

$$\begin{cases} \dot{x}=ax \\ x(0)=x_0 \end{cases} \tag{10-1}$$

取拉氏变换，得

$$sX(s)-x_0=aX(s)$$

移项，得

$$(s-a)X(s)=x_0$$

则

$$X(s)=\frac{x_0}{s-a}$$

取拉氏反变换，得

$$x(t)=e^{at}x_0=\sum_{k=0}^{\infty}\frac{(at)^k}{k!}x_0 \tag{10-2}$$

10.1.2　齐次状态方程的解

标量微分方程可以认为是矩阵微分方程当矩阵阶次 $n=1$ 时的特例，因此矩阵微分方程的解与标量微分方程应具有形式的不变性，由此得出如下结论：

n 阶线性定常齐次状态方程

$$\begin{cases} \dot{\boldsymbol{x}}(t)=\boldsymbol{A}\boldsymbol{x}(t) \\ \boldsymbol{x}(0)=\boldsymbol{x}_0 \end{cases}$$

的解为

$$\boldsymbol{x}(t)=e^{\boldsymbol{A}t}\boldsymbol{x}_0=\sum_{k=0}^{\infty}\frac{(\boldsymbol{A}t)^k}{k!}\boldsymbol{x}_0 \tag{10-3}$$

式中

$$e^{At}=\sum_{k=0}^{\infty}\frac{(\boldsymbol{A}t)^k}{k!}=\boldsymbol{I}+\boldsymbol{A}t+\frac{\boldsymbol{A}^2t^2}{2!}+\cdots+\frac{\boldsymbol{A}^kt^k}{k!}+\cdots$$

若初始时刻 $t\neq 0$，对应的初始状态为 $\boldsymbol{x}(t_0)$，则 n 阶线性定常齐次状态方程的解为

$$\boldsymbol{x}(t)=e^{\boldsymbol{A}(t-t_0)}\boldsymbol{x}(t_0) \tag{10-4}$$

由此可看出，线性定常连续系统在状态空间中任一时刻 t 的状态 $\boldsymbol{x}(t)$ 是通过矩阵指数函数 $e^{\boldsymbol{A}(t-t_0)}$ 由初始状态 $\boldsymbol{x}(t_0)$ 在 t 时间内的转移，故 $e^{\boldsymbol{A}(t-t_0)}$ 或 e^{At} 又称为定常连续系统的状态转移矩阵，记为 $\boldsymbol{\Phi}(t-t_0)$ 或 $\boldsymbol{\Phi}(t)$，即

$$\boldsymbol{\Phi}(t-t_0)=e^{\boldsymbol{A}(t-t_0)} \tag{10-5}$$

或

$$\boldsymbol{\Phi}(t)=e^{\boldsymbol{A}t} \tag{10-6}$$

所以，齐次状态方程的解可表示为

$$\boldsymbol{x}(t)=\boldsymbol{\Phi}(t-t_0)\boldsymbol{x}(t_0)=e^{\boldsymbol{A}(t-t_0)}\boldsymbol{x}(t_0) \tag{10-7}$$

或

$$\boldsymbol{x}(t)=\boldsymbol{\Phi}(t)\boldsymbol{x}(0)=e^{\boldsymbol{A}(t)}\boldsymbol{x}(0) \tag{10-8}$$

式(10-7)和式(10-8)表明，齐次状态方程的解在初始状态确定情况下由状态转移矩阵唯一确定，即状态转移矩阵包含了系统自由运动的全部信息，完全表征了系统的动态特性。

10.2　状态转移矩阵

10.2.1　状态转移矩阵的性质

由式(10-5)和式(10-6)可以得到线性定常系统状态转移矩阵的几个重要性质：

(1) $\boldsymbol{\Phi}(0)=\boldsymbol{I}$；

(2) $\dot{\boldsymbol{\Phi}}(t)=\boldsymbol{A}\boldsymbol{\Phi}(t)=\boldsymbol{\Phi}(t)\boldsymbol{A}$；

(3) $\boldsymbol{\Phi}(t_1+t_2)=\boldsymbol{\Phi}(t_1)\boldsymbol{\Phi}(t_2)$；

(4) $[\boldsymbol{\Phi}(t)]^{-1}=\boldsymbol{\Phi}(-t)$；

(5) $[\boldsymbol{\Phi}(t)]^k=\boldsymbol{\Phi}(kt)$（式中，$k$ 为整数）；

(6) $\boldsymbol{\Phi}(t_2-t_1)\boldsymbol{\Phi}(t_1-t_0)=\boldsymbol{\Phi}(t_2-t_0)$；

(7) 对于 $n\times n$ 矩阵 $\boldsymbol{A}$ 和 $\boldsymbol{B}$，如果满足 $\boldsymbol{AB}=\boldsymbol{BA}$，则 $e^{(\boldsymbol{A}+\boldsymbol{B})t}=e^{\boldsymbol{A}t}\cdot e^{\boldsymbol{B}t}$。

10.2.2　几个特殊的状态转移矩阵

当矩阵 $\boldsymbol{A}$ 为特殊矩阵时，其状态转移矩阵有固定形式，可以直接得到。

(1) 若矩阵 $\boldsymbol{A}$ 为对角线标准型，即

$$\boldsymbol{A}=\begin{bmatrix}\lambda_1 & & & \boldsymbol{0}\\ & \lambda_2 & & \\ & & \ddots & \\ \boldsymbol{0} & & & \lambda_n\end{bmatrix}$$

则

$$\boldsymbol{\Phi}(t)=\mathrm{e}^{\boldsymbol{A}t}=\begin{bmatrix} \mathrm{e}^{\lambda_1 t} & & & \boldsymbol{0} \\ & \mathrm{e}^{\lambda_2 t} & & \\ & & \ddots & \\ \boldsymbol{0} & & & \mathrm{e}^{\lambda_n t} \end{bmatrix} \tag{10-9}$$

（2）若矩阵 $\boldsymbol{A}$ 为一个 $m\times m$ 的约当块，即

$$\boldsymbol{A}=\begin{bmatrix} \lambda_1 & 1 & & \boldsymbol{0} \\ & \lambda_1 & \ddots & \\ & & \ddots & 1 \\ \boldsymbol{0} & & & \lambda_1 \end{bmatrix}_{m\times m}$$

则

$$\boldsymbol{\Phi}(t)=\mathrm{e}^{\boldsymbol{A}t}=\mathrm{e}^{\lambda_1 t}\begin{bmatrix} 1 & t & \frac{1}{2!}t^2 & \cdots & \frac{1}{(m-1)!}t^{m-1} \\ 0 & 1 & t & \cdots & \frac{1}{(m-2)!}t^{m-2} \\ \vdots & \vdots & \vdots & & \vdots \\ 0 & 0 & 0 & \cdots & 1 \end{bmatrix} \tag{10-10}$$

（3）若矩阵 $\boldsymbol{A}$ 为一个约当矩阵，即

$$\boldsymbol{A}=\begin{bmatrix} \boldsymbol{A}_1 & & & \boldsymbol{0} \\ & \boldsymbol{A}_2 & & \\ & & \ddots & \\ \boldsymbol{0} & & & \boldsymbol{A}_j \end{bmatrix}$$

其中 $\boldsymbol{A}_1$，$\boldsymbol{A}_2$，…，$\boldsymbol{A}_j$ 为约当块。

则

$$\boldsymbol{\Phi}(t)=\mathrm{e}^{\boldsymbol{A}t}=\begin{bmatrix} \mathrm{e}^{\boldsymbol{A}_1 t} & & & \boldsymbol{0} \\ & \mathrm{e}^{\boldsymbol{A}_2 t} & & \\ & & \ddots & \\ \boldsymbol{0} & & & \mathrm{e}^{\boldsymbol{A}_j t} \end{bmatrix} \tag{10-11}$$

（4）若矩阵 $\boldsymbol{A}$ 通过非奇异变换矩阵 $\boldsymbol{P}$ 化为对角线矩阵，即

$$\boldsymbol{P}^{-1}\boldsymbol{A}\boldsymbol{P}=\boldsymbol{\Lambda}$$

则

$$\mathrm{e}^{\boldsymbol{A}t}=\boldsymbol{P}\mathrm{e}^{\boldsymbol{\Lambda}t}\boldsymbol{P}^{-1} \tag{10-12}$$

（5）若矩阵 $\boldsymbol{A}$ 为

$$\boldsymbol{A}=\begin{bmatrix} \delta & \omega \\ -\omega & \delta \end{bmatrix}$$

则

$$\boldsymbol{\Phi}(t)=\mathrm{e}^{\boldsymbol{A}t}=\begin{bmatrix} \cos\omega t & \sin\omega t \\ -\sin\omega t & \cos\omega t \end{bmatrix}\mathrm{e}^{\delta t} \tag{10-13}$$

10.2.3　状态转移矩阵的一般求法

式(10－7)和式(10－8)中，齐次状态方程的解 $\boldsymbol{x}(t)=\mathrm{e}^{\boldsymbol{A}(t-t_0)}\boldsymbol{x}(t_0)$ 或 $\boldsymbol{x}(t)=\mathrm{e}^{\boldsymbol{A}t}\boldsymbol{x}(0)$，所以状态方程的解实质上可归结为计算状态转移矩阵，即矩阵指数函数 $\mathrm{e}^{\boldsymbol{A}t}$。

1. 直接计算法

由式(10－3)可知，矩阵指数函数 $\mathrm{e}^{\boldsymbol{A}t}$ 可以表示为状态转移矩阵的无穷项级数的和，即

$$\mathrm{e}^{\boldsymbol{A}t}=I+\boldsymbol{A}t+\frac{\boldsymbol{A}^2t^2}{2!}+\frac{\boldsymbol{A}^3t^3}{3!}+\cdots=\sum_{k=0}^{\infty}\frac{1}{k!}\boldsymbol{A}^kt^k \tag{10-14}$$

根据式(10－14)可以计算出状态转移矩阵。可以证明，对所有常数矩阵 $\boldsymbol{A}$ 和有限的 t 值来说，这个无穷级数都是收敛的。这种计算方法虽然步骤简单，但计算结果是一个无穷级数，因此，这种方法只适用于计算机求解，不适合手工计算。

2. 拉氏变换法

对于 n 阶线性定常齐次状态方程

$$\begin{cases}\dot{\boldsymbol{x}}=\boldsymbol{A}\boldsymbol{x}(t)\\ \boldsymbol{x}(0)=\boldsymbol{x}_0\end{cases}$$

对其取拉氏变换，得

$$s\boldsymbol{X}(s)-\boldsymbol{x}(0)=\boldsymbol{A}\boldsymbol{X}(s)$$

移项，得

$$(s\boldsymbol{I}-\boldsymbol{A})\boldsymbol{X}(s)=\boldsymbol{x}(0)$$

则

$$\boldsymbol{X}(s)=(s\boldsymbol{I}-\boldsymbol{A})^{-1}\boldsymbol{x}(0)$$

取拉氏反变换，可得齐次状态方程的解为

$$\boldsymbol{x}(t)=\mathscr{L}^{-1}[(s\boldsymbol{I}-\boldsymbol{A})^{-1}]\boldsymbol{x}(0)=\mathrm{e}^{\boldsymbol{A}t}\boldsymbol{x}(0) \tag{10-15}$$

其中

$$\mathrm{e}^{\boldsymbol{A}t}=\mathscr{L}^{-1}[(s\boldsymbol{I}-\boldsymbol{A})^{-1}]$$

由此可以看出，为了求出 $\mathrm{e}^{\boldsymbol{A}t}$，关键是必须首先求出 $(s\boldsymbol{I}-\boldsymbol{A})^{-1}$。

例 10－1　考虑如下矩阵 $\boldsymbol{A}$：

$$\boldsymbol{A}=\begin{bmatrix}0 & 1\\ 0 & -2\end{bmatrix}$$

试用拉氏变换法计算 $\mathrm{e}^{\boldsymbol{A}t}$。

解　由于

$$(s\boldsymbol{I}-\boldsymbol{A})=\begin{bmatrix}s & 0\\ 0 & s\end{bmatrix}-\begin{bmatrix}0 & 1\\ 0 & -2\end{bmatrix}=\begin{bmatrix}s & -1\\ 0 & s+2\end{bmatrix}$$

可得

$$(s\boldsymbol{I}-\boldsymbol{A})^{-1}=\begin{bmatrix}\dfrac{1}{s} & \dfrac{1}{s(s+2)}\\ 0 & \dfrac{1}{s+2}\end{bmatrix}$$

因此

$$e^{\boldsymbol{A}t}=\mathscr{L}^{-1}[(s\boldsymbol{I}-\boldsymbol{A})^{-1}]=\begin{bmatrix}1 & \frac{1}{2}(1-e^{-2t})\\0 & e^{-2t}\end{bmatrix}$$

3. 化矩阵 A 为标准型

根据前面介绍，当矩阵 $\boldsymbol{A}$ 通过非奇异变换矩阵 $\boldsymbol{P}$ 化为对角线标准型或约当标准型时，即

$$\boldsymbol{P}^{-1}\boldsymbol{A}\boldsymbol{P}=\boldsymbol{\Lambda}$$

或

$$\boldsymbol{P}^{-1}\boldsymbol{A}\boldsymbol{P}=\boldsymbol{J}$$

则可通过

$$e^{\boldsymbol{A}t}=\boldsymbol{P}e^{\boldsymbol{\Lambda}t}\boldsymbol{P}^{-1} \tag{10-16}$$

或

$$e^{\boldsymbol{A}t}=\boldsymbol{P}e^{\boldsymbol{J}t}\boldsymbol{P}^{-1} \tag{10-17}$$

来计算矩阵指数 $e^{\boldsymbol{A}t}$。

与将矩阵 $\boldsymbol{A}$ 化为对角线标准型或约当标准型类似，我们根据矩阵 $\boldsymbol{A}$ 的特征值是否互异，分两种情况来讨论计算矩阵指数 $e^{\boldsymbol{A}t}$ 的方法。

1）矩阵 $\boldsymbol{A}$ 的特征值互异

设 $\boldsymbol{A}$ 的特征值为 $\lambda_i(i=1,2,\cdots,n)$，则可经过非奇异变换把 $\boldsymbol{A}$ 化成对角标准型，即

$$\boldsymbol{\Lambda}=\boldsymbol{P}^{-1}\boldsymbol{A}\boldsymbol{P}$$

状态转移矩阵为

$$\boldsymbol{\Phi}(t)=e^{\boldsymbol{A}t}=\boldsymbol{P}\begin{bmatrix}e^{\lambda_1 t} & & & \\ & e^{\lambda_2 t} & & \\ & & \ddots & \\ & & & e^{\lambda_n t}\end{bmatrix}\boldsymbol{P}^{-1} \tag{10-18}$$

例 10-2 考虑如下矩阵 $\boldsymbol{A}$：

$$\boldsymbol{A}=\begin{bmatrix}0 & 1\\0 & -2\end{bmatrix}$$

试用化矩阵 $\boldsymbol{A}$ 为对角线标准型法求矩阵指数 $e^{\boldsymbol{A}t}$。

解 由于 $\boldsymbol{A}$ 的特征值为 0 和 -2，故可求得所需的变换矩阵 $\boldsymbol{P}$ 为

$$\boldsymbol{P}=\begin{bmatrix}1 & 1\\0 & -2\end{bmatrix},\ \boldsymbol{P}^{-1}=\begin{bmatrix}1 & \frac{1}{2}\\0 & -\frac{1}{2}\end{bmatrix}$$

因此，由式(10-18)可得

$$e^{\boldsymbol{A}t}=\begin{bmatrix}1 & 1\\0 & -2\end{bmatrix}\begin{bmatrix}e^{0} & 0\\0 & e^{-2t}\end{bmatrix}\begin{bmatrix}1 & \frac{1}{2}\\0 & -\frac{1}{2}\end{bmatrix}$$

$$=\begin{bmatrix}1 & \frac{1}{2}(1-e^{-2t})\\0 & e^{-2t}\end{bmatrix}$$

2）矩阵 $\boldsymbol{A}$ 具有重特征值

设 λ_j 为矩阵 $\boldsymbol{A}$ 的 m_j 重特征值，则重特征值所对应的约当块 $\boldsymbol{A}_j$ 的矩阵指数 $e^{\boldsymbol{A}_j t}$ 为

$$e^{\boldsymbol{A}_j t}=e^{\lambda_j t}\begin{bmatrix}1 & t & \frac{1}{2!}t^2 & \cdots & \frac{1}{(m-1)!}t^{m-1}\\ 0 & 1 & t & \cdots & \frac{1}{(m-2)!}t^{m-2}\\ \vdots & \vdots & \vdots & & \vdots\\ 0 & 0 & 0 & \cdots & 1\end{bmatrix} \tag{10-19}$$

如果 $n\times n$ 矩阵 $\boldsymbol{A}$ 有多个重特征值，例如，λ_1 为 m_1 重特征值，λ_2 为 m_2 重特征值，其余 $\lambda_{m_1+m_2+1}$，$\lambda_{m_1+m_2+2}$，…，λ_n 均为单根。则状态转移矩阵应为

$$\boldsymbol{\Phi}(t)=e^{\boldsymbol{A}t}=\boldsymbol{P}\begin{bmatrix}e^{\boldsymbol{A}_1 t} & & & & \\ & e^{\boldsymbol{A}_2 t} & & & \\ & & e^{\lambda_{m1+m2+1} t} & & \\ & & & \ddots & \\ & & & & e^{\lambda_n t}\end{bmatrix}\boldsymbol{P}^{-1} \tag{10-20}$$

其中左上角的 $e^{\boldsymbol{A}_1 t}$ 与 $e^{\boldsymbol{A}_2 t}$ 为重特征值 λ_1 与 λ_2 所对应的约当块 $\boldsymbol{A}_1$ 与 $\boldsymbol{A}_2$ 的矩阵指数；右下角的矩阵块为 $\lambda_{m1+m2+1}$，$\lambda_{m1+m2+2}$，…，λ_n 对应的对角矩阵的矩阵指数；$\boldsymbol{P}$ 为化矩阵 $\boldsymbol{A}$ 为约当标准型的变换矩阵。

例 10－3　考虑如下矩阵 $\boldsymbol{A}$：

$$\boldsymbol{A}=\begin{bmatrix}0 & 1 & 0\\ 0 & 0 & 1\\ 1 & -3 & 3\end{bmatrix}$$

试求矩阵 $\boldsymbol{A}$ 的矩阵指数 $e^{\boldsymbol{A}t}$。

解　该矩阵的特征方程为

$$|\lambda\boldsymbol{I}-\boldsymbol{A}|=\lambda^3-3\lambda^2+3\lambda-1=(\lambda-1)^3=0$$

因此，矩阵 $\boldsymbol{A}$ 有三个相重特征值 $\lambda=1$。可以证明，矩阵 $\boldsymbol{A}$ 也将具有三重特征向量(其中有两个广义特征向量)。易知，将矩阵 $\boldsymbol{A}$ 变换为 Jordan 标准型的变换矩阵为

$$\boldsymbol{P}=\begin{bmatrix}1 & 0 & 0\\ 1 & 1 & 0\\ 1 & 2 & 1\end{bmatrix}$$

矩阵 $\boldsymbol{P}$ 的逆为

$$\boldsymbol{P}^{-1}=\begin{bmatrix}1 & 0 & 0\\ -1 & 1 & 0\\ 1 & -2 & 1\end{bmatrix}$$

于是

$$\boldsymbol{P}^{-1}\boldsymbol{A}\boldsymbol{P}=\begin{bmatrix}1 & 0 & 0\\ -1 & 1 & 0\\ 1 & -2 & 1\end{bmatrix}\begin{bmatrix}0 & 1 & 0\\ 0 & 0 & 1\\ 1 & -3 & 3\end{bmatrix}\begin{bmatrix}1 & 0 & 0\\ 1 & 1 & 0\\ 1 & 2 & 1\end{bmatrix}=\begin{bmatrix}1 & 1 & 0\\ 0 & 1 & 1\\ 0 & 0 & 1\end{bmatrix}=\boldsymbol{J}$$

注意到

$$e^{Jt}=\begin{bmatrix} e^t & te^t & \frac{1}{2}t^2e^t \\ 0 & e^t & te^t \\ 0 & 0 & e^t \end{bmatrix}$$

可得

$$e^{At}=Pe^{Jt}P^{-1}=\begin{bmatrix} 1 & 0 & 0 \\ 1 & 1 & 0 \\ 1 & 2 & 1 \end{bmatrix}\begin{bmatrix} e^t & te^t & \frac{1}{2}t^2e^t \\ 0 & e^t & te^t \\ 0 & 0 & e^t \end{bmatrix}\begin{bmatrix} 1 & 0 & 0 \\ -1 & 1 & 0 \\ 1 & -2 & 1 \end{bmatrix}$$

$$=\begin{bmatrix} e^t-te^t+\frac{1}{2}t^2e^t & te^t-t^2e^t & \frac{1}{2}t^2e^t \\ \frac{1}{2}t^2e^t & e^t-te^t-t^2e^t & te^t+\frac{1}{2}t^2e^t \\ te^t+\frac{1}{2}t^2e^t & -3te^t-t^2e^t & e^t+2te^t+\frac{1}{2}t^2e^t \end{bmatrix}$$

4. 化 e^{At} 为 A 的有限项法(Cayley - Hamilton 定理法)

1) 凯莱-哈密尔顿(Cayley - Hamilton)定理

对于一个 $n\times n$ 矩阵 $\boldsymbol{A}$，若 $\boldsymbol{A}$ 的特征方程为

$$f(\lambda)=|\lambda \boldsymbol{I}-\boldsymbol{A}|=\lambda^n+a_1\lambda^{n-1}+\cdots+a_{n-1}\lambda+a_n=0$$

则矩阵 $\boldsymbol{A}$ 满足自己的特征多项式，即

$$f(\boldsymbol{A})=\boldsymbol{A}^n+a_1\boldsymbol{A}^{n-1}+\cdots+a_{n-1}\boldsymbol{A}+a_n\boldsymbol{I}=0 \tag{10-21}$$

这就是凯莱-哈密尔顿定理。

将式(10 - 21)移项得

$$\boldsymbol{A}^n=-a_1\boldsymbol{A}^{n-1}-a_2\boldsymbol{A}^{n-2}-\cdots-a_{n-1}\boldsymbol{A}-a_n\boldsymbol{I} \tag{10-22}$$

式(10 - 22)表明，$\boldsymbol{A}^n$ 是 $\boldsymbol{A}^{n-1}$，$\boldsymbol{A}^{n-2}$，…，$\boldsymbol{A}$，$\boldsymbol{I}$ 的线性组合。

同理，$\boldsymbol{A}^{n+1}=\boldsymbol{A}\cdot\boldsymbol{A}^n$ 也是 $\boldsymbol{A}^{n-1}$，$\boldsymbol{A}^{n-2}$，…，$\boldsymbol{A}$，$\boldsymbol{I}$ 的线性组合。依此类推 $\boldsymbol{A}^{n+2}$，$\boldsymbol{A}^{n+3}$，…均是 $\boldsymbol{A}^{n-1}$，$\boldsymbol{A}^{n-2}$，…，$\boldsymbol{A}$，$\boldsymbol{I}$ 的线性组合。

2) 化 e^{At} 为 $\boldsymbol{A}$ 的有限项

根据矩阵指数的定义

$$e^{At}=\sum_{k=0}^{\infty}\frac{(\boldsymbol{A}t)^k}{k!}$$

由此看出，矩阵指数 e^{At} 为无穷项之和，而又因为 $\boldsymbol{A}^{n+1}$，$\boldsymbol{A}^{n+2}$，…均是 $\boldsymbol{A}^{n-1}$，$\boldsymbol{A}^{n-2}$，…，$\boldsymbol{A}$，$\boldsymbol{I}$ 的线性组合，所以

$$e^{At}=\sum_{k=0}^{n-1}\alpha_k(t)\boldsymbol{A}^k=\alpha_0(t)\boldsymbol{I}+\alpha_1(t)\boldsymbol{A}+\cdots+\alpha_{n-1}(t)A^{n-1} \tag{10-23}$$

式中，$\alpha_0(t)$，$\alpha_1(t)$，…，$\alpha_{n-1}(t)$ 均是时间的标量函数。

3) $\alpha_i(t)$ 的计算

根据式(10 - 23)，我们只需要计算出系数函数 $\alpha_0(t)$，$\alpha_1(t)$，…，$\alpha_{n-1}(t)$，就可确定转移矩阵。计算系数 $\alpha_0(t)$，$\alpha_1(t)$，…，$\alpha_{n-1}(t)$ 的方法可以分为三种情况讨论。

(1) 特征值互异。

A 的特征值互异时，应用凯莱-哈密顿定理，λ_i 和 **A** 均是特征方程根，即 $f(\lambda_i)=0$，并且根据式(10-23)，e^{At} 可表示为 **A** 的有限项，$e^{\lambda_i t}$ 同样也可以表示为 λ_i 的有限项。因此 λ_i 满足式(10-24)，即

$$e^{\lambda_i t}=\alpha_0(t)+\alpha_1(t)\lambda_1+\cdots+\alpha_{n-1}(t)\lambda_i^{n-1} \tag{10-24}$$

则对于 $\lambda_i(i=1, 2, \cdots, n)$应满足

$$\begin{bmatrix} e^{\lambda_1 t} \\ e^{\lambda_2 t} \\ \vdots \\ e^{\lambda_n t} \end{bmatrix}=\begin{bmatrix} 1 & \lambda_1 & \cdots & \lambda_1^{n-1} \\ 1 & \lambda_2 & \cdots & \lambda_2^{n-1} \\ \vdots & \vdots & & \vdots \\ 1 & \lambda_n & \cdots & \lambda_n^{n-1} \end{bmatrix}\begin{bmatrix} \alpha_0(t) \\ \alpha_1(t) \\ \vdots \\ \alpha_{n-1}(t) \end{bmatrix}$$

则得

$$\begin{bmatrix} \alpha_0(t) \\ \alpha_1(t) \\ \vdots \\ \alpha_{n-1}(t) \end{bmatrix}=\begin{bmatrix} 1 & \lambda_1 & \cdots & \lambda_1^{n-1} \\ 1 & \lambda_2 & \cdots & \lambda_2^{n-1} \\ \vdots & \vdots & & \vdots \\ 1 & \lambda_n & \cdots & \lambda_n^{n-1} \end{bmatrix}^{-1}\begin{bmatrix} e^{\lambda_1 t} \\ e^{\lambda_2 t} \\ \vdots \\ e^{\lambda_n t} \end{bmatrix} \tag{10-25}$$

(2) **A** 的特征值均相同时，设 **A** 的特征值为 λ_1，则 λ_1 满足下式：

$$\alpha_0(t)+\alpha_1(t)\lambda_1+\alpha_2(t)\lambda_1{}^2+\cdots+\alpha_{n-1}(t)\lambda_1{}^{n-1}=e^{\lambda_1 t}$$

将上式对 λ_1 求导数，有

$$\alpha_1(t)+2\alpha_2(t)\lambda_1+\cdots+(n-1)\alpha_{n-1}(t)\lambda_1{}^{n-2}=te^{\lambda_1 t}$$

将上式再对 λ_1 求导数，有

$$2\alpha_2(t)+3!\ \alpha_3(t)\lambda_1+\cdots+(n-1)(n-2)\alpha_{n-1}(t)\lambda_1{}^{n-3}=t^2e^{\lambda_1 t}$$

重复以上步骤，最后求$(n-1)$阶导数，有

$$(n-1)!\ \alpha_{n-1}(t)=t^{n-1}e^{\lambda_1 t}$$

则可以得到系数 $\alpha_0(t)$，$\alpha_1(t)$，…，$\alpha_{n-1}(t)$的计算公式如下：

$$\begin{bmatrix} \alpha_0(t) \\ \alpha_1(t) \\ \vdots \\ \alpha_{n-3}(t) \\ \alpha_{n-2}(t) \\ \alpha_{n-1}(t) \end{bmatrix}=\begin{bmatrix} 0 & 0 & 0 & 0 & \cdots & 1 \\ 0 & 0 & 0 & 0 & \cdots & (n-1)\lambda_1 \\ \vdots & \vdots & \vdots & \vdots & & \vdots \\ 0 & 0 & 1 & 3\lambda_1 & \cdots & \dfrac{(n-1)(n-2)}{2!}\lambda_1{}^{n-3} \\ 0 & 1 & 2\lambda_1 & 3\lambda_1{}^2 & \cdots & \dfrac{(n-1)}{1!}\lambda_1^{n-2} \\ 1 & \lambda_1 & \lambda_1^2 & \lambda_1^3 & \cdots & \lambda_1^{n-1} \end{bmatrix}^{-1}\begin{bmatrix} \dfrac{1}{(n-1)!}t^{n-1}e^{\lambda_1 t} \\ \dfrac{1}{(n-2)!}t^{n-2}e^{\lambda_1 t} \\ \vdots \\ \dfrac{1}{2!}t^2e^{\lambda_1 t} \\ \dfrac{1}{1!}t^1e^{\lambda_1 t} \\ e^{\lambda_1 t} \end{bmatrix} \tag{10-26}$$

(3) 当 **A** 的 n 个特征值中有重特征值又有互异特征值时，$\alpha_0(t)$，$\alpha_1(t)$，…，$\alpha_{n-1}(t)$由式(10-25)和式(10-26)确定。例如，若 $n\times n$ 矩阵 **A** 的特征值中，λ_1 为 m 重特征值，其余 λ_{m+1}，λ_{m+2}，…，λ_n均为互异单特征值，则系数 $\alpha_0(t)$，$\alpha_1(t)$，…，$\alpha_{n-1}(t)$的计算公式为

$$\begin{bmatrix}\alpha_0(t)\\\alpha_1(t)\\\vdots\\\alpha_{m-1}(t)\\\alpha_m(t)\\\vdots\\\alpha_{n-1}(t)\end{bmatrix}=\begin{bmatrix}0&0&0&\cdots&0&1\\0&0&0&&1&(n-1)\lambda_1\\\vdots&\vdots&\vdots&&\vdots&\vdots\\1&\lambda_1&\lambda_1{}^2&\cdots&\lambda_1{}^{n-2}&\lambda_1{}^{n-1}\\1&\lambda_{m+1}&\lambda_{m+1}^2&\cdots&\lambda_{m+1}^{n-2}&\lambda_{m+1}^{n-1}\\\vdots&\vdots&\vdots&&\vdots&\vdots\\1&\lambda_n&\lambda_n^2&\cdots&\lambda_n^{n-2}&\lambda_n^{n-1}\end{bmatrix}^{-1}\begin{bmatrix}\dfrac{1}{(n-1)!}t^{m-1}e^{\lambda_1 t}\\\dfrac{1}{(n-2)!}t^{m-2}e^{\lambda_1 t}\\\vdots\\e^{\lambda_1 t}\\e^{\lambda_{m+1} t}\\\vdots\\e^{\lambda_n t}\end{bmatrix} \tag{10-27}$$

例 10-4 考虑如下矩阵 $\boldsymbol{A}$：

$$\boldsymbol{A}=\begin{bmatrix}0&1\\0&-2\end{bmatrix}$$

试用化 $e^{\boldsymbol{A}t}$ 为 $\boldsymbol{A}$ 的有限项法计算 $e^{\boldsymbol{A}t}$。

解 矩阵 $\boldsymbol{A}$ 的特征方程为

$$|\lambda\boldsymbol{I}-\boldsymbol{A}|=\lambda(\lambda+2)=0$$

可得相异特征值为 $\lambda_1=0$，$\lambda_2=-2$。

由公式(10-25)得

$$\begin{bmatrix}\alpha_0(t)\\\alpha_1(t)\end{bmatrix}=\begin{bmatrix}1&\lambda_1\\1&\lambda_2\end{bmatrix}^{-1}\begin{bmatrix}e^{\lambda_1 t}\\e^{\lambda_2 t}\end{bmatrix}=\begin{bmatrix}1&0\\1&-2\end{bmatrix}^{-1}\begin{bmatrix}1\\e^{-2t}\end{bmatrix}$$

$$=\begin{bmatrix}1&0\\0.5&-0.5\end{bmatrix}\begin{bmatrix}1\\e^{-2t}\end{bmatrix}=\begin{bmatrix}1\\0.5-0.5e^{-2t}\end{bmatrix}$$

所以

$$e^{\boldsymbol{A}t}=\alpha_0(t)\boldsymbol{I}+\alpha_1(t)\boldsymbol{A}$$

$$=\begin{bmatrix}1&0\\0&1\end{bmatrix}+(0.5-0.5e^{-2t})\begin{bmatrix}0&1\\0&-2\end{bmatrix}$$

$$=\begin{bmatrix}1&0.5-0.5e^{-2t}\\0&e^{-2t}\end{bmatrix}$$

本章前面给出了线性定常齐次系统状态方程的解，下面给出线性定常连续系统非齐次状态方程

$$\dot{\boldsymbol{x}}(t)=\boldsymbol{A}\boldsymbol{x}(t)+\boldsymbol{B}\boldsymbol{u}(t)$$

且初始条件为

$$\boldsymbol{x}(t)|_{t=0}=\boldsymbol{x}(0) \quad 或 \quad \boldsymbol{x}(t)|_{t=t_0}=\boldsymbol{x}(t_0)$$

的解为

$$\boldsymbol{x}(t)=e^{\boldsymbol{A}t}\boldsymbol{x}(0)+\int_0^t e^{\boldsymbol{A}(t-\tau)}\boldsymbol{B}\boldsymbol{u}(\tau)d\tau,\ t\geqslant 0$$

或

$$\boldsymbol{x}(t)=\boldsymbol{\Phi}(t-t_0)\boldsymbol{x}(t_0)+\int_{t_0}^t\boldsymbol{\Phi}(t-\tau)\boldsymbol{B}\boldsymbol{u}(\tau)d\tau,\ t\geqslant t_0$$

式中，$\boldsymbol{\Phi}(t-t_0)=e^{\boldsymbol{A}(t-t_0)}$ 为系统的状态转移矩阵。

习　题　10

10-1　计算下列矩阵的矩阵指数 e^{At}。

(1) $A=\begin{bmatrix}-1 & 0 & 0\\ 0 & -1 & 0\\ 0 & 0 & -1\end{bmatrix}$；　(2) $A=\begin{bmatrix}-1 & 0 & 0\\ 0 & -2 & 1\\ 0 & 0 & -2\end{bmatrix}$；

(3) $A=\begin{bmatrix}0 & 0\\ 1 & 0\end{bmatrix}$；　(4) $A=\begin{bmatrix}0 & -5\\ 1 & 0\end{bmatrix}$；

(5) $A=\begin{bmatrix}0 & -5\\ 0 & 5\end{bmatrix}$；　(6) $A=\begin{bmatrix}0 & 1\\ -1 & -2\end{bmatrix}$；

(7) $A=\begin{bmatrix}0 & 1 & 0 & 0\\ 0 & 0 & 1 & 0\\ 0 & 0 & 0 & 1\\ 0 & 0 & 0 & 0\end{bmatrix}$。

10-2　用拉氏变换法求 e^{At}，其中 $A=\begin{bmatrix}0 & 1 & 0\\ 0 & 0 & 1\\ 2 & -5 & 4\end{bmatrix}$。

10-3　线性定常系统的齐次方程为 $\dot{x}=Ax(t)$，已知当 $x(0)=\begin{bmatrix}1\\ -2\end{bmatrix}$时，状态方程的解为 $x(t)=\begin{bmatrix}e^{-2t}\\ -2e^{-2t}\end{bmatrix}$；而当 $x(0)=\begin{bmatrix}1\\ -1\end{bmatrix}$时，状态方程的解为 $x(t)=\begin{bmatrix}e^{-t}\\ -e^{-t}\end{bmatrix}$，试求：

(1) 系统的状态转移矩阵 $\boldsymbol{\Phi}(t)$；

(2) 系统的系数矩阵 A。

10-4　已知系统 $\dot{x}(t)=Ax(t)$的转移矩阵 $\boldsymbol{\Phi}(t, t_0)$为

$$\boldsymbol{\Phi}(t, t_0)=\begin{bmatrix}2e^{-t}-e^{-2t} & 2(e^{-2t}-e^{-t})\\ e^{-t}-e^{-2t} & 2e^{-2t}-e^{-t}\end{bmatrix}$$

试确定矩阵 A。

10-5　已知线性定常系统的状态空间表达式，求单位阶跃输入时状态方程的解。

$$\dot{x}=\begin{bmatrix}0 & 1\\ -2 & -3\end{bmatrix}x+\begin{bmatrix}0\\ 1\end{bmatrix}u$$

$$x(0)=\begin{bmatrix}1\\ 0\end{bmatrix}$$

10-6　已知线性定常系统的状态空间表达式，求单位阶跃输入时状态方程的解和输出响应。

$$\dot{x}=\begin{bmatrix}0 & 1\\ -5 & -6\end{bmatrix}x+\begin{bmatrix}2\\ 1\end{bmatrix}u,\ x(0)=\begin{bmatrix}1\\ 1\end{bmatrix}$$

$$y=[1\quad 2]x$$

10-7 已知线性定常系统的状态空间表达式为 $\dot{\boldsymbol{x}}=\begin{bmatrix}0 & 1\\ -5 & -6\end{bmatrix}\boldsymbol{x}+\begin{bmatrix}2\\ 0\end{bmatrix}u$，$y=[1 \quad 2]\boldsymbol{x}$，状态的初始条件为 $\boldsymbol{x}(0)=\begin{bmatrix}1\\ 1\end{bmatrix}$，输入量为 $u(t)=\mathrm{e}^{-t}(t\geqslant 0)$，试求系统的输出响应。

10-8 已知系统状态方程和初始条件为

$$\dot{\boldsymbol{x}}=\begin{bmatrix}1 & 0 & 0\\ 0 & 1 & 0\\ 0 & 1 & 2\end{bmatrix}\boldsymbol{x}$$

$$\boldsymbol{x}(0)=\begin{bmatrix}1\\ 0\\ 1\end{bmatrix}$$

(1) 试用拉氏变换法求其状态转移矩阵；

(2) 试用化对角标准型法求其状态转移矩阵；

(3) 试用化 e^{At} 为有限项法求其状态转移矩阵；

(4) 根据所给初始条件，求齐次状态方程的解。

第 11 章　线性控制系统的能控性与能观测性

能控性(Controllability)和能观测性(Observability)这两个重要概念是由卡尔曼于 20 世纪 60 年代首先提出的，它深刻地揭示了系统的内部结构关系。这两个概念在用状态空间法设计控制系统时，起着非常重要的作用，因此，有必要了解系统在什么条件下是能控的和能观测的。在本章中，我们的讨论将限于线性系统，首先给出能控性与能观测性的定义，然后推导出判别系统能控性和能观测性的若干判据。本章主要介绍连续系统的能控性和能观测性，有关离散系统的能控性和能观测性问题，请读者参阅有关书籍。

11.1　问题的提出

经典控制理论中用传递函数描述系统的输入-输出特性，输出量即被控量，只要系统是因果系统并且是稳定的，输出量便可以受控，且输出量总是可以被测量的，因而不需要提出能控性和能观测性的概念。

现代控制理论是建立在用状态空间法描述系统的基础上的。状态方程描述输入 $\boldsymbol{u}(t)$ 引起状态 $\boldsymbol{x}(t)$ 变化的过程；输出方程描述由状态变化所引起的输出 $y(t)$ 的变化。能控性和能观测性可以定性地描述输入 $\boldsymbol{u}(t)$ 对状态 $\boldsymbol{x}(t)$ 的控制能力、输出 $y(t)$ 对状态 $\boldsymbol{x}(t)$ 的反映能力。

状态空间表达式是对系统的一种完全的描述，判别系统的能控性和能观测性的主要依据就是状态空间表达式。

例 11-1　根据以下状态空间表达式，说明系统的能控性和能观测性。

(1) $\begin{cases}\dot{\boldsymbol{x}}=\begin{bmatrix}1 & 0\\0 & 2\end{bmatrix}\boldsymbol{x}+\begin{bmatrix}0\\2\end{bmatrix}u\\ y=[1\quad 0]\boldsymbol{x}\end{cases}$；

(2) $\begin{cases}\dot{\boldsymbol{x}}=\begin{bmatrix}1 & 0\\0 & 2\end{bmatrix}\boldsymbol{x}+\begin{bmatrix}1\\1\end{bmatrix}u\\ y=[1\quad 1]\boldsymbol{x}\end{cases}$；

(3) $\begin{cases}\dot{\boldsymbol{x}}=\begin{bmatrix}1 & 0\\0 & 1\end{bmatrix}\boldsymbol{x}+\begin{bmatrix}1\\1\end{bmatrix}u\\ y=[1\quad 1]\boldsymbol{x}\end{cases}$。

解　(1) 状态空间表达式写成方程组形式为

$$\begin{cases}\dot{x}_1=x_1\\ \dot{x}_2=2x_2+2u\\ y=x_1\end{cases}$$

从状态方程来看，输入 u 不能控制状态变量 x_1，所以状态变量 x_1 是不能控的；从输出方程看，输出 y 不能反映状态变量 x_2，所以状态变量 x_2 是不能观测的。即状态变量 x_1 不能控、能观测；状态变量 x_2 能控、不能观测。

（2）状态空间表达式写成方程组形式为

$$\begin{cases}\dot{x}_1=x_1+u\\ \dot{x}_2=2x_2+u\\ y=x_1+x_2\end{cases}$$

由于状态变量 x_1、x_2 都受控于输入 u，所以系统是能控的；输出 y 能反映状态变量 x_1，又能反映状态变量 x_2 的变化，所以系统是能观测的。即状态变量 x_1 能控、能观测；状态变量 x_2 能控、能观测。

（3）状态空间表达式写成方程组形式为

$$\begin{cases}\dot{x}_1=x_1+u\\ \dot{x}_2=x_2+u\\ y=x_1+x_2\end{cases}$$

从状态方程看，输入 u 能对状态变量 x_1、x_2 施加影响，似乎该系统的所有状态变量都是能控的；从输出方程看，输出 y 能反映状态变量 x_1、x_2 的变化，似乎系统是能观测的。实际上，这个系统的两个状态变量既不是完全能控的，也不是完全能观测的。要解释和说明这一情况，就必须首先弄清楚能控性和能观测性的严格定义及判别方法。

11.2 线性连续系统的能控性

11.2.1 时变系统的能控性

1. 能控性的概念

设线性时变系统的状态方程为

$$\begin{cases}\dot{\boldsymbol{x}}(t)=\boldsymbol{A}(t)\boldsymbol{x}(t)+\boldsymbol{B}(t)\boldsymbol{u}(t)\\ \boldsymbol{y}(t)=\boldsymbol{C}(t)\boldsymbol{x}(t)\end{cases} \tag{11-1}$$

式中，$\boldsymbol{x}(t)$为 n 维状态向量；$\boldsymbol{u}(t)$为 r 维输入向量；$\boldsymbol{y}(t)$为 m 维输出向量；$\boldsymbol{A}(t)$为 $n\times n$ 系统矩阵；$\boldsymbol{B}(t)$为 $n\times r$ 输入矩阵；$\boldsymbol{C}(t)$为 $m\times n$ 输出矩阵。

系统的能控性分为状态能控性和输出能控性两种，下面将以式(11-1)的系统为例进行讨论。

1）状态能控性

如果施加一个无约束的控制信号 $\boldsymbol{u}(t)$，在有限的时间 $t_f>t_0$ 内，能将系统的任意一个非零初始状态 $\boldsymbol{x}(t_0)$转移到任一终止状态 $\boldsymbol{x}(t_f)$，则称该系统的状态变量 $\boldsymbol{x}(t)$在 $t=t_0$ 时为状态能控的。否则，系统就是不完全能控的或简称不能控的。

2）输出能控性

输出能控性是指系统的输入能否控制系统的输出。若系统存在一个输入信号 $\boldsymbol{u}(t)$，在有限的时间 $t_f>t_0$ 内，能将输出量 $\boldsymbol{y}(t)=0$ 转移到任意给定的输出 $\boldsymbol{y}(t_f)=\boldsymbol{y}_f$，则称系统在时刻 t_0 是输出能控的。

2. 线性时变系统的能控性判据

1) Gram(格拉姆)矩阵

线性时变系统 $\dot{\boldsymbol{x}}(t)=\boldsymbol{A}(t)\boldsymbol{x}(t)+\boldsymbol{B}(t)\boldsymbol{u}(t)$，在时间区间$[t_0, t_f]$内，状态完全能控的充要条件是格拉姆矩阵

$$\boldsymbol{W}_c(t_0, t_f)=\int_{t_0}^{t_f}\boldsymbol{\Phi}(t_0, \tau)\boldsymbol{B}(\tau)\boldsymbol{B}^T(\tau)\boldsymbol{\Phi}^T(t_0, \tau)d\tau$$

为非奇异矩阵。其中，$\boldsymbol{\Phi}(t_0, t)$为时变系统状态转移矩阵。

线性时变系统 $\dot{\boldsymbol{x}}(t)=\boldsymbol{A}(t)\boldsymbol{x}(t)+\boldsymbol{B}(t)\boldsymbol{u}(t)$在 t_0 时刻状态完全能控的另一个充要条件为：矩阵 $\boldsymbol{\Phi}(t_0, t)\boldsymbol{B}(t)$是行线性无关的。

上述判据虽然能判断系统是否状态能控，但是在应用时，需要计算状态转移矩阵，计算量是很大的。因此，在线性时变系统中，以上两个判据一般只是用来进行理论分析。

2) 状态能控性的实用判别准则

设线性时变系统的状态方程为

$$\dot{\boldsymbol{x}}(t)=\boldsymbol{A}(t)\boldsymbol{x}(t)+\boldsymbol{B}(t)\boldsymbol{u}(t)$$

其中，$\boldsymbol{A}(t)$，$\boldsymbol{B}(t)$对时间 t 分别是 $n-2$ 阶和 $n-1$ 阶连续可微的，构造一个序列 $\boldsymbol{M}_k$，使

$$\begin{cases}\boldsymbol{M}_i(t)=-\boldsymbol{A}(t)\boldsymbol{M}_{i-1}(t)+\dfrac{d}{dt}\boldsymbol{M}_{i-1}(t), & i=2, 3, \cdots, n\\ \boldsymbol{M}_1(t)=\boldsymbol{B}(t)\end{cases}$$

令

$$\boldsymbol{Q}_c(t)\equiv[\boldsymbol{M}_1(t)\quad \boldsymbol{M}_2(t)\quad \cdots\quad \boldsymbol{M}_n(t)]$$

如果存在一个有限的时刻 $t_f>0$，使得

$$\operatorname{rank}\boldsymbol{Q}_c(t_f)=n \tag{11-2}$$

则该系统在$[0, t_f]$上是状态完全能控的。

需要指出，此判据只是一个充分条件，不是必要条件。

3) 输出的能控性判据

系统的被控量往往不是系统的状态，而是系统的输出，因此系统的输出量是否能控也是一个重要的问题。

系统在 t_0 时刻输出能控的充要条件是：在一个有限时间 $t_f>t_0$ 内，使得属于时间$[t_0, t_f]$内的 τ，连续脉冲响应矩阵 $\boldsymbol{G}(t, \tau)$的所有行向量是线性无关的。

11.2.2 定常系统的能控性

1. 能控性的概念

设线性定常系统的状态空间表达式为

$$\begin{aligned}\dot{\boldsymbol{x}}(t)&=\boldsymbol{A}x(t)+\boldsymbol{B}\boldsymbol{u}(t)\\ \boldsymbol{y}(t)&=\boldsymbol{C}\boldsymbol{x}(t)+\boldsymbol{D}\boldsymbol{u}(t)\end{aligned} \tag{11-3}$$

式中，$\boldsymbol{A}$ 为 $n\times n$ 矩阵；$\boldsymbol{B}$ 为 $n\times r$ 矩阵；$\boldsymbol{C}$ 为 $m\times n$ 矩阵；$\boldsymbol{D}$ 为 $m\times r$ 矩阵。

1) 状态能控性

如果存在一个分段连续的输入 $\boldsymbol{u}(t)$，能在$[t_0, t_f]$有限时间间隔内，使得系统从任一初始状态 $\boldsymbol{x}(t_0)$转移到指定的任一终端状态 $\boldsymbol{x}(t_f)$，则称此系统的状态是能控的。

若系统所有状态变量中至少有一个状态变量不能控制时，则称此系统是状态不完全能控的，或简称系统是不能控的。只有系统的所有状态都是能控的，才称此系统是状态完全能控的，简称系统是能控的。

状态完全能控可以在二阶系统的相平面上来说明，如图 11-1 所示。假如相平面中的 P 点能在输入的作用下转移到任一指定状态 P_1，P_2，…，P_n，那么相平面上的 P 点是能控状态。假如能控状态“充满”整个状态空间，即对于任意初始状态都能找到相应的控制输入 $\boldsymbol{u}(t)$，使得在有限时间间隔内，将此状态转移到状态空间中的任一指定状态，则该系统称为状态完全能控。

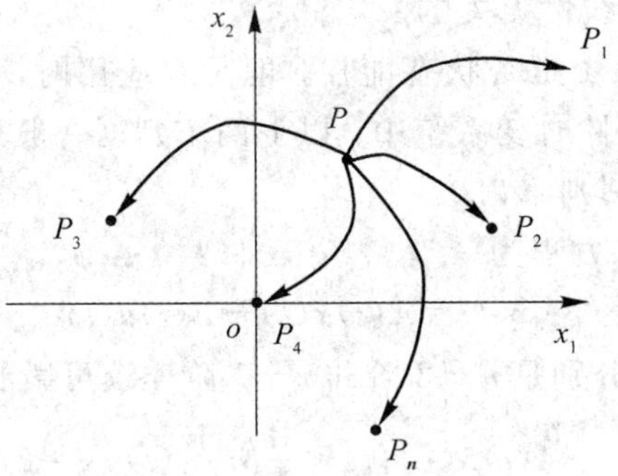

图 11-1　能控状态的图形说明

2）输出能控性

若系统存在一分段连续的输入信号 $\boldsymbol{u}(t)$，在有限时间$[t_0, t_f]$内，能将任一输出量 $\boldsymbol{y}(t_0)$ 转移到任意给定的输出 $\boldsymbol{y}(t_f)$，则称系统是输出能控的。

2. 能控性的判据

1）状态能控性

对于 n 阶线性定常系统

$$\dot{\boldsymbol{x}}(t)=\boldsymbol{A}\boldsymbol{x}(t)+\boldsymbol{B}\boldsymbol{u}(t)$$

能控性的判别有四个判据，这四个判据是等价的，每一个都是系统能控性的充要条件。

判据一：矩阵 $e^{-\boldsymbol{A}t}\boldsymbol{B}$ 是行线性无关的。

判据二：矩阵$(s\boldsymbol{I}-\boldsymbol{A})^{-1}\boldsymbol{B}$ 是行线性无关的。

判据三：格拉姆矩阵 $\boldsymbol{W}_c=\int_0^t e^{\boldsymbol{A}\tau}\boldsymbol{B}\boldsymbol{B}^T e^{\boldsymbol{A}^T\tau}d\tau$ 是非奇异的。

判据四：由 $\boldsymbol{A}$、$\boldsymbol{B}$ 构成的能控性判别矩阵

$$\boldsymbol{U}_c=[\boldsymbol{B}\quad \boldsymbol{A}\boldsymbol{B}\quad \boldsymbol{A}^2\boldsymbol{B}\quad \cdots\quad \boldsymbol{A}^{n-1}\boldsymbol{B}]$$

满秩，即

$$\operatorname{rank} \boldsymbol{U}_c=n \tag{11-4}$$

其中，n 为该系统的维数。

这种通过$\boldsymbol{U}_c$ 是否满秩来判定系统能控性的判据又称秩判据。

例 11-2　判别下列状态方程的可控性。

(1) $\dot{\boldsymbol{x}}=\begin{bmatrix}-2 & 1\\ 0 & -1\end{bmatrix}\boldsymbol{x}+\begin{bmatrix}1\\0\end{bmatrix}u$；　　(2) $\dot{\boldsymbol{x}}=\begin{bmatrix}0 & 1\\ -1 & 0\end{bmatrix}\boldsymbol{x}+\begin{bmatrix}0\\1\end{bmatrix}u$。

解　(1) $\boldsymbol{U}_c=[\boldsymbol{b}\quad \boldsymbol{Ab}]=\begin{bmatrix}1 & -2\\ 0 & 0\end{bmatrix}$，$\text{rank}\,\boldsymbol{U}_c=1<n$，所以系统不能控。

(2) $\boldsymbol{U}_c=[\boldsymbol{b}\quad \boldsymbol{Ab}]=\begin{bmatrix}0 & 1\\ 1 & 0\end{bmatrix}$，$\text{rank}\,\boldsymbol{U}_c=2=n$，所以系统能控。

需要强调的是：

(1) 在时变系统中，因为 $\boldsymbol{A}(t)$，$\boldsymbol{B}(t)$是随时间变化的，所以状态变量 $\boldsymbol{x}(t)$的转移与初始时刻 t_0 的选取有关，故要强调在一定时间区间$[t_0,\ t_f]$内系统的能控，而在定常系统中，系统的能控性和 t_0 的选取是无关的，它是时变系统的一种特殊情况。

(2) 在能控性定义中，把系统的初始状态取为状态空间中的任意有限点 $\boldsymbol{x}(t_0)$，而终端状态也规定为状态空间中的任意点 $\boldsymbol{x}(t_f)$，这种定义方式不便于写成解析形式。为了便于数学处理而又不失一般性，我们常把系统的初始状态规定为状态空间中的任意非零点，而终端目标规定为状态空间中的原点，或者把系统的初始状态规定为状态空间的原点，即 $\boldsymbol{x}(t_0)=0$，终端状态规定为任意非零有限点。

(3) 如果把系统的初始状态规定为状态空间的原点，即 $\boldsymbol{x}(t_0)=0$，终端状态规定为任意非零有限点，则对于给定的线性定常系统 $\dot{\boldsymbol{x}}=\boldsymbol{Ax}+\boldsymbol{Bu}$，如果存在一个分段连续的输入 $\boldsymbol{u}(t)$，能在$[t_0,\ t_f]$有限时间间隔内，将系统由零初始状态 $\boldsymbol{x}(t_0)$转移到任一指定的非零终端状态$\boldsymbol{x}(t_f)$，则称此系统是状态完全能达的，简称系统是能达的。

对于线性定常系统，能控性和能达性是等价的，而在线性时变系统中，严格地说，能控不一定能达，反之亦然。

(4) 在考虑问题时，输入信号从理论上说是无约束的，它的取值并非唯一。为简单起见，以后对能控性的讨论中，均规定目标状态为状态空间中的原点，并且我们所关心的，只是是否存在某个分段连续的输入 $\boldsymbol{u}(t)$，能把任意初始状态转移到零状态，并不要求算出具体的输入和状态轨线。

2) 输出的能控性

设线性定常系统的状态空间表达式为

$$\begin{cases}\dot{\boldsymbol{x}}(t)=\boldsymbol{Ax}(t)+\boldsymbol{Bu}(t)\\ \boldsymbol{y}(t)=\boldsymbol{Cx}(t)+\boldsymbol{Du}(t)\end{cases}$$

系统输出能控的充要条件是，$m\times(nr+r)$矩阵

$$[\boldsymbol{D}\quad \boldsymbol{CB}\quad \boldsymbol{CAB}\quad \boldsymbol{CA}^2\boldsymbol{B}\quad \cdots\quad \boldsymbol{CA}^{n-1}\boldsymbol{B}]$$

的秩为 m。

例 11-3　考虑由下式确定的系统：

$$\begin{cases}\begin{bmatrix}\dot{x}_1\\ \dot{x}_2\end{bmatrix}=\begin{bmatrix}1 & 1\\ 0 & -1\end{bmatrix}\begin{bmatrix}x_1\\ x_2\end{bmatrix}+\begin{bmatrix}0\\ 1\end{bmatrix}u\\ y=[1\quad -1]\begin{bmatrix}x_1\\ x_2\end{bmatrix}\end{cases}$$

试分析系统的输出能控性。

解　$\text{rank}[\boldsymbol{cb}\quad \boldsymbol{cAb}]=\text{rank}[-1\quad 2]=1=m$，所以系统是输出能控的。

系统的输出能控性和状态能控性是两个完全不同的概念，二者之间没有必然的联系，不能把二者混淆。一个系统的状态能控并不意味着其输出能控，同样，一个系统的输出能

控，也不意味着其状态能控。

11.2.3 状态能控性条件的标准型判据

当线性定常系统的系统矩阵 **A** 为对角标准型或约当标准型时，判定系统的能控性有比较简便的方法，即可以依据状态方程中的系统矩阵 **A** 和输入矩阵 **B** 进行直观判断。因此，标准型判据也称为直观性判据。

1. 对角标准型

设线性定常系统

$$\dot{\boldsymbol{x}}=\boldsymbol{A}\boldsymbol{x}+\boldsymbol{B}\boldsymbol{u}$$

具有互不相同的实特征值，则其状态完全能控的充分必要条件是：系统经非奇异变换后的对角标准型

$$\dot{\tilde{\boldsymbol{x}}}=\begin{bmatrix}\lambda_1 & & \boldsymbol{0}\\ & \ddots & \\ \boldsymbol{0} & & \lambda_n\end{bmatrix}\tilde{\boldsymbol{x}}+\tilde{\boldsymbol{B}}\boldsymbol{u}$$

中，$\tilde{\boldsymbol{B}}$ 阵不存在全零行。

值得注意的是：该对角标准型能控性判据成立的条件是系统具有互不相同的实特征值，如果 **A** 的特征值互异，那么 **A** 的特征向量也互不相同；然而，如果 **A** 的特征向量互不相同，**A** 的特征值可能是重特征值，即具有重特征值的 $n\times n$ 维实对称矩阵也有可能有 n 个互不相同的特征向量，系统经过线性变换后也可以化为对角标准型，但此时不适合上面的判据。

例 11-4 判别下列系统的状态能控性。

(1) $\dot{\boldsymbol{x}}=\begin{bmatrix}-7 & 0 & 0\\ 0 & -5 & 0\\ 0 & 0 & -1\end{bmatrix}\boldsymbol{x}+\begin{bmatrix}0 & 1\\ 4 & 0\\ 7 & 5\end{bmatrix}\boldsymbol{u}$；

(2) $\dot{\boldsymbol{x}}=\begin{bmatrix}-7 & 0 & 0\\ 0 & -5 & 0\\ 0 & 0 & -1\end{bmatrix}\boldsymbol{x}+\begin{bmatrix}0 & 1\\ 0 & 0\\ 7 & 5\end{bmatrix}\boldsymbol{u}$。

解 (1) 状态方程为对角标准型，$\tilde{\boldsymbol{B}}$ 阵中不含有元素全为零的行，故系统是能控的。

(2) 状态方程为对角标准型，$\tilde{\boldsymbol{B}}$ 阵中含有元素全为零的行，故系统是不能控的。

例 11-5 判别下列系统的状态能控性。

$$\dot{\boldsymbol{x}}=\begin{bmatrix}2 & 0 & 0\\ 0 & 2 & 0\\ 0 & 0 & 2\end{bmatrix}\boldsymbol{x}+\begin{bmatrix}1\\ 1\\ 1\end{bmatrix}\boldsymbol{u}$$

解 状态方程为对角标准型，$\tilde{\boldsymbol{b}}$ 阵中不含有元素全为零的行，但系统却是不能控的，因为对角阵 $\tilde{\boldsymbol{A}}$ 不满足“特征值互不相同”这个条件，故上述判据不再适用。这种情况下，应根据式(11-4)中的秩判据来判断，即

$$\boldsymbol{U}_{\mathrm{c}}=[\boldsymbol{b}\quad \boldsymbol{A}\boldsymbol{b}\quad \boldsymbol{A}^2\boldsymbol{b}]=\begin{bmatrix}1 & 2 & 4\\ 1 & 2 & 4\\ 1 & 2 & 4\end{bmatrix}，\mathrm{rank}\,\boldsymbol{U}_{\mathrm{c}}=1<3$$

所以系统是不能控的。

2. 约当标准型

若线性定常系统 $\dot{x}=Ax+Bu$，具有重实特征值，且每一个重特征值只对应一个独立特征向量，则系统状态完全能控的充分必要条件是：系统经非奇异变换后的约当标准型

$$\dot{\tilde{x}}=\begin{bmatrix} J_1 & & \mathbf{0} \\ & \ddots & \\ \mathbf{0} & & J_k \end{bmatrix}\tilde{x}+\tilde{B}u$$

中，

(1) 输入矩阵 $\tilde{B}$ 中与每一个约当块 $J_i(i=1, 2, \cdots, k)$最后一行所对应的各行中，没有一行的元素全为零。

(2) $\tilde{B}$ 阵中与互异特征值所对应的行不存在全零行。

例 11-6　判别下列系统的状态能控性。

(1) $\dot{x}=\begin{bmatrix} -4 & 1 \\ 0 & -4 \end{bmatrix}x+\begin{bmatrix} 0 \\ 2 \end{bmatrix}u$；

(2) $\dot{x}=\begin{bmatrix} -4 & 1 \\ 0 & -4 \end{bmatrix}x+\begin{bmatrix} 2 \\ 0 \end{bmatrix}u$；

(3) $\dot{x}=\begin{bmatrix} -4 & 1 & & \\ 0 & -4 & & \mathbf{0} \\ & & -3 & 1 \\ \mathbf{0} & & 0 & -3 \end{bmatrix}x+\begin{bmatrix} 0 & 0 \\ 0 & 1 \\ 0 & 0 \\ 2 & 0 \end{bmatrix}u$；

(4) $\dot{x}=\begin{bmatrix} -4 & 1 & & \\ 0 & -4 & & \mathbf{0} \\ & & -3 & 1 \\ \mathbf{0} & & 0 & -3 \end{bmatrix}x+\begin{bmatrix} 0 & 1 \\ 0 & 0 \\ 2 & 0 \\ 0 & 1 \end{bmatrix}u$；

(5) $\dot{x}=\begin{bmatrix} 2 & 1 & 0 \\ 0 & 2 & 0 \\ 0 & 0 & 3 \end{bmatrix}x+\begin{bmatrix} 0 \\ 1 \\ 0 \end{bmatrix}u$。

解　(1) 系统是能控的。

(2) 系统是不能控的。

(3) 系统是能控的。

(4) 系统是不能控的。

(5) 系统是不能控的。

值得注意的是，当 A 阵的相同特征值分布在 $\tilde{A}$ 阵的两个或更多的约当块时，如 $\begin{bmatrix} \lambda_1 & 1 & \\ & \lambda_1 & \\ & & \lambda_1 \end{bmatrix}$，以上判据不适用，可根据秩判据来判别。

例 11-7　判别下列系统的状态能控性。

$$\dot{x}=\begin{bmatrix}2&1&0\\0&2&0\\0&0&2\end{bmatrix}x+\begin{bmatrix}0\\1\\1\end{bmatrix}u$$

解 虽然 $\tilde{A}$ 为约当阵，但有两个相同特征值的约当块，每个约当小块最后一行所对应的 $\tilde{b}$ 阵中的各行元素中，虽然没有一行的元素全为零，但该系统是不能控的。因为，在这种情况下，以上判据已经不再适用，应使用秩判据判断，即

$$U_c=[\tilde{b}\quad \tilde{A}\tilde{b}\quad \tilde{A}^2\tilde{b}]=\begin{bmatrix}0&1&4\\1&2&4\\1&2&4\end{bmatrix},\ \text{rank}\quad U_c=2<3$$

所以系统是不能控的。

11.3 线性连续系统的能观测性

11.3.1 时变系统的能观测性

1. 能观测性的概念

设线性时变系统的状态空间表达式为

$$\begin{cases}\dot{x}=A(t)x(t)+B(t)u(t)\\ y(t)=C(t)x(t)\end{cases}$$

如果对于任一给定的输入 $u(t)$，存在一有限观测时间 $t_f>t_0$，使得在$[t_0, t_f]$期间测量到的 $y(t)$，能唯一地确定系统的初始状态 $x(t_0)$，则称此状态是能观测的。若系统的每一个状态都是能观测的，则称系统是状态完全能观测的，简称系统是能观测的。

2. 线性时变系统的能观测性判据

1) Gram(格拉姆)矩阵

线性时变系统 $\dot{x}(t)=A(t)x(t)+B(t)u(t)$，在时间区间$[t_0, t_f]$内，状态完全能观测的充要条件是格拉姆矩阵

$$W_o(t_0, t_f)=\int_{t_0}^{t_f}\Phi^T(\tau, t_0)C^T(\tau)C(\tau)\Phi(\tau, t_0)d\tau$$

为非奇异矩阵。

其中，$\Phi(t, t_0)$为时变系统状态转移矩阵。

线性时变系统 $\dot{x}(t)=A(t)x(t)+B(t)u(t)$在 t_0 时刻状态完全能观测的另一个充要条件为：矩阵 $C(t)\Phi(t, t_0)$是列线性无关的。

和判别时变系统的能控性一样，在应用上述定理时，需要计算状态转移矩阵，计算量非常大。

2) 能观测性的实用判别准则

设线性时变系统的状态空间表达式为

$$\begin{cases}\dot{x}(t)=A(t)x(t)+B(t)u(t)\\ y(t)=C(t)x(t)\end{cases}$$

其中，$A(t)$，$C(t)$对时间 t 分别是 $n-2$ 阶和 $n-1$ 阶连续可微的，构造一个序列 C_i，使

$$\begin{cases} \boldsymbol{C}_i(t)=\boldsymbol{C}_{i-1}(t)\boldsymbol{A}(t)+\dfrac{\mathrm{d}}{\mathrm{d}t}\boldsymbol{C}_{i-1}(t),\ i=2,\ 3,\ \cdots,\ n \\ \boldsymbol{C}_1=\boldsymbol{C}(t) \end{cases}$$

令

$$\boldsymbol{R}(t)\equiv[\boldsymbol{C}_1(t)\quad \boldsymbol{C}_2(t)\quad \cdots\quad \boldsymbol{C}_n(t)]^T$$

如果存在一个有限的时刻 $t_f>0$，使得

$$\operatorname{rank}\boldsymbol{R}(t_f)=n \tag{11-5}$$

则该系统在$[0,\ t_f]$上是能观测的。

11.3.2　定常系统的能观测性

1. 能观测性的概念

设线性定常系统的状态空间表达式为

$$\begin{cases} \dot{\boldsymbol{x}}=\boldsymbol{A}\boldsymbol{x}(t)+\boldsymbol{B}\boldsymbol{u}(t) \\ \boldsymbol{y}(t)=\boldsymbol{C}\boldsymbol{x}(t) \end{cases} \tag{11-6}$$

如果对于任一给定的输入 $\boldsymbol{u}(t)$，存在一有限观测时间 $t_f>t_0$，使得在$[t_0,\ t_f]$期间测量到的 $\boldsymbol{y}(t)$，能唯一地确定系统的初始状态 $\boldsymbol{x}(t_0)$，则称此状态是能观测的。若系统的每一个状态都是能观测的，则称系统是状态完全能观测的，简称系统是能观测的。

2. 能观测性的判别准则

对于 n 阶线性定常系统

$$\begin{cases} \dot{\boldsymbol{x}}=\boldsymbol{A}\boldsymbol{x}(t)+\boldsymbol{B}\boldsymbol{u}(t) \\ \boldsymbol{y}(t)=\boldsymbol{C}\boldsymbol{x}(t) \end{cases}$$

能观测性的判别有四个判据，这四个判据是等价的，每一个都是系统能观测性的充要条件。

判据一：矩阵 $\boldsymbol{C}\mathrm{e}^{-\boldsymbol{A}t}$ 是列线性无关的。

判据二：矩阵 $\boldsymbol{C}(s\boldsymbol{I}-\boldsymbol{A})^{-1}$ 是列线性无关的。

判据三：格拉姆矩阵 $W_o=\int_{t_0}^{t_f}\mathrm{e}^{\boldsymbol{A}^{\mathrm{T}}\tau}\boldsymbol{C}^{\mathrm{T}}\boldsymbol{C}\mathrm{e}^{\boldsymbol{A}\tau}\,\mathrm{d}\tau$ 是非奇异的。

判据四：由 $\boldsymbol{A}$、$\boldsymbol{C}$ 构成的能观测性判别矩阵

$$\boldsymbol{V}_o=\begin{bmatrix} \boldsymbol{C} \\ \boldsymbol{C}\boldsymbol{A} \\ \vdots \\ \boldsymbol{C}\boldsymbol{A}^{n-1} \end{bmatrix}$$

满秩，即

$$\operatorname{rank}\quad \boldsymbol{V}_o=n \tag{11-7}$$

其中，n 为该系统的维数。判据四又称秩判据。

例 11－8　判别下列系统的能观测性。

(1) $\dot{\boldsymbol{x}}=\begin{bmatrix}-4 & 5\\ 1 & 0\end{bmatrix}\boldsymbol{x}+\begin{bmatrix}1\\1\end{bmatrix}u,\ y=[1\quad -1]\boldsymbol{x}$；

(2) $\dot{\boldsymbol{x}}=\begin{bmatrix}2 & -1\\ 1 & -3\end{bmatrix}\boldsymbol{x}+\begin{bmatrix}-1\\1\end{bmatrix}u,\ y=\begin{bmatrix}1 & 0\\ -1 & 0\end{bmatrix}\boldsymbol{x}$；

(3) $\dot{\boldsymbol{x}}=\begin{bmatrix}1 & 0\\0 & 1\end{bmatrix}\boldsymbol{x}+\begin{bmatrix}1\\1\end{bmatrix}u$，$y=[1\quad 1]\boldsymbol{x}$。

解 (1) $\boldsymbol{V}_o=\begin{bmatrix}\boldsymbol{c}\\\boldsymbol{cA}\end{bmatrix}=\begin{bmatrix}1 & -1\\-5 & 5\end{bmatrix}$，rank $\boldsymbol{V}_o=1<2$，故系统是不能观测的。

(2) $\boldsymbol{V}_o=\begin{bmatrix}\boldsymbol{C}\\\boldsymbol{CA}\end{bmatrix}=\begin{bmatrix}1 & 0\\-1 & 0\\2 & -1\\-2 & 1\end{bmatrix}$，rank $\boldsymbol{V}_o=2$，故系统是能观测的。

(3) $\boldsymbol{V}_o=\begin{bmatrix}\boldsymbol{c}\\\boldsymbol{cA}\end{bmatrix}=\begin{bmatrix}1 & 1\\1 & 1\end{bmatrix}$，rank $\boldsymbol{V}_o=1<2$，故系统是不能观测的。

需要强调的是：

(1) 在能观测性定义中之所以把能观测性规定为对初始状态的确定，是因为一旦确定了初始状态，便可根据给定输入 $\boldsymbol{u}(t)$，利用状态方程的解

$$\boldsymbol{x}(t)=\boldsymbol{\Phi}(t-t_0)\boldsymbol{x}(t_0)+\int_{t_0}^{t}\boldsymbol{\Phi}(t-\tau)\boldsymbol{Bu}(\tau)\mathrm{d}\tau$$

就可以求出各个瞬间状态。

(2) 能观测性表示的是 $\boldsymbol{y}(t)$ 反应状态向量 $\boldsymbol{x}(t)$ 的能力，考虑到输入信号 $\boldsymbol{u}(t)$ 所引起的输出是可计算出的，所以在分析能观测性问题时，常令 $\boldsymbol{u}(t)=0$，这样只需从齐次状态方程和输出方程出发来考虑能观测性问题。

(3) 从输出方程 $\boldsymbol{y}(t)=\boldsymbol{Cx}(t)$ 可以看出，如果输出量 $\boldsymbol{y}(t)$ 的维数等于状态变量 $\boldsymbol{x}(t)$ 的维数，并且 $\boldsymbol{C}$ 阵是非奇异的，则 $\boldsymbol{x}(t)=\boldsymbol{C}^{-1}\boldsymbol{y}(t)$，显然这是不需要观测时间的。而在一般情况下输出量的维数总是小于状态变量的维数，只有在不同时刻多测量几组数据 $\boldsymbol{y}(t_0)$，$\boldsymbol{y}(t_1)$，…，$\boldsymbol{y}(t_f)$，使之能够组成 n 个方程式，才能唯一地求出 n 个状态变量。但是如果 t_0，t_1，…，t_f 相隔太近，则 $\boldsymbol{y}(t_0)$，$\boldsymbol{y}(t_1)$，…，$\boldsymbol{y}(t_f)$ 几个方程虽然在结构上是独立的，但其数值可能相差无几，因此，在能观测性定义中观测时间应满足 $t_f>t_0$ 的要求。

11.3.3 状态能观测性的标准型判据

与能控性类似，当线性定常系统的系统矩阵 $\boldsymbol{A}$ 为对角标准型或约当标准型时，判定系统的能观测性有比较简便的方法，即可以使用直观性判据。

1. 对角标准型

设线性定常系统

$$\begin{cases}\dot{\boldsymbol{x}}(t)=\boldsymbol{A}x(t)+\boldsymbol{Bu}(t)\\\boldsymbol{y}(t)=\boldsymbol{Cx}(t)\end{cases}$$

具有互不相同的实特征值，则其系统完全能观测的充分必要条件是：系统经非奇异变换后的对角标准型

$$\begin{cases}\dot{\tilde{\boldsymbol{x}}}=\begin{bmatrix}\boldsymbol{\lambda}_1 & & \boldsymbol{0}\\ & \ddots & \\ \boldsymbol{0} & & \boldsymbol{\lambda}_n\end{bmatrix}\tilde{\boldsymbol{x}}+\tilde{\boldsymbol{B}}\boldsymbol{u}\\\boldsymbol{y}=\tilde{\boldsymbol{C}}\tilde{\boldsymbol{x}}\end{cases}\qquad(11-8)$$

中，$\tilde{C}$ 阵不存在全零列。

值得注意的是：此判据成立的条件是“具有互不相同的实特征值”，如果系统具有重特征值，则不适合上面的判据，此时应采用秩判据。

例 11-9　判别下列系统的能观测性。

(1) $\dot{x}=\begin{bmatrix}1&0&0\\0&2&0\\0&0&3\end{bmatrix}x+\begin{bmatrix}0\\0\\1\end{bmatrix}u$，$y=[5\quad 3\quad 2]x$；

(2) $\dot{x}=\begin{bmatrix}1&0&0\\0&2&0\\0&0&3\end{bmatrix}x+\begin{bmatrix}0\\0\\1\end{bmatrix}u$，$y=[5\quad 3\quad 0]x$。

解　(1) 状态方程为对角标准型，$\tilde{c}$ 阵中不含有元素全为零的列，所以系统能观测。

(2) 状态方程为对角标准型，$\tilde{c}$ 阵中含有元素全为零的列，所以系统不能观测。

例 11-10　判别下列系统的能观测性。

$$\dot{x}=\begin{bmatrix}1&0&0\\0&2&0\\0&0&3\end{bmatrix}x+\begin{bmatrix}0\\0\\1\end{bmatrix}u,\ y=[5\quad 3\quad 2]x$$

解　状态方程为对角标准型，$\tilde{c}$ 阵中不含有元素全为零的列，但系统却是不能观测的，因为对角阵 $\tilde{A}$ 不满足“特征值互不相同”这个条件，故上述判据不再适用。这种情况下，应根据式(11-7)的秩判据来判断，即

$$V_o=\begin{bmatrix}\tilde{c}\\\tilde{c}\tilde{A}\\\tilde{c}\tilde{A}^2\end{bmatrix}=\begin{bmatrix}5&3&2\\5&6&4\\5&12&8\end{bmatrix},\ \text{rank}\ V_o=2<3$$

所以系统是不能观测的。

2. 约当标准型

若线性定常系统 $\dot{x}=Ax+Bu$，$y=Cx$，A 具有重实特征值，且每一个重特征值只对应一个独立特征向量，则系统状态完全能观测的充分必要条件是：系统经非奇异变换后的约当标准型

$$\dot{\tilde{x}}=\begin{bmatrix}J_1&&\mathbf{0}\\&\ddots&\\\mathbf{0}&&J_k\end{bmatrix}\tilde{x}+\tilde{B}u,\ y=\tilde{C}\tilde{x}\tag{11-9}$$

中，

(1) 输入矩阵 $\tilde{C}$ 中与每一个约当块 $J_i(i=1, 2, \cdots, k)$ 首列所对应的各列中，没有一列的元素全为零。

(2) $\tilde{C}$ 阵中与互异特征值所对应的列不存在全零列。

例 11-11　判别下列系统的能观测性。

(1) $\dot{x}=\begin{bmatrix}-2&1\\0&-2\end{bmatrix}x$，　$y=[1\quad 0]x$；

(2) $\dot{\boldsymbol{x}}=\begin{bmatrix}-2 & 1\\ 0 & -2\end{bmatrix}\boldsymbol{x}$，　$y=[0\quad 1]x$；

(3) $\dot{\boldsymbol{x}}=\begin{bmatrix}-2 & 1 & 0\\ 0 & -2 & 0\\ 0 & 0 & 5\end{bmatrix}\boldsymbol{x}$，　$\boldsymbol{y}=\begin{bmatrix}2 & 0 & 0\\ 0 & 0 & -1\end{bmatrix}\boldsymbol{x}$；

(4) $\dot{\boldsymbol{x}}=\begin{bmatrix}-1 & 1 & 0 & 0 & 0\\ 0 & -1 & 0 & 0 & 0\\ 0 & 0 & -2 & 1 & 0\\ 0 & 0 & 0 & -2 & 1\\ 0 & 0 & 0 & 0 & -2\end{bmatrix}\boldsymbol{x}$，　$y=[5\quad 0\quad 2\quad 0\quad 0]\boldsymbol{x}$。

解　(1) 系统能观测。

(2) 系统不能观测。

(3) 系统能观测。

(4) 系统能观测。

值得注意的是，当 $\boldsymbol{A}$ 阵的相同特征值分布在 $\widetilde{\boldsymbol{A}}$ 阵的两个或更多的约当块时，如 $\begin{bmatrix}\lambda_1 & 1 & \\ & \lambda_1 & \\ & & \lambda_1\end{bmatrix}$，以上判据不适用，可根据秩判据来判别。

例 11-12　判别下列系统的能观测性。

$$\dot{\boldsymbol{x}}=\begin{bmatrix}2 & 1 & 0\\ 0 & 2 & 0\\ 0 & 0 & 2\end{bmatrix}\boldsymbol{x}+\begin{bmatrix}0\\ 1\\ 1\end{bmatrix}u$$

$$y=[5\quad 3\quad 2]\boldsymbol{x}$$

解　虽然 $\widetilde{\boldsymbol{A}}$ 为约当阵，但有两个相同特征值的约当块，每个约当小块首列所对应 $\tilde{\boldsymbol{c}}$ 阵各列中的元素，虽然没有一列的元素全为零，但该系统是不能观测的。因为，在这种情况下，以上判据已经不再适用，应使用秩判据判断，即

$$\boldsymbol{V}_o=\begin{bmatrix}\boldsymbol{c}\\ \boldsymbol{cA}\\ \boldsymbol{cA}^2\end{bmatrix}=\begin{bmatrix}5 & 3 & 2\\ 10 & 11 & 4\\ 20 & 32 & 8\end{bmatrix}$$

$$\text{rank}\,\boldsymbol{V}_o=2<3$$

所以系统是不能观测的。

11.4　对偶原理

下面讨论能控性和能观测性之间的关系。为了阐明能控性和能观测性之间明显的相似性，这里将介绍由 R. E. Kalman 提出的对偶原理。

11.4.1　线性系统的对偶关系

考虑由下述状态空间表达式描述的系统 Σ_1：

$$\begin{cases}\dot{\boldsymbol{x}}_1(t)=\boldsymbol{A}\boldsymbol{x}_1(t)+\boldsymbol{B}\boldsymbol{u}_1(t)\\ \boldsymbol{y}_1(t)=\boldsymbol{C}\boldsymbol{x}_1(t)\end{cases}\tag{11-10}$$

式中，$\boldsymbol{A}$ 为 $n\times n$ 矩阵；$\boldsymbol{B}$ 为 $n\times r$ 矩阵；$\boldsymbol{C}$ 为 $m\times n$ 矩阵。

以及由下述状态空间表达式描述的系统 Σ_2：

$$\begin{cases}\dot{\boldsymbol{x}}_2(t)=\boldsymbol{A}^{\mathrm{T}}\boldsymbol{x}_2(t)+\boldsymbol{C}^{\mathrm{T}}\boldsymbol{u}_2(t)\\ \boldsymbol{y}_2(t)=\boldsymbol{B}^{\mathrm{T}}\boldsymbol{x}_2(t)\end{cases}\tag{11-11}$$

式中，$\boldsymbol{A}^{\mathrm{T}}$ 为 $n\times n$ 矩阵；$\boldsymbol{B}^{\mathrm{T}}$ 为 $r\times n$ 矩阵；$\boldsymbol{C}^{\mathrm{T}}$ 为 $n\times m$ 矩阵。

称系统 Σ_1 和系统 Σ_2 是互为对偶的，即系统 Σ_1 是系统 Σ_2 的对偶系统，反之系统 Σ_2 是系统 Σ_1 的对偶系统。

1. 系统 Σ_1 和系统 Σ_2 的结构图

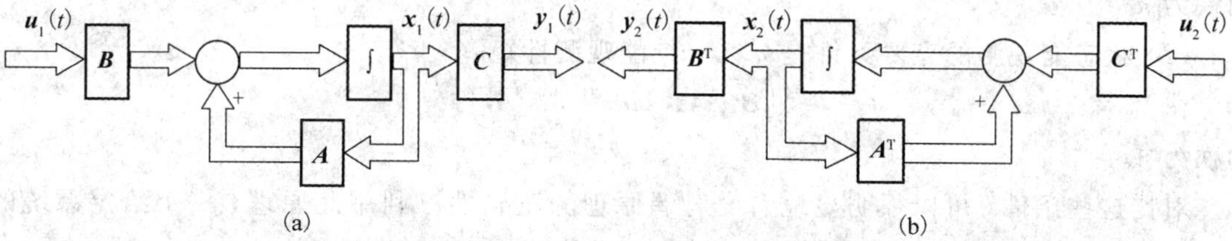

图 11－2　系统的结构图

如图 11－2 所示，从结构图上看，在 Σ_1 系统的状态图中将信号传递方向反向，输入端与输出端互换，信号综合点与信号引出点互换，各矩阵转置后，可得到 Σ_2 系统的状态图。由此看出，图 11－2(a)表示用输入 $\boldsymbol{u}_1(t)$来控制输出 $\boldsymbol{y}_1(t)$，而图 11－2(b)表示的却是用输出来求输入。前者是控制问题，后者为估计问题。所以，对偶原理同样也揭示了最优控制和最优估计之间的内在联系。

2. 对偶系统传递函数阵之间的关系

对偶系统的传递函数阵互为转置。

系统 Σ_1 的传递函数矩阵为

$$\boldsymbol{G}_1(s)=\boldsymbol{C}(s\boldsymbol{I}-\boldsymbol{A})^{-1}\boldsymbol{B}$$

系统 Σ_2 的传递函数矩阵为

$$\boldsymbol{G}_2(s)=\boldsymbol{B}^{\mathrm{T}}(s\boldsymbol{I}-\boldsymbol{A}^{\mathrm{T}})^{-1}\boldsymbol{C}^{\mathrm{T}}$$

而

$$\boldsymbol{G}_2^{\mathrm{T}}(s)=(\boldsymbol{B}^{\mathrm{T}}(s\boldsymbol{I}-\boldsymbol{A}^{\mathrm{T}})^{-1}\boldsymbol{C}^{\mathrm{T}})^{\mathrm{T}}=\boldsymbol{C}(s\boldsymbol{I}-\boldsymbol{A})^{-1}\boldsymbol{B}=\boldsymbol{G}_1(s)$$

3. 对偶系统特征方程式之间的关系

对偶系统特征方程式相同，即

$$|s\boldsymbol{I}-\boldsymbol{A}|=|s\boldsymbol{I}-\boldsymbol{A}^{\mathrm{T}}|$$

11.4.2　对偶原理

当且仅当系统 Σ_2 状态能观测(状态能控)时，系统 Σ_1 才是状态能控(状态能观测)的，反之亦然。这种能控性与能观测性的对偶关系称为对偶原理。

为了验证这个原理，下面写出系统 Σ_1 和 Σ_2 的状态能控和能观测的充要条件。

1. 系统 Σ_1 状态能控和能观测的充要条件

(1) 状态能控的充要条件是 $n\times nr$ 维能控性矩阵

$$[\boldsymbol{B} \mid \boldsymbol{AB} \mid \cdots \mid \boldsymbol{A}^{n-1}\boldsymbol{B}]$$

的秩为 n。

(2) 状态能观测的充要条件是 $n\times nm$ 维能观测性矩阵

$$[\boldsymbol{C}^{\mathrm{T}} \mid \boldsymbol{A}^{\mathrm{T}}\boldsymbol{C}^{\mathrm{T}} \mid \cdots \mid (\boldsymbol{A}^{\mathrm{T}})^{n-1}\boldsymbol{C}^{\mathrm{T}}]$$

的秩为 n。

2. 系统 Σ_2 状态能控和能观测的充要条件

(1) 状态能控的充要条件是 $n\times nm$ 维能控性矩阵

$$[\boldsymbol{C}^{\mathrm{T}} \mid \boldsymbol{A}^{\mathrm{T}}\boldsymbol{C}^{\mathrm{T}} \mid \cdots \mid (\boldsymbol{A}^{\mathrm{T}})^{n-1}\boldsymbol{C}^{\mathrm{T}}]$$

的秩为 n。

(2) 状态能观测的充要条件是 $n\times nr$ 维能观测性矩阵

$$[\boldsymbol{B} \mid \boldsymbol{AB} \mid \cdots \mid \boldsymbol{A}^{n-1}\boldsymbol{B}]$$

的秩为 n。

对比这些条件，可以很明显地看出对偶原理的正确性。利用此原理，一个给定系统的能观测性可用其对偶系统的状态能控性来检验和判断。

11.5 线性系统的能控标准型和能观测标准型

对于单变量系统，因为只有唯一的一组 n 个线性无关向量，所以当原系统状态方程变换为标准型时，其表示方法是唯一的。而对于多变量系统，n 个线性无关向量的选取不再唯一，所以，将原系统变换为标准型时，其表示方法也不再唯一。本节只讨论单变量系统的能控标准型和能观测标准型，对于多变量系统，大家可参考相关书籍。

11.5.1 系统的能控标准型

1. 能控标准型

如果系统的状态空间表达式可以化为以下形式：

$$\begin{cases}\dot{\tilde{\boldsymbol{x}}}(t)=\boldsymbol{A}_{\mathrm{c}}\tilde{\boldsymbol{x}}(t)+\boldsymbol{b}_{\mathrm{c}}u(t)\\ \boldsymbol{y}(t)=\boldsymbol{c}_{\mathrm{c}}\tilde{\boldsymbol{x}}(t)\end{cases}\tag{11-12}$$

其中：

$$\boldsymbol{A}_{\mathrm{c}}=\begin{bmatrix}0 & 1 & 0 & \cdots & 0\\ 0 & 0 & 1 & \cdots & 0\\ \vdots & \vdots & \vdots & & \vdots\\ 0 & 0 & 0 & \cdots & 1\\ -a_n & -a_{n-1} & -a_{n-2} & \cdots & -a_1\end{bmatrix},\ \boldsymbol{b}_{\mathrm{c}}=\begin{bmatrix}0\\0\\ \vdots\\0\\1\end{bmatrix},\ \boldsymbol{c}_{\mathrm{c}}=[c_1\quad c_2\quad \cdots\quad c_n]$$

则称式(11-12)为系统的能控标准型，且该系统一定是完全能控的。原因是与此状态空间表达式相对应的能控性判别矩阵为

$$\boldsymbol{U}_c=[\boldsymbol{b}_c \quad \boldsymbol{A}_c\boldsymbol{b}_c \quad \boldsymbol{A}_c^{\ 2}\boldsymbol{b}_c \quad \cdots \quad \boldsymbol{A}_c^{\ n-1}\boldsymbol{b}_c]=\begin{bmatrix} 0 & 0 & 0 & \cdots & 0 & 1 \\ 0 & 0 & 0 & \cdots & 1 & e_1 \\ \vdots & \vdots & \vdots & & \vdots & \vdots \\ 0 & 0 & 1 & \cdots & \times & \times \\ 0 & 1 & e_1 & \cdots & \times & \times \\ 1 & e_1 & e_2 & \cdots & \times & e_{n-1} \end{bmatrix}$$

式中，$e_k=-\sum_{i=0}^{k-1}a_{i+1}e_{k-i-1}$，$e_0=1$。

可以求出，$\text{rank}\,\boldsymbol{U}_c=n$，所以系统是能控的。

2. 将能控系统的状态空间表达式化为能控标准型

设线性定常系统的状态空间表达式为

$$\begin{cases}\dot{\boldsymbol{x}}(t)=\boldsymbol{A}\boldsymbol{x}(t)+\boldsymbol{b}\boldsymbol{u}(t)\\ \boldsymbol{y}(t)=\boldsymbol{c}\boldsymbol{x}(t)\end{cases} \tag{11-13}$$

当 $\boldsymbol{A}$，$\boldsymbol{b}$，$\boldsymbol{c}$ 不具有能控标准型时，如果系统能控，则存在非奇异变换 $\boldsymbol{x}(t)=\boldsymbol{P}\tilde{\boldsymbol{x}}(t)$，将系统化为能控标准型，即

$$\begin{cases}\dot{\tilde{\boldsymbol{x}}}(t)=\boldsymbol{A}_c\tilde{\boldsymbol{x}}(t)+\boldsymbol{b}_c u(t)\\ \boldsymbol{y}(t)=\boldsymbol{c}_c\tilde{\boldsymbol{x}}(t)\end{cases}$$

$$\boldsymbol{A}_c=\boldsymbol{P}^{-1}\boldsymbol{A}\boldsymbol{P}=\begin{bmatrix} 0 & 1 & 0 & \cdots & 0 \\ 0 & 0 & 1 & \cdots & 0 \\ \vdots & \vdots & \vdots & & \vdots \\ 0 & 0 & 0 & \cdots & 1 \\ -a_n & -a_{n-1} & -a_{n-2} & \cdots & -a_1 \end{bmatrix}, \quad \boldsymbol{b}_c=\boldsymbol{P}^{-1}\boldsymbol{b}=\begin{bmatrix} 0 \\ 0 \\ \vdots \\ 0 \\ 1 \end{bmatrix}$$

$$\boldsymbol{c}_c=\boldsymbol{c}\boldsymbol{P}=[\boldsymbol{c}_1 \quad \boldsymbol{c}_2 \quad \cdots \quad \boldsymbol{c}_n]$$

其中：

(1) a_1，a_2，…，a_n 为系统特征多项式 $|s\boldsymbol{I}-\boldsymbol{A}|=s^n+a_1s^{n-1}+\cdots+a_{n-1}s+a_n$ 的系数。

(2) 变换矩阵

$$\boldsymbol{P}^{-1}=\begin{bmatrix} \boldsymbol{p}_1 \\ \boldsymbol{p}_1\boldsymbol{A} \\ \vdots \\ \boldsymbol{p}_1\boldsymbol{A}^{n-1} \end{bmatrix}$$

式中，$\boldsymbol{p}_1=[0 \quad \cdots \quad 0 \quad 1][\boldsymbol{b} \quad \boldsymbol{A}\boldsymbol{b} \quad \boldsymbol{A}^2\boldsymbol{b} \quad \cdots \quad \boldsymbol{A}^{n-1}b]^{-1}=[0 \quad \cdots \quad 0 \quad 1]\boldsymbol{U}_c^{-1}$

例 11-13　已知系统的状态空间表达式为

$$\begin{cases}\dot{\boldsymbol{x}}(t)=\begin{bmatrix}1 & 0\\ 0 & 2\end{bmatrix}\boldsymbol{x}(t)+\begin{bmatrix}1\\ 1\end{bmatrix}u(t)\\ y(t)=[1 \quad 1]\boldsymbol{x}(t)\end{cases}$$

试判别系统的能控性。如系统能控，将状态空间表达式化为能控标准型。

解　(1) 首先判别能控性：

$$\boldsymbol{U}_c=[\boldsymbol{b}\quad \boldsymbol{Ab}]=\begin{bmatrix}1&1\\1&2\end{bmatrix},\ \mathrm{rank}\,\boldsymbol{U}_c=2，故系统是能控的。$$

(2) 化为能控标准型：

$$\boldsymbol{U}_c^{-1}=\begin{bmatrix}2&-1\\-1&1\end{bmatrix}$$

$$\boldsymbol{p}_1=[0\quad 1]\boldsymbol{U}_c^{-1}=[0\quad 1]\begin{bmatrix}2&-1\\-1&1\end{bmatrix}=[-1\quad 1]$$

$$\boldsymbol{P}^{-1}=\begin{bmatrix}\boldsymbol{p}_1\\ \boldsymbol{p}_1\boldsymbol{A}\\ \vdots\\ \boldsymbol{p}_1\boldsymbol{A}^{n-1}\end{bmatrix}=\begin{bmatrix}-1&1\\-1&2\end{bmatrix}$$

$$\boldsymbol{P}=\begin{bmatrix}-1&1\\-1&2\end{bmatrix}^{-1}=\begin{bmatrix}-2&1\\-1&1\end{bmatrix}$$

$$\boldsymbol{A}_c=\boldsymbol{P}^{-1}\boldsymbol{AP}=\begin{bmatrix}-1&1\\-1&2\end{bmatrix}\begin{bmatrix}1&0\\0&2\end{bmatrix}\begin{bmatrix}-2&1\\-1&1\end{bmatrix}=\begin{bmatrix}0&1\\-2&3\end{bmatrix}$$

$$\boldsymbol{b}_c=\boldsymbol{P}^{-1}\boldsymbol{b}=\begin{bmatrix}-1&1\\-1&2\end{bmatrix}\begin{bmatrix}1\\1\end{bmatrix}=\begin{bmatrix}0\\1\end{bmatrix}$$

$$\boldsymbol{c}_c=\boldsymbol{cP}=[1\quad 1]\begin{bmatrix}-2&1\\-1&1\end{bmatrix}=[-3\quad 2]$$

即能控标准型为

$$\begin{cases}\dot{\tilde{\boldsymbol{x}}}(t)=\begin{bmatrix}0&1\\-2&3\end{bmatrix}\tilde{\boldsymbol{x}}(t)+\begin{bmatrix}0\\1\end{bmatrix}u(t)\\ y(t)=[-3\quad 2]\tilde{\boldsymbol{x}}(t)\end{cases}$$

11.5.2 系统的能观测标准型

1. 能观测标准型

如果系统的状态空间表达式可以化为以下形式：

$$\begin{cases}\dot{\tilde{\boldsymbol{x}}}(t)=\boldsymbol{A}_o\tilde{\boldsymbol{x}}(t)+\boldsymbol{b}_o\boldsymbol{u}(t)\\ y(t)=\boldsymbol{c}_o\tilde{\boldsymbol{x}}(t)\end{cases}\tag{11-14}$$

其中：

$$\boldsymbol{A}_o=\begin{bmatrix}0&\cdots&0&-a_n\\1&\cdots&0&-a_{n-1}\\ \vdots&\ddots&\vdots&\vdots\\0&\cdots&1&-a_1\end{bmatrix},\ \boldsymbol{b}_o=\begin{bmatrix}b_1\\b_2\\ \vdots\\b_n\end{bmatrix},\ \boldsymbol{c}_o=[0\quad 0\quad \cdots\quad 1]$$

则称式(11-14)为系统的能观测标准型，且该系统一定是完全能观测的。原因是与此状态空间表达式相对应的能观测性判别矩阵

$$\boldsymbol{V}_o=\begin{bmatrix}\boldsymbol{c}_o\\ \boldsymbol{c}_o\boldsymbol{A}_o\\ \vdots\\ \boldsymbol{c}_o\boldsymbol{A}_o^{n-1}\end{bmatrix}=\begin{bmatrix}0&0&0&\cdots&0&1\\0&0&0&\cdots&1&e_1\\ \vdots&\vdots&\vdots&\iddots&e_1&e_2\\0&0&1&\cdots&\times&\times\\0&1&e_1&\cdots&\times&\times\\1&e_1&e_2&\cdots&\times&e_{n-1}\end{bmatrix}$$

式中，$e_k=-\sum_{i=0}^{k-1}a_{i+1}e_{k-i-1}$，$e_0=1$。

可以求出，$\operatorname{rank}\boldsymbol{V}_o=n$，所以系统是能观测的。

2. 将能观测系统的状态空间表达式化为能观测标准型

设系统的状态空间表达式为

$$\begin{cases}\dot{\boldsymbol{x}}(t)=\boldsymbol{A}\boldsymbol{x}(t)+\boldsymbol{b}u(t)\\ y(t)=\boldsymbol{c}\boldsymbol{x}(t)\end{cases}\tag{11-15}$$

当 $\boldsymbol{A}$，$\boldsymbol{b}$，$\boldsymbol{c}$ 不具有能观测标准型时，如果系统能观测，则存在非奇异变换 $\boldsymbol{x}(t)=\boldsymbol{T}\tilde{\boldsymbol{x}}(t)$，将系统变换为能观测标准型，即

$$\begin{cases}\dot{\tilde{\boldsymbol{x}}}(t)=\boldsymbol{A}_o\tilde{\boldsymbol{x}}(t)+\boldsymbol{b}_o\boldsymbol{u}(t)\\ y(t)=c_o\tilde{\boldsymbol{x}}(t)\end{cases}\tag{11-16}$$

$$\boldsymbol{A}_o=\boldsymbol{T}^{-1}\boldsymbol{A}\boldsymbol{T}=\begin{bmatrix}0&\cdots&0&-a_n\\1&\cdots&0&-a_{n-1}\\ \vdots&\ddots&\vdots&\vdots\\0&\cdots&1&-a_1\end{bmatrix},\ \boldsymbol{b}_o=\boldsymbol{T}^{-1}\boldsymbol{b}=\begin{bmatrix}b_1\\b_2\\ \vdots\\b_n\end{bmatrix},\ \boldsymbol{c}_o=\boldsymbol{c}\boldsymbol{T}=[0\quad 0\quad \cdots\quad 1]$$

其中：

(1) a_1，a_2，…，a_n 为系统特征多项式 $|s\boldsymbol{I}-\boldsymbol{A}|=s^n+a_1s^{n-1}+\cdots+a_{n-1}s+a_n$ 的系数。

(2) 变换矩阵

$$\boldsymbol{T}=[\boldsymbol{t}_1\quad \boldsymbol{A}\boldsymbol{t}_1\quad \cdots\quad \boldsymbol{A}^{n-1}\boldsymbol{t}_1]$$

式中，

$$\boldsymbol{t}_1=\begin{bmatrix}\boldsymbol{c}\\ \boldsymbol{c}\boldsymbol{A}\\ \vdots\\ \boldsymbol{c}\boldsymbol{A}^{n-1}\end{bmatrix}^{-1}\begin{bmatrix}0\\0\\ \vdots\\1\end{bmatrix}=\boldsymbol{V}_o^{-1}\begin{bmatrix}0\\0\\ \vdots\\1\end{bmatrix}$$

例 11-14　已知系统的状态空间表达式为

$$\begin{cases}\dot{\boldsymbol{x}}(t)=\begin{bmatrix}1&0\\0&2\end{bmatrix}\boldsymbol{x}(t)+\begin{bmatrix}1\\1\end{bmatrix}u(t)\\ y(t)=[1\quad 1]\boldsymbol{x}(t)\end{cases}$$

试判别系统的状态能观测性，如能观测将状态空间表达式化为能观测标准型。

解　(1) 首先判别能观测性：

$$\boldsymbol{V}_o=\begin{bmatrix}\boldsymbol{c}\\ \boldsymbol{c}\boldsymbol{A}\end{bmatrix}=\begin{bmatrix}1&1\\1&2\end{bmatrix},\ \operatorname{rank}\boldsymbol{V}_o=2，故系统是能观测的。$$

（2）化为能观测标准型：

$$\boldsymbol{V}_o^{-1}=\begin{bmatrix}2 & -1\\ -1 & 1\end{bmatrix}$$

$$\boldsymbol{t}_1=\boldsymbol{V}_o^{-1}\begin{bmatrix}0\\1\end{bmatrix}=\begin{bmatrix}2 & -1\\ -1 & 1\end{bmatrix}\begin{bmatrix}0\\1\end{bmatrix}=\begin{bmatrix}-1\\1\end{bmatrix}$$

$$\boldsymbol{T}=[\boldsymbol{t}_1\quad \boldsymbol{A}\boldsymbol{t}_1]=\begin{bmatrix}-1 & -1\\ 1 & 2\end{bmatrix}$$

$$\boldsymbol{T}^{-1}=\begin{bmatrix}-1 & -1\\ 1 & 2\end{bmatrix}^{-1}=\begin{bmatrix}-2 & -1\\ 1 & 1\end{bmatrix}$$

$$\boldsymbol{A}_o=\boldsymbol{T}^{-1}\boldsymbol{A}\boldsymbol{T}=\begin{bmatrix}-2 & -1\\ 1 & 1\end{bmatrix}\begin{bmatrix}1 & 0\\ 0 & 2\end{bmatrix}\begin{bmatrix}-1 & -1\\ 1 & 2\end{bmatrix}=\begin{bmatrix}0 & -2\\ 1 & 3\end{bmatrix}$$

$$\boldsymbol{b}_o=T^{-1}b=\begin{bmatrix}-2 & -1\\ 1 & 1\end{bmatrix}\begin{bmatrix}1\\1\end{bmatrix}=\begin{bmatrix}-3\\2\end{bmatrix}$$

$$\boldsymbol{c}_o=\boldsymbol{c}\boldsymbol{T}=[1\quad 1]\begin{bmatrix}-1 & -1\\ 1 & 2\end{bmatrix}=[0\quad 1]$$

即能观测标准型为

$$\begin{cases}\dot{\tilde{\boldsymbol{x}}}(t)=\begin{bmatrix}0 & -2\\ 1 & 3\end{bmatrix}\tilde{\boldsymbol{x}}(t)+\begin{bmatrix}-3\\ 2\end{bmatrix}u(t)\\ y(t)=[0\quad 1]\tilde{\boldsymbol{x}}(t)\end{cases}$$

11.6 线性系统的结构分解

系统中只要有一个状态变量不能控就称系统不能控，那么不能控系统就含有能控和不能控两种状态变量；系统中只要有一个状态变量不能观测就称系统不能观测，那么不能观测系统就含有能观测和不能观测两种状态变量。从能控性、能观测性角度出发，状态变量可分解成能控能观测状态变量 $\boldsymbol{x}_{co}$、能控不能观测状态变量 $\boldsymbol{x}_{c\bar{o}}$、不能控能观测状态变量 $\boldsymbol{x}_{\bar{c}o}$、不能控不能观测状态变量 $\boldsymbol{x}_{\bar{c}\bar{o}}$ 四类。由相应状态变量作坐标轴构成的子空间也分成四类，并把系统也相应分成四类子系统，称为系统的规范分解。

11.6.1 系统按能控性的结构分解

设不能控线性定常系统为

$$\begin{cases}\dot{\boldsymbol{x}}(t)=\boldsymbol{A}\boldsymbol{x}(t)+\boldsymbol{B}\boldsymbol{u}(t)\\ \boldsymbol{y}(t)=\boldsymbol{C}\boldsymbol{x}(t)\end{cases}$$

在不引起混淆的情况下，为书写简单，后面各式中省略时间 t，其能控性判别矩阵的秩为 $k(k<n)$，即 $\operatorname{rank}\boldsymbol{U}_c=k<n$，则存在非奇异变换

$$\boldsymbol{x}=\boldsymbol{T}_c\tilde{\boldsymbol{x}}$$

将状态空间表达式变换为

$$\begin{cases}\dot{\tilde{\boldsymbol{x}}}=\tilde{\boldsymbol{A}}\tilde{\boldsymbol{x}}+\tilde{\boldsymbol{B}}u\\ \boldsymbol{y}=\tilde{\boldsymbol{C}}\tilde{\boldsymbol{x}}\end{cases}\qquad(11-17)$$

其中

$$\widetilde{A}=T_c^{-1}AT_c=\left[\begin{array}{c:c}\widetilde{A}_{11} & \widetilde{A}_{12}\\ \hdashline 0 & \widetilde{A}_{22}\end{array}\right]$$

$$\widetilde{B}=\widetilde{T}_c^{-1}B=\left[\begin{array}{c}\widetilde{B}_1\\ \hdashline 0\end{array}\right]$$

$$\widetilde{C}=CT_c=\left[\begin{array}{c:c}\widetilde{C}_1 & \widetilde{C}_2\end{array}\right]$$

非奇异变换阵

$$T_c=[t_1\quad t_2\quad \cdots\quad t_k\quad t_{k+1}\quad \cdots\quad t_n]$$

T_c 中的 n 个列向量 t_1，t_2，…，t_n 可按如下方法构造：

(1) 前 k 个列向量 t_1，t_2，…，t_k 是能控性判别矩阵 $U_c=[B\quad AB\quad \cdots\quad A^{n-1}B]$ 中的 k 个线性无关的列。

(2) 另外 $n-k$ 个列向量 t_{k+1}，…，t_n 在确保 T_c 为非奇异的条件下任意选择。

可见经过变换后，系统可分解为能控的 k 维子系统和不能控的 $n-k$ 维子系统。即能控子系统为

$$\begin{cases}\dot{\widetilde{x}}_c=\widetilde{A}_{11}\widetilde{x}_c+\widetilde{A}_{12}\widetilde{x}_{\bar{c}}+\widetilde{B}_1u\\ y_1=\widetilde{C}_1\widetilde{x}_c\end{cases}\tag{11-18}$$

不能控子系统为

$$\begin{cases}\dot{\widetilde{x}}_{\bar{c}}=\widetilde{A}_{22}\widetilde{x}_{\bar{c}}\\ y_2=\widetilde{C}_2\widetilde{x}_{\bar{c}}\end{cases}\tag{11-19}$$

系统按能控性进行结构分解的示意图如图 11-3 所示。

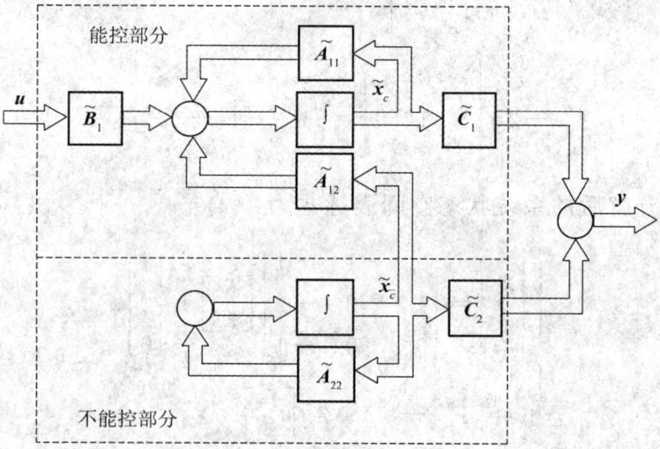

图 11-3　按能控性进行结构分解示意图

例 11-15　设线性定常系统

$$\dot{x}=\begin{bmatrix}0 & 0 & -1\\ 1 & 0 & -3\\ 0 & 1 & -3\end{bmatrix}x+\begin{bmatrix}1\\ 1\\ 0\end{bmatrix}u,\ y=[0\quad 1\quad -2]x$$

判断系统的能控性。若系统不能控，将系统按能控性进行规范分解。

解 (1) 判断能控性：

$$\boldsymbol{U}_c=[\boldsymbol{b}\quad \boldsymbol{Ab}\quad \boldsymbol{A}^2\boldsymbol{b}]=\begin{bmatrix}1&0&-1\\1&1&-3\\0&1&-2\end{bmatrix},\quad \mathrm{rank}\,\boldsymbol{U}_c=2<n，故系统不完全能控。$$

(2) 构造按能控性进行规范分解的非奇异变换阵 $\boldsymbol{T}_c$：

$$\boldsymbol{T}_c=[\boldsymbol{t}_1\quad \boldsymbol{t}_2\quad \boldsymbol{t}_3]$$

$$\boldsymbol{t}_1=\boldsymbol{b}=\begin{bmatrix}1\\1\\0\end{bmatrix},\ \boldsymbol{t}_2=\boldsymbol{Ab}=\begin{bmatrix}0\\1\\1\end{bmatrix}$$

在保证$\boldsymbol{T}_c$ 非奇异的条件下，任选 $\boldsymbol{t}_3=\begin{bmatrix}0\\0\\1\end{bmatrix}$，故而$\boldsymbol{T}_c=\begin{bmatrix}1&0&0\\1&1&0\\0&1&1\end{bmatrix}$。

(3) 变换后的系统为

$$\begin{cases}\dot{\tilde{\boldsymbol{x}}}=\tilde{\boldsymbol{A}}\tilde{\boldsymbol{x}}+\tilde{\boldsymbol{b}}u\\ \boldsymbol{y}=\tilde{\boldsymbol{c}}\tilde{\boldsymbol{x}}\end{cases}$$

式中

$$\tilde{\boldsymbol{A}}=\boldsymbol{T}_c^{-1}\boldsymbol{A}\boldsymbol{T}_c==\begin{bmatrix}1&0&0\\1&1&0\\0&1&1\end{bmatrix}^{-1}\begin{bmatrix}0&0&-1\\1&0&-3\\0&1&-3\end{bmatrix}\begin{bmatrix}1&0&0\\1&1&0\\0&1&1\end{bmatrix}=\begin{bmatrix}0&-1&-1\\1&-2&-2\\0&0&-1\end{bmatrix}$$

$$\tilde{\boldsymbol{b}}=\boldsymbol{T}_c^{-1}\boldsymbol{b}=\begin{bmatrix}1&0&0\\1&1&0\\0&1&1\end{bmatrix}^{-1}\begin{bmatrix}1\\1\\0\end{bmatrix}=\begin{bmatrix}1\\0\\0\end{bmatrix}$$

$$\tilde{\boldsymbol{c}}=\boldsymbol{c}\boldsymbol{T}_c=[0\quad 1\quad -2]\begin{bmatrix}1&0&0\\1&1&0\\0&1&1\end{bmatrix}=[1\quad -1\quad -2]$$

(4) 按能控性分解后的系统状态空间表达式为

$$\begin{cases}\begin{bmatrix}\dot{\tilde{\boldsymbol{x}}}_c\\ \dot{\tilde{\boldsymbol{x}}}_{\bar{c}}\end{bmatrix}=\begin{bmatrix}0&-1&-1\\1&-2&-2\\0&0&-1\end{bmatrix}\begin{bmatrix}\tilde{\boldsymbol{x}}_c\\ \tilde{\boldsymbol{x}}_{\bar{c}}\end{bmatrix}+\begin{bmatrix}1\\0\\0\end{bmatrix}u\\ y=[1\quad -1\quad -2]\begin{bmatrix}\tilde{\boldsymbol{x}}_c\\ \tilde{\boldsymbol{x}}_{\bar{c}}\end{bmatrix}\end{cases}$$

其中，能控子系统动态方程为

$$\begin{cases}\dot{\tilde{\boldsymbol{x}}}_c=\begin{bmatrix}0&-1\\1&-2\end{bmatrix}\tilde{\boldsymbol{x}}_c+\begin{bmatrix}-1\\-2\end{bmatrix}\tilde{\boldsymbol{x}}_{\bar{c}}+\begin{bmatrix}1\\0\end{bmatrix}u\\ y_1=[1\quad -1]\tilde{\boldsymbol{x}}_c\end{cases}$$

不能控子系统动态方程为

$$\begin{cases}\dot{\tilde{\boldsymbol{x}}}_{\bar{c}}=-\tilde{\boldsymbol{x}}_{\bar{c}}\\ y_2=-2\,\tilde{\boldsymbol{x}}_{\bar{c}}\end{cases}$$

为了说明在构造变换阵 $\boldsymbol{T}_c$ 时，$\boldsymbol{t}_{k+1}$，…，$\boldsymbol{t}_n$ 列是任意选取的（当然必须保证$\boldsymbol{T}_c$ 为非奇异），现取$\boldsymbol{T}_c=[\boldsymbol{t}_1\quad \boldsymbol{t}_2\quad \boldsymbol{t}_3]$中的$\boldsymbol{t}_3=[1\quad 0\quad 1]^{\mathrm{T}}$，即$\boldsymbol{T}_c=\begin{bmatrix}1&0&1\\1&1&0\\0&1&1\end{bmatrix}$。

经过非奇异变换后，有

$$\begin{cases}\begin{bmatrix}\dot{\tilde{\boldsymbol{x}}}_c\\ \dot{\tilde{\boldsymbol{x}}}_{\bar{c}}\end{bmatrix}=\begin{bmatrix}0&-1&0\\1&-2&-2\\0&0&-1\end{bmatrix}\begin{bmatrix}\tilde{\boldsymbol{x}}_c\\ \tilde{\boldsymbol{x}}_{\bar{c}}\end{bmatrix}+\begin{bmatrix}1\\0\\0\end{bmatrix}\boldsymbol{u}\\ y=[1\quad -1\quad -2]\begin{bmatrix}\tilde{\boldsymbol{x}}_c\\ \tilde{\boldsymbol{x}}_{\bar{c}}\end{bmatrix}\end{cases}$$

可见其能控子系统方程没有变化。

11.6.2　系统按能观测性的结构分解

设不能观测线性定常系统为

$$\begin{cases}\dot{\boldsymbol{x}}=\boldsymbol{A}\boldsymbol{x}+\boldsymbol{B}\boldsymbol{u}\\ \boldsymbol{y}=\boldsymbol{C}\boldsymbol{x}\end{cases}\tag{11-20}$$

其能观测性判别矩阵$\boldsymbol{V}_o$的秩为 $k(k<n)$，即 $\operatorname{rank}\boldsymbol{V}_o=k<n$，则存在非奇异变换

$$\boldsymbol{x}=\boldsymbol{T}_o\tilde{x}$$

将状态空间表达式变换为

$$\begin{cases}\dot{\tilde{\boldsymbol{x}}}=\tilde{\boldsymbol{A}}\tilde{\boldsymbol{x}}+\tilde{\boldsymbol{B}}\boldsymbol{u}\\ \boldsymbol{y}=\tilde{\boldsymbol{C}}\tilde{\boldsymbol{x}}\end{cases}\tag{11-21}$$

其中

$$\tilde{\boldsymbol{A}}=\boldsymbol{T}_o^{-1}\boldsymbol{A}\,\boldsymbol{T}_o=\left[\begin{array}{c:c}\tilde{\boldsymbol{A}}_{11}&0\\ \hdashline \tilde{\boldsymbol{A}}_{21}&\tilde{\boldsymbol{A}}_{22}\end{array}\right]$$

$$\tilde{\boldsymbol{B}}=\boldsymbol{T}_o^{-1}\boldsymbol{B}=\left[\begin{array}{c}\tilde{\boldsymbol{B}}_1\\ \hdashline \tilde{\boldsymbol{B}}_2\end{array}\right]$$

$$\tilde{\boldsymbol{C}}=\boldsymbol{C}\,\boldsymbol{T}_o=[\tilde{\boldsymbol{C}}_1\ \vdots\ 0]$$

非奇异变换阵

$$\boldsymbol{T}_o^{-1}=\begin{bmatrix}\boldsymbol{t}_1^{\mathrm{T}}\\ \vdots\\ \boldsymbol{t}_k^{\mathrm{T}}\\ \boldsymbol{t}_{k+1}^{\mathrm{T}}\\ \vdots\\ \boldsymbol{t}_n^{\mathrm{T}}\end{bmatrix}$$

T_{o}^{-1} 中的 n 个行向量t_1^{T}，…，t_n^{T} 可按如下方法构造：

(1) T_{o}^{-1} 中的前 k 个行向量t_1^{T}，…，t_k^{T} 为能观测性判别矩阵V_{o}中的 k 个线性无关的行。

(2) 另外 $n-k$ 个行向量t_{k+1}^{T}，…，t_n^{T} 在确保T_{o}^{-1} 是非奇异的条件下完全是任意选取的。

可见，经上述变换后系统可分解为能观测的 k 维子系统和不能观测的 $n-k$ 维子系统。能观测子系统为

$$\begin{cases}\dot{\tilde{x}}_{\mathrm{o}}=\tilde{A}_{11}\tilde{x}_{\mathrm{o}}+\tilde{B}_1u\\ y_1=\tilde{C}_1\tilde{x}_{\mathrm{o}}\end{cases}\tag{11-22}$$

不能观测子系统为

$$\begin{cases}\dot{\tilde{x}}_{\bar{\mathrm{o}}}=\tilde{A}_{21}\tilde{x}_{\mathrm{o}}+\tilde{A}_{22}\tilde{x}_{\bar{\mathrm{o}}}+\tilde{B}_2u\\ y_2=0\end{cases}\tag{11-23}$$

系统按能观测性进行结构分解的示意图如图 11-4 所示。

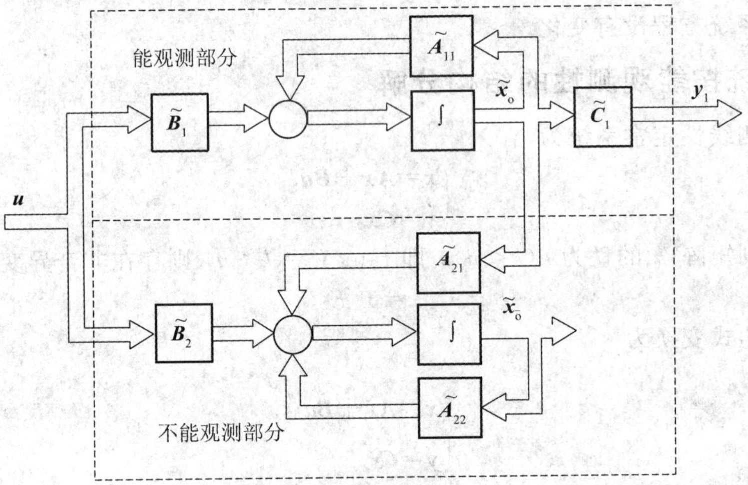

图 11-4　按能观测性进行结构分解示意图

例 11-16　设线性定常系统

$$\dot{x}=\begin{bmatrix}0&0&-1\\1&0&-3\\0&1&-3\end{bmatrix}x+\begin{bmatrix}1\\1\\0\end{bmatrix}u$$

$$y=[0\quad 1\quad -2]x$$

判断系统的能观测性。若系统不能观测，将系统按能观测性进行规范分解。

解　(1) 判断能观测性：

$$V_{\mathrm{o}}=\begin{bmatrix}c\\cA\\cA^2\end{bmatrix}=\begin{bmatrix}0&1&-2\\1&-2&3\\-2&3&-4\end{bmatrix},\quad \mathrm{rank}\,V_{\mathrm{o}}=2<n，故系统不能观测。$$

(2) 构造按能观测性进行规范分解的非奇异变换阵T_{o}：

$$\boldsymbol{T}_o^{-1}=\begin{bmatrix}\boldsymbol{t}_1^T\\ \boldsymbol{t}_2^T\\ \boldsymbol{t}_3^T\end{bmatrix}$$

$$\boldsymbol{t}_1^T=[0\quad 1\quad -2],\qquad \boldsymbol{t}_2^T=[1\quad -2\quad 3]$$

在保证$\boldsymbol{T}_o^{-1}$ 非奇异的条件下，任取$\boldsymbol{t}_3^T=[0\quad 0\quad 1]$，故而

$$\boldsymbol{T}_o^{-1}=\begin{bmatrix}\boldsymbol{t}_1^T\\ \boldsymbol{t}_2^T\\ \boldsymbol{t}_3^T\end{bmatrix}=\begin{bmatrix}0 & 1 & -2\\ 1 & -2 & 3\\ 0 & 0 & 1\end{bmatrix}$$

$$\boldsymbol{T}_o=(\boldsymbol{T}_o^{-1})^{-1}=\begin{bmatrix}2 & 1 & 1\\ 1 & 0 & 2\\ 0 & 0 & 1\end{bmatrix}$$

（3）变换后的系统为

$$\begin{cases}\dot{\tilde{\boldsymbol{x}}}=\tilde{\boldsymbol{A}}\tilde{\boldsymbol{x}}+\tilde{\boldsymbol{b}}u\\ y=\tilde{\boldsymbol{c}}\tilde{\boldsymbol{x}}\end{cases}$$

式中

$$\tilde{\boldsymbol{A}}=\boldsymbol{T}_o^{-1}\boldsymbol{A}\,\boldsymbol{T}_o=\begin{bmatrix}0 & 1 & -2\\ 1 & -2 & 3\\ 0 & 0 & 1\end{bmatrix}\begin{bmatrix}0 & 0 & -1\\ 1 & 0 & -3\\ 0 & 1 & -3\end{bmatrix}\begin{bmatrix}2 & 1 & 1\\ 1 & 0 & 2\\ 0 & 0 & 1\end{bmatrix}=\begin{bmatrix}0 & 1 & 0\\ -1 & -2 & 0\\ 1 & 0 & -1\end{bmatrix}$$

$$\tilde{\boldsymbol{b}}=\boldsymbol{T}_o^{-1}\boldsymbol{b}=\begin{bmatrix}0 & 1 & -2\\ 1 & -2 & 3\\ 0 & 0 & 1\end{bmatrix}\begin{bmatrix}1\\ 1\\ 0\end{bmatrix}=\begin{bmatrix}1\\ -1\\ 0\end{bmatrix}$$

$$\tilde{\boldsymbol{c}}=\boldsymbol{c}\,\boldsymbol{T}_o=[0\quad 1\quad -2]\begin{bmatrix}2 & 1 & 1\\ 1 & 0 & 2\\ 0 & 0 & 1\end{bmatrix}=[1\quad 0\quad 0]$$

（4）按能观测性分解后的系统状态空间表达式为

$$\begin{cases}\begin{bmatrix}\dot{\tilde{\boldsymbol{x}}}_o\\ \dot{\tilde{\boldsymbol{x}}}_{\bar{o}}\end{bmatrix}=\begin{bmatrix}0 & 1 & 0\\ -1 & -2 & 0\\ 1 & 0 & -1\end{bmatrix}\begin{bmatrix}\tilde{\boldsymbol{x}}_o\\ \tilde{\boldsymbol{x}}_{\bar{o}}\end{bmatrix}+\begin{bmatrix}1\\ -1\\ 0\end{bmatrix}u\\ y=[1\quad 0\quad 0]\begin{bmatrix}\tilde{\boldsymbol{x}}_o\\ \tilde{\boldsymbol{x}}_{\bar{o}}\end{bmatrix}\end{cases}$$

其中，能观测子系统为

$$\begin{cases}\dot{\tilde{\boldsymbol{x}}}_o=\begin{bmatrix}0 & 1\\ -1 & -2\end{bmatrix}\tilde{\boldsymbol{x}}_o+\begin{bmatrix}1\\ -1\end{bmatrix}u\\ y=[1\quad 0]\tilde{\boldsymbol{x}}_o\end{cases}$$

不能观测子系统为

$$\dot{\tilde{\boldsymbol{x}}}_{\bar{o}}=[1\quad 0]\tilde{\boldsymbol{x}}_o-\tilde{\boldsymbol{x}}_{\bar{o}}$$

11.6.3 按能控性和能观测性分解

若线性定常系统

$$\begin{cases}\dot{\boldsymbol{x}}=\boldsymbol{A}\boldsymbol{x}+\boldsymbol{B}\boldsymbol{u}\\ \boldsymbol{y}=\boldsymbol{C}\boldsymbol{x}\end{cases}$$

其状态不完全能控又不完全能观测，其能控判别矩阵$\boldsymbol{U}_c$和能观测性判别矩阵$\boldsymbol{V}_o$的秩分别小于n，则存在非奇异变换

$$\boldsymbol{x}=\boldsymbol{T}\tilde{\boldsymbol{x}}$$

将原状态空间表达式变换为

$$\begin{cases}\dot{\tilde{\boldsymbol{x}}}=\tilde{\boldsymbol{A}}\tilde{\boldsymbol{x}}+\tilde{\boldsymbol{B}}\boldsymbol{u}\\ \boldsymbol{y}=\tilde{\boldsymbol{C}}\tilde{\boldsymbol{x}}\end{cases}$$

其中

$$\tilde{\boldsymbol{A}}=\boldsymbol{T}^{-1}\boldsymbol{A}\boldsymbol{T}=\begin{bmatrix}\tilde{\boldsymbol{A}}_{11} & 0 & \tilde{\boldsymbol{A}}_{13} & 0\\ \tilde{\boldsymbol{A}}_{21} & \tilde{\boldsymbol{A}}_{22} & \tilde{\boldsymbol{A}}_{23} & \tilde{\boldsymbol{A}}_{24}\\ 0 & 0 & \tilde{\boldsymbol{A}}_{33} & 0\\ 0 & 0 & \tilde{\boldsymbol{A}}_{43} & \tilde{\boldsymbol{A}}_{44}\end{bmatrix}$$

$$\tilde{\boldsymbol{B}}=\boldsymbol{T}^{-1}\boldsymbol{B}=\begin{bmatrix}\tilde{\boldsymbol{B}}_1\\ \tilde{\boldsymbol{B}}_2\\ 0\\ 0\end{bmatrix}$$

$$\tilde{\boldsymbol{C}}=\boldsymbol{C}\boldsymbol{T}=\begin{bmatrix}\tilde{\boldsymbol{C}}_1 & 0 & \tilde{\boldsymbol{C}}_3 & 0\end{bmatrix}$$

即

$$\begin{bmatrix}\dot{\tilde{\boldsymbol{x}}}_{co}\\ \dot{\tilde{\boldsymbol{x}}}_{c\bar{o}}\\ \dot{\tilde{\boldsymbol{x}}}_{\bar{c}o}\\ \dot{\tilde{\boldsymbol{x}}}_{\bar{c}\bar{o}}\end{bmatrix}=\begin{bmatrix}\tilde{\boldsymbol{A}}_{11} & 0 & \tilde{\boldsymbol{A}}_{13} & 0\\ \tilde{\boldsymbol{A}}_{21} & \tilde{\boldsymbol{A}}_{22} & \tilde{\boldsymbol{A}}_{23} & \tilde{\boldsymbol{A}}_{24}\\ 0 & 0 & \tilde{\boldsymbol{A}}_{33} & 0\\ 0 & 0 & \tilde{\boldsymbol{A}}_{43} & \tilde{\boldsymbol{A}}_{44}\end{bmatrix}\begin{bmatrix}\tilde{\boldsymbol{x}}_{co}\\ \tilde{\boldsymbol{x}}_{c\bar{o}}\\ \tilde{\boldsymbol{x}}_{\bar{c}o}\\ \tilde{\boldsymbol{x}}_{\bar{c}\bar{o}}\end{bmatrix}+\begin{bmatrix}\tilde{\boldsymbol{B}}_1\\ \tilde{\boldsymbol{B}}_2\\ 0\\ 0\end{bmatrix}\boldsymbol{u}$$

$$\boldsymbol{y}=\begin{bmatrix}\tilde{\boldsymbol{C}}_1 & 0 & \tilde{\boldsymbol{C}}_3 & 0\end{bmatrix}\begin{bmatrix}\tilde{\boldsymbol{x}}_{co}\\ \tilde{\boldsymbol{x}}_{c\bar{o}}\\ \tilde{\boldsymbol{x}}_{\bar{c}o}\\ \tilde{\boldsymbol{x}}_{\bar{c}\bar{o}}\end{bmatrix}$$

通过以上非奇异变换将一个系统分解成为如下四个子系统：

(1) 能控又能观测的子系统Σ_{co}：

$$\begin{cases}\dot{\tilde{\boldsymbol{x}}}_{co}=\tilde{\boldsymbol{A}}_{11}\tilde{\boldsymbol{x}}_{co}+\tilde{\boldsymbol{A}}_{13}\tilde{\boldsymbol{x}}_{\bar{c}o}+\tilde{\boldsymbol{B}}_1\boldsymbol{u}\\ \tilde{\boldsymbol{y}}_1=\tilde{\boldsymbol{C}}_1\tilde{\boldsymbol{x}}_{co}\end{cases}\tag{11-24}$$

（2）能控但不能观测的子系统 $\Sigma_{c\bar{o}}$：

$$\begin{cases}\dot{\tilde{\boldsymbol{x}}}_{c\bar{o}}=\tilde{\boldsymbol{A}}_{21}\tilde{\boldsymbol{x}}_{co}+\tilde{\boldsymbol{A}}_{22}\tilde{\boldsymbol{x}}_{c\bar{o}}+\tilde{\boldsymbol{A}}_{23}\tilde{\boldsymbol{x}}_{\bar{c}o}+\tilde{\boldsymbol{A}}_{24}\tilde{\boldsymbol{x}}_{\bar{c}\bar{o}}+\tilde{\boldsymbol{B}}_{2}u\\ \tilde{y}_{2}=0\cdot\tilde{\boldsymbol{x}}_{c\bar{o}}\end{cases}\tag{11-25}$$

（3）不能控但能观测的子系统 $\Sigma_{\bar{c}o}$：

$$\begin{cases}\dot{\tilde{\boldsymbol{x}}}_{\bar{c}o}=\tilde{\boldsymbol{A}}_{33}\tilde{\boldsymbol{x}}_{\bar{c}o}\\ \tilde{\boldsymbol{y}}_{3}=\tilde{\boldsymbol{C}}_{3}\tilde{\boldsymbol{x}}_{\bar{c}o}\end{cases}\tag{11-26}$$

（4）不能控且不能观测的子系统 $\Sigma_{\bar{c}\bar{o}}$：

$$\begin{cases}\dot{\tilde{\boldsymbol{x}}}_{\bar{c}\bar{o}}=\tilde{\boldsymbol{A}}_{43}\tilde{\boldsymbol{x}}_{\bar{c}o}+\tilde{\boldsymbol{A}}_{44}\tilde{\boldsymbol{x}}_{\bar{c}\bar{o}}\\ \tilde{y}_{4}=0\cdot\tilde{\boldsymbol{x}}_{\bar{c}\bar{o}}\end{cases}\tag{11-27}$$

这四个系统可以用图 11－5 表示。可见，只要确定了变换矩阵 $\boldsymbol{T}$，只需经过一次变换便可对系统同时按能控性和能观测性进行结构分解。但 $\boldsymbol{T}$ 的构造涉及较多线性空间的概念，比较麻烦，有兴趣的同学可参考相关资料，在此不再赘述。

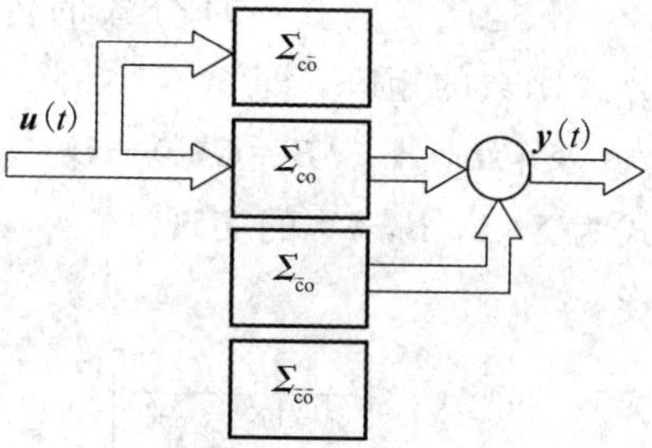

图 11－5　系统按能控性和能观测性分解后的结构图

11.7　系统的实现

11.7.1　基本概念

在现代控制理论中，基于状态空间分析法来分析、综合控制系统时都要有状态空间表达式。在系统机理、结构与参数已知的情况下，我们可以按照前面介绍的方法建立系统方程。

但是当系统的结构、参数或机理比较复杂时，就不能根据系统的机理用分析方法建立系统方程，只能用实验的方法来确定系统输入-输出描述，然后推导出相应的状态方程和输出方程。这种由给定的传递函数建立与输入输出特征等价的系统方程的问题，称为实现问题。

1. 定义

对于给定传递函数阵 $\boldsymbol{G}(s)$，若有一个状态空间表达式

$$\begin{cases}\dot{\boldsymbol{x}}=\boldsymbol{A}\boldsymbol{x}+\boldsymbol{B}\boldsymbol{u}\\ \boldsymbol{y}=\boldsymbol{C}\boldsymbol{x}+\boldsymbol{D}\boldsymbol{u}\end{cases}$$

使其满足

$$\boldsymbol{C}[s\boldsymbol{I}-\boldsymbol{A}]^{-1}\boldsymbol{B}+\boldsymbol{D}=\boldsymbol{G}(s)$$

则称该状态空间表达式为传递函数阵 $\boldsymbol{G}(s)$ 的一个实现。

2. 实现条件

并不是任意一个传递函数阵 $\boldsymbol{G}(s)$ 都可以找到其实现，通常它必须满足物理可实现条件，即：

(1) 传递函数阵 $\boldsymbol{G}(s)$ 中的每个元 $G_{ij}(s)$ $(i=1, 2, \cdots, m; j=1, 2, \cdots, r)$ 的分子分母多项式的系数均为实常数。

(2) $\boldsymbol{G}(s)$ 的元 $G_{ij}(s)$ 是 s 的严格真有理分式或真有理分式函数，即 $G_{ij}(s)$ 的分子多项式的次数低于或等于分母多项式的次数。

3. 实现形式

(1) 当 $G_{ij}(s)$ 的分子多项式的次数低于分母多项式的次数时，称 $G_{ij}(s)$ 为严格真有理分式。若 $\boldsymbol{G}(s)$ 阵中所有元都为严格真有理分式时，其实现具有 $\Sigma(\boldsymbol{A}, \boldsymbol{B}, \boldsymbol{C})$ 的形式。

(2) 当 $\boldsymbol{G}(s)$ 阵中哪怕只有一个元 $G_{ij}(s)$ 的分子多项式的次数等于分母多项式的次数时，实现就具有 $\Sigma(\boldsymbol{A}, \boldsymbol{B}, \boldsymbol{C}, \boldsymbol{D})$ 的形式，并且有

$$\boldsymbol{D}=\lim_{s\to\infty}\boldsymbol{C}[s\boldsymbol{I}-\boldsymbol{A}]^{-1}\boldsymbol{B}+\boldsymbol{D}=\lim_{s\to\infty}\boldsymbol{G}(s)$$

(3) 当 $\boldsymbol{G}(s)$ 阵中的元 $G_{ij}(s)$ 不是严格的真有理分式的传递函数阵时，应首先求出 $\boldsymbol{D}$，使 $\boldsymbol{G}(s)-\boldsymbol{D}$ 为严格的真有理分式函数的矩阵，即

$$\boldsymbol{C}[s\boldsymbol{I}-\boldsymbol{A}]^{-1}\boldsymbol{B}=\boldsymbol{G}(s)-\boldsymbol{D}$$

然后再根据 $\boldsymbol{G}(s)-\boldsymbol{D}$ 寻求形式为 $\Sigma(\boldsymbol{A}, \boldsymbol{B}, \boldsymbol{C})$ 的实现。

例 11-17 求传递函数阵

$$\boldsymbol{G}(s)=\begin{bmatrix}\dfrac{s+2}{s+1} & \dfrac{1}{s+3}\\ \dfrac{s}{s+1} & \dfrac{s+1}{s+2}\end{bmatrix}$$

的 $\boldsymbol{D}$ 和 $\boldsymbol{C}(s\boldsymbol{I}-\boldsymbol{A})^{-1}\boldsymbol{B}$。

解

$$\boldsymbol{D}=\lim_{s\to\infty}\boldsymbol{G}(s)=\begin{bmatrix}1 & 0\\ 1 & 1\end{bmatrix}$$

$$\boldsymbol{C}(s\boldsymbol{I}-\boldsymbol{A})^{-1}\boldsymbol{B}=\boldsymbol{G}(s)-\boldsymbol{D}=\begin{bmatrix}\dfrac{1}{s+1} & \dfrac{1}{s+3}\\ -\dfrac{1}{s+1} & -\dfrac{1}{s+2}\end{bmatrix}$$

11.7.2 系统的能控标准型和能观测标准型实现

1. SISO 系统的能控标准型和能观测标准型实现

对于一个单输入单输出系统，一旦给出系统的传递函数，便可直接写出其能控标准型和能观测标准型实现。

设单变量系统的传递函数为

$$G(s)=\frac{b_1 s^{n-1}+b_2 s^{n-2}+\cdots+b_{n-1}s+b_n}{s^n+a_1 s^{n-1}+\cdots+a_{n-1}s+a_n} \tag{11-28}$$

则其能控标准型的各系数矩阵为

$$\boldsymbol{A}_c=\begin{bmatrix}0 & 1 & 0 & \cdots & 0\\ 0 & 0 & 1 & \cdots & 0\\ \vdots & \vdots & \vdots & & \vdots\\ 0 & 0 & 0 & \cdots & 1\\ -a_n & -a_{n-1} & -a_{n-2} & \cdots & -a_1\end{bmatrix},\ \boldsymbol{b}_c=\begin{bmatrix}0\\0\\ \vdots\\0\\1\end{bmatrix}$$

$$\boldsymbol{c}_c=[b_n\quad b_{n-1}\quad b_{n-2}\quad \cdots\quad b_1]$$

能观测标准型的各系数矩阵为

$$\boldsymbol{A}_o=\begin{bmatrix}0 & \cdots & 0 & -a_n\\ 1 & \cdots & 0 & -a_{n-1}\\ \vdots & \ddots & \vdots & \vdots\\ 0 & \cdots & 1 & -a_1\end{bmatrix},\quad \boldsymbol{b}_o=\begin{bmatrix}b_n\\ b_{n-1}\\ \vdots\\ b_1\end{bmatrix},\quad \boldsymbol{c}_o=[0\quad 0\quad \cdots\quad 0\quad 1]$$

例 11－18　已知线性系统的传递函数为

$$G(s)=\frac{s^2+3s+4}{s^3+6s^2+11s+6}$$

试写出系统能控标准型实现和能观测标准型实现。

解　能控标准型实现：

$$\dot{\boldsymbol{x}}=\begin{bmatrix}0 & 1 & 0\\ 0 & 0 & 1\\ -6 & -11 & -6\end{bmatrix}\boldsymbol{x}+\begin{bmatrix}0\\0\\1\end{bmatrix}u,\quad y=[4\quad 3\quad 1]\boldsymbol{x}$$

能观测标准型实现：

$$\dot{\boldsymbol{x}}=\begin{bmatrix}0 & 0 & -6\\ 1 & 0 & -11\\ 0 & 1 & -6\end{bmatrix}\boldsymbol{x}+\begin{bmatrix}4\\3\\1\end{bmatrix}u,\quad y=[0\quad 0\quad 1]\boldsymbol{x}$$

2. MIMO 系统的能控标准型和能观测标准型实现

设 MIMO 系统的传递函数矩阵为 $m\times r$ 维，并有如下形式：

$$\boldsymbol{G}(s)=\frac{\boldsymbol{B}_1 s^{n-1}+\boldsymbol{B}_2 s^{n-2}+\cdots+\boldsymbol{B}_{n-1}s+\boldsymbol{B}_n}{s^n+a_1 s^{n-1}+\cdots+a_{n-1}s+a_n}\tag{11-29}$$

式中，分母多项式为该传递函数矩阵的特征多项式；$\boldsymbol{B}_1$，$\boldsymbol{B}_2$，…，$\boldsymbol{B}_n$ 均为 $m\times r$ 维实数矩阵。

1. 能控标准型实现

能控标准型实现的维数为 nr，各系数矩阵为

$$\boldsymbol{A}_c=\begin{bmatrix}\boldsymbol{0}_r & \boldsymbol{I}_r & \boldsymbol{0}_r & \cdots & \boldsymbol{0}_r\\ \boldsymbol{0}_r & \boldsymbol{0}_r & \boldsymbol{I}_r & \cdots & \boldsymbol{0}_r\\ \vdots & \vdots & \vdots & & \vdots\\ \boldsymbol{0}_r & \boldsymbol{0}_r & \boldsymbol{0}_r & \cdots & \boldsymbol{I}_r\\ -a_n\boldsymbol{I}_r & -a_{n-1}\boldsymbol{I}_r & -a_{n-2}\boldsymbol{I}_r & \cdots & -a_1\boldsymbol{I}_r\end{bmatrix}$$

$$\boldsymbol{B}_c=\begin{bmatrix}\boldsymbol{0}_r\\\boldsymbol{0}_r\\\vdots\\\boldsymbol{0}_r\\\boldsymbol{I}_r\end{bmatrix},\quad \boldsymbol{C}_c=[\boldsymbol{B}_n\quad \boldsymbol{B}_{n-1}\quad \boldsymbol{B}_{n-2}\quad \cdots\quad \boldsymbol{B}_1]$$

式中，$\boldsymbol{0}_r$ 和$\boldsymbol{I}_r$ 分别表示 $r\times r$ 阶零矩阵和单位矩阵；n 为分母多项式的阶数。

2. 能观测标准型实现

能观测标准型实现的维数为 nm，各系数矩阵为

$$\boldsymbol{A}_o=\begin{bmatrix}\boldsymbol{0}_m & \cdots & \boldsymbol{0}_m & -a_n\boldsymbol{I}_m\\\boldsymbol{I}_m & \cdots & \boldsymbol{0}_m & -a_{n-1}\boldsymbol{I}_m\\\vdots & \ddots & \vdots & \vdots\\0_m & \cdots & \boldsymbol{I}_m & -a_1\boldsymbol{I}_m\end{bmatrix},\quad \boldsymbol{B}_o=\begin{bmatrix}\boldsymbol{B}_n\\\boldsymbol{B}_{n-1}\\\vdots\\\boldsymbol{B}_1\end{bmatrix},\quad \boldsymbol{C}_o=[\boldsymbol{0}_m\quad \boldsymbol{0}_m\quad \cdots\quad \boldsymbol{0}_m\quad \boldsymbol{I}_m]$$

式中，$\boldsymbol{0}_m$ 和$\boldsymbol{I}_m$ 分别表示 $m\times m$ 阶零矩阵和单位矩阵。

注意：MIMO 系统的实现分为能观测标准型和能控标准型，这两个实现的维数并不一定相同。当 $m>r$，即输出的维数大于输入的维数，此时 $nm>nr$，即能观测标准型实现的维数大于能控标准型实现的维数时，为保证实现的维数较小，应采用能控标准型实现，反之，采用能观测标准型实现。

例 11－19 试求

$$\boldsymbol{G}(s)=\begin{bmatrix}\frac{s+2}{s+1} & \frac{1}{s+3}\\\frac{s}{s+1} & \frac{s+1}{s+2}\end{bmatrix}$$

的能控标准型实现和能观测标准型实现。

解 首先将 $\boldsymbol{G}(s)$ 化成严格有理真分式：

$$\boldsymbol{G}(s)=\begin{bmatrix}\frac{s+2}{s+1} & \frac{1}{s+3}\\\frac{s}{s+1} & \frac{s+1}{s+2}\end{bmatrix}=\begin{bmatrix}\frac{1}{s+1} & \frac{1}{s+3}\\-\frac{1}{s+1} & -\frac{1}{s+2}\end{bmatrix}+\begin{bmatrix}1 & 0\\1 & 1\end{bmatrix}=\boldsymbol{C}(s\boldsymbol{I}-\boldsymbol{A})^{-1}\boldsymbol{B}+\boldsymbol{D}$$

比较后，可得

$$\boldsymbol{C}(s\boldsymbol{I}-\boldsymbol{A})^{-1}\boldsymbol{B}=\begin{bmatrix}\frac{1}{s+1} & \frac{1}{s+3}\\-\frac{1}{s+1} & -\frac{1}{s+2}\end{bmatrix}$$

然后将 $\boldsymbol{C}(s\boldsymbol{I}-\boldsymbol{A})^{-1}\boldsymbol{B}$ 写成标准格式：

$$\boldsymbol{C}(s\boldsymbol{I}-\boldsymbol{A})^{-1}\boldsymbol{B}=\begin{bmatrix}\frac{1}{s+1} & \frac{1}{s+3}\\-\frac{1}{s+1} & -\frac{1}{s+2}\end{bmatrix}=\begin{bmatrix}\frac{(s+2)(s+3)}{(s+1)(s+2)(s+3)} & \frac{(s+1)(s+2)}{(s+1)(s+2)(s+3)}\\\frac{-(s+2)(s+3)}{(s+1)(s+2)(s+3)} & \frac{-(s+1)(s+3)}{(s+1)(s+2)(s+3)}\end{bmatrix}$$

$$=\frac{1}{(s+1)(s+2)(s+3)}\begin{bmatrix}s^2+5s+6 & s^2+3s+2\\-(s^2+5s+6) & -(s^2+4s+3)\end{bmatrix}$$

$$=\frac{1}{s^3+6s^2+11s+6}\left\{\begin{bmatrix}1 & 1\\-1 & -1\end{bmatrix}s^2+\begin{bmatrix}5 & 3\\-5 & -4\end{bmatrix}s+\begin{bmatrix}6 & 2\\-6 & -3\end{bmatrix}\right\}$$

由式(11-29)知

$$\boldsymbol{G}(s)\big|_{n=3}=\frac{\boldsymbol{B}_1 s^{n-1}+\boldsymbol{B}_2 s^{n-2}+\cdots+\boldsymbol{B}_{n-1}s+\boldsymbol{B}_n}{s^n+a_1 s^{n-1}+\cdots+a_{n-1}s+a_n}\Bigg|_{n=3}=\frac{\boldsymbol{B}_1 s^2+\boldsymbol{B}_2 s+\boldsymbol{B}_3}{s^3+a_1 s^2+a_2 s+a_3}$$

对照得

$$a_1=6,\ a_2=11,\ a_3=6$$

$$\boldsymbol{B}_3=\begin{bmatrix}6 & 2\\-6 & -3\end{bmatrix},\ \boldsymbol{B}_2=\begin{bmatrix}5 & 3\\-5 & -4\end{bmatrix},\ \boldsymbol{B}_1=\begin{bmatrix}1 & 1\\-1 & -1\end{bmatrix}$$

$$r=2,\ m=2$$

所以有如下 MIMO 系统能控标准型实现：

$$\boldsymbol{A}_c=\begin{bmatrix}\boldsymbol{0}_2 & \boldsymbol{I}_2 & \boldsymbol{0}_2\\ \boldsymbol{0}_2 & \boldsymbol{0}_2 & \boldsymbol{I}_2\\ -a_3\boldsymbol{I}_2 & -a_2\boldsymbol{I}_2 & -a_1\boldsymbol{I}_2\end{bmatrix}=\begin{bmatrix}0 & 0 & 1 & 0 & 0 & 0\\0 & 0 & 0 & 1 & 0 & 0\\0 & 0 & 0 & 0 & 1 & 0\\0 & 0 & 0 & 0 & 0 & 1\\-6 & 0 & -11 & 0 & -6 & 0\\0 & -6 & 0 & -11 & 0 & -6\end{bmatrix}$$

$$\boldsymbol{B}_c=\begin{bmatrix}\boldsymbol{0}_2\\ \boldsymbol{0}_2\\ \boldsymbol{I}_2\end{bmatrix}=\begin{bmatrix}0 & 0\\0 & 0\\0 & 0\\0 & 0\\1 & 0\\0 & 1\end{bmatrix},\quad \boldsymbol{C}_c=[\boldsymbol{B}_3\quad \boldsymbol{B}_2\quad \boldsymbol{B}_1]=\begin{bmatrix}6 & 2 & 5 & 3 & 1 & 1\\-6 & -3 & -5 & -4 & -1 & -1\end{bmatrix}$$

$$\boldsymbol{D}_c=\begin{bmatrix}1 & 0\\1 & 1\end{bmatrix}$$

同理 MIMO 能观测标准型实现为：

$$\boldsymbol{A}_o=\begin{bmatrix}\boldsymbol{0}_2 & \boldsymbol{0}_2 & -a_3\boldsymbol{I}_2\\ \boldsymbol{I}_2 & \boldsymbol{0}_2 & -a_2\boldsymbol{I}_2\\ \boldsymbol{0}_2 & \boldsymbol{I}_2 & -a_1\boldsymbol{I}_2\end{bmatrix}=\begin{bmatrix}0 & 0 & 0 & 0 & -6 & 0\\0 & 0 & 0 & 0 & 0 & -6\\1 & 0 & 0 & 0 & -11 & 0\\0 & 1 & 0 & 0 & 0 & -11\\0 & 0 & 1 & 0 & -6 & 0\\0 & 0 & 0 & 1 & 0 & -6\end{bmatrix}$$

$$\boldsymbol{B}_o=\begin{bmatrix}\boldsymbol{B}_3\\ \boldsymbol{B}_2\\ \boldsymbol{B}_1\end{bmatrix}=\begin{bmatrix}6 & 2\\-6 & -3\\5 & 3\\-5 & -4\\1 & 1\\-1 & -1\end{bmatrix},\ \boldsymbol{C}_o=[0_2\quad 0_2\quad \boldsymbol{I}_2]=\begin{bmatrix}0 & 0 & 0 & 0 & 1 & 0\\0 & 0 & 0 & 0 & 0 & 1\end{bmatrix}$$

$$D_o = \begin{bmatrix} 1 & 0 \\ 1 & 1 \end{bmatrix}$$

11.7.3 最小实现

由于传递函数矩阵只能反映系统中能控且能观测的子系统的动力学行为，因而，对于某一传递函数矩阵 $\boldsymbol{G}(s)$有任意维数的状态空间表达式与之对应。另外，由于状态变量选择的非唯一性，选择不同的状态变量时，其状态空间表达式也随之不同，因此，对应某一传递函数矩阵的实现是不唯一的。在无穷多个实现中，其中维数最小的一类就是最小实现。

1. $\Sigma(\boldsymbol{A}, \boldsymbol{B}, \boldsymbol{C})$ 为最小实现的条件

传递函数矩阵 $\boldsymbol{G}(s)$的一个实现 $\Sigma(\boldsymbol{A}, \boldsymbol{B}, \boldsymbol{C})$

$$\begin{cases} \dot{\boldsymbol{x}} = \boldsymbol{A}\boldsymbol{x} + \boldsymbol{B}\boldsymbol{u} \\ \boldsymbol{y} = \boldsymbol{C}\boldsymbol{x} \end{cases}$$

为最小实现的充分必要条件是 $\Sigma(\boldsymbol{A}, \boldsymbol{B}, \boldsymbol{C})$ 既是能控的又是能观测的。

2. 确定最小实现的步骤

确定任何一个具有严格的真有理分式的传递函数的最小实现，步骤如下：

(1) 设传递函数矩阵为 $\boldsymbol{G}(s)_{m\times r}$，在求其最小实现时，先初选一种实现(能控标准型实现或能观测标准型实现)，r 为输入变量的维数，m 为输出变量的维数。初选规则是：

① 当 $r>m$ 时，先初选能观测标准型实现。

② 当 $r<m$ 时，先初选能控标准型实现。

(2) 若初选的实现为能控标准型，则检验是否能观测。若能观测，则该实现为最小实现；若不能观测，则按能观测性进行结构分解，将能控性系统分解为能观测和不能观测两个子系统，其中能控又能观测的子系统就是最小实现。

(3) 若初选的实现为能观测标准型，则检验是否能控。若能控，则该实现为最小实现；若不能控，则按能控性进行结构分解，将能观测性系统分解为能控和不能控两个子系统，其中能控又能观测的子系统就是最小实现。

例 11－20 试求传递函数矩阵

$$\boldsymbol{G}(s) = \begin{bmatrix} \dfrac{1}{(s+1)(s+2)} & \dfrac{1}{(s+2)(s+3)} \end{bmatrix}$$

的最小实现。

解 (1) 因 $\boldsymbol{G}(s)$是严格的真有理分式，写成标准格式为

$$\boldsymbol{G}(s) = \begin{bmatrix} \dfrac{s+3}{(s+1)(s+2)(s+3)} & \dfrac{s+1}{(s+1)(s+2)(s+3)} \end{bmatrix}$$
$$= \frac{1}{(s+1)(s+2)(s+3)}\begin{bmatrix} s+3 & s+1 \end{bmatrix}$$
$$= \frac{1}{s^3+6s^2+11s+6}\left\{\begin{bmatrix} 1 & 1 \end{bmatrix}s + \begin{bmatrix} 3 & 1 \end{bmatrix}\right\}$$

对照式(11－29)，有

$$\boldsymbol{G}(s)\Big|_{n=3} = \frac{\boldsymbol{B}_1 s^{n-1} + \boldsymbol{B}_2 s^{n-2} + \cdots + \boldsymbol{B}_{n-1}s + \boldsymbol{B}_n}{s^n + a_1 s^{n-1} + \cdots + a_{n-1}s + a_n}\Bigg|_{n=3} = \frac{\boldsymbol{B}_1 s^2 + \boldsymbol{B}_2 s + \boldsymbol{B}_3}{s^3 + a_1 s^2 + a_2 s + a_3}$$

可得

$$a_1=6,\ a_2=11,\ a_3=6$$

$$\boldsymbol{b}_1=[0\quad 0],\ \boldsymbol{b}_2=[1\quad 1],\ \boldsymbol{b}_3=[3\quad 1]$$

由 $\boldsymbol{G}(s)_{m\times r}=\boldsymbol{G}(s)_{1\times 2}$，$r=2$，$m=1$，$r>m$，故先选能观测标准型。

$$\boldsymbol{A}_\text{o}=\begin{bmatrix}\boldsymbol{0}_m & \boldsymbol{0}_m & -a_3\boldsymbol{I}_m\\ \boldsymbol{I}_m & \boldsymbol{0}_m & -a_2\boldsymbol{I}_m\\ \boldsymbol{0}_m & \boldsymbol{I}_m & -a_1\boldsymbol{I}_m\end{bmatrix}_{m=1}=\begin{bmatrix}0 & 0 & -6\\ 1 & 0 & -11\\ 0 & 1 & -6\end{bmatrix}$$

$$\boldsymbol{B}_\text{o}=\begin{bmatrix}\boldsymbol{b}_3\\ \boldsymbol{b}_2\\ \boldsymbol{b}_1\end{bmatrix}=\begin{bmatrix}3 & 1\\ 1 & 1\\ 0 & 0\end{bmatrix},\quad \boldsymbol{c}_\text{o}=[\boldsymbol{0}_m\quad \boldsymbol{0}_m\quad \boldsymbol{I}_m]_{m=1}=[0\quad 0\quad 1]$$

(2) 检验能观测标准型实现 $\Sigma(\boldsymbol{A}_\text{o},\boldsymbol{B}_\text{o},\boldsymbol{C}_\text{o})$ 是否能控：

$$\boldsymbol{U}_\text{c}=[\boldsymbol{B}_\text{o}\quad \boldsymbol{A}_\text{o}\boldsymbol{B}_\text{o}\quad \boldsymbol{A}_\text{o}^2\boldsymbol{B}_\text{o}]=\begin{bmatrix}3 & 1 & 0 & 0 & -6 & -6\\ 1 & 1 & 3 & 1 & -11 & -11\\ 0 & 0 & 1 & 1 & -3 & -5\end{bmatrix}$$

$$\text{rank}\,\boldsymbol{U}_\text{c}=3=n$$

故 $\Sigma(\boldsymbol{A}_\text{o},\boldsymbol{B}_\text{o},\boldsymbol{C}_\text{o})$ 能控能观测，所以为最小实现。

11.7.4　系统的约当标准型实现

假设系统存在一个 r 次幂的重特征值 λ_1，此时系统的传递函数可表示成

$$G(s)=\frac{N(s)}{(s+\lambda_1)^r(s+\lambda_{r+1})\cdots(s+\lambda_n)}\tag{11-30}$$

用部分分式法将上式展开，有

$$G(s)=\frac{c_{11}}{s+\lambda_1}+\frac{c_{12}}{(s+\lambda_1)^2}+\cdots+\frac{c_{1r}}{(s+\lambda_1)^r}+\frac{c_{r+1}}{s+\lambda_{r+1}}+\cdots+\frac{c_n}{s+\lambda_n}$$

式中

$$c_{1i}=\frac{1}{(r-i)!}\lim_{s\to-\lambda_1}\frac{\mathrm{d}^{r-i}}{\mathrm{d}s^{r-i}}[(s+\lambda_1)^rG(s)],\quad i=1,2,\cdots,r$$

$$c_j=\lim_{s\to-\lambda_j}[(s+\lambda_j)G(s)],\qquad j=r+1,\cdots,n$$

在求得各系数后，便可按照上式画出系统的状态变量图，进而写出其状态空间表达式，最后用标准型的判据来判别系统的能控性与能观测性。若为能控又能观测的，便是系统的一个最小实现，否则进行结构分解。

11.8　传递函数阵与能控性、能观测性的关系

既然系统的能控且能观测性与其传递函数阵的最小实现是同义的，那么能否通过系统传递函数阵的特征来判别其状态的能控性和能观测性呢？下面将分别以单变量系统和多变量系统为例研究传递函数阵与能控性、能观测性的关系。

11.8.1　单变量系统

设系统的状态空间表达式为

$$\begin{cases}\dot{\boldsymbol{x}}=\boldsymbol{A}\boldsymbol{x}+\boldsymbol{b}u\\ y=\boldsymbol{c}\boldsymbol{x}\end{cases}$$

其系统的传递函数为

$$G(s)=\boldsymbol{c}\,(s\boldsymbol{I}-\boldsymbol{A})^{-1}\boldsymbol{b}$$

则传递函数阵与能控性、能观测性有如下关系：

SISO 系统能控且能观测的充分必要条件是：由动态方程导出的传递函数不存在零极点对消(即传递函数不可约)。

例 11-21 试分析下列系统的能控性、能观测性与传递函数的关系。

(1) $\dot{\boldsymbol{x}}=\begin{bmatrix}0 & 1\\ 2.5 & -1.5\end{bmatrix}\boldsymbol{x}+\begin{bmatrix}0\\ 1\end{bmatrix}u$，$y=[2.5\quad 1]\boldsymbol{x}$；

(2) $\dot{\boldsymbol{x}}=\begin{bmatrix}0 & 2.5\\ 1 & -1.5\end{bmatrix}\boldsymbol{x}+\begin{bmatrix}2.5\\ 1\end{bmatrix}u$，$y=[0\quad 1]\boldsymbol{x}$；

(3) $\dot{\boldsymbol{x}}=\begin{bmatrix}1 & 0\\ 0 & -2.5\end{bmatrix}\boldsymbol{x}+\begin{bmatrix}1\\ 0\end{bmatrix}u$，$y=[1\quad 0]\boldsymbol{x}$。

解 三个系统的传递函数均为

$$G(s)=\boldsymbol{c}\,(s\boldsymbol{I}-\boldsymbol{A})^{-1}\boldsymbol{b}=\frac{s+2.5}{(s-1)(s+2.5)}$$

显然存在零极点对消，则系统不能控或者不能观测，所以有：

(1) $\boldsymbol{A}$、$\boldsymbol{b}$ 为能控标准型，故此系统能控不能观测；

(2) $\boldsymbol{A}$、$\boldsymbol{c}$ 为能观测标准型，故此系统能观测不能控；

(3) 系统不能控、不能观测。

11.8.2 多变量系统

设系统的状态空间表达式为

$$\begin{cases}\dot{\boldsymbol{x}}=\boldsymbol{A}\boldsymbol{x}+\boldsymbol{B}\boldsymbol{u}\\ \boldsymbol{y}=\boldsymbol{C}\boldsymbol{x}\end{cases}$$

其系统的传递函数为

$$\boldsymbol{G}(s)=\boldsymbol{C}\,(s\boldsymbol{I}-\boldsymbol{A})^{-1}\boldsymbol{B}$$

则传递函数阵与能控性、能观测性有如下关系：

MIMO 系统能控且能观测的充分条件是：由动态方程导出的传递函数阵 $\boldsymbol{G}(s)$ 中的每个元素的分子分母多项式不存在零极点对消。值得注意的是，与单变量系统不同，在 MIMO 系统中，传递函数不可约仅是多变量系统能控能观测的充分条件，而不是必要条件。

例 11-22 试用传递函数矩阵判别下列 MIMO 系统的能控性、能观测性。

$$\begin{cases}\dot{\boldsymbol{x}}=\begin{bmatrix}1 & 0\\ 0 & 1\end{bmatrix}\boldsymbol{x}+\begin{bmatrix}1 & 0\\ 0 & 1\end{bmatrix}\boldsymbol{u}\\ \boldsymbol{y}=\begin{bmatrix}1 & 0\\ 0 & 1\end{bmatrix}\boldsymbol{x}\end{cases}$$

解 系统显然能控也能观测，但其传递函数阵

$$G(s)=C(sI-A)^{-1}B=\frac{1}{(s-1)^2}\begin{bmatrix}s-1 & 0\\ 0 & s-1\end{bmatrix}=\begin{bmatrix}\frac{1}{s-1} & 0\\ 0 & \frac{1}{s-1}\end{bmatrix}$$

有零极点对消现象。

习　题　11

11-1　判断下列系统的状态能控性。

(1) $\begin{bmatrix}\dot{x}_1\\ \dot{x}_2\end{bmatrix}=\begin{bmatrix}1 & 1\\ 1 & 0\end{bmatrix}\begin{bmatrix}x_1\\ x_2\end{bmatrix}+\begin{bmatrix}0\\ 1\end{bmatrix}u$；

(2) $\begin{bmatrix}\dot{x}_1\\ \dot{x}_2\\ \dot{x}_3\end{bmatrix}=\begin{bmatrix}0 & 1 & 0\\ 0 & 0 & 1\\ -2 & -4 & -3\end{bmatrix}\begin{bmatrix}x_1\\ x_2\\ x_3\end{bmatrix}+\begin{bmatrix}1 & 0\\ 0 & 2\\ -1 & 3\end{bmatrix}\begin{bmatrix}u_1\\ u_2\end{bmatrix}$；

(3) $\begin{bmatrix}\dot{x}_1\\ \dot{x}_2\\ \dot{x}_3\end{bmatrix}=\begin{bmatrix}-3 & 1 & 0\\ 0 & -3 & 0\\ 0 & 0 & -1\end{bmatrix}\begin{bmatrix}x_1\\ x_2\\ x_3\end{bmatrix}+\begin{bmatrix}3 & -1\\ 0 & 0\\ 2 & 0\end{bmatrix}\begin{bmatrix}u_1\\ u_2\end{bmatrix}$。

11-2　判断下列系统的状态能控性。

(1) $A=\begin{bmatrix}1 & 0\\ -1 & 0\end{bmatrix}$，　$b=\begin{bmatrix}1\\ 0\end{bmatrix}$；

(2) $A=\begin{bmatrix}0 & 1 & 0\\ 0 & 0 & 1\\ -5 & -4 & -3\end{bmatrix}$，　$B=\begin{bmatrix}1 & 0\\ 0 & 1\\ -1 & 2\end{bmatrix}$；

(3) $A=\begin{bmatrix}-3 & 1 & 0\\ 0 & -3 & 0\\ 0 & 0 & -1\end{bmatrix}$，　$B=\begin{bmatrix}1 & -1\\ 0 & 0\\ 5 & 0\end{bmatrix}$；

(4) $A=\begin{bmatrix}\lambda_1 & 1 & 0 & 0\\ 0 & \lambda_1 & 0 & 0\\ 0 & 0 & \lambda_1 & 0\\ 0 & 0 & 0 & \lambda_1\end{bmatrix}$，　$b=\begin{bmatrix}0\\ 1\\ 1\\ 3\end{bmatrix}$。

11-3　判断下列系统的输出能控性。

(1) $\begin{bmatrix}\dot{x}_1\\ \dot{x}_2\\ \dot{x}_3\end{bmatrix}=\begin{bmatrix}-3 & 1 & 0\\ 0 & -3 & 0\\ 0 & 0 & -2\end{bmatrix}\begin{bmatrix}x_1\\ x_2\\ x_3\end{bmatrix}+\begin{bmatrix}1 & -1\\ 0 & 0\\ 3 & 0\end{bmatrix}\begin{bmatrix}u_1\\ u_2\end{bmatrix}$，

$\begin{bmatrix}y_1\\ y_2\end{bmatrix}=\begin{bmatrix}1 & 0 & 2\\ -1 & 1 & 0\end{bmatrix}\begin{bmatrix}x_1\\ x_2\\ x_3\end{bmatrix}$；

(2) $\begin{bmatrix}\dot{x}_1\\ \dot{x}_2\\ \dot{x}_3\end{bmatrix}=\begin{bmatrix}0 & 1 & 0\\ 0 & 0 & 1\\ -6 & -7 & -5\end{bmatrix}\begin{bmatrix}x_1\\ x_2\\ x_3\end{bmatrix}+\begin{bmatrix}0\\ 0\\ 2\end{bmatrix}u$，

$y=\begin{bmatrix}1 & 0 & 0\end{bmatrix}\begin{bmatrix}x_1\\ x_2\\ x_3\end{bmatrix}$。

11-4　判断下列系统的能观测性。

(1) $\begin{bmatrix}\dot{x}_1\\ \dot{x}_2\end{bmatrix}=\begin{bmatrix}1 & 2\\ 1 & 0\end{bmatrix}\begin{bmatrix}x_1\\ x_2\end{bmatrix}$，$y=\begin{bmatrix}1 & 1\end{bmatrix}\begin{bmatrix}x_1\\ x_2\end{bmatrix}$；

(2) $\begin{bmatrix}\dot{x}_1\\ \dot{x}_2\\ \dot{x}_3\end{bmatrix}=\begin{bmatrix}0 & 1 & 0\\ 0 & 0 & 1\\ -5 & -4 & -3\end{bmatrix}\begin{bmatrix}x_1\\ x_2\\ x_3\end{bmatrix}$，$\begin{bmatrix}y_1\\ y_2\end{bmatrix}=\begin{bmatrix}0 & 1 & -1\\ 1 & 2 & 3\end{bmatrix}\begin{bmatrix}x_1\\ x_2\\ x_3\end{bmatrix}$；

(3) $\begin{bmatrix}\dot{x}_1\\ \dot{x}_2\\ \dot{x}_3\end{bmatrix}=\begin{bmatrix}0 & 7 & 3\\ 0 & 20 & 16\\ 0 & -25 & -20\end{bmatrix}\begin{bmatrix}x_1\\ x_2\\ x_3\end{bmatrix}$，$y=\begin{bmatrix}-1 & 5 & 0\end{bmatrix}\begin{bmatrix}x_1\\ x_2\\ x_3\end{bmatrix}$。

11-5　设系统的状态方程及输出方程分别为

$$\dot{\boldsymbol{x}}=\begin{bmatrix}0 & 7 & 3\\ 0 & 20 & 16\\ 0 & -25 & -20\end{bmatrix}\boldsymbol{x}+\begin{bmatrix}0\\ 1\\ 1\end{bmatrix}u,\quad y=\begin{bmatrix}0 & 0 & 1\end{bmatrix}\boldsymbol{x}$$

试判定系统的能控性和能观测性。

11-6　试证明如下系统

$$\begin{bmatrix}\dot{x}_1\\ \dot{x}_2\\ \dot{x}_3\end{bmatrix}=\begin{bmatrix}20 & -1 & 0\\ 4 & 16 & 0\\ 12 & -6 & 18\end{bmatrix}\begin{bmatrix}x_1\\ x_2\\ x_3\end{bmatrix}+\begin{bmatrix}a\\ b\\ c\end{bmatrix}u$$

不论 a，b，c 取何值都不能控。

11-7　设系统的状态方程为

$$\dot{\boldsymbol{x}}=\begin{bmatrix}0 & 1\\ -3 & -4\end{bmatrix}\boldsymbol{x}+\begin{bmatrix}2 & 2\\ -3 & -4\end{bmatrix}\boldsymbol{u}$$

$$\boldsymbol{y}=\begin{bmatrix}1 & 1\\ -2 & -2\end{bmatrix}\boldsymbol{x}$$

(1) 判断该系统的状态能控性和能观测性；

(2) 求系统的传递函数矩阵 $G(s)=\dfrac{Y(s)}{U(s)}$。

11-8　设系统 Σ_1 和 Σ_2 的状态空间表达式分别为

$$\Sigma_1:\begin{cases}\dot{x}_1=\begin{bmatrix}0 & 1\\ -3 & -4\end{bmatrix}x_1+\begin{bmatrix}0\\ 1\end{bmatrix}u_1\\ y_1=\begin{bmatrix}2 & 1\end{bmatrix}x_1\end{cases};\quad \Sigma_2:\begin{cases}\dot{x}_2=-2x_2+u_2\\ y_2=x_2\end{cases}$$

(1) 试分析系统 Σ_1 和 Σ_2 的能控性和能观测性，并写出传递函数；

(2) 试分析由 Σ_1 和 Σ_2 组成的串联系统的能控性和能观测性，并写出传递函数；

(3) 试分析由 Σ_1 和 Σ_2 组成的并联系统的能控性和能观测性，并写出传递函数。

11－9　试确定当 p 与 q 为何值时下列系统不能控，为何值时不能观测。

$$\begin{bmatrix}\dot{x}_1\\ \dot{x}_2\end{bmatrix}=\begin{bmatrix}1 & 12\\ 1 & 0\end{bmatrix}\begin{bmatrix}x_1\\ x_2\end{bmatrix}+\begin{bmatrix}p\\ -1\end{bmatrix}u$$

$$y=\begin{bmatrix}q & 1\end{bmatrix}\begin{bmatrix}x_1\\ x_2\end{bmatrix}$$

11－10　已知系统的传递函数为 $G(s)=\dfrac{s+a}{s^3+10s^2+27s+18}$。

(1) 试确定 a 的取值，使系统成为不能控或不能观测；

(2) 在上述 a 的取值下，求使系统为能控的状态空间表达式；

(3) 在上述 a 的取值下，求使系统为能观测的状态空间表达式。

11－11　系统的状态方程为

$$\begin{bmatrix}\dot{x}_1\\ \dot{x}_2\\ \dot{x}_3\end{bmatrix}=\begin{bmatrix}\lambda & 1 & 0\\ 0 & \lambda & 0\\ 0 & 0 & \lambda\end{bmatrix}\begin{bmatrix}x_1\\ x_2\\ x_3\end{bmatrix}+\begin{bmatrix}a\\ b\\ c\end{bmatrix}u$$

$$y=\begin{bmatrix}d & e & f\end{bmatrix}\begin{bmatrix}x_1\\ x_2\\ x_3\end{bmatrix}$$

试讨论下列问题：

(1) 能否通过选择 a，b，c 使系统状态完全能控？

(2) 能否通过选择 d，e，f 使系统状态完全能观测？

11－12　已知系统的微分方程为：$\dddot{y}+6\ddot{y}+11\dot{y}+6y=6u$，试写出其对偶系统的状态空间表达式及其传递函数。

11－13　考虑由下式定义的系统：

$$\begin{cases}\dot{\boldsymbol{x}}=\boldsymbol{A}\boldsymbol{x}+\boldsymbol{b}u\\ y=\boldsymbol{c}\boldsymbol{x}\end{cases}$$

式中

$$\boldsymbol{A}=\begin{bmatrix}1 & 2\\ -4 & -3\end{bmatrix},\quad \boldsymbol{b}=\begin{bmatrix}1\\ 2\end{bmatrix},\quad \boldsymbol{c}=\begin{bmatrix}1 & 1\end{bmatrix}$$

试将该系统的状态空间表达式变换为能控标准型。

11－14　已知系统 $\dot{\boldsymbol{x}}=\begin{bmatrix}1 & 1\\ 0 & 0\end{bmatrix}\boldsymbol{x}+\begin{bmatrix}1\\ 1\end{bmatrix}u$，试将其化为能控标准型。

11－15　已知系统的传递函数为

$$G(s)=\frac{s^2+6s+8}{s^2+4s+3}$$

试求其能控标准型和能观测标准型。

11－16　已知系统的传递函数为$\frac{Y(s)}{U(s)}=\frac{s+6}{s^2+5s+6}$，试求其能控标准型和能观测标准型。

11－17　试将下列系统按能控性和能观测性进行结构分解。

(1) $\boldsymbol{A}=\begin{bmatrix}1 & 0 & 0\\ 2 & 2 & 3\\ -2 & 0 & 1\end{bmatrix}$，$\boldsymbol{b}=\begin{bmatrix}1\\ 2\\ 3\end{bmatrix}$，$\boldsymbol{c}=[1\quad 1\quad 2]$；

(2) $\boldsymbol{A}=\begin{bmatrix}1 & 0 & 0 & 0\\ 2 & -3 & 0 & 0\\ 1 & 0 & -2 & 0\\ 4 & -1 & -2 & -4\end{bmatrix}$，$\boldsymbol{b}=\begin{bmatrix}0\\ 0\\ 1\\ 2\end{bmatrix}$，$\boldsymbol{c}=[3\quad 0\quad 1\quad 0]$

11－18　已知传递函数矩阵为

$$\boldsymbol{G}(s)=\begin{bmatrix}\frac{2(s+3)}{(s+1)(s+2)} & \frac{4(s+4)}{s+5}\end{bmatrix}$$

试求该系统的最小实现。

第 12 章 控制系统的稳定性

12.1 概述

稳定性是控制系统能正常工作的前提条件，控制系统的稳定性通常有外部稳定性和内部稳定性两种。其中外部稳定性是指系统在零初始条件下通过其输入量、输出量所定义的外部稳定性，即有界输入有界输出稳定。外部稳定性只适用于线性系统。而内部稳定性是指系统在零输入条件下通过其内部状态变化所定义的内部稳定性，即状态稳定。内部稳定性不但适用于线性系统，而且也适用于非线性系统。对于同一个线性系统，只有在满足一定条件下两种定义才具有等价性。稳定性是系统本身的一种特性，只和系统本身的结构和参数有关，与输入输出无关。在经典控制理论中，一般用劳斯-赫尔维茨稳定性判据和奈奎斯特稳定性判据研究系统的稳定性。而在现代控制理论中，李雅普诺夫(Lyapunov)稳定性分析是解决系统稳定性问题的一般方法。

12.2 李雅普诺夫稳定性定义

12.2.1 平衡状态

1. 稳定性的定义

图 12－1(a)是一个单摆的例子。在静止状态下，小球处于 A 位置。若用外力使小球偏离 A 而到达 A'，就产生了位置偏差。去除外力后，小球从初始偏差位置 A'，经过若干次摆动后，最终回到 A 点，恢复到静止状态。图 12－1(b)是处于山顶的一个足球。足球在静止状态下处于 B 位置。如果我们用外力使足球偏离 B 位置，足球不可能再自动回到 B 位置。对于单摆，我们说 A 位置是小球的稳定位置，而对于足球来说，B 则是不稳定的位置。

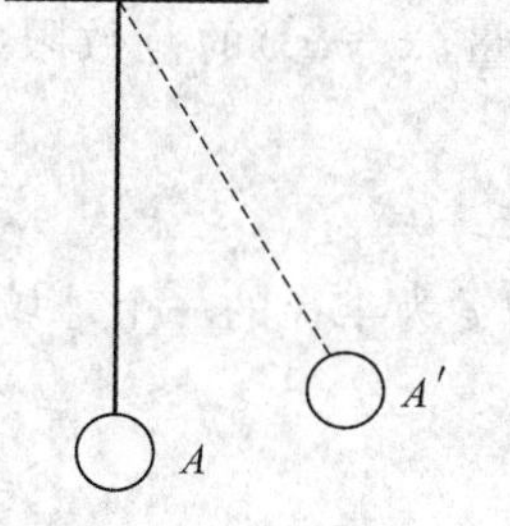

(a) 稳定位置

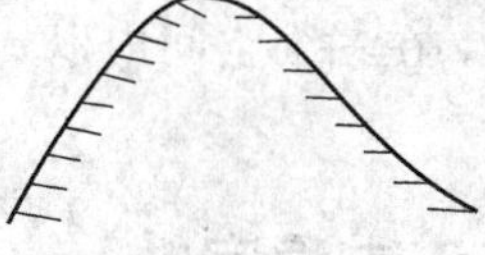

(b) 不稳定位置

图 12－1 稳定位置和不稳定位置

由此看出，处于某平衡工作点的控制系统在扰动作用下会偏离其平衡状态，产生初始偏差。若扰动消失后，控制系统能由初始偏差回复并稳定到原平衡状态，则称系统是稳定的。若偏离平衡状态的偏差越来越大，系统就是不稳定的。

2. 平衡状态的定义

设系统的状态方程为

$$\dot{\boldsymbol{x}}=\boldsymbol{f}(\boldsymbol{x},\ t)$$

总存在 $\boldsymbol{x}=\boldsymbol{x}_e$，对所有 t，使得

$$\boldsymbol{f}(\boldsymbol{x}_e,\ t)\equiv\boldsymbol{0}$$

则称$\boldsymbol{x}_e$为系统的平衡状态或平衡点。

当系统运动到$\boldsymbol{x}_e$点时，系统状态各分量将维持平衡，不再随时间变化。

如果系统是线性定常的，也就是说 $f(\boldsymbol{x},\ t)=\boldsymbol{A}\boldsymbol{x}$，则当 $\boldsymbol{A}$ 为非奇异矩阵时，系统存在一个唯一的平衡状态；当 $\boldsymbol{A}$ 为奇异矩阵时，系统将存在无穷多个平衡状态。对于非线性系统，可有一个或多个平衡状态。

12.2.2 范数的概念

1. 范数

n 维状态空间中，向量 $\boldsymbol{x}$ 的长度称为向量 $\boldsymbol{x}$ 的范数，用 $\|\boldsymbol{x}\|$ 表示，则

$$\|\boldsymbol{x}\|=\sqrt{x_1^2+x_2^2+\cdots+x_n^2}=(\boldsymbol{x}^{\mathrm{T}}\boldsymbol{x})^{\frac{1}{2}}$$

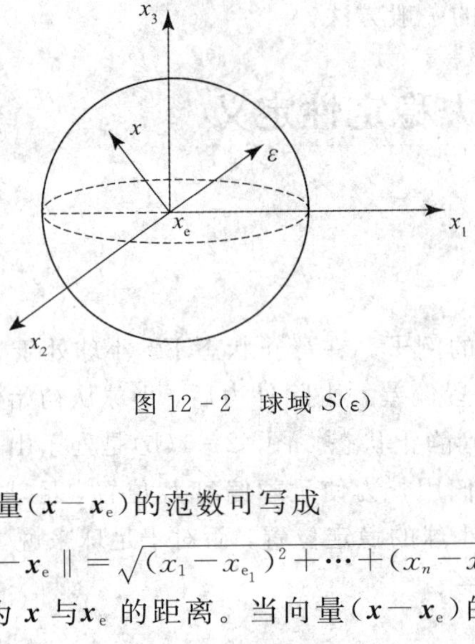

图 12-2　球域 $S(\varepsilon)$

2. 向量的距离

由范数的定义可知，向量$(\boldsymbol{x}-\boldsymbol{x}_e)$的范数可写成

$$\|\boldsymbol{x}-\boldsymbol{x}_e\|=\sqrt{(x_1-x_{e_1})^2+\cdots+(x_n-x_{e_n})^2}$$

通常又将 $\|\boldsymbol{x}-\boldsymbol{x}_e\|$ 称为 $\boldsymbol{x}$ 与$\boldsymbol{x}_e$ 的距离。当向量$(\boldsymbol{x}-\boldsymbol{x}_e)$的范数限定在某一范围之内时，则记为

$$\|\boldsymbol{x}-\boldsymbol{x}_e\|\leqslant\varepsilon,\ \varepsilon>0 \tag{12-1}$$

式(12-1)表示，在三维空间内以x_e 为球心，以 ε 为半径的一个球域，可记为 $S(\varepsilon)$，如图 12-2 所示。

12.2.3 李雅普诺夫稳定性

系统的李雅普诺夫稳定性指的是系统在平衡状态下受到扰动时，经过“足够长”的时间

以后，系统恢复到平衡状态的能力。其定义与工程上经典的定义不完全一致，在概念上有一些区别。

1. 李雅普诺夫稳定性(稳定性和一致稳定性)

对于系统 $\dot{\boldsymbol{x}}=f(\boldsymbol{x}, t)$，若任意给定实数 $\varepsilon>0$，对应于每一个 $S(\varepsilon)$，存在一个 $S(\delta)$，使得当 t 趋于无穷时，始于 $S(\delta)$ 内的轨迹不脱离 $S(\varepsilon)$，则系统的平衡状态 $\boldsymbol{x}_e=0$ 称为在李雅普诺夫意义下是稳定的，如图 12-3(a)所示。

一般地，δ 是与 ε 和 t_0 有关的实数，即 $\delta(\varepsilon, t_0)$。若 ε 与 t_0 无关，则此时平衡状态 $\boldsymbol{x}_e=0$ 称为一致稳定的平衡状态。

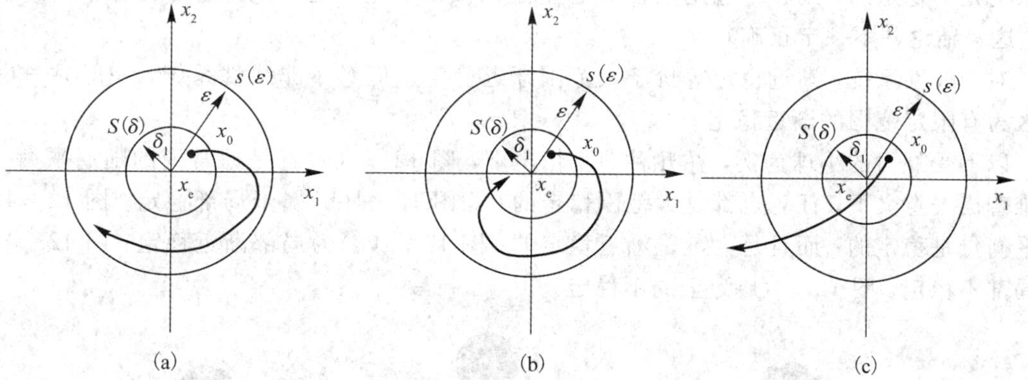

图 12-3　稳定性示意图

2. 渐近稳定性

如果平衡状态 $\boldsymbol{x}_e=0$ 在李雅普诺夫意义下是稳定的，并且始于域 $S(\delta)$ 的任一条轨迹，当时间 t 趋于无穷时，都不脱离 $S(\varepsilon)$，且收敛于 $\boldsymbol{x}_e=0$，则称系统的平衡状态 $\boldsymbol{x}_e=0$ 为渐近稳定的，如图 12-3(b)所示。其中球域 $S(\delta)$ 被称为平衡状态 $\boldsymbol{x}_e=0$ 的吸引域。

实际上，渐近稳定性比稳定性更重要。考虑到非线性系统的渐近稳定性是一个局部概念，所以简单地确定渐近稳定性并不意味着系统能正常工作。通常有必要确定渐近稳定性的最大范围或吸引域，它是发生渐近稳定轨迹的那部分状态空间。换句话说，发生于吸引域内的每一个轨迹都是渐近稳定的。

3. 大范围渐近稳定性

对所有的状态(状态空间中的所有点)，如果由这些状态出发的轨迹都保持渐近稳定性，则平衡状态 $\boldsymbol{x}_e=0$ 称为大范围渐近稳定。或者说，如果系统的平衡状态 $\boldsymbol{x}_e=0$ 渐近稳定，吸引域为整个状态空间，则称此时系统的平衡状态 $\boldsymbol{x}_e=0$ 为大范围渐近稳定。显然，大范围渐近稳定的必要条件是在整个状态空间中只有一个平衡状态。

在控制工程问题中，总希望系统具有大范围渐近稳定的特性。如果平衡状态不是大范围渐近稳定的，那么问题就转化为确定渐近稳定的最大范围或吸引域，这通常非常困难。然而，对所有的实际问题，如能确定一个足够大的渐近稳定的吸引域，以致扰动不会超过它就可以了。

4. 不稳定性

如果对于某个实数 $\varepsilon>0$ 和任一个实数 $\delta>0$，不管这两个实数多么小，在 $S(\delta)$ 内总存在一个状态$\boldsymbol{x}_0$，使得始于这一状态的轨迹最终会脱离开$S(\varepsilon)$，那么平衡状态$\boldsymbol{x}_e=0$称为不稳定的，如图12-3(c)所示。

图12-3(a)、(b)和(c)分别表示平衡状态及对应于稳定性、渐近稳定性和不稳定性的典型轨迹。其中，域$S(\delta)$制约着初始状态$\boldsymbol{x}_0$，而域$S(\varepsilon)$是起始于$\boldsymbol{x}_0$的轨迹的边界。

注意，由于上述定义不能详细地说明可容许初始条件的精确吸引域，因而除非$S(\varepsilon)$对应于整个状态平面，否则这些定义只能应用于平衡状态的邻域。

此外，在图12-3(c)中，轨迹离开了$S(\varepsilon)$，这说明平衡状态是不稳定的。然而却不能说明轨迹将趋于无穷远处，这是因为轨迹还可能趋于在$S(\varepsilon)$外的某个极限环(如果线性定常系统是不稳定的，则在不稳定平衡状态附近出发的轨迹将趋于无穷远；但在非线性系统中，这一结论并不一定正确)。

对于线性系统，渐近稳定等价于大范围渐近稳定。但对于非线性系统，一般只考虑吸引区为有限定范围的渐近稳定。

以不受外力的小球为例，在几种典型情况下，图12-4(a)就是通常说的随遇平衡，在李雅普诺夫意义下，任意点都是大范围稳定的；而图12-4(b)属于局部稳定；图12-4(c)的平衡点是稳定的，而且是大范围渐近稳定的；图12-4(d)为局部渐近稳定；图12-4(e)为局部不稳定，图12-4(f)为全局不稳定。

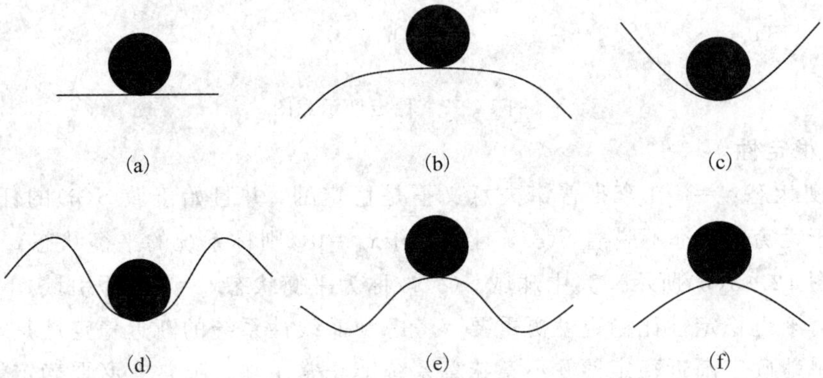

图12-4　平衡状态稳定性示意图

12.3　李雅普诺夫稳定性理论

李雅普诺夫当时不仅给运动稳定性下了严格的定义，同时证明了由微分方程判别运动稳定性的两种方法，通常称为李雅普诺夫第一法和李雅普诺夫第二法。

12.3.1　李雅普诺夫第一法

李雅普诺夫第一法的基本思想是利用状态方程解的性质来判断系统的稳定性，通常又称为间接法。它适用于线性定常系统和线性时变系统以及非线性系统可以线性化的情况。

对于线性定常系统

$$\dot{\boldsymbol{x}}=\boldsymbol{A}\boldsymbol{x}$$

渐近稳定的充要条件是$\boldsymbol{A}$的特征值均具有负实部。

例 12-1　线性定常系统

$$\dot{\boldsymbol{x}}=\begin{bmatrix}-1 & 0\\ 0 & 1\end{bmatrix}\boldsymbol{x}$$

试分析系统的状态稳定性。

解　由 $\boldsymbol{A}$ 阵的特征方程

$$|\lambda \boldsymbol{I}-\boldsymbol{A}|=(\lambda+1)(\lambda-1)=0$$

可得，特征值为

$$\lambda_1=-1,\ \lambda_2=1$$

所以，系统的状态不是渐近稳定的。

12.3.2　李雅普诺夫第二法的二次型函数

建立在李雅普诺夫第二法基础上的稳定性分析中，有一类标量函数起着很重要的作用，即二次型函数。在给出李雅普诺夫第二法稳定性判据之前，先介绍一些有关的预备知识，然后再介绍李雅普诺夫第二法。

1. 二次型

1）二次型函数的定义

在代数式中我们常见的一种多项式函数如下：

$$f(x,\ y)=ax^2+2bxy+cy^2 \tag{12-2}$$

式中每项的次数都是二次的，这样的多项式称为二次齐次多项式或二次型。如果将变量个数扩展到 n，仍具有相同的含义。

n 个变量 x_1，x_2，…，x_n 的二次齐次多项式为

$$\begin{aligned}v(x_1,\ x_2,\ \cdots,\ x_n) &= a_{11}x_1^2+a_{12}x_1x_2+\cdots+a_{1n}x_1x_n\\ &\quad +a_{21}x_2x_1+a_{22}x_2^2+\cdots+a_{2n}x_2x_n+\cdots\\ &\quad +a_{n1}x_nx_1+a_{n2}x_nx_2+\cdots+a_{nn}x_n^2\\ &=\sum_{i,\ j=1}^{n}a_{ij}x_ix_j,\ a_{ij}=a_{ji},\ i\neq j\end{aligned} \tag{12-3}$$

称为二次型函数，即二次型。式中 a_{ij} 为二次型系数。

2）二次型函数的矩阵表达式

由二次型函数的定义，式(12-3)可写成

$$v(x_1,\ x_2,\ \cdots,\ x_n)=[x_1\quad x_2\quad \cdots\quad x_n]\begin{bmatrix}a_{11} & a_{12} & \cdots & a_{1n}\\ a_{21} & a_{22} & \cdots & a_{2n}\\ \vdots & \vdots & & \vdots\\ a_{n1} & a_{n2} & \cdots & a_{nn}\end{bmatrix}\begin{bmatrix}x_1\\ x_2\\ \vdots\\ x_n\end{bmatrix}=\boldsymbol{x}^{\mathrm{T}}\boldsymbol{A}\boldsymbol{x} \tag{12-4}$$

其中

$$\boldsymbol{A}=\begin{bmatrix}a_{11} & a_{12} & \cdots & a_{1n}\\ a_{21} & a_{22} & \cdots & a_{2n}\\ \vdots & \vdots & & \vdots\\ a_{n1} & a_{n2} & \cdots & a_{nn}\end{bmatrix}$$

$\boldsymbol{A}$ 称为二次型的矩阵。因为 $a_{ij}=a_{ji}$，所以 $\boldsymbol{A}=\boldsymbol{A}^{\mathrm{T}}$，即 $\boldsymbol{A}$ 为对称矩阵。

显然二次型 $v(x_1, x_2, \cdots, x_n)$完全由矩阵 $\boldsymbol{A}$ 确定，且 $\boldsymbol{A}$ 的秩称为二次型的秩。

例 12-2 已知二次齐次多项式

$$v(x_1, x_2)=10x_1^2+4x_2^2+2x_1x_2$$

试求二次型矩阵 $\boldsymbol{A}$。

解

$$\begin{aligned}v(x_1, x_2)&=10x_1^2+4x_2^2+2x_1x_2=10x_1^2+4x_2^2+x_1x_2+x_2x_1\\&=\begin{bmatrix}x_1 & x_2\end{bmatrix}\begin{bmatrix}10 & 1\\1 & 4\end{bmatrix}\begin{bmatrix}x_1\\x_2\end{bmatrix}\end{aligned}$$

所以二次型矩阵

$$\boldsymbol{A}=\begin{bmatrix}10 & 1\\1 & 4\end{bmatrix}$$

2. 二次型的定号性

1）标量函数的正定性

如果对所有在域 Ω 中的非零状态 $\boldsymbol{x}\neq 0$，有 $v(\boldsymbol{x})>0$，且在 $\boldsymbol{x}=0$ 处有 $v(0)=0$，则在域 Ω(域 Ω 包含状态空间的原点)内的标量函数 $v(\boldsymbol{x})$称为正定函数，即

$$\begin{cases}v(\boldsymbol{x})>0, & \boldsymbol{x}\neq 0\\v(\boldsymbol{x})=0, & \boldsymbol{x}=0\end{cases} \tag{12-5}$$

例如，$v(\boldsymbol{x})=x_1^2+2x_2^2$，$v(\boldsymbol{x})$为正定的。

2）标量函数的负定性

如果 $-v(\boldsymbol{x})$是正定函数，则标量函数 $v(\boldsymbol{x})$称为负定函数，即

$$\begin{cases}v(\boldsymbol{x})<0, & \boldsymbol{x}\neq 0\\v(\boldsymbol{x})=0, & \boldsymbol{x}=0\end{cases} \tag{12-6}$$

例如，$v(\boldsymbol{x})=-x_1^2-(3x_1+2x_2)^2$，$v(\boldsymbol{x})$为负定的。

3）标量函数的正半定

如果标量函数 $v(\boldsymbol{x})$除了原点以及某些状态等于零外，在域 Ω 内的所有状态都是正定的，则 $v(\boldsymbol{x})$称为正半定标量函数，即

$$\begin{cases}v(\boldsymbol{x})\geqslant 0, & \boldsymbol{x}\neq 0\\v(\boldsymbol{x})=0, & \boldsymbol{x}=0\end{cases} \tag{12-7}$$

例如，$v(\boldsymbol{x})=(x_1+x_2)^2$，$v(\boldsymbol{x})$为正半定的。

4）标量函数的负半定

如果 $-v(\boldsymbol{x})$是正半定函数，则标量函数 $v(\boldsymbol{x})$称为负半定函数，即

$$\begin{cases}v(\boldsymbol{x})\leqslant 0, \boldsymbol{x}\neq 0\\v(\boldsymbol{x})=0, \boldsymbol{x}=0\end{cases} \tag{12-8}$$

例如，$v(\boldsymbol{x})=-(x_1+x_2)^2$，$v(\boldsymbol{x})$为负半定的。

5）标量函数的不定性

如果在域 Ω 内，不论域 Ω 多么小，$v(\boldsymbol{x})$既可为正值，也可为负值，标量函数 $v(\boldsymbol{x})$称为不定的标量函数。

例如，$v(\boldsymbol{x})=x_1x_2+x_2^2$，$v(\boldsymbol{x})$为不定的。

3. 二次型标量函数定号性判别准则

二次型 $v(\boldsymbol{x})$的正定性可用赛尔维斯特准则判断。由于二次型函数 $v(\boldsymbol{x})$和它的二次型

矩阵 $\boldsymbol{A}$ 是一一对应的，这样，二次型函数定号性等价于二次型矩阵 $\boldsymbol{A}$ 的定号性。

1）正定

二次型函数 $v(\boldsymbol{x})$ 为正定的充要条件是矩阵 $\boldsymbol{A}$ 的各阶首主子行列式均为正值，即

$$\Delta_1=a_{11}>0,\ \Delta_2=\begin{vmatrix} a_{11} & a_{12} \\ a_{21} & a_{22} \end{vmatrix}>0,\ \cdots,\ \Delta_n=\begin{vmatrix} a_{11} & \cdots & a_{1n} \\ \vdots & \vdots & \vdots \\ a_{n1} & \cdots & a_{nn} \end{vmatrix}>0 \tag{12-9}$$

此时，称矩阵 $\boldsymbol{A}$ 是正定的，记为 $\boldsymbol{A}>0$。

2）负定

二次型函数 $v(\boldsymbol{x})$ 为负定的充要条件是矩阵 $\boldsymbol{A}$ 的各阶首主子行列式满足

$$(-1)^k\Delta_k>0,\quad k=1,2,\cdots,n \tag{12-10}$$

即

$$\Delta_k\begin{cases} >0, & k\ \text{为偶数} \\ <0, & k\ \text{为奇数} \end{cases}\quad k=1,2,\cdots,n$$

此时，称矩阵 $\boldsymbol{A}$ 是负定的，记为 $\boldsymbol{A}<0$。

3）正半定

二次型函数 $v(\boldsymbol{x})$ 为正半定的充要条件是矩阵 $\boldsymbol{A}$ 的各阶首主子行列式满足

$$\Delta_k\begin{cases} \geqslant 0, & k=1,2,\cdots,n-1 \\ =0, & k=n \end{cases} \tag{12-11}$$

此时，称矩阵 $\boldsymbol{A}$ 是正半定的，记为 $\boldsymbol{A}\geqslant 0$。

4）负半定

二次型函数 $v(\boldsymbol{x})$ 为负半定的充要条件是矩阵 $\boldsymbol{A}$ 的各阶首主子行列式满足

$$(-1)^k\Delta_k\geqslant 0,\quad k=1,2,\cdots,n \tag{12-12}$$

即

$$\Delta_k\begin{cases} \left.\begin{array}{ll} \geqslant 0, & k\ \text{为偶数} \\ \leqslant 0, & k\ \text{为奇数} \end{array}\right\} & k=1,2,\cdots,n-1 \\ =0, \quad k=n & \end{cases}$$

此时，称矩阵 $\boldsymbol{A}$ 是负半定的，记为 $\boldsymbol{A}\leqslant 0$。

例 12-3　试证明二次型

$$v(\boldsymbol{x})=10x_1^2+4x_2^2+x_3^2+2x_1x_2-2x_2x_3-4x_1x_3$$

是正定的。

解　二次型 $v(\boldsymbol{x})$ 可写为

$$v(\boldsymbol{x})=\boldsymbol{x}^{\mathrm{T}}\boldsymbol{A}\boldsymbol{x}=[x_1\quad x_2\quad x_3]\begin{bmatrix} 10 & 1 & -2 \\ 1 & 4 & -1 \\ -2 & -1 & 1 \end{bmatrix}\begin{bmatrix} x_1 \\ x_2 \\ x_3 \end{bmatrix}$$

利用赛尔维斯特准则，可得

$$\Delta_1=10>0,\quad \Delta_2=\begin{vmatrix} 10 & 1 \\ 1 & 4 \end{vmatrix}>0,\quad \Delta_3=\begin{vmatrix} 10 & 1 & -2 \\ 1 & 4 & -1 \\ -2 & -1 & 1 \end{vmatrix}>0$$

因为矩阵 $\boldsymbol{A}$ 的所有主子行列式均为正值，所以 $v(\boldsymbol{x})$ 是正定的。

12.3.3 李雅普诺夫第二法

李雅普诺夫第一法称为间接法，它的基本思路是通过系统状态方程的解来判别系统的稳定性。对于线性定常系统，只需要解出特征方程的根即可作出稳定性判定。对于非线性不是很严重的系统，则可以通过线性化处理，然后根据其特征根来判断系统的稳定性。

李雅普诺夫第二法又称为直接法，运用这种方法不需求出微分方程的解，也就是说，采用李雅普诺夫第二法，可以在不求出状态方程解的条件下，确定系统的稳定性。由于求解非线性系统和线性时变系统的状态方程通常十分困难，所以这种方法显示出极大的优越性。

尽管采用李雅普诺夫第二法分析非线性系统的稳定性时，需要相当的经验和技巧，然而当其他方法无效时，这种方法却能解决非线性系统的稳定性问题。

1. 李雅普诺夫函数

由力学经典理论可知，对于一个振动系统，如果系统总能量（正定函数）连续减小，直到平衡状态时为止，则振动系统是稳定的。

更为普遍地，如果系统有一个渐近稳定的平衡状态，则当其运动到平衡状态的吸引域内时，系统存储的能量随着时间的增长而衰减，直到在平稳状态达到极小值为止。李雅普诺夫第二法就是从能量的观点出发得来的。任何物理系统的运动都要消耗能量，并且能量总是大于零的。对于一个不受外部作用的系统，如果系统的能量随系统的运动和时间的增长而连续地减小，一直到平衡状态为止，则系统的能量将减少到最小，那么这个系统是渐近稳定的。但由于系统的形式是多种多样的，不可能找到一种能量函数的统一表达形式，因此，李雅普诺夫引入了一个虚构的能量函数，称为李雅普诺夫函数，记为 $v(\boldsymbol{x}, t)$ 或 $v(\boldsymbol{x})$。

设 $v(\boldsymbol{x})$ 为任一标量函数，其中 $\boldsymbol{x}$ 为系统的状态变量，如果 $v(\boldsymbol{x})$ 具有以下性质：

(1) $v(\boldsymbol{x})$ 是正定的，反映能量的大小；

(2) $\dot{v}(\boldsymbol{x})=\dfrac{\mathrm{d}v(\boldsymbol{x})}{\mathrm{d}t}$ 是连续的，反映能量的变化趋势；

(3) 当 $\|\boldsymbol{x}\|\to\infty$ 时，$v(\boldsymbol{x})\to\infty$ 反映能量的分布。

那么函数 $v(\boldsymbol{x})$ 称为李雅普诺夫函数。

因此，利用 $v(\boldsymbol{x})$ 及其对时间的导数 $\dot{v}(\boldsymbol{x})$ 的符号特征，可以得到判断平衡状态处的稳定性、渐近稳定性或不稳定性的准则，而不必直接求出方程的解，这种方法既适用于线性系统，也适用于非线性系统。

2. 李雅普诺夫第二法

1) 一致渐近稳定

定理 12-1 考虑如下系统

$$\dot{\boldsymbol{x}}=\boldsymbol{f}(\boldsymbol{x}, t)$$

式中

$$\boldsymbol{f}(\boldsymbol{0}, t)\equiv\boldsymbol{0}，对所有 t\geqslant t_0$$

如果存在一个具有连续一阶偏导数的标量函数 $v(\boldsymbol{x}, t)$，且满足以下条件：

(1) $v(\boldsymbol{x}, t)$ 正定；

(2) $\dot{v}(\boldsymbol{x}, t)$ 负定。

则系统在原点处的平衡状态是一致渐近稳定的。

进一步地，若 $\|\boldsymbol{x}\|\to\infty$，有 $v(\boldsymbol{x}, t)\to\infty$，则在原点处的平衡状态是大范围一致渐近稳定的。

例 12-4　考虑如下系统

$$\begin{cases}\dot{x}_1=x_2-x_1(x_1^2+x_2^2)\\ \dot{x}_2=-x_1-x_2(x_1^2+x_2^2)\end{cases}$$

试确定其稳定性。

解　由平衡点方程得

$$\begin{cases}x_2-x_1(x_1^2+x_2^2)=0\\ -x_1-x_2(x_1^2+x_2^2)=0\end{cases}$$

解得，原点($x_1=0$，$x_2=0$)是唯一的平衡状态，即 $\boldsymbol{x}_e=0$。

选取李雅普诺夫函数为二次型函数，即

$$v(\boldsymbol{x})=x_1^2+x_2^2\text{（正定）}$$

$$\dot{v}(\boldsymbol{x})=2x_1\dot{x}_1+2x_2\dot{x}_2=-2\,(x_1^2+x_2^2)^2\text{（负定）}$$

又当 $\|\boldsymbol{x}\|\to\infty$ 时，有 $v(\boldsymbol{x})\to\infty$，故平衡点 $\boldsymbol{x}_e=0$ 是大范围渐近稳定的。

值得注意的是，定理 12-1 给出了渐近稳定的充分条件，即如果能找到满足定理条件的 $v(\boldsymbol{x})$，则系统一定是一致渐近稳定的。但如果找不到这样的 $v(\boldsymbol{x})$，也不意味着系统是不稳定的。更何况，定理 12-1 要求 $\dot{v}(\boldsymbol{x}, t)$是负定的。对于复杂的系统，要找到一个李雅普诺夫函数可能十分困难，因此，李雅普诺夫给出定理 12-2 的形式，它是对定理 12-1 的补充。

定理 12-2　考虑如下系统

$$\dot{\boldsymbol{x}}=\boldsymbol{f}(\boldsymbol{x}, t)$$

式中

$$\boldsymbol{f}(\boldsymbol{0}, t)\equiv\boldsymbol{0}\text{，对所有 } t\geqslant t_0$$

如果存在一个具有连续一阶偏导数的标量函数 $v(\boldsymbol{x}, t)$，且满足以下条件：

(1) $v(\boldsymbol{x}, t)$正定；

(2) $\dot{v}(\boldsymbol{x}, t)$负半定；

(3) $\dot{v}(\boldsymbol{x}, t)$在 $x\neq0$ 时，不恒等于零。

则在系统原点处的平衡状态是大范围渐近稳定的。

注意，若 $\dot{v}(\boldsymbol{x}, t)$不是负定的，而只是负半定的，则典型点的轨迹可能与某个特定曲面 $v(\boldsymbol{x}, t)=C$ 相切，然而由于 $\dot{v}(\boldsymbol{x}, t)$在 $x\neq0$ 时，不恒等于零，所以典型点就不可能保持在切点处，因而必然要运动到原点。

例 12-5　试判断下列线性系统平衡状态的稳定性。

$$\begin{cases}\dot{x}_1=x_2\\ \dot{x}_2=-x_1-x_2\end{cases}$$

解　由平衡点方程得

$$\begin{cases}x_2=0\\ -x_1-x_2=0\end{cases}$$

可知 $\boldsymbol{x}_e=0$ 是唯一的一个平衡状态。

选取

$$v(\boldsymbol{x})=x_1^2+x_2^2 \text{（正定）}$$
$$\dot{v}(\boldsymbol{x})=2x_1\dot{x}_1+2x_2\dot{x}_2=-2x_2^2 \text{（负半定）}$$

$\dot{v}(\boldsymbol{x})$在 $\boldsymbol{x}\neq 0$ 时，不恒等于零。根据定理知，原点是渐近稳定的，而且是大范围一致渐近稳定的。

2）李雅普诺夫意义下的一致稳定

定理 12-3 考虑如下系统

$$\dot{\boldsymbol{x}}=\boldsymbol{f}(\boldsymbol{x},\ t)$$

式中

$$\boldsymbol{f}(\boldsymbol{0},\ t)\equiv\boldsymbol{0}，\text{对所有 } t\geqslant t_0$$

如果存在一个具有连续一阶偏导数的标量函数 $v(\boldsymbol{x},\ t)$，且满足以下条件：

(1) $v(\boldsymbol{x},\ t)$正定；

(2) $\dot{v}(\boldsymbol{x},\ t)$负半定；

(3) $\dot{v}(\boldsymbol{x},\ t)$在 $\boldsymbol{x}\neq 0$ 时，恒等于零。

则系统在原点处的平衡状态在李雅普诺夫意义下是一致稳定的。

注意，由于 $\dot{v}(\boldsymbol{x},\ t)$在 $x\neq 0$ 时，恒等于零，所以典型点就能保持在切点处，处于稳定的等幅振荡状态，因而不会运动到原点。故系统在李雅普诺夫意义下是一致稳定的，但不是渐近稳定。

例 12-6 设系统的状态方程为

$$\begin{cases}\dot{x}_1=kx_2, & k>0\\ \dot{x}_2=-x_1\end{cases}$$

试确定系统平衡状态的稳定性。

解 由平衡点方程得

$$\begin{cases}kx_2=0\\ -x_1=0\end{cases}$$

可知 $\boldsymbol{x}_e=0$ 是唯一的一个平衡状态。

选取

$$v(\boldsymbol{x})=x_1^2+kx_2^2 \text{（正定）}$$
$$\dot{v}(\boldsymbol{x})=2x_1\dot{x}_1+2kx_2\dot{x}_2=2kx_1x_2-2kx_1x_2=0$$

可见，$\dot{v}(\boldsymbol{x})$在任意的 $\boldsymbol{x}$ 值上均保持为零。因此，系统在 $\boldsymbol{x}_e=0$ 处是李雅普诺夫意义下稳定的，而且是一致稳定的。

3）不稳定性

定理 12-4 考虑如下系统

$$\dot{\boldsymbol{x}}=\boldsymbol{f}(\boldsymbol{x},\ t)$$

式中

$$\boldsymbol{f}(\boldsymbol{0},\ t)\equiv\boldsymbol{0}，\text{对所有 } t\geqslant t_0$$

如果存在一个具有连续一阶偏导数的标量函数 $v(\boldsymbol{x},\ t)$，且满足以下条件之一，则系统在原点处的平衡状态是不稳定的。

条件一：

(1) $v(\boldsymbol{x}, t)$正定；

(2) $\dot{v}(\boldsymbol{x}, t)$正定。

条件二：

(1) $v(\boldsymbol{x}, t)$正定；

(2) $\dot{v}(\boldsymbol{x}, t)$正半定；

(3) $\dot{v}(\boldsymbol{x}, t)$在 $x \neq 0$ 时，不恒等于零。

例 12－7 试判断下列线性系统平衡状态的稳定性。

$$\begin{cases} \dot{x}_1 = x_2 \\ \dot{x}_2 = -x_1 + x_2 \end{cases}$$

解 原点为系统的平衡状态。选二次型函数作为李雅普诺夫函数，即

$$v(\boldsymbol{x}) = x_1^2 + x_2^2 \quad (\text{正定})$$

$$\dot{v}(\boldsymbol{x}) = 2x_1\dot{x}_1 + 2x_2\dot{x}_2 = 2x_2^2 (\text{正半定})$$

且 $\dot{v}(\boldsymbol{x}, t)$在 $\boldsymbol{x} \neq 0$ 时，不恒等于零。故系统是不稳定的。

利用李雅普诺夫第二法判断系统的稳定性，关键是如何构造一个满足条件的李雅普诺夫函数，而李雅普诺夫第二法本身并没有提供构造李雅普诺夫函数的一般方法，尤其是对复杂系统，构造李雅普诺夫函数需要有相当的经验和技巧。不过，对于线性系统和某些非线性系统，已经找到了一些可行的方法来构造李雅普诺夫函数。

12.4 线性定常连续系统的李雅普诺夫稳定性分析

针对常见的线性系统，从李雅普诺夫第二法中的基本定理出发，人们进一步找到了线性系统构造李雅普诺夫函数的方法以及判断系统渐近稳定的充要条件，从而使线性系统渐近稳定的判别变得非常简单。

定理 12－5 考虑如下线性定常系统

$$\dot{\boldsymbol{x}} = \boldsymbol{A}\boldsymbol{x}$$

式中，$\boldsymbol{x}$ 为 n 维状态向量；$\boldsymbol{A}$ 为 $n \times n$ 常数系统矩阵，且是非奇异的。

在平衡状态 $\boldsymbol{x}_e = 0$ 处，渐近稳定的充要条件是：对任意给定的一个正定对称实矩阵 $\boldsymbol{Q}$，存在一个正定对称实矩阵 $\boldsymbol{P}$，且满足矩阵方程

$$\boldsymbol{A}^{\mathrm{T}}\boldsymbol{P} + \boldsymbol{P}\boldsymbol{A} = -\boldsymbol{Q} \tag{12-13}$$

而标量函数 $v(\boldsymbol{x}) = \boldsymbol{x}^{\mathrm{T}}\boldsymbol{P}\boldsymbol{x}$ 是这个系统的一个二次型形式的李雅普诺夫函数。

值得注意的是：

(1) 如果 $\dot{v}(\boldsymbol{x}) = -\boldsymbol{x}^{\mathrm{T}}\boldsymbol{Q}\boldsymbol{x}$ 沿任一条轨迹不恒等于零，则 $\boldsymbol{Q}$ 可取正半定矩阵。

(2) 如果取任意的正定矩阵 $\boldsymbol{Q}$，或者根据情况取任意的正半定矩阵 $\boldsymbol{Q}$，求解矩阵方程

$$\boldsymbol{A}^{\mathrm{T}}\boldsymbol{P} + \boldsymbol{P}\boldsymbol{A} = -\boldsymbol{Q}$$

得到 $\boldsymbol{P}$，则对于在平衡点 $\boldsymbol{x}_e = 0$ 处是渐近稳定性的充要条件是 $\boldsymbol{P}$ 为正定的，与矩阵 $\boldsymbol{Q}$ 的不同选择无关。

(3) 为方便起见，通常取 $\boldsymbol{Q} = \boldsymbol{I}$，这里 $\boldsymbol{I}$ 为单位矩阵。从而，$\boldsymbol{P}$ 的各元素可按下式确定：

$$A^{T}P+PA=-I \tag{12-14}$$

例 12－8 设二阶线性定常系统的状态方程为

$$\begin{bmatrix}\dot{x}_1\\ \dot{x}_2\end{bmatrix}=\begin{bmatrix}0 & 1\\ -1 & -1\end{bmatrix}\begin{bmatrix}x_1\\ x_2\end{bmatrix}$$

平衡状态是原点。试确定该系统的稳定性。

解 取李雅普诺夫函数为

$$v(\boldsymbol{x})=\boldsymbol{x}^{T}\boldsymbol{P}\boldsymbol{x}$$

此时实对称矩阵 $\boldsymbol{P}$ 可由下式确定：

$$A^{T}P+PA=-I$$

即

$$\begin{bmatrix}0 & -1\\ 1 & -1\end{bmatrix}\begin{bmatrix}p_{11} & p_{12}\\ p_{21} & p_{22}\end{bmatrix}+\begin{bmatrix}p_{11} & p_{12}\\ p_{21} & p_{22}\end{bmatrix}\begin{bmatrix}0 & 1\\ -1 & -1\end{bmatrix}=\begin{bmatrix}-1 & 0\\ 0 & -1\end{bmatrix}$$

其中

$$p_{12}=p_{21}$$

将矩阵方程展开，可得联立方程组为

$$\begin{cases}-2p_{12}=-1\\ p_{11}-p_{12}-p_{22}=0\\ 2p_{12}-2p_{22}=-1\end{cases}$$

解出 p_{11}，p_{12}，p_{22}，可得

$$\boldsymbol{P}=\begin{bmatrix}p_{11} & p_{12}\\ p_{21} & p_{22}\end{bmatrix}=\begin{bmatrix}\frac{3}{2} & \frac{1}{2}\\ \frac{1}{2} & 1\end{bmatrix}$$

为了检验 $\boldsymbol{P}$ 的正定性，我们来校核各主子行列式

$$\Delta_1=\frac{3}{2}>0, \qquad \Delta_2=\begin{vmatrix}\frac{3}{2} & \frac{1}{2}\\ \frac{1}{2} & 1\end{vmatrix}>0$$

显然，$\boldsymbol{P}$ 是正定的。又 $\|x\|\to\infty$，$v(x)\to\infty$，因此，在原点处的平衡状态是大范围渐近稳定的，且李雅普诺夫函数为

$$\boldsymbol{v}(x)=\boldsymbol{x}^{T}\boldsymbol{P}\boldsymbol{x}=\frac{1}{2}(3x_1^2+2x_1x_2+2x_2^2)>0$$

且
$$\dot{v}(\boldsymbol{x})=-(x_1^2+x_2^2)<0$$

12.5 线性定常离散系统的李雅普诺夫稳定性分析

1. 渐近稳定的判别方式

定理 12－6 设线性定常离散系统为

$$\begin{cases}\boldsymbol{x}(k+1)=\boldsymbol{G}\boldsymbol{x}(k)\\ \boldsymbol{x}_e=0\end{cases}$$

式中，$\boldsymbol{x}$ 为 n 维状态向量；$\boldsymbol{G}$ 为 $n\times n$ 常系数非奇异矩阵。

系统在平衡点$\boldsymbol{x}_e=0$ 处大范围渐近稳定的充要条件是：对任意给定的正定实对称矩阵 $\boldsymbol{Q}$，存在一个正定实对称矩阵 $\boldsymbol{P}$，且满足

$$\boldsymbol{G}^{\mathrm{T}}\boldsymbol{P}\boldsymbol{G}-\boldsymbol{P}=-\boldsymbol{Q}$$

并且

$$v[\boldsymbol{x}(k)]=\boldsymbol{x}^{\mathrm{T}}(k)\boldsymbol{P}\boldsymbol{x}(k)$$

是这个系统的李雅普诺夫函数。

值得指出的是，与连续定常系统类似，若

$$\Delta v[\boldsymbol{x}(k)]=-\boldsymbol{x}^{\mathrm{T}}(k)\boldsymbol{Q}\boldsymbol{x}(k)$$

沿任一解的序列不恒等于零，那么 $\boldsymbol{Q}$ 可取正半定矩阵。

2. 渐近稳定判别的一般步骤

（1）确定系统的平衡状态$\boldsymbol{x}_e$；

（2）选取正定矩阵 $\boldsymbol{Q}=\boldsymbol{I}$，则矩阵方程为

$$\boldsymbol{G}^{\mathrm{T}}\boldsymbol{P}\boldsymbol{G}-\boldsymbol{P}=-\boldsymbol{I}$$

由矩阵方程解出 $\boldsymbol{P}$；

（3）判断 $\boldsymbol{P}$ 是否正定，若 $\boldsymbol{P}>0$，则系统渐近稳定，且 $v[\boldsymbol{x}(k)]=\boldsymbol{x}^{\mathrm{T}}(k)\boldsymbol{P}\boldsymbol{x}(k)$为系统的李雅普诺夫函数。

例 12-9　离散时间系统的状态方程为

$$\boldsymbol{x}(k+1)=\begin{bmatrix}\lambda_1 & 0\\ 0 & \lambda_2\end{bmatrix}\boldsymbol{x}(k)$$

试确定系统在平衡点处渐近稳定的条件。

解　选取正定矩阵 $\boldsymbol{Q}=\boldsymbol{I}$，代入矩阵方程

$$\boldsymbol{G}^{\mathrm{T}}\boldsymbol{P}\boldsymbol{G}-\boldsymbol{P}=-\boldsymbol{I}$$

由矩阵方程解得

$$\boldsymbol{P}=\begin{bmatrix}\dfrac{1}{1-\lambda_1{}^2} & 0\\ 0 & \dfrac{1}{1-\lambda_2{}^2}\end{bmatrix}$$

要使 $\boldsymbol{P}$ 为正定的实对称矩阵，则要求

$$|\lambda_1|<1,\ |\lambda_2|<1$$

以上说明，当系统的特征根位于单位圆内时，系统的平衡点处才是大范围渐近稳定的，这一结论与经典理论中采样系统的稳定判据结论一致。

习　题　12

12-1　试用李雅普诺夫第一法(间接法)判断以下系统的稳定性。

$$\dot{\boldsymbol{x}}=\begin{bmatrix}-2 & 1\\ 3 & -4\end{bmatrix}\boldsymbol{x}$$

12-2　判断下列二次型函数的符号性质。

(1) $v(x)=2x_1^2+3x_2^2+x_3^2-2x_1x_2+2x_1x_3$；

(2) $v(x)=8x_1^2+2x_2^2+x_3^2-8x_1x_2-2x_3x_2+2x_1x_3$；

(3) $v(x)=x_1^2+x_3^2-2x_1x_2+x_3x_2$；

(4) $v(x)=x_1^2+4x_2^2+x_3^2+2x_1x_2-6x_3x_2-2x_1x_3$；

(5) $v(x)=-x_1^2-10x_2^2-4x_3^2+6x_1x_2+2x_3x_2$；

(6) $v(x)=10x_1^2+4x_2^2+x_3^2+2x_1x_2-2x_3x_2-4x_1x_3$。

12-3　试确定下列二次型为正定时，待定常数的取值范围。

$$v(x)=a_1x_1^2+b_1x_2^2+c_1x_3^2+2x_1x_2-4x_3x_2-2x_1x_3$$

12-4　试用李雅普诺夫方法求系统

$$\dot{\boldsymbol{x}}=\begin{bmatrix} a_{11} & a_{12} \\ a_{21} & a_{22} \end{bmatrix}\boldsymbol{x}$$

在平衡状态 $\boldsymbol{x}=0$ 为大范围渐近稳定的条件。

12-5　判定系统$\begin{cases} \dot{x}_1=-x_1+x_2 \\ \dot{x}_2=-2x_1-3x_2 \end{cases}$在原点的稳定性。

12-6　利用李雅普诺夫第二法判断下列系统是否为大范围渐近稳定。

$$\dot{\boldsymbol{x}}=\begin{bmatrix} -1 & 1 \\ 2 & -3 \end{bmatrix}\boldsymbol{x}$$

12-7　试用李雅普诺夫第二法判断下列线性系统的稳定性。

(1) $\dot{\boldsymbol{x}}=\begin{bmatrix} 0 & 1 \\ -1 & -1 \end{bmatrix}\boldsymbol{x}$；(2) $\dot{\boldsymbol{x}}=\begin{bmatrix} -1 & 1 \\ 2 & -3 \end{bmatrix}\boldsymbol{x}$；

(3) $\dot{\boldsymbol{x}}=\begin{bmatrix} -1 & 1 \\ -1 & -1 \end{bmatrix}\boldsymbol{x}$；(4) $\dot{\boldsymbol{x}}=\begin{bmatrix} 1 & 0 \\ 0 & -1 \end{bmatrix}\boldsymbol{x}$。

12-8　试确定下列系统平衡状态的稳定性。

$$\boldsymbol{x}(k+1)=\begin{bmatrix} 1 & 3 & 0 \\ -3 & -2 & -3 \\ 1 & 0 & 0 \end{bmatrix}\boldsymbol{x}(k)$$

第 13 章　线性定常系统的状态反馈和状态观测器设计

闭环系统性能与闭环极点(特征值)密切相关，经典控制理论用输出反馈或引入校正装置的方法来配置极点，以改善系统性能。而现代控制理论由于采用了状态空间来描述系统，除了利用输出反馈以外，主要利用状态反馈来配置极点。采用状态反馈不但可以实现闭环系统极点的任意配置，而且还可以实现系统解耦和形成最优控制规律。然而系统的状态变量在工程实际中并不都是可测量的，于是提出了根据已知的输入和输出来估计系统状态的问题，即状态观测器的设计。

13.1　状态反馈与输出反馈

13.1.1　状态反馈

状态反馈就是将系统的每一个状态变量乘以相应的反馈系数反馈到输入端与参考输入相加，其和作为受控系统的输入。

多输入多输出系统的状态反馈系统如图 13－1 所示。

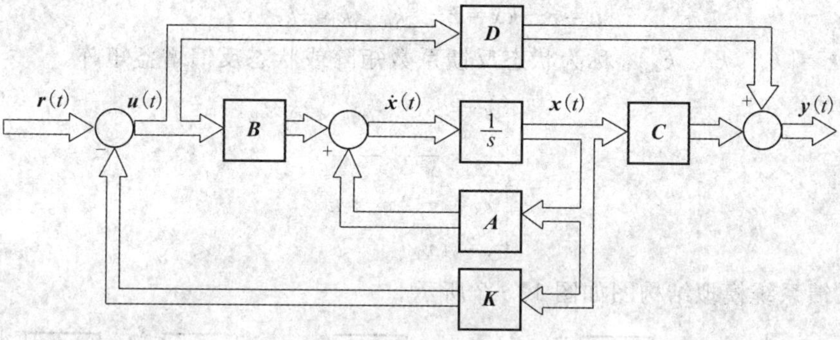

图 13－1　状态反馈系统结构图

图 13－1 中系统的状态空间表达式为

$$\begin{cases}\dot{\boldsymbol{x}}=\boldsymbol{Ax}+\boldsymbol{Bu}\\ \boldsymbol{y}=\boldsymbol{Cx}+\boldsymbol{Du}\end{cases} \tag{13-1}$$

式中，$\boldsymbol{A}$ 为 $n\times n$ 矩阵；$\boldsymbol{B}$ 为 $n\times r$ 矩阵；$\boldsymbol{C}$ 为 $m\times n$ 矩阵；$\boldsymbol{D}$ 为 $m\times r$ 矩阵。

状态反馈控制律为

$$\boldsymbol{u}=\boldsymbol{r}-\boldsymbol{Kx} \tag{13-2}$$

式中，$\boldsymbol{r}$ 为 $r\times 1$ 参考输入向量；$\boldsymbol{K}$ 为 $r\times n$ 状态反馈矩阵。

把式(13－2)代入式(13－1)中，则状态反馈系统动态方程为

$$\dot{x}=Ax+B(r-Kx)=(A-Bk)x+Br$$
$$y=Cx+D(r-Kx)=(C-DK)x+Dr$$

即
$$\begin{cases}\dot{x}=(A-BK)x+Br\\ y=(C-DK)x+Dr\end{cases}\tag{13-3}$$

若 $D=0$，则
$$\begin{cases}\dot{x}=(A-BK)x+Br\\ y=Cx\end{cases}\tag{13-4}$$

闭环系统矩阵为
$$(A-BK)$$

闭环特征多项式为
$$|\lambda I-(A-BK)|$$

可见，引入状态反馈后，只改变了系统矩阵及其特征值，B、C 阵均无变化。也就是状态反馈阵 K 的引入，并没有引入新的状态变量，也不增加系统的维数，但可通过 K 阵的选择自由地改变闭环系统的特征值，从而使系统获得所要求的性能。

如果系统为单输入、单输出系统，k 为 $1\times n$ 矩阵，即 $k=[k_0 \quad k_1 \quad \cdots \quad k_{n-1}]$，则称为状态反馈增益矩阵。

例 13-1 已知系统状态空间表达式为
$$\dot{x}=\begin{bmatrix}0 & 1 & 0\\ 0 & -1 & 1\\ 0 & 0 & -2\end{bmatrix}x+\begin{bmatrix}0\\0\\1\end{bmatrix}u,\quad y=[4 \quad 0 \quad 0]x$$

试画出状态反馈系统模拟结构图。

解
$$u=r-kx=r-[k_0 \quad k_1 \quad k_2]x$$

其中，$k=[k_0 \quad k_1 \quad k_2]$，称为状态反馈系数矩阵或状态反馈增益矩阵。
$$\begin{cases}\dot{x}_1=x_2\\ \dot{x}_2=-x_2+x_3\\ \dot{x}_3=-2x_3+u\\ y=4x_1\end{cases}$$

状态反馈系统模拟结构图如图 13-2 所示。

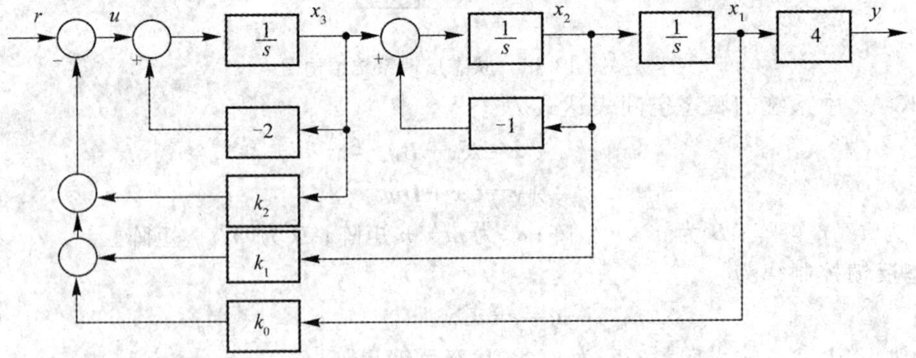

图 13-2 例 13-1 状态反馈系统模拟结构图

13.1.2　输出反馈

输出反馈就是将系统的输出量乘以相应的系数反馈到输入端与参考输入相加，其和作为受控系统的控制输入。多输入多输出系统的输出反馈系统如图 13-3 所示。

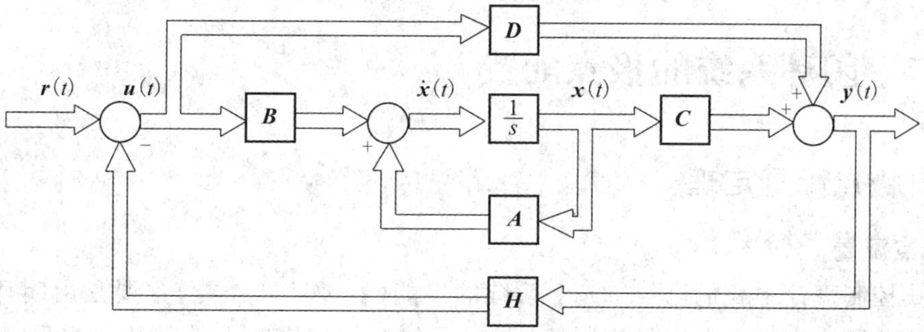

图 13-3　输出反馈系统模拟结构图

图 13-3 中系统的状态空间表达式为

$$\begin{cases}\dot{\boldsymbol{x}}=\boldsymbol{Ax}+\boldsymbol{Bu}\\ \boldsymbol{y}=\boldsymbol{Cx}+\boldsymbol{Du}\end{cases}\tag{13-5}$$

输出反馈控制律为

$$\boldsymbol{u}=\boldsymbol{r}-\boldsymbol{Hy}\tag{13-6}$$

式中，$\boldsymbol{H}$ 为 $r\times m$ 输出反馈矩阵。

把式(13-5)代入式(13-6)中，得

$$\boldsymbol{u}=(\boldsymbol{I}+\boldsymbol{HD})^{-1}(\boldsymbol{r}-\boldsymbol{HCx})\tag{13-7}$$

把式(13-7)代入式(13-5)中，则输出反馈系统的状态空间表达式为

$$\begin{cases}\dot{\boldsymbol{x}}=[\boldsymbol{A}-\boldsymbol{B}(\boldsymbol{I}+\boldsymbol{HD})^{-1}\boldsymbol{HC}]\boldsymbol{x}+\boldsymbol{B}(\boldsymbol{I}+\boldsymbol{HD})^{-1}\boldsymbol{r}\\ \boldsymbol{y}=[\boldsymbol{C}-\boldsymbol{D}(\boldsymbol{I}+\boldsymbol{HD})^{-1}\boldsymbol{HC}]\boldsymbol{x}+\boldsymbol{D}(\boldsymbol{I}+\boldsymbol{HD})^{-1}\boldsymbol{r}\end{cases}\tag{13-8}$$

若 $\boldsymbol{D}=0$，则

$$\begin{cases}\dot{\boldsymbol{x}}=(\boldsymbol{A}-\boldsymbol{BHC})\boldsymbol{x}+\boldsymbol{Br}\\ \boldsymbol{y}=\boldsymbol{Cx}\end{cases}\tag{13-9}$$

闭环系统矩阵为

$$(\boldsymbol{A}-\boldsymbol{BHC})$$

闭环特征多项式为

$$|\lambda\boldsymbol{I}-(\boldsymbol{A}-\boldsymbol{BHC})|$$

可见，引入输出反馈后，只改变了系统矩阵及其特征值，$\boldsymbol{B}$、$\boldsymbol{C}$ 阵均无变化。

13.1.3　对两种反馈形式的讨论

以上对两种反馈形式的方框图与状态空间表达式作了介绍，下面就其特点和应用方面略加讨论。

(1) 状态反馈与输出反馈的共同特点是：反馈的引入并不改变系统的状态变量数目，即闭环系统与开环系统具有相同的阶数。

(2) 两种反馈构成的闭环系统能控性与原系统一致，但对于能观测性，状态反馈可能

改变原系统的能观测性，而输出反馈仍保持原系统的能观测性。

(3) 输出反馈相对于状态反馈，其突出优点是工程上构造方便，但事实证明输出反馈的基本形式往往不能满足给定的系统动态性能指标要求，而状态反馈可以使控制系统具有更好的特性，因而在控制工程实践中，经常采取状态反馈形式。

13.2 闭环系统的极点配置

13.2.1 极点配置定理

1. 极点配置

在经典控制理论中我们已经知道，系统的性能(各种动态性能)主要是由闭环极点在 s 平面上的位置所决定的。在现代控制理论中，系统的极点实际上就是状态方程中系数矩阵 $\boldsymbol{A}$ 所对应的特征值，当系统结构确定后，$\boldsymbol{A}$ 即确定，因而 $\boldsymbol{A}$ 所对应的特征值就随之确定，但当系统中引入状态反馈后，矩阵 $\boldsymbol{A}$ 就变成了 $\boldsymbol{A}-\boldsymbol{BK}$，虽然 $\boldsymbol{A}$、$\boldsymbol{B}$ 不能改变，但 $\boldsymbol{K}$ 可以人为改变，所以 $\boldsymbol{A}-\boldsymbol{BK}$ 所对应的特征值也能任意改变，通过对反馈增益矩阵 $\boldsymbol{K}$ 的设计，使闭环系统的极点恰好处于 s 平面上所期望的位置。这种利用反馈矩阵 $\boldsymbol{K}$ 来改变系统闭环控制极点的方法，亦称为"极点配置"。本节只讨论 SISO 系统的极点配置问题，因为 SISO 系统根据指定极点所设计的状态反馈增益矩阵是唯一的。

2. 极点配置定理

设 SISO 系统 Σ_0 的状态空间表达式为

$$\begin{cases}\dot{\boldsymbol{x}}=\boldsymbol{A}\boldsymbol{x}+\boldsymbol{b}u\\ y=\boldsymbol{c}\boldsymbol{x}\end{cases}\tag{13-10}$$

通过状态反馈

$$u=r-\boldsymbol{k}\boldsymbol{x}$$

能使其闭环极点任意配置的充要条件是系统 Σ_0 完全能控。

13.2.2 状态反馈增益矩阵 k 的计算

1. 方法一

(1) 对给定能控系统 $\Sigma(\boldsymbol{A},\ \boldsymbol{b},\ \boldsymbol{c})$，进行 $\boldsymbol{P}$ 变换，即 $\boldsymbol{x}=\boldsymbol{P}\tilde{\boldsymbol{x}}$，化成能控标准型：

$$\begin{cases}\dot{\tilde{\boldsymbol{x}}}=\tilde{\boldsymbol{A}}\tilde{\boldsymbol{x}}+\tilde{\boldsymbol{b}}u\\ y=\tilde{\boldsymbol{c}}\tilde{\boldsymbol{x}}\end{cases}\tag{13-11}$$

其中

$$\tilde{\boldsymbol{A}}=\boldsymbol{P}^{-1}\boldsymbol{A}\boldsymbol{P}=\begin{bmatrix}0 & 1 & 0 & \cdots & 0\\ 0 & 0 & 1 & \cdots & 0\\ \vdots & \vdots & \vdots & & \vdots\\ 0 & 0 & 0 & \cdots & 1\\ -a_n & -a_{n-1} & -a_{n-2} & \cdots & -a_1\end{bmatrix},\quad \tilde{\boldsymbol{b}}=\boldsymbol{P}^{-1}\boldsymbol{b}=\begin{bmatrix}0\\ 0\\ \vdots\\ 0\\ 1\end{bmatrix}$$

$$\tilde{\boldsymbol{c}}=\boldsymbol{c}\boldsymbol{P}=[c_1 \quad c_2 \quad \cdots \quad c_n]$$

（2）在变换后引入状态反馈增益矩阵$\tilde{\boldsymbol{k}}$：

$$\tilde{\boldsymbol{k}}=[\tilde{k}_1 \quad \tilde{k}_2 \quad \cdots \quad \tilde{k}_n]$$

引入状态反馈：

$$u=r-\tilde{\boldsymbol{k}}\tilde{\boldsymbol{x}}$$

（3）变换后的状态反馈系统的动态方程为

$$\begin{cases}\dot{\tilde{\boldsymbol{x}}}=(\tilde{\boldsymbol{A}}-\tilde{\boldsymbol{b}}\tilde{\boldsymbol{k}})\tilde{\boldsymbol{x}}+\tilde{\boldsymbol{b}}r \\ y=\tilde{\boldsymbol{c}}\tilde{\boldsymbol{x}}\end{cases} \tag{13-12}$$

其中

$$\tilde{\boldsymbol{A}}-\tilde{\boldsymbol{b}}\tilde{\boldsymbol{k}}=\begin{bmatrix}0 & 1 & 0 & \cdots & 0 \\ 0 & 0 & 1 & \cdots & 0 \\ \vdots & \vdots & \vdots & & \vdots \\ 0 & 0 & 0 & \cdots & 1 \\ -a_n-\tilde{k}_1 & -a_{n-1}-\tilde{k}_2 & -a_{n-2}-\tilde{k}_3 & \cdots & -a_1-\tilde{k}_n\end{bmatrix}$$

闭环特征多项式为

$$f(s)=|s\boldsymbol{I}-(\tilde{\boldsymbol{A}}-\tilde{\boldsymbol{b}}\tilde{\boldsymbol{k}})|=s^n+(a_1+\tilde{k}_n)s^{n-1}+\cdots+(a_{n-1}+\tilde{k}_2)s+(a_n+\tilde{k}_1) \tag{13-13}$$

（4）设闭环系统的期望极点为 λ_1，λ_2，…，λ_n，则系统的期望特征多项式为

$$f^*(s)=(s-\lambda_1)(s-\lambda_2)\cdots(s-\lambda_n)=s^n+a_1^* s^{n-1}+\cdots+a_{n-1}^* s+a_n^* \tag{13-14}$$

（5）欲使闭环系统的极点取期望值，只需令

$$f(s)=f^*(s)$$

即

$$\begin{cases}a_1+\tilde{k}_n=a_1^* \\ \quad\vdots \\ a_{n-1}+\tilde{k}_2=a_{n-1}^* \\ a_n+\tilde{k}_1=a_n^*\end{cases}$$

于是得

$$\tilde{\boldsymbol{k}}=[\tilde{k}_1 \quad \tilde{k}_2 \quad \cdots \quad \tilde{k}_n]=[a_n^*-a_n \quad a_{n-1}^*-a_{n-1} \quad \cdots \quad a_1^*-a_1] \tag{13-15}$$

（6）根据状态反馈控制规律在等价变换前后的表达式，即

等价前：

$$u=r-\boldsymbol{k}\boldsymbol{x}=r-\boldsymbol{k}\boldsymbol{P}\tilde{\boldsymbol{x}}$$

等价后：

$$u=r-\tilde{\boldsymbol{k}}\tilde{\boldsymbol{x}}$$

可以得到

$$\boldsymbol{k}=\tilde{\boldsymbol{k}}\boldsymbol{P}^{-1}$$

其中

$$\boldsymbol{P}=\begin{bmatrix}\boldsymbol{p}_1\\ \boldsymbol{p}_1\boldsymbol{A}\\ \vdots\\ \boldsymbol{p}_1\boldsymbol{A}^{n-1}\end{bmatrix}^{-1},\quad \boldsymbol{p}_1=[0\quad 0\quad \cdots\quad 1][\boldsymbol{b}\quad \boldsymbol{A}\boldsymbol{b}\quad \cdots\quad \boldsymbol{A}^{n-1}\boldsymbol{b}]^{-1}$$

故

$$\begin{aligned}\boldsymbol{k}&=\tilde{\boldsymbol{k}}\boldsymbol{P}^{-1}=[a_n^*-a_n\quad a_{n-1}^*-a_{n-1}\quad \cdots\quad a_1^*-a_1]\begin{bmatrix}\boldsymbol{p}_1\\ \boldsymbol{p}_1\boldsymbol{A}\\ \vdots\\ \boldsymbol{p}_1\boldsymbol{A}^{n-1}\end{bmatrix}\\&=\boldsymbol{p}_1[a_1^*\boldsymbol{A}^{n-1}+\cdots+a_{n-1}^*\boldsymbol{A}+a_n^*\boldsymbol{I}]-\boldsymbol{p}_1[a_1\boldsymbol{A}^{n-1}+\cdots+a_{n-1}\boldsymbol{A}+a_n\boldsymbol{I}]\\&=\boldsymbol{p}_1[\boldsymbol{A}^n+a_1^*\boldsymbol{A}^{n-1}+\cdots+a_{n-1}^*\boldsymbol{A}+a_n^*\boldsymbol{I}]\\&=[0\quad 0\quad \cdots\quad 1]\boldsymbol{U}_c^{-1}f^*(\boldsymbol{A})\end{aligned}$$

即

$$\boldsymbol{k}=[0\quad 0\quad \cdots\quad 1]\boldsymbol{U}_c^{-1}f^*(\boldsymbol{A})\tag{13-16}$$

式中，$f^*(\boldsymbol{A})=\boldsymbol{A}^n+a_1^*\boldsymbol{A}^{n-1}+\cdots+a_{n-1}^*\boldsymbol{A}+a_n^*\boldsymbol{I}$，$\boldsymbol{U}_c$ 为能控性矩阵。 (13-17)

所以，计算状态反馈增益矩阵 $\boldsymbol{k}$ 的步骤为：

(1) 计算能控性矩阵 $\boldsymbol{U}_c$，$\boldsymbol{U}_c^{-1}$，判断系统是否能控；

(2) 根据闭环系统的期望极点计算系统的期望特征多项式：

$$f^*(s)=(s-\lambda_1)(s-\lambda_2)\cdots(s-\lambda_n)=s^n+a_1^*s^{n-1}+\cdots+a_{n-1}^*s+a_n^*$$

(3) 根据式(13-17)求出 $f^*(\boldsymbol{A})$；

(4) 根据式(13-16)求出状态反馈增益矩阵 $\boldsymbol{k}$。

例 13-2 已知系统的状态空间表达式为

$$\begin{cases}\dot{\boldsymbol{x}}=\begin{bmatrix}2 & 1\\ -1 & 1\end{bmatrix}\boldsymbol{x}+\begin{bmatrix}1\\ 2\end{bmatrix}u\\ y=[1\quad 0]\boldsymbol{x}\end{cases}$$

试设计状态反馈增益矩阵 $\boldsymbol{k}$，使闭环极点配置在－1，－2 上。

解 (1) 系统的能控矩阵

$$\boldsymbol{U}_c=[\boldsymbol{b}\quad \boldsymbol{A}\boldsymbol{b}]=\begin{bmatrix}1 & 4\\ 2 & 1\end{bmatrix}$$

因为 $\operatorname{rank}\boldsymbol{U}_c=2$，所以系统是能控的。

$$\boldsymbol{U}_c^{-1}=\begin{bmatrix}1 & 4\\ 2 & 1\end{bmatrix}^{-1}$$

故可以通过状态反馈实现闭环系统极点的任意配置。

(2) 期望闭环极点配置在－1，－2，由

$$f^*(s)=(s+1)(s+2)=s^2+3s+2$$

得

$$f^*(\boldsymbol{A})=\boldsymbol{A}^2+3\boldsymbol{A}+2\boldsymbol{I}=\begin{bmatrix}11 & 6\\ -6 & 5\end{bmatrix}$$

(3) 求状态反馈增益矩阵 $\boldsymbol{k}$，则

$$\boldsymbol{k}=[0\quad 0\quad \cdots\quad 1]\boldsymbol{U}_c^{-1}f^*(\boldsymbol{A})=[0\quad 1]\begin{bmatrix}1 & 4\\2 & 1\end{bmatrix}^{-1}\begin{bmatrix}11 & 6\\-6 & 5\end{bmatrix}=[4\quad 1]$$

(4) 状态反馈系统模拟结构图如图 13-4 所示。

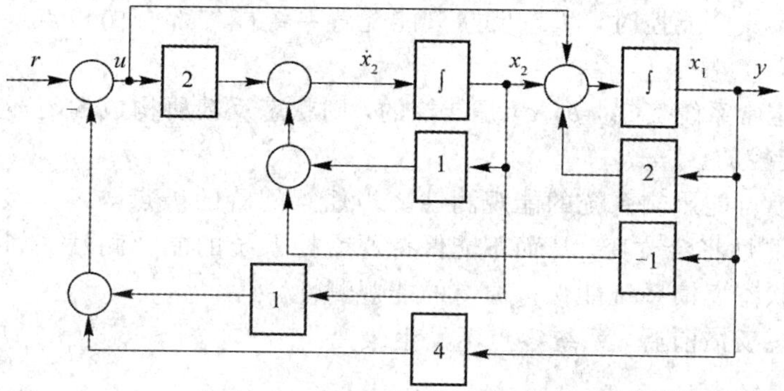

图 13-4　状态反馈系统模拟结构图

2. 方法二

求解实际问题的状态反馈增益矩阵 $\boldsymbol{k}$ 的步骤为：

(1) 计算能控性矩阵 $\boldsymbol{U}_c$，判断系统是否能控；

(2) 根据闭环系统的期望极点计算系统的期望特征多项式：

$$f^*(s)=(s-\lambda_1)(s-\lambda_2)\cdots(s-\lambda_n)=s^n+a_1^*s^{n-1}+\cdots+a_{n-1}^*s+a_n^*$$

(3) 根据 $f(s)=|s\boldsymbol{I}-(\boldsymbol{A}-\boldsymbol{bk})|$，求出 $f(s)$；

(4) 由 $f(s)=f^*(s)$，求出状态反馈增益矩阵 $\boldsymbol{k}=[k_1\quad k_2\quad \cdots\quad k_n]$。

例 13-3　已知系统的状态空间表达式为

$$\begin{cases}\dot{\boldsymbol{x}}=\begin{bmatrix}2 & 1\\-1 & 1\end{bmatrix}\boldsymbol{x}+\begin{bmatrix}1\\2\end{bmatrix}u\\ y=[1\quad 0]\boldsymbol{x}\end{cases}$$

试设计状态反馈增益矩阵 $\boldsymbol{k}$，使闭环极点配置在 -1，-2 上。

解　(1) 系统的能控矩阵

$$\boldsymbol{U}_c=[\boldsymbol{b}\quad \boldsymbol{Ab}]=\begin{bmatrix}1 & 4\\2 & 1\end{bmatrix}$$

$$\text{rank}\,\boldsymbol{U}_c=2$$

系统是能控的。故可以通过状态反馈实现闭环系统极点的任意配置。

(2) 令状态反馈阵，$\boldsymbol{k}=[k_1\quad k_2]$，则

$$\boldsymbol{A}-\boldsymbol{bk}=\begin{bmatrix}2 & 1\\-1 & 1\end{bmatrix}-\begin{bmatrix}1\\2\end{bmatrix}[k_1\quad k_2]=\begin{bmatrix}2-k_1 & 1-k_2\\-1-2k_1 & 1-2k_2\end{bmatrix}$$

$$f(s)=|s\boldsymbol{I}-(\boldsymbol{A}-\boldsymbol{bk})|=\begin{vmatrix}s-2+k_1 & -1+k_2\\1+2k_1 & s-1+2k_2\end{vmatrix}$$

$$=s^2+(-3+k_1+2k_2)s+(k_1-5k_2+3)$$

(3) 期望闭环系统极点配置在 -1，-2，由

$$f^*(s)=(s-\lambda_1)(s-\lambda_2)=(s+1)(s+2)=s^2+3s+2$$

对比 $f(s)$和 $f^*(s)$，令系数对应相等，可得

$$\boldsymbol{k}=[4 \quad 1]$$

需要说明的是：

（1）状态反馈不能改变系统的零点，只能改变系统的极点。

（2）当系统不完全能控时，状态反馈只能配置系统能控部分的极点，而不能影响不能控部分的极点。

（3）若线性定常系统 $\Sigma(\boldsymbol{A}, \boldsymbol{b}, \boldsymbol{c})$ 是能控的，则状态反馈所构成的闭环系统 $\Sigma_k(\boldsymbol{A}-\boldsymbol{bk}, \boldsymbol{b}, \boldsymbol{c})$ 也一定是能控的。

（4）状态反馈可能影响系统的能观测性。当任意配置的极点与零点存在对消时，状态反馈系统的能观测性将会改变，从而不能保持原受控系统的能观测性。如果原受控系统不含闭环零点，则状态反馈系统能保持原有的能观测性。

（5）引入状态反馈前后，系统零点不发生改变。

13.2.3 采用输出反馈配置系统的极点

对完全能控的单变量系统 $\Sigma_0(\boldsymbol{A}, \boldsymbol{b}, \boldsymbol{c})$，不能采用输出线性反馈来实现闭环系统极点的任意配置，这正是输出线性反馈的基本弱点。

为了克服这个弱点，在经典控制理论中，采取引入附加校正网络，通过增加开环零极点的方法，改变根轨迹走向，使其落在指定的期望位置上。

在现代控制理论中，对完全能控的单变量系统 $\Sigma_0(\boldsymbol{A}, \boldsymbol{b}, \boldsymbol{c})$，通过对动态补偿器的输出反馈，实现极点任意配置的充要条件是：

（1）系统 $\Sigma_0(\boldsymbol{A}, \boldsymbol{b}, \boldsymbol{c})$ 完全能观测；

（2）动态补偿器的阶数为 $n-1$。

动态补偿器的阶数是任意配置极点的条件之一，针对具体问题时，如果并不要求任意配置极点，那么，补偿器的阶数可以进一步降低。

13.3 状态观测器的设计

状态反馈可以有效地改善系统的性能，在对控制系统利用状态反馈进行极点配置时，曾假设所有的状态变量均可有效地用于反馈，然而实际情况中，并不是所有的状态变量都能方便地测量到，比如状态变量本身无物理意义或有些状态变量信号很微弱，在测量点易混进噪声等，都会使得状态变量无法测量或难以应用。

在不易直接获得系统状态变量的情况下，可以构造一个装置对状态变量进行估计和观测，使得其输出变量无限逼近原系统的状态变量，这个装置就叫状态观测器。

如果状态观测器能观测到系统的所有状态变量，不管其是否能直接测量，这种状态观测器均称为全阶状态观测器。观测小于 n(n 为状态向量的维数)个状态变量的观测器称为降阶状态观测器。如果降阶状态观测器的阶数是最小的，则称该观测器为最小阶状态观测器。

当且仅当系统满足能观测性条件时，才能设计状态观测器。

13.3.1 状态观测器模型

如图 13-5 所示，观测器与原系统数学模型相同。当观测器输入与原系统输入相同时，

观测器重新构造的状态变量$\hat{x}$是对原系统状态变量 $\boldsymbol{x}$ 的估计值。由于观测器重构的状态变量与原系统状态变量维数相同，所以这种观测器被称为全维观测器。

图 13－5 所示观测器为开环形式，由于其初始状态可能与原系统不完全相同，且两者的数学模型也会有些差异，另外两者受到的外界或内部的噪声干扰也可能不同，因而该开环观测器重构的状态向量会与原系统状态向量产生较大的误差。为了提高状态估计值的精度，可以利用估计值的误差对观测器进行修正。本节只讨论由于初始值不同引起的误差，对于其他因素造成的误差不作讨论。

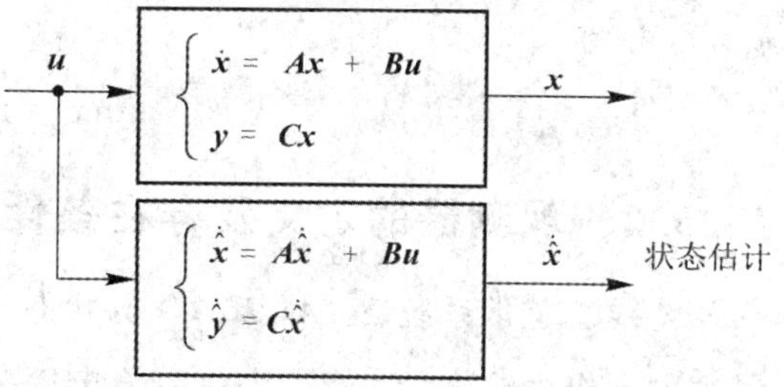

图 13－5　开环观测器

假设原系统是可观测的，其状态空间方程和初始状态分别为

$$\begin{cases}\dot{\boldsymbol{x}}=\boldsymbol{A}\boldsymbol{x}+\boldsymbol{B}\boldsymbol{u}\\ \boldsymbol{y}=\boldsymbol{C}\boldsymbol{x}\end{cases} \tag{13-18}$$

$$\boldsymbol{x}(t_0)=\boldsymbol{x}(0)$$

观测器的状态空间方程和初始状态为

$$\begin{cases}\dot{\hat{\boldsymbol{x}}}=\boldsymbol{A}\hat{\boldsymbol{x}}+\boldsymbol{B}\boldsymbol{u}\\ \hat{\boldsymbol{y}}=\boldsymbol{C}\hat{\boldsymbol{x}}\end{cases} \tag{13-19}$$

$$\hat{\boldsymbol{x}}(t_0)=\hat{\boldsymbol{x}}(0)$$

若 $\boldsymbol{x}(0)=\hat{\boldsymbol{x}}(0)$，而 $\boldsymbol{A}$、$\boldsymbol{B}$、$\boldsymbol{C}$ 矩阵又相同，根据解的唯一性，则式(13－18)和式(13－19)必有相同的解，即 $\boldsymbol{x}=\hat{\boldsymbol{x}}$，但实际上很难做到，因而输出变量的估计值会有误差。

输出变量估计值误差为

$$\boldsymbol{y}-\hat{\boldsymbol{y}}=\boldsymbol{C}(\boldsymbol{x}-\hat{\boldsymbol{x}}) \tag{13-20}$$

利用误差式(13－20)，构造 $n\times m$ 维反馈矩阵对观测器进行修正，如图 13－6 所示。加上反馈后，观测器的方程为

$$\dot{\hat{\boldsymbol{x}}}=\boldsymbol{A}\hat{\boldsymbol{x}}+\boldsymbol{B}\boldsymbol{u}-\boldsymbol{L}\boldsymbol{C}\hat{\boldsymbol{x}}+\boldsymbol{L}\boldsymbol{y}=(\boldsymbol{A}-\boldsymbol{L}\boldsymbol{C})\hat{\boldsymbol{x}}+\boldsymbol{B}\boldsymbol{u}+\boldsymbol{L}\boldsymbol{y}$$

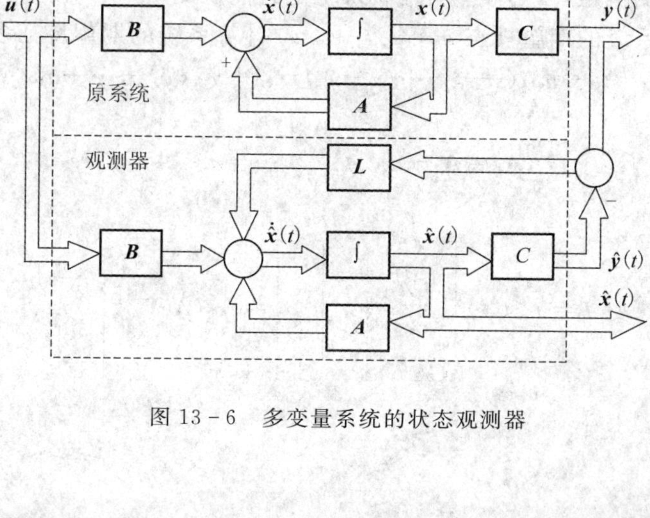

图 13－6　多变量系统的状态观测器

在不能保证初始状态相同的情况下，估计值误差的动态特性由矩阵 $\boldsymbol{A}-\boldsymbol{LC}$ 的特征值决定。如果 $\boldsymbol{A}-\boldsymbol{LC}$ 是稳定矩阵，不管 $\boldsymbol{x}(t_0)$ 和 $\hat{\boldsymbol{x}}(t_0)$ 值如何，随着时间的增长，$\hat{\boldsymbol{x}}(t)$ 都将收敛到 $\boldsymbol{x}(t)$，即

$$\lim_{t\to\infty}\tilde{\boldsymbol{x}}_e=\lim_{t\to\infty}|\hat{\boldsymbol{x}}-\boldsymbol{x}|=\boldsymbol{0}$$

13.3.2 观测器的定义及存在条件

设线性定常系统 $\Sigma_0(\boldsymbol{A},\boldsymbol{B},\boldsymbol{C})$ 的状态 $\boldsymbol{x}$ 不能直接测量，如果有一系统 Σ_g 以 Σ_0 的输入 $\boldsymbol{u}$ 和输出 $\boldsymbol{y}$ 作为输入量，能产生一组输出量 $\hat{\boldsymbol{x}}$，使得

$$\lim_{t\to\infty}|\hat{\boldsymbol{x}}-\boldsymbol{x}|=\boldsymbol{0}$$

则称 Σ_g 为 Σ_0 的一个状态观测器。

构造状态观测器的原则为：

(1) 观测器 Σ_g 以 Σ_0 的输入 $\boldsymbol{u}$ 和输出 $\boldsymbol{y}$ 作为输入量；

(2) 为满足 $\lim\limits_{t\to\infty}|\hat{\boldsymbol{x}}-\boldsymbol{x}|=0$，$\Sigma_0$ 必须完全能观测，或者不能观测子系统是渐近稳定的；

(3) Σ_g 的输出 $\hat{\boldsymbol{x}}$ 应以足够快的速度渐近于 $\boldsymbol{x}$，即 Σ_g 应有足够宽的频带。

观测器存在的充分条件为线性定常系统是完全能观测的；观测器存在的充要条件为线性定常系统的不能观测部分是渐近稳定的。

13.3.3 状态观测器的设计

观测器的状态方程为

$$\dot{\hat{\boldsymbol{x}}}=(\boldsymbol{A}-\boldsymbol{LC})\hat{\boldsymbol{x}}+\boldsymbol{Bu}+\boldsymbol{Ly} \tag{13-21}$$

其特征多项式为

$$f(s)=|s\boldsymbol{I}-(\boldsymbol{A}-\boldsymbol{LC})| \tag{13-22}$$

由于工程上要求 $\hat{\boldsymbol{x}}$ 能比较快地逼近 $\boldsymbol{x}$，只要调整反馈阵 $\boldsymbol{L}$，观测器的极点就可以任意配置达到要求的性能，所以，观测器的设计与状态反馈极点配置的设计类似。故反馈阵 $\boldsymbol{L}$ 的求法与状态反馈阵 $\boldsymbol{k}$ 的求法类似，有以下两种方法。

1. 用爱克曼公式

(1) 计算能观测性矩阵 $\boldsymbol{V}_o$，$\boldsymbol{V}_o^{-1}$，判断系统是否能观测。

(2) 根据闭环系统的期望极点 u_1，u_1，…，u_n 计算系统的期望特征多项式：

$$f^*(s)=(s-u_1)(s-u_2)\cdots(s-u_n)=s^n+a_1^*s^{n-1}+\cdots+a_{n-1}^*s+a_n^*$$

进而求出

$$f^*(\boldsymbol{A})=\boldsymbol{A}^n+a_1^*\boldsymbol{A}^{n-1}+\cdots+a_{n-1}^*\boldsymbol{A}+a_n^*\boldsymbol{I}$$

(3) 根据公式

$$\boldsymbol{L}=f^*(\boldsymbol{A})\begin{bmatrix}\boldsymbol{C}\\\boldsymbol{CA}\\\vdots\\\boldsymbol{CA}^{n-1}\end{bmatrix}^{-1}\begin{bmatrix}0\\0\\\vdots\\1\end{bmatrix}=f^*(\boldsymbol{A})\boldsymbol{V}_o^{-1}\begin{bmatrix}0\\0\\\vdots\\1\end{bmatrix} \tag{13-23}$$

求出反馈阵

$$L=\begin{bmatrix} l_1 \\ l_2 \\ \vdots \\ l_n \end{bmatrix}$$

2. 直接代入法

(1) 根据闭环系统的期望极点 u_1，u_1，…，u_n 计算系统的期望特征多项式：

$$f^*(s)=(s-u_1)(s-u_2)\cdots(s-u_n)=s^n+a_1^* s^{n-1}+\cdots+a_{n-1}^* s+a_n^*$$

(2) 根据 $f(s)=|s\boldsymbol{I}-(\boldsymbol{A}-\boldsymbol{LC})|$，求出 $f(s)$。

(3) 由 $f(s)=f^*(s)$，求出反馈阵 $\boldsymbol{L}=\begin{bmatrix} l_1 \\ l_2 \\ \vdots \\ l_n \end{bmatrix}$。

例 13－4　已知线性定常系统

$$\dot{\boldsymbol{x}}=\begin{bmatrix} 0 & 1 \\ -2 & -3 \end{bmatrix}\boldsymbol{x}+\begin{bmatrix} 0 \\ 1 \end{bmatrix}u,\ y=\begin{bmatrix} 3 & 0 \end{bmatrix}\begin{bmatrix} x_1 \\ x_2 \end{bmatrix}$$

试设计观测器，使得观测器特征值为 $s_{1,2}=-10$。

解　(1) 先判断系统的能观测性，因为

$$\boldsymbol{V}_o=\begin{bmatrix} \boldsymbol{C} \\ \boldsymbol{CA} \end{bmatrix}=\begin{bmatrix} 3 & 0 \\ 0 & 3 \end{bmatrix}$$

满秩，所以系统能观测。

(2) 设 $\boldsymbol{L}=\begin{bmatrix} l_1 \\ l_2 \end{bmatrix}$，则状态观测器方程为

$$\dot{\hat{\boldsymbol{x}}}=(\boldsymbol{A}-\boldsymbol{LC})\hat{\boldsymbol{x}}+\boldsymbol{B}u+\boldsymbol{L}y$$

其特征多项式为

$$\begin{aligned} f(s)&=|s\boldsymbol{I}-(\boldsymbol{A}-\boldsymbol{LC})|=\left|\begin{bmatrix} s & 0 \\ 0 & s \end{bmatrix}-\begin{bmatrix} 0 & 1 \\ -2 & -3 \end{bmatrix}+\begin{bmatrix} l_1 \\ l_2 \end{bmatrix}\begin{bmatrix} 3 & 0 \end{bmatrix}\right| \\ &=\begin{vmatrix} s+3l_1 & -1 \\ 2+3l_2 & s+3 \end{vmatrix} \\ &=s^2+(3+3l_1)s+(2+3l_2+9l_1) \end{aligned}$$

其期望的特征多项式为

$$f^*(s)=(s+10)^2=s^2+20s+100$$

(3) 由 $f(s)$ 和 $f^*(s)$ 两式右端对应项相等，得

$$\begin{cases} 3+3l_1=20 \\ 2+3l_2+9l_1=100 \end{cases}$$

解得 $l_1=\dfrac{17}{3}$，$l_2=\dfrac{47}{3}$，所以观测器反馈矩阵为

$$\boldsymbol{L}=\begin{bmatrix} \dfrac{17}{3} \\ \dfrac{47}{3} \end{bmatrix}$$

系统的状态观测器方程为

$$\dot{\hat{x}}=(A-LC)\hat{x}+Bu+Ly=\begin{bmatrix}-17 & 1\\-49 & -3\end{bmatrix}\hat{x}+\begin{bmatrix}0\\1\end{bmatrix}u+\begin{bmatrix}\frac{17}{3}\\\frac{47}{3}\end{bmatrix}y$$

13.4 带观测器的状态反馈系统

状态反馈是利用原系统真实的状态进行反馈控制的，但是由于原系统的真实状态有时无法测量或不易获得，这时可以通过观测器对其状态进行估计，并将观测到的状态估计值代替真实状态用于状态反馈，这就是采用观测器的状态反馈系统。

13.4.1 系统的结构和状态空间表达式

带观测器的状态反馈系统由三部分组成，即原系统、观测器和控制器，如图 13-7 所示。

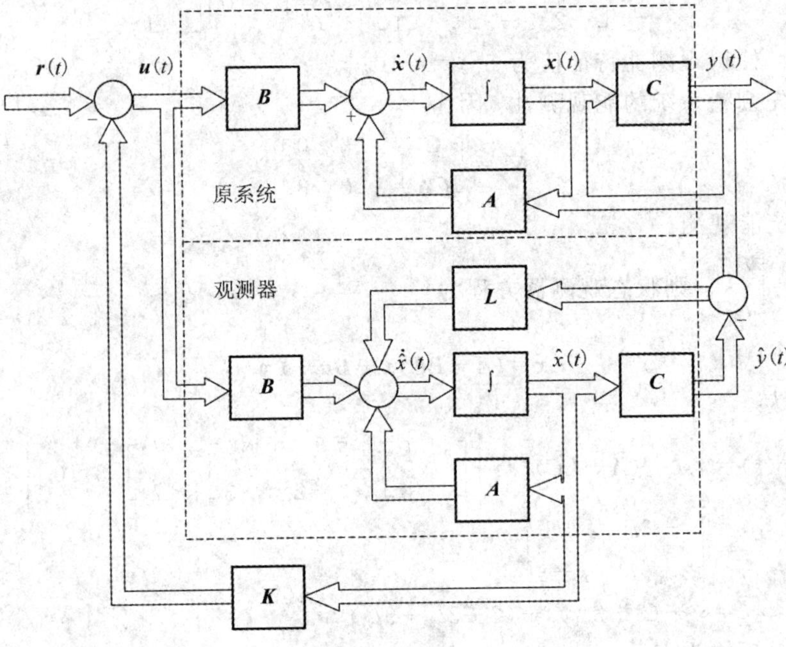

图 13-7 带状态观测器的反馈系统

设能控能观测的受控系统为

$$\begin{cases}\dot{x}=Ax+Bu\\ y=Cx\end{cases} \tag{13-24}$$

状态反馈控制为

$$u=r-K\hat{x} \tag{13-25}$$

状态观测方程为

$$\dot{\hat{x}}=(A-LC)\hat{x}+Bu+Ly \tag{13-26}$$

由式(13-24)～式(13-26)得

$$\begin{cases}\dot{\boldsymbol{x}}=\boldsymbol{A}\boldsymbol{x}-\boldsymbol{B}\boldsymbol{K}\hat{\boldsymbol{x}}+\boldsymbol{B}\boldsymbol{r}\\ \dot{\hat{\boldsymbol{x}}}=\boldsymbol{L}\boldsymbol{C}\boldsymbol{x}+(\boldsymbol{A}-\boldsymbol{L}\boldsymbol{C}-\boldsymbol{B}\boldsymbol{K})\hat{\boldsymbol{x}}+\boldsymbol{B}\boldsymbol{r}\\ \boldsymbol{y}=\boldsymbol{C}\boldsymbol{x}\end{cases} \tag{13-27}$$

将式(13-27)写成分块矩阵的形状，即

$$\begin{cases}\begin{bmatrix}\dot{\boldsymbol{x}}\\ \dot{\hat{\boldsymbol{x}}}\end{bmatrix}=\begin{bmatrix}\boldsymbol{A} & -\boldsymbol{B}\boldsymbol{K}\\ \boldsymbol{L}\boldsymbol{C} & \boldsymbol{A}-\boldsymbol{L}\boldsymbol{C}-\boldsymbol{B}\boldsymbol{K}\end{bmatrix}\begin{bmatrix}\boldsymbol{x}\\ \hat{\boldsymbol{x}}\end{bmatrix}+\begin{bmatrix}\boldsymbol{B}\\ \boldsymbol{B}\end{bmatrix}\boldsymbol{r}\\ \boldsymbol{y}=\begin{bmatrix}\boldsymbol{C} & 0\end{bmatrix}\begin{bmatrix}\boldsymbol{x}\\ \hat{\boldsymbol{x}}\end{bmatrix}\end{cases} \tag{13-28}$$

或

$$\begin{cases}\begin{bmatrix}\dot{\boldsymbol{x}}\\ \dot{\boldsymbol{x}}-\dot{\hat{\boldsymbol{x}}}\end{bmatrix}=\begin{bmatrix}\boldsymbol{A}-\boldsymbol{B}\boldsymbol{K} & \boldsymbol{B}\boldsymbol{K}\\ 0 & \boldsymbol{A}-\boldsymbol{L}\boldsymbol{C}\end{bmatrix}\begin{bmatrix}\boldsymbol{x}\\ \boldsymbol{x}-\hat{\boldsymbol{x}}\end{bmatrix}+\begin{bmatrix}\boldsymbol{B}\\ 0\end{bmatrix}\boldsymbol{r}\\ \boldsymbol{y}=\begin{bmatrix}\boldsymbol{C} & 0\end{bmatrix}\begin{bmatrix}\boldsymbol{x}\\ \boldsymbol{x}-\hat{\boldsymbol{x}}\end{bmatrix}\end{cases} \tag{13-29}$$

13.4.2　闭环系统的基本特性

1. 闭环极点设计的分离性

由观测器构成状态反馈的闭环系统，其特征多项式等于状态反馈部分的特征多项式 $|s\boldsymbol{I}-(\boldsymbol{A}-\boldsymbol{B}\boldsymbol{K})|$ 和观测器部分的特征多项式 $|s\boldsymbol{I}-(\boldsymbol{A}-\boldsymbol{L}\boldsymbol{C})|$ 的乘积，所以，若受控系统 $\Sigma(\boldsymbol{A},\boldsymbol{B},\boldsymbol{C})$ 能控能观测，用状态观测器估值形成状态反馈时，其系统的极点配置和观测器设计可分别独立进行，即状态反馈增益矩阵 $\boldsymbol{K}$ 和观测器反馈矩阵 $\boldsymbol{L}$ 的设计可分别独立进行，互不干扰。这种性质被称为分离特性。

2. 传递函数阵的不变性

带观测器状态反馈闭环系统的传递函数阵等于直接状态反馈闭环系统的传递函数阵，也就是说，传递函数阵与是否采用观测器反馈无关，因此观测器渐近给出 $\hat{\boldsymbol{x}}$ 不影响组合系统的特性。

3. 观测器反馈与直接状态反馈的等效性

带观测器的状态反馈系统，只有当 $t\to\infty$，进入稳态时，才会与直接状态反馈系统完全等价。但是，可通过选择 $\boldsymbol{L}$ 阵来加速，即加快 $\hat{\boldsymbol{x}}$ 渐近于 $\boldsymbol{x}$ 的速度。

例 13-5　已知受控系统传递函数为

$$G(s)=\frac{100}{s(s+5)}$$

若状态变量不能直接测量到，试采用全维状态观测器实现状态反馈控制，使闭环系统的极点配置在 $-7.07\pm j7.07$。

解　(1) 由于 $G(s)$ 不存在零极点对消，故系统能控能观测。写出能控标准型为

$$\dot{\boldsymbol{x}}=\begin{bmatrix}0 & 1\\ 0 & -5\end{bmatrix}\boldsymbol{x}+\begin{bmatrix}0\\ 1\end{bmatrix}u,\quad y=\begin{bmatrix}100 & 0\end{bmatrix}\boldsymbol{x}$$

(2) 根据分离特性，先按期望的闭环极点设计状态反馈增益矩阵 $\boldsymbol{k}$。

① 设 $\boldsymbol{k}=[k_1 \quad k_2]$，则直接状态反馈闭环系统的特征多项式为

$$f(s)=|s\boldsymbol{I}-(\boldsymbol{A}-\boldsymbol{bk})|=\left|\begin{bmatrix}s & 0\\0 & s\end{bmatrix}-\begin{bmatrix}0 & 1\\0 & -5\end{bmatrix}+\begin{bmatrix}0\\1\end{bmatrix}[k_1 \quad k_2]\right|$$

$$=s^2+(5+k_2)s+k_1$$

② 闭环系统期望特征多项式为

$$f^*(s)=(s+7.07-\mathrm{j}7.07)(s+7.07+\mathrm{j}7.07)=s^2+14.14s+100$$

③ 由 $f(s)=f^*(s)$，有 $k_1=100$，$k_2=9.14$，即

$$\boldsymbol{k}=[k_1 \quad k_2]=[100 \quad 9.14]$$

(3) 设计全维状态观测器反馈矩阵 $\boldsymbol{L}$，为了使状态观测器的响应速度稍快于受控系统响应速度，选取状态观测器的特征值为：$\lambda_1=-50$，$\lambda_2=-50$，则有

$$\boldsymbol{A}-\boldsymbol{LC}=\begin{bmatrix}0 & 1\\0 & -5\end{bmatrix}-\begin{bmatrix}l_1\\l_2\end{bmatrix}[100 \quad 0]=\begin{bmatrix}-100l_1 & 1\\-100l_2 & -5\end{bmatrix}$$

$$f(s)=|s\boldsymbol{I}-(\boldsymbol{A}-\boldsymbol{LC})|=\begin{vmatrix}s+100l_1 & -1\\100l_2 & s+5\end{vmatrix}=s^2+(100l_1+5)s+500l_1-100l_2$$

$$f^*(s)=(s+50)^2=s^2+100s+2500$$

由 $f(s)=f^*(s)$，有 $l_1=0.95$，$l_2=20.25$，故

$$\boldsymbol{L}=\begin{bmatrix}l_1\\l_2\end{bmatrix}=\begin{bmatrix}0.95\\20.25\end{bmatrix}$$

其结构图如图 13-8 所示。

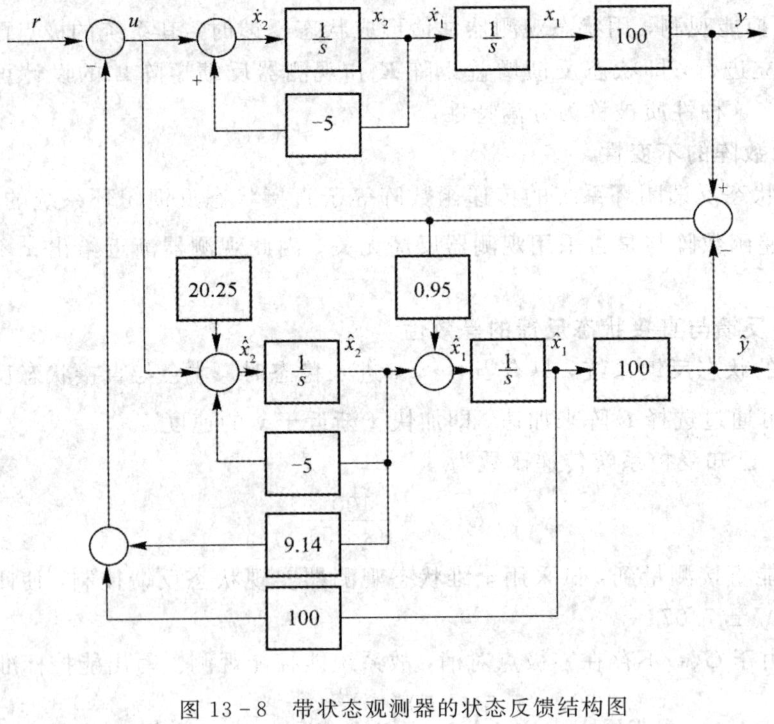

图 13-8　带状态观测器的状态反馈结构图

习　题　13

13－1　已知系统结构图如图 13－9 所示。

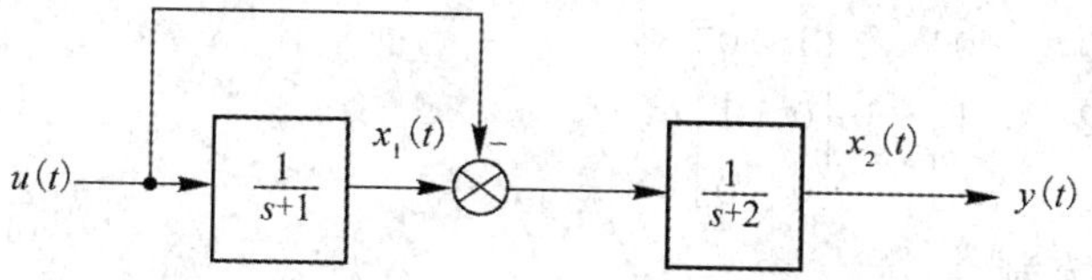

图 13－9　题 13－1 系统结构图

(1) 写出系统状态空间表达式；

(2) 试设计一个状态反馈矩阵，将闭环极点特征值配置在$-3\pm \mathrm{j}5$上。

13－2　已知系统的传递函数为

$$\frac{Y(s)}{U(s)}=\frac{10}{s(s+1)(s+2)}$$

试设计一个状态反馈矩阵，使闭环系统的极点在-2，$-1\pm \mathrm{j}$。

13－3　已知单输入线性定常系统的状态方程为

$$\dot{\boldsymbol{x}}=\begin{bmatrix}0 & 1 & 0\\ 0 & 0 & 1\\ -1 & -5 & -6\end{bmatrix}\boldsymbol{x}+\begin{bmatrix}0\\ 0\\ 1\end{bmatrix}u$$

求状态反馈向量 $\boldsymbol{k}$，使系统的闭环特征值为$\lambda_1=-10$，$\lambda_2=-2+\mathrm{j}4$，$\lambda_3=-2-\mathrm{j}4$。

13－4　已知系统状态空间表达式为

$$\begin{cases}\dot{\boldsymbol{x}}=\begin{bmatrix}0 & 0 & -1\\ 1 & 0 & -3\\ 0 & 1 & -3\end{bmatrix}\boldsymbol{x}+\begin{bmatrix}1\\ 1\\ 0\end{bmatrix}u\\ y=\begin{bmatrix}0 & 1 & -2\end{bmatrix}\boldsymbol{x}\end{cases}$$

试判断系统的能控性和能观测性，若不完全能控，用结构分解将系统分解为能控的和不能控的子系统，并讨论用状态反馈是否可以使闭环系统稳定。

13－5　已知系统的传递函数为

$$G(s)=\frac{s+1}{s^2(s+3)}$$

设计一个状态反馈矩阵，将闭环极点配置在-2，-2 和-1 处，并说明所得的闭环系统是否能观测。

13－6　已知系统状态方程为

$$\dot{\boldsymbol{x}}=\begin{bmatrix}-1 & 0 & 0\\ 0 & 0 & 1\\ 0 & -3 & 1\end{bmatrix}\boldsymbol{x}+\begin{bmatrix}0\\ 0\\ 1\end{bmatrix}u$$

试判断系统是否可以通过状态反馈分别配置以下两组特征值：

(1) $\{-2, -2, -1\}$；

(2) $\{-2, -2, -3\}$。

若能配置，求出反馈阵。

13-7　判断下列系统能否用状态反馈任意地配置特征值。

(1) $\dot{\boldsymbol{x}}=\begin{bmatrix}1 & 2\\3 & 1\end{bmatrix}\boldsymbol{x}+\begin{bmatrix}1\\0\end{bmatrix}\boldsymbol{u}$；

(2) $\dot{\boldsymbol{x}}=\begin{bmatrix}1 & 0 & 0\\0 & -2 & 1\\0 & 0 & -2\end{bmatrix}\boldsymbol{x}+\begin{bmatrix}1 & 0\\0 & 1\\0 & 0\end{bmatrix}\boldsymbol{u}$。

13-8　已知系统为

$$\begin{cases}\dot{x}_1=x_2\\ \dot{x}_2=x_3\\ \dot{x}_3=-x_1-x_2-x_3+3u\end{cases}$$

试确定线性状态反馈控制律，使闭环极点都是-3，并画出闭环系统的结构图。

13-9　给定系统的传递函数为

$$G(s)=\frac{1}{s(s+4)(s+8)}$$

试确定线性状态反馈律，使闭环极点为-2，-4，-7。

13-10　给定系统的状态空间表达式为

$$\dot{\boldsymbol{x}}=\begin{bmatrix}-1 & -2 & 0\\0 & -1 & 1\\1 & 0 & -1\end{bmatrix}\boldsymbol{x}+\begin{bmatrix}2\\0\\1\end{bmatrix}u,\quad y=\begin{bmatrix}1 & 0 & 0\end{bmatrix}\boldsymbol{x}$$

设计一个具有特征值为-1，-1，-1的全维状态观测器。

13-11　已知系统状态空间表达式为

$$\begin{cases}\dot{\boldsymbol{x}}=\begin{bmatrix}0 & 1\\0 & 0\end{bmatrix}\boldsymbol{x}+\begin{bmatrix}0\\1\end{bmatrix}u\\ y=\begin{bmatrix}1 & 0\end{bmatrix}\boldsymbol{x}\end{cases}$$

试设计一个状态观测器，使状态观测器的极点为$-r$，$-2r(r>0)$。

13-12　已知系统的状态空间表达式为

$$\begin{cases}\dot{\boldsymbol{x}}=\begin{bmatrix}-1 & -2 & -3\\0 & -1 & -1\\1 & 0 & -1\end{bmatrix}\boldsymbol{x}+\begin{bmatrix}2\\0\\1\end{bmatrix}u\\ y=\begin{bmatrix}1 & 1 & 0\end{bmatrix}\boldsymbol{x}\end{cases}$$

(1) 设计一个全维观测器，将观测器的极点配置在-3，-4，-5处。

(2) 设计一个降维观测器，将观测器的极点配置在-3，-4处。

(3) 画出其结构图。

13-13　已知系统的传递函数为

$$G(s)=\frac{1}{s(s+1)(s+2)}$$

(1) 确定一个状态反馈矩阵$\boldsymbol{K}$，使闭环系统的极点为-3和$-\frac{1}{2}\pm \mathrm{j}\frac{\sqrt{3}}{2}$；

(2) 确定一个全维状态观测器，并使观测器的极点全部为 -5；

(3) 分别画出闭环系统的结构图；

(4) 求出闭环传递函数。

13-14　已知系统的状态空间表达式为

$$\begin{cases} \dot{\boldsymbol{x}}=\begin{bmatrix} -5 & -1 \\ 6 & 0 \end{bmatrix}\boldsymbol{x}+\begin{bmatrix} 0 \\ 2 \end{bmatrix}u \\ y=\begin{bmatrix} 0 & 1 \end{bmatrix}\boldsymbol{x} \end{cases}$$

(1) 画出系统结构图；

(2) 求系统传递函数；

(3) 判定系统的能控性和能观测性；

(4) 求系统的状态转移矩阵 $\boldsymbol{\Phi}(t)$；

(5) 当 $\boldsymbol{x}(0)=\begin{bmatrix} 0 \\ 3 \end{bmatrix}$，$u(t)=0$ 时，求系统的输出 $y(t)$；

(6) 设计全维状态观测器，将观测器的极点配置在 $-10\pm j10$ 处；

(7) 在(6)的基础上，设计状态反馈矩阵 $\boldsymbol{K}$，使系统的闭环极点配置在 $-5\pm j5$ 处；

(8) 画出系统总体结构图。

附录　自动控制原理 MATLAB 仿真常用命令一览表

附表 1　控制系统数学模型及相互转换

基本命令	功能说明
sys=tf(num, den)	多项式模型，num 为分子多项式系数向量，den 为分母多项式系数向量
sys=zpk(z, p, k)	零极点模型，z 为系统的零点向量，p 为系统的极点向量，k 为增益值
sys=ss(A, B, C, D)	状态空间模型，A，B，C，D 为状态空间模型 $\begin{cases}\dot{\boldsymbol{x}}=\boldsymbol{A}\boldsymbol{x}+\boldsymbol{B}\boldsymbol{u}\\ \boldsymbol{y}=\boldsymbol{C}\boldsymbol{x}+\boldsymbol{D}\boldsymbol{u}\end{cases}$ 的参数矩阵
[A, B, C, D] = TF2SS(NUM, DEN)	TF2SS 将传递函数转换为状态空间表达式
[A, B, C, D] = ZP2SS(Z, P, K)	ZP2SS 将零极点型传递函数转换为状态空间表达式
[NUM, DEN] = SS2TF(A, B, C, D, iu)	SS2TF 将状态空间表达式转换为传递函数，即求第 iu 个输入信号对输出 $y(t)$ 的传递函数
[Z, P, K] = SS2ZP(A, B, C, D, iu)	SS2ZP 将状态空间表达式转换为零极点型传递函数
[Z, P, K] = TF2ZP(NUM, DEN)	TF2ZP 将一般传递函数转换为零极点型传递函数
[NUM, DEN] = ZP2TF(Z, P, K)	ZP2TF 将零极点型传递函数转换为一般传递函数
[A1, B1, C1, D1]=SS2SS(A, B, C, D, T)	SS2SS 状态空间表达式的线性变换，其中 T 为变换矩阵

附表 2　控制系统的单位阶跃响应常用命令

基本命令	功能说明
step(sys)	给定系统数学模型 sys，求系统的单位阶跃响应并作图，时间向量 t 的范围(曲线横坐标轴的起止范围)由系统自动设定
step(sys, tend)	给定系统数学模型 sys，求系统的单位阶跃响应并作图，增加了响应终止时间变量 tend
step(sys, t1:dt:t2)	绘制时间段 t1:dt:t2 内的阶跃响应曲线，dt 为增量，通常取 0.01
step(sys1, sys2, …, sysn, t)	给定 n 个系统数学模型 sys1，sys2，…，sysn，求 n 个系统的单位阶跃响应并在同一坐标系下作图，t 可省略或设为某一时间范围
[y, t, x]= step(sys, t1:dt:t2)	不作图，返回变量格式，时间段 t1:dt:t2 为可选择项，可省略或设为某一时间范围

附表3　控制系统的单位脉冲响应常用命令

基本命令	功能说明
impulse(sys)	给定系统数学模型sys，求系统的单位脉冲响应并作图，时间向量t的范围(曲线横坐标轴的起止范围)由系统自动设定
impulse(sys, tend)	给定系统数学模型sys，求系统的单位脉冲响应并作图，增加了响应终止时间变量tend
impulse(sys, t1:dt:t2)	绘制时间段t1:dt:t2内的脉冲响应曲线，dt为增量，通常取0.01
impulse(sys1, sys2, …, sysn, t)	给定 *n* 个系统数学模型sys1，sys2，…，sysn，求 *n* 个系统的单位脉冲响应并在同一坐标系下作图，t可省略或设为某一时间范围
[y, t, x]=impulse(sys, t1:dt:t2)	不作图，返回变量格式，时间段t1:dt:t2为可选择项，可省略或设为某一时间范围

附表4　控制系统的零输入响应常用命令

基本命令	功能说明
initial(sys, x0)	给定系统数学模型sys，求系统的零输入响应并作图，时间向量t的范围(曲线横坐标轴的起止范围)由系统自动设定，x0为初始条件向量
initial(sys, x0, tend)	给定系统数学模型sys，求系统的零输入响应并作图，增加了响应终止时间变量tend
initial(sys, x0, t1:dt:t2)	绘制时间段t1:dt:t2内的零输入响应曲线，dt为增量，通常取0.01
[y, t, x]= initial(sys, x0, t1:td:t2)	不作图，返回变量格式，时间段t1:dt:t2为可选择项，可省略或设为某一时间范围

附表5　控制系统的一般输入响应常用命令

基本命令	功能说明
lsim(sys, u, t)	给定系统数学模型sys，绘制系统在一般输入信号u作用下的系统输出曲线
lsim(sys, u, t, x0)	给定系统数学模型sys，绘制系统在一般输入信号u作用下系统带初始条件x0的时间响应曲线
lsim(sys1, sys2, …, u, t, x0)	给定 *n* 个系统数学模型sys1，sys2，…，sysn，求 *n* 个系统的一般输入响应
[y, t, x]= lsim(sys, u, t, x0)	不作图，返回变量格式

附表 6　根轨迹分析函数常用命令

基本命令	功能说明
rlocus(num，den) rlocus(sys)	绘制系统根轨迹，开环增益的值从零到无穷大变化
rlocus(sys，k)	通过指定开环增益 k 的变化范围来绘制系统的根轨迹图
pzmap(sys)	绘制线性系统的零、极点图，极点用"×"表示，零点用"o"表示
rlocfind(num，den) rlocfind(sys) rlocfind(num，den，p)	计算给定一组根的根轨迹增益
r=rlocus(num，den，k)或 [r，k]=rlocus(num，den)	不在屏幕上直接绘出系统的根轨迹图，而是根据开环增益变化矢量 k，返回闭环系统特征方程 1+k*num(s)/den(s)=0 的根 r，每行对应某个 k 值时的所有闭环极点，或者同时返回 k 与 r
[k，p]=rlocfind(sys)	它要求在屏幕上先绘制好有关的根轨迹图；然后，此命令将产生一个光标用来选择希望的闭环极点。命令执行结果：k 为对应选择点处的根轨迹开环增益；p 为此点处的系统闭环特征根
sgrid	在根轨迹或零极点图上绘制出自然振荡频率 wn、阻尼比矢量 z 对应的格线
sgrid(z，wn)	绘制由用户指定的阻尼比矢量 z、自然振荡频率 wn 的格线

附表 7　控制系统的频域分析常用命令

基本命令	功能说明
bode(sys)	给定开环系统数学模型 sys，作伯德图，频率向量 w 自动给出
bode(sys，{w1，w2})	给定开环系统数学模型 sys，作伯德图，频率范围人为设定为 w1～w2
bode(sys，w)	给定开环系统数学模型 sys，作伯德图，频率范围 w。w 为对数等分，由对数等分函数 logspace(a，b，n)完成，频率范围 10^a～10^b，n 为等分点数
[m，p，w]=bode(sys)或者 [m，p]=bode(sys)	m：幅值，$A(\omega)=\|G(j\omega)\|$；p：相角，$\varphi(\omega)=\angle G(j\omega)$；w：频率 ω。 相角以度为单位，幅值可转换为分贝单位：$L(\omega)=20\lg A(\omega)$，L=20*log10(m)
bode(a，b，c，d)	自动绘制出系统的一组伯德图，它们是针对连续状态空间系统[a，b，c，d]的每个输入的伯德图。其中频率范围由函数自动选取，而且在响应快速变化的位置会自动采用更多取样点

续表

基 本 命 令	功 能 说 明
bode(a, b, c, d, iu)	可得到从系统第 iu 个输入到所有输出的伯德图
bode(a, b, c, d, iu, w)	可利用指定的角频率矢量绘制出系统的伯德图
margin(sys)	给定开环系统模型对象 sys 作伯德图，在图上标注幅值裕度 Gm 和对应的频率 wg，相角裕度 Pm 和对应的频率 wp
[Gm, Pm, wg, wp]=margin(sys)	返回变量格式，不作图。返回幅值裕度 Gm 和对应的频率 wg，相角裕度 Pm 和对应的频率 wp
nyquist(sys)	给定开环系统模型对象 sys 作极坐标图，频率 w 的范围自动给定(−∞, ∞)
nyquist(sys, w)	给定开环系统模型对象 sys，作极坐标图，频率 w 的范围人工给定
[re, im, w]=nyquist(sys)	返回变量格式，不作图。re：复变函数 $G(j\omega)$ 的实部向量，re=real[$G(j\omega)$]；im：复变函数 $G(j\omega)$ 的虚部向量，im=imag[$G(j\omega)$]；w：频率向量，单位为 rad/s

附表 8 常用的基本绘图函数

基 本 命 令	功 能 说 明
plot(x)	默认自变量绘图格式⇔ $\begin{cases}\text{plot}(x, x)\text{，如果 } x \text{ 为实数} \\ \text{plot}(\text{real}(x), \text{imag}(x))\text{，如果 } x \text{ 为复数}\end{cases}$
plot(x, y, 'S')	以 x 为自变量，$y=f(x)$ 为因变量作直角坐标图。若 y 为 $n\times m$ 矩阵，则以 x 为自变量，按照矩阵 y 的第 1 至 m 列数据，在同一个图上作 m 条曲线。'S'：为可选项，用以设定曲线颜色和线型，一般情况下用 plot(x, y)，而不用考虑'S'项，即采用缺省格式，默认线型为实线，颜色由系统自动生成
plot(x1, y1, 'S1', …, xn, yn, 'Sn')	多条曲线绘图格式，'S1'，…，'Sn'分别设置第 1～n 条曲线的颜色和线型，也可采用缺省格式 plot(x1, y1, x2, y2, ..., xn, yn)，默认线型为实线，颜色为默认变化值，变化顺序为 b、g、r、c、m、y(蓝、绿、红、亮蓝、粉红、黄)依次改变
semilogx(x1, y1, 选项 1, x2, y2, 选项 2, …)	semilogx 的用法与 plot 的用法基本相同，区别是 semilogx 绘图中，x 轴用对数标度
polar(theta, rho 选项)	用来绘制极坐标图，其中 theta 为极坐标极角，rho 为极坐标矢径，选项的内容与 plot 函数相似
fplot('表达式', [Xmin, Xmax, Ymin, Ymax], 'S')	表达式：指定自变量为 x 的函数表达式。[Xmin, Xmax, Ymin, Ymax]：曲线绘图范围；'S'：颜色线型开关量，同 plot

附表 9　现代控制理论常用 MATLAB 命令或函数

基本命令或函数	功 能 说 明
B=A'	矩阵转置
C=A+B	矩阵相加
C=A*B	矩阵相乘
C=A^k	矩阵幂
C=A.*B	矩阵点乘，即两维数相同的矩阵各对应元素相乘
[As, Bs, Cs, Ds] = minreal(A, B, C, D)	求最小实现
[num den]=ss2tf(A, B, C, D, iu)	求单个输入的传递函数，iu 指第 n 个输入
E=eig(A)	求出方阵 A 的特征根 E
[Q, D]=eig(A)	Q 为变换阵，D 为对角阵
[Q, J]=eig(A)	Q 为变换阵，J 为约当阵
rank(A)	矩阵的秩
det(A)	矩阵的行列式的值
p=poly(A)	矩阵的特征多项式
r=roots(p)	特征多项式方程的根
trace(A)	求矩阵 A 的迹(对角线元素之和)
norm(A)	求矩阵 A 的范数
conv(p1, p2)	两多项式相乘
Gss=dcgain(sys)	求稳态输出
F=laplace(f)	求 f 的拉普拉斯变换
f=ilaplace(F)	求 F 的拉普拉斯反变换
Size(a, b)	获取矩阵的行和列的数目
[abar, bbar, cbar, t, k]=ctrbf(a, b, c)	对系统按能控性分解，t 为变换阵，k 为各子系统的秩
[abar, bbar, cbar, t, k]=obsvf(a, b, c)	对系统按能观测性分解
[T, J]=jordan(A)	求约当标准型
[As, Bs, Cs, Ds, Ts]=canon(A, B, C, D, 'mod')	canon 求状态空间表达式的对角标准型，其中 Ts 为变换矩阵，注意变换方程为：Xs=TsX
M=ctrb(A, B)	ctrb 计算系统的可控判别矩阵 M
N=obsv(A, C)	obsv 计算系统的可观判别矩阵 N
[G, H]=c2d(A, B, T)	c2d 连续系统状态方程转换为离散状态方程，T 为采样周期，相关的函数还有 d2c，d2d

续表一

基本命令或函数	功　能　说　明
P＝Lyap(A’，Q)	Lyap 求解用户习惯的 $A^{T}P+PA=-Q$ 李雅普诺夫方程，必须用 A 的转置 A’代入
F＝PLACE(A，B，P)	PLACE 极点配置
用矩阵指数法解状态方程的 MATLAB 函数 vslove1	函数 vslove1：求解线性定常连续系统状态方程的解 function [Phit，PhitBu]＝vsolves1(A，B，ut) %vsolves1 求线性连续系统状态方程 X’＝AX＋Bu 的解 %[Phit，phitBu]＝vsolves1(A，B，ut) %A，B 系数矩阵 %ut 控制输入，必须为时域信号的符号表达式，符号变量为 t %Phit——输出 Phi(t) %PhitBu——输出 phi(t－tao) * B * u(tao)在区间(0，t)的积分 syms t tao　　　　%定义符号变量 t，tao Phit＝expm(A * t)；　　　　%求矩阵指数 exp(At) if (B＝＝0) 　B＝zeros(size(A，1)，1)；　　　　%重构系数矩阵 B end phi＝sub(Phit，’t’，’t－tao’)；　　　　%求 exp[A(t－tao)] PhitBu＝int(phi * B * ut，’tao’，’0’，’t’)； %求 exp[A(t－tao)] * B * u(tao)在 0～t 区间的积分
用拉氏变换法解状态方程的 MATLAB 函数 vslove2	函数 vslove2：求解线性定常连续系统状态方程的解 function [sl_A，sl_ABu]＝vsolves1(A，B，us) %vsolves2 求线性连续系统状态方程 X’＝AX＋Bu 的解 %[sl_A，sl_ABu]＝vsolves1(A，B，ut) %A，B 系数矩阵 %us 控制输入，必须为拉氏变换后的符号表达式，符号变量为 s %sl_A——输出矩阵(sl－A)^(－1)拉氏反变换的结果 %sl_ABu——输出(sl－A)^(－1) * B * u(s)拉氏反变换后的结果 syms s　　　　%定义符号变量 t，tao AA＝s * eye(size(A))－A；　　　　%求 sI－A invAA＝inv(AA)；　　　　%求(sI－A)矩阵的逆 intAA tAA＝ilaplace(intAA)；　　　　%求 intAA 的拉氏反变换 sI_A＝simplify；　　　　%简化拉式反变换的结果 if (B＝＝0) 　B＝zeros(size(A，1)，1)；　　　　%重构系数矩阵 B end tAB＝ilaplace(intAA * B * us)；　　　　%求 intAA * B * us 的拉氏反变换 sI_ABu＝simplify(tAB)；　　　　%化简拉式反变换的结果

续表二

<table>
<tr><th>基本命令或函数</th><th>功 能 说 明</th></tr>
<tr><td>求解时变系统状态方程的MATLAB 函数 tslove</td><td>函数 tslove：求解线性时变连续系统状态方程的解
function [Phi, PhiBu]=tsolves(A, B, u, x, a, n)
%tsolves 求时变系统状态方程
%[Phi, phiBu]=vsolves1(A, B, u, x, a, n)
%A，B 时变系数矩阵
%Phi——状态转移矩阵计算结果
%PhiBu——受控解分量
%u——控制输入向量，时域形式
%x——符号变量，指明矩阵 A 中的时变参数，通常为时间 t
%a——积分下限
%n——时变状态转移矩阵中计算重积分的最大项数，n=0 时无重积分项
%　n=1 时包含二重积分项，……
Phi=transmtx(A, x, a, n);　　　%计算状态转移矩阵
Phitao=subs(Phi, x, 'tao');　　　%求 Phi(tao)
if (B==0)
　Btao=zeros(size(A, 1), 1);　　　%求 B(tao)
end
utao=subs(u, x, 'tao');　　　%求 u(tao)
PhiBu=simple(int(Phitao * Btao * utao, 'tao', a, x));
　　　%计算受控分量</td></tr>
<tr><td>求解线性定常离散系统状态方程的MATLAB 函数 disolve</td><td>函数 disolve：求解线性定常离散系统状态方程的解
function [Ak, AkBu]=disolve(A, B, uz)
%disolve 求线性离散系统状态方程 x(k+1)=Ax(k)+Bu(k)的解
%[Ak, AkBu]=disolve(A, B, uz)
%A，B 系数矩阵
%uz 控制输入，必须为 Z 变换后的符号表达式，符号变量为 z
%Ak——输出矩阵[((zI-A)^(-1)z]Z 反变换后的结果
%AkBu——输出矩阵[((zI-A)^(-1) * B * u(z)]Z 反变换后的结果
syms z　　　%定义符号变量 z
AA=z * eye(size(A))-A;　　　%求 zI-A
invAA=inv(AA);　　　%求(zI-A)矩阵的逆 intAA
tAA=iztrans(intAA * z) ;　　　%求 intAA * z 的 Z 反变换
Ak=simple(tAA);　　　%简化 Z 反变换的结果
if (B==0)
　B=zeros(size(A, 1), 1);　　　%重构系数矩阵 B
end
tAB=iztrans(intAA * B * uz) ;%求 intAA * B * uz 的 Z 反变换
AkBu=simple(tAB);　　　%化简 Z 反变换的结果</td></tr>
</table>

续表三

基本命令或函数	功能说明
连续系统状态方程离散化的 MATLAB 符号函数 sc2d	函数 sc2d：线性连续系统状态方程的离散化 function [Ak, Bk]=sc2d(A, B) %sc2d 离散化线性连续系统状态方程 X'=AX+Bu %sysd=sc2d(A, B) %A, B ——连续系统的系数矩阵 %Ak, Bk ——离散系统系数符号矩阵 %离散状态方程为：x(k+1)=Ak * x(k)+Bk * u(k) %Ak, Bk 中变量 T 为采样周期 syms t T %定义符号变量 t T Phit=expm(A * t); %求矩阵指数 exp(At) if (B==0) B=zeros(size(A, 1), 1); %重构系数矩阵 B end PhitB=int(Phit * B, 't', 0, 'T'); %求 exp(At) * B 在 0～T 区间的积分 Ak=simple(subs(Phit, 't', 'T')); Bk=simple(PhitB);

参考文献

[1] 王划一，杨西侠，等. 自动控制原理[M]. 北京：国防工业出版社，2003.
[2] 李国勇，李虹. 自动控制原理[M]. 北京：电子工业出版社，2010.
[3] 刘文定，谢克明. 自动控制原理[M]. 3版. 北京：电子工业出版社，2013.
[4] 胡寿松. 自动控制原理[M]. 5版. 北京：科学出版社，2010.
[5] 薛薇，齐国元，刘振全. 一种求取闭环脉冲传递函数的简易方法[J]. 天津轻工业学院学报，2003，18(1)：69-70.
[6] 刘振全. 多重极零点系统根轨迹初始角终止角求法. 微计算机信息[J]，2007，(4)：235-236.
[7] 刘振全，杨世凤. MATLAB语言与控制系统仿真[M]. 北京：化学工业出版社，2009.
[8] 谢克明. 现代控制理论基础[M]. 北京：北京工业大学出版社，2000.
[9] 薛安克，彭冬亮，陈雪亭. 自动控制原理[M]. 2版. 西安：西安电子科技大学出版社，2007.
[10] 李素玲. 自动控制原理[M]. 西安：西安电子科技大学出版社，2007.
[11] 邹恩，漆海霞，杨秀丽，等. 自动控制原理[M]. 西安：西安电子科技大学出版社，2014.
[12] 王春侠，胡波，吴艳杰. 自动控制原理[M]. 西安：西安电子科技大学出版社，2013.
[13] 王莹莹. 自动控制原理：全程导学及习题全解[M]. 北京：中国时代经济出版社，2006.
[14] 吴麒，王诗宓. 自动控制原理[M]. 2版. 北京：清华大学出版社，2006.